普通高等教育新工科电子信息类课改系列教材

CAXA 电子图板教程

(第二版)

主　编　马希青

副主编　崔　坚　黄素霞　马玥珺

西安电子科技大学出版社

内 容 简 介

本书是一本专门介绍 CAXA 电子图板 2020 的使用操作及绘图技术的教材，全书共分为 10 章，主要包括 CAXA 电子图板入门、绘图、标注、插入、编辑、图幅、图库、设置、工具、打印等内容。每章都提供了一定数量的思考题和练习题，附录中给出了 CAXA 电子图板的全部命令及快捷键列表。

本书主要适合作为大中专院校机械专业、机电专业以及近机类专业学生的教材，也可作为广大工程技术人员进行计算机绘图的参考书籍。

图书在版编目(CIP)数据

CAXA 电子图板教程/马希青主编. —2 版. —西安：西安电子科技大学出版社，2021.8
(2025.1 重印)
ISBN 978-7-5606-6125-4

Ⅰ. ①C… Ⅱ. ①马… Ⅲ. ①自动绘图—软件包—高等学校—教材 Ⅳ. ①TP391.72

中国版本图书馆 CIP 数据核字(2021)第 134947 号

策　　划　刘玉芳　杨航斌
责任编辑　刘玉芳
出版发行　西安电子科技大学出版社(西安市太白南路 2 号)
电　　话　(029)88202421　88201467　　邮　　编　710071
网　　址　www.xduph.com　　电子邮箱　xdupfxb001@163.com
经　　销　新华书店
印刷单位　西安日报社印务中心
版　　次　2021 年 8 月第 2 版　　2025 年 1 月第 7 次印刷
开　　本　787 毫米 × 1092 毫米　1/16　　印　张　23.5
字　　数　554 千字
定　　价　59.80 元
ISBN 978-7-5606-6125-4
XDUP 6427002-7

前　言

《CAXA 电子图板教程》自 2016 年出版以来，深得广大热心读者和相关工程技术人员的支持和青睐，多次重印；同时，CAXA 电子图板软件也经历了数次升级，其功能更加丰富强大。借此机会，编者谨向大家献上再版新书以表示最诚挚的感谢，并衷心希望它能够成为您的新朋友，给您的学习和工作提供更多的帮助。

1. CAXA 电子图板 2020 新增功能

与上一版本相比，CAXA 电子图板 2020 新增了以下功能：

(1) 提供全新设计的用户界面，功能图标清晰，布局美观合理；支持 4K 高清分辨率，在高达 200%缩放比例下都可获得完美的交互体验。

(2) 更新了部分图库，涉及螺栓和螺柱、螺母、螺钉、销、键、垫圈和挡圈、轴承等 7 个大类 881 个图符；更新后的图库支持最新国家技术标准。

(3) 模型和布局支持不同颜色。

(4) 新增将默认保存文件设置为 DWG 格式的选项，并支持在【选项】对话框中配置默认保存文件名称。

(5) 填写明细表时可以采用下拉菜单的方式，字段内容可配置。

2. 关于本书

本书是完全基于最新颁布的 CAXA 电子图板 2020 软件精心编写而成的，适用于 30～50 学时的计算机绘图课程的教学。

本书主要在以下几方面进行了修订：

(1) 在按软件的功能模块划分章节的基础上，特意按功能图标在面板上的前后顺序进行编排，方便读者对照学习。

(2) 在保留原版特点的基础上，在介绍交互方法时改为以经典模式为主，因为经典模式能够兼容电子图板的传统操作习惯；在介绍操作过程时则以选项卡模式为主，因为选项卡模式提供了最新的 RibbonBar 等界面元素，不仅美观实用，而且从逻辑关系上也更加直观形象。

(3) 对原版中存在的错误或不妥之处进行了修订，对每章后面的思考题和练习题也进行了适当调整。

马希青担任本书主编，崔坚、黄素霞、马玥珺担任副主编，具体分工是：马希青编写第 1、7 章，马玥珺编写第 2、10 章，崔坚编写第 3 章、附录，张立香编写第 4 章，黄素霞编写第 5、8 章，张湘玉编写第 6 章，刘晓立编写第 9 章。

由于编者水平有限，加上时间仓促，书中难免存在欠妥之处，敬请广大读者提出宝贵意见，我们将不胜感激。编者的联系方式是：QQ号3101924788，微信号gcdxmaxiqing。

编　者

2021年3月

第一版前言

进入21世纪以来，数字化、信息化、智能化、网络化、全球化以及产品创新更快、品质更优、成本更低、服务更好，已经成为当代全球设计及制造业的基本特征。2015年3月在第十二届全国人民代表大会第三次会议上，李克强总理在政府工作报告中明确提出，要制订“互联网+”行动计划，推进移动互联网、云计算、大数据、物联网等与现代制造业相结合，实施“中国制造2025”。因此，我国的设计及制造业正在迎来一个崭新的历史时期，而计算机绘图作为CAD/CAM的重要基础和组成部分，也必将对我国设计及制造业的迅猛发展起到非常重要的促进作用。

一、关于CAXA

北京数码大方科技股份有限公司(CAXA)是中国领先的CAD和PLM工业软件供应商。CAXA拥有完全自主知识产权的系列化的软件产品和解决方案，包括计算机辅助设计(CAD)、计算机辅助制造(CAM)、计算机辅助工艺规划(CAPP)、产品数据管理系统(PDM)、机床联网系统(DNC)、制造过程管理系统(MPM)、产品全生命周期管理(PLM)等，覆盖了设计、工艺、制造和管理四大领域，形成了“易学、实用、规范、高效”的国产软件特色，其产品已广泛应用于机械设计、装备制造、电子电器、汽车及零部件、国防军工、工程建设、教育等各个行业，有超过2.5万家企业用户和2000所院校用户。截止到目前，CAXA已累计销售正版软件30多万套，拥有56个产品著作权和74项技术专利及专利申请，各大出版机构出版的CAXA教材超过500种。

CAXA作为国产CAD和PLM工业软件的领军企业，曾先后被评为工业软件优秀企业、中国软件行业最具成长力企业、中国制造业信息化杰出本土供应商、北京市专利试点合格单位、Red Herring亚洲百强企业等，并荣获中国机械工业联合会“促进行业发展特别贡献奖”、中国制造业信息化发展突出贡献奖、中国软件行业协会20年“金软件”奖、国产CAD平台及专业软件特别贡献奖、中国十大创新软件产品奖、中国制造业信息化工程“产品创新支撑”奖、中国信息产业信息化采购首选品牌等荣誉。

据全国机械工业信息化调查报告显示，在国产CAD品牌认知度中，CAXA的品牌认知度达到50%，为国产CAD第一品牌；在国内PLM品牌认知度中，CAXA以48%的认知度位列第一。CAXA已经成为国产CAD和PLM工业软件的知名品牌。

二、关于CAXA电子图板

作为国内最早从事CAD软件开发的企业，CAXA多年来一直致力于设计软件的普及应用工作，努力将工程师从纷繁复杂的手工绘图中解脱出来，使其能够全身心地投入设计开发工作，将创意转化为实际工作成果，提高企业研发创新能力。

CAXA 电子图板是 CAXA 软件系列中的一名重要成员，是一个具有完全自主知识产权的 CAD 系统。CAXA 电子图板专为设计工程师打造，依据中国机械设计的国家标准和使用习惯，提供专业绘图编辑和辅助设计工具，轻松实现“所思即所得”。通过简单的绘图操作，将新品研发、改型设计等工作迅速完成，工程师只需关注所要解决的技术难题，而无须花费大量的时间创建几何图形。因此，CAXA 电子图板为用户提供了直观形象的设计手段，能够帮助设计人员减少重复工作，提高工作效率，缩短产品研发周期；同时，也更有助于促进产品设计的标准化、系列化、通用化和规范化，是工程技术人员从事设计及绘图的得力助手。

CAXA 电子图板从诞生到今天，始终坚持与时俱进，它具有低成本的运行环境，高速度的图形显示，全中文的人机界面，自由的定制操作，符合标准的开放体系，全面开放的开发平台，快捷的交互方式，直观的拖画设计，动态的导航定位等。

CAXA 电子图板 2015 是它的最新版本，其在继承以前版本诸多优点的基础上增加了许多新功能。

(1) 具有耳目一新的界面风格，打造全新的交互体验。

CAXA 电子图板采用普遍流行的 Fluent/Ribbon 图形用户界面。新的界面风格更加简洁、直接，用户可以更容易地找到各种绘图命令，交互效率也更高。同时，新版本保留了原来的界面风格，并通过快捷键在新老界面之间进行切换，方便老用户使用。CAXA 电子图板优化了并行交互技术、动态导航以及双击编辑等功能，辅以更加细致的命令整合与拆分，大幅改进了 CAD 软件与用户之间的交流体验，使命令更加直接简捷，操作更加灵活方便。

(2) 全面兼容 AutoCAD，使得综合性能得到提升。

为了满足跨语言、跨平台的数据转换与处理的要求，CAXA 电子图板基于 Unicode 编码进行了重新开发，进一步增强了对 AutoCAD 数据的兼容性，以保证电子图板 EXB 格式数据与 DWG 格式数据的直接转换，从而完全兼容企业历史数据，实现了企业设计平台的转换。CAXA 电子图板支持主流操作系统，改善了软件操作性能，加快了设计与绘图速度。

(3) 拥有专业的绘图工具以及符合国家标准的标注风格。

除了拥有强大的基本图形的绘制和编辑能力外，CAXA 电子图板 2015 还提供了智能化的工程标注方式，包括尺寸标注、坐标标注、文字标注、尺寸公差标注、几何公差标注、表面结构标注等。所有工程标注都是智能化的，能够精准地捕捉用户意图，具体标注细节均由系统自动完成，真正轻松地实现了设计过程的“所见即所得”。

(4) 提供开放的图纸幅面设置系统和灵活的排版打印工具。

CAXA 电子图板提供了开放的图纸幅面设置系统，可以快速设置图纸尺寸，调入图框、标题栏、参数栏，填写图纸属性信息等，也可以通过几个简单的参数设置，快速生成需要的图框，还可以快速生成符合标准的各种样式的零件序号、明细表，并且能够保持零件序号与明细表之间的双向关联，从而能够极大地提高编辑修改的效率，使工程设计标准化。CAXA 电子图板支持主流的 Windows 驱动打印机和绘图仪，提供指定的打印比例、拼图以及排版方式，支持 PDF、JPG 等多种打印输出方式，以保证工程师的出图效率，从而有效地节约时间和资源。

(5) 提供参数化图库和辅助设计工具。

CAXA 电子图板针对机械专业产品设计的要求，提供了符合最新国家标准的参数化图库，共有 20 多个大类、1000 余种、近 30 000 个规格的标准图符，并提供了完全开放的图库管理和定制手段，从而能够方便快捷地建立并扩充自己的参数化图库。在设计过程中，CAXA 电子图板还针对图形的查询、计算、转换等操作提供了多种辅助设计工具，集多种外部工具于一身，能有效满足不同场合下的设计与绘图需求。

三、关于本书

为了更好地贯彻落实“教育部关于启动高等学校教学质量与教学改革工程精品课程建设工作的通知”的精神，进一步搞好课程建设，及时更新教学内容，提高教学质量，同时，也为了满足广大读者和相关工程技术人员的强烈要求，编者结合多年的教学经验，针对最新颁布的 CAXA 电子图板 2015(本书以 CAXA 电子图板 2015 机械版为例)精心组织编写了本书。本书适用于 30～50 学时的计算机绘图课程。

马希青担任本书主编，崔坚、黄素霞、马玥珺担任副主编，具体分工是：第 1、6、9 章及附录由马希青编写，第 2、7 章由马玥珺编写，第 3、8 章由崔坚编写，第 4、5 章由黄素霞编写。

本书每章开始都有本章学习要点和本章学习要求，每章章末都提供相当数量的思考题和练习题，书后有附录，以帮助读者更好地学习、理解和掌握相关知识。为方便学习，本书在内容的编排上按照软件的功能模块划分章节，既兼顾了各部分之间的前后衔接，又尽量不拆散电子图板设定的功能模块。

本书内容翔实，图文并茂，深入浅出，通俗易懂，从实用出发，详细阐述了电子图板基本命令的用法，着重介绍软件在绘图过程中的操作方法和步骤，并结合具体实例介绍计算机绘图的相关技巧，以及如何选用命令快速准确地完成一个设计目标，目的是培养学生的计算机绘图能力。

四、关于学习方法

首先，作为一门课程，要想取得比较好的教学效果，任课教师应该采取“以学生为主体，以教师为主导”的工程教育模式，实行“问题引导+任务驱动+目标测评”式的案例教学，以激发学生的学习兴趣和创作欲望，而不应该死板地讲解一个个孤立的命令和操作。

其次，计算机绘图作为一门课程，其规范性和实践性都很强，因此希望广大学生一定要在掌握基本概念和方法的基础上，加强上机练习，并按照工程制图的要求规范、高效作图。对读者的具体要求是：在学习初期，需要通过学习和练习，重点了解相关命令(特别是那些使用频率比较高的命令)的功能、使用方法及注意事项，细心体会该命令的特点和使用技巧，做到运用自如；在学习后期，应该针对某个具体图形乃至一张完整图纸进行练习，先分析图形的组成和特点，然后把重点放在如何选择最佳的绘图方式和最合适的操作命令上，将命令序列及其操作有机地结合起来，以快捷高效的方式完成绘图任务，而不是毫无目的、毫无要求地随意涂画，这样既浪费时间，又达不到练习作图的目的。

最后，我们衷心希望本书能够成为读者的得力帮手，在学习和工作中能助您一臂之力。

在编写过程中我们得到了学校领导和同事的大力支持和无私帮助，在此表示衷心的感谢，同时对西安电子科技大学出版社的编辑为本书出版付出的辛勤工作表示衷心的感谢。

由于编者水平有限，加上时间仓促，书中难免会有不妥之处，敬请广大读者提出宝贵意见，我们将不胜感激。编者的联系方式是：jixiecad@hebeu.edu.cn。

编　者

2015 年 12 月

目　录

第 1 章　CAXA 电子图板入门 1
1.1　运行电子图板 1
1.1.1　启动电子图板 1
1.1.2　使用【选择配置风格】对话框 1
1.2　用户界面 3
1.2.1　经典模式界面 3
1.2.2　选项卡模式界面 3
1.2.3　菜单 8
1.3　基本交互 10
1.3.1　对象操作 10
1.3.2　命令操作 11
1.3.3　点的输入 13
1.3.4　视图显示 14
1.4　文件操作 18
1.4.1　文件存取操作 19
1.4.2　多图多文档操作 23
1.5　图层 26
1.5.1　图层的概念 26
1.5.2　图层操作 26
1.5.3　图层设置 29
1.5.4　图层工具 32
1.6　颜色 35
1.6.1　“颜色”下拉列表 35
1.6.2　颜色设置 36
1.7　线型 37
1.7.1　“线型”下拉列表 37
1.7.2　线型设置 39
1.7.3　线型的加载和输出 40
1.8　线宽 41
1.8.1　“线宽”下拉列表 41
1.8.2　线宽设置 42
1.9　用户坐标系 43
1.9.1　新建用户坐标系 43
1.9.2　管理坐标系 44
1.9.3　坐标系显示 44
思考题 45
练习题 46
第 2 章　绘图 49
2.1　直线 50
2.2　多段线 55
2.3　圆 56
2.4　圆弧 58
2.5　曲线 61
2.6　多边形 64
2.7　平行线 66
2.8　中心线 68
2.9　椭圆 69
2.10　剖面线 70
2.11　填充 74
2.12　公式曲线 74
2.13　孔/轴 75
2.14　齿轮 76
2.15　点 77
2.16　箭头 79
2.17　局部放大图 80
2.18　插入表格 81
思考题 82
练习题 84
第 3 章　标注 86
3.1　尺寸标注 87
3.1.1　基本标注 87
3.1.2　基线标注 94
3.1.3　连续标注 96
3.1.4　菜单中的其他标注 97
3.1.5　射线标注 97
3.1.6　半标注 97
3.1.7　大圆弧标注 98
3.1.8　角度标注 98

3.1.9 锥度/斜度标注 100
3.1.10 曲率半径标注 101
3.2 坐标标注 101
3.2.1 原点标注 102
3.2.2 快速标注 103
3.2.3 自由标注 103
3.2.4 对齐标注 104
3.2.5 孔位标注 105
3.2.6 引出标注 106
3.2.7 自动列表 107
3.2.8 自动孔表 108
3.3 文字标注 110
3.3.1 注写文字 110
3.3.2 段落设置 114
3.3.3 插入符号 115
3.3.4 技术要求 116
3.3.5 文字查找替换 119
3.4 符号标注 120
3.4.1 尺寸公差 120
3.4.2 形位公差 125
3.4.3 表面粗糙度 127
3.4.4 焊接符号 129
3.4.5 引出说明 131
3.4.6 旋转符号 132
3.4.7 倒角标注 132
3.4.8 孔标注 134
3.4.9 基准代号 135
3.4.10 剖切符号 136
3.4.11 向视符号 137
3.4.12 中心孔标注 138
3.4.13 圆孔标记 139
3.4.14 标高 140
3.4.15 焊缝符号 140
思考题 141
练习题 142
第 4 章 插入 146
4.1 块 146
4.1.1 创建块 147
4.1.2 插入块 149
4.1.3 属性定义 149
4.1.4 更新块引用属性 151
4.1.5 块消隐 152
4.1.6 块编辑 152
4.1.7 扩充属性 153
4.1.8 块重命名 154
4.2 外部引用 155
4.2.1 插入外部引用 155
4.2.2 外部引用管理器 156
4.2.3 外部引用裁剪 157
4.3 图片 158
4.3.1 插入图片 158
4.3.2 图片管理 159
4.3.3 图片调整与裁剪 159
4.4 OLE 对象 160
4.4.1 插入对象 161
4.4.2 OLE 对象操作 162
4.4.3 链接对象 164
4.4.4 将图形对象插入到其他程序中 165
4.5 视口 166
4.5.1 创建视口 166
4.5.2 编辑视口 167
思考题 168
练习题 169
第 5 章 编辑 172
5.1 基本编辑 173
5.1.1 撤销操作与恢复操作 173
5.1.2 选择对象 174
5.1.3 剪切、复制和粘贴 175
5.1.4 特性匹配 177
5.1.5 删除 178
5.2 图形编辑 179
5.2.1 “控制句柄”编辑 179
5.2.2 平移 181
5.2.3 平移复制 181
5.2.4 等距线 182
5.2.5 裁剪 184
5.2.6 延伸 185
5.2.7 拉伸 186
5.2.8 阵列 188
5.2.9 镜像 191

5.2.10 旋转 192
5.2.11 打断 192
5.2.12 缩放 193
5.2.13 分解 195
5.2.14 过渡 196
5.2.15 其他图形编辑命令 200
5.3 标注编辑 204
5.3.1 对标注进行编辑 204
5.3.2 标注间距 205
5.3.3 样式替代与清除替代 205
5.3.4 尺寸驱动与标注关联 206
5.4 属性编辑 208
5.4.1 【特性】面板 208
5.4.2 【特性】工具选项板 208
5.5 样式管理 210
5.5.1 样式设置 210
5.5.2 样式管理 212
思考题 215
练习题 216
第 6 章 图幅 220
6.1 图幅设置 220
6.1.1 幅面参数 221
6.1.2 调入幅面元素 222
6.1.3 定制图框 222
6.1.4 明细表及序号风格设置 223
6.2 图框 224
6.2.1 调入图框 224
6.2.2 定义图框 225
6.2.3 存储图框 225
6.2.4 填写图框 226
6.2.5 编辑图框 227
6.3 标题栏 227
6.3.1 调入标题栏 227
6.3.2 定义标题栏 228
6.3.3 存储标题栏 228
6.3.4 填写标题栏 229
6.3.5 编辑标题栏 229
6.4 参数栏 230
6.4.1 调入参数栏 230
6.4.2 定义参数栏 231
6.4.3 存储参数栏 231
6.4.4 填写参数栏 231
6.4.5 编辑参数栏 232
6.5 零件序号 232
6.5.1 序号样式 233
6.5.2 生成序号 234
6.5.3 序号操作 236
6.6 明细表 239
6.6.1 明细表样式 239
6.6.2 填写明细表 243
6.6.3 插入空行 244
6.6.4 表格折行 245
6.6.5 删除表项 246
6.6.6 输出明细表 246
6.6.7 数据库操作 247
思考题 248
练习题 249
第 7 章 图库 251
7.1 插入图符 252
7.1.1 插入固定图符 253
7.1.2 插入参数化图符 254
7.1.3 选项板插入图符 256
7.2 定义图符 257
7.2.1 定义固定图符 257
7.2.2 定义参数化图符 258
7.2.3 驱动图符 266
7.3 图库管理 266
7.3.1 图符编辑 267
7.3.2 数据编辑 267
7.3.3 属性编辑 268
7.3.4 导出图符 268
7.3.5 并入图符 269
7.3.6 图符改名 269
7.3.7 删除图符 270
7.3.8 图符排序 270
7.3.9 图库转换 270
7.4 构件库 271
7.4.1 【构件库】对话框 271
7.4.2 构件的键盘命令 272
思考题 273

练习题......274
第 8 章　设置......277
8.1　界面配置......277
8.1.1　自定义功能区......277
8.1.2　自定义快速启动工具栏......278
8.1.3　自定义界面要素......280
8.1.4　界面操作......284
8.2　系统选项......285
8.2.1　路径......285
8.2.2　显示......285
8.2.3　系统......287
8.2.4　交互......288
8.2.5　文字......290
8.2.6　数据接口......290
8.2.7　文件属性......292
8.3　智能设置......293
8.3.1　拾取过滤设置......293
8.3.2　智能点设置......294
8.3.3　点样式......300
8.3.4　标准管理......300
思考题......301
练习题......302
第 9 章　工具......303
9.1　文件检索......304
9.1.1　设置搜索路径......304
9.1.2　设置属性条件......304
9.1.3　检索结果......306
9.2　DWG 转换器......308
9.2.1　设置......308
9.2.2　加载文件......309
9.2.3　转换文件......311
9.3　增益工具......311
9.3.1　数据迁移......311
9.3.2　文件比较......312
9.3.3　清理......313
9.3.4　模块管理器......314
9.3.5　设计中心......314
9.4　转图工具......317
9.4.1　幅面初始化......318
9.4.2　提取标题栏......319
9.4.3　提取明细表表头......319
9.4.4　提取明细表......320
9.4.5　补充序号......321
9.4.6　转换标题栏......321
9.4.7　转换图框......322
9.5　查询工具......322
9.5.1　查询点坐标......323
9.5.2　查询两点距离......323
9.5.3　查询角度......324
9.5.4　查询元素属性......325
9.5.5　查询周长......326
9.5.6　查询面积......326
9.5.7　查询重心......326
9.5.8　查询惯性矩......327
9.5.9　查询重量......327
9.6　外部工具......329
9.6.1　计算器......329
9.6.2　工程计算器......332
9.6.3　画图......336
思考题......336
练习题......337
第 10 章　打印......339
10.1　打印功能......339
10.1.1　打印输出的步骤......339
10.1.2　打印参数设置......340
10.1.3　编辑线型......342
10.1.4　打印预显......345
10.2　打印工具......346
10.2.1　打印工具界面......346
10.2.2　文件操作......348
10.2.3　组建操作......348
10.2.4　显示操作......351
10.2.5　排版操作......352
10.2.6　窗口操作......353
10.3　高级设置......354
思考题......355
练习题......356
附录　CAXA 电子图板命令列表......357

第 1 章　CAXA 电子图板入门

本章学习要点

本章主要学习 CAXA 电子图板 2020 的用户界面、基本交互方式、各种文件操作、绘图环境设置(包括图层、颜色、线型、线宽等的设置)，以及与该软件和绘图操作相关的重要概念等。

本章学习要求

熟悉 CAXA 电子图板 2020 的用户界面，理解相关功能和概念，以及各种绘图环境设置的作用，习惯该软件的交互方式，掌握其各种基本操作，为后面的学习打下基础。

1.1　运行电子图板

1.1.1　启动电子图板

用户欲使用 CAXA 电子图板绘图，首先必须启动系统。如果用户成功安装了 CAXA 电子图板 2020，则有三种方法可以启动它。

(1) 在 Windows 桌面上找到并双击“CAXA CAD 电子图板 2020”图标即可启动 CAXA 电子图板 2020。

(2) 用鼠标左键点击桌面左下角的“开始”按钮，然后在程序列表中点击“CAXA CAD 电子图板 2020”项即可启动 CAXA 电子图板 2020。

(3) 在安装目录(默认为 C:\Program Files\CAXA\CAXA CAD\2020\Bin)下找到并双击 CDRAFT_M.exe 可执行文件，即可运行 CAXA 电子图板 2020。

1.1.2　使用【选择配置风格】对话框

用户第一次启动电子图板时，会弹出【选择配置风格】对话框，如图 1-1 所示。利用该对话框可以选择交互风格和界面风格。

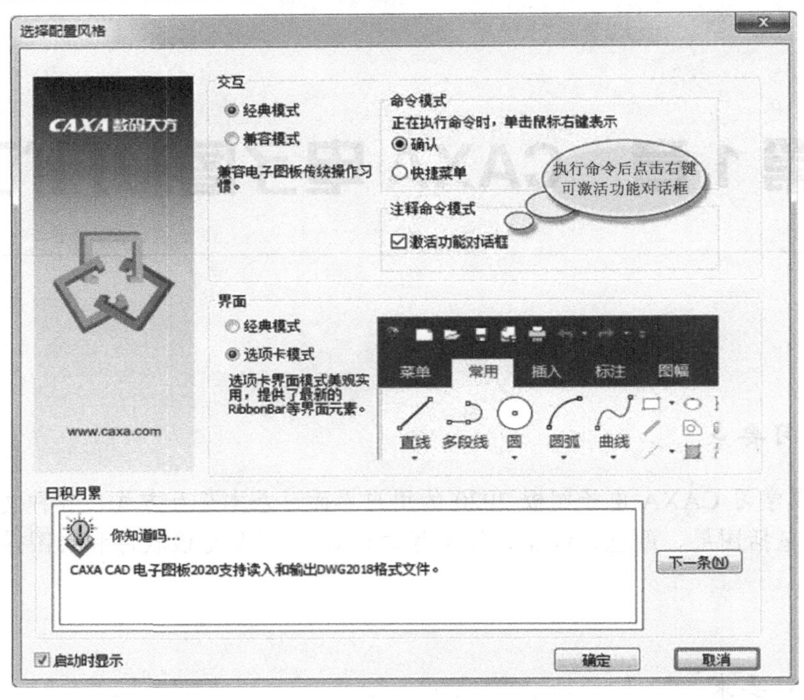

图 1-1　【选择配置风格】对话框

(1) 交互风格包括经典模式和兼容模式两种。其中，在经典模式下能够兼容电子图板的传统操作习惯，即在执行命令时，点击鼠标右键表示“确定”，在执行命令后点击鼠标右键可激活功能对话框；在兼容模式下能够兼容其他 CAD 软件的操作习惯，即在执行命令时，点击鼠标右键将启用相应的快捷菜单，在执行命令后点击鼠标右键不会激活功能对话框。

(2) 界面风格包括经典模式和选项卡模式两种。其中，经典模式简洁明了，提供了经典的菜单、工具条等界面元素；而选项卡模式则美观实用，提供了最新的 RibbonBar 等界面元素。

(3) “日积月累”信息。此信息提供了很多电子图板的使用技巧，通过点击“下一条”按钮可以逐条浏览这些技巧提示。

如果下一次启动电子图板时不需要显示【选择配置风格】对话框，则应在其左下角取消勾选“启动时显示”复选框，并点击“确定”按钮。如果想再次查看此对话框，可在功能区点击【工具】选项卡→【选项】面板→“选项”按钮，系统将弹出【选项】对话框，在左侧的列表中选择“系统”，在右侧勾选“启动时显示风格配置”复选框，点击“确定”按钮即可。

说明：在系统运行期间，如果仅需要了解“日积月累”信息而不需要对系统选项进行重新设置，可在【帮助】选项卡的【帮助】面板上点击“日积月累”按钮，系统将弹出【日积月累】对话框，如图 1-2 所示。

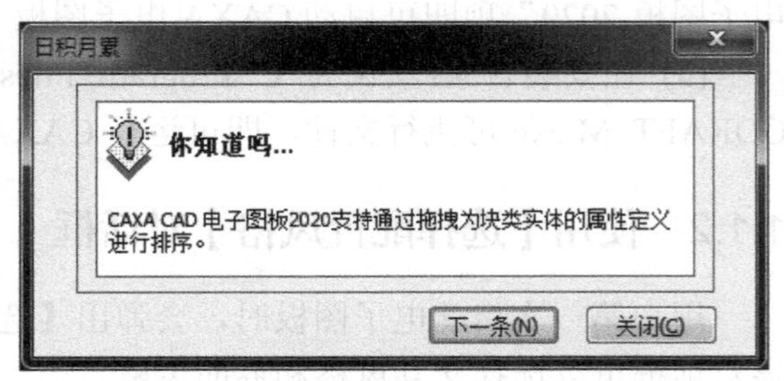

图 1-2　【日积月累】对话框

1.2　用 户 界 面

用户界面(简称界面)是交互式绘图软件与用户进行信息交流的中介。系统通过界面反映当前工作的状态信息或将要执行的操作，用户按照界面提供的信息作出判断，并经由输入设备进行下一步操作。因此，用户界面是实现人机交互的桥梁。

1.2.1　经典模式界面

为了照顾老用户的使用习惯，电子图板保留了经典模式界面，如图 1-3 所示。经典模式界面主要通过主菜单和工具条访问常用命令。除此之外，还包括状态栏、立即菜单、绘图区、工具选项板等。

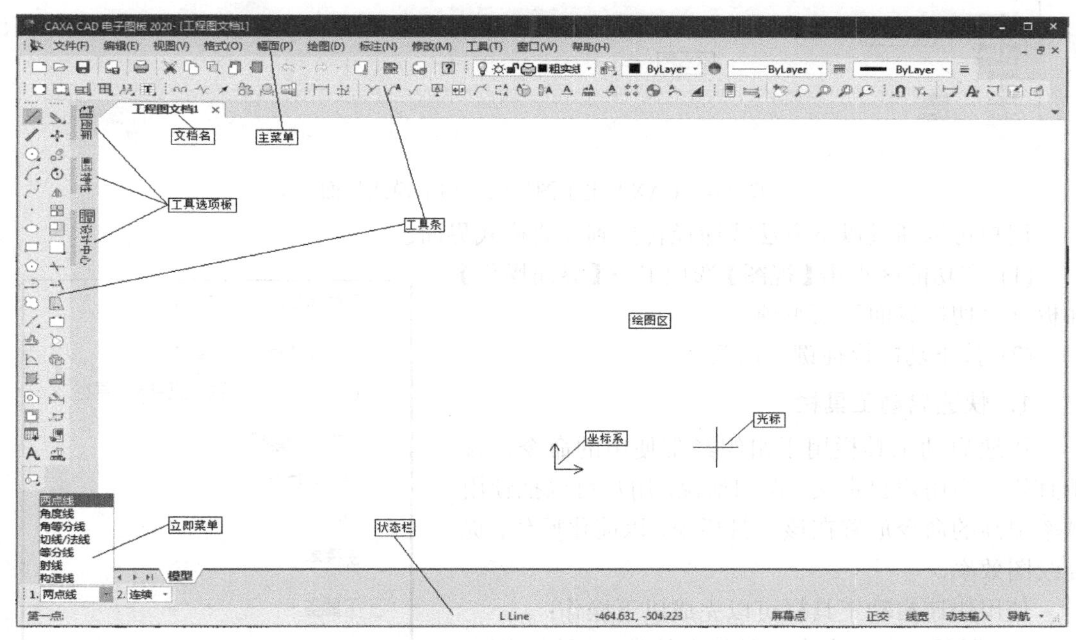

图 1-3　CAXA 电子图板 2020 的经典模式界面

用户可以通过以下方法或途径转换到选项卡模式界面。

(1) 在主菜单中，点击【工具】→【界面操作】→“切换界面”菜单项。

(2) 按下功能快捷键“F9”。

1.2.2　选项卡模式界面

选项卡模式界面主要使用快速启动工具栏和功能区选项卡及其面板访问常用命令，操作效率更高，因此成为了 CAXA 电子图板 2020 的缺省选项。

在成功启动 CAXA 电子图板 2020 以后，将出现该系统的选项卡模式界面。该界面主要由快速启动工具栏、功能区选项卡及其面板、绘图区、工具选项板、立即菜单、状态栏等组成，如图 1-4 所示。

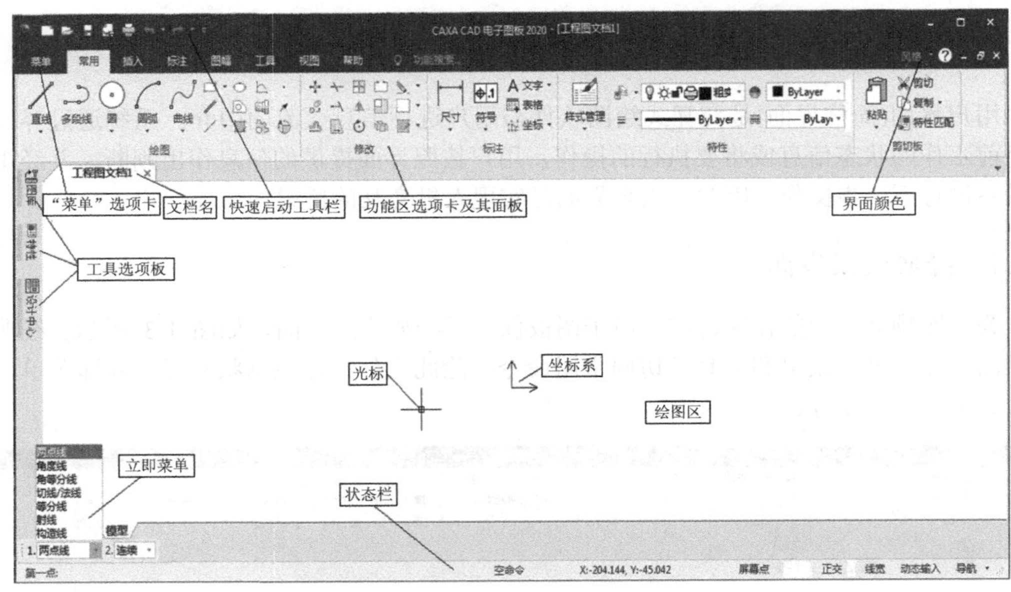

图 1-4　CAXA 电子图板的选项卡模式界面

用户可以通过以下方法或途径转换到经典模式界面。

(1) 在功能区点击【视图】选项卡→【界面操作】面板→“切换界面”菜单项。

(2) 按下功能快捷键“F9”。

1. 快速启动工具栏

快速启动工具栏用于组织经常使用的命令，该工具栏可由用户自定义。换句话说，用户可以把使用频率很高的命令放置在该工具栏中，以简化操作，提高绘图效率。

使用快速启动工具栏可以完成以下操作：

(1) 用鼠标左键点击工具栏上的某一图标，即可执行相应命令。

(2) 用鼠标右键点击工具栏上的某一图标，系统弹出如图 1-5 所示的菜单。此时，可以使用“自快速启动工具栏删除”选项将工具栏中的该按钮图标移除，使用“在功能区下方放置快速启动工具栏”选项以改变该工具栏的显示位置，也可以通过点击“自定义快速启动工具栏...”选项，并在弹出的【定制功能区】对话框中进行自定义。

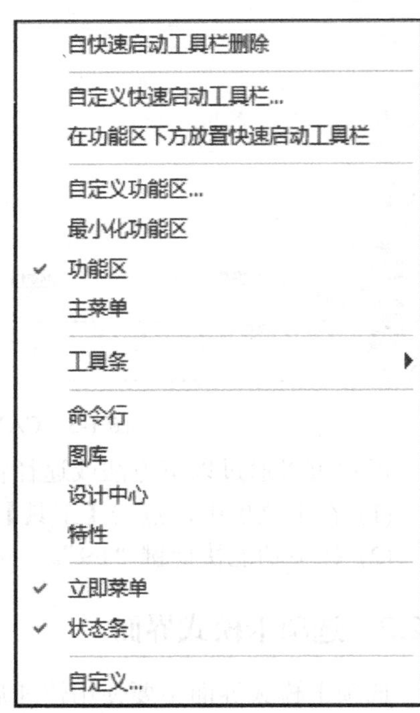

图 1-5　点击鼠标右键弹出的菜单

说明：在功能区面板上点击鼠标右键也将弹出如图 1-5 所示的菜单。利用该菜单还可以打开或关闭其他界面元素，如主菜单、工具条以及状态栏等。

2. 功能区选项卡及其面板

选项卡模式界面中最重要的界面元素就是功能区选项卡及其面板。它通过单一、紧凑的界面使各种命令组织得简洁有序、直观易懂，使绘图工作区实现最大化。

功能区通常包括多个选项卡，每个选项卡由各种功能面板组成。各种命令按钮均根据使用频率、设计任务有序地排布在功能区的选项卡和面板中。例如，电子图板的功能区选项卡包括【菜单】【常用】【插入】【标注】【图幅】【工具】【视图】【帮助】等。例如，【常用】选项卡由【绘图】【修改】【标注】【特性】【剪切板】等功能面板组成，而其中的每一个功能面板上都包含了各种功能命令和控件，其使用都非常简单。

功能区的使用方法包括：

(1) 使用鼠标左键点击功能区选项卡的标题，可以在不同的选项卡之间切换。当光标位于功能区上时，也可以使用鼠标滚轮进行切换。

(2) 双击当前功能区选项卡的标题可以使功能区最小化。此时点击功能区选项卡标题，功能区向下扩展，待光标移出功能区进行其他操作时，功能区选项卡将自动收起。如果想取消此功能，在功能区选项卡收起时再次双击选项卡的标题即可。

(3) 在各种界面元素上点击鼠标右键，可在弹出的菜单中打开或关闭功能区。

(4) 点击功能区右上角的“风格”，将弹出如图 1-6 所示的“风格”菜单，可从中选择电子图板整体界面元素的配色风格。

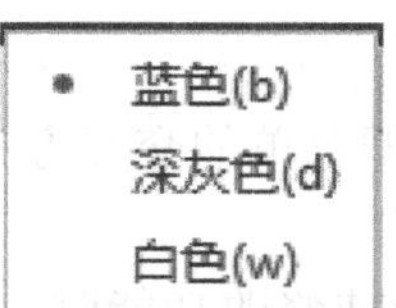

图 1-6　“风格”菜单

3. 状态栏

电子图板提供了多种显示当前状态的功能，它包括屏幕状态显示、操作信息提示、当前工具点设置及拾取状态显示等，如图 1-7 所示。

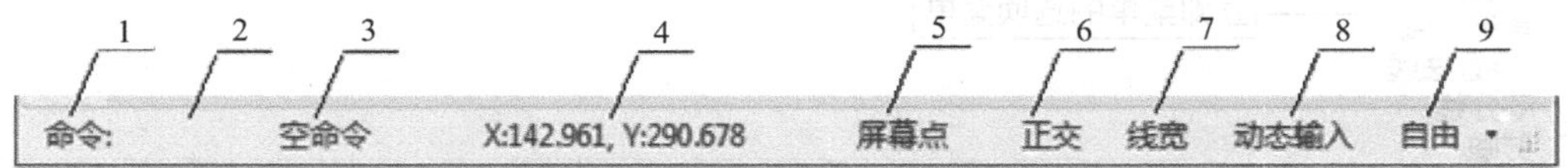

图 1-7　CAXA 电子图板 2020 的状态栏

第 1 区：操作信息提示区，位于屏幕底部状态栏的最左侧。当此处显示“命令:”时，即提醒用户输入一个命令；否则此处将显示当前命令的执行情况。

第 2 区：命令与数据输入区，位于状态栏左侧，用于由键盘输入命令或数据。

第 3 区：命令提示区，位于命令与数据输入区和操作信息提示区之间，显示目前执行的功能或键盘输入命令的提示，便于用户快速掌握电子图板的键盘命令。

第 4 区：当前点的坐标显示区，位于屏幕底部状态栏的中部。该部分用于动态地显示当前点的绝对坐标值，或显示相对于前一点的偏移量，还能显示图形的部分几何参数值，如圆的直径或半径等。

第 5 区：点工具状态提示区，用于自动提示当前点的性质以及拾取方式。例如，点可能为屏幕点、切点、端点等，拾取方式为添加状态、移出状态等。

第 6 区：正交状态切换。点击该区域可以使系统处于正交或非正交状态。

第 7 区：线宽状态切换。点击该区域可以使系统在线宽和细线状态间切换。

第 8 区：动态输入工具开关。点击该区域可以打开或关闭动态输入工具。

第 9 区：点捕捉状态设置区，位于状态栏的最右侧。点击该区域将弹出如图 1-8 所示的列表框，从中可设置点的捕捉方式，分别为自由、智能、栅格和导航。在任何时候，用户均可用“F6”键在四种捕捉方式之间切换。

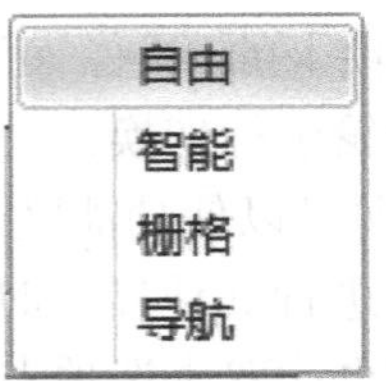

图 1-8 点捕捉方式

说明： 用户在实际操作时，应当时刻关注状态栏的信息显示及其变化情况，以免出现太多的操作失误，影响作图速度。

4. 立即菜单

CAXA 电子图板 2020 提供了立即菜单的交互方式，用来代替传统的逐级查找或问答式交互，使得交互过程更加直观和快捷。

当用户执行绘图功能、标注功能或修改功能时，系统会在窗口的左下角弹出一个立即菜单。立即菜单描述了执行该命令所需要的各种情况和使用条件。在立即菜单环境下，用鼠标点击其中的某一项，会在其上方(或下方)出现一个选项菜单供用户选择，或者提供相关数据供用户确认或修改，如图 1-9 所示。

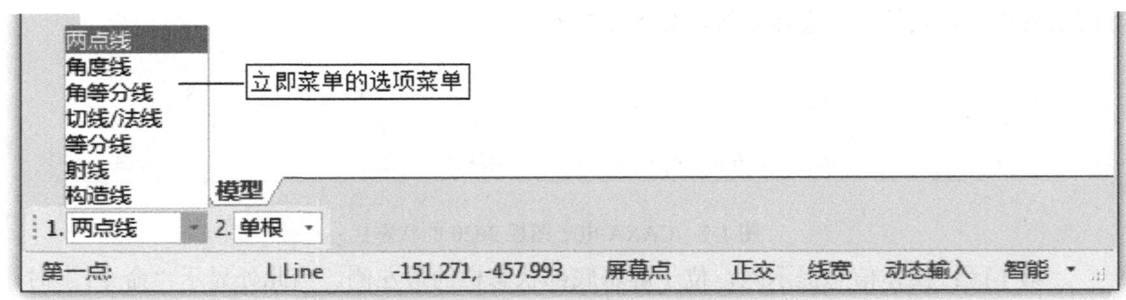

图 1-9 立即菜单的选项菜单

说明： 在立即菜单环境下，利用“Alt+数字”组合键可以快速地弹出立即菜单的选项菜单。例如，按“Alt+1”组合键，同样可得到如图 1-9 所示的结果。若连续按组合键，则在选项菜单中循环切换。

5. 工具选项板

工具选项板是一种特殊形式的交互工具，用来组织和放置图库、特性修改等工具。

电子图板的工具选项板有【特性】【图库】【设计中心】等工具。平时，工具选项板会隐藏在界面左侧的工具条内；将鼠标移动到该工具条上的某个工具选项时，对应的工具选项板就会弹出，如图 1-10 所示。

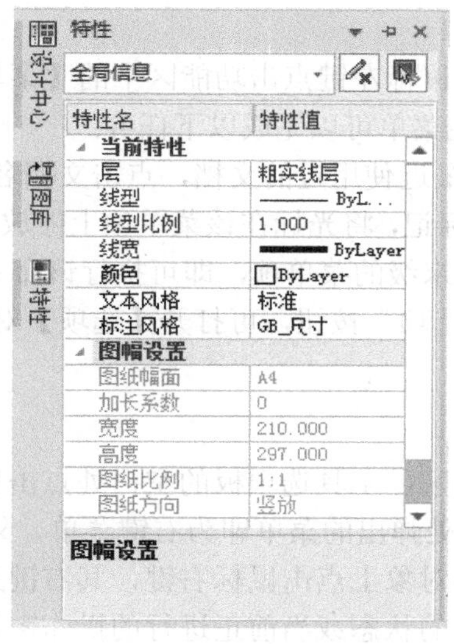

图 1-10 工具选项板(特性工具)

工具选项板的使用方法包括：

(1) 在界面左侧的工具条上单击鼠标右键，在弹出的界面元素配置菜单中选择一菜单项，如【特性】【图库】或【设计中心】等，将会打开相应的工具选项板。

(2) 在工具选项板的空白处单击鼠标右键，或者用左键点击工具选项板右上角的按钮，利用出现的菜单可将该工具设置为“浮动”“停驻”“自动隐藏”“隐藏”等状态。

(3) 点击工具选项板右上角的按钮，可以使其自动隐藏或一直显示；点击按钮，可将其关闭。

(4) 当工具选项板处于“浮动”状态时，用鼠标左键按住工具选项板标题栏进行拖动，可将其放在屏幕的其他合适位置。

6. 绘图区

绘图区是用户进行绘图设计的一个矩形工作区域。它位于整个屏幕的中心位置，占据了屏幕的大部分面积，从而为图形提供了尽可能多的展示空间。

在绘图区的中央设置了一个二维直角坐标系，该坐标系称为世界坐标系。它的坐标原点为(0.000，0.000)，水平方向为 X 坐标轴方向，向右为正，向左为负，竖直方向为 Y 坐标轴方向，向上为正，向下为负。然而，用户可以根据需要建立自己的直角坐标系(即用户坐标系)。电子图板以当前用户坐标系的原点为基准，用户在绘图区用鼠标拾取的点或用键盘输入的点，均以当前用户坐标系为基准。

另外，在绘图区域内还有一个小十字，其交点就是当前光标的所在位置，故称它为十字光标。当需要选择对象时，十字光标会暂时变为一个小矩形。

1.2.3　菜单

为了提高系统的交互性能，电子图板提供了多种菜单。除了前面提到的立即菜单以外，还有【菜单】选项卡、右键菜单、工具点菜单、“状态栏配置”菜单等。尽管这些菜单的名称和激活方式各不相同，但它们的使用方法是一样的。

1.【菜单】选项卡

在选项卡模式界面下，用鼠标左键点击功能区中的【菜单】选项卡即可调出下拉式主菜单，如图 1-11 所示。使用主菜单可以完成以下任务：

(1) 主菜单上默认显示出最近使用过的文档，点击文档名称即可直接打开。

(2) 如果菜单项尾部有▶标记，将光标在该菜单项上停放片刻，即可显示其下一级的子菜单；使用鼠标左键点击其最末级的菜单项，即可执行该命令。

(3) 点击选项卡下部的“选项”按钮，可打开【选项】对话框进行设置；点击“退出”按钮，则可以退出系统。

2. 右键菜单

如果用户在功能区、绘图区、工具选项板的空白处点击鼠标右键，或者在命令执行期间点击鼠标右键，在当前光标处弹出的菜单即为右键菜单，又称光标菜单。值得说明的是，在不同的状态下或者在不同的对象上点击鼠标右键，其右键菜单所包含的内容也会有所不同，但一般都与系统当前所处的状态或当前正进行的操作密切相关。因此，如果用户正在为接下来该进行什么操作感到困惑，或者正在为找不到合适的命令而苦恼，则可使用右键菜单进行选择。

例如，图 1-12 是功能区右键菜单，图 1-13 是绘图区右键菜单。

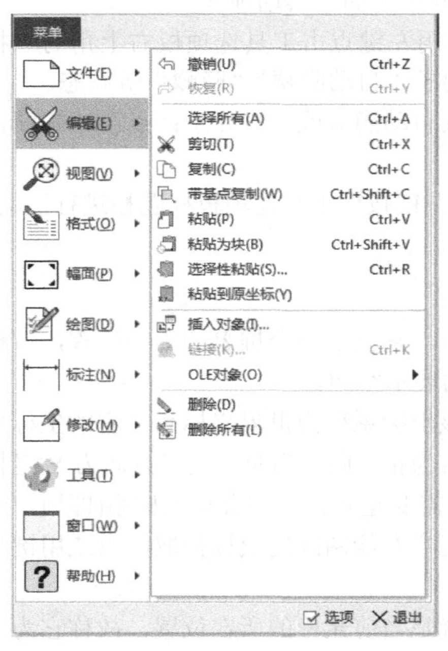

图 1-11　【菜单】选项卡

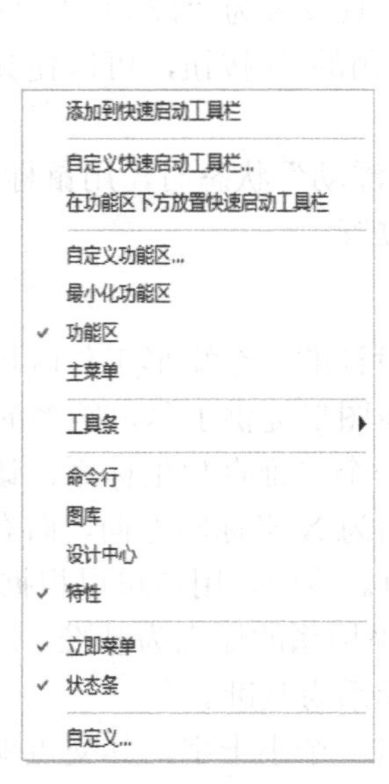

图 1-12　功能区右键菜单

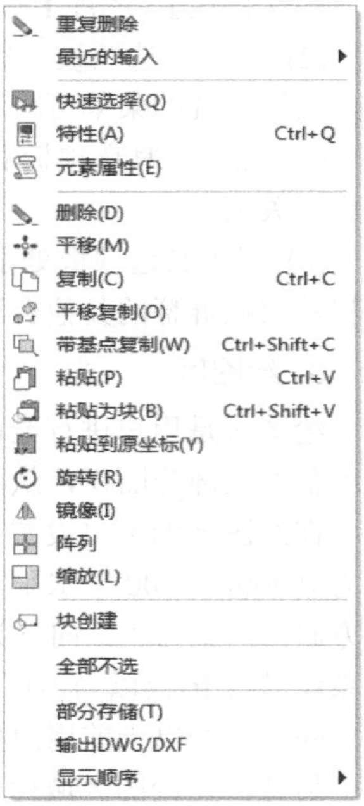

图 1-13　绘图区右键菜单

说明：右键菜单是系统的默认设置。如果用户希望在点击鼠标右键时能够重复执行上一个命令，或者对正在执行的操作予以确认，则可使用前面介绍的方法弹出【选项】对话框，如图 1-14 所示；之后点击“交互”选项→“自定义右键单击...”按钮，弹出【自定义右键单击】对话框，如图 1-15 所示，即可重新定义鼠标右键的行为。

图 1-14　【选项】对话框

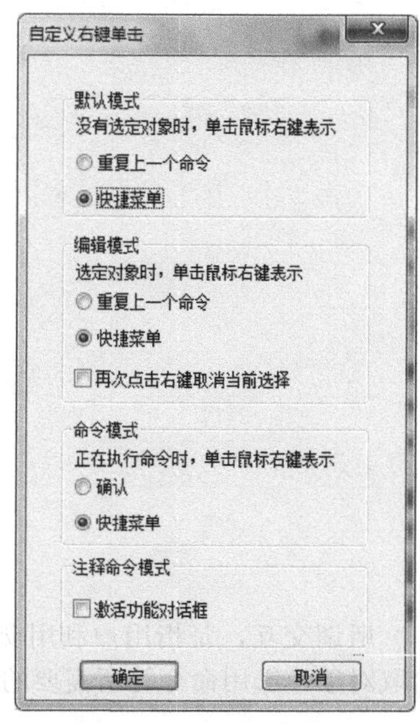

图 1-15　【自定义右键单击】对话框

3. 捕捉菜单

当用户在操作过程中需要获得图形上的一些特征点(如圆心、切点、端点、交点等)时，只需按一下空格键，系统即弹出捕捉菜单。利用该菜单，用户可以很准确、快捷地捕捉到现有图形上所需的特征点。图 1-16 给出了捕捉菜单及其选项的功能说明。

说明：用户欲使用捕捉菜单功能，则必须在如图 1-14 所示的【选项】对话框中勾选“空格激活捕捉菜单”复选框才行。

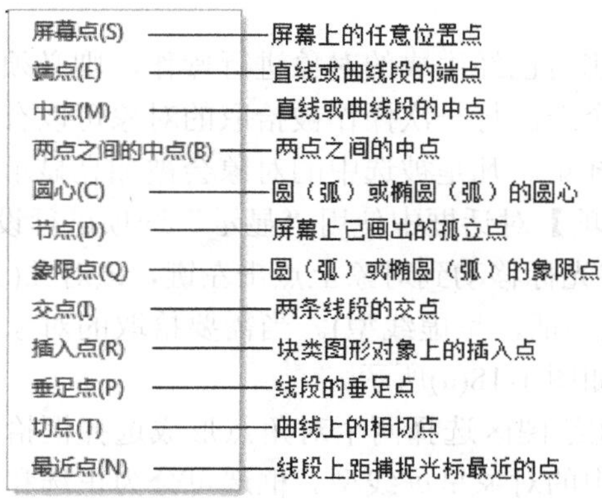

图 1-16　捕捉菜单及其选项的功能说明

4. “状态栏配置” 菜单

“状态栏配置” 菜单用于控制状态条上各种功能元素的有无。在状态栏上点击鼠标右键，将弹出 “状态栏配置” 菜单，如图 1-17 所示。其中被勾选的选项就会显示在屏幕底部的状态条上，否则就不予显示。

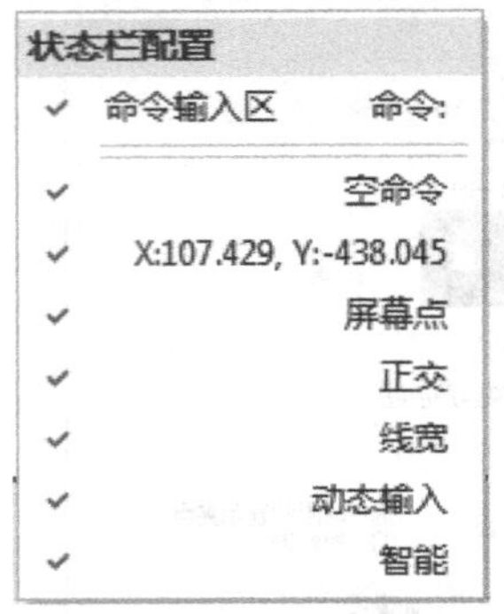

图 1-17　“状态栏配置” 菜单

1.3　基 本 交 互

所谓交互，是指用户利用交互设备(如鼠标、键盘等)在计算机屏幕上进行输入数据、拾取对象、选用命令等所需要的各种操作。

1.3.1　对象操作

1. 对象的概念

在电子图板中，绘制在绘图区的各种图线、文字、尺寸、块等图形元素(实体)，被称为对象。一个能够单独拾取的实体就是一个对象。在电子图板中，块还可以包含若干个子对象。用电子图板绘制的图形文档都是由对象组成的。因此，除了编辑环境参数外，绘图过程其实就是一个生成对象和编辑对象的过程。

2. 拾取对象

在电子图板中，如果想对已经生成的对象进行操作，则必须拾取对象。拾取对象的方法可以分为点选、框选和全选。每一次操作被拾取的对象可以有一个，也可以有多个，拾取形成的对象集合称为选择集。凡是被选中的对象会被加亮显示，加亮显示的具体效果可以在如图 1-14 所示的【选项】对话框中使用 “显示” 选项进行设置。

(1) 点选。点选是指将光标移动到对象上点击左键，该对象(如果允许被拾取)就会直接处于被选中状态(出现蓝色句柄，呈虚线型)。当需要拾取的对象数量较少或比较分散时，一般使用这种拾取方式，如图 1-18(a)所示。

(2) 框选。框选是指在绘图区选择两个对角点形成选择框拾取对象。框选一次可以选择单个或多个对象，被选中的对象呈虚线型。框选可分为正选和反选两种方法。

正选是指在选择过程中，先拾取的第一角点在左侧，后拾取的第二角点在右侧(即第一点的横坐标小于第二点的横坐标)。正选时，选择框为蓝色，框线为实线，只有当被拾取对象完全位于选择框内时，对象才会被选中，如图 1-18(b)所示。

反选是指在选择过程中，先拾取的第一角点在右侧，后拾取的第二角点在左侧(即第一点的横坐标大于第二点的横坐标)。反选时，选择框为绿色，框线为虚线，只要被拾取对象有任何一部分位于选择框内，该对象就会被选中，如图 1-18(c)所示。

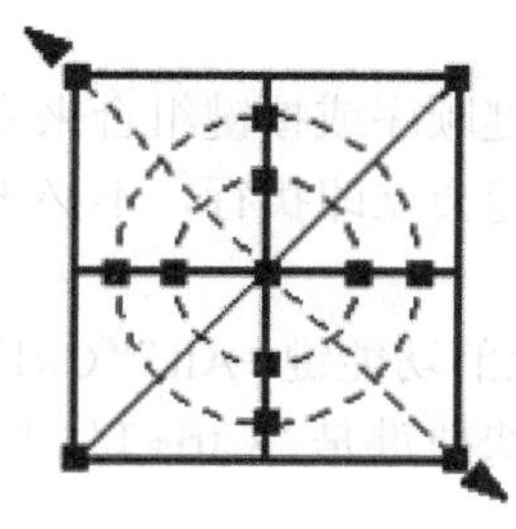

拾取第一点

拾取第二点

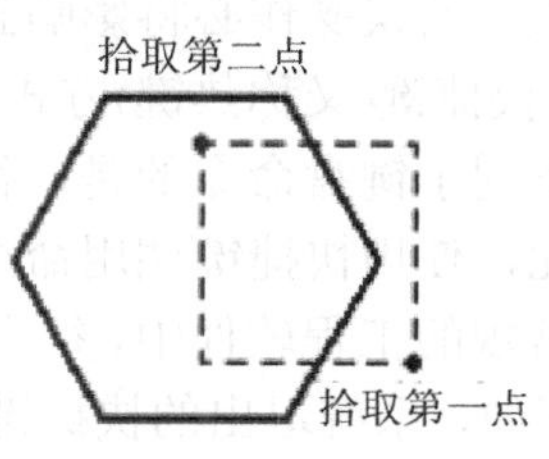

(a) 用点选拾取对象　　　　(b) 用选择框正选对象　　　　(c) 用选择框反选对象

图 1-18　拾取对象

(3) 全选。在任何情况下，按“Ctrl+A”键可以将当前文档中能够选中的对象一次性全部拾取，被选中的对象也会出现蓝色句柄，呈虚线型。

此外，在已经选择了对象的状态下，仍然可以利用上述方法继续添加拾取。但值得注意的是，如果在此之前设置有拾取过滤条件，那么满足了拾取过滤条件的对象才能被拾取到选择集中。

3. 取消拾取对象

使用常规命令结束操作后，被选择的对象也会自动取消选择状态。如果想手工取消当前的全部选择，则可以再按“Esc”键，也可以使用绘图区右键菜单中的“全部不选”来实现。如果希望取消当前选择集中某一个或某几个对象的选择状态，则可以按住“Shift”键并选择需要剔除的对象。

1.3.2　命令操作

CAXA 电子图板所进行的任何操作，都是在接收到用户给出的命令才开始执行的。

1. 调用命令的方式

调用命令的方式主要有三种：鼠标点选、键盘输入和快捷键。

(1) 鼠标点选方式是指在菜单、工具条或选项卡面板上用鼠标左键点击所需命令的选项或图标。这种方式不需要记忆太多键盘命令，所以最为简单。

说明：将鼠标指向某个命令的选项或图标稍停片刻，系统将显示该命令的功用。

(2) 键盘输入方式就是用键盘直接键入命令名称或其简化命令。在电子图板中，绝大部分功能都有对应的键盘命令，这些键盘命令都是用英文单词和字母命名的。例如，直线命令为“Line”，圆弧命令为“Arc”等。

系统对十分常用的键盘命令还提供了简化命令。简化命令的拼写十分简单，便于输入和调用。例如，直线的简化命令是“L”，圆的简化命令是“C”，尺寸标注的简化命令是“D”

等，具体请在附录中查询。

由于电子图板支持一个功能对应若干个键盘命令，因此简化命令才得以存在。简化命令和普通键盘命令一样，也可以在【界面自定义】对话框中进行自定义，自定义的方法与键盘命令的定义方法相同。

显然，键盘输入方式比鼠标点选方式效率更高，但要求用户必须熟记大量的系统命令，否则，太多的误操作必将影响到绘图效率。

(3) 快捷键(又称热键)方式是指通过某些特定的按键、按键顺序或按键组合来完成一个操作。不同于键盘命令的是，快捷键按下后，需要调用的功能会立即执行，不必再按回车键。因此，使用快捷键调用命令可以大幅提高绘图效率。

在常规的工程软件中，很多组合式的快捷键往往与键盘上的功能键"Alt""Ctrl""Shift"有关。例如，系统退出的快捷键是"Alt+F4"，"样式管理"的快捷键是"Ctrl+T"，"另存为"的快捷键是"Ctrl+Shift+S"等。

非组合式快捷键主要是键盘顶部的"Esc"键和 F 系列功能键(F1～F12)。表 1-1 列出了一些常用的快捷键，其中"Esc"键的用处非常广泛，在取消拾取、退出命令、关闭对话框、中断操作等方面有广泛的应用。大部分的操作或特殊状态都可以通过按"Esc"键退出或消除。

表 1-1　一些常用的快捷键

快 捷 键	功 能 说 明
鼠标左键	用于激活菜单，确定点的位置，拾取实体等
鼠标右键	用于激活菜单，确认拾取，结束操作，终止命令等
拖动鼠标中键	用于动态平移
滚动鼠标中键	用于动态缩放
F1	在任何时候，可请求系统的帮助
F2	坐标显示模式切换，即在显示直角坐标和显示相对坐标之间切换
F3	显示全部
F4	指定一个当前点作为参考点，用于相对坐标点/相对位移的输入
F5	当前坐标系切换开关
F6	点捕捉方式切换开关，用于设置捕捉方式
F7	三视图导航开关
F8	正交与非正交切换开关
F9	在新风格界面与经典风格界面之间切换
Esc 键	在任何时候，可终止正在执行的任何命令或操作
Home 键	在输入框中用于将光标移至行首
End 键	在输入框中用于将光标移至行尾
Delete 键	删除拾取的图形对象
方向键(↑↓→←)	在输入框中用于移动光标位置，在其他情况下用于平移显示图形

电子图板默认的快捷键设置尽量保证了一般软件的操作习惯，如"剪切"为"Ctrl+X"，"复制"为"Ctrl+C"，"粘贴"为"Ctrl+V"，"撤销操作"为"Ctrl+Z"，"恢复操作"为"Ctrl+Y"，

“打开文件”为“Ctrl+O”，“关闭”为“Ctrl+W”等。必要时可以利用【界面自定义】对话框进行自定义。

2. 命令状态

电子图板的命令状态可以分为三种，即“空命令状态”“拾取实体状态”和“执行命令状态”，如图 1-19 所示。

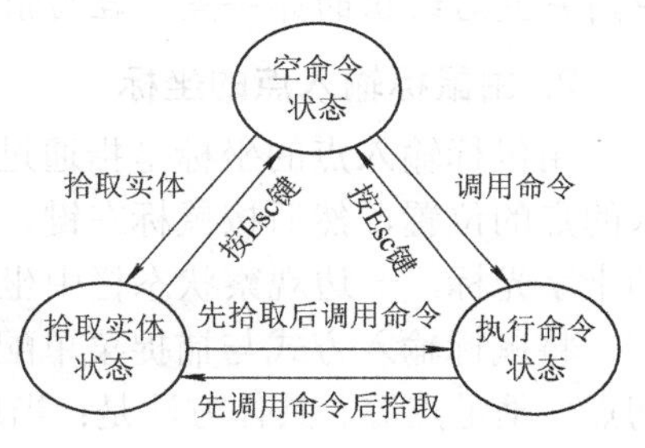

图 1-19　三种命令状态

“空命令状态”下可以通过拾取对象进入“拾取实体状态”，或通过调用命令的方式进入“执行命令状态”。如果在“空命令状态”下调用了需要拾取实体的命令，则该命令运行后会提示用户拾取实体。我们把这种操作模式称为“先调用命令后拾取”模式。

“拾取实体状态”下可以通过按“Esc”键进入“空命令状态”，或通过调用命令的方式进入“执行命令状态”。如果在“拾取实体状态”下调用了需要拾取对象的命令，则该命令会直接进入处理该拾取对象的后续流程环节。我们把这种操作模式称为“先拾取后调用命令”模式。

在“执行命令状态”下可按“Esc”键回到“空命令状态”，部分命令也可用鼠标右键直接结束，回到“空命令状态”。

值得一提的是，电子图板还具有计算功能，它不仅能进行加、减、乘、除、平方、开方和三角函数等常用的数值计算，甚至能完成复杂表达式的计算。届时，只要在“空命令状态”下直接输入所需计算的表达式(不用输入等号“=”)，然后按回车键即可得到计算结果，如 23/41+55/3、sqrt(121)+75*6、sin(30)+cos(60)等。

1.3.3　点的输入

点是构成几何图形的最基本元素，故在绘图过程中经常需要输入点的坐标。CAXA 电子图板除了能用键盘和鼠标两种方式输入点的坐标以外，为了准确、快速地获得点的位置，还设置了若干种捕捉方式，如智能点的捕捉、栅格点的捕捉等。

1. 由键盘输入点的坐标

用键盘输入点的坐标时，可以采用绝对坐标、相对坐标、相对极坐标三种方式之一，也可以将三种方式结合起来使用。用户在绘图时，可根据实际情况进行选择。

(1) 绝对坐标方式。当系统需要输入一个点时，可直接在键盘上输入一对实数值作为点的 X、Y 坐标，但 X、Y 坐标值之间必须用逗号隔开，如“100，50”等。

(2) 相对坐标方式。相对坐标是指相对于系统当前点的坐标，它与坐标系的原点无关。以这种方式输入点时，系统要求用户必须在第一个数值前面加上符号“@”，以表示相对。例如，输入“@100，50”，则表示相对于参考点来说，输入了一个向右偏移 100 个单位且向上偏移 50 个单位的点。

(3) 相对极坐标方式。该方式是通过指定相对于参考点的极半径和极半径与 X 轴的逆时针方向夹角(即夹角)来确定一点位置的方法。当用户采用这种方式时，极半径与极角之间必须用小于号“<”隔开。例如，@100<50，表示给出的一点相对于参考点来说，其极半

径为 100，极角为 50°。

说明：参考点是系统自行设定的相对于坐标的参考基准，系统缺省的参考点为坐标系中用户最后给出的那一点。在当前命令的交互过程中，按“F4”键可以重新确定参考点。

2. 由鼠标输入点的坐标

用鼠标输入点的坐标是指通过移动手中的鼠标，使屏幕上的十字光标恰好位于需要输入的点的位置，然后按鼠标左键，该点的绝对坐标即被输入。用鼠标输入点时，应一边移动十字光标，一边观察状态栏中坐标显示数字的变化，以便尽快地确定所需要的点。

将鼠标输入方式与捕捉菜单配合使用，可以更准确地定位图形上的特征点，如端点、切点、垂足点等。具体方法是：当用户在操作过程中需要输入特征点时，只需按下空格键，即在屏幕上弹出如图 1-16 所示的捕捉菜单，然后将鼠标光标移近图形上具有特征点的大致位置，待出现特征标识时点击鼠标左键即可获得该特征点。按功能键“F6”可以切换点捕捉方式。

当使用捕捉菜单选择捕捉方式时，之前用如图 1-8 所示的列表框或其他手段设定的任何捕获方式都会被暂时取消，体现了即时捕捉优先原则。系统默认的捕捉状态为“屏幕点”。如果用户在作图时使用了其他捕捉方式，则在状态栏中显示当前点捕获状态。但这种点的捕获只能一次有效，完成后会立即回到“屏幕点”状态。

1.3.4　视图显示

在绘图过程中，用户需要经常显示和查看图形的不同部分。为此，电子图板提供了丰富的控制图形显示的命令。显示控制命令与绘图、编辑命令不同，其显著特点是：它们只改变图形在屏幕上的显示方式，使操作者的主观视觉效果发生改变，而不能使图形产生实质性的变化；它们允许操作者按期望的位置、比例、范围等条件显示图形，但操作的结果既不改变原图形的实际尺寸，也不影响图形中原有对象之间的相对位置关系；它们全部属于透明命令，即可以在绘制和编辑图形的命令执行过程中穿插使用，等执行完毕之后再继续执行尚未完成的命令操作。由此可见，图形的显示控制对绘图操作，尤其是对绘制大型图纸和复杂图形具有重要作用，故在绘制和编辑图形过程中经常用到它们。

欲使用视图显示控制命令，可在功能区打开如图 1-20 所示的【视图】选项卡，点击【显示】面板上的按钮。

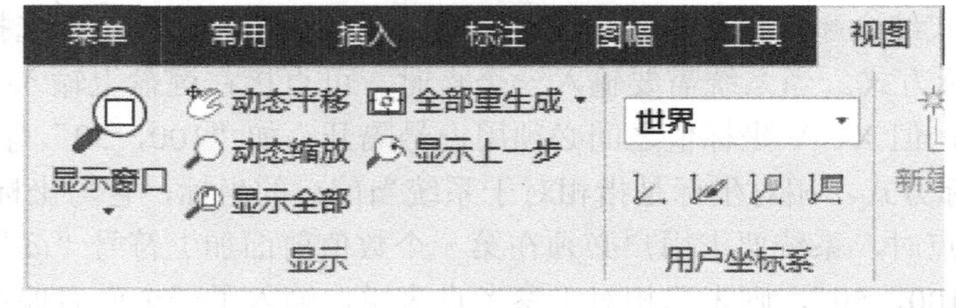

图 1-20　【视图】选项卡及其【显示】面板

1. 重生成

重生成是将显示失真的图形按当前窗口的显示状态进行重新生成。该命令的使用方法是：

(1) 在【显示】面板上点击按钮。

(2) 在“无命令”状态下输入“Refresh”命令并按回车键。

一般情况下，当圆和圆弧等图形元素被放大到一定比例时，会出现一定程度的显示失真现象。这时就需要使用重生成命令。以如图 1-21(a)所示的圆为例，执行该命令，系统会提示“拾取元素”，光标即变为拾取形状，此时拾取该圆并点击右键结束命令，圆的显示即恢复正常，如图 1-21(b)所示。

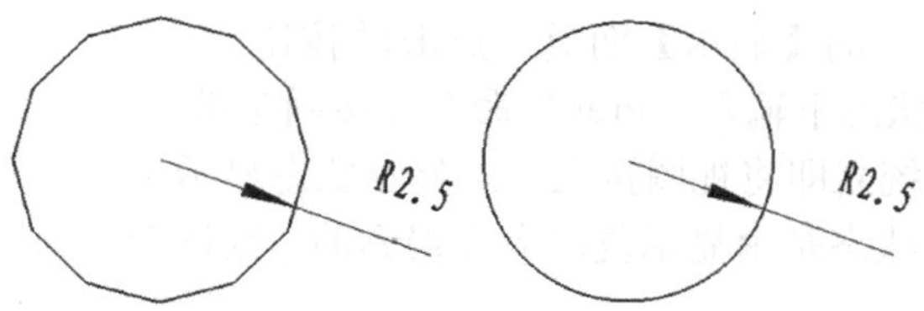

(a) 重生成前的失真图　　(b) 重生成后的结果

图 1-21　重生成操作

2. 全部重生成

全部重生成是指将绘图区内显示失真的图形全部重新生成。该命令的使用方法是：

(1) 在如图 1-20 所示的【显示】面板上点击按钮。

(2) 在“无命令”状态下输入“Refreshall”命令并按回车键。

3. 动态平移

动态平移是指通过拖动鼠标使图形产生平移，从而改变图形的显示状态。该命令的使用方法是：

(1) 在如图 1-20 所示的【显示】面板上点击按钮。

(2) 在“无命令”状态下输入“Dyntrans”命令并按回车键。

调用该功能后，光标变为形状。按住鼠标左键并拖动光标，则整个图形也随之动态平移；点击鼠标右键或按“Esc”键可以结束动态平移操作。

另外，按住鼠标中键(滚轮)并拖动，可以直接实现动态平移。由于这种方法不需要特意启动动态平移命令，因而更加快捷、方便。

4. 动态缩放

动态缩放是指通过拖动鼠标，动态地放大或缩小显示图形。该命令的使用方法是：

(1) 在如图 1-20 所示的【显示】面板上点击按钮。

(2) 在“无命令”状态下输入“Dynscale”命令并按回车键。

调用该功能后，光标变为形状。按住鼠标左键并拖动光标，则整个图形也随之动态缩放：鼠标向上拖动为放大显示，向下拖动为缩小显示。点击鼠标右键或按“Esc”键则结束动态缩放操作。

另外，按住鼠标滚轮上下滚动也可以直接进行缩放，而且这种方法更加快捷、方便。

5. 显示全部

显示全部是指将当前所绘制的图形全部显示在屏幕绘图区内。该命令的使用方法是：

(1) 在如图 1-20 所示的【显示】面板上点击按钮。

(2) 在“无命令”状态下输入“Zoomall”命令并按回车键。

调用该功能后，用户当前所画的全部图形将尽可能大地充满屏幕绘图区重新显示出来。因此，当需要预览整图的全貌时，可使用该命令。

6. 显示上一步

显示上一步是指取消当前显示，返回到本次操作前的显示状态。该命令的使用方法是：

(1) 在如图 1-20 所示的【显示】面板上点击按钮。

(2) 在“无命令”状态下输入“Prev”命令并按回车键。

调用该功能后，系统立即将视图按上一次显示状态显示出来。但如果上一个显示状态是由显示复原命令得到的，则该命令不起作用。

7. 显示窗口

显示窗口是指由用户输入两个对角点来定义一个矩形窗口，系统将该窗口所包含的区域充满屏幕绘图区加以显示。

在如图 1-20 所示的【显示】面板上点击最左侧大按钮下方的▾，将出现如图 1-22 所示的菜单，该菜单中第一个选项就是“显示窗口”。该命令的使用方法是：

(1) 在如图 1-22 所示的菜单中点击“显示窗口”选项。

(2) 在“无命令”状态下输入“Zoom”命令并按回车键。

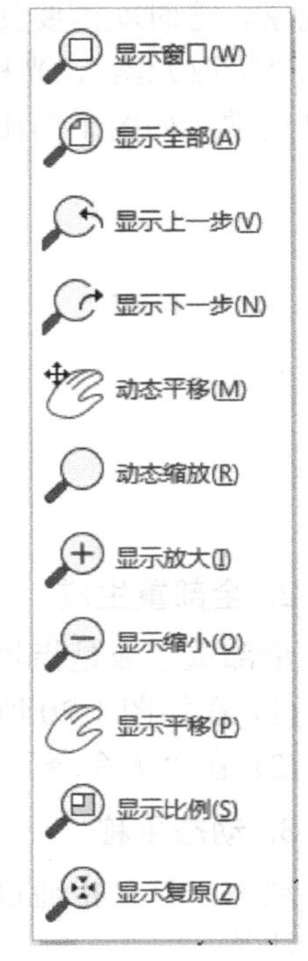

图 1-22 显示控制菜单

接下来系统提示“显示窗口第一角点”，此时应在合适位置用鼠标输入一点；接着提示“显示窗口第二角点”，此时移动鼠标将出现一个随光标移动而大小不断变化的矩形框。该矩形框所包括的区域就是即将被放大显示的部分，该区域的中心即为新的屏幕显示中心。所以，矩形框的大小一旦确定，所选区域内的图形即充满屏幕绘图区重新显示出来，如图 1-23 所示。该操作过程能够重复进行，直至按“Esc”键或者点击鼠标右键结束该命令。

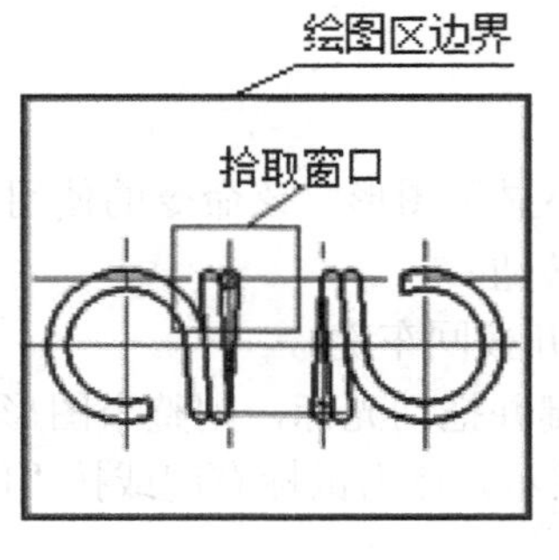

(a) 拾取窗口

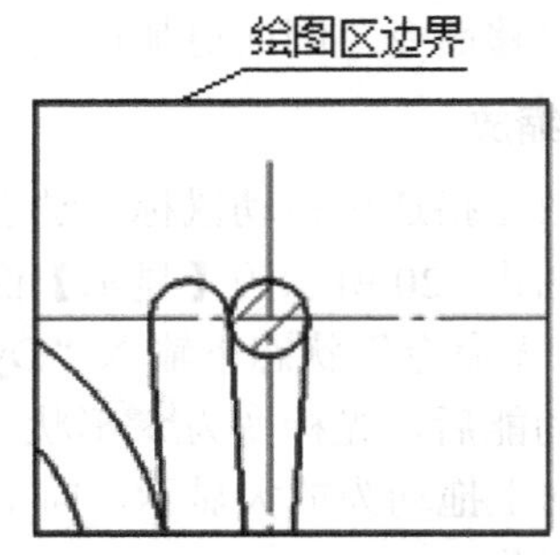

(b) 窗口显示结果

图 1-23 显示窗口操作

8. 显示下一步

在操作过程中，用户经常需要多次改变图形的显示状态。但如果事前使用“显示上一步”操作改变了图形显示状态，那么就可以使用“显示下一步”操作再返回到目前的显示状态。所以，此操作必须与“显示上一步”配合使用。如果上一个显示状态不是由“显示上一步”操作得到的，则该操作无效。该命令的使用方法是：

(1) 在如图 1-22 所示的菜单中点击“显示下一步”选项。

(2) 在“无命令”状态下输入“Next”命令并按回车键。

9. 显示放大

显示放大是指以 1.25 倍的固定比例放大显示当前图形。该命令的使用方法是：

(1) 在如图 1-22 所示的菜单中点击“显示放大”选项。

(2) 在“无命令”状态下输入“Zoomin”命令并按回车键。

调用该功能后，光标变为形状。此时，每点击一次鼠标左键，系统就以 1.25 倍的比例系数放大显示当前图形。点击鼠标右键或按“Esc”键即结束该命令。

10. 显示缩小

显示缩小是指以 0.8 倍的固定比例缩小显示当前图形。该命令的使用方法是：

(1) 在如图 1-22 所示的菜单中点击“显示缩小”选项。

(2) 在“无命令”状态下输入“Zoomout”命令并按回车键。

调用该功能后，光标变为形状。此时，每点击一次鼠标左键，系统就以 0.8 倍的比例系数缩小显示当前图形。点击鼠标右键或按“Esc”键即结束该命令。

11. 显示平移

显示平移是指由用户输入一点，系统即以该点为屏幕显示中心平移显示图形，而不改变图形显示的缩放比例系数。该命令的使用方法是：

(1) 在如图 1-22 所示的菜单中点击“显示平移”选项。

(2) 在“无命令”状态下输入“Pan”命令并按回车键。

调用该功能后，系统提示“屏幕显示中心点”，用户可在合适位置用鼠标输入一点，系统即以该点为屏幕显示中心重新显示图形。该操作过程能够重复进行，直至按“Esc”键或者点击鼠标右键结束该命令。

说明：在任何状态下，使用键盘上的←、↑、→、↓这四个方向键也可以实现显示平移的功能。

12. 显示比例

显示比例是指按用户输入的比例系数，将图形缩放后重新显示。该命令的使用方法是：

(1) 在如图 1-22 所示的菜单中点击“显示比例”选项。

(2) 在“无命令”状态下输入“Vscale”命令并按回车键。

调用该功能后，系统提示“比例系数”，用户可输入一个有效的实数值(其有效范围为 0.001～1000)并按回车键，系统即将图形缩放后重新显示出来。

这里，如果比例系数大于 1，图形将放大显示；如果比例系数小于 1，图形将缩小显示；当比例系数等于 1 时，显示无变化。

13. 显示复原

显示复原是指恢复初始显示状态，即当前标准图幅下的显示状态。该命令的使用方法是：

(1) 在如图 1-22 所示的菜单中点击“显示复原”选项。

(2) 在“无命令”状态下输入“Home”命令并按回车键。

调用该功能后，系统则立即将图形恢复到初始的显示状态。

用户在绘图过程中，或许已对图形进行了各种显示变换，为了能以最快速度返回到初始显示状态，观看图形在标准图幅下的情况，可以使用该命令。

图 1-24 是几个使用显示控制命令的例子。其中，图(a)是“显示全部”的操作结果。在此基础上，使用“显示比例”命令，比例系数为 0.5，即得到如图(b)所示的显示结果。继续使用“显示平移”命令，使显示中心平移到图形左端面的中点处，显示结果如图(c)所示。若使用一次“显示放大”命令(比例系数为 1.25)，即得到如图(d)所示的显示结果。这时，使用两次“显示上一步”命令，其显示结果将回到如图(b)所示的状态。最后，执行一次“显示下一步”命令，其显示结果又将如图(c)所示。

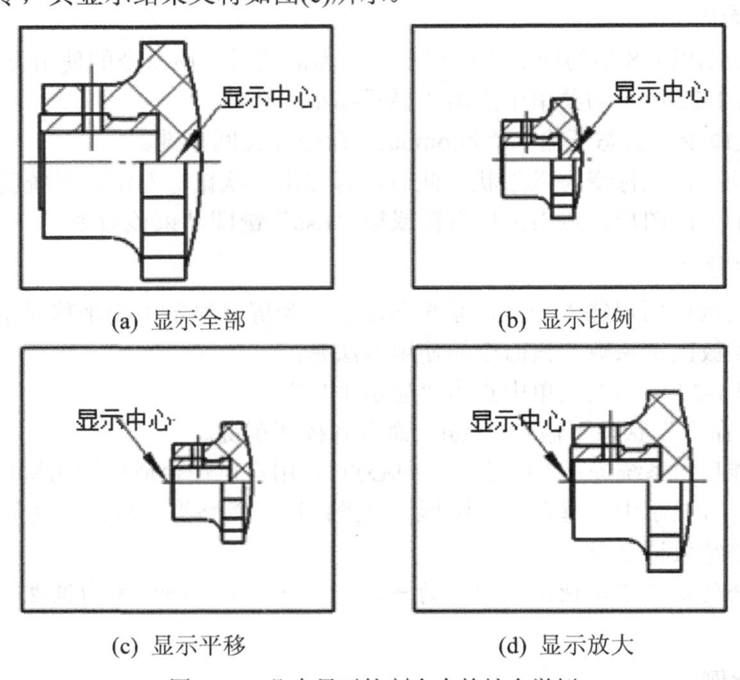

(a) 显示全部　　(b) 显示比例

(c) 显示平移　　(d) 显示放大

图 1-24　几个显示控制命令的综合举例

1.4　文 件 操 作

众所周知，人们在使用计算机完成各项工作时，都是以文件的形式把获得的信息和数据存储在计算机中，并由计算机管理。因此，文件操作非常重要，它不仅直接影响用户对系统的信赖程度，也直接影响设计与绘图的工作效率和可靠性。

文件操作可以通过【菜单】选项卡上的“文件”选项弹出如图 1-25 所示的下拉菜单，或者使用快速启动工具栏上的按钮来实现。

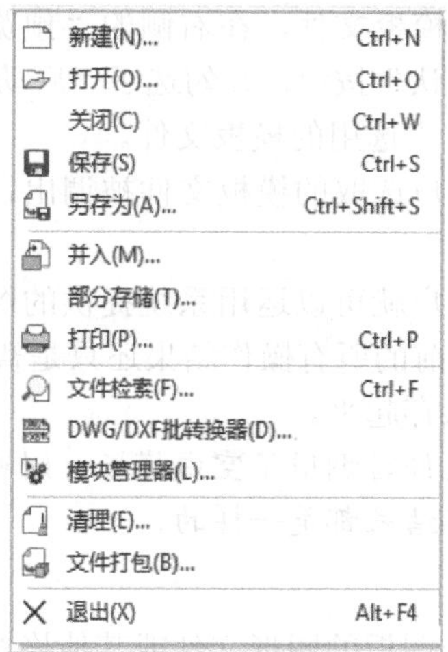

图 1-25　“文件”下拉菜单

1.4.1　文件存取操作

1. 新建文件

新建文件是指创建基于模板的图形文件。

(1) 在如图 1-25 所示的菜单中点击“新建”选项，或在快速启动工具栏中点击按钮，或在“无命令”状态下键入“New”并按回车键，系统都会弹出如图 1-26 所示的【新建】对话框。

对话框中给出了若干个模板文件，它们是国标规定的 A0～A4 的图幅、图框及标题栏的模板和一个名为“BLANK.TPL”的空白模板文件。这里所说的模板，实际上是为用户提供的一张带有图框及标题栏的空白图纸，用户在此基础上绘图可省去许多重复性工作。

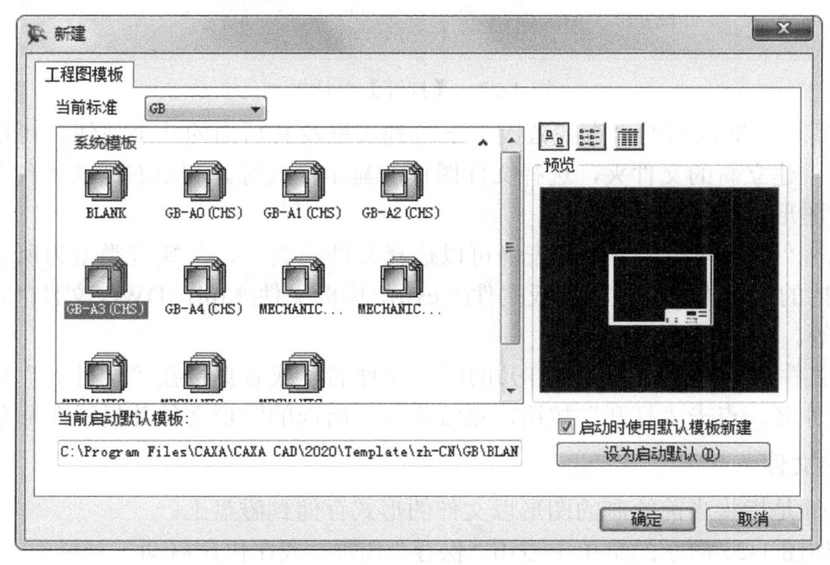

图 1-26　【新建】对话框

(2) 在对话框中选择所需的模板文件，在右侧的“预览”框中可观察该模板文件的大致样式。如果点击“设为启动默认”按钮，并勾选了“启动时使用默认模板新建”复选框，则日后在建立新文件时将使用本次选用的模板文件。

(3) 点击“确定”按钮，用户选取的模板文件被调出，并显示在屏幕绘图区中，由此便建立了一个新文件。

(4) 建立好新文件以后，用户就可以运用系统提供的图形绘制、编辑、标注等各项功能进行操作了。但必须牢记，当前的所有操作结果还只是暂存在内存中，只有在存盘以后，用户的设计成果才会被真正地保存起来。

说明：如果用户在创建新文件时调用了空白模板，则可以利用第 6 章介绍的方法定义图幅，调入图框和标题栏等，其结果都是一样的。

2. 打开文件

打开文件是指打开一个电子图板的图形文件或其他格式的图形文件。

(1) 在如图 1-25 所示的菜单中点击“打开”选项，或在快速启动工具栏中点击按钮，或在“无命令”状态下键入“Open”并按回车键，系统将弹出如图 1-27 所示的【打开】对话框。

图 1-27　【打开】对话框

(2) 利用对话框顶部的“查找范围”下拉列表框及其后面的几个按钮，可以设定文件所在的位置，建立新的文件夹，选择文件图标的显示样式等。利用右部的“预览”窗口可以对选择的图形文件进行预览。

(3) 点击“文件类型”下拉列表框可以选择文件的类型，其缺省类型为所有支持的文件。系统支持的文件类型有电子图板文件(*.exb)、模板文件(*.tpl)、DWG 文件(*.dwg)、DXF 文件(*.dxf)等。

(4) 在文件列表框中选择需要打开的图形文件名，或者直接在“文件名”后面的编辑框中输入文件名，点击“打开”按钮，系统将打开所选的图形文件并显示在屏幕绘图区。

3. 存储文件

存储文件是指将当前绘制的图形以文件的形式存储到磁盘上。

(1) 在如图 1-25 所示的菜单中点击“保存”选项，或在快速启动工具栏中点击按钮，或在“无命令”状态下键入“Save”并按回车键，都可以将文件存储到指定的磁盘位置。

(2) 如果当前文件已经存盘或者打开一个已保存的文件，进行编辑操作后再存储文件，系统将直接把修改结果存储到原文件中，而不再提示选择存盘路径；如果当前文件尚未存盘，系统将弹出【另存文件】对话框，如图 1-28 所示。

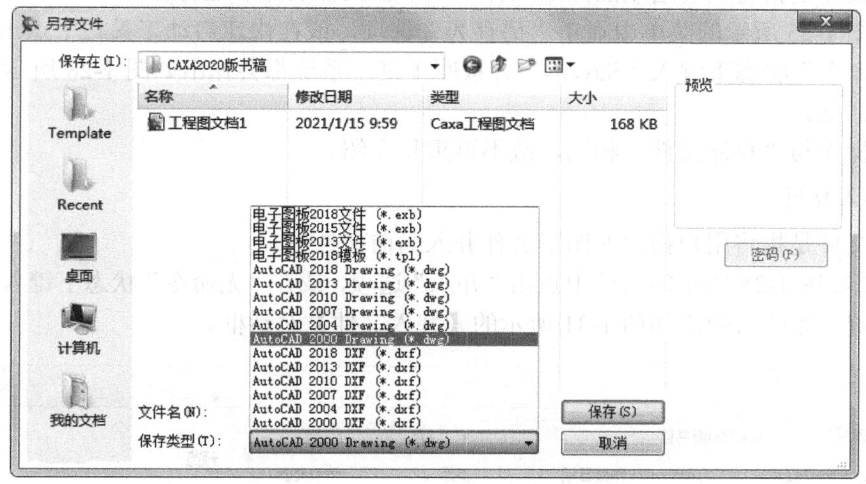

图 1-28　【另存文件】对话框

(3) 利用对话框顶部的“保存在”下拉列表框及其后面的几个按钮，可以设定文件存储的位置、建立新的文件夹、选择文件图标的显示样式等。

(4) 点击“保存类型”下拉列表框可以选择文件的类型。由于系统没有提供“电子图板 2020 文件(*.exb)”，因此可将“保存类型”选为“电子图板 2018 文件(*.exb)”或“AutoCAD 2000 Drawing(*.dwg)”。

(5) 对所存储的文件设置密码。点击“密码”按钮，系统弹出如图 1-29 所示的【设置密码】对话框，在两个编辑框中输入密码。密码至多可由八个字符组成，并区分英文字母的大小写。点击“确定”按钮后即可完成密码设置。注意：用户只能对“*.exb”文件设置密码，且一旦遗忘了密码，该文件将无法打开。

(6) 在“文件名”编辑框中输入文件名，再点击“保存”按钮。这时，如果给出的文件名与当前文件夹下的文件不重名，系统将把当前文件以该名称进行保存；否则，将弹出如图 1-30 所示的【确认另存为】警示框，若选择“是”则将原文件覆盖，若选择“否”则

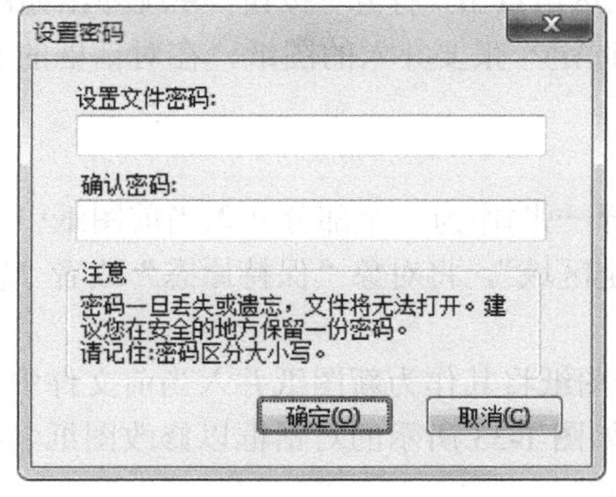

图 1-29　【设置密码】对话框

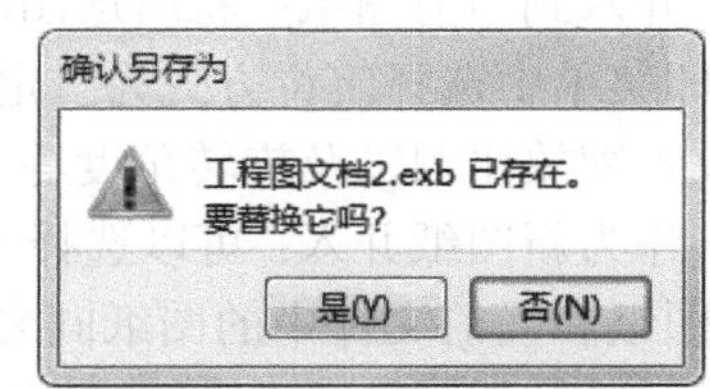

图 1-30　【确认另存为】警示框

需重新输入另一文件名后再进行存盘。

4. 另存文件

另存文件是指将当前绘制的图形文件以一个新文件名命名进行保存。

在如图 1-25 所示的菜单中点击“另存为”选项，或在快速启动工具栏中点击按钮，或在“无命令”状态下键入“Saveas”并按回车键，系统都会弹出如图 1-28 所示的【另存文件】对话框。

其余操作与“存储文件”相同，故不再重复介绍。

5. 并入文件

并入文件是指将用户指定的图形文件并入当前文件中。

(1) 在如图 1-25 所示的菜单中点击“并入”选项，或在“无命令”状态下键入“Merge”并按回车键，系统将弹出如图 1-31 所示的【并入文件】对话框。

图 1-31 【并入文件】对话框

说明：在【插入】选项卡的【对象】面板上，点击按钮，也可打开【并入文件】对话框。

(2) 选择需要并入的文件类型及文件名称，然后点击“打开”按钮，系统弹出如图 1-32 所示的对话框。这时需要在“图纸选择”下方选定一张要并入的图纸，在对话框的右侧会出现所选图纸的预显。

(3) “选项”中各项的具体含义如下：

① 并入到当前图纸：将所选图纸(只能选择一张)作为一个部分并入当前图纸中。随之可在立即菜单中选择定位方式为“定点”或“定区域”，将对象“保持原态”或者“粘贴为块”，设置缩放比例以及旋转角度等。

② 作为新图纸并入：可以选择一个或多个图纸将其作为新图纸并入当前文件中。如果并入的图纸和当前文件中的图纸同名，则弹出如图 1-33 所示的对话框以修改图纸名称。

(4) 点击“确定”按钮即可完成“并入文件”。

这里需要说明的是，如果两个文件中有相同的图层，则并入相同的图层中，否则全部并入当前图层。关于图层的概念，将在第 1.5 节进行详细介绍。

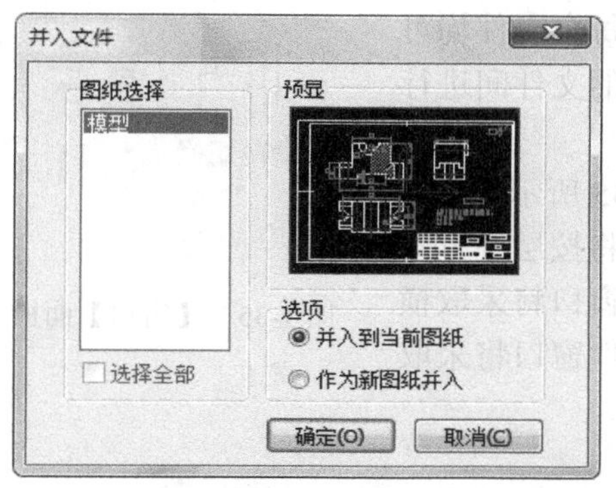

图 1-32　图纸选择及选项

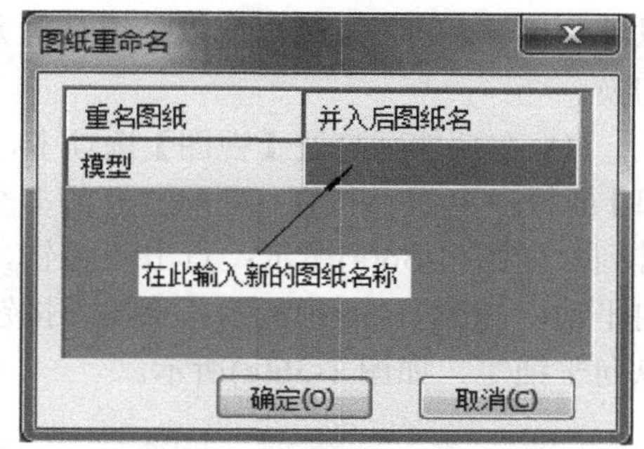

图 1-33　【图纸重命名】对话框

6. 部分存储

部分存储是指将当前图形中的一部分图形存储为一个文件。具体操作如下：

(1) 在如图 1-25 所示的菜单中点击“部分存储”选项，或在“无命令”状态下键入“Partsave”并按回车键，系统提示“拾取元素”。

(2) 拾取需要存储的图形元素，按鼠标右键确认。此时系统提示“请给定图形基点”。

(3) 给定图形基点后，系统弹出如图 1-34 所示的【部分存储文件】对话框。

(4) 在对话框中选择保存类型，指定文件名及文件存放路径，并点击“保存”按钮即完成部分存储。

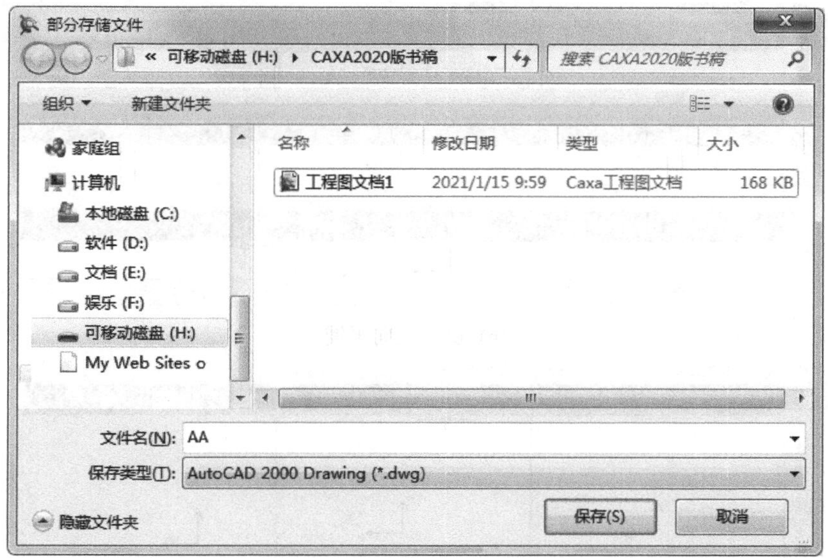

图 1-34　【部分存储文件】对话框

1.4.2　多图多文档操作

电子图板可以同时打开多个图形文件，也支持在一个文件中设计多张图纸，并且可以在同时打开的文件之间或者在一个文件中的多张图纸之间方便地切换。

1. 多文档操作

多文档操作就是在同时打开多个图形文件时，每个文件均可以独立设计和存盘。用户可以采用多种方式在不同的文件间进行切换。

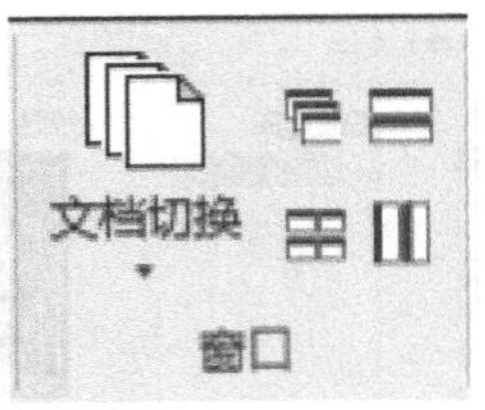

图 1-35　【窗口】面板

(1) 在功能区打开【视图】选项卡，在如图 1-35 所示的【窗口】面板上点击按钮，同时打开的多个文件窗口将按层叠方式排列，如图 1-36(a)所示；点击按钮，多个文件窗口将采取横向平铺，如图 1-36(b)所示；点击按钮，多个文件窗口将采取纵向平铺等，如图 1-36(c)所示。

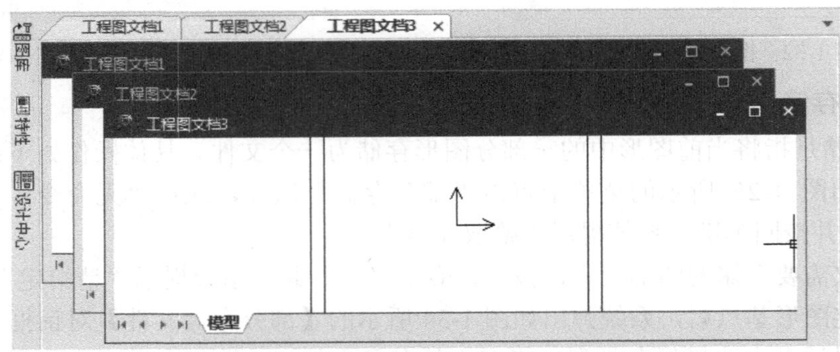

(a) 窗口按层叠方式排列

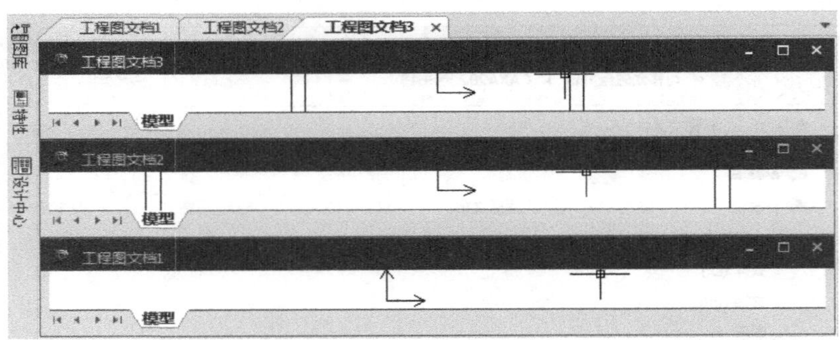

(b) 窗口横向平铺

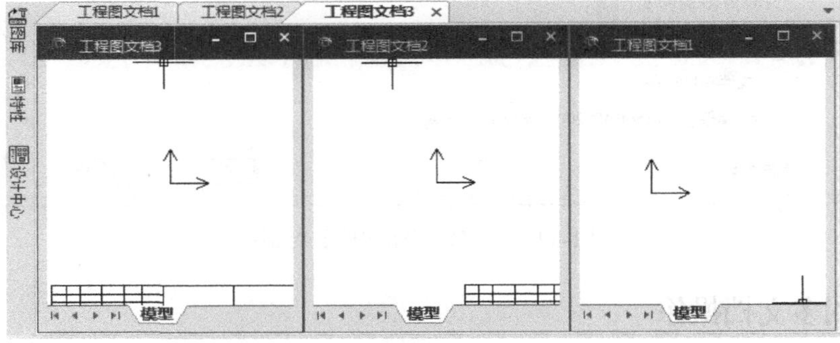

(c) 窗口纵向平铺

图 1-36　文件窗口排列方式

(2) 在如图 1-35 所示的【窗口】面板上点击按钮，出现如图 1-37 所示的菜单。点击“文档切换”选项，可将已打开的另一个文件激活，使之成为当前文件；如果重复点击该选项，可在所有已打开的文件之间轮换激活。这与使用“Ctrl+Tab”键是等效的。

(3) 在如图 1-37 所示的菜单中点击“窗口”选项，将弹出如图 1-38 所示的【窗口】对话框，借此可以把选择的一个文件激活，或把选择的若干个文件关闭，也可以选择多个文件进行窗口排列，如层叠、水平布置、垂直布置、最小化等。

(4) 在如图 1-37 所示的菜单中点击“全部关闭”选项，将把已打开的文件全部关闭。

说明：点击绘图区顶部的文件名标签，或者在“窗口”菜单中点击某个文件名，都可直接激活该文件。

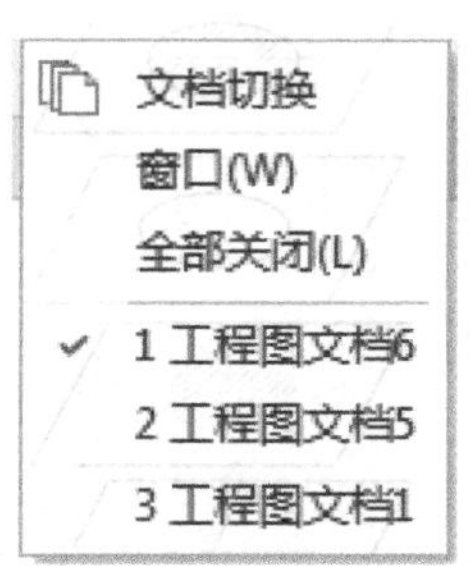

图 1-37　“窗口”菜单

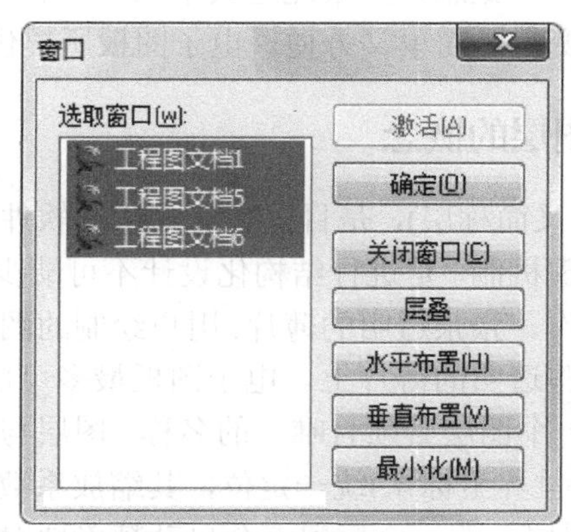

图 1-38　【窗口】对话框

2. 多图纸操作

在默认情况下，电子图板文件中只有一个图纸空间，即模型空间。实际上，系统支持使用多张图纸，即在每个文件中还允许插入多个布局空间，如图 1-39 所示。布局空间均可独立于模型空间设置幅面信息。

使用鼠标左键点击绘图区下方的图纸名称标签，可在已建立的图纸之间切换。使用鼠标右键点击某个图纸，将弹出如图 1-39 所示的菜单。利用该菜单可以对所选的图纸进行插入、删除、重命名、移动或复制、打印等各种操作。

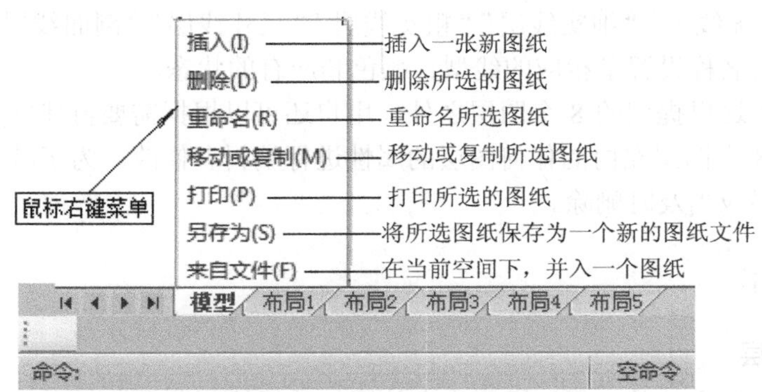

图 1-39　图纸及其操作菜单

说明：在一个图形文件中，必须有且仅有一个模型空间，其永远处于首位，故不能对其更名、移动、复制或删除；而插入的新图纸全部为布局空间，布局空间可以通过拖放来调整排序，也没有模型空间那样的限制。

1.5 图　　层

众所周知，一幅完整的机械工程图样包含各种各样的信息，其中既有表示机件形状特征的几何信息，又有表示线型、颜色等属性的非几何信息，当然还有各种必要的尺寸、文字和符号。如此众多复杂的信息内容都集中在一张图样上，必然给设计绘图与图形管理带来很大负担。试想，如果能把其中的一些相关信息分门别类，实行统一组织、集中管理，问题就会变得既简单又方便。电子图板所提供的图层就具备了这种功能。

1.5.1 图层的概念

图层(又简称层)，是目前交互式绘图软件中普遍采用的一种图形管理机制，是进行结构化设计不可缺少的软件环境。图层可以看作一张张透明的薄片，用户绘制的图形和各种信息就存放在这些透明的薄片上。电子图板最多可以设置 100 个图层，但每一个图层必须有唯一的名称。图层与图层之间由一个坐标系(即世界坐标系)统一定位，其缩放系数也是一致的。所以，某个图层上的一个标记点会自动精确地对应在其他各个图层的同一位置点上，而不会发生坐标关系的混乱。图 1-40 形象地说明了图层的概念。

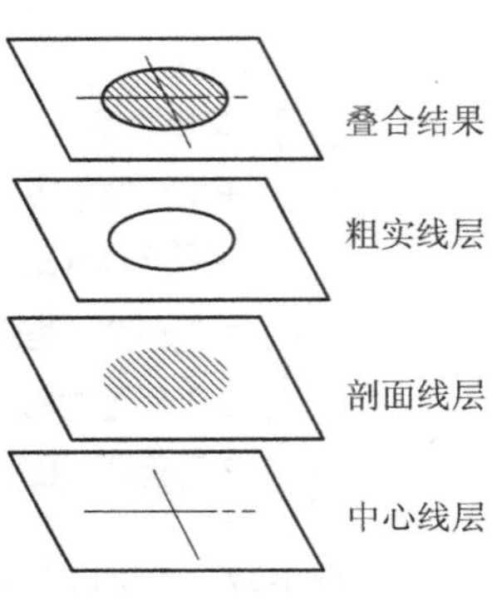

图 1-40　图层的概念

图层是有状态的，而且状态可以被改变。图层的状态包括打开、关闭及当前层等。位于“打开”图层上的实体在屏幕上是可见的；位于“关闭”图层上的实体则是不可见的。当前图层只有一个，其他图层均为非当前图层。用户只能在当前图层上绘制实体，否则应先将所需图层设定为当前图层才行。

图层是有属性的，图层的属性包括图层名称、颜色、线型及状态等。一个属性可以有不同的属性值。开始进入电子图板时，系统已建立了 8 个初始图层。这 8 个图层分别为“0 层”“中心线层”“虚线层”“细实线层”“粗实线层”“尺寸线层”“剖面线层”和“隐藏层”，且每个图层都按其名称设置了相应的线型、颜色和应有的状态。

实际上，除了这里提到的 8 个图层之外，用户还可以根据需要再建立若干个新图层，也可以对包括这 8 个图层在内的任何图层的属性进行编辑和修改。为了减小文件的存储空间，不需要的图层应当及时删除。

1.5.2 图层操作

1. 设置当前层

将系统中已经建立的某一图层设置为当前层，随后绘制的实体均安置在该图层上。

设置当前层的方法或途径有 4 个：

(1) 在没有选择任何对象的情况下，用鼠标左键点击【常用】选项卡→【特性】面板→【图层】下拉列表，如图 1-41 所示，在列表中用鼠标左键点击所需的图层，该图层即被设置为当前层。

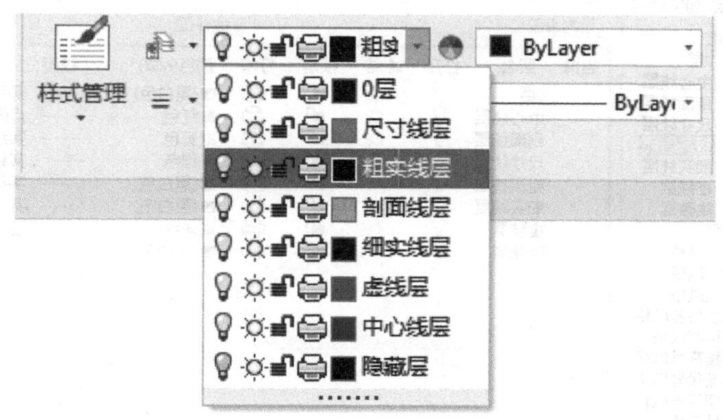

图 1-41　【图层】下拉列表

值得注意的是：如果在绘图区选择了图形对象，那么此时的【图层】下拉列表中显示的是当前被选对象所在的图层。在这种情况下，如果用鼠标另选其他图层，实则是把被选对象转移到了另一个图层，而当前图层并未改变。

(2) 在【属性】面板上点击按钮，或在“无命令”状态下键入“Layer”并按回车键，系统将弹出如图 1-42 所示的【层设置】对话框，从中选择所需图层，并点击“设为当前”按钮即可。

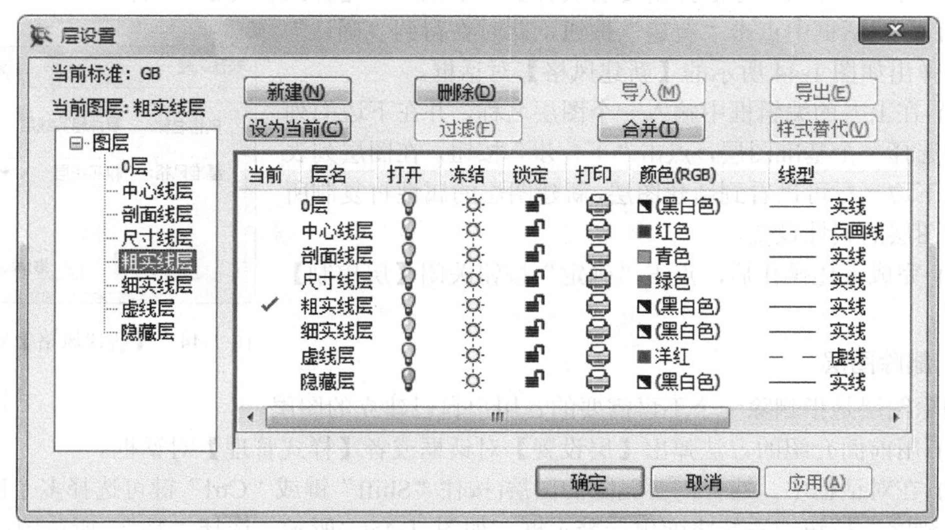

图 1-42　【层设置】对话框

(3) 在上述【层设置】对话框中选择左侧图层列表中的图层名称，如“粗实线层”，然后点击鼠标右键，在弹出的菜单中选择“设为当前”即可。

(4) 用鼠标左键点击【常用】选项卡→【特性】面板→按钮，或在“无命令”状态下键入“Style”并按回车键，系统将弹出【样式管理】对话框。双击对话框左侧项目列表中的“图层”，然后用第(2)种或第(3)种方法即可设置新的当前层，如图 1-43 所示。

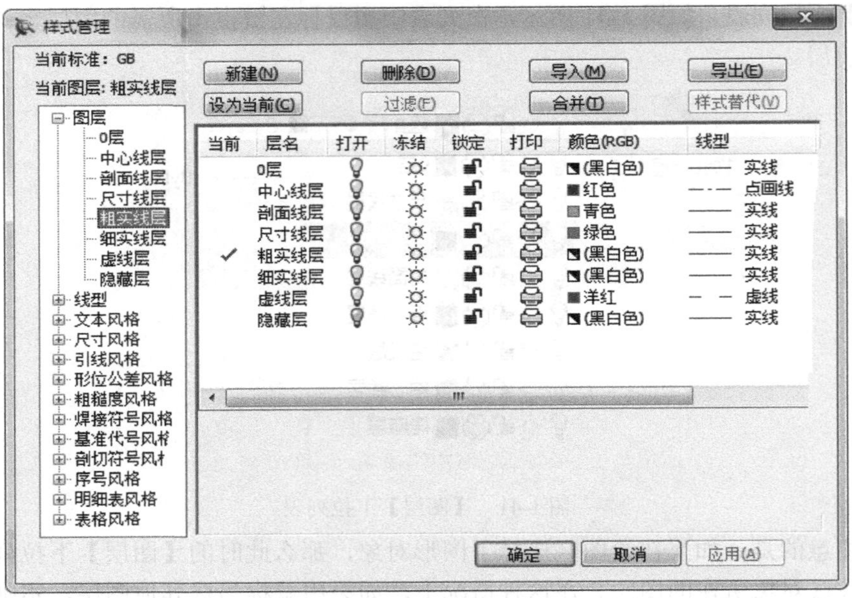

图 1-43　【样式管理】对话框

2. 新建图层

新建图层是指创建一个新的图层，并将该图层放入图层列表框中。

(1) 用前面介绍的方法弹出【层设置】对话框或者【样式管理】对话框。

(2) 在对话框中点击“新建”按钮，此时在得到“确认”后，将弹出如图 1-44 所示的【新建风格】对话框。

(3) 在上方的编辑框中输入一个图层名称，并在下边的列表框中选择一个基准图层，点击“下一步”按钮，在图层列表框的最下边一行可以看到新建图层，新建图层的属性将复制所选基准图层的属性设置。

(4) 完成上述操作后，点击“确定”按钮关闭【层控制】对话框。

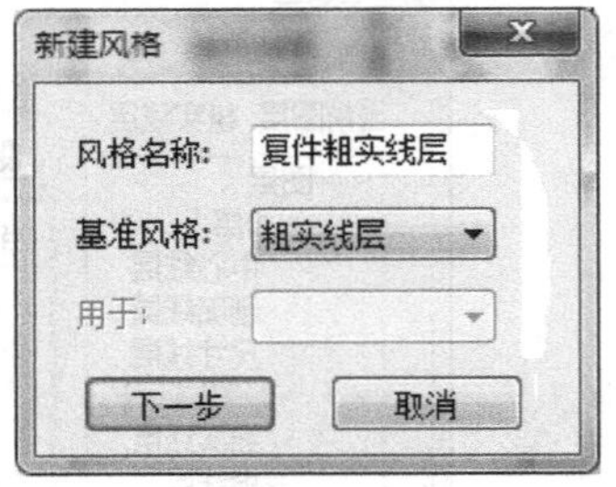

图 1-44　【新建风格】对话框

3. 删除图层

删除图层是指删除一个不再需要的、用户自己建立的图层。

(1) 用前面介绍的方法弹出【层设置】对话框或者【样式管理】对话框。

(2) 在对话框中，选择需要删除的图层(按住“Shift”键或“Ctrl”键可选择多个图层)，点击“删除”按钮，系统将弹出一警示框，如图 1-45(a)所示。选择“是”，所选图层即被删除，若选择“否”，则返回对话框。

说明：*在对话框左侧的图层列表处选择要删除的图层名称，点击鼠标右键，在弹出的菜单中点击“删除”选项，也可删除图层。*

(3) 如果上述操作不成功，系统又将弹出第二个警示框，如图 1-45(b)所示。此时，用户需点击“确定”按钮结束本次操作，待查明原因后再进行删除。

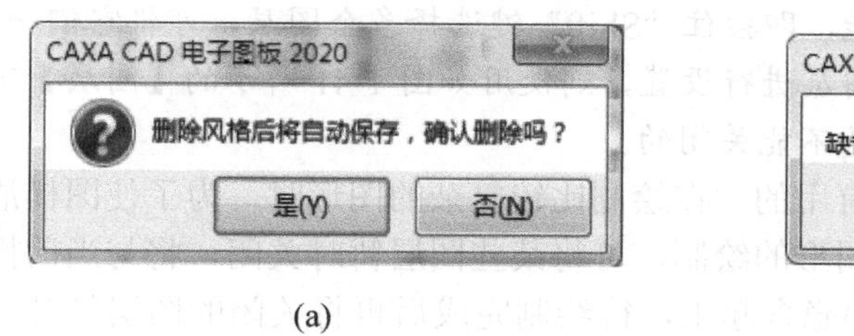

(a)

(b)

图 1-45　"CAXA CAD 电子图板 2020"警示框

(4) 点击"确定"按钮，退出【层设置】对话框或【样式管理】对话框。

说明：用户不能删除当前图层、系统创建的 8 个图层以及目前存在图形的图层。

1.5.3　图层设置

图层设置功能主要用于修改图层的状态或属性，即除了设置当前层、重命名、新建、删除外，还可以进行打开/关闭、冻结/解冻、层锁定、设置颜色、设置线型、设置线宽以及本层是否打印等操作。

用户一旦对图层属性进行了修改，则位于该图层上的所有对象的 Bylayer 属性均会自动更新。

1. 图层重命名

重命名图层功能是指改变一个已有图层的名称，而图层的其他属性和状态不会发生变化。

图层名称包括层名和层描述两部分。层名是图层的识别代号，是区分图层与图层之间的唯一标志，因此，在同一个图形文件中不能出现相同的层名。层描述是对图层的形象描述，为便于使用和管理，层描述应尽可能体现出图层的性质。但不同的图层可以使用相同的层描述。

(1) 设法显示出【层设置】对话框，或者【样式管理】对话框。

(2) 在对话框中，用鼠标左键双击需要修改的层名或层描述，在出现的编辑框中输入新的层名或层描述，然后用鼠标左键点击编辑框以外的部分。此时，层名或层描述已经发生了变化。用户也可以用鼠标右键点击需要修改的层名或层描述，在弹出的菜单中选择"重命名图层"或"修改层描述"选项，然后在编辑框中输入新的层名或层描述，也可达到重命名的目的。

(3) 点击"确定"按钮，关闭对话框。

2. 打开/关闭图层

打开/关闭图层功能是指将选定的图层设置为打开或关闭状态。

所谓打开图层，就是将位于该图层上的对象显示出来成为可见状态，而关闭图层就是将位于该图层上的对象隐藏起来，使其成为不可见状态。

(1) 设法显示出【层设置】对话框或者【样式管理】对话框。

(2) 在对话框中，点击需要改变的图层状态值(即点击💡图标或💡图标)，则该图层的层状态即在"打开"与"关闭"之间切换。

(3) 点击"确定"按钮，此次修改有效，或点击"取消"按钮放弃本次操作。

说明：电子图板支持多选功能，即按住“Shift”键选择多个图层，可将它们一并处理，其效率较高。如果只需要对单个图层进行设置，则使用如图 1-41 所示的【图层】下拉列表框会更加快捷方便，但当前图层是不能关闭的。

打开和关闭图层功能是非常有用的。在绘制比较复杂的图形时，为了使图样清晰、整洁，用户能集中注意力完成当前图形的绘制，可将某些图层暂时关闭，将与当前操作无关的内容(如图形、尺寸、剖面线等)隐含起来，待绘制完成后再将关闭的图层打开，恢复其显示。

3. 冻结/解冻图层

冻结/解冻图层功能是指将选定的图层设置为冻结或解冻状态。

在绘制复杂图形时，冻结不需要的图层将加快显示和重生成速度。已冻结图层上的对象是不可见的，并且不会遮盖其他对象。解冻图层可能会使图形重新生成，因此，冻结和解冻图层比打开和关闭图层需要更多的时间。

(1) 设法显示出【层设置】对话框，或者【样式管理】对话框。

(2) 在对话框中，点击需要改变的图层状态值(即点击☀图标或❄图标)，则该图层的层状态即在“冻结”与“解冻”之间切换。

(3) 点击“确定”按钮，此次修改有效，或点击“取消”按钮放弃本次操作。

说明：当前图层不能被冻结。

4. 锁定/解锁图层

锁定/解锁图层功能是指将选定的图层处于锁定或解锁状态。当一个图层处于锁定状态时，该图层上只能增加图形元素，即只能对选中的图形元素进行复制、粘贴、阵列、属性查询等操作，而不能进行删除、平移、拉伸、比例缩放、属性修改、块生成等修改性操作。系统规定，标题栏和明细表以及图框等图幅元素不受此限制。

(1) 设法显示出【层设置】对话框，或者【样式管理】对话框。

(2) 在对话框中，点击需要改变的图层状态值(即点击🔓图标或🔒图标)，则该图层的层状态即在“锁定”与“解锁”之间切换。

(3) 点击“确定”按钮，此次修改有效，或点击“取消”按钮放弃本次操作。

5. 图层打印设置

图层打印功能是指选择是否打印所选图层中的内容。当一个图层处于“不打印”状态时，该图层上的内容在打印时不会被输出。

(1) 设法显示出【层设置】对话框或者【样式管理】对话框。

(2) 在对话框中，点击需要改变的图层状态值(即点击🖨图标或🖨图标)，则该图层的层状态即在“打印”与“不打印”之间切换。

(3) 点击“确定”按钮，此次修改有效，或点击“取消”按钮放弃本次操作。

6. 图层颜色设置

图层颜色功能是指设置所选图层的颜色。

每个图层都可以设置一种颜色，图层颜色是可以改变的。系统已为 8 个初始图层设置了初始颜色。

(1) 设法显示出【层设置】对话框，或者【样式管理】对话框。

(2) 在对话框中，选择需要改变颜色的图层，然后在其颜色图标上点击，系统将弹出如图 1-46 所示的【颜色选取】对话框。用户可根据需要从【标准】中选择一种颜色，或者在【定制】中“调制”一种颜色。

(3) 点击“确定”按钮，返回到原来的对话框。此时，选定图层的颜色发生了改变。

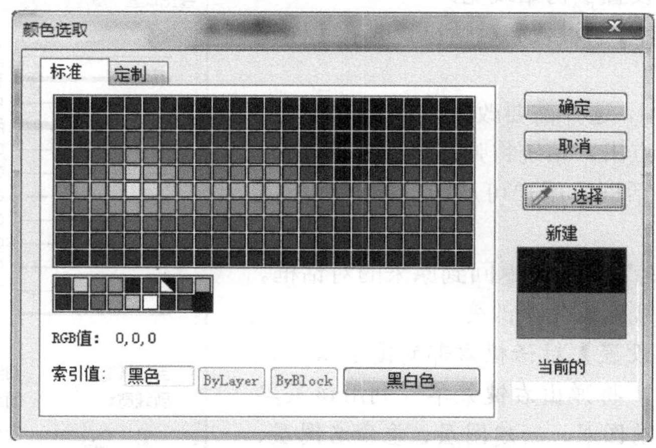

图 1-46　【颜色选取】对话框

7. 图层线型设置

图层线型设置是指设置所选图层的线型。

每个图层都可以设置一种线型，图层线型是可以改变的。系统已为 8 个初始图层设置了初始线型。

(1) 设法显示出【层设置】对话框或者【样式管理】对话框。

(2) 在对话框中，选择需要改变线型的图层，然后在其线型图标上点击，系统将弹出如图 1-47 所示的【线型】对话框。用户可从线型列表框中选择一种线型，并可以从对话框的下部查看该线型的信息和参数；但不能建立新线型，也不能对已有的线型进行编辑和修改。

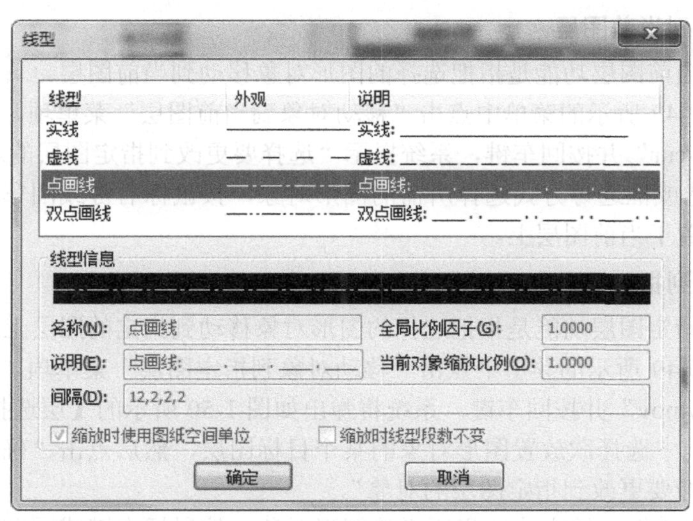

图 1-47　【线型】对话框

(3) 点击“确定”按钮，返回到原来的对话框。此时，选定图层的线型发生了改变。

8. 图层线宽设置

图层线宽功能是指设置所选图层的线宽。系统已为 8 个初始图层设置了初始线宽。

(1) 设法显示出【层设置】对话框，或者【样式管理】对话框。

(2) 在对话框中，选择需要改变线宽的图层，然后在其线宽图标上点击，系统将弹出如图 1-48 所示的【线宽设置】对话框。用户可从中选择一种所需的线宽。

(3) 点击“确定”按钮，返回到原来的对话框。此时，选定图层的线宽发生了改变。

说明：在【层设置】对话框右部的图层信息列表内点击鼠标右键，将弹出右键菜单。利用该菜单也可以实现设置当前图层、新建图层、重命名图层、删除图层和修改图层描述等。此外，还可以指定对图层的全选和反选操作。

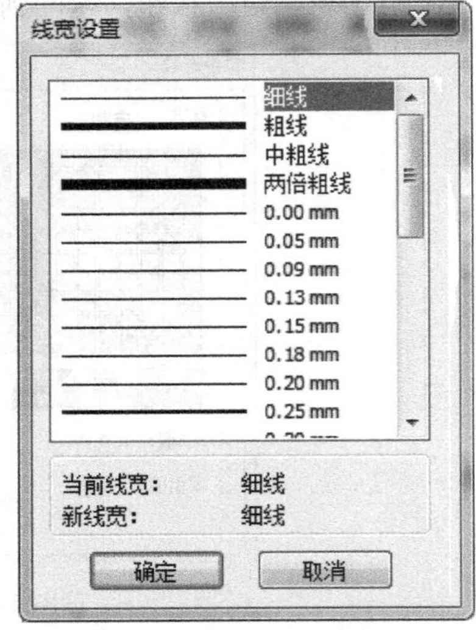

图 1-48　【线宽设置】对话框

1.5.4　图层工具

为了方便图层操作，电子图板提供了多个图层工具。

点击【常用】选项卡→【属性】面板→“图层”按钮右边的 按钮，系统将弹出一下拉菜单。该菜单中，除了刚刚介绍过的图层设置的相关选项之外，还包括：移动对象到当前图层、对象所在图层置为当前层、图层隔离、取消图层隔离、合并图层、拾取对象删除图层、图层全开和局部改层等菜单选项，如图 1-49 所示。

1. 移动对象到当前图层

移动对象到当前图层功能是指把选择的图形对象移动到当前图层。

(1) 在如图 1-49 所示的菜单中点击“移动对象到当前图层”菜单项，或在“无命令”状态下键入“Laycur”并按回车键，系统提示“选择要更改到指定图层的对象”。

(2) 使用点选或框选等方式选择所需的图形对象，按鼠标右键或回车键确认，即可将选择的对象全部置于当前图层上。

2. 移动对象到指定图层

移动对象到指定图层功能是指把选择的图形对象移动到指定的图层上。

(1) 在如图 1-49 所示的菜单中点击“移动对象到指定图层”菜单项，或在“无命令”状态下键入“Laymov”并按回车键，系统将弹出如图 1-50 所示的【层选择】对话框。

(2) 在对话框中选择欲放置图形对象的某个目标图层，然后点击“确定”按钮。接下来系统提示“选择要更改到指定图层的对象”。

(3) 使用点选或框选等方式选择所需的图形对象，按鼠标右键或回车键确认，即可将选择的对象全部置于指定的图层上。

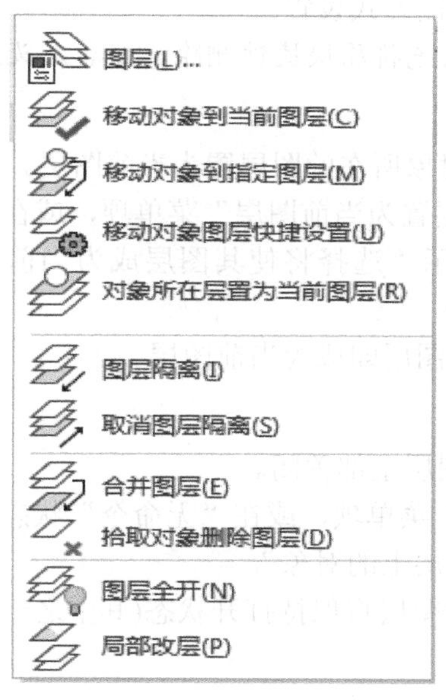

图 1-49　“图层工具”菜单

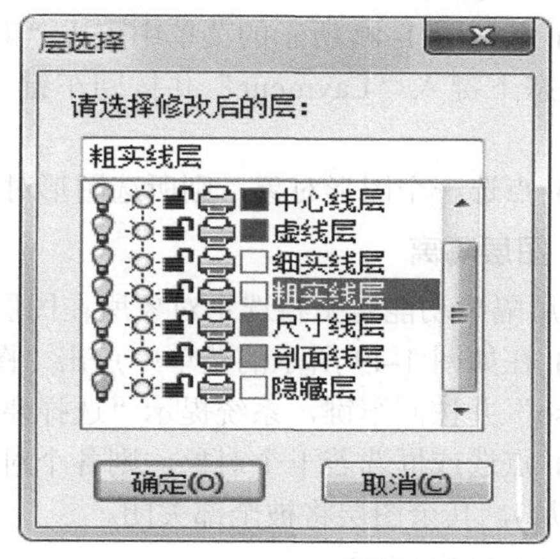

图 1-50　【层选择】对话框

3. 移动对象图层快捷设置

移动对象图层快捷设置功能是为了在不同图层之间方便移动图形对象而设置相应的快捷键。这样，用户只要在“无命令”状态下键入已定义的快捷键，系统就会把选定的图形对象移动到与该快捷键相对应的图层上，从而提高操作效率。

(1) 在如图 1-49 所示的菜单中点击“移动对象图层快捷设置”菜单项，系统将弹出如图 1-51 所示的【对象移动图层快捷方式设置】对话框。

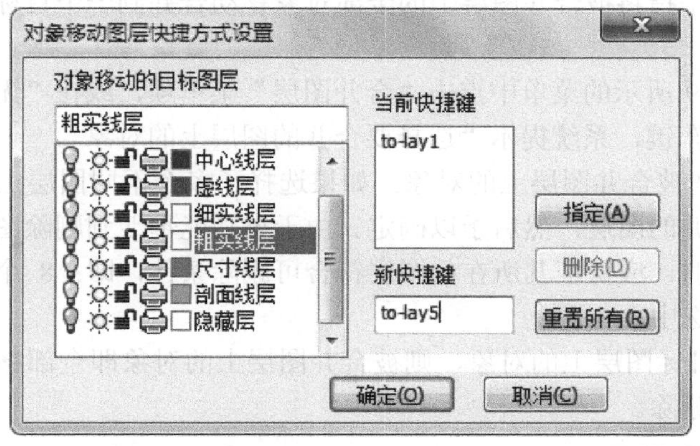

图 1-51　【对象移动图层快捷方式设置】对话框

(2) 在对话框中选择欲放置图形对象的目标图层，然后在“新快捷键”栏中输入快捷键名称，如“to-lay5”，并点击“指定”按钮，新快捷键即被添加到“当前快捷键”栏中。在“当前快捷键”栏中选择某个已建立的快捷键，点击“删除”按钮，即可将其删除。如果需要把以前定义的快捷键全部删除，可点击“重置所有”按钮，在得到“确认”后即可全部删除。

(3) 在对话框上点击“确定”按钮，即可完成快捷方式设置。

说明：如果用户想重新定义某个快捷键，则必须先将原快捷键删除，然后定义。

4. 对象所在层置为当前图层

对象所在层置为当前图层功能是指把所选图形对象所在的图层置为当前图层。

(1) 在如图 1-49 所示的菜单中点击“对象所在层置为当前图层”菜单项，或在“无命令”状态下键入“Laymcur”并按回车键，系统提示“选择将使其图层成为当前图层的对象”。

(2) 点选一个图形对象，则所选图形对象所在的图层即成为当前图层。

5. 图层隔离

图层隔离功能是指将选定对象所在图层以外的图层全部关闭。

(1) 在如图 1-49 所示的菜单中点击“图层隔离”菜单项，或在“无命令”状态下键入“Layiso”并按回车键，系统提示“选择要隔离的图层上的对象”。

(2) 点选或框选若干个对象，则各个对象所在的图层将保持打开状态(其中之一将成为当前图层)，其余图层将被全部关闭。

6. 取消图层隔离

取消图层隔离功能是指取消图层隔离对图层的关闭，使所有图层都回到执行“图层隔离”功能之前的状态。

在如图 1-49 所示的菜单中点击“取消图层隔离”菜单项，或在“无命令”状态下键入“Layuniso”并按回车键即可。执行了该功能后，图层隔离前开启的图层将直接处于打开状态，而图层隔离前关闭的图层将保持现有状态不变。

7. 合并图层

合并图层功能是指将被合并图层上的全部对象移动合并到一个目标图层中，并将被合并图层删除。

(1) 在如图 1-49 所示的菜单中点击“合并图层”菜单项，或在“无命令”状态下键入“Laymrg”并按回车键，系统提示“选择要合并的图层上的对象”。

(2) 点选或框选被合并图层上的对象。如果选择了多个不同图层上的对象，则这几个图层同时作为被合并的图层，然后予以确定。由于该功能牵涉到删除图层，因此在选择被合并图层上的对象时，应保证其所在的图层符合可删除条件，即：8 个初始图层和当前层上的对象都无法被选中。

(3) 点选一个目标图层上的对象，则被合并图层上的对象即全部移动到目标图层中，同时被合并图层被删除。

8. 拾取对象删除图层

拾取对象删除图层功能是指将拾取对象所在的图层及该图层上的对象全部删除。

(1) 在如图 1-49 所示的菜单中点击“拾取对象删除图层”菜单项，或在“无命令”状态下键入“Laydel”并按回车键，系统提示“选择要删除的图层上的对象”。

(2) 点选或框选准备删除图层上的对象。由于该功能牵涉到删除图层，因此默认图层上的对象和当前层上的对象都无法被选中。如果选择了多个不同图层上的对象，则这几个图层同时作为被删除图层。得到确认后，上述图层及其上的全部对象都将被直接删除。

9. 图层全开

图层全开功能是指将全部图层置于打开状态。

在如图 1-49 所示的菜单中点击“图层全开”菜单项，或在“无命令”状态下键入“Layon”并按回车键，则全部图层都将处于打开状态。

10. 局部改层

局部改层功能是指通过拾取两点将所选的线段或线链截断，并修改两断点间所夹部分的图层属性。

(1) 在如图 1-49 所示的菜单中点击“局部改层”菜单项，或在“无命令”状态下键入“Laypart”并按回车键，系统将弹出类似图 1-50 所示的【局部改层】对话框。

(2) 在对话框中选择欲放置图形对象的某个目标图层，然后点击“确定”按钮。接下来系统提示“拾取曲线”。

(3) 在绘图区点选拾取需要局部改层的线段或线链。

(4) 根据系统提示，应在线段或线链上拾取两点。如果拾取的点不在曲线上，系统会自动将拾取点沿曲线法线方向上的投影点作为分割点；如果这样的投影点不止一个，则系统会选择第一个投影点作为分割点。

(5) 给定两点后，曲线上两分割点之间的部分将被置于选定的目标图层上。如果曲线是封闭的，则从第一点到第二点顺时针所夹的部分将被置于选定的目标图层上，如图 1-52 所示。

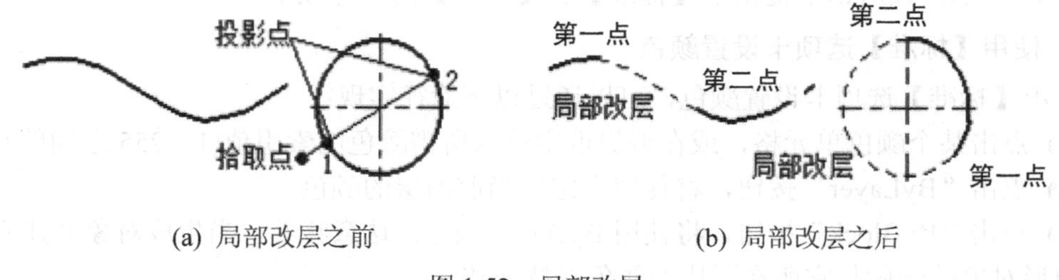

(a) 局部改层之前　　(b) 局部改层之后

图 1-52　局部改层

1.6 颜　　色

颜色是电子图板对象的基本属性之一。电子图板提供完整的 24 位 RGB 色域颜色，以便对图纸中不同属性的对象加以区别显示。

1.6.1 “颜色”下拉列表

当用户需要为图形对象设置某种颜色时，应该先选择所需的图形对象，然后点击【常用】选项卡→【特性】面板→“颜色”下拉列表框，在如图 1-53 所示的列表中选择所需的颜色即可。如果在列表中选择“其他”选项，则会弹出如图 1-46 所示的【颜色选取】对话框，以获得更多的颜色。

当用户需要使用某种颜色绘图时，应先在如图 1-53 所示的列表中选择所需的颜色，一般应优先选择“ByLayer”，然后开始绘图。

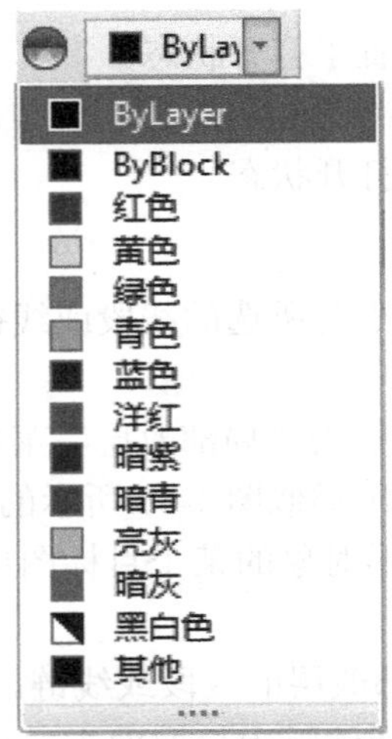

图 1-53　“颜色”下拉列表

1.6.2　颜色设置

颜色设置功能用于设置图形对象的颜色。点击【常用】选项卡→【特性】面板→按钮，或在“无命令”状态下，键入“Color”并按回车键，系统将弹出【颜色选取】对话框，如图 1-46 所示。该对话框提供了【标准】和【定制】两个选项卡。

1. 使用【标准】选项卡设置颜色

使用【标准】选项卡设置颜色，可以通过以下途径实现：

(1) 点击某个颜色单元格，或在编辑框中输入所需颜色的索引值(1～255 之间的整数)。

(2) 点击“ByLayer”按钮，将使用指定给当前图层的颜色。

(3) 点击“ByBlock”按钮，将使用 ByBlock 颜色。这意味着，当生成对象并建立图块时，图形对象的颜色与它所在图块的颜色保持一致。

(4) 点击“黑白色”按钮，可使用“黑白色”。这意味着，当系统背景颜色为白色时，图形对象显示为黑色；当系统背景颜色为黑色时，图形对象显示为白色。

(5) 点击“选择”按钮，光标变为，然后在屏幕上使光标指向某种颜色(可在“新建”框中关注其预览效果)，满意时点击鼠标左键即拾取到该颜色。

用户选择了颜色后点击“确定”按钮，系统当前颜色即被设置为选定的颜色。该颜色只影响之后绘制的图形对象。

2. 使用【定制】选项卡设置颜色

使用如图 1-54 所示的【定制】选项卡设置颜色，可以通过以下途径实现：

(1) 使用鼠标左键直接在“颜色”下方的色块中拾取，也可拖动右侧的◀按钮配合颜色的定制，并在右下方的预览框中观察其拾取效果。

(2) 使用 HSL 模式，即在“色调”“饱和度”“亮度”等编辑框中指定相应数值。

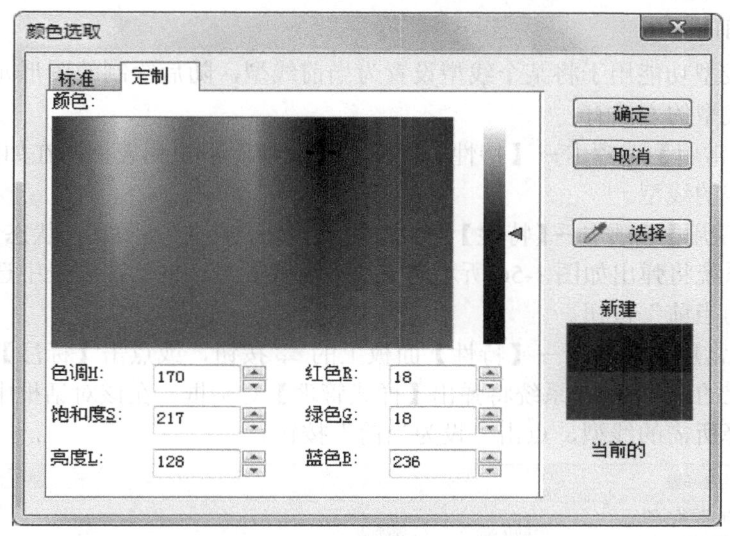

图 1-54　定制颜色

(3) 使用 RGB 模式，即在“红色”“绿色”“蓝色”等编辑框中指定相应数值。

(4) 点击“选择”按钮，光标变为 ，然后在屏幕上使光标指向某种颜色，满意时点击鼠标左键即拾取到该颜色。

(5) 用户选择了颜色后点击“确定”按钮，系统当前颜色即被设置为选定的颜色。该颜色也只影响之后绘制的图形对象。

1.7 线　型

按照机械制图国家标准的规定，图样中不同的线型所表示的含义不同，线型作为图形对象的基本属性之一，其用途也不一样。因此，电子图板提供了线型定制与管理机制。

1.7.1 “线型”下拉列表

当用户需要为图形对象设置某种线型时，应该先选择所需的图形对象，然后点击【常用】选项卡→【特性】面板→“线型”下拉列表框，在如图 1-55 所示的列表中选择所需的线型即可。

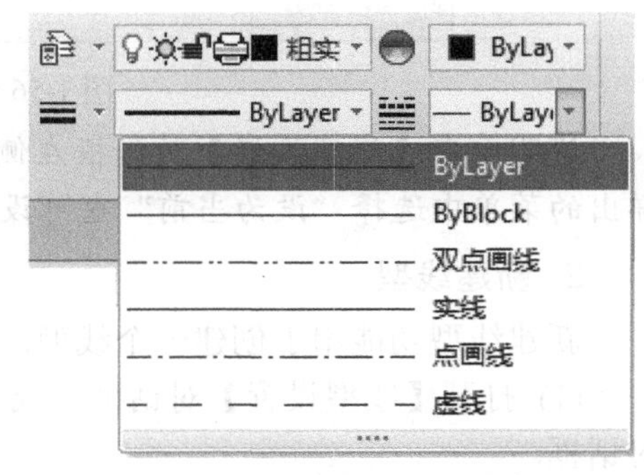

图 1-55　“线型”下拉列表

(1) 选择“ByLayer”，图形对象使用当前图层的线型。

(2) 选择“ByBlock”，当图形对象被定义为图块时，图形对象的线型与它所在图块的线型保持一致。

(3) 选择其他线型时，图形对象使用 ByLayer 和 ByBlock 之外的其他所选的线型。

当用户需要使用某种线型绘图时，应先在如图 1-55 所示的列表中选择所需的线型，一般应优先选择“ByLayer”，然后开始绘图。

1. 设置当前线型

设置当前线型功能用于将某个线型设置为当前线型，随后绘制的图形元素均使用此线型。设置当前线型的方法有：

(1) 点击【常用】选项卡→【特性】面板→“线型”下拉列表框，在如图 1-55 所示的列表中选择所需的线型。

(2) 点击【常用】选项卡→【特性】面板上的按钮，或在“无命令”状态下键入“Ltype”并按回车键，系统将弹出如图 1-56 所示的【线型设置】对话框，在列表中选择所需的线型后，点击“设为当前”按钮。

(3) 点击【常用】选项卡→【特性】面板上的按钮，或点击【标注】选项卡→【标注样式】面板上的按钮，系统将弹出【样式管理】对话框。在该对话框中双击“线型”，并在列表中选择所需的线型，点击“设为当前”按钮。

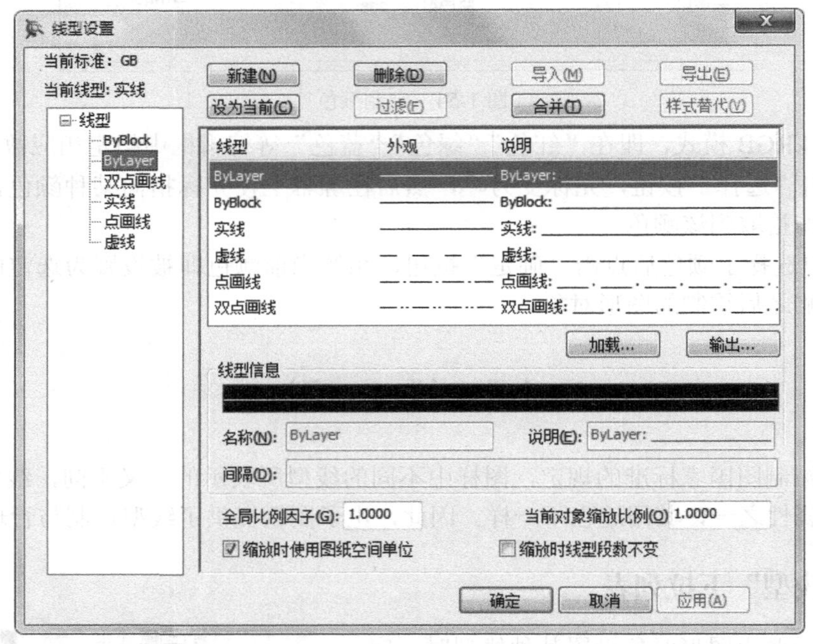

图 1-56　【线型设置】对话框

说明：在【线型设置】对话框左侧的“线型”列表中，用鼠标右键点击线型名称，从弹出的菜单中选择“设为当前”也可设置当前线型。

2. 新建线型

新建线型功能用于创建一个线型。

(1) 打开【线型设置】对话框，或者【样式管理】对话框。

(2) 在对话框中，选择所需要的一种线型，然后点击“新建”按钮，系统在得到用户的确认后将弹出如图 1-57 所示的【新建风格】对话框。

图 1-57　【新建风格】对话框

(3) 在“风格名称”编辑框中输入一个名称，如

"新线型"，在"基准风格"下拉列表中选择一个基准线型，如"虚线"。点击"下一步"按钮，在线型列表框的最下边一行可以看到新建线型，新建线型复制了所选的基准线型的设置。

(4) 选择新建立的线型，可对该线型的名称及其间隔、全局比例因子、当前对象缩放比例等参数进行编辑和修改。最后点击"确定"按钮退出。

3. 删除线型

删除线型功能用于删除一个线型。

(1) 打开【线型设置】对话框，或者【样式管理】对话框。

(2) 在对话框中，选择欲删除的一种线型，然后点击"删除"按钮，系统在得到用户的确认后将把选择的线型删除；或者在对话框左侧的线型列表中选择要删除的线型并点击鼠标右键，在弹出的菜单中点击"删除"即可。

说明： 电子图板只允许删除用户创建的线型，而不能删除系统原始线型，并且当前线型也不能被删除。

1.7.2 线型设置

在电子图板中，线型的设置和管理主要是通过"线型设置"功能进行的，即除了设置当前线型、新建线型、删除线型外，还可以更改线型名称、更改线型说明、更改全局比例因子、更改当前线型缩放比例、进行线型的自由定制以及线型的加载和输出等操作。

1. 线型重命名

线型名称是线型的标志性代号，是线型与线型之间相互区别的唯一标志。无论在【样式管理】对话框还是在【线型设置】对话框中，修改线型名称都有两种方法：

(1) 在对话框右侧的"线型信息"框中选中需要修改的线型，之后直接在"名称"编辑框内进行修改即可。如果用户想修改线型说明，直接在"说明"编辑框内修改即可。

(2) 在对话框左侧的线型列表中选择需要修改的线型并点击鼠标右键，在弹出的菜单中选择"重命名"，并在激活的编辑框中输入新的线型名称即可。

2. 定制线型

电子图板中的线型是用一串以","分割的数字来表示的。定制线型实际上就是为产生一个线型而编写一串代码。

线型代码最多由 16 个数字组成，每个数字代表笔画或间隔长度的像素值。其具体编码规则是：奇数位的数字代表笔画长度，偶数位的数字代表间隔长度，笔画和间隔用","分开，线型代码数字个数必须是偶数。

例如，线型间隔数字为 12,2,4,2,4,2，其线型显示效果如图 1-58 所示。

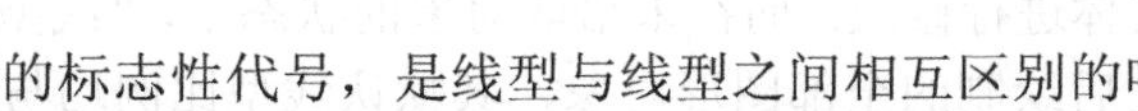

12　2 4 2 4 2　12　2 4 2 4 2

图 1-58　线型代码

当需要定制线型时，应在【线型设置】或者【样式管理】对话框的左侧选择线型，然后在右侧"间隔"编辑框内输入所需的线型代码；如果需要定义该线型的名称、说明、比例等属性，可一并进行修改。

3. 线型比例因子

对象线型比例因子=全局比例因子×对象线型缩放比例×当前对象缩放比例。

(1) 全局比例因子是一个控制整个图纸文件中所有线型比例因子的宏观参数。出于可辨识及图纸美观等实际需要，有时会将电子图板内定制的线型中线段和间隔的显示长度同时进行一个特定比例缩放。这个缩放的倍数就是全局比例因子。全局比例因子与线型无关，也与选择的对象无关。

当需要修改全局比例因子时，应在【线型设置】或者【样式管理】对话框的左侧选择线型，然后在右侧“全局比例因子”编辑框内输入所需数值即可。全局比例因子一旦改变，整个图纸的线型比例都将随之缩放。

(2) 当前对象缩放比例(即当前线型比例)用于设置所编辑线型的缩放比例。

当需要修改当前对象缩放比例时，可在上述对话框的左侧选择线型，然后在右侧“当前对象缩放比例”编辑框内输入所需数值即可。

(3) 对象线型缩放比例(即对象线型比例)，是一个与全局比例因子和当前对象缩放比例类似的线型比例因子。但不同的是，全局比例因子控制全部曲线，当前对象缩放比例控制引用特定线型的曲线，二者均属于样式数据的一部分；而对象线型缩放比例是与图形对象相关的，不属于样式数据，即每个图形对象都可以拥有独立的线型比例。

对象线型比例是电子图板对象的基本属性之一，故可以在【特性】工具选项板内进行编辑。在拾取对象的状态下，“线型比例”一栏中显示的是当前选定对象的线型比例，此时进行编辑也是对选中实体进行修改。而在未拾取对象的状态下，“线型比例”一栏中显示的是当前线型比例，即之后绘制的全部图形对象，其默认线型比例均与当前线型比例保持一致。

1.7.3 线型的加载和输出

1. 线型的加载

线型的加载功能是从已有线型文件(*.lin)中加载线型。

(1) 打开【样式管理】对话框或者【线型设置】对话框。

(2) 在对话框中点击“加载”按钮，系统弹出【加载线型】对话框，如图 1-59 所示。

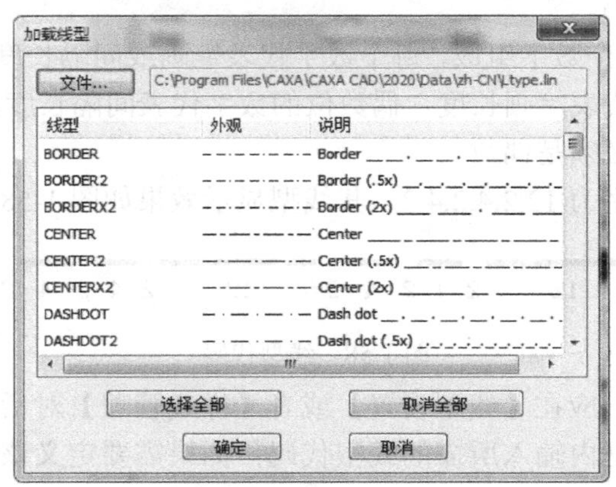

图 1-59　【加载线型】对话框

(3) 点击“文件”按钮，在随即出现的对话框中选择一个线型文件，然后在下方的列表框中选择要加载的线型并点击“确定”即可。

说明：如果正在加载的文件与当前图形文件中有同名的线型，将提示用户修改同名的线型名称，否则将予以替换。

2. 线型的输出

线型的输出功能是将已有线型输出为一个线型文件(*.lin)进行保存。

(1) 打开【样式管理】对话框，或者【线型设置】对话框。

(2) 在对话框中点击“输出”按钮，系统弹出【输出线型】对话框，如图 1-60 所示。

(3) 点击“文件”按钮，在随之出现的对话框中选择一个线型文件，然后在下方的列表框中选择要输出的线型并点击“确定”即可。

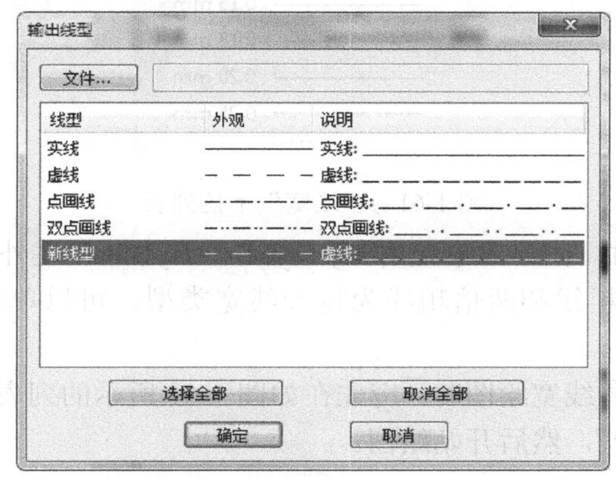

图 1-60　【输出线型】对话框

说明：如果输出的线型与线型文件中的线型同名，将提示用户修改同名的线型名称，否则将线型文件中的同名线型予以替换。

1.8　线　　宽

按照机械制图国家标准的规定，图线有粗线和细线两种，而图线的粗细是通过线宽来定义的。

1.8.1　“线宽”下拉列表

当用户需要为图形对象设置某种线宽时，应该先选择所需的图形对象，然后点击【常用】选项卡→【特性】面板→“线宽”下拉列表框，在如图 1-61 所示的列表中选择所需的线宽即可。

在电子图板中，图形对象可选择以下线宽：

(1) 选择“ByLayer”，图形对象使用当前图层的线宽。

(2) 选择“ByBlock”，当图形对象被定义为图块时，图形对象的线宽与它所在图块的线宽保持一致。

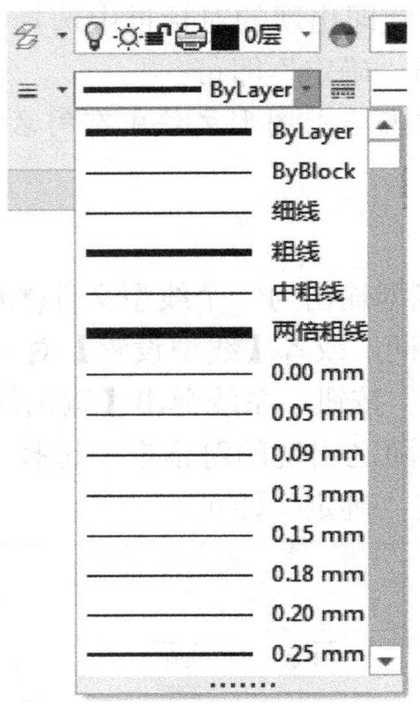

图 1-61　“线宽”下拉列表

(3) 选择其他线宽时，图形对象使用 ByLayer 和 ByBlock 之外的其他所选的线宽。应注意，细线、粗线、中粗线和两倍粗线为特殊线宽类型，可以单独设置其显示比例和打印参数。

当用户需要使用某种线宽绘图时，应先在如图 1-61 所示的列表中选择所需的线宽，一般应优先选择“ByLayer”，然后开始绘图。

1.8.2　线宽设置

线宽设置功能用于设置系统的线宽显示比例。

(1) 点击【常用】选项卡→【特性】面板→☰按钮，或者使用鼠标右键点击状态栏上“线宽”图标并在弹出的菜单中点击“设置”，系统将弹出如图 1-62 所示的【线宽设置】对话框。

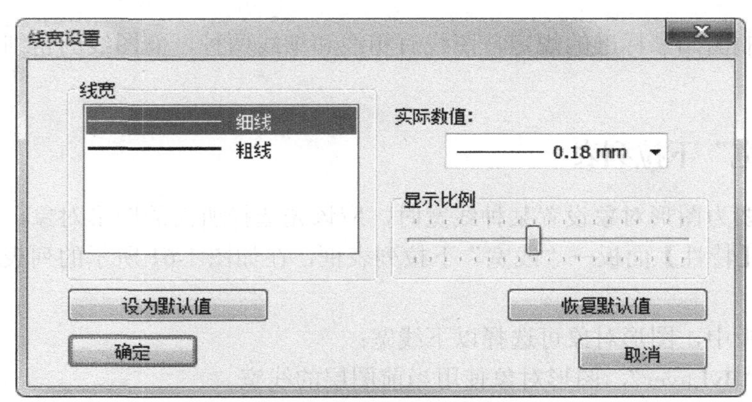

图 1-62　【线宽设置】对话框

(2) 在对话框中，选择“细线”或“粗线”后，可在右侧的“实际数值”处为系统的

“细线”或“粗线”指定线宽。左右拖动“显示比例”滑块可以调整系统所有线宽的显示比例。然后点击“设为默认值”按钮，可将设置结果保存为线宽的默认值，但在任何情况下，点击“恢复默认值”按钮都可以将显示比例恢复到系统的默认值。

(3) 用户可以使用以下方式“打开”或“关闭”线宽的显示比例效果：

① 在状态栏的“线宽”图标上点击鼠标右键，在弹出的菜单中选择“打开”或“关闭”选项。

② 在任何情况下，用鼠标左键点击状态栏上的“线宽”图标，或用键盘输入“Wide”并按回车键。

1.9 用户坐标系

电子图板中的坐标系包括世界坐标系和用户坐标系。世界坐标系是电子图板的默认坐标系，世界坐标系的 X 轴水平，Y 轴竖直，原点为 X 轴和 Y 轴的交点(0，0)。此外用户还可以使用“新建原点坐标系”和“新建对象坐标系”来创建用户坐标系。用户坐标系可以更方便坐标输入、栅格显示和特征点捕捉等操作，以利于编辑图形对象。

1.9.1 新建用户坐标系

1. 原点坐标系

原点坐标系是指由用户指定坐标系的原点而创建的坐标系，这类坐标系可同时有多个。

(1) 点击【视图】选项卡→【用户坐标系】面板→按钮，或者在“无命令”状态下输入“Ucs”并按回车键，系统将弹出如图 1-63 所示的立即菜单。

图 1-63 “建立坐标系”立即菜单

(2) 在立即菜单中输入坐标系名称，如“ABC”，然后按照系统提示，在绘图区指定该坐标系的原点及坐标系相对原点的旋转角度。系统规定，顺时针旋转时角度为正，逆时针旋转时角度为负，角度取值在−360°～+360°之间。

(3) 设置完成后，系统即建立了新坐标系并将该坐标系设为当前坐标系。

作为对比，图 1-64 是在不同坐标系下使用同一“矩形”命令绘制的图形。

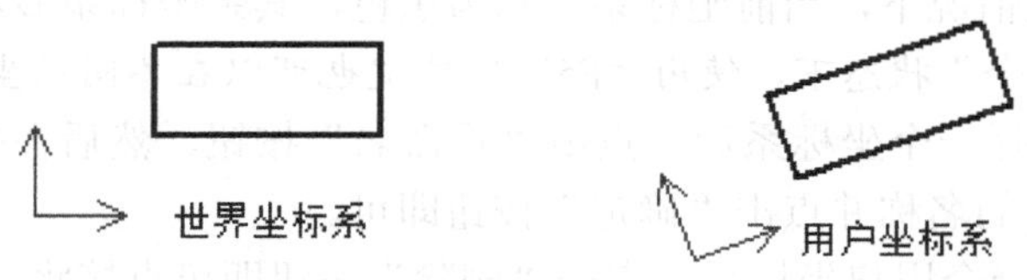

图 1-64 不同坐标系下绘制的图形

2. 对象坐标系

对象坐标系是指在用户拾取的图形对象上建立的坐标系，这类坐标系只能有 1 个。

(1) 点击【视图】选项卡→【用户坐标系】面板上的按钮，或者在“无命令”状态下输入“Ocs”并按回车键，系统提示“请选择放置坐标系的对象:”。

(2) 在绘图区拾取一个图形对象，此对象只能是图形元素或图块。系统会根据拾取对象的特征按照以下准则建立一个“未命名”坐标系，并将该坐标系设为当前坐标系。

① 点：以点本身为坐标系原点，以世界坐标系 X 轴正向为 X 轴正向。

② 直线：以距离拾取点较近的一个端点为坐标系原点，以直线走向为 X 轴正向。

③ 圆：以圆心为坐标系原点，以圆心指向拾取点的方向为 X 轴正向。

④ 圆弧：以圆心为坐标系原点，以圆心指向(距离拾取点较近端点)的方向为 X 轴正向。

⑤ 样条：以距离拾取点较近的端点为坐标系原点，以原点指向另一端点的方向为 X 轴正向。

⑥ 多段线：拾取多段线中的圆弧或直线时，按普通直线或圆弧创建坐标系。

⑦ 图块：以块的基点为坐标系原点，以世界坐标系 X 轴正向为 X 轴正向。

⑧ 射线：以射线的起始点为坐标系原点，以射线的方向为 X 轴正向。

⑨ 公式曲线：以公式曲线的起始点为坐标系原点，以世界坐标系 X 轴正向为 X 轴正向。

⑩ 其他对象：如构造线等，无效。

1.9.2　管理坐标系

当用户建立了坐标系之后，则需要对其进行管理，如设为当前坐标系、重命名、删除，或者在不同坐标系之间进行切换等。

点击【视图】选项卡→【用户坐标系】面板上的 按钮，系统弹出如图 1-65 所示的【坐标系】对话框。利用该对话框可对已建立的用户坐标系进行管理。

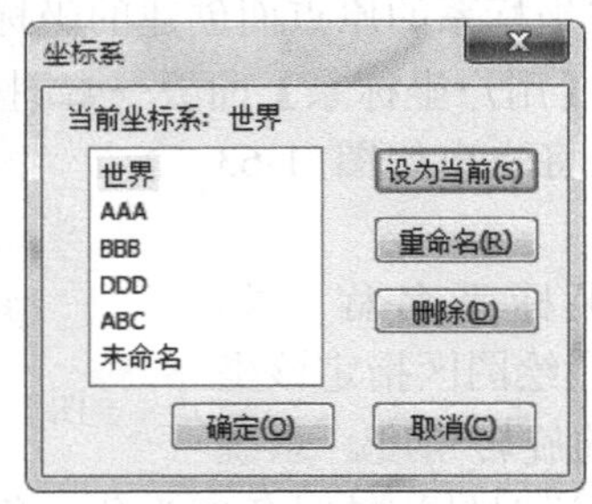

图 1-65　【坐标系】对话框

(1) 设为当前：选择一个坐标系后，点击“设为当前”按钮即可将该坐标系设为当前坐标系。在系统默认情况下，当前坐标系显示为黑色，其余坐标系显示为红色。

说明：在“无命令”状态下，使用“F5”快捷键也可以在不同的坐标系之间循环切换。

(2) 重命名：选择一个坐标系后，点击“重命名”按钮，然后在弹出的【重命名坐标系】对话框中输入新的名称并点击“确定”按钮即可。

(3) 删除：选择一个用户坐标系，点击“删除”按钮即可直接将该坐标系删除。注意：用户不能删除世界坐标系和当前坐标系。

1.9.3　坐标系显示

坐标系显示功能用于设置坐标系是否显示在绘图区中以及显示形式。

为了改变坐标系的显示形式，用户可以点击【视图】选项卡→【用户坐标系】面板上

的 按钮，系统将弹出如图 1-66 所示的【坐标系显示设置】对话框。

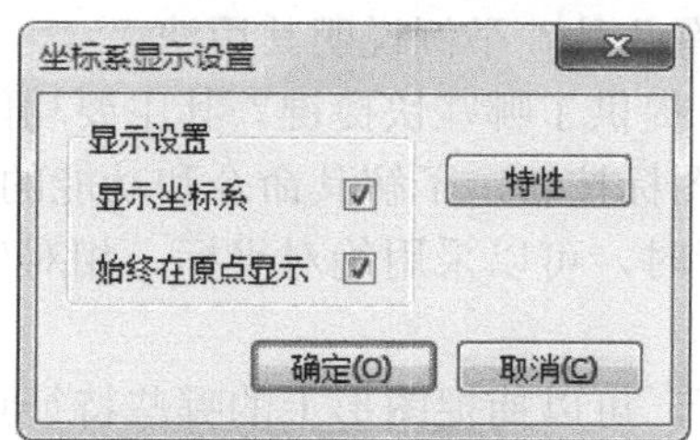

图 1-66 【坐标系显示设置】对话框

(1) “显示坐标系”复选框：用于设置坐标系在绘图区内是否显示。

(2) “始终在原点显示”复选框：如果勾选，则坐标系原点始终处于图纸绝对坐标的坐标原点，会随图纸的视图操作移动；如果取消勾选，则坐标原点始终处于绘图区的左下方，不跟随图纸的视图操作移动。

(3) “特性”按钮：点击“特性”按钮，系统将弹出如图 1-67 所示的【坐标系设置】对话框。利用该对话框，用户可以选择坐标系样式及线宽、调整坐标系图标的大小，以及选择当前坐标系及非当前坐标系的显示颜色等。

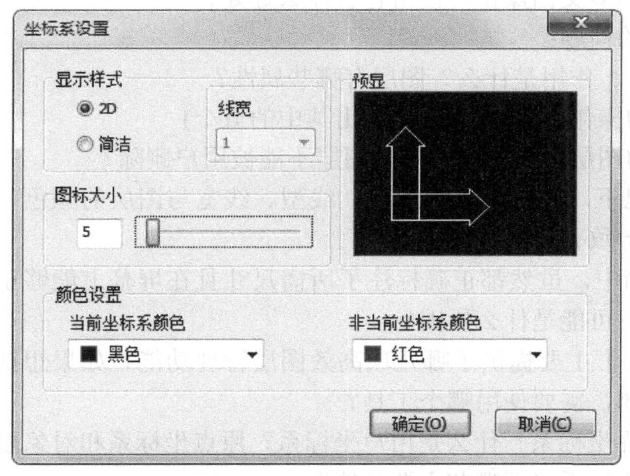

图 1-67 【坐标系设置】对话框

说明：在如图 1-14 所示的【选项】对话框中，点击“显示”选项，也可以设置当前坐标系及非当前坐标系的显示颜色。

思 考 题

1．在 CAXA 电子图板 2020 中，选项卡风格界面主要由哪几部分组成？

2．在 CAXA 电子图板 2020 中，选项卡风格界面主要使用什么工具访问常用命令？

3．在什么情况下，电子图板会在窗口的左下角弹出“立即菜单”？

4．【工具选项板】主要提供了什么工具？如何将它打开和关闭？

5．在绘图区中，右键菜单通常包括哪些选项？

6. 电子图板中有几种拾取对象的方式？各有什么特点？如何取消当前已拾取的对象？

7. 调用命令的方法主要有几种？举例说明其用法。

8. CAXA 电子图板 2020 提供了哪些快捷键？其主要功能是什么？

9. 对于面板中不熟悉的图标按钮，了解其命令和功能的最简捷方法是什么？

10. 用键盘输入点的坐标时，可以采用绝对坐标、相对坐标、相对极坐标输入，其输入格式分别有何要求？

11. 在特征点捕捉模式下，可以捕捉图形上的哪些特征点？能否直接捕捉到正多边形的形心？

12. 图形显示控制命令的显著特点是什么？

13. 如何实现视图的动态平移和动态缩放？

14. 如何打开一个图形文件？在打开某个图形文件时，电子图板支持的文件类型有哪些？

15. 能不能将当前的图形文件保存为 2020 版(*.exb)文件？能不能保存为 2020 版(*.dwg)文件？

16. “并入文件”与“部分存储”各适用于什么场合？

17. 什么是多图多文档操作？使用它有什么好处？

18. 关于图层的问题：

(1) 图层的特点、作用是什么？图层有哪些属性？

(2) 有关图层的操作有哪些？(至少列出其中的五个)

(3) 什么性质的图层不能关闭？哪些图层不能被用户删除？

(4) 在什么情况下，图形对象的颜色、线型、线宽与图层的颜色、线型、线宽能够保持一致？二者保持一致有什么好处？

(5) 在图形文档中，虽然都正确标注了所需尺寸且在屏幕上能够正确显示，但在图纸上却打印不出来，有可能是什么原因？

(6) 【图层工具】主要提供了哪几项高效图层管理功能？如果想把选定对象所在图层以外的图层全部关闭，需要使用哪个工具？

19. 什么是世界坐标系？什么是用户坐标系？原点坐标系和对象坐标系有什么区别？

20. 管理用户坐标系包括哪些主要功能？

练　习　题

1. 熟悉用户界面：启动 CAXA 电子图板，指出“菜单”选项卡、快速启动工具栏、功能区、绘图区、工具选项板、立即菜单和状态栏的位置。

2. 练习基本操作：试着改变选项板的位置；反复按下“F6”键，观察绘图区及状态栏有何变化；在屏幕上不同的位置点击鼠标右键，观察弹出的菜单有何异同。

3. 练习命令操作：以画直线为例，尝试用三种方式执行画直线命令。

4. 打开一个比较复杂的图形文件，练习显示控制命令的使用与操作。

5. 熟悉在线帮助：查看系统特点及快捷键的在线帮助。

6．请根据本章学过的视图显示控制命令填写表 1-2。

表 1-2　视图显示控制命令及其功能

命令	名称	功 能 描 述
	重新生成	
Zoom		
		显示图形的前一个显示状态
		按给定比例将图形缩放显示
	显示平移	
Next		
	显示放大	
	显示缩小	
		切换全屏显示与窗口显示
	动态缩放	
Refreshall		
		恢复图形的初始显示状态
	显示全部	
Pan		
Vscale		

7．判断题(正确的画“√”，错误的画“×”)。

(1) 当前图层不能关闭，也不能删除。　　( )

(2) 系统对所建图层的数量没有限制。　　( )

(3) 图层的状态和属性(值)都是不可改变的。　　( )

(4) 图层的名称仅是一个识别代号，两个层的名称可以相同。　　( )

(5) 如果某一图层上存有图形，则该图层不能被删除。　　( )

(6) 图层的名称只能以阿拉伯数字命名。　　( )

(7) 设置图层的颜色和线型，实际上就是设置位于该层上的实体的颜色和线型。　　( )

(8) 实体的颜色完全由它所在的图层的颜色决定。　　( )

(9) 图层的线型可以使用 ByLayer 和 ByBlock。　　( )

(10) 图层处于打开状态时，该图层上的全部实体都是可见的，也都是可选择的。　　( )

(11) 各图层的名称及图层描述都必须体现图层的性质。　　( )

(12) 新创建的图层没有名称和属性，必须由用户给定。　　( )

(13) 如果用户误删了一个图层，使用任何命令都将无法挽回。　　( )

(14) 当前设定的颜色对所有的图形元素都会产生影响。　　( )

(15) 线型文件的扩展名为.LIN。　　( )

(16) 在一个图形文件中可以包含多张图纸。　　( )

8．根据给出的表 1-3，完成以下各题。

表 1-3　图层状态及其属性

序号	层名	层描述	颜色	线型	层状态	备注
1	A	粗轮廓线	白色	实线	打开	
2	B	粗虚线	白色	虚线	打开	
3	C	波浪线	红色	实线	打开	×
4	D	细点画线	红色	点画线	打开	
5	E	双点画线	蓝色	双点画线	打开	×
6	F	剖面线	紫色	实线	打开	
7	G	双折线	黄色	实线	关闭	×

(1) 在一个新的图形文件中，按要求创建表格中列出的图层。

(2) 将“A”图层设置为“关闭”，将“B”图层设置为“不可打印”。

(3) 将“D”图层设置为当前层，然后随意绘制一些图形，观察它们的颜色和线型。

(4) 将“B”“F”图层关闭，将“G”图层打开，并将表格中画有“×”的图层删除。

9．请按以下步骤进行文件操作。

(1) 创建一个 A3 新文件，取名为“First”，在文件中绘制两个同心圆和一个正六边形，然后存盘并退出。

(2) 打开“First”文件，将其取名为“Second”，重新存盘。然后将图中的正六边形单独存储在 Part 文件中。

(3) 重新打开“First”文件，将“Second”文件和 Part 文件并入到当前文件中，并取名为“Three”，重新存盘。

(4) 打开 Part 文件，在其中建立两个布局空间，分别取名为“图纸 1”“图纸 2”。然后保存该 Part 文件。

(5) 将“Three”文件存储为 AutoCAD 文件，尝试用 CAXA 电子图板 2020 将一个 DWG/DXF 文件打开。

第 2 章　绘　　图

本章学习要点

本章重点介绍电子图板提供的各种绘图功能，包括其功能的启动、立即菜单及对话框中的选项设置、使用过程中的注意事项等。

本章学习要求

熟练掌握电子图板的各种绘图功能及其使用方法，能够利用鼠标或键盘绘制一些常见的平面几何图形。

绘图功能是构成 CAD 软件的基础。CAXA 电子图板以先进的计算机技术和简捷的操作方式代替传统的手工绘图方法，不仅绘图精度高、速度快，而且便于修改，这正是通过强大的绘图功能得以体现的。

CAXA 电子图板提供了非常丰富的绘图命令和辅助绘图命令。本章将重点介绍电子图板提供的绘图、图块、OLE 对象、外部引用、视口等各种绘图命令及其用法。当系统成功启动后，会在屏幕顶部的【常用】选项卡中出现【绘图】面板，如图 2-1 所示。点击其中的某个按钮即可调用相应的绘图命令；如果点击某个按钮底部的▾，将出现一下拉菜单，在菜单中点击相应的选项也可以执行绘图命令。

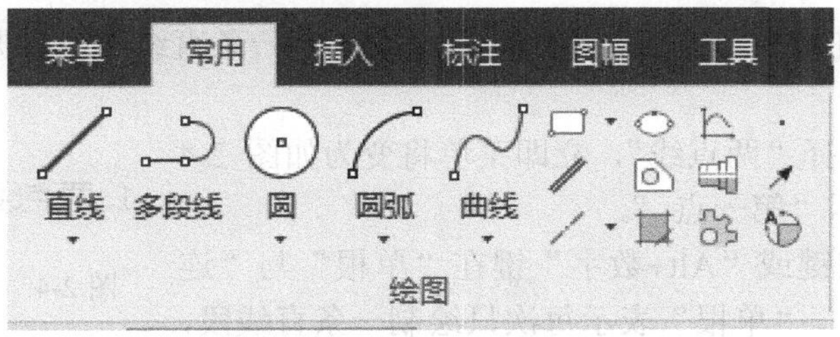

图 2-1　【绘图】面板

说明： 在绘图过程中，用户如能巧妙地结合系统提供的智能捕捉及导航等功能，可明显提高绘图的速度和准确性。

绘图命令包括直线、多段线、圆、圆弧、矩形、曲线、多边形、平行线、中心线、椭圆、填充、剖面线、公式曲线、轴/孔、齿轮、点、箭头、局部放大图等命令。

2.1 直　　线

直线是构成图形的基本要素。为了适应在各种情况下绘制直线，电子图板提供了多种绘制直线的方式。在【绘图】面板上点击“直线”按钮底部的▾，会出现如图 2-2 所示的“直线”下拉菜单。用户从菜单中选择了某一选项，系统将启动相应的画线功能，其按钮图标也立即显示在屏幕顶部的功能面板上。

在“无命令”状态下键入“Line”并按回车键，或者在如图 2-2 所示的菜单中选择“两点线”，系统将弹出如图 2-3 所示的立即菜单。此时，连续按“Alt+数字”键，或用鼠标点击立即菜单，都会将菜单展开并在选项间进行切换，以选择所需的画线方式。

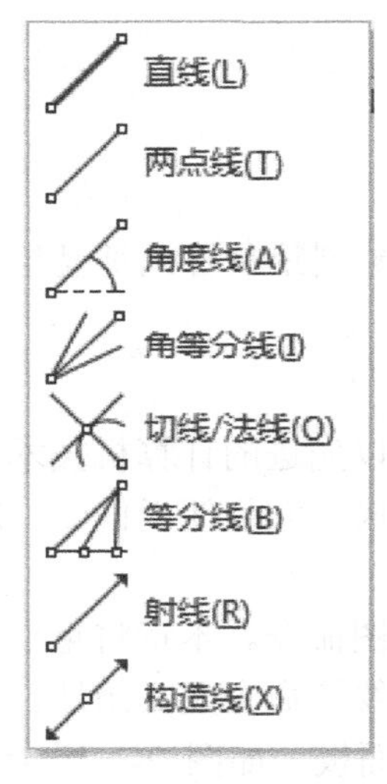

图 2-2　“直线”下拉菜单

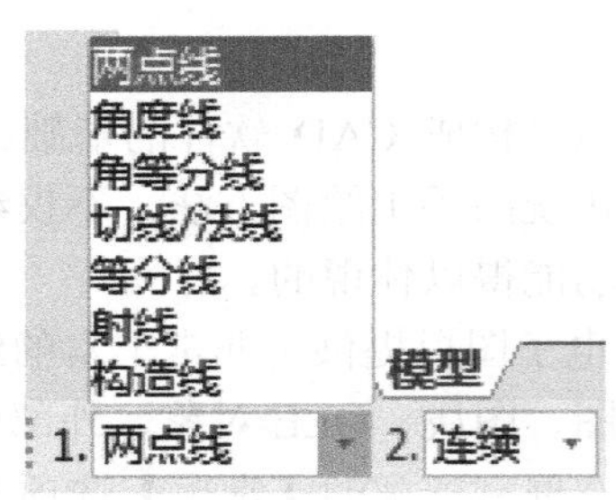

图 2-3　“直线”立即菜单

1. 两点线

两点线功能是在屏幕上按照给定的两点位置绘制一条直线段或根据给定的连续条件绘制一条折线。

(1) 在菜单中选择“两点线”，立即菜单将变为如图 2-4 所示的状况，并提示“第一点:”。

图 2-4　“两点线”立即菜单

(2) 利用鼠标左键或“Alt+数字”键在“单根”与“连续”之间切换。其中，“单根”表示每次只绘制一条直线段，之后即结束该命令；而“连续”表示每次可绘制一条折线。

(3) 根据系统提示，在绘图区输入一点作为直线的起点，然后系统又提示“第二点:”。此时，如果用户选择了“单根”选项，则在给定了直线的终点位置或直线的长度后，即绘出一条直线段，并结束画直线命令。

(4) 如果用户选择了“连续”选项，则接下来系统还将提示“第二点:”。为此，用户可以给定新点位置，也可以给定本段直线的长度，从而绘制一条折线。

(5) 在任何时候按“Esc”键或回车键，即可结束画直线命令。

【例 2-1】 绘制直线段和折线，如图 2-5 所示。

作图步骤如下：

(1) 设法弹出如图 2-4 所示的立即菜单，并得到系统提示“第一点:”。

(2) 用鼠标在绘图区“1”处点击一下，然后当提示“第二点:”时，再在“2”处点击一下。此时，“直线 1”绘制完毕。

(3) 重复上述两步，可画出“直线 2”。其结果如图 2-5(a)所示。

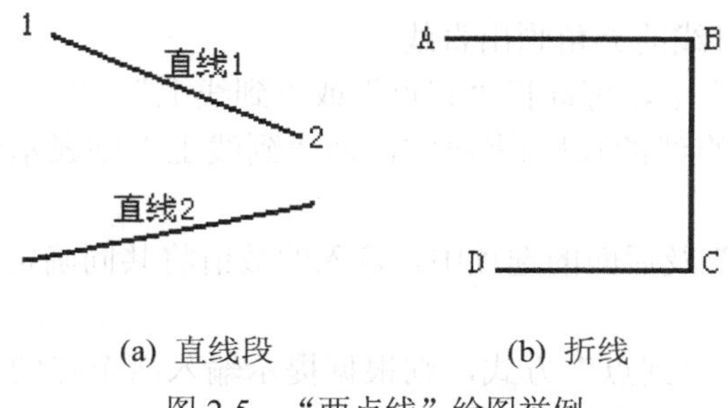

(a) 直线段 (b) 折线

图 2-5 “两点线”绘图举例

(4) 用“Alt+2”键使立即菜单处于 1. 两点线 2. 连续 状态，并用鼠标点击屏幕右下角的“正交”，使系统处于“正交”状态。

(5) 当提示“第一点:”时，在“A”点处点击；当提示“第二点:”时，在“B”点处点击；随后根据提示依次输入“C”“D”点，并按回车键结束。其结果应如图 2-5(b)所示。

在绘图过程中经常需要使用键盘输入点的坐标。在第 1 章已经介绍过，电子图板允许使用绝对坐标、相对坐标或相对极坐标的方式进行输入。

【例 2-2】 用相对坐标和相对极坐标绘制边长为 20 的五角星图案，如图 2-6 所示。

图 2-6 五角星图案

作图步骤如下：

(1) 设法弹出如图 2-4 所示的立即菜单，使“立即菜单”处于 1. 两点线 2. 连续 状态，用鼠标点击屏幕右下角的“正交”，使“正交”处于关闭状态。

(2) 根据系统提示，按如图 2-6 所示的顺序依次输入各点的坐标(注：必须在“半角英文”状态下只输入引号中的内容，而不能输入括号内的注释)并按回车键。例如：

提示“第一点:”时，输入“0，0” (从“1”点开始)。

提示“第二点:”时，输入“@20，0” (相对坐标)。

提示“第二点:”时，输入“@20＜-144” (相对极坐标)。

提示“第二点:”时，输入“@20＜72” (相对极坐标)。

提示“第二点:”时，输入“@20＜-72” (相对极坐标)。

提示“第二点:”时，输入“0，0” (回到起始点)。

(3) 按“Esc”键或回车键，结束画直线命令，其结果如图 2-6 所示。

2. 角度线

角度线功能是按用户给定的角度和长度生成一条直线段。

(1) 在如图 2-2 所示的菜单中选择“角度线”，或者在“无命令”状态下键入“La”并按回车键，系统将弹出如图 2-7 所示的立即菜单，并提示“第一点:”。

1. 角度线　2. X轴夹角　3. 到点　4.度= 45　5.分= 0　6.秒= 0

图 2-7　“角度线”立即菜单

(2) 在立即菜单“2.”中，可选择“X 轴夹角”“Y 轴夹角”或“直线夹角”，以决定按照与某坐标轴或所选择直线的夹角画出直线。

(3) 在立即菜单“3.”中，可选择“到点”或“到线上”。其中，“到点”表示角度线的终点由输入点的位置(或直线的长度)来决定，而“到线上”则表示角度线的终点位于所选的线段上。

(4) 在立即菜单“4.”及后面的选项中，输入的数值将共同确定角度线与某坐标轴或所拾取直线的夹角。

(5) 如果用户选择了“到点”方式，则根据提示输入两个点的位置，或输入一点的位置和直线长度，即可画出所需的角度线，并自动结束该命令；如果选择了“到线上”方式，则根据提示先输入一点的位置，然后选择一条线段，即可画出所需的角度线，也会自动结束该命令。

【例 2-3】　请根据给出的已知条件，画出“直线 1”和“直线 2”两条直线段，如图 2-8 所示。

作图步骤如下：

(1) 设法弹出如图 2-7 所示的立即菜单。

(2) 当提示“第一点:”时，输入“0，0”并按回车键。

(3) 当提示“第二点或长度:”时，输入“100”并按回车键，其作图结果如图 2-8 中的“直线 1”所示。

(4) 重新弹出立即菜单，并将其中的“到点”改为“到线上”，在“度”编辑框中输入 120，其他选项不变。当提示“第一点:”时，输入“70，0”并按回车键。

(5) 当提示“拾取曲线:”时，点选已画出的“直线 1”，即画出“直线 2”，其结果如图 2-8 所示。

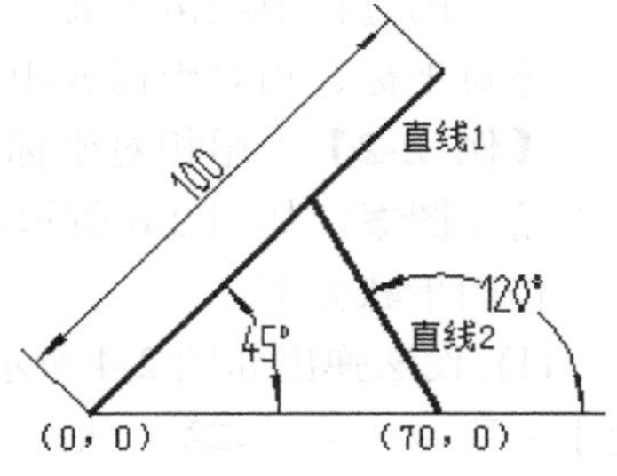

图 2-8　“角度线”绘图举例

3. 角等分线

角等分线功能是按给定的等分数、给定的长度绘制一个角的等分线。

(1) 在如图 2-2 所示的菜单中选择“角等分线”，系统将弹出如图 2-9 所示的立即菜单，并提示“拾取第一条直线:”。

1. 角等分线　2.份数 2　3.长度 100

图 2-9　“角等分线”立即菜单

(2) 在立即菜单“2.”中输入需要等分的份数，在立即菜单“3.”中输入角等分线的长度。

(3) 按提示分别选择第一条直线和第二条直线(注意：两直线不能平行)，系统即可画出两直线夹角的角等分线并结束该命令。

图 2-10 是用长度为 100 的直线将两条直线所夹的角进行 3 等分(2 条等分线)的情况。

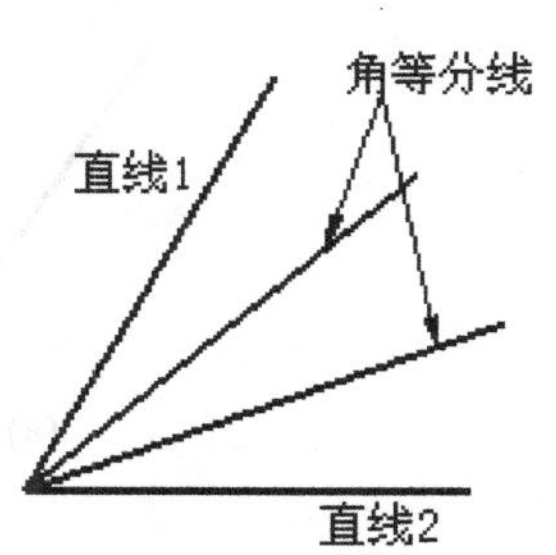

图 2-10　绘制角等分线

4. 切线/法线

切线/法线功能是指过给定点作已知直线(或曲线)的切线或法线。这里，过给定点作已知直线的切线(法线)实际上就是作该直线的平行线(垂直线)；过给定点作已知曲线(一般为圆和圆弧)的切线就是过给定点作圆心与给定点连线的垂线，该切线与拾取的圆(弧)可能有一个、两个或根本没有交点，而其法线则过给定点并沿着圆心与给定点的连线方向，如图 2-11 所示。

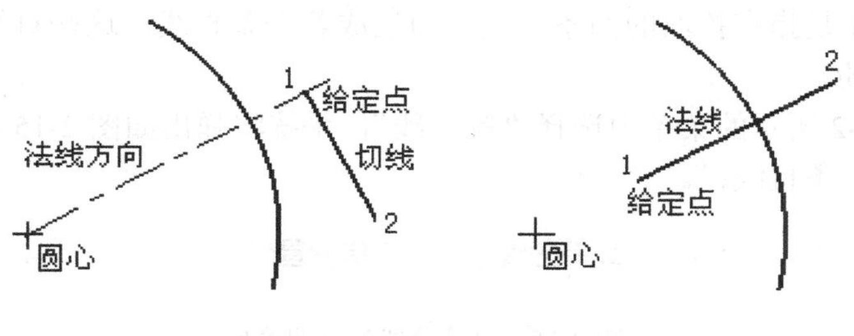

(a) 圆弧的切线　　(b) 圆弧的法线

图 2-11　圆弧的切线与法线

(1) 在如图 2-2 所示的菜单中选择“切线/法线”，系统将弹出如图 2-12 所示的立即菜单，并提示“拾取曲线：”。

1. 切线 ▾　2. 对称 ▾　3. 到点 ▾

图 2-12　“切线/法线”立即菜单

(2) 点击立即菜单“1.”后的 ▾，可选择“切线”或“法线”；点击立即菜单“2.”后的 ▾，可选择“非对称”或“对称”；点击立即菜单“3.”后的 ▾，可选择“到点”或“到线上”。其中，“非对称”是以给定点为起点向一个方向画直线，而“对称”则是以给定点为对称中心向两个相反的方向画直线；“到点”表示所画直线的终点由给定的第二点或输入的直线长度来决定，而“到线上”则表示所画直线的一个端点位于所选的线段上，如图 2-13、图 2-14 所示。

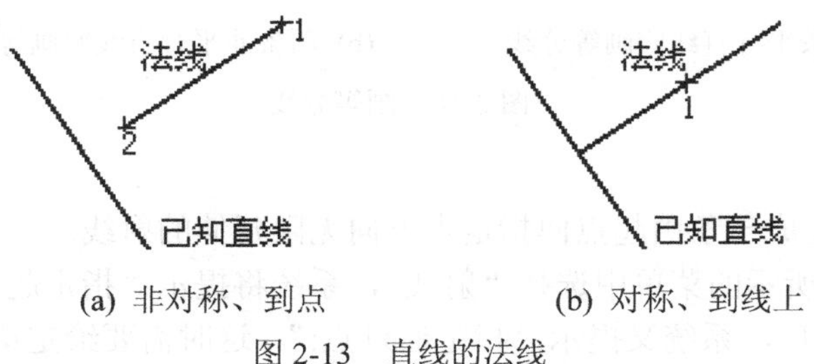

(a) 非对称、到点　　(b) 对称、到线上

图 2-13　直线的法线

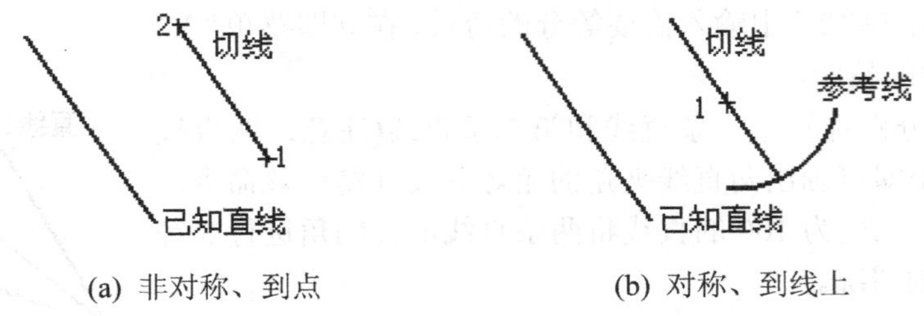

(a) 非对称、到点　(b) 对称、到线上

图 2-14　直线的切线

(3) 根据系统提示，需要先拾取一条欲与之相切或垂直的线段，然后给定所画直线的起点(或中点)。接下来，如果当前处于“到点”状态，则需给出一点作为直线的终点，或用键盘输入直线的长度，即可画出一条切线或法线；如果当前处于“到线上”状态，则需选择一条线段，所画直线的一个端点就在该线段上。

5. 画等分线

画等分线功能是指在拾取的两条直线之间生成若干条直线，这些直线将两条直线之间的区域等分成 N 份。

(1) 在如图 2-2 所示的菜单中选择“等分线”，系统将弹出如图 2-15 所示的立即菜单，并提示“拾取第一条直线：”。

1. 等分线 ▾ 2.等分量: 2

图 2-15　“等分线”立即菜单

(2) 点击立即菜单“2.等分量:”后的 ▾，可输入需要等分的数量(必须是 2～9999 之间的整数)。

(3) 用户按照提示，用点选方式拾取两条直线，则在所拾取的两直线之间生成了 N−1 条直线，并把两直线间的区域 N 等分。

图 2-16 是一个将两已知直线间的区域进行 3 等分的情况。

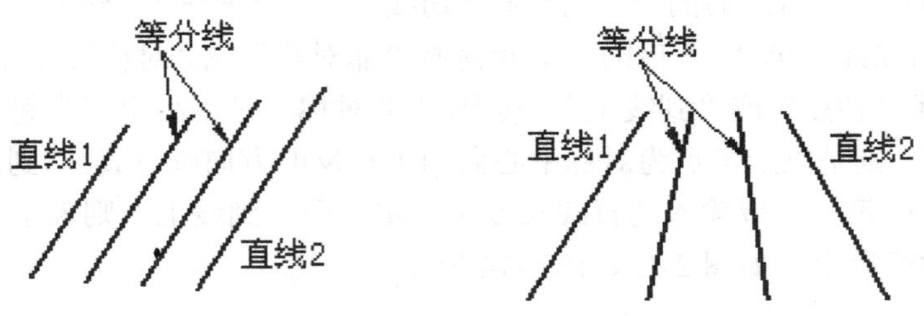

(a) 两条平行直线间画等分线　(b) 两条非平行直线间画等分线

图 2-16　画等分线

6. 射线

射线功能用于生成一条由起点向指定点方向无限延伸的射线。

(1) 在如图 2-2 所示的菜单中选择“射线”，系统将提示“指定起点：”。

(2) 给定了一点后，系统又提示“指定通过点:”。这时需要给定第二点。

(3) 给定第二点后，系统即画出一条始于第一点并过第二点的射线。

(4) 重复第(3)步，可画出多条始于第一点的射线，直至按“Esc”或回车键结束。

7. 构造线

构造线功能用于生成一条过给定点向两个相反方向无限延伸的直线，也可称之为双向射线。

(1) 在如图 2-2 所示的菜单中选择“构造线”，系统将弹出一立即菜单，此时按“Alt+2”键可从如图 2-17 所示的选项中进行选择。

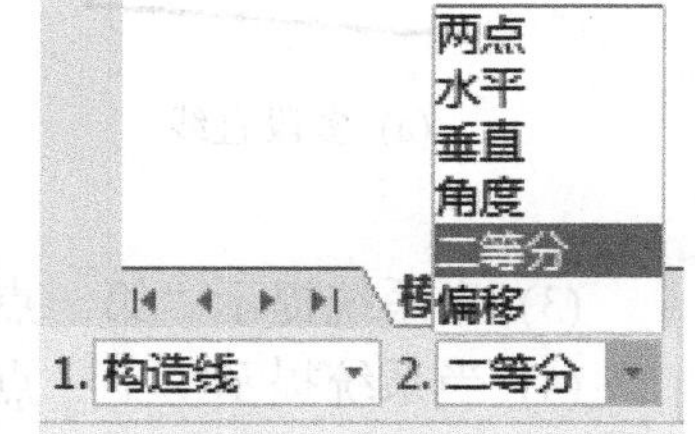

图 2-17　“构造线”立即菜单

(2) 用户选择不同的选项，则接下来的提示和操作也会有所不同。

① 如选择“两点”，系统将分别提示“指定点：”和“通过点：”。由用户给定两个点后，即通过该两点画出一条构造线。

② 如选择“水平”，系统将提示“指定点：”。由用户给定一点后，即通过该点画出一条水平构造线。该过程重复进行，即可画出一系列的水平构造线，直到结束。

③ 如选择“垂直”，系统将提示“指定点：”。由用户给定一点后，即通过该点画出一条竖直构造线。该过程重复进行，即可画出一系列的竖直构造线，直到结束。

④ 如选择“角度”，立即菜单将变为 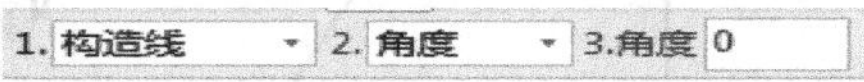 1. 构造线 2. 角度 3.角度 0 ，并提示“指定点：”。用户在立即菜单中设定角度值后，在绘图区给定一点，即可画出与水平线成指定角度的构造线。

⑤ 如选择“二等分”，系统将依次提示“指定起点：”“指定顶点：”和“指定终点：”。用户给定了三个点后，则会画出上述三点连线所成夹角的角平分线。系统反复提示“指定终点：”，进而可继续画出角平分线，直到结束。

⑥ 如选择“偏移”，立即菜单将变为 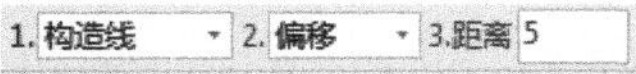 1. 构造线 2. 偏移 3.距离 5 ，并提示“拾取直线：”。用户在立即菜单中设定偏移距离，然后在绘图区拾取一条直线并指定偏移方向，即可画出与给定直线平行的构造线。系统反复提示“拾取直线：”，进而可画出多条与拾取直线平行的构造线，直到结束。

(3) 按回车键或“Esc”键，结束构造线命令。

2.2　多　段　线

多段线是作为单个对象创建的相互连接的线段序列。多段线功能可以创建直线段、弧线段或两者的组合线段。

(1) 点击【绘图】面板上“多段线”按钮，或在“无命令”状态下输入“Pline”并按回车键，系统将弹出如图 2-18 所示的立即菜单。

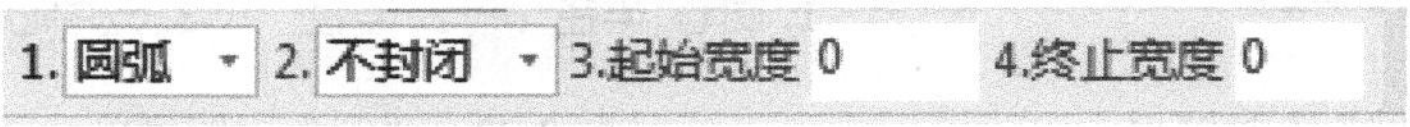

1. 圆弧 2. 不封闭 3.起始宽度 0 4.终止宽度 0

图 2-18　“多段线”立即菜单

(2) 点击立即菜单“1.”后的 ▾ ，可选择“直线”或“圆弧”，表示要画直线还是圆弧；点击立即菜单“2.”后的 ▾ ，可选择“封闭”或“不封闭”；点击立即菜单“3.”和“4.”，可分别设置多段线的起始宽度和终止宽度，如图 2-19 所示。

(a) 多段直线　(b) 多段圆弧　(c) 直线与圆弧的组合　(d) 终止宽度不为 0

图 2-19　不封闭多段线

(3) 当系统提示“第一点：”时，用鼠标或键盘输入第一点。

(4) 当系统提示“下一点：”时，用鼠标或键盘再输入一点。

(5) 重复第(4)步即可画出多段线，直到按回车键或“Esc”键结束。但如果选择了“封闭”，则最后一点可直接按回车键，系统将自动连接首尾两点，使多段线封闭。

这里需要说明的是，一条封闭的多段线即使在“正交”模式下，其首尾连接处也不能保证正交；一条封闭的光滑多段线，在其首尾连接处也不能保证相切，如图 2-20 所示。

图 2-20　封闭多段线

2.3　圆

电子图板提供了四种画圆方式，并允许为圆添加中心线。在【绘图】面板上点击“圆”按钮底部的▾，会出现如图 2-21 所示的“圆”下拉菜单。这时如在菜单中选择了某一选项，系统将启动相应的画圆功能，其按钮图标也即显示在屏幕顶部的功能面板上。

在“无命令”状态下键入“Circle”并按回车键，或者在如图 2-21 所示的菜单中选择“圆”，系统将弹出如图 2-22 所示的立即菜单。此时，连续按“Alt+数字”键，或用鼠标点击立即菜单，都会将菜单展开并在选项间进行切换，以选择所需的画圆方式。

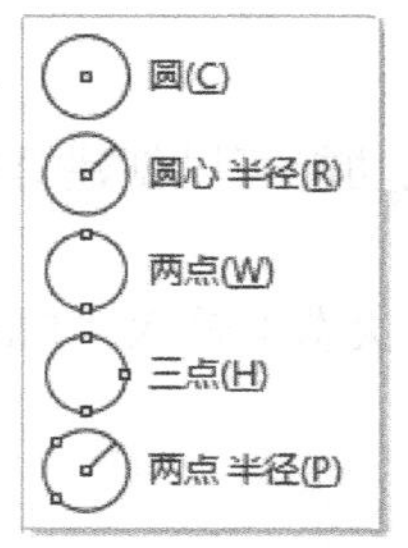

图 2-21　“圆”下拉菜单

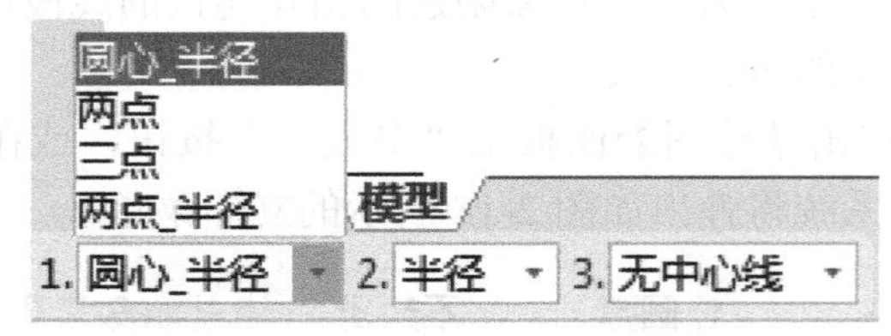

图 2-22　“圆”立即菜单

1. “圆心_半径”方式

“圆心_半径”方式是通过给定圆心和半径(或圆上一点)画圆，也可以给出圆的直径画圆。

(1) 设法弹出如图2-22所示的立即菜单，并从中选择“圆心_半径”选项。

(2) 点击立即菜单“2.”后的▾，可选择“半径”或“直径”。其中，“半径”表示依据半径画圆，而“直径”则表示依据直径画圆。

(3) 点击立即菜单“3.”，可选择“无中心线”或“有中心线”。如果选择“有中心线”，立即菜单将变为  1. 圆心_半径 ▾ 2. 半径 ▾ 3. 有中心线 ▾ 4.中心线延伸长度 3 ，可在立即菜单“4.”中输入中心线在圆外的延伸长度。

(4) 根据系统提示，先输入一点作为圆心位置，然后用键盘输入它的半径或直径值，或者输入圆周上的一点，即可完成画圆。

2. “两点”方式

“两点”方式是通过给定两点并以这两点之间的距离为直径画圆。

(1) 设法弹出如图2-22所示的立即菜单，并从中选择“两点”选项。

(2) 点击立即菜单“2.”后的▾，可选择“无中心线”或“有中心线”。

(3) 根据系统提示，用鼠标或键盘分别输入两个点，系统即以该两点之间的距离为直径完成画圆。

3. “三点”方式

“三点”方式是以给定圆周上的三个点画圆。

(1) 设法弹出如图2-22所示的立即菜单，并从中选择“三点”选项。

(2) 点击立即菜单“2.”后的▾，可选择“无中心线”或“有中心线”。

(3) 根据系统提示，用鼠标或键盘分别输入不在一条直线上的三个点，系统即过这三点完成画圆。

说明：在画圆过程中，当需要输入点时，用户可充分利用智能捕捉或导航功能，作出满足各种要求的圆来。

【例2-4】 已知一等边三角形，试作出该三角形的内切圆和外接圆，如图2-23所示。

作图步骤如下：

(1) 设法弹出如图2-22所示的立即菜单，并从中选择“三点”“无中心线”选项，使立即菜单变为 1. 三点 ▾ 2. 无中心线 ▾ 。

(2) 点击屏幕右下角的▾，弹出如图2-24所示的菜单，并从中选择“智能”。

图2-23　“三点”方式画圆举例

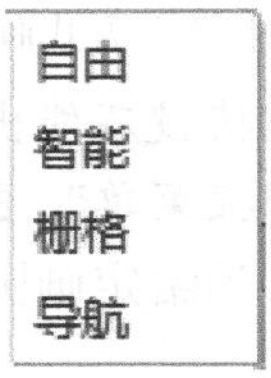

自由
智能
栅格
导航

图2-24　智能工具菜单

(3) 当系统提示“第一点：”时，移动鼠标将光标指向等边三角形的一个顶点。待出现黄色小方框时点击左键，即捕捉到该顶点。同理，当系统提示“第二点：”“第三点：”时，使用同样的方法依次捕捉等边三角形的另外两个顶点，从而可作出该三角形的外接圆。

(4) 在第(3)步中，当系统提示“第一点：”时，移动鼠标将光标指向等边三角形的一个边。待出现一个黄色的小三角形时点击左键，即捕捉到该边的中点。同理，当系统提示“第二点：”“第三点：”时，再捕捉三角形另外两个边的中点，从而可作出该三角形的内切圆。

4. “两点_半径”方式

“两点_半径”方式是通过给定圆周上的两个点和圆的半径画圆。

(1) 设法弹出如图 2-22 所示的立即菜单，并从中选择“两点_半径”选项。

(2) 点击立即菜单“2.”后的 ▾，可选择“无中心线”或“有中心线”。

(3) 根据系统提示，用鼠标或键盘分别输入第一点、第二点后，再输入第三点或用键盘输入圆的半径值，即可完成画圆。

【例 2-5】 已知图形中有一大一小两个圆，试作出一个与已知两圆均相切、直径为定值的圆，如图 2-25 所示。

作图步骤如下：

(1) 设法弹出如图 2-22 所示的立即菜单，并从中选择“两点_半径”“无中心线”选项。

(2) 当系统提示“第一点：”时，在键盘上按空格键，系统弹出如图 2-26 所示的捕捉菜单，从中选择“切点”选项。然后移动鼠标，将光标指向大圆，待出现黄色的捕捉符号时点击左键。同理，当提示“第二点：”时，按空格键，用同样的方法捕捉小圆。当提示“第三点(切点或半径)：”时，由键盘输入给定的半径值，即可画出第三个圆。

图 2-25 “两点_半径”方式画圆举例

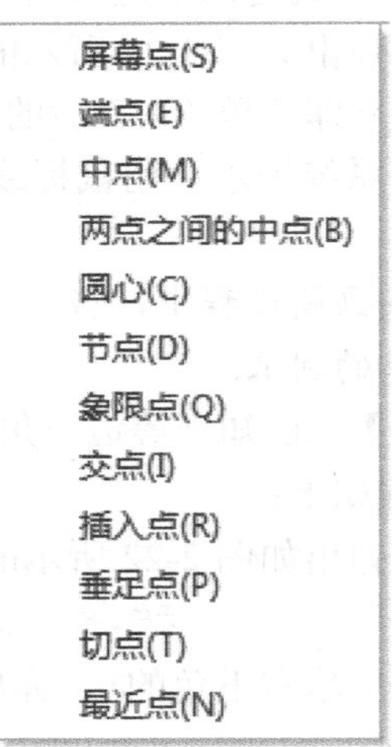

图 2-26 捕捉菜单

说明：如果按空格键不能出现捕捉菜单，应设法打开【选项】对话框，将“交互”选项中的“空格激活捕捉菜单”复选框勾选即可。

由此可以看出，当给定画圆的条件不同时，画圆的方法也是不同的。

2.4 圆　弧

电子图板提供了多种绘制圆弧的方式。在【绘图】面板上点击“圆弧”按钮底部的 ▾，会出现如图 2-27 所示的“圆弧”下拉菜单。这时如在菜单中选择了某一选项，系统将启动相应的画圆弧功能，其按钮图标也显示在屏幕顶部的功能面板上。

在“无命令”状态下键入“Arc”并按回车键，或者在如图 2-27 所示的菜单中选择“圆弧”，系统将弹出如图 2-28 所示的立即菜单。此时，连续按“Alt+1”键，或用鼠标点击立即菜单，都会将菜单展开并在选项间进行切换，以选择所需的画圆弧方式。

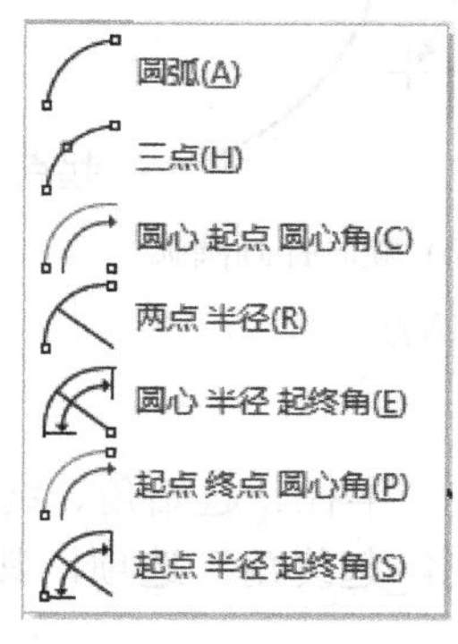

图 2-27 “圆弧”下拉菜单

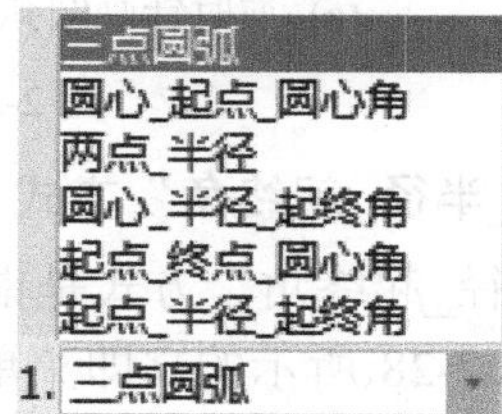

图 2-28 “圆弧”立即菜单

1. “三点圆弧”方式

“三点圆弧”方式是由用户依次给出三个点，过这三点画出圆弧。其中，第一点为圆弧的起点，第三点为圆弧的终点，第二点在所画的圆弧上。

(1) 在如图 2-28 所示的立即菜单中选择“三点圆弧”选项。

(2) 按照系统提示，用鼠标或键盘输入第一点和第二点后，将生成一段过上述两点及光标所在位置的动态圆弧，然后拖动鼠标，待圆弧的大小合适时点击鼠标左键即可画出圆弧。

2. “圆心_起点_圆心角”方式

“圆心_起点_圆心角”方式是由用户给出圆弧的圆心、起点及圆心角画出圆弧。

(1) 在如图 2-28 所示的立即菜单中选择“圆心_起点_圆心角”选项。

(2) 按系统提示，由用户分别输入圆弧的圆心点和起点位置，屏幕上会生成一段圆心和起点都固定、终点由鼠标当前位置决定的动态圆弧。当圆弧的终点位置合适(终点位于过圆心点和光标点的直线上)时，点击鼠标左键确定或用键盘输入圆弧的圆心角即可画出圆弧，如图 2-29 所示。

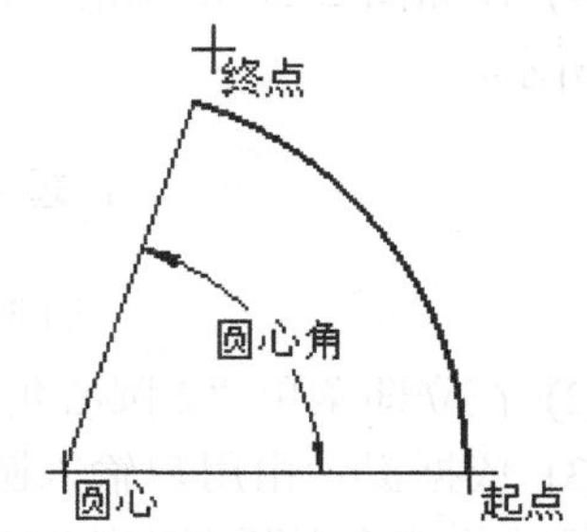

图 2-29 “圆心_起点_圆心角”画圆弧

说明： 圆心角为正值时，绕圆心逆时针画弧；圆心角为负值时，绕圆心顺时针画弧。

3. “两点_半径”方式

“两点_半径”方式是根据给定圆弧的两个端点及圆弧的半径画圆弧。

(1) 在如图 2-28 所示的立即菜单中选择“两点_半径”选项。

(2) 按系统提示，由用户分别输入圆弧的起点和终点，屏幕上会生成一段起点和终点都固定、半径随鼠标拖动而改变的动态圆弧。当圆弧的大小及弯曲方向合适时点击鼠标左键确定，或用键盘直接输入圆弧的半径即可画出圆弧。

说明：采用“两点_半径”方式画圆弧时，当前光标位于所给两点连线的哪一侧，圆弧就向哪一侧弯曲，如图 2-30 所示。

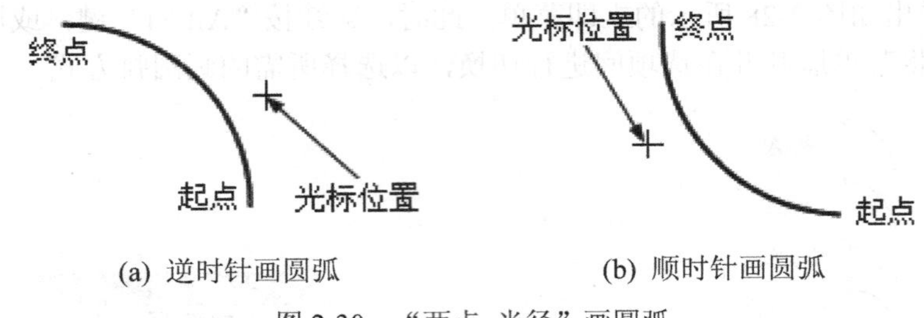

(a) 逆时针画圆弧　　(b) 顺时针画圆弧

图 2-30　“两点_半径”画圆弧

4. “圆心_半径_起终角”方式

“圆心_半径_起终角”方式是根据给定圆弧的圆心、半径、起始角、终止角画圆弧。

(1) 在如图 2-28 所示的立即菜单中选择“圆心_半径_起终角”选项，其立即菜单如图 2-31 所示。

1. 圆心_半径_起终角　2.半径= 30　3.起始角= 0　4.终止角= 60

图 2-31　“圆心_半径_起终角”立即菜单

(2) 在立即菜单中分别输入圆弧的半径、起始角和终止角。角度的单位是度(°)。

(3) 当提示“圆心点：”时，由用户给出圆心的位置后，即可画出圆弧。

5. “起点_终点_圆心角”方式

“起点_终点_圆心角”方式是根据给定圆弧的起点、终点和圆心角画圆弧。

(1) 在如图 2-28 所示的立即菜单中选择“起点_终点_圆心角”选项，其立即菜单如图 2-32 所示。

1. 起点_终点_圆心角　2.圆心角: 60

图 2-32　“起点_终点_圆心角”立即菜单

(2) 在立即菜单“2.圆心角:”中设定圆弧的圆心角，其有效范围为−360°～360°。

(3) 依据提示由用户输入圆弧的起点，屏幕上会生成一段起点一定、圆心角一定、终点随鼠标移动而不断变化的圆弧，待终点位置合适时点击鼠标左键即可画出圆弧。

图 2-33 是两段起点、终点相同，而圆心角大小相等、符号相反的圆弧。由于系统规定，圆心角为正时逆时针画弧，圆心角为负时顺时针画弧，所以这两段圆弧的方向是不同的。

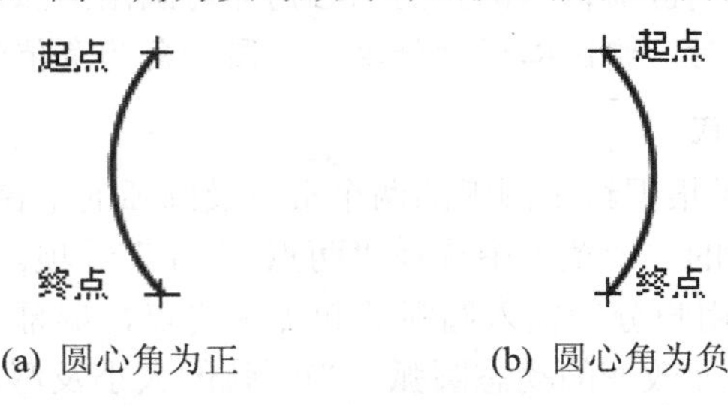

(a) 圆心角为正　　(b) 圆心角为负

图 2-33　“起点_终点_圆心角”画圆弧

6. “起点_半径_起终角”方式

“起点_半径_起终角”方式是根据给定圆弧的起点、半径、起始角、终止角画圆弧。

这种画圆弧方式与前面介绍的“圆心_半径_起终角”画圆弧方式相同，只是一个需要给定圆心，另一个需要给定起点，所以二者的作图方法和步骤也是相似的，这里不再赘述。

2.5 曲 线

电子图板提供了绘制多种曲线的功能，如样条、圆弧拟合样条、波浪线、双折线、云线等。在【绘图】面板上点击“曲线”按钮底部的▾，或在“无命令”状态下输入“Spline”并按回车键，会出现如图2-34所示的“曲线”下拉菜单。

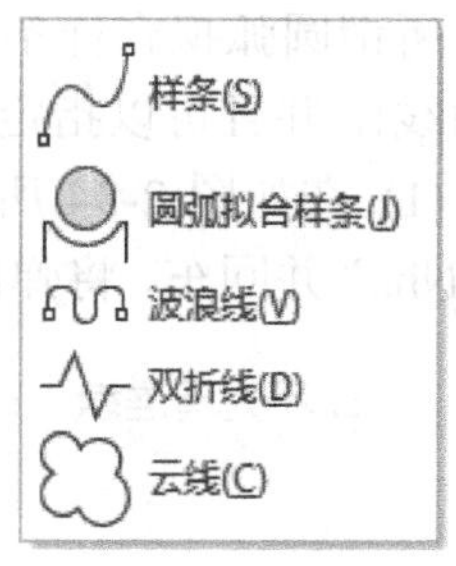

图2-34 “曲线”下拉菜单

1. 样条

样条功能需要给定一系列坐标点(样条插值点)，并通过这些点按插值方式生成样条曲线。点的输入可由鼠标输入或键盘输入，也可以从外部样条数据文件中直接读取。

在如图2-34所示的菜单中选择“样条”选项，将弹出如图2-35所示的立即菜单，需要对立即菜单的选项进行必要设置。

1. 直接作图 ▾ 2. 给定切矢 ▾ 3. 开曲线 ▾ 4.拟合公差 0

图2-35 “样条”立即菜单

如果在立即菜单“1.”中选择了“直接作图”，则接下来用户可进行如下操作：

(1) 在立即菜单“2.”中，可选择“缺省切矢”或“给定切矢”。其中，“缺省切矢”表示不需要用户定义曲线端点的切线矢量；而“给定切矢”则需要用户定义曲线端点的切线矢量，即在按回车键结束输入插值点后，再由用户输入一点，该点与曲线端点的连线作为该端点的切线矢量。

说明：即使在“给定切矢”方式下，用户也可以按回车键予以忽略，而仍使用“缺省切矢”画出样条曲线。

(2) 在立即菜单“3.”中，选择“开曲线”或“闭曲线”。其中，“开曲线”用于生成开口的样条曲线，而“闭曲线”用于生成封闭的样条曲线，如图2-36所示。

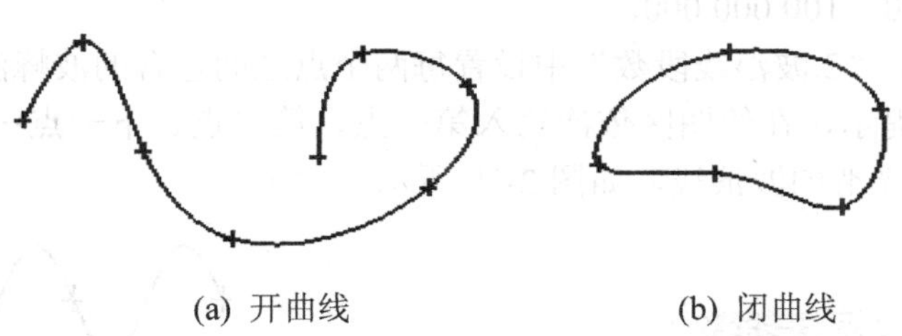

(a) 开曲线 (b) 闭曲线

图2-36 绘制样条曲线

(3) 在立即菜单“4.拟合公差”中可以对拟合公差进行设置。

(4) 当提示“输入点：”时，由用户依次输入各个插值点并按回车键结束，系统即按照定义的切线矢量画出一条光滑的样条曲线。

如果在立即菜单“1.”中选择了“从文件读入”，则系统弹出【打开样条数据文件】对话框。这是一个 Windows 标准对话框，从中选择一个所需的数据文件(.dat)，然后点击“打开”按钮，系统可根据数据文件中提供的数据自动绘制出样条曲线。

说明：样条数据文件是一个文本文件，可用任何一种文本编辑器生成或打开编辑，其格式非常简单：第一行为插值点的个数，第二行到最后一行分别为各个插值点的坐标值。其中，X 坐标值在前，Y 坐标值在后，二者之间用逗号隔开。

2. 圆弧拟合样条

所谓圆弧拟合样条，就是将样条曲线分解为多段圆弧(用一系列大小不等的圆弧代替样条曲线)，并且可以指定拟合的精度。该功能配合查询功能使用，可以使代码编程更为方便。

(1) 在如图 2-34 所示的菜单中选择“圆弧拟合样条”选项，或在“无命令”状态下输入“Nhs”并回车，将弹出如图 2-37 所示的立即菜单，并提示“请拾取需要拟合的样条线：”。

1. 不光滑连续 ▼ 2. 保留原曲线 ▼ 3.拟合误差 0.05 4.最大拟合半径 9999

图 2-37　“圆弧拟合样条”立即菜单

(2) 点击立即菜单“1.”后的 ▼，可选取“不光滑连续”或“光滑连续”以控制曲线的拟合质量。

(3) 点击立即菜单“2.”后的 ▼，可选取“保留原曲线”或“不保留原曲线”。

(4) 利用立即菜单“3.拟合误差”“4.最大拟合半径”，可分别设置拟合误差值和最大拟合半径。

(5) 根据提示，拾取需要拟合的样条曲线，即可完成圆弧拟合。

为了进行比较，用户可在执行该命令前后使用【查询】面板中的“元素属性”按钮分别查询样条曲线及拟合圆弧的属性。

3. 波浪线

波浪线功能是按照给定方式生成波浪曲线，常用于绘制局部视图或局部剖视图中的断裂边界线。按照国标规定，波浪线用细实线绘制。

(1) 在如图 2-34 所示的菜单中选择“波浪线”选项，或者在“命令”提示下输入“Wavel”并按回车键，系统将弹出如图 2-38 所示的立即菜单。

(2) 在立即菜单“1.”中输入波峰高度，以调整波浪线的波幅大小或方向，其有效取值范围是−100 000 000～100 000 000。

(3) 在立即菜单“2.波浪线段数”中设置每两个点之间包含的波峰波谷数目。

(4) 根据系统提示，在绘图区依次输入第一点、第二点、下一点……最后按回车键结束，即可绘出一条光滑的波浪线，如图 2-39 所示。

1.波峰 10 2.波浪线段数 1

图 2-38　“波浪线”立即菜单

图 2-39　波浪线的绘制

4. 双折线

由于图幅限制或其他原因，一些物体或零部件只能画出一部分，这时需要用双折线表示其断裂边界。系统不仅能通过给定两点画出双折线，还能将一条直线改为双折线。

按照国标要求，双折线应当超过物体的轮廓线一部分，如图 2-40 所示。因此，系统规定：对于 A0、A1 图幅，双折线的延伸长度为 1.75；对于其余图幅，双折线的延伸长度为 1.25。

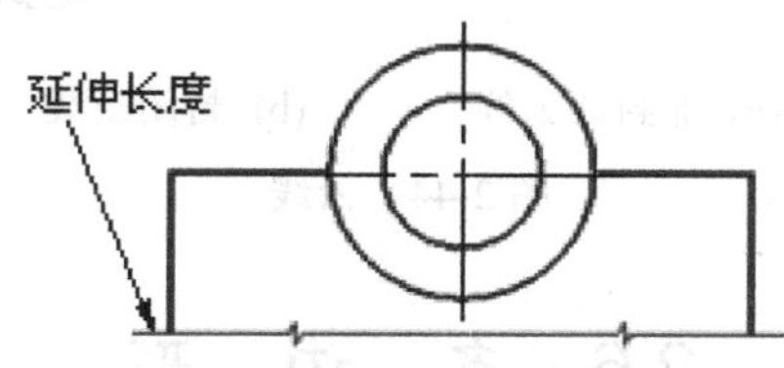

图 2-40　双折线的画法

(1) 在如图 2-34 所示的菜单中选择“双折线”选项，或在“无命令”状态下输入“Condup”并按回车键，系统将弹出一立即菜单。

(2) 如果在立即菜单“1.”中选择“折点个数”，其立即菜单将如图 2-41 所示。利用该菜单可设置折点的个数和峰值大小。

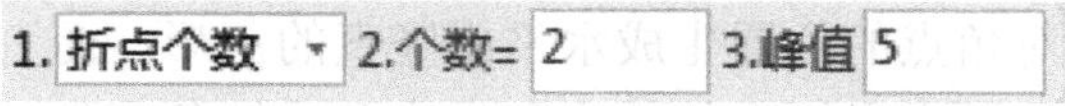

1. 折点个数　2.个数= 2　3.峰值 5

图 2-41　“双折线”立即菜单 1

(3) 如果在立即菜单“1.”中选择“折点距离”，其立即菜单将如图 2-42 所示。利用该菜单可设置相邻两折点之间的距离和峰值大小。

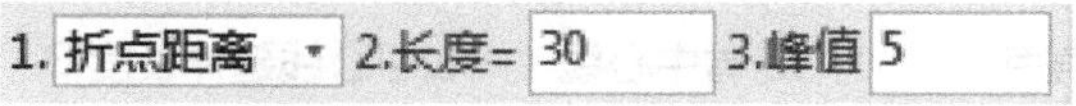

1. 折点距离　2.长度= 30　3.峰值 5

图 2-42　“双折线”立即菜单 2

(4) 按照系统提示，如果用户拾取了一条直线，则该直线将被转化为双折线；如果用户输入了一点，则接下来又将提示“第二点:”，由用户再给出一点后，即可画出双折线。

5. 云线

云线功能用于创建封闭或不封闭的云线。

(1) 在如图 2-34 所示的菜单中选择“云线”选项，或者在“无命令”状态下输入“Cloudline”并按回车键，将弹出如图 2-43 所示的立即菜单。

1.最小弧长 10　2.最大弧长 15

图 2-43　“云线”立即菜单

(2) 对立即菜单中的选项进行必要设置。

(3) 当系统提示“指定起点:”时，需在绘图区输入一点，然后提示“沿云线路径引导光标:”。

(4) 移动鼠标即可画出云线。在此期间，光标的移动速度决定了云线中弧长的大小，但都介于最小弧长与最大弧长之间；如果光标接近云线的起点，则云线会自动封闭，如图 2-44(b)所示；如果中途按回车键，则画出不封闭的云线并结束命令，如图 2-44(a)所示。

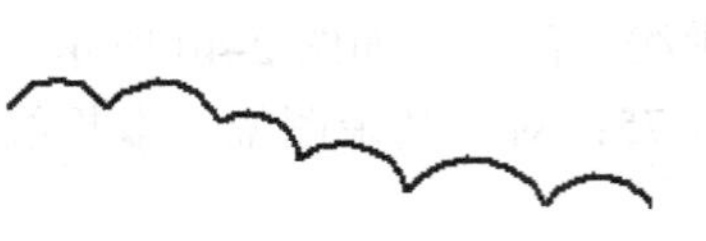

(a) 非封闭云线　　(b) 封闭云线

图 2-44　云线

2.6　多　边　形

这里的多边形包括矩形和正多边形两种。在【绘图】面板上点击“多边形”按钮旁边的 ▾，即出现如图 2-45 所示的下拉菜单。

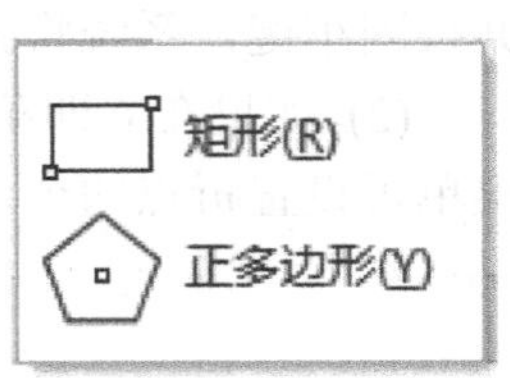

图 2-45　“多边形”菜单

1. 矩形

电子图板提供了两种画矩形的方式。其中，“两角点”方式将通过给出矩形任意两个对角点的位置生成水平或竖直的矩形；而“长度和宽度”方式则通过定义矩形的长度和宽度及旋转角度生成矩形。

(1) 在如图 2-45 所示的菜单中选择“矩形”选项，或在“无命令”状态下输入“Rect”并按回车键，将弹出如图 2-46 所示的立即菜单之一。

1. 两角点 ▾　2. 有中心线 ▾　3.中心线延伸长度 3

(a) “两角点”方式

1. 长度和宽度 ▾　2. 中心定位 ▾　3.角度 0　4.长度 50　5.宽度 20　6. 无中心线 ▾

(b) “长度和宽度”方式

图 2-46　“矩形”立即菜单

(2) 如果在立即菜单“1.”中选择了“两角点”方式，则可在立即菜单“2.”中选择“无中心线”或“有中心线”。当选择“有中心线”时，还可设置中心线的延伸长度。接下来按照系统提示分别给出矩形的两个对角点的位置，即可画出矩形，如图 2-47 所示。

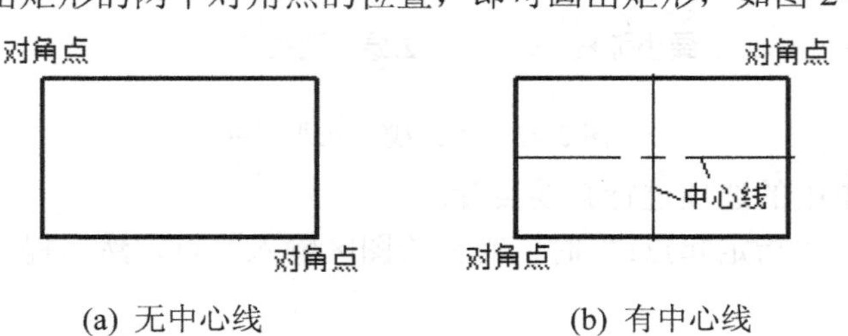

(a) 无中心线　　(b) 有中心线

图 2-47　“两角点”方式画矩形

(3) 如果在立即菜单“1.”中选择了“长度和宽度”方式，则可在立即菜单“2.”中选择“中心定位”“顶边中点”或“左上角点定位”等不同的定位方式；在立即菜单“3.角度”“4.长度”“5.宽度”和“6.”中可分别设置矩形的旋转角度、矩形的长度和宽度、有无中心线等。当选择“有中心线”时，还可设置中心线的延伸长度。接下来按照系统提示，一旦提供了矩形的定位点，即可画出满足条件的矩形。

图 2-48 是使用“长度和宽度”方式，利用不同的定位方式画出的三个矩形。其中，图(a)是以中心定位，旋转角度为 0°；图(b)是以顶边中点定位，旋转角度为 30°；图(c)是以左上角点定位，旋转角度为 30°。

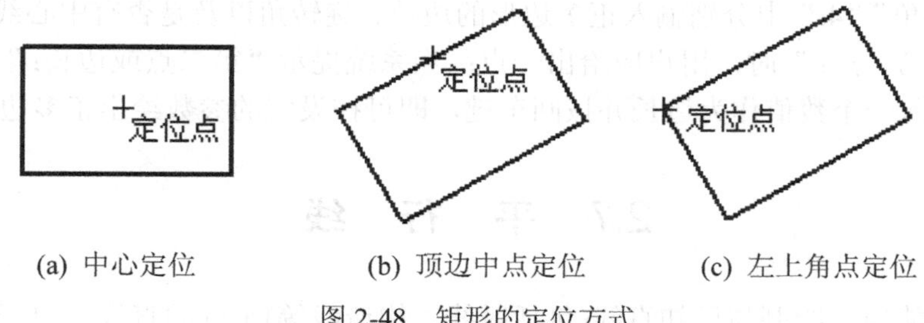

(a) 中心定位　　　　(b) 顶边中点定位　　　　(c) 左上角点定位

图 2-48　矩形的定位方式

2. 正多边形

正多边形是各边均相等的封闭图形。电子图板为绘制正多边形提供了两种定位方式，即中心定位和底边定位，如图 2-49 所示。

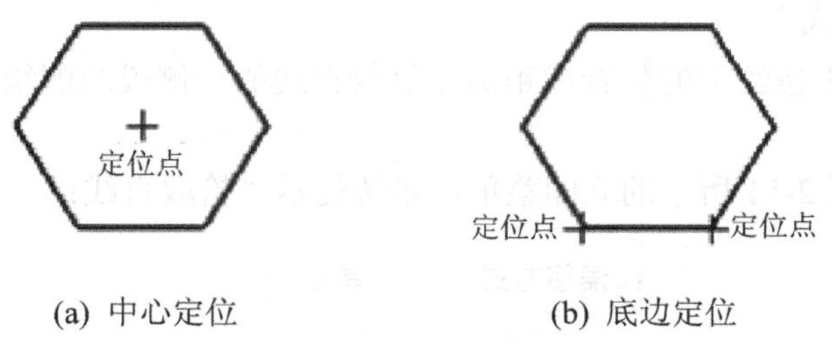

(a) 中心定位　　　　(b) 底边定位

图 2-49　正多边形的定位方式

(1) 在如图 2-45 所示的菜单中选择“正多边形”选项，或在“无命令”状态下输入“Polygon”并按回车键，将弹出如图 2-50 所示的立即菜单之一。

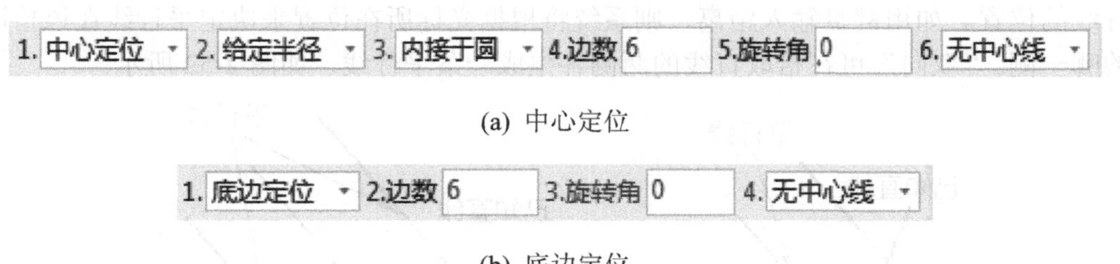

(a) 中心定位

(b) 底边定位

图 2-50　“正多边形”立即菜单

(2) 如图 2-50(a)所示，如果在立即菜单“1.”中选择“中心定位”，则可在立即菜单“2.”中选择“给定半径”或“给定边长”。其中：

① 若选择“给定半径”，则需要在立即菜单“3.”中选择“内接于圆”或“外切于圆”，

在立即菜单“4.边数”“5.旋转角”“6.”中分别输入正多边形的边数、旋转角以及是否有中心线等。接下来，用户应按照系统提示分别给出正多边形的中心定位点及其内切(或外接)圆的半径，即可按设定的参数画出正多边形。

② 若选择“给定边长”，则只需要在立即菜单中输入正多边形的边数、旋转角以及是否有中心线等。接下来用户应按照系统提示给出正多边形的边长，或给出其外接圆上的一点，即可按设定的参数画出正多边形。

说明：正多边形边数的有效值为 3～36，旋转角度的有效值为−360°～360°。

(3) 如图 2-50(b)所示，如果在立即菜单“1.”中选择“底边定位”，则可在立即菜单“2.边数”“3.旋转角”“4.”中分别输入正多边形的边数、旋转角以及是否有中心线等。接下来当系统提示“第一点：”时，用户应给出一点；当系统提示“第二点或边长：”时应再输入一点，或者输入一个数值作为边长并按回车键，即可按设定的参数绘出正多边形。

2.7 平 行 线

平行线功能用于绘制与已知直线(包括射线、构造线等)平行的直线。电子图板提供了两种画平行线的方式，即偏移方式和两点方式。

在【绘图】面板上点击按钮，或者在“无命令”状态下键入“LL”并按回车键，系统均将弹出一立即菜单，并提示“拾取直线：”。

1. 选择“偏移方式”

“偏移方式”用于按给定的位置或距离在拾取直线的一侧或两侧绘制与其平行且等长的直线。

(1) 设法弹出如图 2-51 所示的立即菜单，系统提示“拾取直线：”。

1. 偏移方式 ▾ 2. 单向 ▾

图 2-51 “平行线”立即菜单

(2) 点击立即菜单“2.”后的 ▾，可选择“单向”或“双向”。其中，“单向”只在拾取直线的某一侧生成一条平行线。在这种模式下，用户可通过给出一点或偏移距离来决定平行线的位置。如用键盘输入距离，则系统将根据光标所在位置来决定平行线在该拾取直线的哪一侧。“双向”可在拾取直线的两侧各生成一条平行线，如图 2-52 所示。

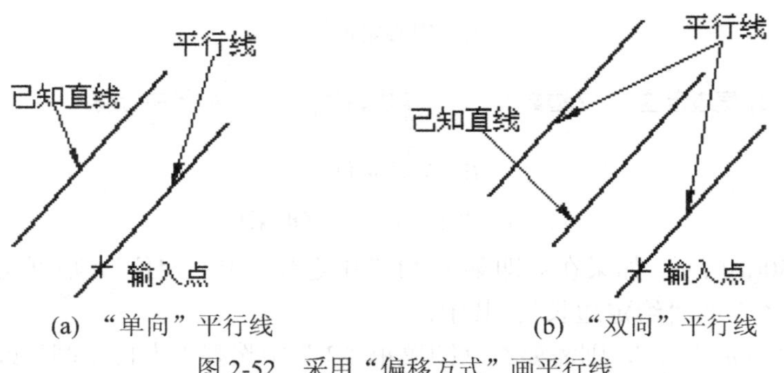

(a) “单向”平行线　　(b) “双向”平行线

图 2-52 采用“偏移方式”画平行线

【例2-6】 利用“偏移方式”作已知直线的双侧平行线，如图2-52(b)所示。

作图步骤如下：

(1) 点击按钮，或在“无命令”状态下键入“LL”并按回车键，系统弹出立即菜单，使之处于“1. 偏移方式 2. 双向”状态。

(2) 当提示“拾取直线：”时，选取图形中的已知直线。

(3) 当提示“输入距离或点：”时，在图形中的“输入点”位置点击鼠标左键。

(4) 按“Esc”键或回车键，结束画平行线命令，其结果如图2-52(b)所示。

2. 选择“两点方式”

“两点方式”用于绘制以给定点为起点的与拾取直线平行的直线，该直线的终点由“到点”或“到线上”两种方式决定。

(1) 设法弹出如图2-53所示的立即菜单，系统提示“拾取直线：”。

1. 两点方式 2. 距离方式 3. 到点 4.距离 10

图2-53 “平行线”立即菜单

(2) 点击立即菜单“2.”后的 ▾，可选择“点方式”或“距离方式”。

① 如果选择“点方式”，则可在立即菜单“3.”中选择“到点”与“到线上”。其中，“到点”方式需要用户给出平行线的终点或长度，在这里，如果给出一点，则该点到所画平行线的垂足即为平行线的终点；而“到线上”方式则需要选取一条线段作为参考线，所画平行线与该线段的交点即为平行线的终点，如图2-54(a)所示。

② 如果选择“距离方式”，则可在立即菜单“4.距离”中输入所画平行线与拾取直线的距离。

(3) 按照系统提示，先拾取一条直线作为基准，然后系统提示“指定平行线的起点：”，需要用户在拾取直线的一侧给出一点。接下来剩下的操作与“点方式”相同，画出的平行线如图2-54(b)所示。

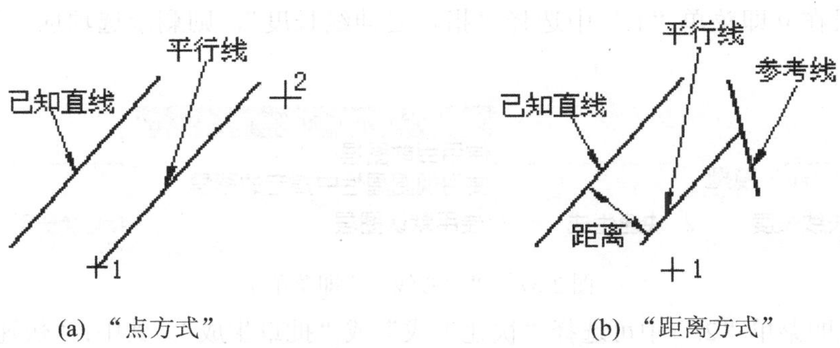

(a) “点方式”　　(b) “距离方式”

图2-54 采用“两点方式”画平行线

【例2-7】 利用“两点方式”作已知直线的平行线，如图2-54(b)所示。

作图步骤如下：

(1) 点击按钮，或在“无命令”状态下键入“LL”并按回车键，系统弹出立即菜单。

(2) 使立即菜单处于“1. 两点方式 2. 距离方式 3. 到线上 4.距离 10”状态。

(3) 当提示“拾取直线：”时，选取图形中的已知直线。

(4) 当提示“指定平行线起点：”时，在图形中的“1”位置点击鼠标左键。

(5) 当提示“指定平行线延伸到的曲线：”时，拾取图形中的参考线。

(6) 按“Esc”键或回车键，结束画平行线命令，其结果如图 2-54(b)所示。

2.8 中　心　线

中心线功能能够为圆(弧)、椭圆(弧)、两直线、矩形以及圆形阵列中的圆等对象添加中心线，如图 2-55 所示。

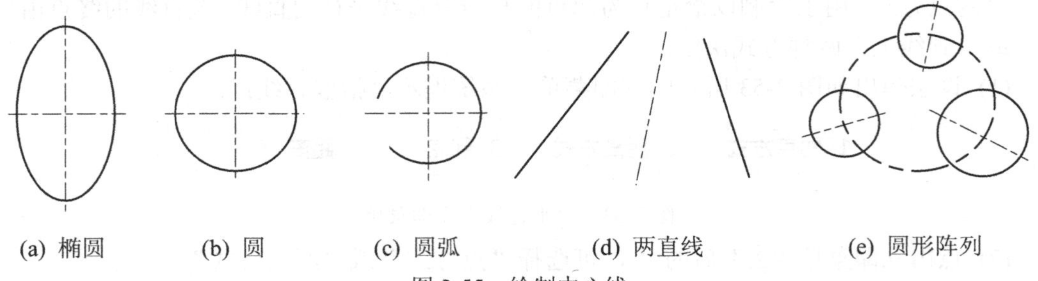

(a) 椭圆　(b) 圆　(c) 圆弧　(d) 两直线　(e) 圆形阵列

图 2-55　绘制中心线

在【绘图】面板上点击“中心线”按钮旁边的▾，将出现如图 2-56 所示的下拉菜单，其中列出了中心线、圆形阵列中心线、圆心标记等三个选项。

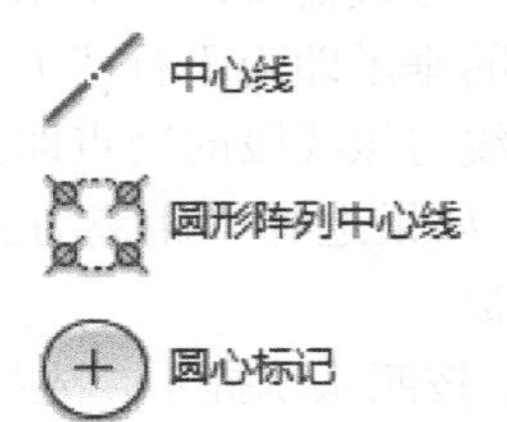

图 2-56　“中心线”下拉菜单

1. 中心线

(1) 在如图 2-56 所示的菜单中选择“中心线”选项；或在“无命令”状态下输入“Centerl”并按回车键，系统将弹出立即菜单。接下来，用户可对菜单选项进行必要设置。

(2) 如果在立即菜单“1.”中选择“指定延伸线长度”，则剩余选项应大致如图 2-57 所示。

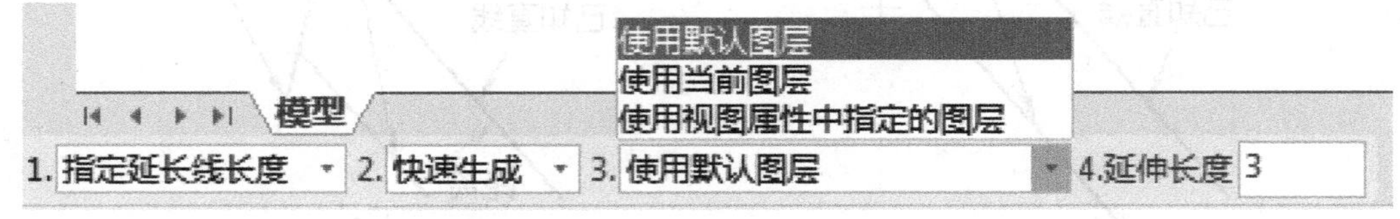

图 2-57　“中心线”立即菜单 1

① 在立即菜单“2.”中可选择“快速生成”或“批量生成”。其中：“快速生成”是指用户每拾取一个对象就立即生成该对象的中心线；而“批量生成”是指用户拾取了多个圆(弧)或椭圆(弧)等对象并予以确认后，系统将一次性生成它们的中心线，而对拾取的直线和矩形等对象无效。

② 在立即菜单“3.”中可选择“使用默认图层”“使用当前图层”或“使用视图属性中指定的图层”等，以此来确定中心线的颜色、线型、线宽等属性。

③ 在立即菜单“4.延伸长度”中可设置中心线在轮廓线之外的延伸长度。

(3) 如果在立即菜单“1.”中选择“自由”，则立即菜单将如图2-58所示。在这种情况下，当系统提示“请输入定位点：”时，需要用户拖动鼠标自由地设置中心线的延伸长度。

使用默认图层
使用当前图层
使用视图属性中指定的图层
模型
1. 自由
2. 使用默认图层

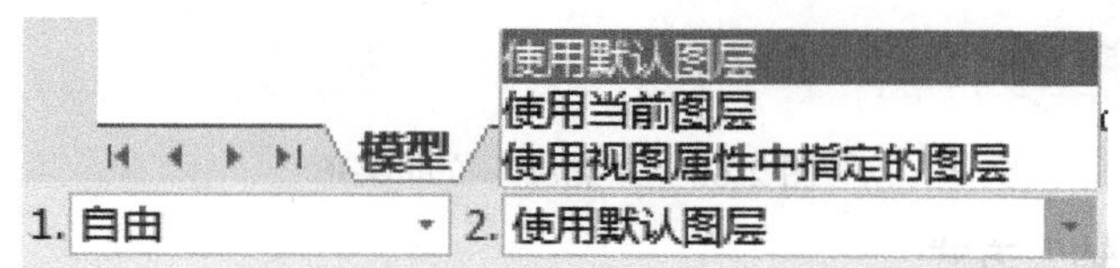

图2-58　“中心线”立即菜单2

(4) 当提示“拾取圆(弧、椭圆)或第一条直线：”时，用户应逐一拾取需要添加中心线的对象。在此，如果用户拾取的是圆(弧)或椭圆(弧)，则将生成一对相互正交的中心线；如果拾取的是两条直线，则生成这两条直线的中心线；如果拾取的是一矩形的两条对边，则在显示其中心线的同时还会提示“左键切换，右键确认：”。这时点击鼠标左键，系统就会在两条垂直相交的中心线之间进行切换显示，而点击鼠标右键则可获得当前正在显示的中心线。

2. 圆形阵列中心线

(1) 在如图2-56所示的菜单中选择“圆形阵列中心线”选项，或在“无命令”状态下输入“Centerlround”并按回车键，系统将弹出立即菜单 。

1. 使用默认图层
2.中心线长度 3

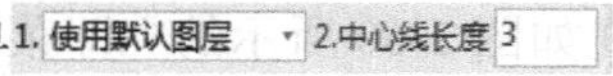

(2) 对立即菜单中的选项进行必要设置，其含义同前。

(3) 当系统提示“请拾取要创建环形中心线的圆形(不少于3个)：”时，可按要求拾取3个及以上的圆并予以确认，即可为这些圆添加上圆形阵列中心线。

说明： 用户拾取的每一个圆，其圆心都必须位于同一个圆周上，否则会操作失败。

3. 圆心标记

(1) 在如图2-56所示的菜单中选择“圆心标记”选项，系统将弹出如图2-59所示的立即菜单。

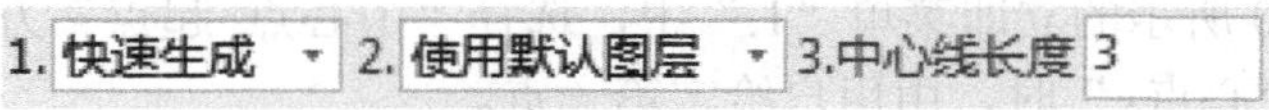

1. 快速生成
2. 使用默认图层
3.中心线长度 3

图2-59　“圆心标记”立即菜单

(2) 对立即菜单中的选项进行必要设置，其含义同前。

(3) 当提示“拾取圆(弧、椭圆)：”时，按要求拾取需要添加圆心标记的对象即可完成操作。

2.9　椭　　圆

椭圆是一种常见的平面二次曲线。为了绘图方便，电子图板提供了三种绘制椭圆的方式：“给定长短轴”“轴上两点”和“中心点_起点”。

在【绘图】面板上点击⬭按钮，或在“无命令”状态下输入“Ellipse”并按回车键，将弹出如图2-60所示的立即菜单。

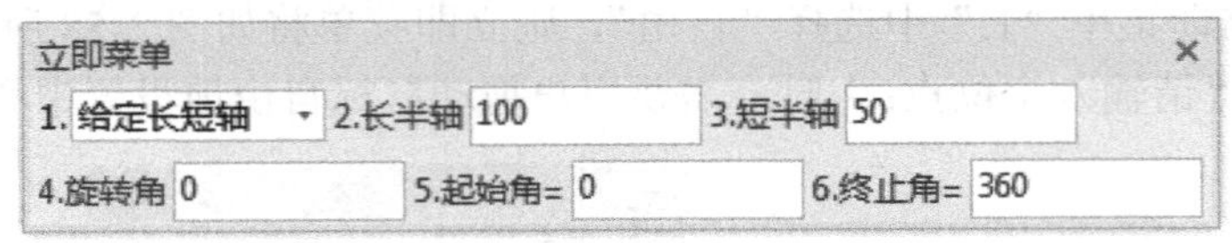

图 2-60 “椭圆”立即菜单

1. “给定长短轴”方式

“给定长短轴”方式是通过给定椭圆中心并依据立即菜单中给出的参数，画一个可以是任意方向的椭圆(弧)。

(1) 设法弹出如图 2-60 所示的立即菜单，并选择“给定长短轴”方式。

(2) 在立即菜单中设定椭圆参数，包括椭圆的长半轴、短半轴、旋转角、起始角和终止角。当起始角与终止角相差 360° 时，画椭圆；当起始角与终止角相差不足 360° 时，画一段椭圆弧。

(3) 当系统提示“基准点：”时，用户在给出一点后，即可完成椭圆(弧)的绘制。

2. “轴上两点”方式

“轴上两点”方式是通过给定椭圆一个轴的两端点和另一个半轴的长度画椭圆。

(1) 在如图 2-60 所示的立即菜单“1.”中，选择“轴上两点”方式。

(2) 根据提示，由用户分别给定第一点和第二点。

(3) 当系统提示“另一半轴的长度：”时，用鼠标拖动椭圆的未定轴到合适的长度点击左键确定，或用键盘输入未定轴的半轴长度，即可画出椭圆。

说明：未定轴的半轴长度等于光标点到椭圆中心点的距离。

3. “中心点_起点”方式

“中心点_起点”方式是通过给定椭圆的中心点、一根轴的一个端点和另一根轴的长度画椭圆。

(1) 在如图 2-60 所示的立即菜单“1.”中，选择“中心点_起点”方式。

(2) 当提示“中心点：”时，由用户给定第一点。

(3) 当提示“起点：”时，由用户再给定一点。

(4) 当提示“另一半轴的长度：”时，用鼠标拖动椭圆的未定轴到合适的长度点击左键确定，或用键盘输入未定轴的半轴长度，即可画出椭圆。

2.10 剖 面 线

为了满足绘图需要，电子图板不仅提供了绘制剖面线的功能，而且还提供了一系列可供用户选择的剖面图案。

1. “剖面线”立即菜单

在绘制剖面线时，剖面线区域的定义、剖面图案参数的设定、填充方法的选择都是通过立即菜单来完成的。

点击【绘图】面板中的按钮，或在“无命令”状态下输入“Hatch”并按回车键，系统将弹出如图 2-61 所示的立即菜单。

图 2-61　“剖面线”立即菜单

(1) 点击立即菜单“1.”后的 ▾，该项将在“拾取点”和“拾取边界”之间切换，用于选择定义剖面区域的方式。

(2) 点击立即菜单“2.”后的 ▾，该项将在“不选择剖面图案”与“选择剖面图案”之间切换。在此，如果用户不选择剖面图案，系统的缺省图案就是剖面线。

(3) 点击立即菜单“3.”后的 ▾，该项将在“非独立”与“独立”之间切换。在这里，如果选择“独立”选项，系统则将用户拾取的多个填充区域视为彼此独立的区域进行填充，这样在对已填充的剖面线进行编辑时就能够分别修改。否则，如果选择“非独立”选项，系统则将用户拾取的多个填充区域视为彼此关联的整体进行填充，以后修改时就不能对各个区域的剖面线进行单独修改。

例如，在如图 2-62 所示的图形中，如果在填充剖面线时使用了“独立”填充，则左右两个区域的剖面线可以分别进行修改；但如果使用了“非独立”填充，则左右两个区域的剖面线就只能按一个整体进行修改。

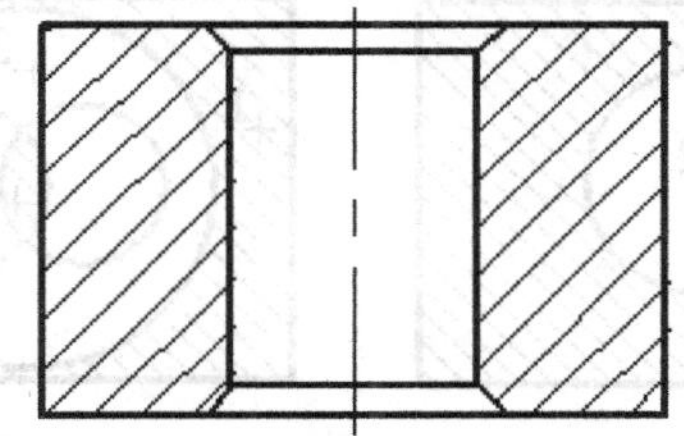

图 2-62　剖面线填充的独立性

(4) 利用立即菜单“4.比例”可设置剖面线的比例，从而可改变剖面线的疏密程度。

(5) 利用立即菜单“5.角度”可设置剖面线图案的旋转角度。

(6) 当剖面区域不止一个时，利用立即菜单“6.间距错开”可设置这些区域内剖面线的错开间距，如图 2-63 所示。

(7) 利用立即菜单“7.允许的间隙公差”可设置剖面区域边界间隙的允许公差。因此，当剖面区域边界未封闭且其间隙超过该设定值时，则不能对该区域填充剖面线。

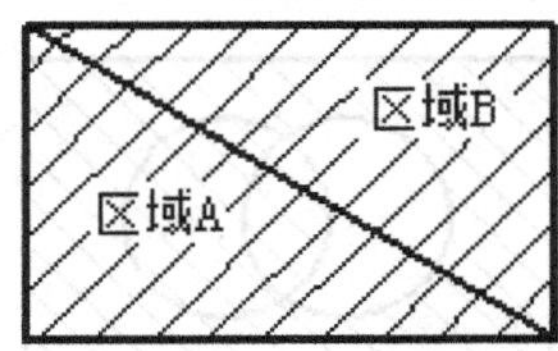

(a) 剖面线的错开间距为 0

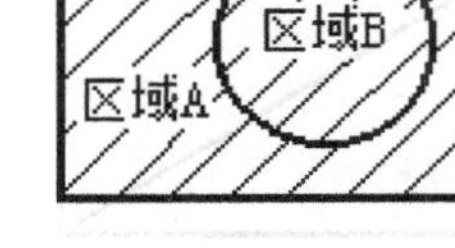

(b) 剖面线的错开间距为非 0 值

图 2-63　剖面线的错开间距

2. 定义剖面区域

在绘制剖面线的过程中，应首先定义需要填充剖面线的若干区域。为此，电子图板为用户提供了两种方法：一种是“拾取点”，另一种是“拾取边界”。相比之下，前者操作简单、使用方便、填充迅速，适合于在各种各样的封闭区域内绘制剖面线；而后者填充效率较高，适合于相对比较简单的填充情况。

(1) “拾取点”方法。该方法是在一个需要填充的封闭区域(环)内拾取一点，系统将根据拾取点位置自动搜索到该区域的边界并填充剖面图案。需要说明的是，系统允许用户同时在多个封闭区域(环)内拾取点；当图形比较复杂，特别是当封闭区域(环)存在相互包容时，拾取点的位置不同，其填充的效果也可能不同。

图 2-64 给出了一组使用“拾取点”法填充剖面线的例子，图中的“+”号表示拾取点的位置，序号则代表该点的拾取顺序。

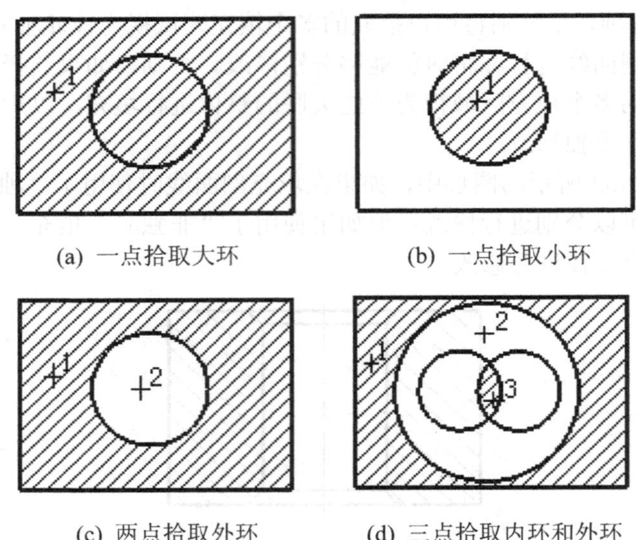

(a) 一点拾取大环　　(b) 一点拾取小环

(c) 两点拾取外环　　(d) 三点拾取内环和外环

图 2-64　“拾取点”填充剖面线

(2) “拾取边界”方法。该方法是由用户直接拾取能够形成封闭边界的图线，然后对其进行剖面图案填充。届时，既可用“窗口拾取”也可用“单个拾取”。但是，当最终得到的封闭区域比较复杂或比较“怪异”时，容易导致填充出错甚至失败。

图 2-65 是两个用“拾取边界”方法定义填充边界的例子。其中，图(a)将会填充失败，而图(b)将导致填充出错。当出现这种情况时，应改用“拾取点”方法；当使用“拾取点”方法也无法奏效时，应将几个封闭区域分若干次分别进行填充。

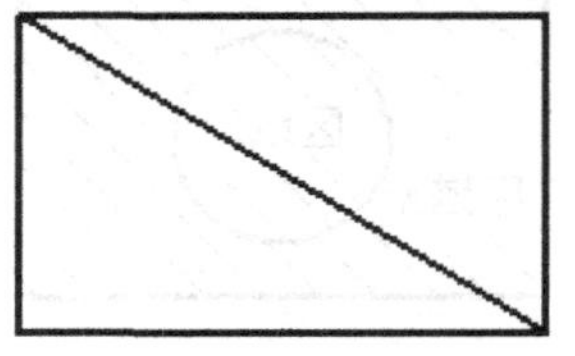

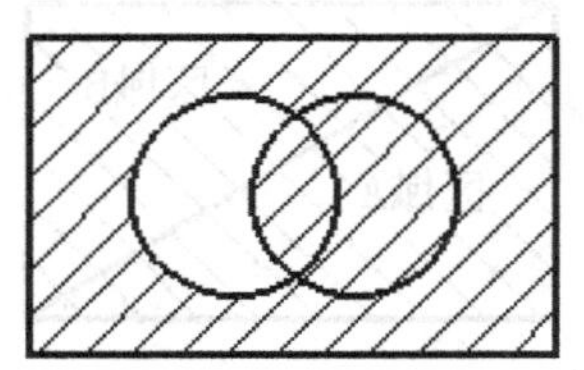

(a) 剖面图案填充失败　　(b) 剖面图案填充出错

图 2-65　“拾取边界”画剖面线

3. 选择剖面图案

在填充剖面图案时，如果用户不想使用系统默认的剖面图案，则需要在如图 2-61 所示的“剖面线”立即菜单“2.”中使用“选择剖面图案”选项。届时，在拾取了封闭区域后系统将弹出【剖面图案】对话框，如图 2-66 所示。

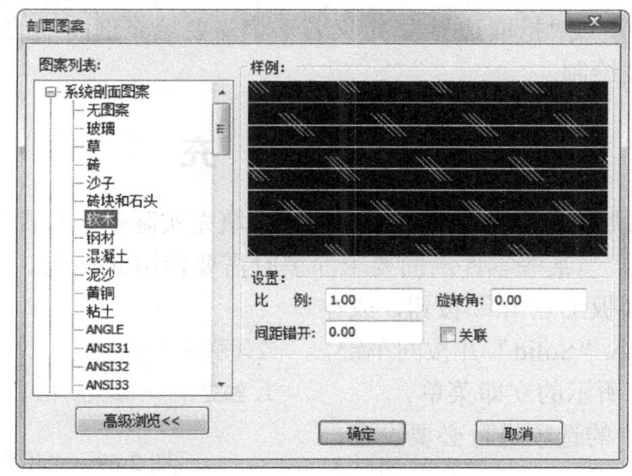

图 2-66 【剖面图案】对话框

(1) 在对话框左侧的“图案列表”中选择所需的图案名称，从右侧的预览框中查看该图案的样式，然后可在其下方设置其参数，如比例、旋转角和间距错开值。

(2) 如果勾选“关联”复选框，则在填充剖面图案时，将在填充图案与区域边界之间建立关联。之后一旦改变了区域边界的大小或形状，其中的填充图案也会随之变化；否则，填充图案将不随区域边界变化，如图 2-67 所示。

图 2-67 剖面图案与填充边界关联

(3) 点击“高级浏览”按钮，将打开如图 2-68 所示的【浏览剖面图案】对话框，从中可以更直观地选择剖面图案。完成选择后点击“确定”按钮返回。

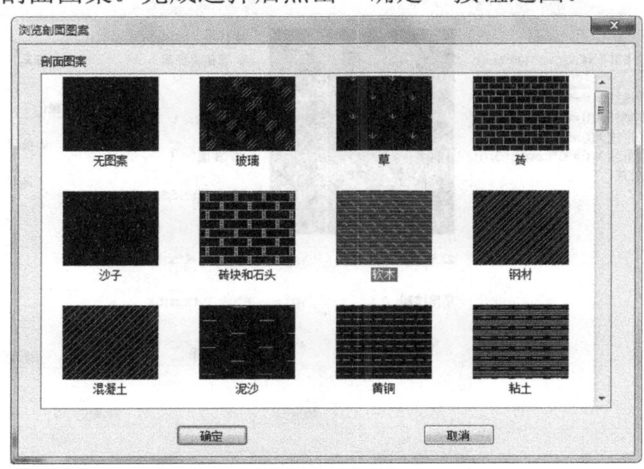

图 2-68 【浏览剖面图案】对话框

(4) 完成必要的设置后，点击“确定”按钮，即可使用新选择的剖面图案进行区域填充。

4. 填充剖面线

(1) 启用绘制“剖面线”命令，系统弹出如图 2-61 所示的立即菜单。

(2) 对立即菜单进行必要设置，包括是否选择剖面图案、修改剖面图案参数等。

(3) 使用“拾取点”或“拾取边界”，定义若干个需要填充剖面线的封闭区域并予以“确认”，即可完成剖面线绘制。

2.11 填　　充

用当前颜色将一块封闭区域填满即称为填充。填充实际是一种图形类型，其使用方式类似于剖面线的填充，当某些零件剖面要求涂黑时需要使用此功能。

(1) 在【绘图】面板上点击按钮，或在“无命令”状态下输入“Solid”并按回车键，系统将弹出如图 2-69 所示的立即菜单。

图 2-69　“填充”立即菜单

(2) 对立即菜单中的选项进行必要设置，其含义同前。

(3) 当系统提示“拾取点：”时，可在所需要填充的封闭区域内各拾取一点，并予以确认，系统即以当前颜色进行填充。

2.12 公 式 曲 线

公式曲线是数学表达式的曲线图形，也就是根据数学公式绘制出相应的数学曲线。用户只要利用对话框交互输入数学公式，并给定参数，系统便绘制出该公式描述的曲线。为此，用户既可以采用直角坐标形式，也可以采用极坐标形式给出数学公式。

(1) 在【绘图】面板上点击按钮，或在“无命令”状态下输入“Fomul”并按回车键，系统将弹出如图 2-70 所示的【公式曲线】对话框。

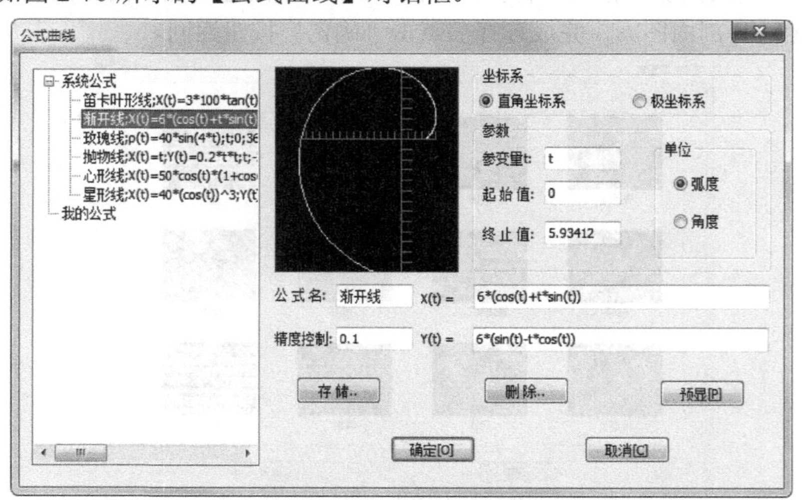

图 2-70　【公式曲线】对话框

(2) 在对话框中，先在“坐标系”框中选择公式所使用的坐标系，即“直角坐标系”或“极坐标系”。如选用的坐标系不同，接下来描述图形的公式也就不同。

(3) 在“参数”框中输入有关参数，包括参变量名称、变量取值范围(即变量的起始值和终止值)、变量单位(弧度或角度)等，以决定公式曲线的形状和大小。

(4) 在相应的编辑框中，分别输入公式名、公式表达式及变量控制精度。点击“预显”按钮，可在预览框中查看设定的曲线。

(5) 如果对上面设计的公式曲线感到满意，点击“确定”按钮退出对话框，然后在绘图区域给出一定位点，即可画出所需的曲线图形。否则，可进行重新设计。点击“取消”按钮，将放弃刚才的设计。

在【公式曲线】对话框的左边，系统提供了6种曲线，它们是：笛卡叶形线、渐开线、玫瑰线、抛物线、心形线和星形线等，可以将系统中已存在的公式曲线提取出来进行修改和绘制。另外，点击对话框上的“存储”按钮，可将当前公式曲线作为“我的公式”保存起来供以后使用；点击“删除”按钮，可将当前选择的公式曲线予以删除。

2.13　孔/轴

孔/轴功能用于在给定位置绘制等截面的孔/轴或绘制圆锥孔/轴。绘制的孔/轴既可以带有中心线也可以没有中心线。

(1) 在【绘图】面板上点击按钮，或在“无命令”状态下输入“Hoax”并按回车键，将弹出如图2-71所示的立即菜单。

图2-71　“孔/轴”立即菜单

(2) 在立即菜单“1.”中，可选择“轴”或“孔”。在这里，孔与轴的区别在于：轴的两端有端面线，而孔的两端则没有端面线，如图2-72所示，但其操作方法和步骤是完全一样的。

(3) 在立即菜单“2.”中，可选择“直接给出角度”或“两点确定角度”，并提示“插入点：”。

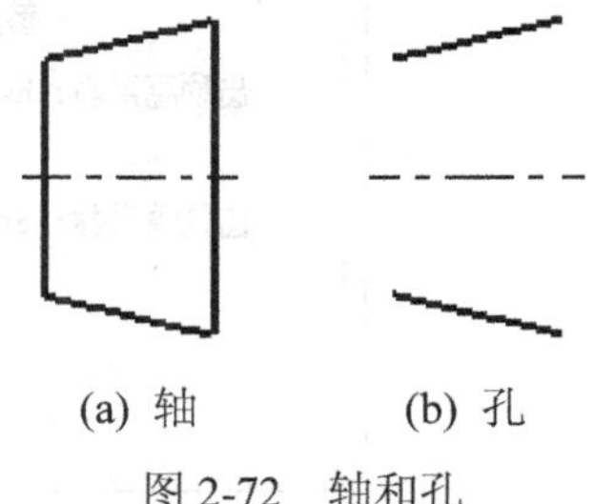

(a) 轴　　(b) 孔

图2-72　轴和孔

如果选择“直接给出角度”，可利用立即菜单“3.中心线角度”设置中心线角度。接下来，由用户输入一点，则立即菜单将变为如图2-73所示的立即菜单，并提示“轴上一点或轴的长度：”。

如果选择“两点确定角度”，则在用户输入一点后，立即菜单也如图2-73所示，并提示“请指定一点来确定轴的角度和长度：”。

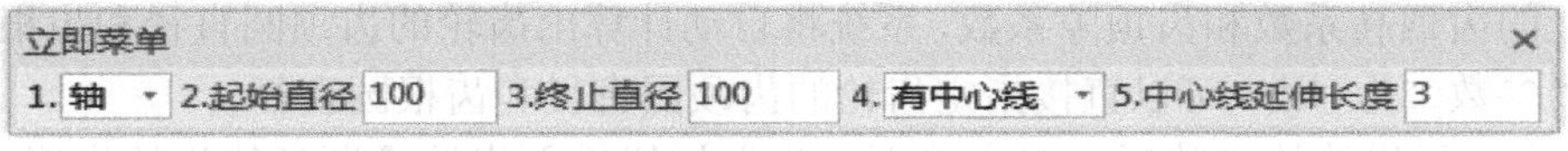

图2-73　“孔/轴”立即菜单

(4) 根据需要在立即菜单“2.起始直径”中输入孔/轴的起始直径，在立即菜单“3.终止直径”中输入孔/轴的终止直径。如果起始直径与终止直径不同，则画出的是圆锥孔/轴。

(5) 在立即菜单“4.”中，如果选择“有中心线”，表示在绘制完成孔/轴后，会自动添加上中心线；如果选择“无中心线”，则不会添加中心线。在立即菜单“5.中心线延伸长度”中可设置中心线延伸长度。

(6) 当完成立即菜单中选项的必要设置后，给出孔/轴上一点或由键盘输入孔/轴的长度值，即完成一段孔/轴的绘制。

(7) 重复第(4)至(6)步的操作，直至按“Esc”键或回车键结束。

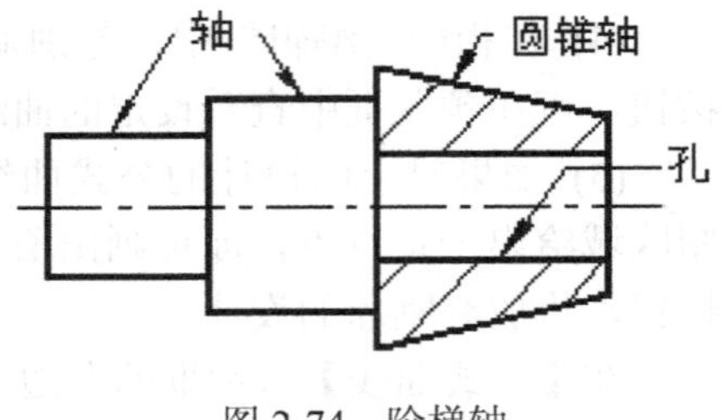

图 2-74　阶梯轴

图 2-74 是用“孔/轴”功能绘制阶梯轴的例子。

2.14　齿　　轮

齿轮功能是指按照给定的参数或尺寸生成整个齿轮齿形，或生成给定个数的齿形。

(1) 在【绘图】面板上点击按钮，或在“无命令”状态下输入“Gear”并按回车键，系统弹出如图 2-75 所示的【渐开线齿轮齿形参数】对话框。

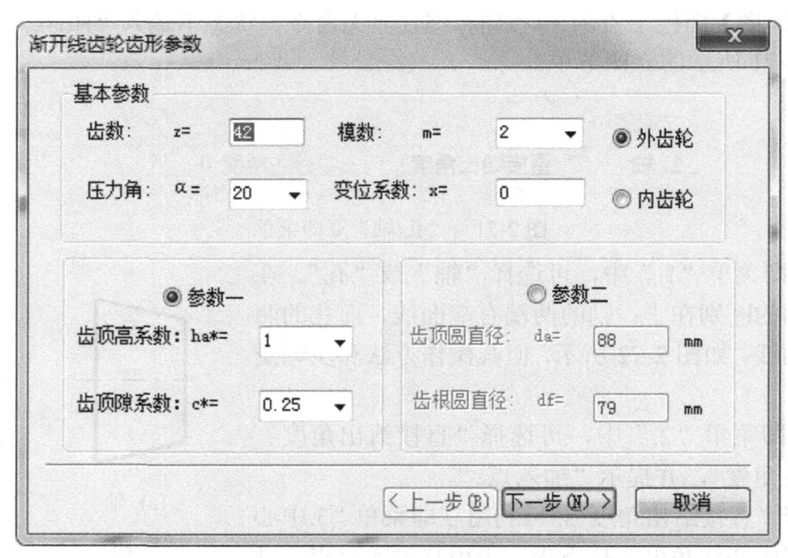

图 2-75　【渐开线齿轮齿形参数】对话框

(2) 在对话框中对齿轮齿形参数进行必要设置，包括齿轮的齿数、模数、压力角、变位系数，以及选择“外齿轮”或“内齿轮”。另外，如果选择“参数一”，可从下拉列表中选择齿轮的齿顶高系数和齿顶隙系数，系统将自动计算出齿轮的齿顶圆直径和齿根圆直径；如选择“参数二”，用户可以直接指定齿轮的齿顶圆直径和齿根圆直径。

(3) 确定了齿轮的参数后，点击“下一步”按钮进入齿轮【渐开线齿轮齿形预显】对话框，如图 2-76 所示。

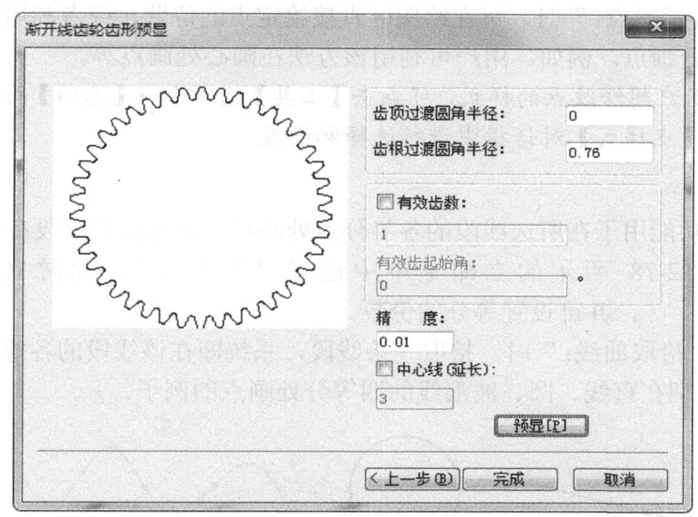

图 2-76 【渐开线齿轮齿形预显】对话框

(4) 在【渐开线齿轮齿形预显】对话框中，可设置齿形的齿顶过渡圆角半径、齿根过渡圆角半径以及输入齿形的显示精度等。同时，如果勾选“有效齿数”复选框，还可进一步指定齿的数量和起始齿相对于齿轮中心的角度；否则将生成所有的齿形。如果勾选“中心线(延长)”复选框，还可以定义中心线的延长长度。

(5) 确定了上述参数后，点击“预显”按钮观察生成的齿形。如果需要修改前面的参数，可按“上一步”按钮回到前一个对话框，否则，点击“完成”按钮结束齿形设计。

(6) 在绘图区给出一定位点，即可绘出所需的齿轮齿形，如图 2-77 所示。

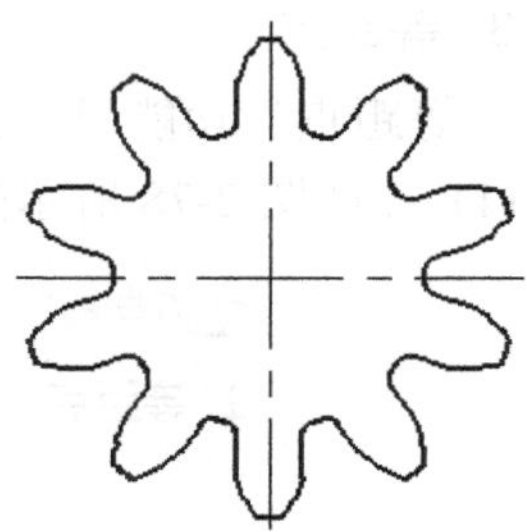

图 2-77 齿轮齿形

说明：该系统要求齿轮模数必须在 1～50 之间，齿数在 5～10 000 之间。

2.15 点

点功能既可在指定位置处画一个孤立点，也可以在曲线上画出等分点或等距点。由此而产生的点，既可作为点实体绘图输出，也可用于绘图中的定位捕捉。

在【绘图】面板上点击 按钮，或在“无命令”状态下输入“Point”并按回车键，系统将弹出如图 2-78 所示的立即菜单，并从中选择所画点的类型。

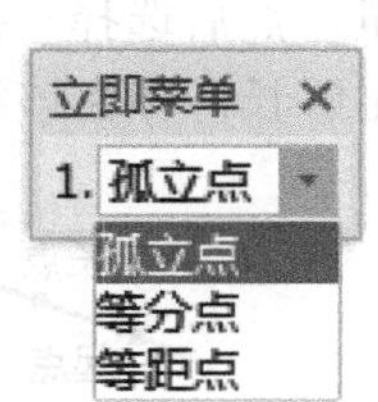

图 2-78 “点”菜单及其选项

1. 孤立点

“孤立点”需要用鼠标或键盘直接输入点的位置画点。

(1) 在如图 2-78 所示的立即菜单中选择“孤立点”。

(2) 在系统提示“点：”时，可在绘图区直接给定点的位置，或者利用智能捕捉工具在图形中的特征点处画点。例如，用户可利用该方法在圆心处画点等。

说明：如果用户想修改点的样式，可点击【工具】选项卡→【选项】面板→“点样式”按钮，在打开的【点样式】对话框中进行选择和设置。

2. 等分点

“等分点”功能用于在所选线段的各等分点处画点，而不会将线段在等分点处截断。

(1) 在如图 2-78 所示的立即菜单中选择“等分点”，此时立即菜单将变为 1.等分点 2.等分数 4 ，并可设置等分的份数。

(2) 当提示“拾取曲线：”时，拾取一条线段，系统即在该线段的各等分点上画点。

图 2-79 是分别在直线、圆、波浪线的四等分处画点的例子。

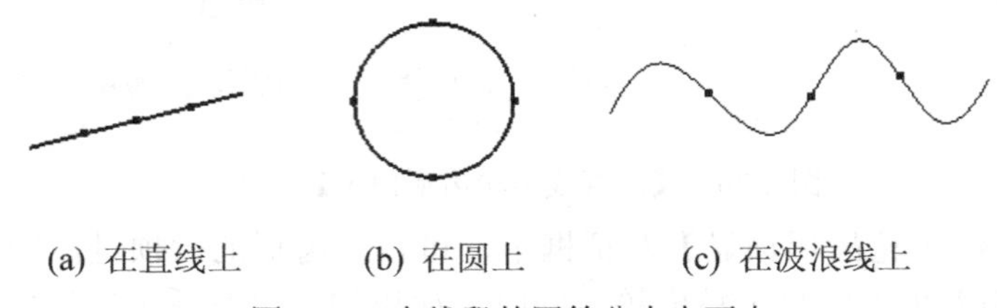

(a) 在直线上　　(b) 在圆上　　(c) 在波浪线上

图 2-79　在线段的四等分点上画点

3. 等距点

“等距点”功能用于在所选线段上以相等的间距画点。

(1) 在如图 2-78 所示的立即菜单中选择“等距点”，此时立即菜单将如图 2-80 所示。

图 2-80　“等距点”立即菜单

(2) 在立即菜单“2.”中，选择“两点确定弧长”或“指定弧长”。

① 如选“两点确定弧长”，则需要在立即菜单中输入所需的等分数量，然后选择一条线段，并在该线段上再拾取两点以确定其起点和等弧长点，也可输入一数值作为弧长。此时如果线段足够长，即在该线段上画出所需的点，如图 2-81(a)所示。

② 如选“指定弧长”，则需要在立即菜单“3.弧长”和“4.等分数”中指定等分弧长和等分数量，然后选择一条线段，并在该线段上拾取等弧长点的起点以及等分方向。这时如果线段足够长，即在该线段上画出所需的点，如图 2-81(b)所示。

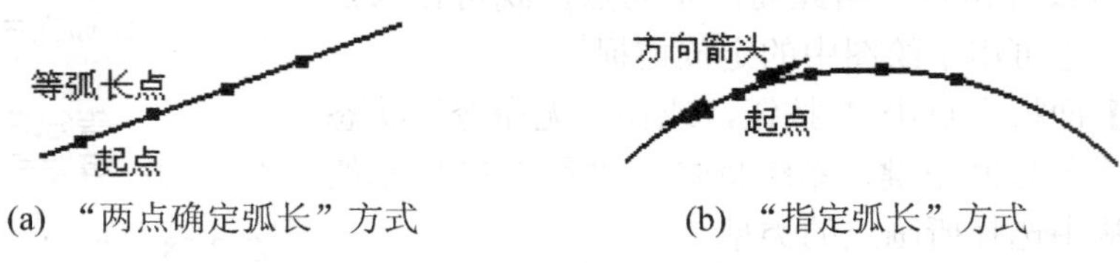

(a) “两点确定弧长”方式　　(b) “指定弧长”方式

图 2-81　绘制等距点(3 等分)

2.16 箭 头

箭头功能用于绘制单个箭头，或者给点、线段添加箭头。

1. 绘制单个箭头

(1) 在【绘图】面板上点击按钮，或在“无命令”状态下输入“Arrow”并按回车键，系统弹出如图2-82所示的立即菜单。

立即菜单 ×
1. 正向 2.箭头大小 4

图2-82 “箭头”立即菜单

(2) 在立即菜单“1.”中选择“正向”或“反向”，在立即菜单“2.箭头大小”中设置箭头大小。

(3) 当系统提示“拾取直线、圆弧、样条或第一点：”时，可在绘图区给出一点。

(4) 如果前面选择了“正向”，系统将提示“箭头位置：”；如果前面选择了“反向”，系统将提示“箭尾位置：”。由用户给出一点(实为第二点)后，即可画出箭头。

如此得到的箭头，总是由箭尾指向箭头，如图2-83所示。

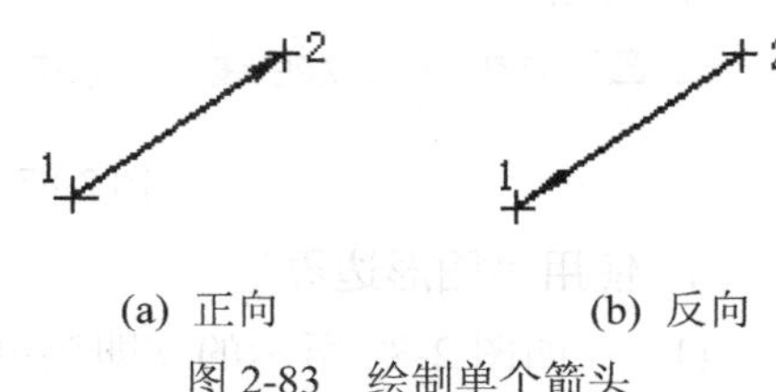

(a) 正向 (b) 反向

图2-83 绘制单个箭头

2. 给点或线段添加箭头

(1) 在【绘图】面板上点击按钮，或在“无命令”状态下输入“Arrow”并按回车键，系统弹出如图2-82所示的立即菜单，在立即菜单中进行必要设置。

(2) 当系统提示“拾取直线、圆弧、样条或第一点：”时，用户可根据需要进行拾取。

① 若拾取了一个点，其接下来的情况与绘制单个箭头相同。

② 若拾取了一圆(弧)或椭圆(弧)，则“正向”箭头是沿弧线的逆时针方向，而“反向”箭头是沿弧线的顺时针方向，如图2-84所示。

③ 若拾取了一条直线或样条曲线，则“正向”箭头是从线段的起点指向终点，而“反向”箭头是从线段的终点指向起点，如图2-85、图2-86所示。

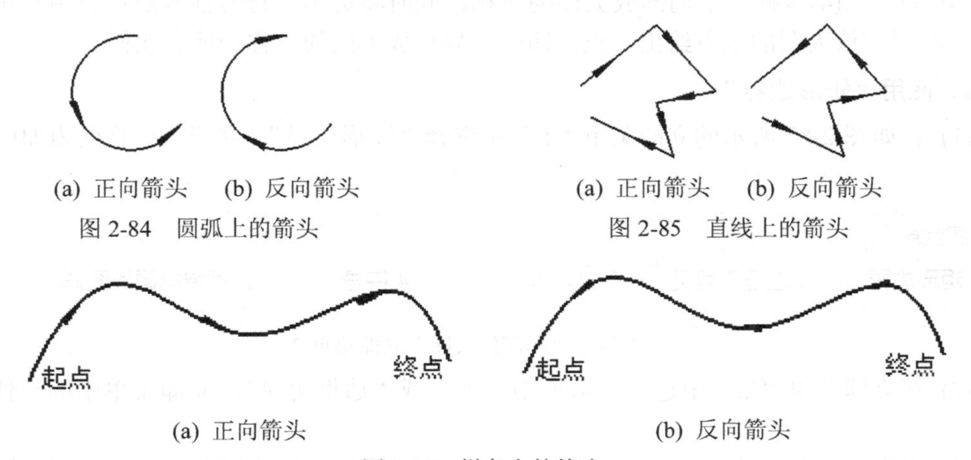

(a) 正向箭头 (b) 反向箭头

图2-84 圆弧上的箭头

(a) 正向箭头 (b) 反向箭头

图2-85 直线上的箭头

(a) 正向箭头 (b) 反向箭头

图2-86 样条上的箭头

(3) 用户可在屏幕上移动光标，其箭头也动态地随之移动。当箭头位置合适时点击鼠标左键，即可画出箭头。

2.17　局部放大图

在工程制图中，对于机件上某些局部比较细小的结构，往往需要绘制局部放大图。按照国标规定，图样中被放大的部分必须用细实线圈起来，因此，电子图板允许用一个圆或矩形将图形中被放大部分圈起来，从而得到局部放大图。

在【绘图】面板上点击按钮，或在“无命令”状态下输入“Enlarge”并按回车键，系统将弹出如图 2-87 所示的立即菜单。

图 2-87　“局部放大图”立即菜单 1

1. 使用“圆形边界”

(1) 在如图 2-87 所示的立即菜单“1.”中选择“圆形边界”。

(2) 在立即菜单“2.”中选择“加引线”或“不加引线”；在立即菜单“3.放大倍数”中设置放大倍数；在立即菜单“4.符号”中输入局部放大图的名称(须用大写罗马数字)；在立即菜单“5.”中选择“保持剖面线图样比例”或“缩放剖面线图样比例”等。

(3) 当提示“中心点：”时，输入圆形边界的圆心；当提示“输入半径或圆上一点：”时，输入圆形边界的半径值或边界圆上的一点。

(4) 如果不需要标注文字符号，当提示“符号插入点：”时则按回车键。否则，移动光标在绘图区选择合适的位置后，按鼠标左键可插入局部放大图的名称。

(5) 当系统提示“实体插入点：”时，在绘图区内的合适位置给出一点后，依据提示“输入角度或由屏幕上确定<-360，360>：”，输入角度值，即可生成局部放大图。

(6) 如在第(4)步插入了局部放大图的名称，此时将提示“符号插入点：”。用户可移动光标，在局部放大图的上方给出一点，即注出局部放大图的名称和放大比例。

2. 使用“矩形边界”

(1) 在如图 2-87 所示的立即菜单“1.”中选择“矩形边界”，立即菜单将变为如图 2-88 所示。

图 2-88　“局部放大图”立即菜单 2

(2) 在立即菜单“2.”中选择“边框不可见”或“边框可见”。立即菜单中的其他选项同前。

(3) 当提示“第一角点：”和“另一角点：”时，分别给定两点以确定矩形边界的大小。

如果第(2)步选择了“边框可见”，即生成矩形边框；否则不生成。

(4) 接下来的操作与使用“圆形边界”相同，故不再重述。

图 2-89 是一个使用局部放大图的例子。该图中位于左边采用的是矩形边界，放大比例为 2.5∶1，右边采用的是圆形边界，放大比例为 2∶1。

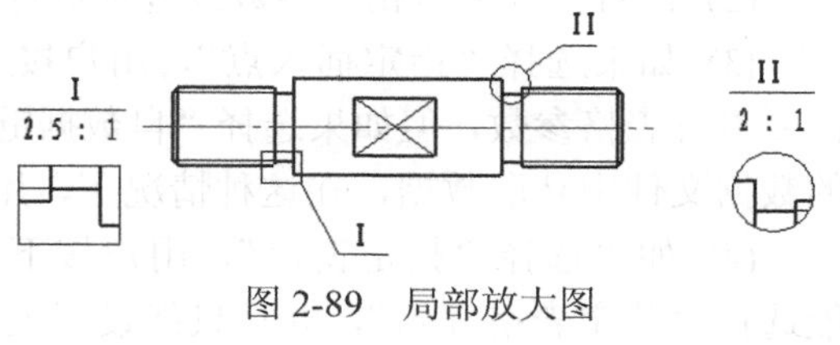

图 2-89　局部放大图

2.18　插 入 表 格

插入表格功能用于绘制空白表格。电子图板提供了两种绘制表格的方式：快速绘制表格与插入表格。

1. 快速绘制表格

(1) 打开【常用】选项卡，在【标注】面板中点击 按钮，系统弹出如图 2-90 所示的立即菜单并提示“指定插入点：”。

(2) 在立即菜单中对表格的列宽和行高进行设置。

(3) 按照提示，在绘图区合适位置给出定位点，然后拖动鼠标再给出另一点，系统会根据两个定位点所确定的范围自动得出表格的行数和列数并绘制出表格。

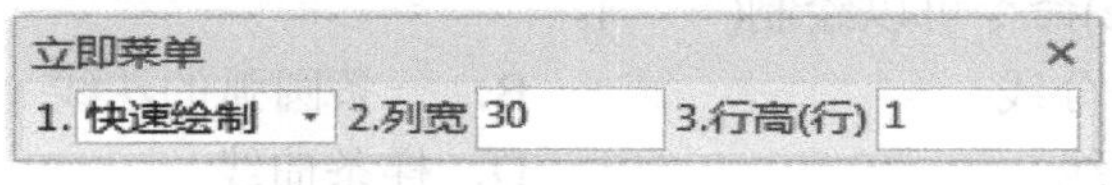

图 2-90　“插入表格”立即菜单

2. 插入表格

(1) 在立即菜单“1.”中选择“插入表格”，系统即弹出如图 2-91 所示的【插入表格】对话框并提示“指定插入点：”。

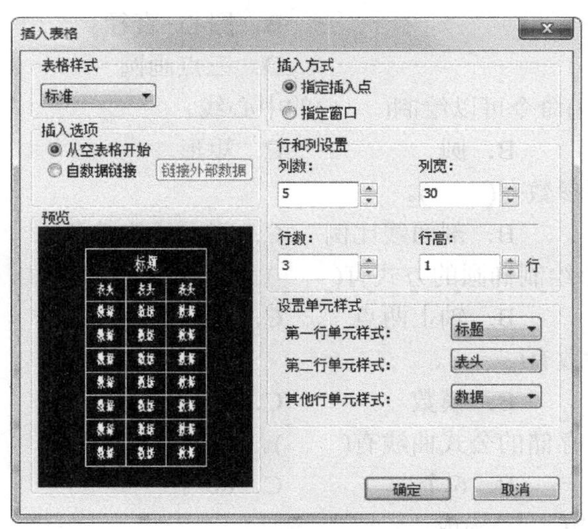

图 2-91　【插入表格】对话框

(2) 在对话框中对相关参数或选项进行必要设置，如选择表格样式、插入方式等。

(3) 如果选择“指定插入点”，用户接下来可选择“从空表格开始”，并能按照自己的需要设置表格参数，但如果选择“自数据链接”，则应点击“链接外部数据”按钮，从打开的数据文件中获取数据，在这种情况下，用户不能对表格参数进行设置。

(4) 如果选择“指定窗口”，用户接下来只能选择“从空表格开始”，并且只能设置表格的列宽和行高，而表格的行数和列数则由用户给定的区域来决定。

(5) 根据提示，在屏幕上用鼠标或键盘给定一点，然后移动鼠标。待表格的行数和列数合适时点击鼠标左键，即完成表格绘制，如图 2-92 所示。

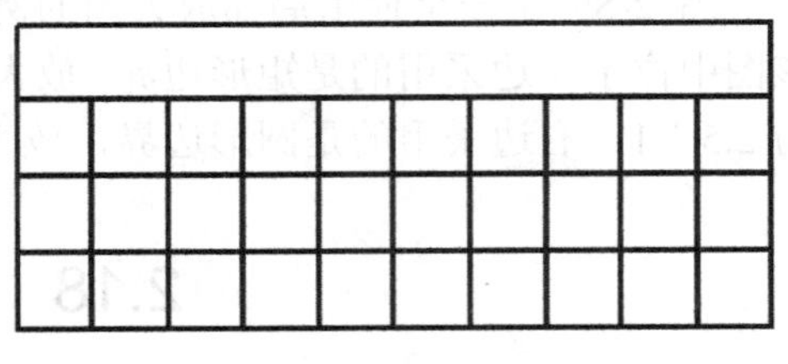

图 2-92 表格绘制

思 考 题

1．多项选择题。

(1) 在直线(Line)命令中，包含(　　)功能。

A．两点线　B．平行线　C．等距线　D．角度线

(2) 使用直线(Line)命令可以绘制(　　)。

A．一个角的角平分线　B．一条圆弧的法线

C．一条直线的切线　D．样条曲线

(3) 利用圆弧(Arc)命令可以绘制(　　)。

A．两点圆弧　B．与三条直线均相切的圆弧

C．与三条圆弧均相切的圆弧　D．与两条平行线均相切的圆弧

(4) 在圆(Circle)命令中包含(　　)的画圆方式。

A．两点+半径　B．圆心+直径

C．圆心+半径　D．三点画圆

(5) 中心线(Centerl)命令可以绘制(　　)的中心线。

A．圆弧　B．圆　C．矩形　D．齿轮

(6) 剖面线的主要参数有(　　)。

A．封闭环　B．剖面线比例　C．剖面线旋转角　D．剖面线根数

(7) 用 Ellipse 命令绘制椭圆的方式有(　　)。

A．给定长短轴　B．轴上两点　C．中心点+起点　D．长轴+旋转角

(8) 齿轮的主要参数有(　　)。

A．齿数　B．模数　C．压力角　D．变位系数

(9) 系统已建立并存储的公式曲线有(　　)。

A．1 个　B．6 个　C．80 个　D．100 个

(10) 多段线可以由(　　)构成。

A．直线　B．圆弧　C．直线和圆弧　D．都有可能

2．请在对应的项目之间连线。

(1) 齿数的有效范围　−360°～+360°
(2) 模数的有效范围　1～50
(3) 波峰的有效范围　5～10000
(4) 角度的有效范围　−100 000 000～+100 000 000
(5) “波浪线”命令　Pline
(6) “填充”命令　Hatch
(7) “正多边形”命令　Offset
(8) “等距线”命令　Wavel
(9) “多段线”命令　Rect
(10) “剖面线”命令　Solid
(11) “双折线”命令　Arrow
(12) “公式曲线”命令　Condup
(13) “箭头”命令　Fomul
(14) “矩形”命令　Contour
(15) “文字”命令　Enlarge
(16) “局部放大”命令　Mtext

3．判断题(正确的画“√”，错误的画“×”)。

(1) 系统规定，顺时针旋转的角度为正，逆时针旋转的角度为负。（　）

(2) 波浪线的主要参数包括波峰和波长两个。（　）

(3) 用 Ellipse 命令既可以画椭圆，又可以画椭圆弧。（　）

(4) 用 Spline 命令绘制样条曲线时，“从文件读入”是指从其他电子图板文件中读入曲线数据。（　）

(5) 箭头(Arrow)命令既可画单个的箭头，也可为一段直线或圆弧添加上箭头。（　）

(6) 任何情况下绘出的箭头均有正向与反向之分。（　）

(7) 用点(Point)命令画线段等分点，实际上是把一整条线段分为若干相等的线段。（　）

(8) 完全由圆弧构成的一条封闭多段线必定是光滑的。（　）

(9) 无论是绘制剖面线还是填充，都需要用户选定封闭环。只是前者填充的是剖面图案，而后者填充的是当前颜色。（　）

(10) 在命令执行过程中，用鼠标右键或回车键可终止当前命令的执行。（　）

(11) 用户可以对点的样式进行改变。（　）

(12) 在快速绘制表格时，用户无法控制表格的行数和列数。（　）

(13) 在绘制云线时，云线弧长可由光标的移动速度进行适当控制。（　）

(14) 用双折线功能无法画出多折线。（　）

4. 对于一个给定的图形，用户使用的命令不同、选择的作图顺序不同，对绘图的难度、绘图的效率是否有影响？

练　习　题

1．利用学过的知识，绘制图 2-93 所示的图形(尺寸自定)。

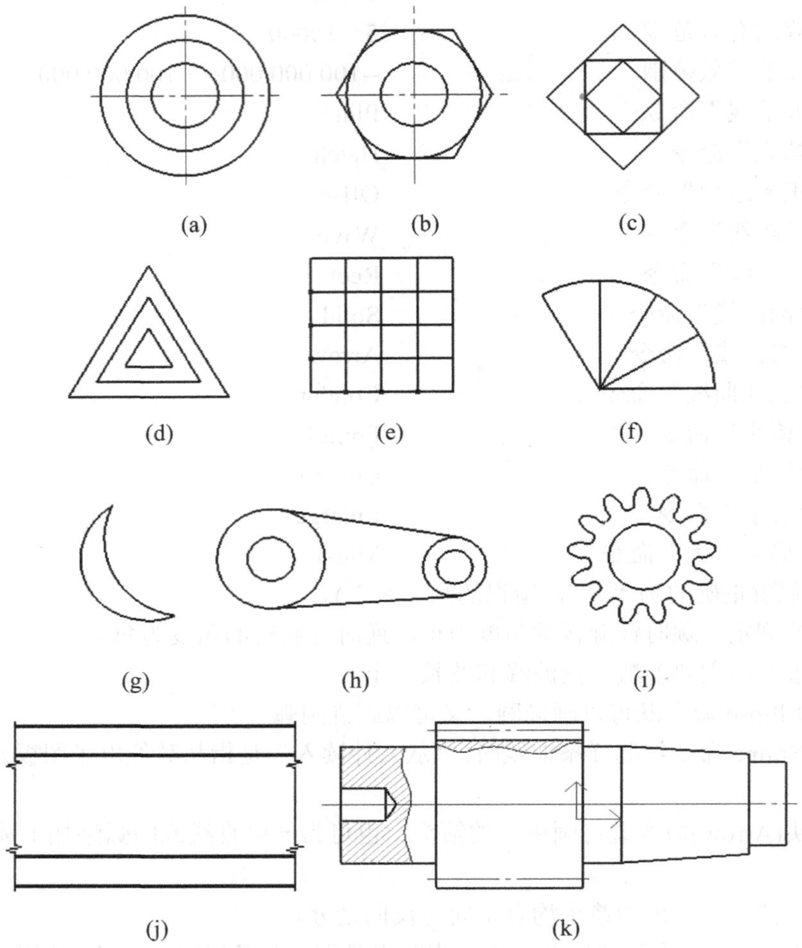

图 2-93　绘制简单图形

2．按照给定的尺寸，绘制图 2-94 所示的平面图形。

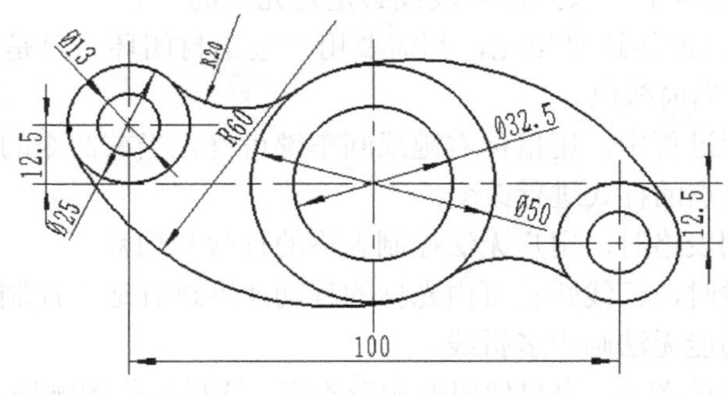

图 2-94　按照尺寸绘制平面图形

3. 请使用不同的命令和绘图顺序绘制图 2-95 所示的图形，并比较其绘图的难度和效率。

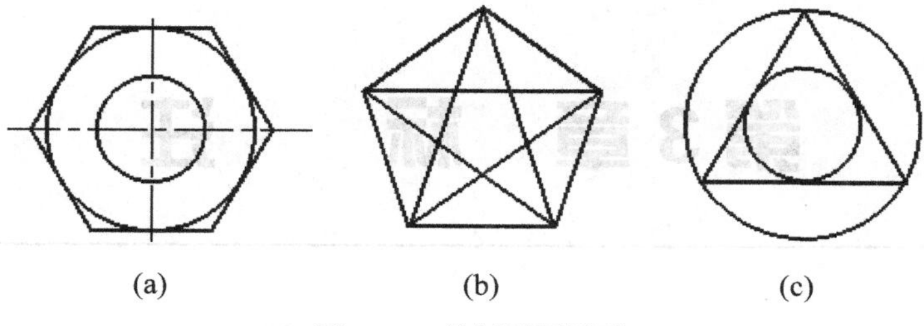

图 2-95　绘制平面图形

第3章　标　注

本章学习要点

本章重点介绍尺寸标注、符号标注、文字标注、表格、坐标标注等。

本章学习要求

(1) 熟练掌握各种形式的尺寸标注、符号标注、文字标注、表格、坐标标注的方法。
(2) 能够按照国标要求对工程图样进行所需标注。

在一张完整的工程图样中，除含有表达机件结构形状的各种图形以外，还有大量的标注，如尺寸标注、文字及符号标注等。因此，标注是绘制工程图样时必不可少的重要组成部分。电子图板依据《机械制图国家标准》提供了一整套快捷高效的技术手段，不仅能帮助用户顺利完成全部标注，而且还能对标注的风格样式进行设定、对已完成的标注进行编辑和修改。本章将详细介绍有关标注的操作方法。

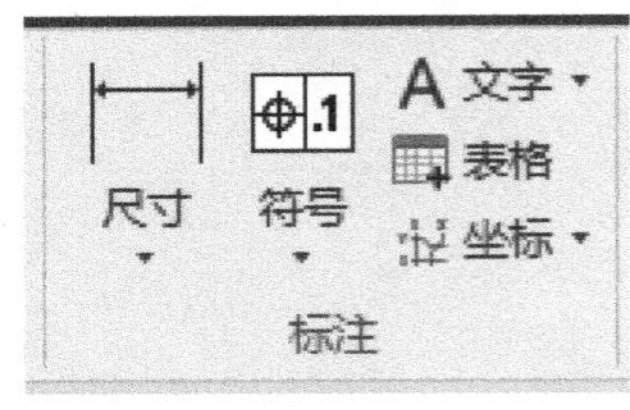

图 3-1　【标注】面板

点击【常用】选项卡，系统将显示如图 3-1 所示的【标注】面板；点击【标注】选项卡，系统将显示如图 3-2 所示的多个功能面板。在显示的面板上点击所需的按钮，或者在“无命令”状态下输入相应命令，即可进行相应的标注。

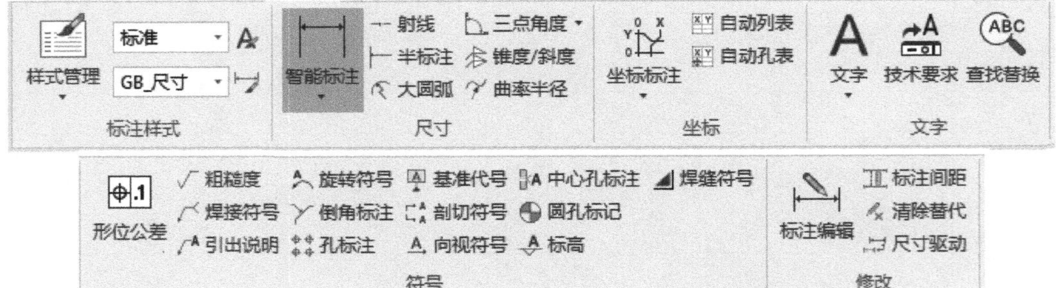

图 3-2　【标注】选项卡

3.1 尺 寸 标 注

电子图板为用户提供了非常强大而且智能化的尺寸标注功能，其主要表现在以下几个方面：

(1) 根据立即菜单提供的选项，由用户选择不同类别的尺寸标注。

(2) 根据用户拾取图形元素的不同，系统能够自动选定尺寸类型进行标注。

(3) 用户可拖动鼠标以确定尺寸数值的位置和尺寸线方向。

(4) 尺寸数值可采用系统测量值或者由用户直接输入。

(5) 所有尺寸标注均可重复进行，直到按“Esc”键或回车键退出尺寸标注。

当需要进行尺寸标注时，可点击【标注】选项卡上的 按钮下面的 ，系统将显示出如图 3-3 所示的下拉菜单。在该菜单中选择“尺寸标注”选项，或在“无命令”状态下键入“Dim”并按回车键，系统会弹出立即菜单 1. 基本标注 ，如图 3-4 所示。

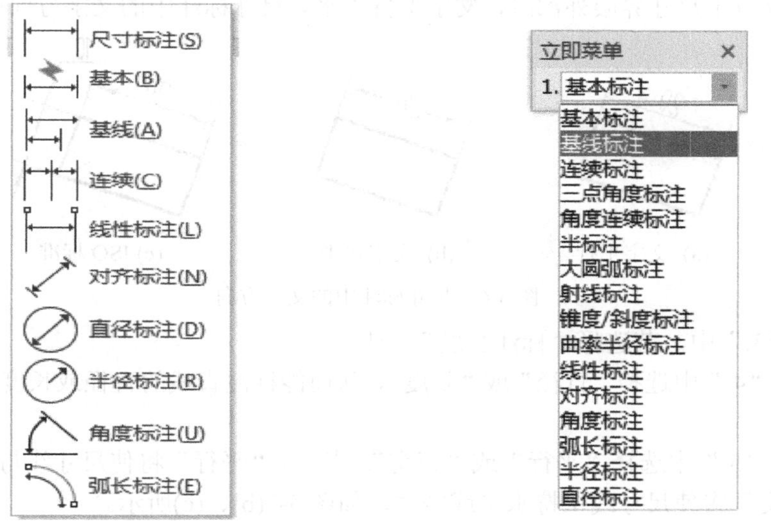

图 3-3 “智能标注”下拉菜单　　图 3-4 “基本标注”立即菜单

3.1.1 基本标注

基本标注是指快速生成线性尺寸、直径尺寸、半径尺寸、角度尺寸等基本类型的标注。用户在如图 3-3 所示的菜单中选择“基本”选项，或在“无命令”状态下输入“Dimpower”并按回车键，即可启动“基本标注”。随后，系统能够根据所拾取对象自动判别要标注的尺寸类型，智能且方便。

1. 单个图形元素的尺寸标注

对单个图形元素进行尺寸标注，当系统出现提示“拾取标注元素或点取第一点：”时，用户可拾取一条直线、一个圆(弧)，或者给定一点。拾取的对象不同，其立即菜单就不同，后续操作也将相应变化。

1) 直线的标注

在“拾取标注元素或点取第一点：”提示下，拾取要标注的直线，将出现如图 3-5 所示的立即菜单。用鼠标点击其中的某个选项会弹出一个选项板，用“Alt+序号”键也可实现选项切换或功能选择。

图 3-5　“直线标注”立即菜单 1

图 3-5 中各选项的含义如下：

(1) 在“2.”中，若选择“文字平行”，则标注的尺寸文字与尺寸线平行；若选择“文字水平”，则标注的尺寸文字始终保持水平方向；若选择“ISO 标准”，则尺寸文字的方向符合 ISO 标准，即在平行标注直线尺寸的情况下，文字位于尺寸界限内部时，文字与尺寸线平行，文字位于尺寸界限外部时，文字保持水平。尺寸标注中的文字方向如图 3-6 所示。

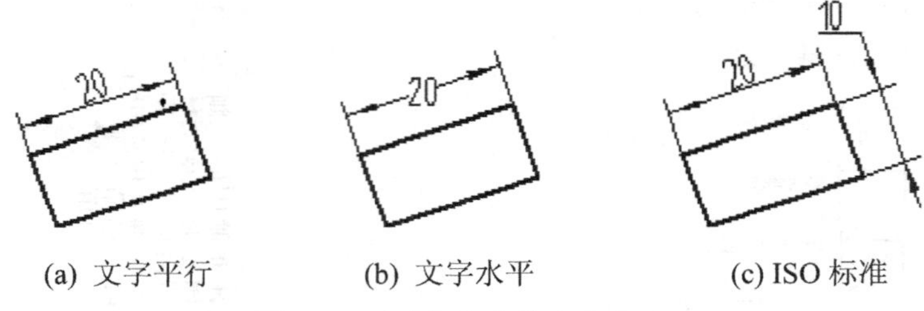

(a) 文字平行　　(b) 文字水平　　(c) ISO 标准

图 3-6　尺寸标注中的文字方向

(2) 在“3.”中，若选择“标注长度”，则

① 可在“4.”中选择“直径”或“长度”，从而能标注直线的直径或长度，如图 3-7(a)、(b)所示。

② 可在“5.”中选择“平行”或“正交”。其中，“平行”将使尺寸线与被标注直线平行；而“正交”将使尺寸线保持水平或竖直，如图 3-7(b)、(c)所示。

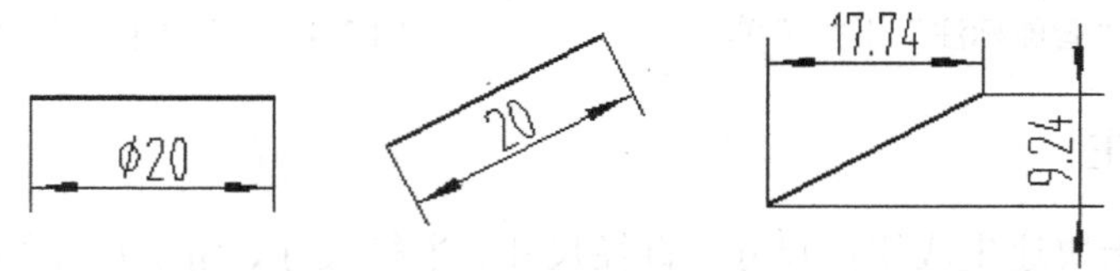

(a) 标注直径、平行　(b) 标注长度、平行　(c) 标注长度、正交

图 3-7　直线的长度尺寸

③ 在“6.”中，若选择“文字居中”，则当尺寸文字位于尺寸界线以内时，相对于尺寸线自动居中；若选择“文字拖动”，则尺寸文字的位置由拖动鼠标来确定。

④ 在“7.前缀”中，可给尺寸数值加注前缀，如±、R、ϕ 等。

⑤ 在“8.后缀”中，可给尺寸数值加注后缀，如尺寸的极限偏差值等。

⑥ 在“9.基本尺寸”中，可修改系统的测量值为用户所需的尺寸值。

(3) 在“3.”中，若选择“标注角度”，则立即菜单将变为如图 3-8 所示的立即菜单。

这时

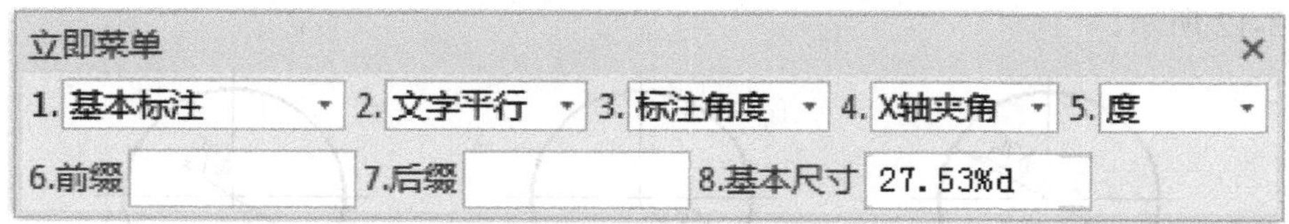

图 3-8　“直线标注”立即菜单 2

① 在“4.”中，可选择“X 轴夹角”或“Y 轴夹角”，以标注直线与 X 轴(Y 轴)的夹角。这里，角度尺寸的顶点为直线靠近拾取点的端点，如图 3-9 所示。

② 在“5.”中，可选择“度”“度分秒”“百分度”或“弧度”，用于选定角度的单位，如图 3-9 所示。

③ 其余选项与标注直线的长度或直径时的含义相同。

(4) 当完成上述各项设置后，可移动鼠标确定尺寸线和尺寸文字的位置，即完成了尺寸标注。

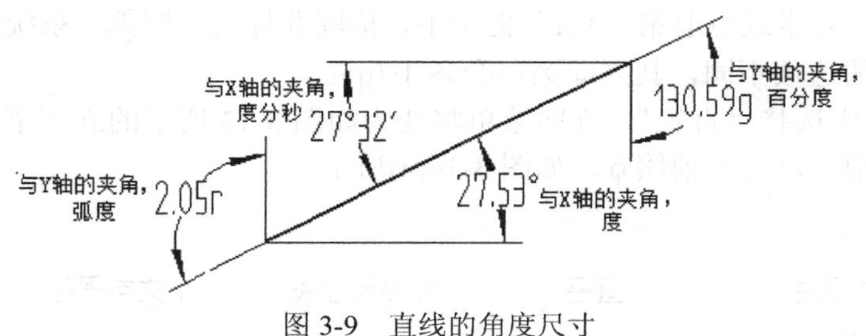

图 3-9　直线的角度尺寸

2) 圆的标注

在“拾取标注元素或点取第一点：”提示下，拾取要标注的圆，将出现如图 3-10 所示的立即菜单。

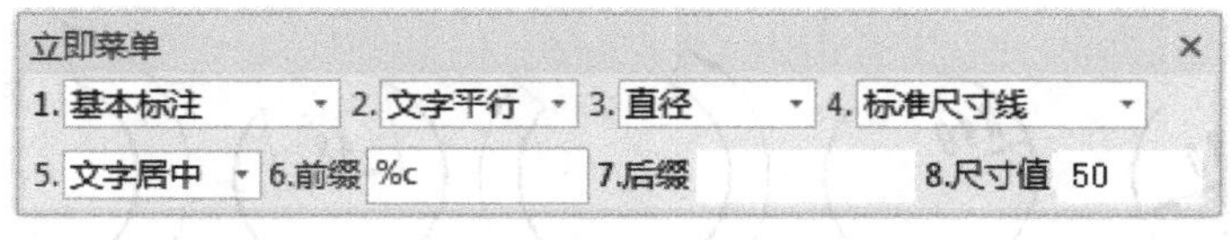

图 3-10　“圆的标注”立即菜单

(1) 在“3.”中选择“直径”“半径”或“圆周直径”，分别用于标注圆的直径、圆的半径或自圆周引出尺寸界线并标注其直径尺寸，如图 3-11 所示。在标注“直径”或“圆周直径”时，尺寸数值自动带前缀 ϕ；在标注“半径”时，尺寸数值自动带前缀 R。

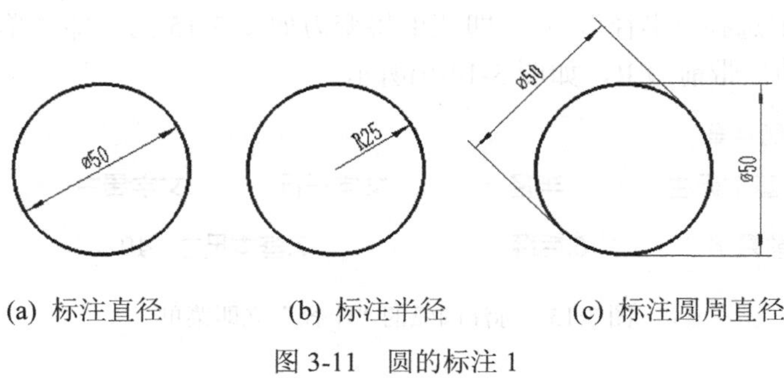

(a) 标注直径　(b) 标注半径　(c) 标注圆周直径

图 3-11　圆的标注 1

(2) 在“4.”中选择“标准尺寸线”“简化尺寸线”或“过圆心简化尺寸线”，其标注形式如图 3-12 所示。

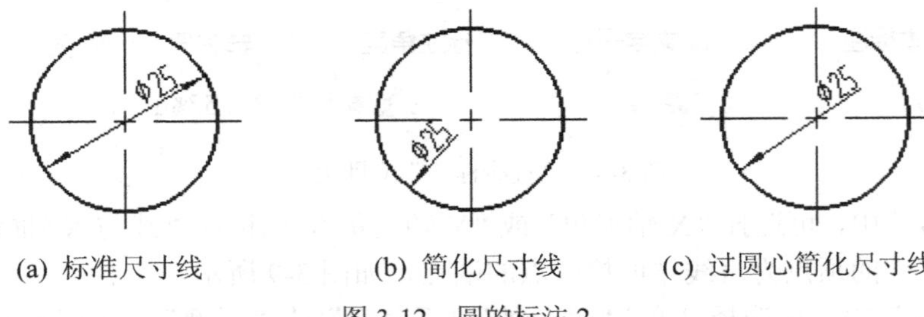

(a) 标准尺寸线　(b) 简化尺寸线　(c) 过圆心简化尺寸线

图 3-12　圆的标注 2

(3) 立即菜单中的其他选项与直线的长度标注相似，不再赘述。

(4) 当完成上述各项设置后，可移动鼠标确定尺寸线和尺寸文字的位置，即完成尺寸标注。

3) 圆弧的标注

在“拾取标注元素或点取第一点：”提示下，拾取要标注的圆弧，系统即弹出一个立即菜单。从中选择的选项不同，其立即菜单会各不相同。

(1) 在“2.”中选择“直径”，立即菜单将变为如图 3-13 所示的立即菜单。在标注“直径”时，尺寸数值自动加带前缀ϕ，如图 3-14(a)所示。

图 3-13　标注圆弧的“直径”立即菜单

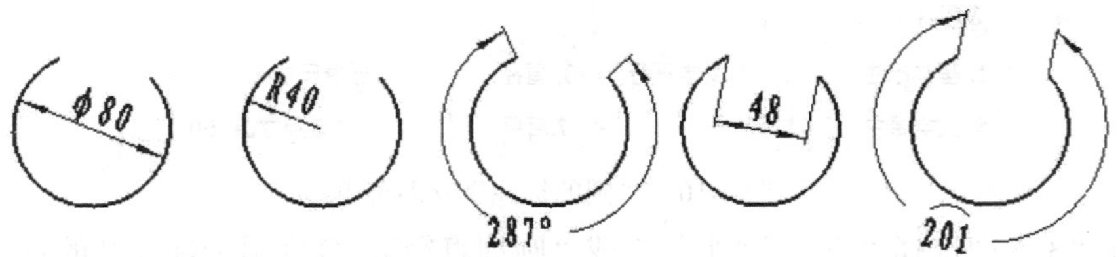

(a) 标注直径　(b) 标注半径　(c) 标注圆心角　(d) 标注弦长　(e) 标注弧长

图 3-14　圆弧的标注

(2) 在“2.”中选择“半径”，其立即菜单将变为如图 3-15 的立即菜单。在标注“半径”时，尺寸数值自动加带前缀 R，如图 3-14(b)所示。

图 3-15　标注圆弧的“半径”立即菜单

(3) 在“2.”中选择“圆心角”，立即菜单将变为如图 3-16 所示的立即菜单。在标注“圆心角”时，可选择圆心角的单位是“度”“度分秒”“百分度”或“弧度”，且尺寸数值后面会自动加带所选的角度单位，如图 3-14(c)所示。

图 3-16　标注圆弧的“圆心角”立即菜单

(4) 在“2.”中选择“弦长”，立即菜单将变为如图 3-17 所示的立即菜单。在标注弦长时，尺寸文字的放置与标注直线尺寸时的放置原则相同，最后的标注形式如图 3-14(d)所示。

图 3-17　标注圆弧的“弦长”立即菜单

(5) 在“2.”中选择“弧长”，立即菜单将变为如图 3-18 所示的立即菜单。在标注“弧长”时，用户可选择“打开径向引出”或“关闭径向引出”，且尺寸数值自动加带“⌒”，如图 3-14(e)所示。

图 3-18　标注圆弧的“弧长”立即菜单

当完成上述各项设置后，移动鼠标并给出尺寸线和尺寸文字的位置，即可完成圆弧的尺寸标注。

2. 两个图形元素的尺寸标注

两个图形元素的尺寸标注用于表示两个图形元素之间的相对位置关系。对此，当系统提示“拾取标注元素或点取第一点：”时，用户可拾取一个图形元素，当提示“拾取另一个标注元素或指定尺寸线位置：”时，用户再拾取另一个图形元素。然后根据给出的立即菜单设置，即可完成相应的尺寸标注。

(1) 点和点的标注。这里的点可以是屏幕点、孤立点，也可以是各种特征点(如端点、中点、圆心、切点、垂足等)。当用户顺次拾取两个点时，立即菜单如图 3-19 所示。其中的选项操作与直线的标注相同，标注结果如图 3-20 所示。

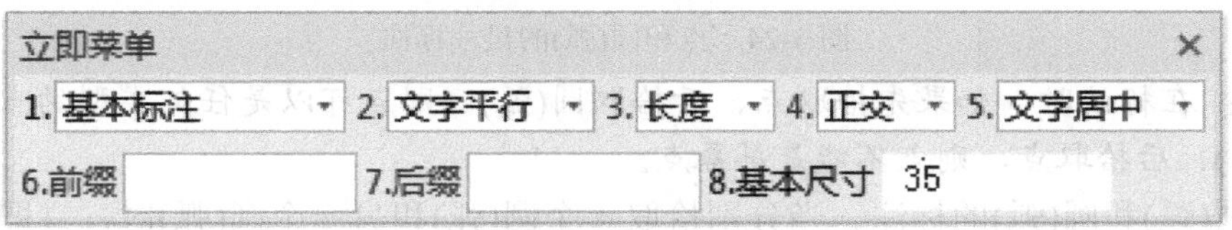

图 3-19　“点和点的标注”立即菜单

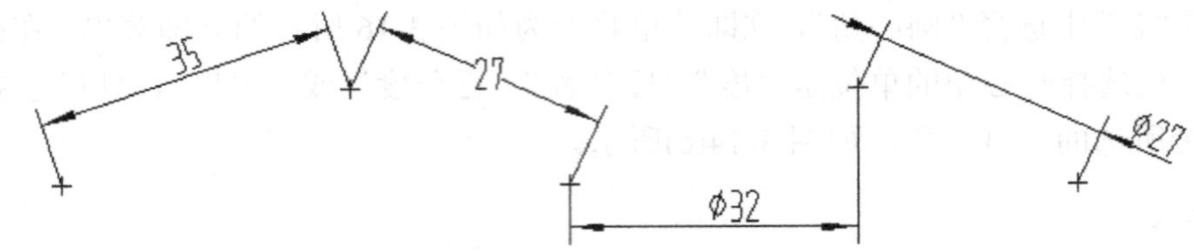

图 3-20　点和点的尺寸标注

(2) 点和直线的标注。当需要标注点到直线的距离时，可分别拾取一个点和一条直线，这时立即菜单如图 3-21 所示。根据需要对菜单中的选项进行设置，标注结果如图 3-22 所示。

图 3-21　“点和直线的标注”立即菜单

图 3-22　点和直线的尺寸标注

说明： 在标注时，如果先拾取直线、后拾取点，则点不能是屏幕点。

(3) 点和圆(弧)的标注。当需要标注点到圆(弧)的距离时，可分别拾取一个点和一个圆(弧)，这时立即菜单如图 3-23 所示。根据需要对菜单中的选项进行设置，标注结果如图 3-24 所示。

图 3-23　“点和圆(弧)的标注”立即菜单

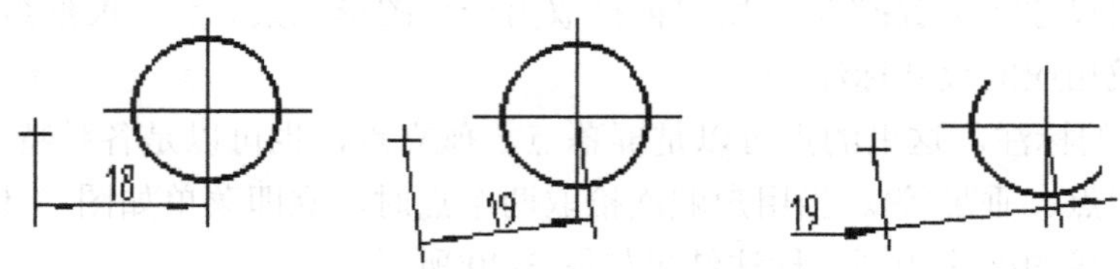

图 3-24　点和圆(弧)的尺寸标注

说明： 在标注时，如果先拾取点、后拾取圆(弧)，则点可以是任何类型的点；如果先拾取圆(弧)、后拾取点，则点不能是屏幕点。

(4) 圆(弧)和圆(弧)的标注。当分别拾取一个圆(弧)和另一个圆(弧)时，立即菜单如图 3-25 所示。立即菜单“4.”可在“切点”与“圆心”之间切换。其中，“切点”用于标注两圆周之间的最短距离；“圆心”用于标注两圆心之间的距离。标注结果如图 3-26 所示。

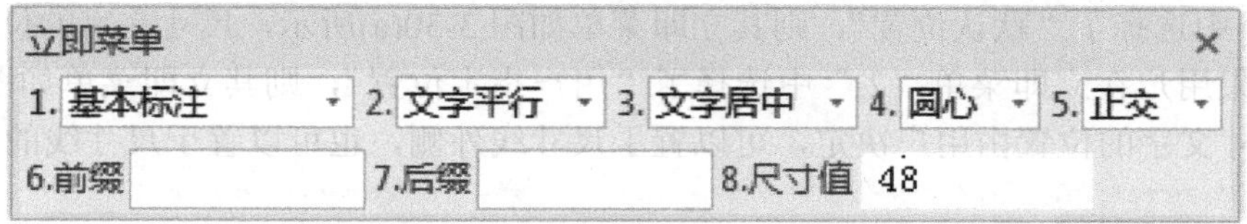

图 3-25　“圆(弧)和圆(弧)的标注”立即菜单

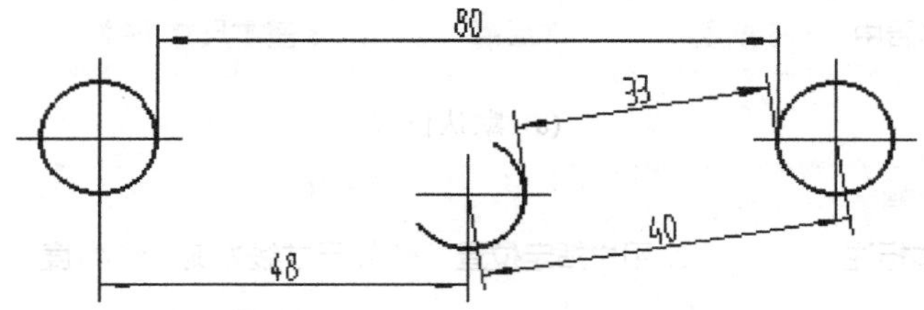

图 3-26　圆(弧)和圆(弧)的尺寸标注

(5) 直线和圆(弧)的标注。当分别拾取一条直线和一个圆(弧)时立即菜单如图 3-27 所示。在这里，当标注直线与圆(弧)切点尺寸时，用户拾取圆(弧)的位置不同，其标注结果也可能不同，如图 3-28 所示。

图 3-27　“直线和圆(弧)的标注”立即菜单

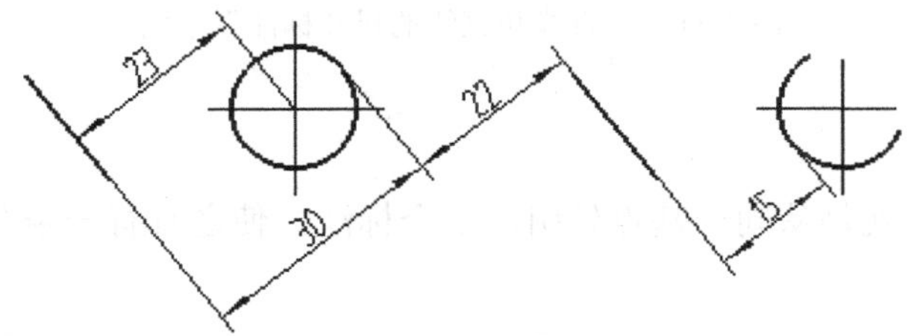

图 3-28　直线和圆(弧)的尺寸标注

(6) 直线和直线的标注。当分别拾取两条直线时，系统将根据这两条直线的相对位置显示相应的立即菜单。

① 若两条直线平行，则标注两直线的距离或对应的切圆直径，立即菜单如图 3-29 所示。

图 3-29　“直线和直线的标注”立即菜单 1

② 若两条直线不平行，则标注两条直线之间的夹角。在这种情况下，如果用户在立即

菜单“2.”中选择了“默认位置”，则其立即菜单如图 3-30(a)所示，尺寸文字的位置由系统决定；如果用户在立即菜单“2.”中选择了“用户指定位置”，则其立即菜单如图 3-30(b)所示，尺寸文字的位置由用户决定，可以置于尺寸线外侧，也可以置于尺寸线的中断处。

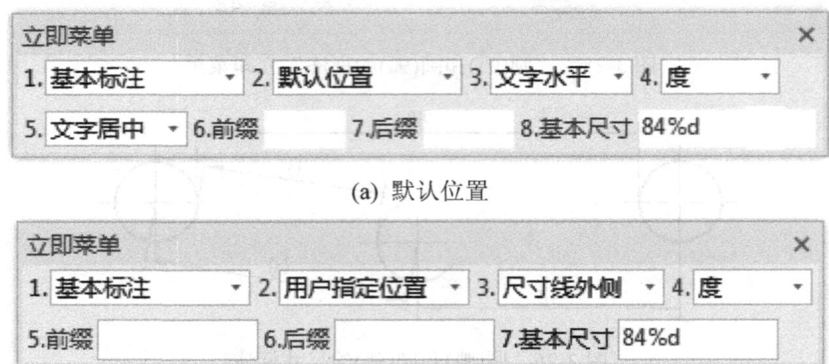

(a) 默认位置

(b) 用户指定位置

图 3-30　“直线和直线的标注”立即菜单 2

当完成上述所有必要的设置之后，用鼠标给出尺寸线的位置即可完成尺寸标注。图 3-31 为直线和直线的尺寸标注示例。

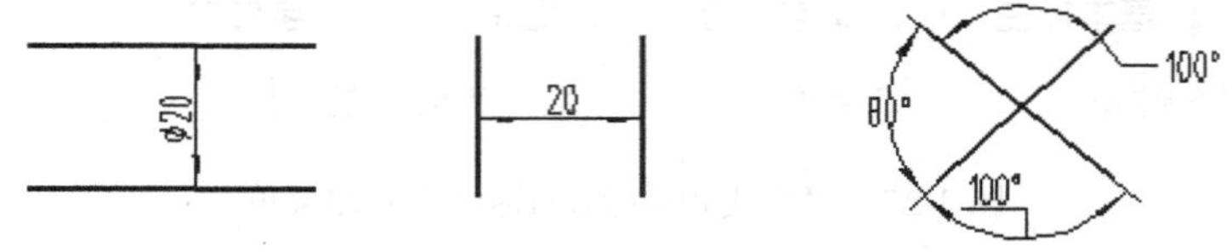

图 3-31　“直线和直线的尺寸标注”示例

3.1.2　基线标注

所谓基线标注，就是从同一基点处引出多个标注，使之具有一个公共的尺寸基线，如图 3-32 所示。

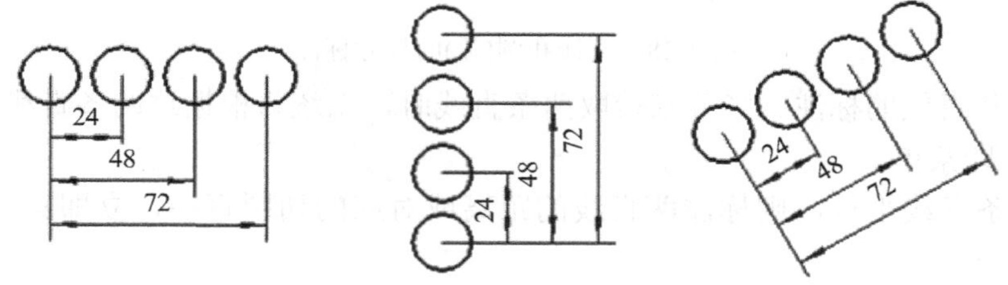

图 3-32　“基线标注”示例

在如图 3-3 所示的菜单中选择“基线”选项，或在“无命令”状态下输入“Dimbaseline”并按回车键，即可启动“基线标注”。为此，需要给出一个标注尺寸的基准。该基准可以是一个已有线性尺寸的尺寸界限，也可以拾取一点以重新建立尺寸基线。

1. 拾取一个已标注的线性尺寸

(1) 在系统提示“拾取线性尺寸或第一引出点：”时，如果拾取了一个已标注的线性尺寸，则该尺寸即为“基准尺寸”，距离拾取点最近的尺寸界线即为“基线尺寸”的第一条尺寸界线。此时，立即菜单如图3-33所示，并在提示区提示“拾取第二引出点：”。

图3-33 “基线标注”立即菜单1

(2) 对立即菜单中的选项进行必要设置，如设置“尺寸线偏移”等。

(3) 拖动光标可动态地显示所生成的尺寸。用户通过给出“引出点”可标注出新的基线尺寸。各基线尺寸之间的间距由立即菜单中的“尺寸线偏移”控制，且新标注的基线尺寸与拾取的“引出点”分别位于前一个基线尺寸的两侧。

(4) 重复上一步，可标注后续的基线尺寸。如此循环，直到按“Esc”键结束。

2. 拾取一点

(1) 在系统提示“拾取线性尺寸或第一引出点：”时，如果拾取了一个点，则立即菜单如图3-34所示，系统又将提示“拾取第二引出点：”。

(a) 普通基线标注

(b) 简化基线标注

图3-34 “基线标注”立即菜单2

(2) 对立即菜单中的选项进行必要设置，然后给出第二个引出点。这时系统又提示“尺寸线位置：”。

(3) 用户一旦给定了尺寸线位置，即得到了第一个基线尺寸。接下来，系统将反复提示“拾取第二引出点：”。由用户给出响应后即标注出基线尺寸，直到按“Esc”键结束。

图3-35是简化基线标注示例。

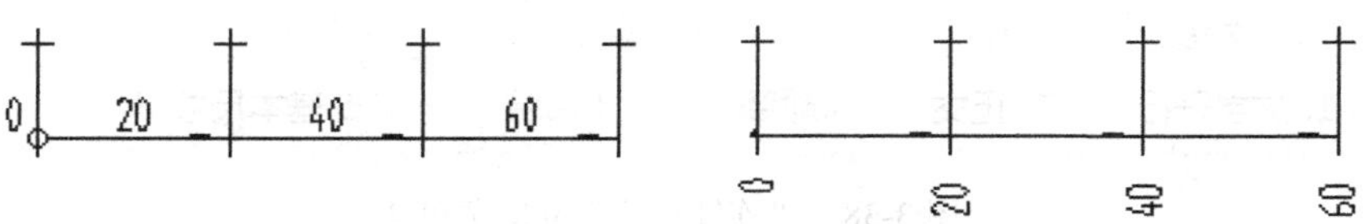

(a) 文字位于尺寸线中间 (b) 文字位于边界线端

图3-35 “简化基线标注”示例

3.1.3 连续标注

连续标注用于生成一系列首尾相连的线性尺寸标注，如图 3-36 所示。

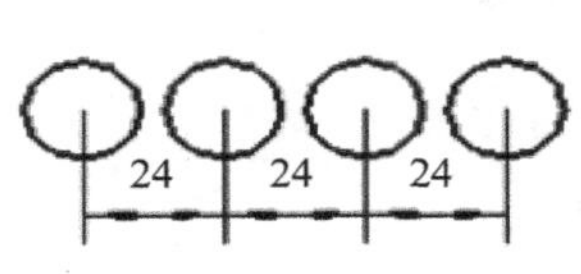

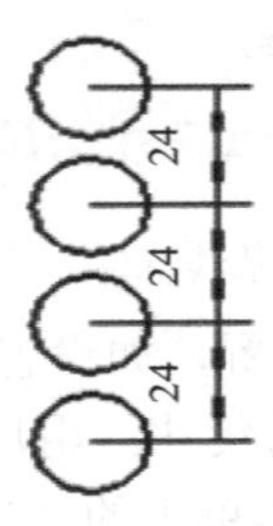

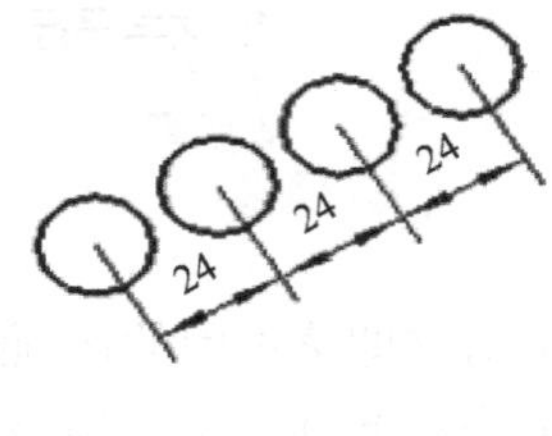

图 3-36 “连续标注”示例

在如图 3-3 所示的菜单中选择“连续”项，或在“无命令”状态下输入“Dimcontinue”并按回车键，即可启动“连续标注”。与基线标注一样，连续标注也需要给出一个标注尺寸的基准。

1. 拾取一个已标注的线性尺寸

(1) 在系统提示“拾取线性尺寸或第一引出点：”时，如果拾取了一个已标注的线性尺寸，则该线性尺寸作为“连续尺寸”中的第一个尺寸，距离拾取点最近的尺寸界线即为尺寸基准界线。此时，立即菜单如图 3-37 所示，并在提示区提示“第二引出点：”。

图 3-37 “连续标注”立即菜单 1

(2) 对立即菜单中的各个选项进行必要设置。

(3) 拖动光标可动态地显示所生成的尺寸。用户通过拾取适当的“引出点”可标注新的连续尺寸。

(4) 重复上一步，可标注后续的连续尺寸，但它们的尺寸线均位于同一条直线上。如此循环，直到按“Esc”键结束。

2. 拾取一点

(1) 在系统提示“拾取线性尺寸或第一引出点：”时，如果拾取了一个点，则该点将作为尺寸基准界线的第一引出点。此时，系统提示“拾取第二引出点：”，用户给出第二引出点后，立即菜单如图 3-38 所示，并提示“尺寸线位置：”。

图 3-38 “连续标注”立即菜单 2

(2) 当用户给定了尺寸线位置时，即得到了第一个连续尺寸。接下来出现的立即菜单如图 3-37 所示，所以，后续操作与拾取一个线性尺寸的操作完全相同。

3.1.4　菜单中的其他标注

除了上述方式，图 3-3 所示的菜单中还提供了一些非常简捷的标注方式，分别为线性标注、对齐标注、直径标注、半径标注、角度标注、弧长标注。这些标注方式只针对特定的图形元素，系统不再提供立即菜单，只需按照提示进行操作即可，标注结果与前面的方式相似，不再赘述。

3.1.5　射线标注

射线标注就是由用户给定两点，系统将以射线的方式标注这两点间的距离，标注时射线总是由“第一点”指向“第二点”，如图 3-39 所示。

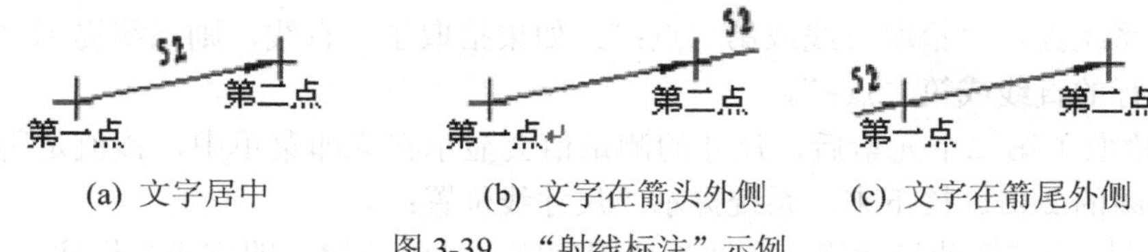

(a) 文字居中　(b) 文字在箭头外侧　(c) 文字在箭尾外侧

图 3-39　“射线标注”示例

(1) 在【尺寸】面板上点击按钮，或在“无命令”状态下输入“Dimradial”并按回车键，即可启动“射线标注”，弹出立即菜单 1. 文字居中 并提示“拾取第一点:”。

(2) 由用户拾取一点后，系统又提示“拾取第二点:”。

(3) 拾取第二点后，即画出一条射线。此时立即菜单如图 3-40 所示。

图 3-40　“射线标注”立即菜单

(4) 如果在立即菜单中选择“文字居中”，则尺寸文字将在射线上自动居中放置；如果选择“文字拖动”，则在射线上移动光标以确定尺寸文字的位置。

(5) 一旦给出尺寸文字的位置，即完成射线标注。

3.1.6　半标注

所谓半标注，就是只标注出线性尺寸一侧的尺寸线、尺寸界限和箭头，而尺寸数值仍是原值的标注方法。半标注全部属于平行尺寸标注，且半标注的尺寸界线总是从第二个拾取元素上引出的，尺寸线箭头指向尺寸界线，如图 3-41 所示。

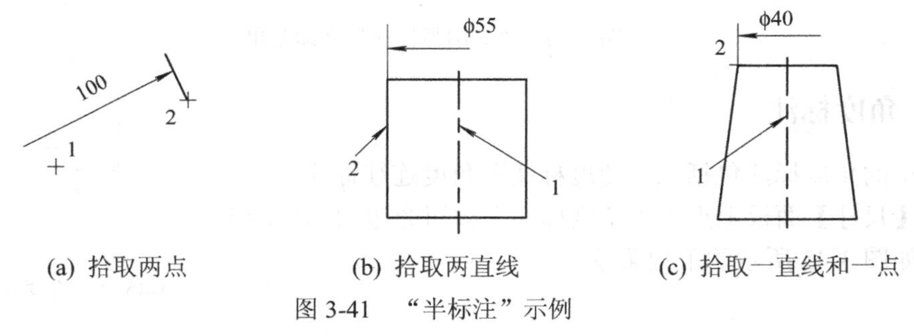

(a) 拾取两点　(b) 拾取两直线　(c) 拾取一直线和一点

图 3-41　“半标注”示例

(1) 在【尺寸】面板上点击 按钮，或在“无命令”状态下输入“Dimhalf”并按回车键，此时立即菜单如图 3-42 所示。

图 3-42 “半标注”立即菜单

(2) 对立即菜单中的各个选项进行必要设置。例如，在“1.”中选择“直径”或“长度”，可分别标注直径尺寸或长度尺寸；在“2.延伸长度”中编辑数值可以改变延伸长度，其中延伸长度是指尺寸线越过用户给出的第一点或第一条直线的长度。

(3) 当提示“拾取直线或第一点:”时，可拾取一直线或给出一点。此时，如果拾取了一个点，则系统提示“拾取直线或第二点:”；如果拾取了一直线，则系统提示“拾取与第一条直线平行的直线或第二点:”。

(4) 当拾取了第二个元素后，尺寸的测量值会显示在立即菜单中，该值是所拾取两个元素之间距离的 2 倍。接下来，系统提示“尺寸线位置:”。

(5) 用鼠标动态拖动尺寸线，在适当位置确定尺寸线位置，即完成半标注。

3.1.7 大圆弧标注

所谓“大圆弧标注”，就是当圆弧较大、无法在图中指明其圆心时，允许其尺寸线转折一次的标注方法，如图 3-43 所示。

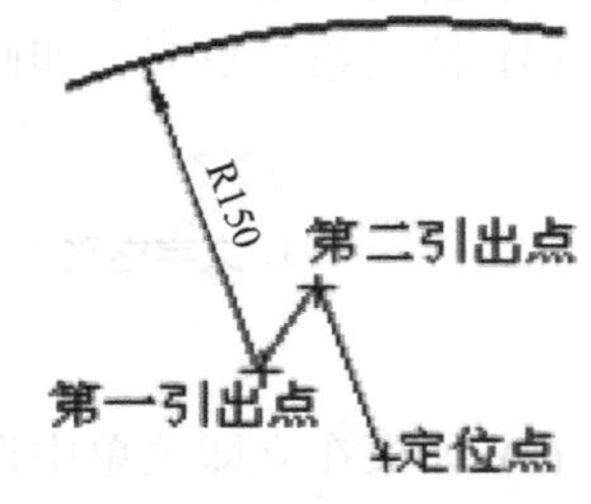

图 3-43 “大圆弧标注”示例

(1) 在【尺寸】面板上点击 按钮，或在“无命令”状态下输入“Dimjogged”并按回车键，系统弹出如图 3-44 所示的立即菜单，并提示“拾取圆弧:”。

(2) 选择一个需要标注的圆弧，系统将自动测出该圆弧的半径值并显示在立即菜单中。如果用户需要标注大圆弧的直径，则必须自行设置尺寸值，如“%c300”等。

(3) 按照提示依次输入所需要的“第一引出点”“第二引出点”和“定位点”，即完成大圆弧标注。

图 3-44 “大圆弧标注”立即菜单

3.1.8 角度标注

这里的角度标注包括三点角度标注和角度连续标注。

在【尺寸】面板上点击“角度标注”按钮旁边的▾，系统将弹出如图 3-45 所示的下拉菜单。

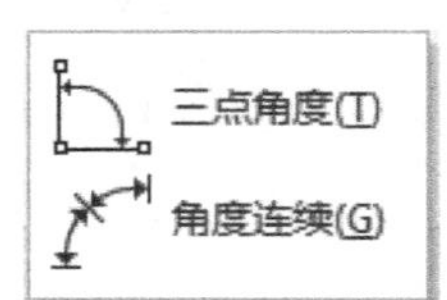

图 3-45 “角度标注”下拉菜单

1. 三点角度标注

三点角度标注是指分别标注第一点和第二点与顶点连线的夹角。在标注时，如果给定的尺寸线位置不同，则其角度也不同，如图 3-46 所示。

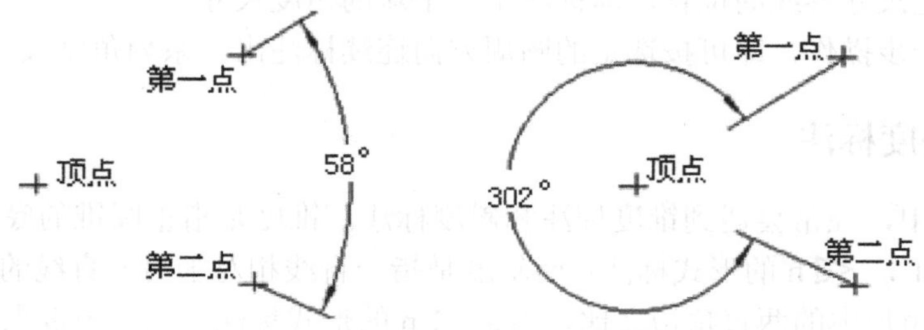

图 3-46 “三点角度”标注示例

(1) 在如图 3-45 所示的菜单中选择“三点角度”选项，或在“无命令”状态下输入“Dimanglep”并按回车键，系统弹出如图 3-47 所示的立即菜单。

图 3-47 “三点角度”立即菜单

(2) 在立即菜单中进行必要的设置。例如，在“2.”中选择角度的单位是“度”“度分秒”“百分度”或“弧度”等。

(3) 当系统依次提示“顶点：”“第一点：”“第二点：”时，由用户依次给出三个点。接着系统提示“尺寸线位置：”。

(4) 动态拖动鼠标并在合适的位置确定尺寸线的定位点，即可完成三点角度标注。

2. 角度连续标注

角度连续标注是指连续地标注出一系列的角度尺寸，如图 3-48 所示。

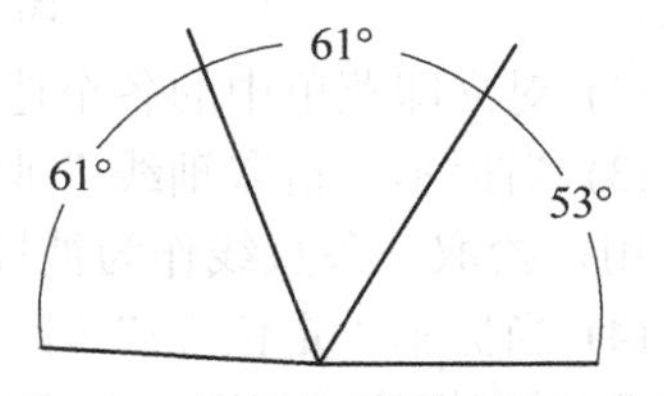

图 3-48 “角度连续标注”示例

(1) 在如图 3-45 所示的菜单中选择“角度连续”选项，或在“无命令”状态下输入“Dimanglec”并按回车键，系统将提示“拾取第一个标注元素或角度尺寸：”。

(2) 若拾取一个点，则该点作为被标注角度的顶点，然后按提示依次输入“角度起始点”和“角度终止点”。这时系统弹出如图 3-49 所示的立即菜单并提示“尺寸线位置：”。

图 3-49 “角度连续标注”立即菜单

(3) 若拾取一个已标注的角度尺寸，则系统将直接弹出如图 3-49 所示的立即菜单并提示“尺寸线位置:”。

(4) 对立即菜单中的选项进行必要设置。例如，在“2.”中可选择“顺时针”或“逆时针”，以确定尺寸的排列方向。

(5) 一旦给定尺寸界线的位置，即标注出一个新的角度尺寸。

(6) 重复上一步操作，即可按选定的圆周方向连续标注出一系列角度尺寸。

3.1.9 锥度/斜度标注

在工程制图中，经常会遇到锥度标注和斜度标注。锥度是指正圆锥的底圆直径与其圆锥高度之比，用 1∶ ◁n 的形式标注；而斜度是指一直线相对于另一直线的倾斜程度，它实际上是直角三角形中的两直角边之比，用∠1∶n 的形式标注。电子图板也提供了这两种标注方法，它们是通过立即菜单来实现的。

(1) 欲生成锥度或斜度标注，需在【尺寸】面板上点击 按钮，或在“无命令”状态下输入“Dimgradient”并按回车键，系统将弹出如图 3-50 所示的立即菜单。

(a) 锥度标注

(b) 斜度标注

图 3-50　“锥度/斜度标注”立即菜单

(2) 对立即菜单中的各个选项进行必要的设置。

(3) 当提示“拾取轴线:”时，用户拾取一条直线作为基准轴线；当提示“拾取直线:”时，用户拾取一条直线作为被标注元素，但两条直线不能平行。

(4) 当提示“定位点:”时，用鼠标拖动尺寸线，在适当位置确定文字的定位点，即完成锥度/斜度标注，如图 3-51 所示。

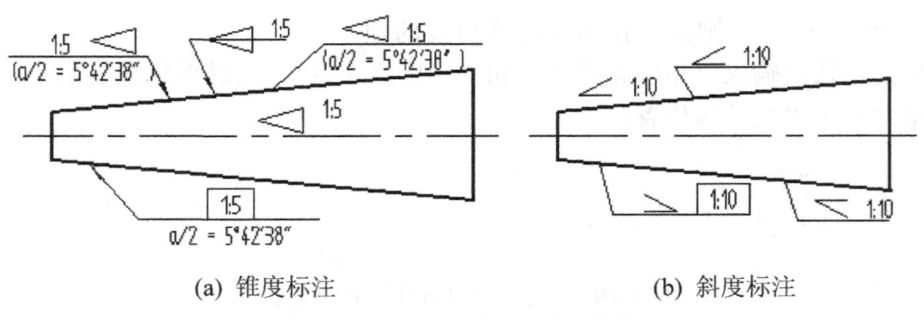

(a) 锥度标注　　(b) 斜度标注

图 3-51　“锥度/斜度标注”示例

3.1.10 曲率半径标注

曲率半径标注用于标注公式曲线或样条曲线的曲率半径，如图3-52所示。

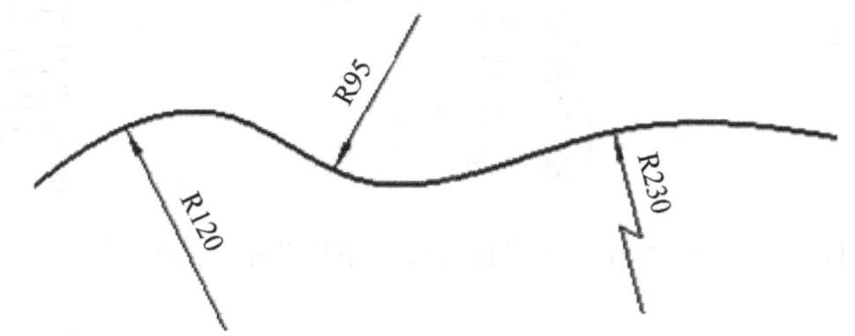

图3-52 “曲率半径标注”示例

(1) 在【尺寸】面板上点击按钮，或在“无命令”状态下输入“Dimcurvrature”并按回车键，系统将弹出如图3-53所示的立即菜单，并提示“拾取标注元素或点取第一点：”。

图3-53 “曲率半径标注”立即菜单1

(2) 对立即菜单中的选项进行必要设置。例如，在“3.最大曲率半径”中可设置曲线的最大曲率半径值。然后，按系统提示拾取被标注的曲线，此时立即菜单如图3-54所示，并提示“尺寸线位置：”。

图3-54 “曲率半径标注”立即菜单2

(3) 如果正在标注的曲率半径值大于立即菜单中的设定值，则系统会自动采取大圆弧标注方式，并依次提示“第一引出点：”和“第二引出点：”。

(4) 移动鼠标并在合适的位置确定尺寸线位置，即可完成曲线在该点处的曲率半径标注。

3.2 坐标标注

坐标标注包括原点标注、快速标注、自由标注、对齐标注、孔位标注、引出标注、自动列表标注以及自动孔表标注等。

当需要进行坐标标注时，应首先点击【标注】选项卡打开如图3-55所示的【坐标】面板；然后点击“坐标标注”按钮下面的▾，系统将出现如图3-56所示的下拉菜单；接下来，用户点击该菜单中的“坐标标注”选项，或者在“无命令”状态下键入“Dimco”并按回车键，系统将显示出一个立即菜单，点击该立即菜单“1.”后的▾，系统将弹出如图3-57所示的“坐标标注”立即菜单，即可选择相应功能进行坐标标注。

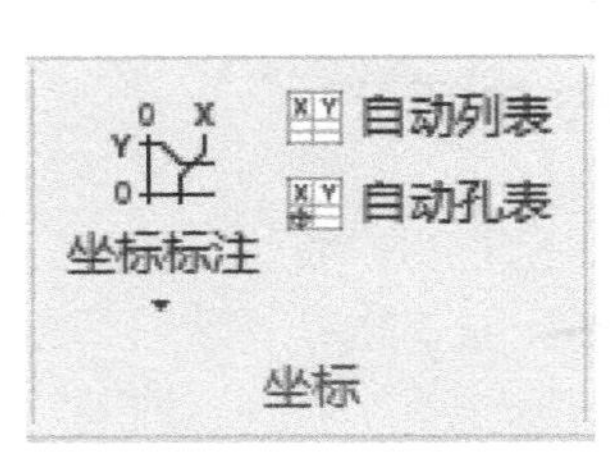

图 3-55　【坐标】面板

图 3-56　“坐标标注”下拉菜单

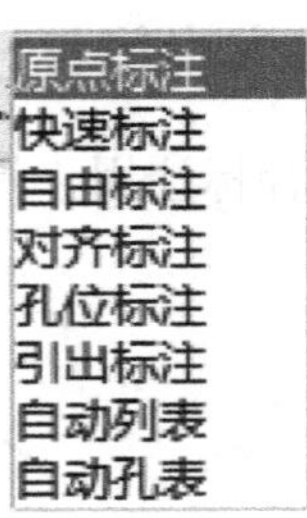

图 3-57　“坐标标注”立即菜单

3.2.1　原点标注

原点标注用于标注当前坐标系原点的 X、Y 坐标值。

(1) 在如图 3-56 所示的菜单中选择“原点”选项，其立即菜单如图 3-58 所示。

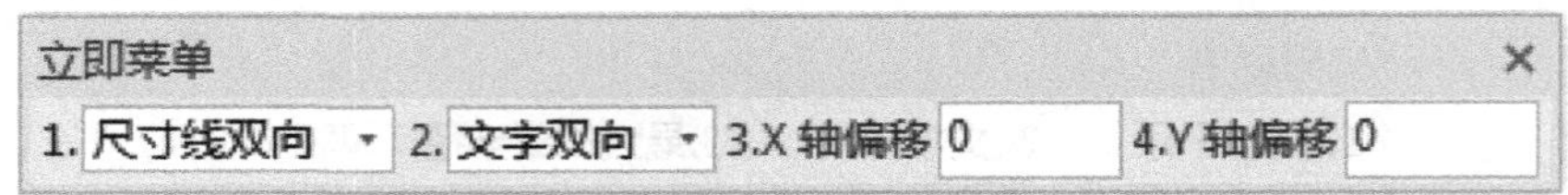

图 3-58　“原点标注”立即菜单

(2) 对立即菜单中的选项进行必要设置。其中，各选项的含义是：

① 尺寸线单向/尺寸线双向：尺寸线从原点出发，向坐标轴靠近拖动点的一端延伸，或者分别向坐标轴两端延伸。

② 文字单向/文字双向：文字单向是在靠近拖动点的一端标注尺寸值，而文字双向是当尺寸线双向时，在尺寸线两端均标注尺寸值。

③ X 轴偏移：用于输入原点的 X 坐标值，其缺省值为 0。

④ Y 轴偏移：用于输入原点的 Y 坐标值，其缺省值为 0。

说明：当此处设置的偏移值不为 0 时，该标注将对其后面用“坐标标注”命令标注的坐标值产生影响。

(3) 当系统提示“第二点或长度:”时，可根据鼠标的拖动位置来确定是先标注原点的 X 坐标还是 Y 坐标。在这里，如果输入了一点，则尺寸线从原点出发，用该输入点作为标注尺寸文字的定位点，这个定位点也可以通过输入长度值来确定。

(4) 接下来继续提示“第二点或长度:”。这时，如果只需要一个坐标轴方向的标注，则按“Esc”键或回车键结束；如果还需要另一个坐标轴方向的标注，则再输入一点或长度即可。

图 3-59 是原点标注的示例。

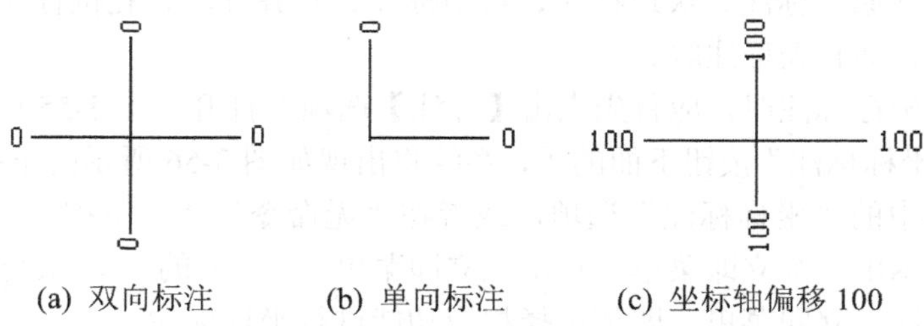

(a) 双向标注　　(b) 单向标注　　(c) 坐标轴偏移 100

图 3-59　“原点标注”示例

3.2.2　快速标注

快速标注是用户在当前坐标系下，只需给出标注点，即可标注该“标注点”的 X 坐标值或 Y 坐标值。

(1) 在如图 3-56 所示的菜单中选择“快速”选项，其立即菜单如图 3-60 所示。

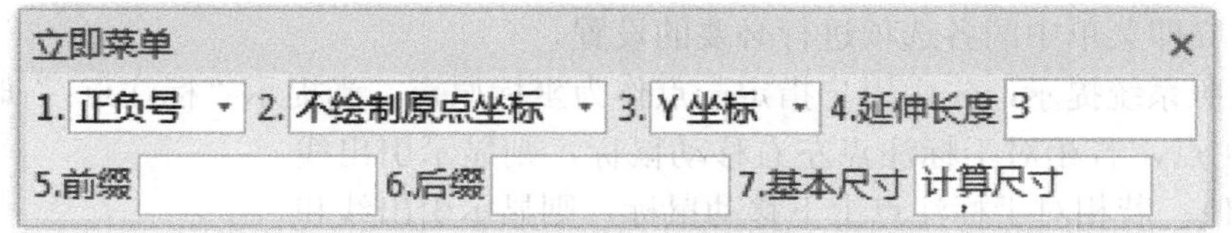

图 3-60　“快速标注”立即菜单

(2) 利用立即菜单设置标注格式。立即菜单中各选项的含义是：

① 正负号/正号：用于选“正负号”，所标注的尺寸值取其实际测量值的算数值(负数前面保留负号)。如选“正号”，则所标注的尺寸值取其实际测量值的绝对值。

② 不绘制原点坐标/绘制原点坐标：用于控制是否绘制原点坐标。

③ Y 坐标/X 坐标：用于控制是标注 Y 坐标还是标注 X 坐标。

④ 延伸长度：用于控制尺寸线的长度。尺寸线的长度为文字字串长度加上延伸长度。

⑤ 基本尺寸：用于显示或输入标注点的 Y 坐标测量值或 X 坐标测量值。如果用户自行输入尺寸值，则“正负号”控制不起作用。

(3) 当系统提示“指定原点：”时，用户给出一点作为当前坐标系原点。当系统提示“标注点：”时，由用户给出一标注点后，即标注出该点的 X 坐标值或 Y 坐标值。

(4) 系统重复提示“标注点：”，用户可继续“快速标注”，直到按“Esc”键结束。

图 3-61 是快速标注的示例。其中，竖向排列的都是各标注点的 Y 坐标值，横向排列的都是各标注点的 X 坐标值。

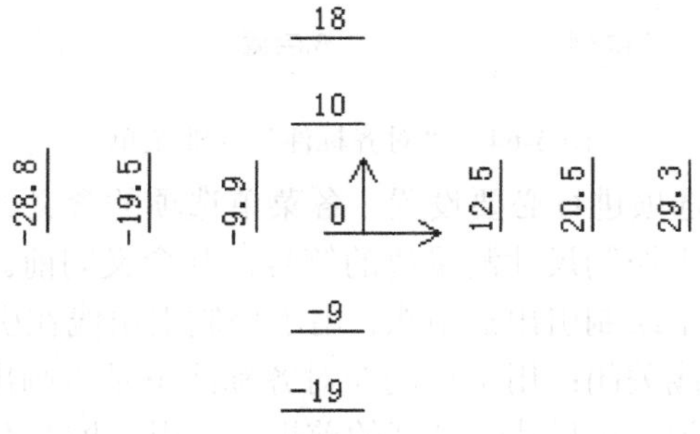

图 3-61　“快速标注”示例

3.2.3　自由标注

在“快速标注”中，标注格式都已在立即菜单中设定，标注尺寸虽然迅速，但缺乏灵活性。而“自由标注”恰好弥补了这一不足，即标注格式完全由用户在标注时灵活给定。

(1) 在如图 3-56 所示的菜单中选择“自由”选项，其立即菜单如图 3-62 所示。

图 3-62　“自由标注”立即菜单

(2) 对立即菜单中的各选项进行必要的设置。

(3) 按照系统提示，先由用户指定一点作为坐标原点。当提示“标注点：”时，由用户给出一标注点，若相对于标注点左右移动鼠标，则显示引出线和 Y 坐标值；若相对于标注点上下移动鼠标，则显示引出线和 X 坐标值。系统接着提示“定位点：”。

(4) 在合适位置给出定位点，可标出“标注点”的 X 坐标值或 Y 坐标值。

(5) 再次提示“标注点：”，可继续“自由标注”，直到按“Esc”键结束。

图 3-63 是自由标注的示例。其中，水平引出线上标注的是 Y 坐标值，竖直引出线上标注的是 X 坐标值。

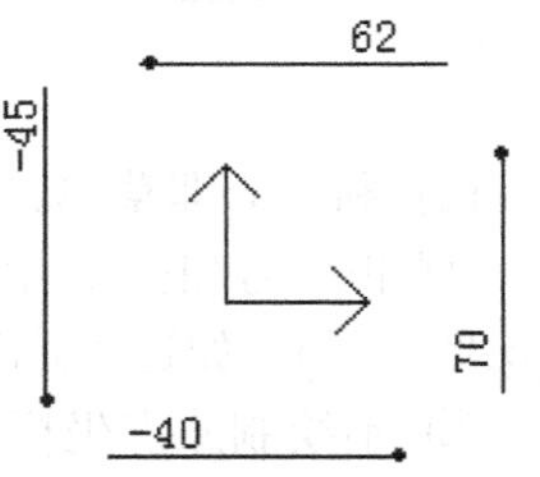

图 3-63　“自由标注”示例

3.2.4　对齐标注

对齐标注是一组以第一个坐标标注为基准，各尺寸线平行、尺寸文字彼此对齐的标注。用户可使用立即菜单选择不同的对齐标注格式。

(1) 在如图 3-56 所示的菜单中选择“对齐”选项，其立即菜单如图 3-64 所示。

图 3-64　“对齐标注”立即菜单

(2) 对立即菜单中的选项进行必要设置。各菜单选项的含义如下：

① 正负号/正号：用于控制尺寸测量值的符号，其含义同前。

② 绘制引出点箭头/不绘制引出点箭头：用于控制引出线在引出点一端是否画出箭头。

③ 尺寸线打开/尺寸线关闭：用于控制在对齐标注下是否画出尺寸线。

④ 箭头打开/箭头关闭：在尺寸线打开的前提下，用于控制在尺寸线上是否画出箭头。

⑤ 绘制原点坐标/不绘制原点坐标：用于控制在对齐标注下是否绘制原点坐标。

⑥ 对齐点延伸：当有些尺寸文字不需对齐时，该数值用于控制其与第一个坐标标注尺寸文字相互错开的距离。

⑦ 基本尺寸：缺省为标注点测量值。当用户自行输入数值时，“正负号”控制不起作用。

(3) 按照系统提示，先由用户指定一点作为坐标原点。当系统反复提示“标注点：”时，由用户选定一系列标注点，即可完成一组尺寸文字对齐的坐标标注，如图 3-65 所示。

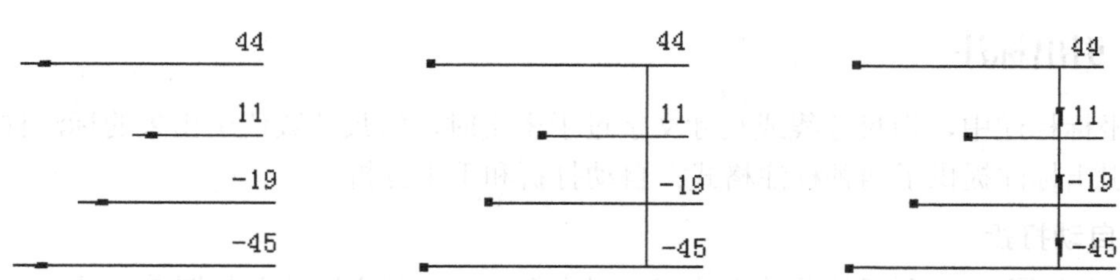

(a) 尺寸线关闭、画引出点箭头 (b) 尺寸线打开、箭头关闭 (c) 尺寸线打开、箭头打开

图 3-65 “对齐标注”示例

3.2.5 孔位标注

孔位标注主要用于标注圆心或指定点的 X、Y 坐标值，如图 3-66 所示。

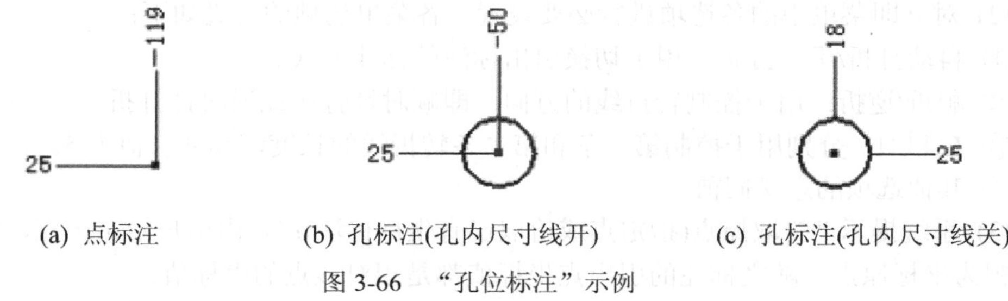

(a) 点标注 (b) 孔标注(孔内尺寸线开) (c) 孔标注(孔内尺寸线关)

图 3-66 “孔位标注”示例

(1) 在如图 3-56 所示的菜单中选择“孔位”选项，其立即菜单如图 3-67 所示。

图 3-67 “孔位标注”立即菜单

(2) 对立即菜单中的各选项进行必要设置。各菜单选项的含义是：

① 正负号/正号：用于控制尺寸测量值的符号，其含义同前。

② 绘制原点坐标/不绘制原点坐标：用于控制是否绘制原点坐标。

③ 孔内尺寸线打开/尺寸线关闭：当选择一个圆标注其圆心坐标时，控制圆内的尺寸界线是否画出。

④ X/Y 延伸长度：控制沿 X/Y 坐标轴方向的位于圆外的尺寸界线长度，或自标注点延伸的尺寸界线长度。

(3) 当系统提示“拾取原点(指定点或拾取已有坐标标注):”时，由用户给定一点，系统将把该点视为坐标原点，随之标注的孔位坐标值都是相对该点的坐标值。

(4) 当系统提示“拾取圆或点：”时，用户拾取一个圆或一个点，即标注出其圆心或该点的 X、Y 坐标值。

(5) 当系统反复提示“拾取圆或点：”时，用户可继续“孔位标注”，直到按 Esc 键结束。

说明：此标注方法同样适用于圆弧圆心的坐标标注。

3.2.6 引出标注

在坐标标注中，当尺寸线或尺寸文字过于密集时，将尺寸数值引出来的标注称为引出标注。引出标注提供了两种标注格式：自动打折和手工打折。

1. 自动打折

(1) 在如图 3-56 所示的菜单中选择“引出”选项，其立即菜单如图 3-68 所示。

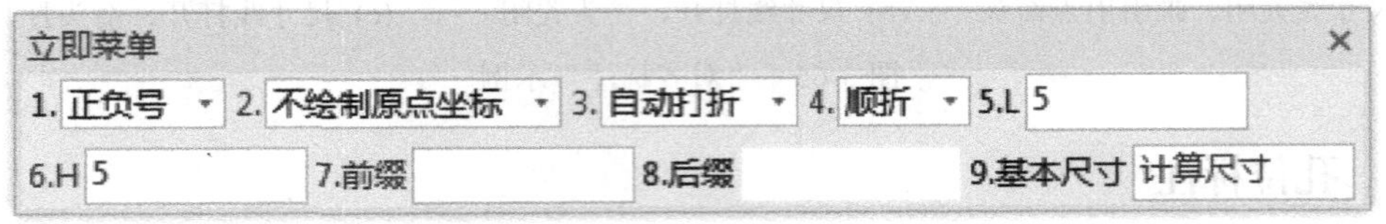

图 3-68　“引出标注”立即菜单 1

(2) 对立即菜单中的各选项进行必要设置。各菜单选项的含义如下：

① 自动打折/手工打折：用于切换引出标注的标注方式。

② 顺折/逆折：用于控制转折线的方向，即顺时针打折或逆时针打折。

③ L 和 H：分别用于控制第一条和第二条转折线的长度，其缺省值为 5。

④ 其他选项的意义同前。

(3) 系统提示“拾取原点(指定点或拾取已有坐标标注):”，由用户给定一点，系统将把该点视为坐标原点，随之标注的引出点坐标值都是相对该点的坐标值。

(4) 按照系统提示，由用户分别输入“标注点”和“引出点”，即可完成标注。

(5) 重复上一步，可完成一系列标注，直到按“Esc”键结束。

2. 手工打折

(1) 在如图 3-68 所示的立即菜单中选择“手工打折”，其立即菜单如图 3-69 所示。

图 3-69　“引出标注”立即菜单 2

(2) 对立即菜单中各选项进行必要设置。各菜单选项的含义同前。

(3) 按系统提示，由用户先拾取原点，然后分别给定“标注点”“引出点”“第二引出点”和“定位点”，即可完成标注。

(4) 重复上一步，可完成一系列标注，直到按“Esc”键结束。

图 3-70 是引出标注的示例。

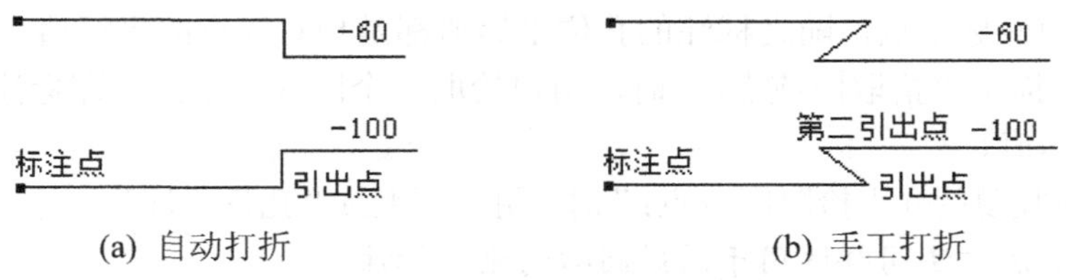

(a) 自动打折　(b) 手工打折

图 3-70　“引出标注”示例

3.2.7　自动列表

自动列表是指以表格的方式列出标注点、圆心或样条插值点的坐标值。

(1) 在如图 3-55 所示的【坐标】面板上点击按钮，或在“无命令”状态下输入“Dimautolist”并按回车键，弹出如图 3-71 所示的立即菜单并提示“拾取标注点或圆弧或样条:”。

图 3-71　“自动列表”立即菜单

(2) 对立即菜单各选项进行必要设置。各菜单选项的含义如下：

① 正负号/正号：用于控制尺寸数值的正负号。

② 加引线/不加引线：用于控制从拾取点到序号之间是否加引出线。

③ 标识原点/不标识原点：用于控制在表格的顶部是否标出原点坐标。

(3) 如果用户拾取了一个点或者一个圆(弧)，则系统将循环重复提示“序号插入点:”和“拾取标注点或圆弧或样条:”。在用户给出一系列的标注点或拾取圆(弧)后，按回车键，弹出如图 3-72 所示的立即菜单。如果用户拾取了一条样条曲线，则系统只提示“序号插入点:”，在由用户给出一点后，也会弹出如图 3-72 所示的立即菜单。

图 3-72　“自动列表”立即菜单

① 序号域长度：用于控制表格中“序号”列的长度。

② 坐标域长度：用于控制表格中“X 坐标”列和“Y 坐标”列的长度。

③ 表格高度：用于控制表格中各行的宽度。

(4) 按照提示，由用户输入每张表格的定位点，即可完成标注，如图 3-73 所示。

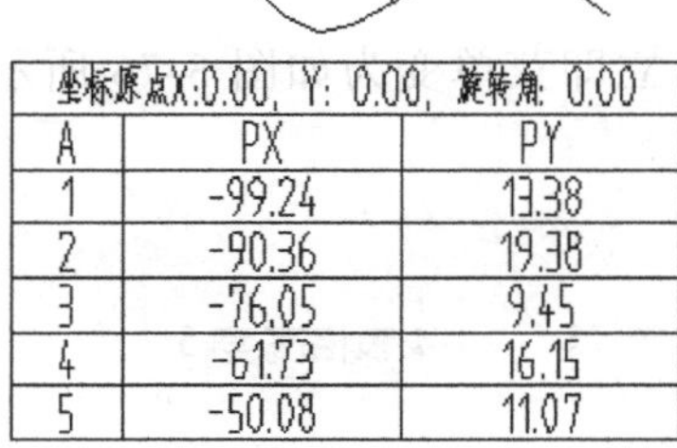

坐标原点X:0.00, Y: 0.00, 旋转角: 0.00		
A	PX	PY
1	-99.24	13.38
2	-90.36	19.38
3	-76.05	9.45
4	-61.73	16.15
5	-50.08	11.07

(a) 样条插值点的标注

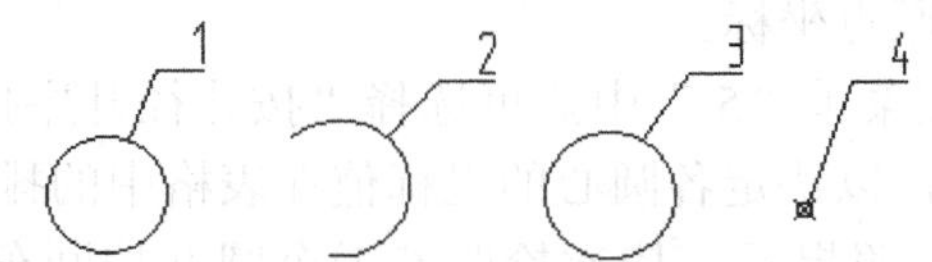

坐标原点X:0.00, Y: 0.00, 旋转角: 0.00			
	PX	PY	φ
1	-14.49	11.88	10.40
2	5.29	12.44	12.06
3	28.17	11.99	11.17
4	44.79	10.61	

(b) 点及圆心的标注

图 3-73　“自动列表标注”示例

3.2.8　自动孔表

自动孔表是以用户指定的两条垂直直线作为测量尺寸的坐标轴，并以表格的方式列出圆心点的坐标值。最新版的 CAXA 电子图板 2020 还提供了“添加序号”“删除序号”和“修改坐标”等功能。

1. 创建孔表

用户通过创建孔表以实现对多个圆心进行坐标标注。

(1) 在如图 3-55 所示的【坐标】面板上点击按钮，或在“无命令”状态下输入“Dimholelist”并按回车键，弹出如图 3-74 所示的立即菜单，并先后提示“拾取直线作为 X 轴：”和“拾取直线作为 Y 轴：”。

图 3-74　“自动孔表”立即菜单 1

(2) 由用户分别拾取一条水平线和一条竖直线后，系统将弹出如图 3-75 所示的立即菜单，并提示“请拾取孔：”。

图 3-75　“自动孔表”立即菜单 2

(3) 对立即菜单各选项进行必要设置。

① 在菜单“1.”中，可选择“创建孔表”“添加序号”“删除序号”或“修改坐标”等。

② 在菜单“2.”中，可为尺寸文字选择“正负号”或“正号”。

③ 在菜单“3.”中，可选择“加引线”或“不加引线”，以控制从拾取点到序号之间是否加引出线。

④ 在菜单“4.”中，可选择“标识原点”或“不标识原点”，用于控制在表格的顶部是否标出原点坐标。

⑤ 在菜单“5.”中，可选择“按孔径升序排列”“按孔径降序排列”或“按拾取顺序排列”等，以决定各圆心的坐标值在表格中的排序。

(4) 按照提示，依次拾取若干个圆并按回车键，立即菜单变为如图 3-76 所示的立即菜单。

图 3-76　“自动孔表”立即菜单 3

(5) 对新立即菜单进行必要的设置，给出表格的定位点即可完成自动孔表标注，如图 3-77 所示。注意：生成的表格不会随显示风格的变化而更新。

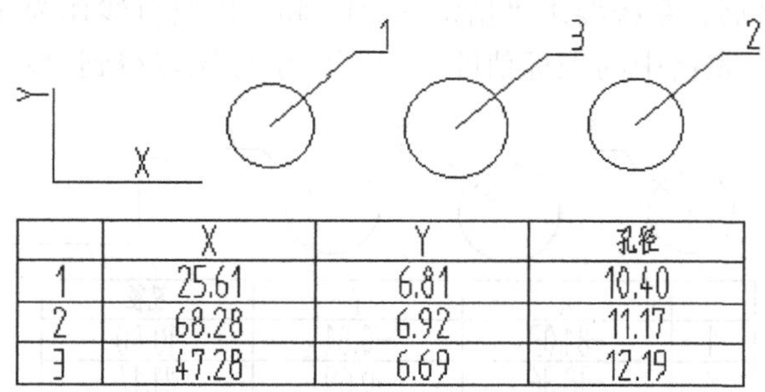

	X	Y	孔径
1	25.61	6.81	10.40
2	68.28	6.92	11.17
3	47.28	6.69	12.19

图 3-77 “自动孔表标注”示例

2. 添加序号

添加序号功能允许用户拾取更多的圆，并将这些圆的圆心坐标添加到表格中。

(1) 在“自动孔表”立即菜单“1.”中选择“添加序号”选项，系统将弹出如图 3-78 所示的立即菜单并提示“选择要添加的孔：”。

图 3-78 “自动孔表”立即菜单

(2) 对新立即菜单进行必要的设置，如选择“默认序列”或“指定序号”等。

(3) 按照提示，依次选择需要添加的圆，完成后按回车键，其结果如图 3-79 所示。

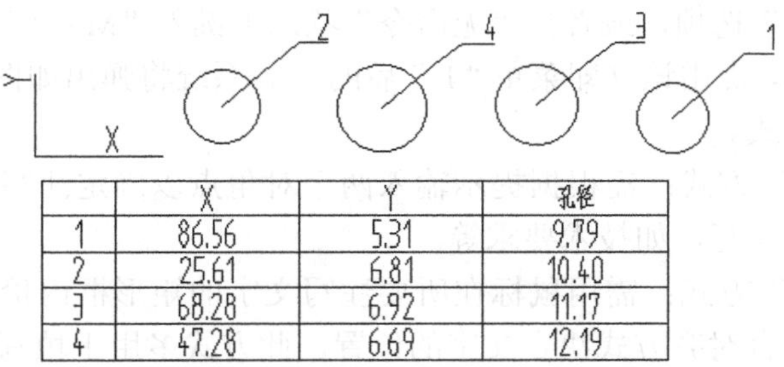

	X	Y	孔径
1	86.56	5.31	9.79
2	25.61	6.81	10.40
3	68.28	6.92	11.17
4	47.28	6.69	12.19

图 3-79 在自动孔表中添加序号

3. 删除序号

删除序号功能是指将用户拾取的圆的圆心坐标从表格中删除。

(1) 在“自动孔表”立即菜单“1.”中选择“删除序号”选项，立即菜单变为 1. 删除序号 并提示“选择要编辑的孔表：”。

(2) 用户拾取表格后，系统又提示“选择要删除的标注列表：”，待用户拾取了需要删除的序号，按回车键即可完成删除。

4. 修改坐标

修改坐标功能是指通过重新设立坐标原点，使表格中的坐标值发生改变。

(1) 在“自动孔表”立即菜单“1.”中选择“修改坐标”选项，立即菜单变为 1. 修改坐标 并提示“选择要编辑的孔表：”。

(2) 用户拾取表格后，系统要求“指定 X 轴”和“拾取直线作为 Y 轴”。待用户拾取了两条相互垂直的直线，表格中的坐标值即针对新的坐标原点得到更新，如图 3-80 所示。

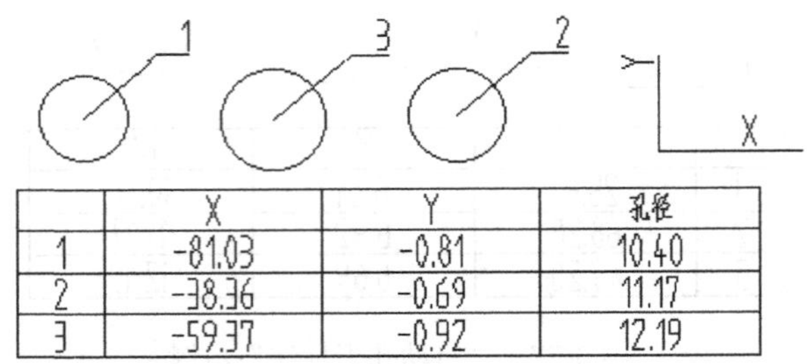

	X	Y	孔径
1	-81.03	-0.81	10.40
2	-38.36	-0.69	11.17
3	-59.37	-0.92	12.19

图 3-80　为自动孔表修改坐标

3.3　文 字 标 注

文字标注用于在图形中注写各种技术说明，包括注释、技术要求等。文字可以横写或竖写，也可以一次注写多行，并能对文字的对齐方式等进行设置。

3.3.1　注写文字

当需要注写文字时，应首先点击【标注】选项卡，打开如图 3-81 所示的【文字】面板；然后点击“文字”按钮下面的 ▼，系统将出现如图 3-82 所示的下拉菜单。接下来，用户点击该菜单中的“文字”选项，或者在“无命令”状态下键入“Mtext”并按回车键，系统将显示出一个立即菜单，点击该立即菜单“1.”后的 ▼，系统将弹出如图 3-83 所示的选项板，即可选择注写文字方式。

(1) “指定两点”方式：需根据提示输入两个对角点以确定注写文字的区域。此方式一般用于普通的文字注写，如技术要求等。

(2) “搜索边界”方式：需用鼠标在所要注写文字的矩形框内拾取一点，系统将根据搜索到的矩形边界结合对齐方式决定文字的位置。此方式多用于填写表格，并允许设置边界间距系数等。

(3) “曲线文字”方式：需根据提示拾取一条曲线，并在该曲线上选择注写文字的方向及起始、终止位置。此方式一般用于沿指定曲线注写文字或说明。

(4) “递增文字”方式：需根据提示拾取文字，并按照指定的数量和增量创建新的文字。

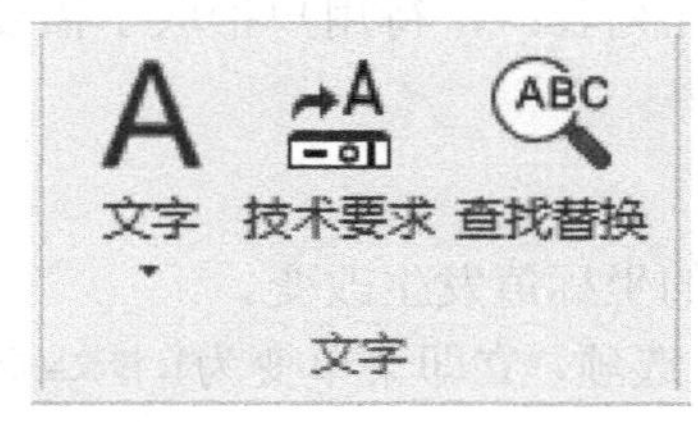

图 3-81　【文字】面板

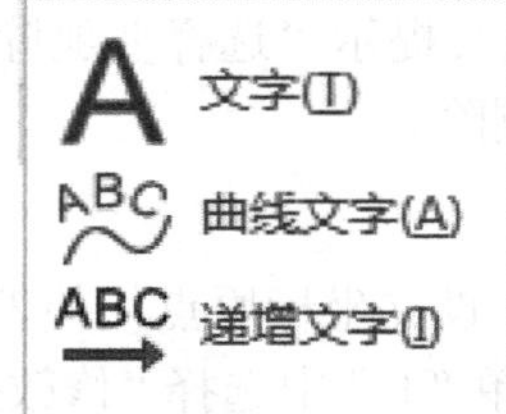

图 3-82　“文字”下拉菜单

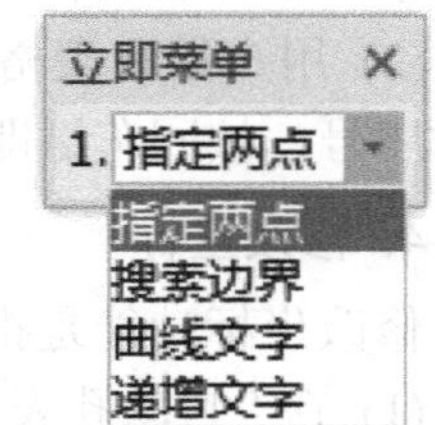

图 3-83　“文字”立即菜单

1. “指定两点”方式

当需要注写文字时，先在如图3-83所示的立即菜单中选择“指定两点”选项，然后按照提示在绘图区拾取两点以确定出注写文字的范围。接下来，系统将弹出如图3-84所示的【文本编辑器 - 多行文字】对话框。该对话框用于设置当前标注文字的格式和参数，其各选项的含义是：

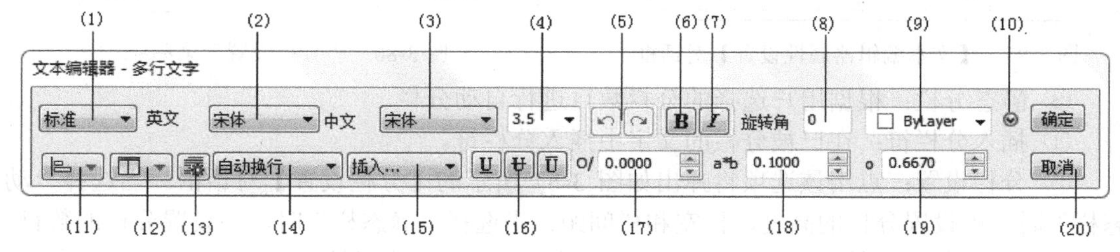

图3-84 【文本编辑器 - 多行文字】对话框

(1) 样式：此下拉列表框中提供了“标准”和“机械”样式，用于选择要生成文字的文字风格，该设置对注写的整段文字有效。当选择了一种新样式时，用于字体、高度和粗体或斜体属性的字符格式将被替代，而下划线和颜色属性将保留在应用了新样式的字符中。

(2) 英文字体：此下拉列表框中提供的选项可为新输入的英文字符指定字体或改变选定英文字符的字体。

(3) 中文字体：此下拉列表框中提供的选项可为新输入的中文文字指定字体或改变选定中文文字的字体。

(4) 字高：此下拉列表框中提供的数值可设置新文字的字符高度或修改选定文字的高度。

(5) 撤销/恢复：点击↶按钮即可撤销最后键入的文字，可多次点击；点击↷按钮即可将最后撤销的一个文字恢复出来，也可多次点击直至没有可恢复的文字为止。

(6) 粗体：打开或关闭新文字或选定文字的粗体格式，仅适用于使用了TrueType字体的字符。

(7) 倾斜：打开或关闭新文字或选定文字的斜体格式，仅适用于使用了TrueType字体的字符。

(8) 旋转角：用于为新输入的文字行设置旋转角度或改变已选定文字行的旋转角度，其单位为度。

(9) 颜色：用于指定新文字的颜色或更改选定文字的颜色。

(10) 自定义颜色：点击该按钮，将弹出如图3-85所示的【文本编辑器属性设置】对话框，借此可对文字标注区域的背景色和拾取文字的颜色进行自定义。点击“确定”按钮即返回原来的对话框。

(11) 对齐方式：设置文字的对齐方式，系统提供了9种对齐方式供用户选择。

(12) 分栏设置：点击该项将弹出如图3-86所示的菜单，其中：

① 不分栏：整个注写区域中的文字按一栏放置。

② 动态分栏：将采用此前设置的“手动高度”数值或“自动高度”数值作为栏高进行自动分栏。

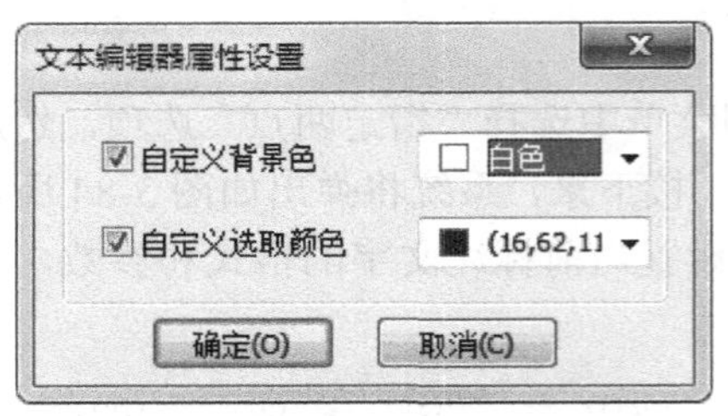

图 3-85　【文本编辑器属性设置】对话框

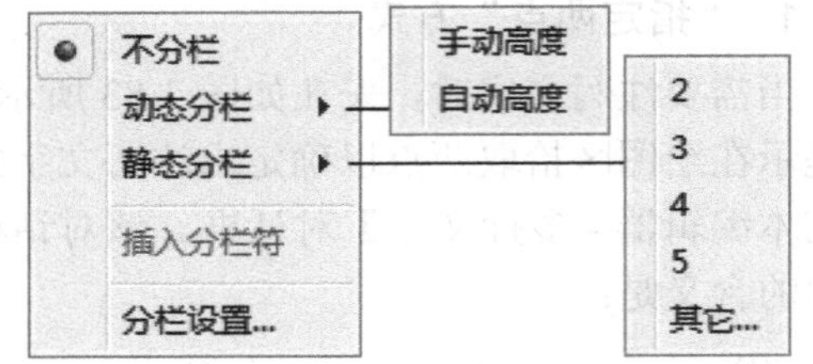

图 3-86　“分栏设置”菜单

③ 静态分栏：根据用户选择的分栏数目进行自动分栏。

④ 插入分栏符：在已被分栏的文字中插入分栏符。

⑤ 分栏设置：点击该选项将弹出如图 3-87 所示的【分栏设置】对话框。当选择“动态栏”时，可设置分栏的高度、栏宽和栏间距；当选择“静态栏”时，可设置分栏的数目、栏高、栏宽和栏间距等；当选择“不分栏”时，上述参数将无效。

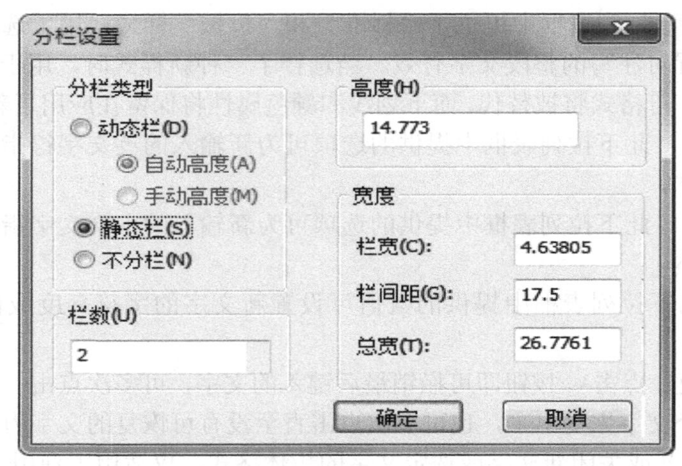

图 3-87　【分栏设置】对话框

(13) 段落设置：点击该按钮可以对文字进行段落设置，详见 3.3.2 节。

(14) 填充方式：设置文字自动换行、压缩文字或手动换行。其中“自动换行”是指文字到达指定区域的右边界(横写时)或下边界(竖写时)时，自动以汉字、单词、数字或标点符号为单位换行，并可以避头尾字符，使文字不会超过边界；“压缩文字”是指当指定的字型参数会导致文字超出指定区域时，系统自动修改文字的高度、中西文宽度系数和字符间距系数，以保证文字完全在指定的区域内；“手动换行”是指在输入标注文字时，必须按回车键才能完成文字换行。

(15) 插入符号：用以插入各种特殊符号，包括直径符号、角度符号、正负号、偏差、上下标、分数、粗糙度、尺寸特殊符号等，详见 3.3.3 节。

(16) 划线：三个按钮分别用于为新文字或选定文字打开或关闭下划线、中划线、上划线。

(17) 字符倾斜角度：用于为新输入的文字设置倾斜角度或改变已选定文字的倾斜角度，其单位是度。

(18) 字符间距系数：用于为新输入的文字设置字符间距或改变已选定文字的字符间距。

(19) 字符宽度系数：用于为新输入的文字设置字符宽度系数或改变已选定文字的字符宽度系数。

(20) 确定/取消：点击“确定”按钮，即在图中指定的位置生成相应的文字，本次文字标注有效；若点击“取消”按钮，则放弃本次文字标注。

接下来用户需在划定的区域内输入所需文字，最后点击“确定”按钮即可完成文字标注。如果需要对注写的文字进行修改，可用鼠标左键双击该文字，系统显示出【文本编辑器-多行文字】对话框以调整文字参数，结果如图 3-88 所示。

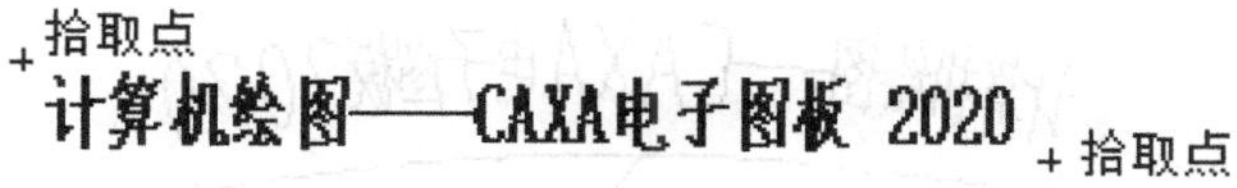

拾取点
计算机绘图——CAXA电子图板 2020
拾取点

图 3-88 “指定两点”注写文字

2.“搜索边界”方式

用户在如图 3-83 所示的立即菜单中选择“搜索边界”选项，系统会弹出立即菜单
1. 搜索边界
2.边界缩进系数: 0.1
，并提示“拾取环内点：”。接下来，用户在一封闭的线框内拾取一点，系统会弹出如图 3-84 所示的【文本编辑器 - 多行文字】对话框。其后续操作与“指定两点”方式完全相同，不再赘述。

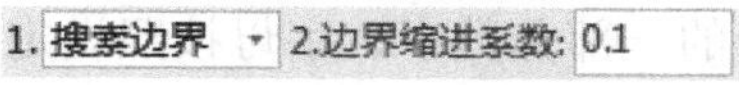

图 3-89 是使用“搜索边界”方式注写的文字。

环内点
区域边界
计算机绘图——
CAXA电子图板 2020

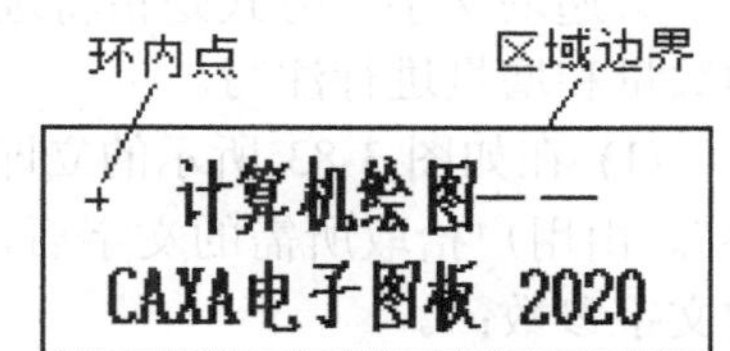

图 3-89 “搜索边界”方式注写文字

3. “曲线文字”方式

用户在如图 3-83 所示的立即菜单中选择“曲线文字”选项，系统提示“拾取曲线：”；用户拾取了一条曲线后，系统又提示“请拾取所需的方向：”；点击代表方向的箭头，系统将依次要求用户给定起点、中点(曲线封闭时需要)、终点等。待用户一一响应后，系统将弹出如图 3-90 所示的【曲线文字参数】对话框。该对话框用于设置当前标注文字的格式和参数。

曲线文字参数
L R C F
B I U
特殊符号:
插入...
文本风格:
标准
字体(TTF):
文字内容:
计算机绘图——CAXA电子图板2020
参数
字高:
3.5
曲线偏移:
2
字符间距:
0
确定
取消

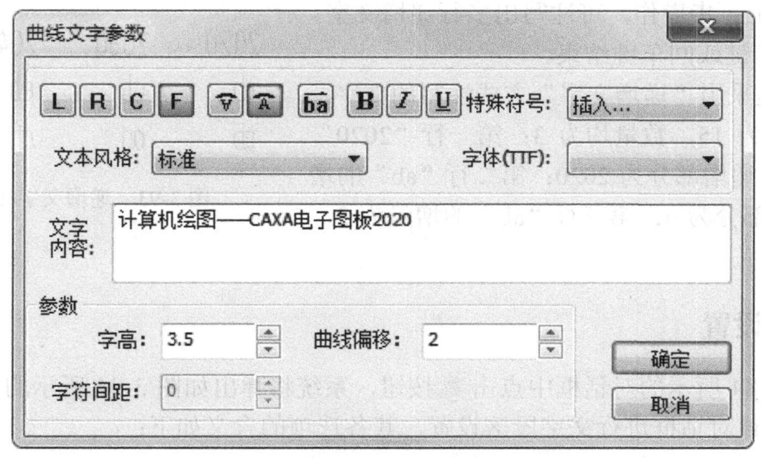

图 3-90 【曲线文字参数】对话框

(1) 对齐方式：[L][R][C][F]按钮依次为左对齐、右对齐、居中对齐、均布对齐。

(2) 文字方向：[▽][△][ba]按钮依次为文字倒置、文字正放、文字从右向左排列。

(3) 文字内容：用于输入所需的文字。

(4) 曲线偏移：用于设置文字与所选曲线的偏移距离。

(5) 其他选项：其含义同前，不再重述。

接下来，用户需在对话框中的编辑框内输入所需文字，最后点击“确定”按钮即可完成文字标注。其结果如图 3-91 所示。

说明：当曲线形状发生改变时，基于它的曲线文字也会相应改变。

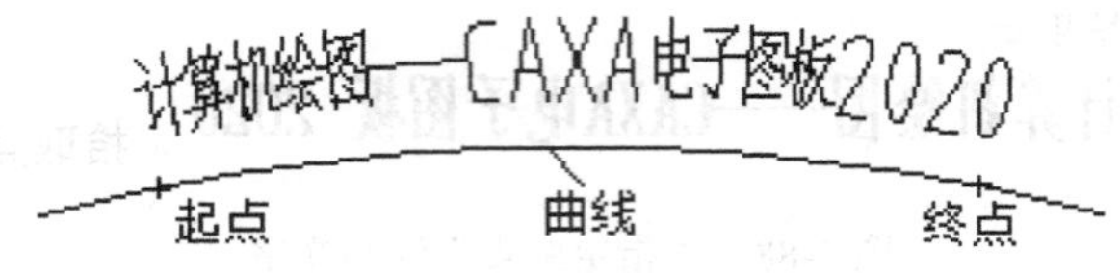

图 3-91 曲线文字

4. “递增文字”方式

“递增文字”方式是指将选定的一串数字、字母或其中的一部分数字、字母按照设定的数量和增量进行注写。

(1) 在如图 3-83 所示的立即菜单中选择“递增文字”选项，系统提示“请拾取单行文字”。由用户拾取所需的文字后，系统将弹出如图 3-92 所示的立即菜单并提示“请选择递增文字参数:”。

图 3-92 “递增文字”立即菜单

(2) 对立即菜单中的选项进行必要设置，包括递增文字的距离、数量、增量，以及对文字中的递增部分进行选取等。

(3) 移动光标以选择文字排列的方向，待到合适位置时点击鼠标左键确认。

(4) 继续上一步操作，可注写出多行递增文字，最后按“Esc”键或回车键结束。

图 3-93 是采用“递增文字”方式注写的文字。其中，距离均为 15，数量均为 3；第一行“2020”的增量为 10，递增部分为 2020；第二行“ab”的增量为 2，递增部分为 a；第三行“ab”的增量为 2，递增部分为 b。

2020	2030	2040	2050
ab	cb	eb	gb
ab	ad	af	ah

图 3-93 递增文字注写示例

3.3.2 段落设置

在如图 3-84 所示的对话框中点击[按钮]按钮，系统将弹出如图 3-94 所示的【段落设置】对话框，利用该对话框进行文字段落设置，其各选项的含义如下：

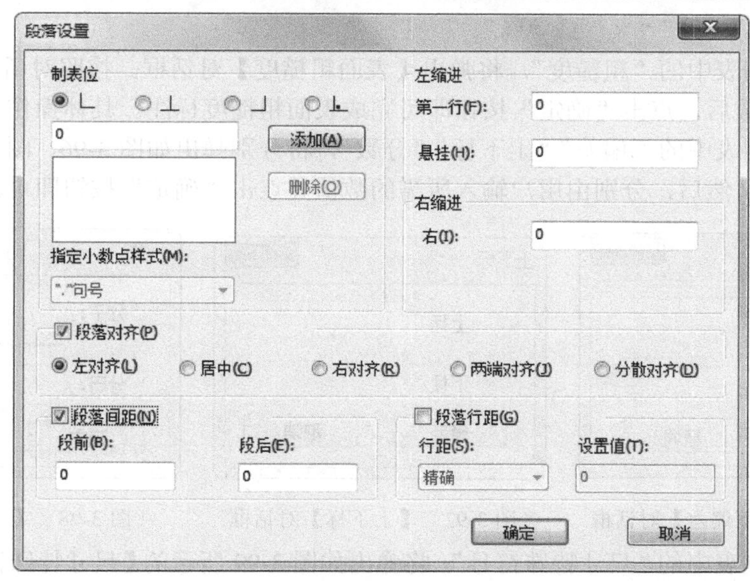

图 3-94　【段落设置】对话框

(1) 制表位：选择“∟”“⊥”或“┘”单选钮，并在其下面的编辑框中输入数值，点击“添加”按钮可在指定位置创建左侧、中间、右侧制表位；选择“⊥̣”单选钮，可在其下面指定小数点样式，如“.”(句号)、“,”(逗号)或“ ”(空格)。

(2) 左缩进：在“第一行”编辑框中输入数值以设置每段文字首行的左边缩进量；在“悬挂”编辑框中输入数值以设置每段文字的悬挂量。

(3) 右缩进：在“右”编辑框中输入数值以设置每段文字的右边缩进量。

(4) 段落对齐：选择相应的单选钮，可以设置段落的对齐方式。

(5) 段落间距：选择该复选框，可在其下面的编辑框中设置段前间距和段后间距。

(6) 段落行距：选择该复选框，可在其下面选择“精确”“至少”或“多个”等行距计算方法，并在“设置值”中输入具体的行距值。

按照上述方法对【段落设置】对话框中的相关选项进行必要设置后，点击“确定”按钮即可。

3.3.3　插入符号

一般情况下，用户可以在相关对话框的“文字内容”编辑框中直接输入所需文字。而对于一些常用符号和特殊格式的输入，可点击对话框中的“插入…”控件，系统会弹出如图 3-95 所示的【插入符号】列表框，利用该列表框完成一些符号的输入。

(1) 点击列表中的“φ”“°”“±”“×”或“%”，相当于输入了“%c”“%d”“%p”“%x”或“%%”，其结果显

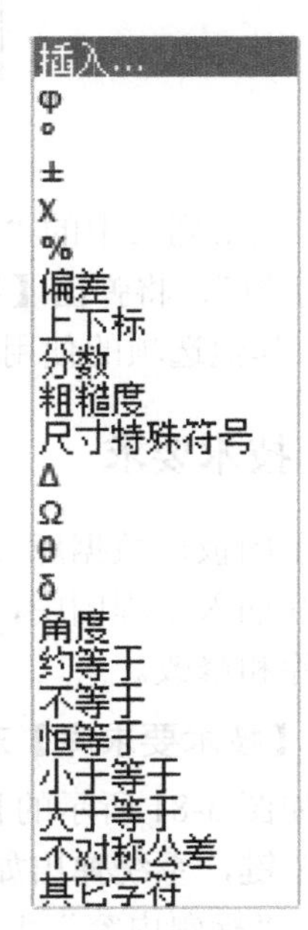

图 3-95　【插入符号】列表框

示为“ φ ”“° ”“ ± ”“ × ”或“%”。

(2) 点击列表中的“粗糙度”，将弹出【表面粗糙度】对话框。按照对话框所提供的格式设置所需参数后，点击“确定”按钮即可完成表面粗糙度标注。具体操作参见 3.4.3 节。

(3) 点击列表中的“偏差”“上下标”“分数”，将分别弹出如图 3-96、图 3-97、图 3-98 所示的对话框。然后，分别由用户输入所需的数值并点击“确定”按钮即可。

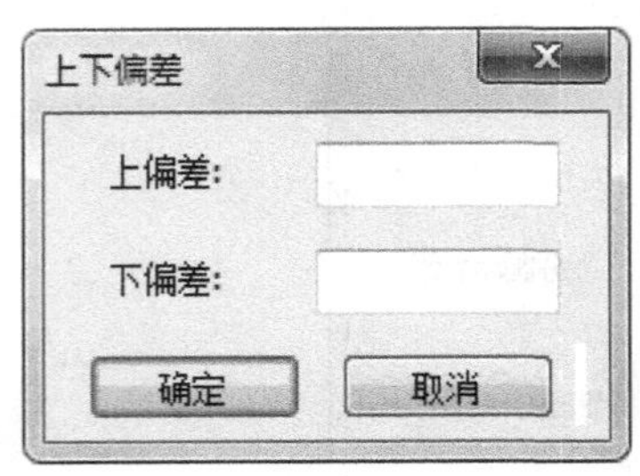

图 3-96　【上下偏差】对话框

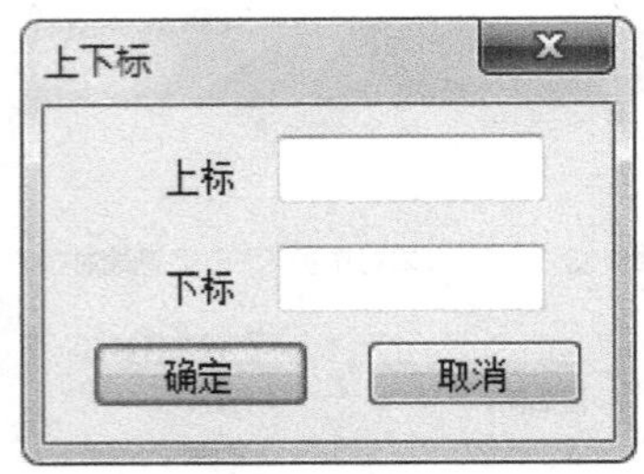

图 3-97　【上下标】对话框

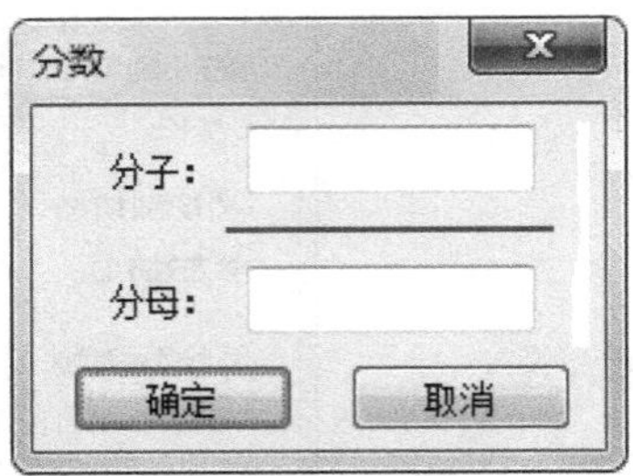

图 3-98　【分数】对话框

(4) 点击列表中的“尺寸特殊符号”，将弹出如图 3-99 所示的【尺寸特殊符号】对话框。用户从中选择所需的符号后，点击“确定”按钮即可把符号插入到正在录入的文字中。

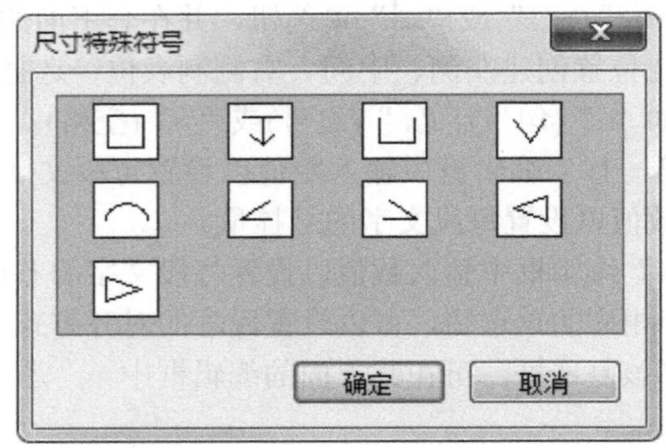

图 3-99　【尺寸特殊符号】对话框

(5) 点击列表中的“角度”“不对称公差”，相当于输入了“∠”“Ⓤ”；点击列表中的“其它字符”，将弹出【字符映射表】对话框，用户可从中选择所需字符和文字。

(6) 其他选项的使用方法非常简单，故不再一一赘述。

3.3.4　技术要求

电子图板用数据库文件分类记录了常用的技术要求文本，可以辅助用户生成自己的技术要求并插入工程图中，也可以对技术要求库进行管理，即对该库中的类别和文本进行添加、删除和修改。

1. 【技术要求库】对话框

在如图 3-81 所示的【文字】面板上点击按钮，或在“无命令”状态下键入“Speclib”并按回车键，系统弹出如图 3-100 所示的【技术要求库】对话框。

(1) “标题内容”编辑框：用以编辑标题内容。

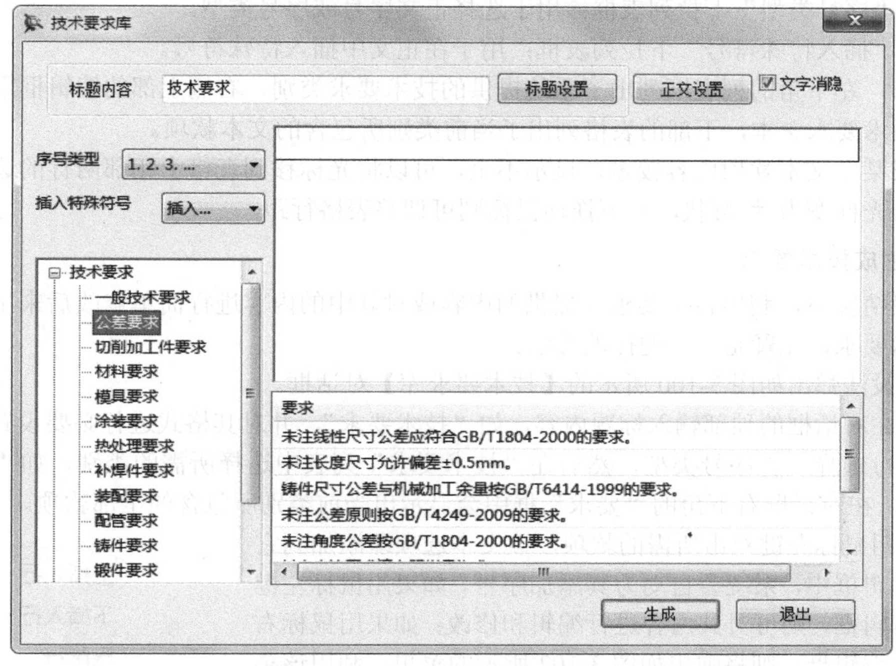

图 3-100　【技术要求库】对话框

(2) “标题设置”按钮：点击该按钮，系统将弹出如图 3-101 所示的【文字参数设置】对话框，用以设置或修改标题的文本参数。

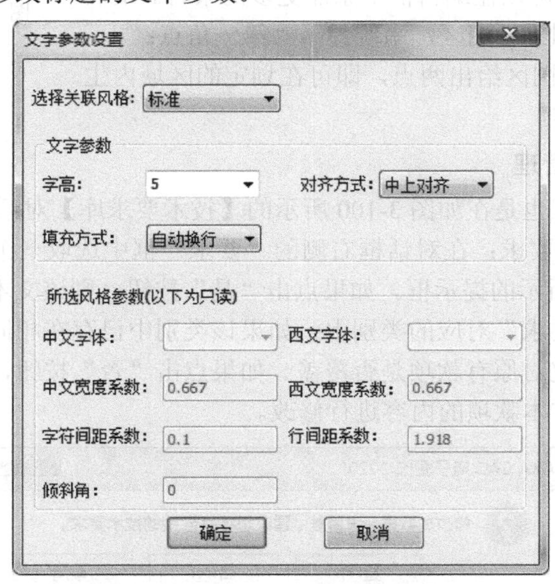

图 3-101　【文字参数设置】对话框

(3) “正文设置”按钮：点击该按钮，系统将弹出【文字参数设置】对话框，用来设置或修改正文的文本参数。

(4) “文字消隐”复选框：该按钮的勾选与否决定了以块方式生成的文本是否消隐。

(5) “序号类型”下拉列表框：用于选择正文序号或序号类型。

(6) “插入特殊符号”下拉列表框：用于在正文中插入特殊符号。

此外，左下角的列表框列出了系统提供的技术要求类别，右侧上部的编辑框用来编辑所需的技术要求文本，下部的表格列出了当前类别所包含的文本款项。

如果某个文本款项内容较多、显示不全，可以将光标移到表格中相邻两行的选择区之间，此时光标变为 ÷ 形状，上下拖动鼠标则可调整表格行距。

2. 生成技术要求

一般情况下，利用技术要求库提供的内容或对其中的内容进行简单修改后来生成图纸中的技术要求，无疑是一种便捷的方法。

(1) 设法弹出如图 3-100 所示的【技术要求库】对话框。

(2) 在对话框的顶部输入标题内容，如“技术要求”，并对其格式进行必要设置。

(3) 可选择一种序号类型，然后在“技术要求”列表中选择所需的类别，如“一般技术要求”，在对话框右下角的“要求”框中会显示出当前类别所包含的全部款项。

(4) 用鼠标左键双击所需的款项，该文本选项即添加到它上方的编辑框中，系统会自动为其添加序号。如果用鼠标左键双击该编辑框，则可对其内容进行编辑和修改；如果用鼠标右键点击该编辑框，则将弹出如图 3-102 所示的菜单，利用该菜单可以对已添加的文本款项进行插入行、删除行以及调整各行的前后顺序等操作。

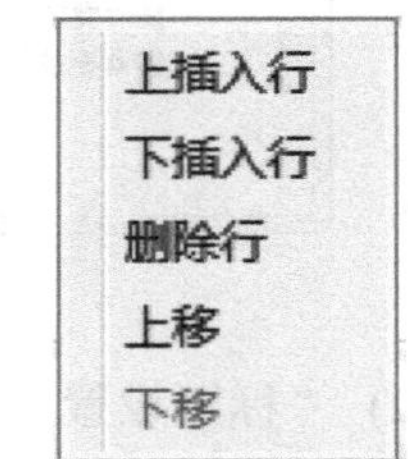

图 3-102 文本行编辑菜单

(5) 重复第(4)步，可以在编辑框中添加更多的条目。最后点击“生成”按钮返回到绘图区，系统提示“第一角点:”。

(6) 按照提示在绘图区给出两点，即可在划定的区域内生成所需的技术要求文本。

3. 技术要求库的管理

技术要求库的管理也是在如图 3-100 所示的【技术要求库】对话框中进行。

(1) 建立我的技术要求：在对话框右侧的“要求”框中选取一个文本款项并点击，系统将弹出如图 3-103 所示的提示框。如果点击“是”按钮，则该文本款项将被复制到左侧列表框内“我的技术要求”对应的类别中；如果该类别中已存在相同的款项，则系统将弹出一条提示信息以决定对原有款项是否覆盖。如果点击“否”按钮，则可直接激活文本编辑框，允许用户对该文本款项的内容进行修改。

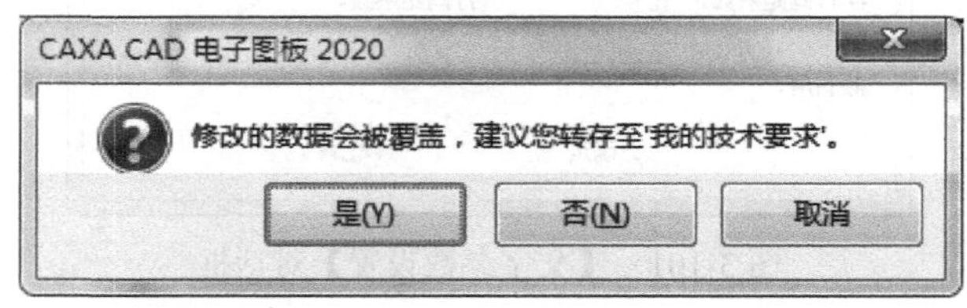

图 3-103 【CAXA CAD 电子图板 2020】提示框

(2) 添加表：在左侧列表框内用鼠标右键点击“我的技术要求”，将弹出“添加表”菜单，点击该菜单，系统将在列表尾部添加一个新表项。激活新表项编辑框以更改其名称，然后利用前面介绍的方法为该表项添加技术要求条款。

(3) 删除表：在“我的技术要求”列表中选择一个表项，点击鼠标右键，将弹出“删除表”菜单，点击该菜单，则所选表项及其所包含的文本条款即被删除。

(4) 退出对话框：待完成所有管理操作后，点击“退出”按钮即退出对话框。

3.3.5 文字查找替换

“文字查找替换”功能是指在当前图形文件中，对指定的数字、文字、符号等信息进行查找，或者对查找到的信息进行替换。

(1) 在如图 3-81 所示的【文字】面板上点击按钮，系统将弹出如图 3-104 所示的【文字查找替换】对话框。

(2) 系统的缺省搜索范围是“整幅图纸”。点击对话框上的“拾取范围”按钮，对话框暂时被隐藏起来，按照提示，由用户拾取的两点确定出搜索范围，然后重新显示对话框。这时，系统的搜索范围变为“选择区域”。

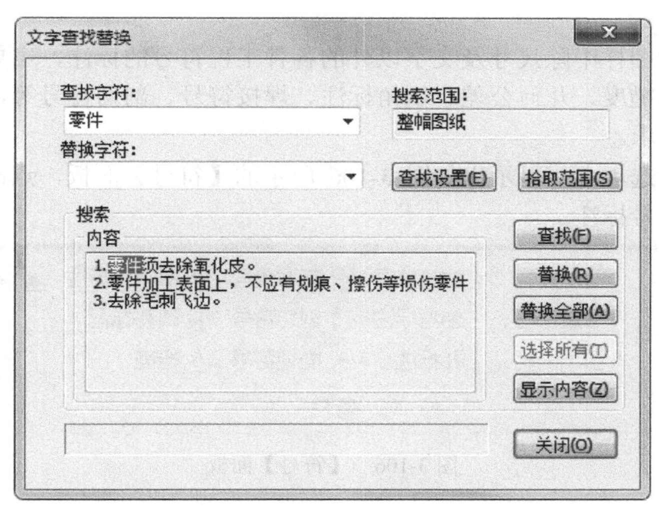

图 3-104 【文字查找替换】对话框

(3) 点击“查找设置”按钮，弹出如图 3-105 所示的【查找设置】对话框。用户可根据需要对“文字类型”中所列项目进行勾选，凡是被勾选的项目都列入被查找的范围。若在“搜索选项”中勾选“区分大小写”项，则在搜索时将对英文字母区分大小写；若勾选“全字匹配”项，则只有与查找字符完全相同的文字才能被查找到。假设当前图形中有“尺寸公差”“几何公差”和“公差”3 个文本，欲查找“公差”，不勾选“全字匹配”时，这 3 个文本都能被查找到；勾选“全字匹配”时就只能查找到“公差”。完成设置后点击“确定”按钮。

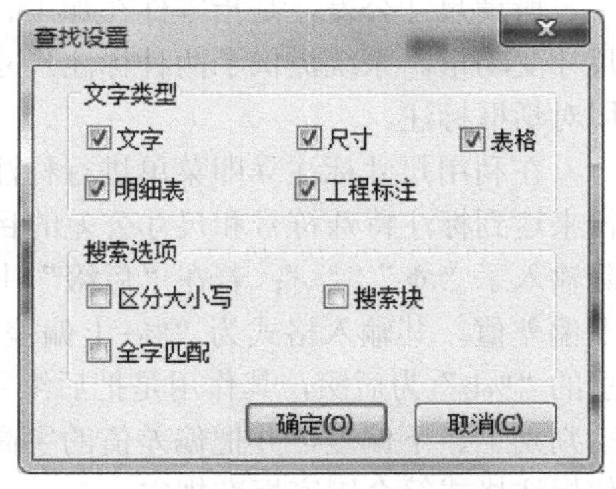

图 3-105 【查找设置】对话框

(4) 在“查找字符”下拉列表框中输入要查找的文字、字符或尺寸值。如果需要替换查找到的文本或数值，则需要在“替换字符”下拉列表框中输入用于替换的文本或数值。

(5) 点击“查找”按钮，第一个被找到的文字将显示在“内容”框中，然后点击“查找”按钮可查找下一个，直到显示出“查找完毕”为止。

(6) 点击“替换”按钮，第一个被找到的文字即被替换，其替换结果将显示在“内容”框中。再点击“替换”按钮以替换下一个，直到显示出“查找完毕”为止。如果点击“替换全部”按钮，则系统将把查找到的文字一次全部替换，并显示出已替换文本的数量。

(7) 当“搜索范围”为“选择区域”且查找到的内容已显示在“内容”框时，点击“选择所有”按钮，系统将拾取当前搜索范围内已查找到的所有文字，对话框关闭。

(8) 对于查找或替换过程中找到的文本，可点击“显示内容”按钮进行放大显示。最后，点击“关闭”按钮即可结束查找或替换。

3.4　符 号 标 注

符号标注是指图样中除尺寸及文字以外的各种工程符号的标注，主要包括尺寸公差、基准代号、表面粗糙度、几何公差、倒角标注、焊接符号、剖切符号等，用以表明零件的特殊结构或技术要求。

打开【标注】选项卡，显示出如图 3-106 所示的【符号】面板，点击该面板上的按钮即可启动相应的符号标注。

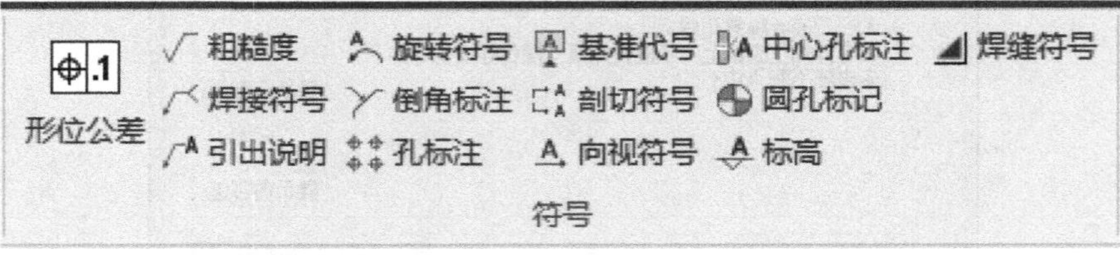

图 3-106　【符号】面板

3.4.1　尺寸公差

所谓尺寸公差，是指零件在加工、制造时为使成品零件满足其性能要求而规定的允许尺寸变动量。系统提供了两种标注尺寸公差的方法：利用尺寸标注立即菜单标注和利用专用对话框标注。

在利用尺寸标注立即菜单进行标注时，需在“前缀”和“后缀”选项中通过嵌入控制符来达到标注特殊符号和尺寸公差的目的。例如，若在“前缀”中输入“%c”“%d”，则实际输入了“φ”“°”；若在“后缀”中输入“%p”，则实际输入了“±”。对于尺寸的上、下偏差值，其输入格式为“%+上偏差值+%+下偏差值+%b”，偏差值必须带正负符号。这里的“%b”为后缀，其作用是把后续字符高度重新恢复到尺寸值的字高。届时，系统会自动判别上、下偏差，并把偏差值的字高缩小到比尺寸值字高小一号，自动布置书写位置，使标注格式符合国家标准规定。

例如，欲标注$\phi 50^{+0.003}_{-0.013}$，其输入格式为%c50%+0.003%−0.013%b；欲标注$\phi 50^{+0.016}_{0}$，

其输入格式为 %c50%+0.016%b；欲标注 $50(^{0}_{-0.016})$，其输入格式为 50(%−0.016%b)；欲标注 $\phi 50G6(^{-0.009}_{-0.025})$，其输入格式为 %c50G6(%−0.009%−0.025%b)；欲标注 50±0.02，其输入格式为 50%p0.02；欲标注 $\phi 50\frac{H7}{h6}$，其输入格式为%c50%&H7/h6%b，等。

显然，这种方法格式要求严格，不仅烦琐而且很容易出错，影响标注效率。而欲使用专用对话框标注尺寸公差，则必须在【选项】对话框的“交互”选项中，点击“自定义右键点击…”按钮，在弹出的【自定义右键点击】对话框中确保勾选“激活功能对话框”项。

下面将重点介绍利用专用对话框标注尺寸公差的方法及步骤。

1. 标注线性尺寸公差

在标注尺寸时，如果先不给定尺寸线位置，而是按回车键或者点击鼠标右键确认，则系统将弹出【尺寸标注属性设置】对话框，如图 3-107 所示。利用该对话框可以方便地标注尺寸公差及其配合性质。

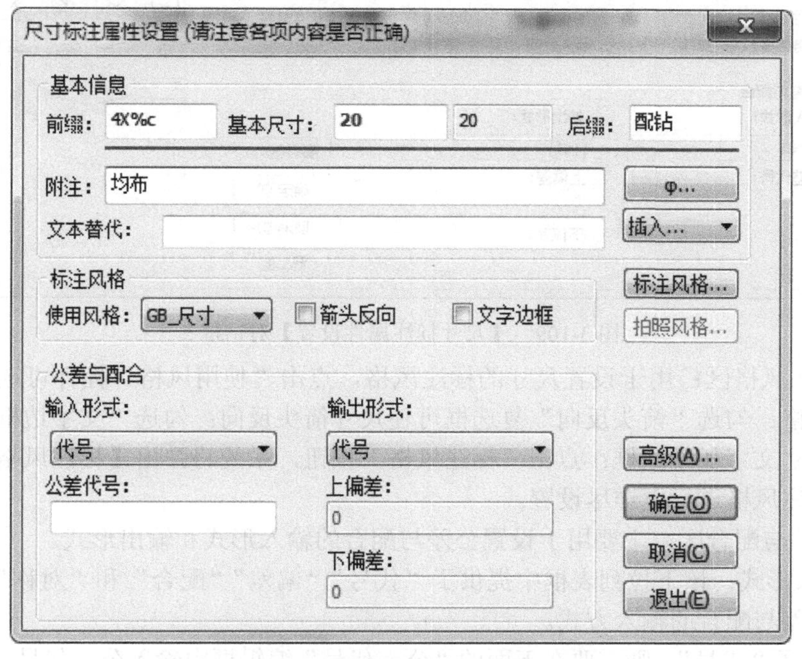

图 3-107 【尺寸标注属性设置】对话框 1

(1) 基本信息区：用于设置尺寸的前缀、基本尺寸、后缀、附注等内容。例如，如果用户需要标注如图 3-108 所示的尺寸，则在“前缀”和“后缀”编辑框中分别输入“4×%c”和“配钻”，在“附注”编辑框中输入“均布”即可。此外，“基本尺寸”编辑框中显示的是系统测量值，也可由用户输入新值。如果在“文本替代”编辑框中填写了内容，则前缀、基本尺寸、后缀、公差与配合的内容将被屏蔽，尺寸标注文字将使用“文字替代”编辑框中的内容。点击“φ…”按钮可将对话框扩展，如图 3-109 所示，再点击该按钮，对话框即恢复原状；点击“插入…”按钮，系统会弹出如图 3-95 所示的列表框，可将一些常用符号和特殊格式插入到尺寸标注中。

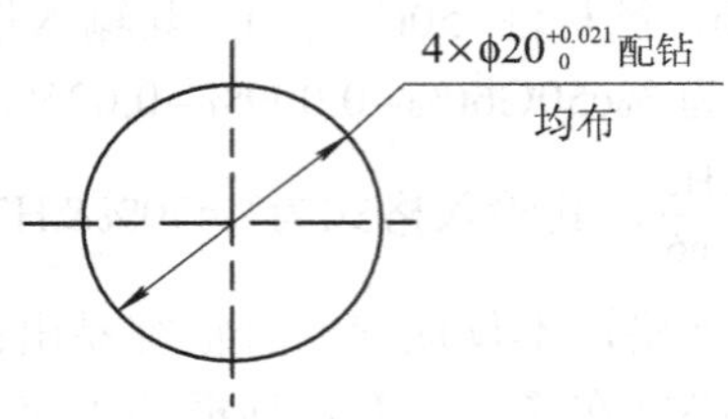

图 3-108　“尺寸公差”标注示例

图 3-109　【尺寸标注属性设置】对话框 2

(2) 标注风格区：用于设置尺寸的标注风格，点击“使用风格”控件可选择之前已建立的标注风格；勾选“箭头反向”复选框可使尺寸箭头反向；勾选“文字边框”复选框可使标注的尺寸文字加带边框；点击“标注风格”按钮，系统将弹出【标注风格】对话框，可对尺寸标注风格进行更详尽设置。

(3) 公差与配合区：主要用于设置公差与配合的输入形式和输出形式。

① 输入形式：该下拉列表框中提供了“代号”“偏差”“配合”和“对称”4 个选项，用于控制公差与配合的输入方式。

a. 若选择“代号”，则需要在下面的“公差代号”编辑框中输入公差代号，如 H7、h6、K6 等，系统将根据基本尺寸和公差代号自动查出上下偏差值，并显示在“输出形式”下面的“上偏差”和“下偏差”编辑框中。

b. 若选择“偏差”，则需要在“输出形式”下面的“上偏差”和“下偏差”编辑框中输入尺寸的上下偏差值。在这种情况下，系统只能按偏差的形式输出。

c. 若选择“配合”，则对话框将变为如图 3-110 所示的对话框。在下部增加的部分中，首先选择配合制是“基孔制”或“基轴制”，一般情况下应优先选择“基孔制”；然后分别选择轴和孔的公差带代号，如 H7、h6，H7、k6，H6、f5 等；最后选择是“间隙配合”“过渡配合”还是“过盈配合”的配合方式。在这种情况下，用户不能选择“输出形式”，系统输出时将按所输入的配合进行标注。

d. 若选择“对称”，则其含义为对称偏差，此时只需输入上偏差，系统会自动生成下偏差并按偏差的形式输出。

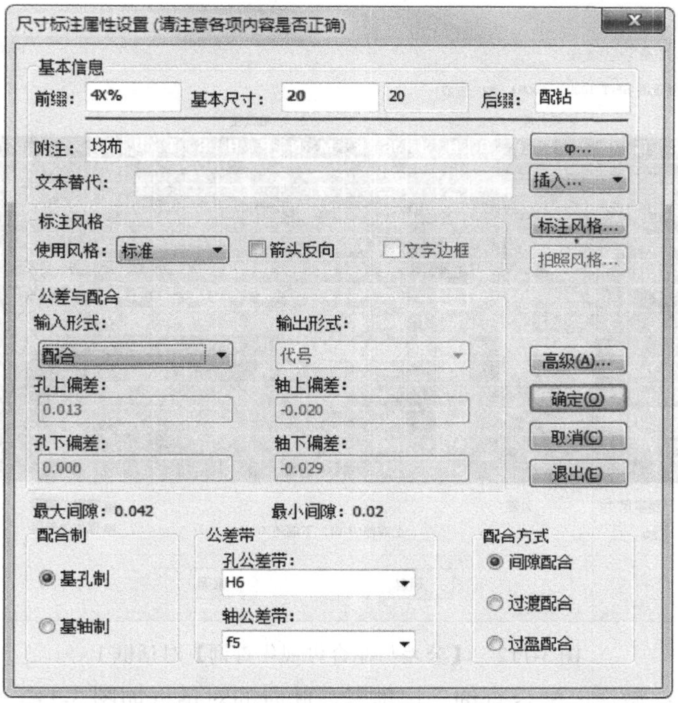

图 3-110　【尺寸标注属性设置】对话框 3

② 输出形式：当输入方式为“代号”时，该下拉列表框提供了“代号”“偏差”“(偏差)”“代号(偏差)”和“极限尺寸”等 5 个选项，用于控制公差的输出方式，如图 3-111 所示。

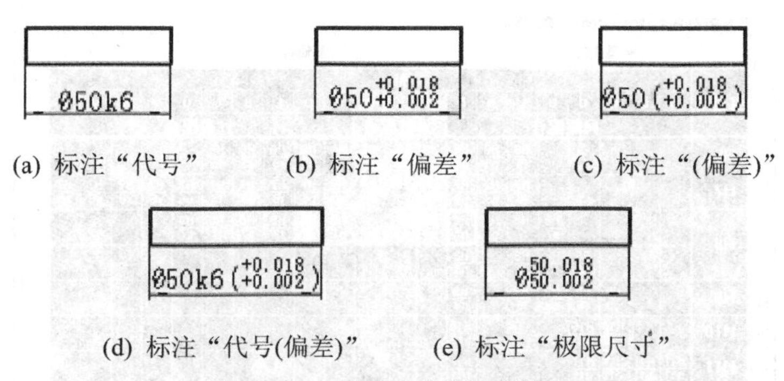

(a) 标注“代号”　(b) 标注“偏差”　(c) 标注“(偏差)”

(d) 标注“代号(偏差)”　(e) 标注“极限尺寸”

图 3-111　尺寸公差的输出形式

(4) “高级”按钮：当需要输入公差代号或公差配合时，可点击“高级”按钮弹出【公差与配合可视化查询】对话框，如图 3-112 所示。该对话框共有 2 个选项卡，分别用于“公差查询”和“配合查询”。

① 公差查询：激活“公差查询”选项卡，此时的对话框如图 3-112 所示，选择“孔公差”或“轴公差”单选钮。“基本尺寸”编辑框中的数值是系统的测量值，但用户可以修改。

在对话框的表格中选择一种公差代号，该代号及其相应的上下偏差值都将显示在表格的下方。最后，点击“确定”按钮，其查询结果将自动添加到【尺寸标注属性设置】对话框的相应区域内。

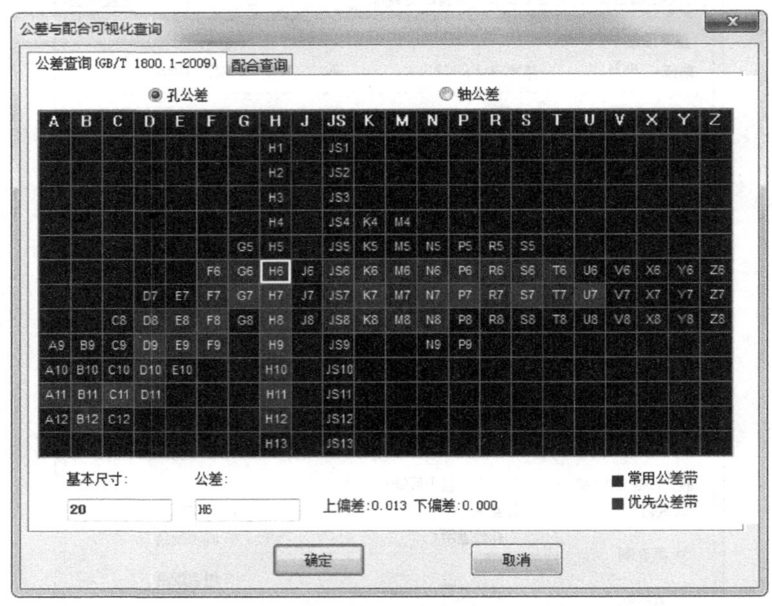

图 3-112　【公差与配合可视化查询】对话框 1

② 配合查询：激活“配合查询”选项卡，此时的对话框如图 3-113 所示，选择“基孔制”或“基轴制”单选钮。在对话框的表格中选择所需的配合代号，该代号及其相应的间隙值或过盈量值都将显示在表格的下方。最后，点击“确定”按钮，其查询结果将自动添加到【尺寸标注属性设置】对话框的相应区域内。

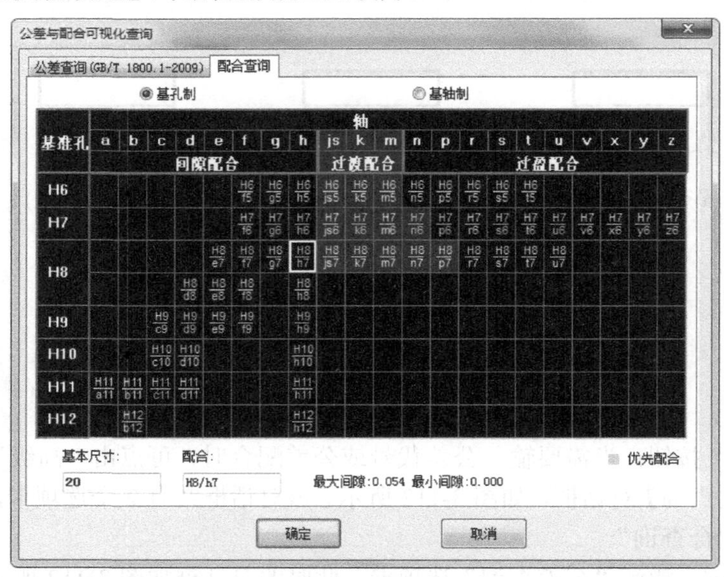

图 3-113　【公差与配合可视化查询】对话框 2

2. 标注角度尺寸公差

在标注角度尺寸时，如果先不给定尺寸线位置，而是按回车键或者点击鼠标右键确认，则系统将弹出【角度公差】对话框，如图 3-114 所示。在“上偏差”“下偏差”编辑框内输入偏差值，点击“确定”按钮即可。其他项的设置方法与前面叙述相似，故不再赘述。

说明：使用“百分度”“弧度”单位时，无法标注角度尺寸公差。

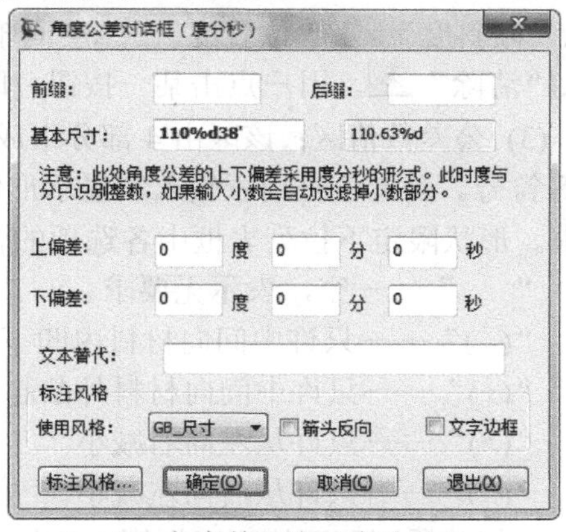

(a) 角度单位为“度”　　　　　　　　(b) 角度单位为“度分秒”

图 3-114　【角度公差】对话框

3.4.2　形位公差

工程中所使用的形位公差包括形状公差、方向公差、位置公差和跳动公差。

在如图 3-106 所示的【符号】面板上点击按钮，或在“无命令”状态下键入“Fcs”并按回车键，系统将弹出如图 3-115 所示的【形位公差】对话框。

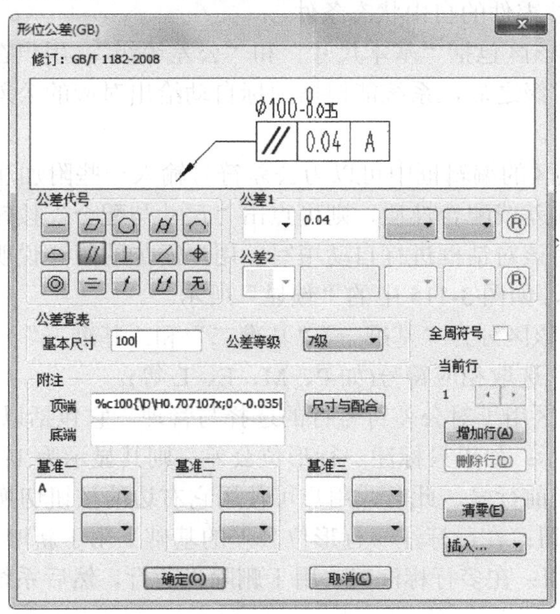

图 3-115　【形位公差】对话框

1. 【形位公差】对话框

(1) 预显区：该区位于对话框的顶部，当用户在对话框中进行操作时，可对填写与布置形位公差符号的效果进行预览。

(2) 公差代号区：该区共安排了 15 个按钮，它们分别是“直线度”—、“平面度”▱、“圆度”○、“圆柱度”⌭、“线轮廓度”⌒、“面轮廓度”⌓、“平行度”//、“垂直度”⊥、“倾斜度”∠、“位置度”⌖、“同轴度”◎、“对称度”⌯、“圆跳动”↗、“全跳动”⌰、“清除”无。用户点击某一按钮，即在预显区填写上相应的公差代号。

(3) 公差数值区：该区由 4 部分组成。其中，“公差 1”和“公差 2”项用于选择 S、ϕ、R 等符号。公差值框用于输入和显示形位公差值。形状限定下拉列表框用于选择形状限定要求。形状限定下拉列表框中各选项的含义如下：

“ ”——空，表示无要求。

“(–)”——只许中间向材料内凹下。

“(+)”——只许中间向材料外凸起。

“(>)”——只许从左向右减小。

“(<)”——只许从右向左减小。

“相关原则”下拉列表框用于选择相关原则，其中各选项的含义如下：

“ ”——空，表示无要求。

“(P)”——延伸公差带。

“(M)”——最大实体要求。当选择该项时，按钮Ⓡ被激活，点击，即被标注可逆要求符号Ⓡ。

“(E)”——包容要求。

“(L)”——最小实体要求。

“(F)”——非刚性零件的自由状态条件。

(4) 公差查表区：该区包括“基本尺寸”和“公差等级”。用户在输入了基本尺寸和选择了公差代号、公差等级之后，系统能根据国标自动给出对应的公差值，并将公差值显示在“公差值”编辑框中。

(5) 附注区：在该区的编辑框中可以为公差符号输入一些附加注释或说明。如果需要附加相关尺寸、尺寸偏差或配合性质，则可点击“尺寸与配合”按钮，弹出【尺寸标注属性设置】对话框，利用该对话框进行自动填写。用户添加的附注说明被放在形位公差符号的“顶端”或“底端”，如图 3-115 中的“预显”所示。

(6) 基准代号区：该区分为“基准一”“基准二”和“基准三”三项，可分别输入基准代号(如 A、B、C 等)和选取相应符号(如 P、M、E、L 等)。

(7) 行管理区：该区用于对公差符号行的选择与管理。它包括以下三项：

① “当前行”指示：如果只标注一行形位公差，则其显示为 1；如果同时标注多行形位公差，则其显示为当前行号，此时，用户可使用它右边的按钮切换当前行。

② “增加行”按钮：在已标注一行形位公差的基础上用于新增加一行标注。

③ “删除行”按钮：在多行标注时，用于删除当前行，然后系统将重新调整其余形位公差的位置。

(8) “清零”按钮：用于清除前面已进行的选择和设置操作，但不退出对话框。

2. 形位公差的标注方法

(1) 打开如图 3-115 所示的【形位公差】对话框，对其中的选项进行必要设置。

(2) 设置完成后，点击“确定”按钮退出对话框，系统弹出立即菜单并提示“拾取定位点或直线或圆弧或圆:”。

(3) 根据提示，如果拾取了一点，则其立即菜单如图 3-116 所示；如果拾取了直线、圆或圆弧，则其立即菜单如图 3-117 所示。

图 3-116 “形位公差”立即菜单 1

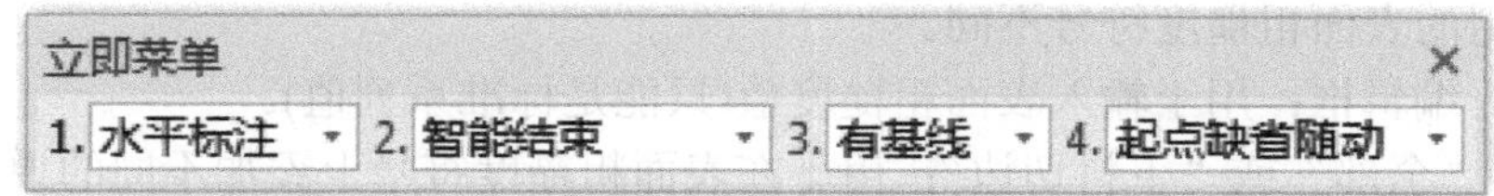

图 3-117 “形位公差”立即菜单 2

(4) 对立即菜单中的选项进行必要设置。其中：

“水平标注”或“垂直标注”：用于控制形位公差是水平放置还是竖直放置。

“智能结束”或“取消智能结束”：在标注时，前者标注的指引线没有打折，且有基线或无基线均可；而后者标注的指引线允许打折，且没有基线。

“起点缺省随动”或“不随动”：用于指定引出线的起点位置。前者允许标注的指引线沿轮廓线移动，以保证两者保持垂直；而后者则不允许标注的指引线移动。

(5) 当系统提示“引线转折点:”时，需要用户给出一点；当系统提示“拖动确定标注位置:”时，用户可用鼠标拖动尺寸线，待位置合适时拾取定位点即实现了智能结束。

(6) 如果事先选择了“取消智能结束”，则需要用户在“拖动确定标注位置:”的提示下再给出若干定位点，直至按回车键即完成标注。

图 3-118 是关于形位公差的标注示例。

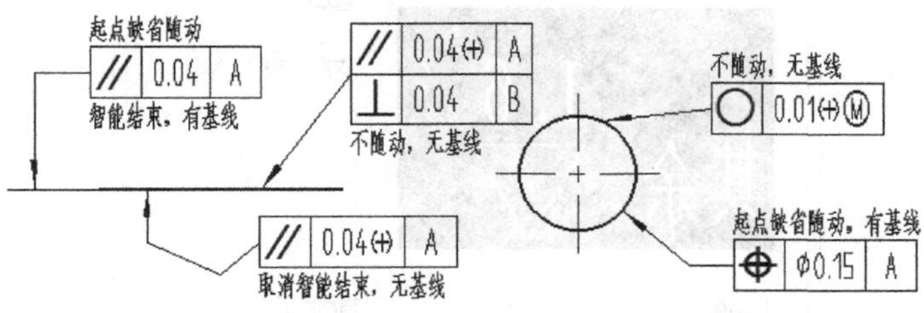

图 3-118 “形位公差”标注示例

3.4.3 表面粗糙度

表面粗糙度功能用于标注零件表面的表面粗糙度符号。电子图板提供了两种标注方法：简单标注和标准标注。

1. 简单标注

(1) 在如图 3-106 所示的【符号】面板上点击 √ 按钮，或在“无命令”状态下键入“Rough”

并按回车键，系统将弹出如图 3-119 所示的“表面粗糙度”立即菜单并提示“拾取定位点或直线或圆弧或圆:”。此时应拾取需要标注的图形元素。

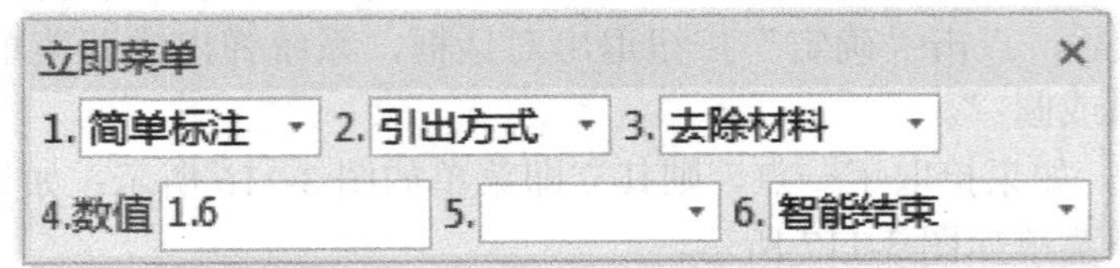

图 3-119　“表面粗糙度”立即菜单

(2) 对立即菜单中的选项进行必要设置。其中：

“默认方式”或“引出方式”：用于选择在标注时是否画出引出线。

“去除材料”“不去除材料”或“基本符号”：用于选择表面处理方法，不同的表面处理方法所使用的表面粗糙度符号不同。

“数值”编辑框：用于输入表面粗糙度值(只能是标准系列值)。

“其余”“全部”或“下料切边”：用于在表面粗糙度符号上添加不同的说明。

“智能结束”或“取消智能结束”：在“引出方式”下，前者标注的引出线没有打折；而后者标注的引出线允许打若干个折。

(3) 如果拾取了一点，则系统提示“输入角度或由屏幕上确定：<–360，360>”，此时用户拖动鼠标或用键盘输入角度即完成智能结束；如果拾取直线或圆(弧)，则系统提示“拖动确定标注位置:”，此时用户拖动鼠标并在适当位置点击左键，即完成智能结束。

(4) 如果事先选择了“取消智能结束”，则需要用户继续用鼠标拖动表面粗糙度符号，以给出若干定位点，直至按回车键完成标注。

2. 标准标注

(1) 弹出如图 3-119 所示的立即菜单，并在“1.”中选择“标准标注”，系统将弹出如图 3-120 所示的对话框。该对话框包括了表面粗糙度符号中所需要的更多选项。

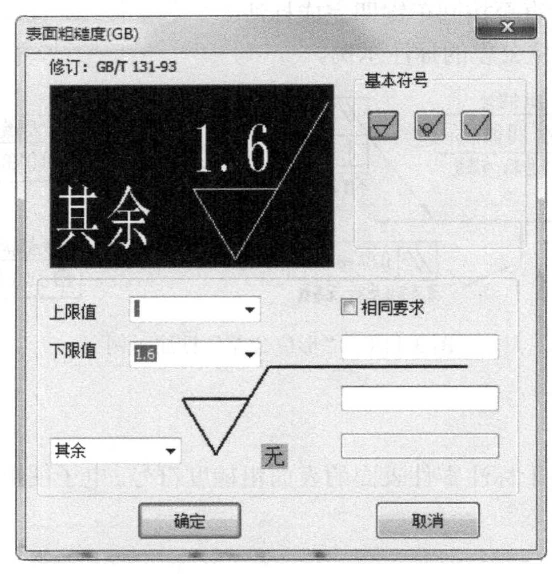

图 3-120　【表面粗糙度】对话框

(2) 在对话框中对选项进行必要设置。例如，勾选“相同要求”表示零件上所有表面的加工要求相同，点击“无”按钮可以选择不同的加工纹理方向，并注写加工方法等。同时可在左上方的预显框中看到设定的结果。待设定符合要求时，点击“确定”按钮。

说明：点击对话框中的“取消”按钮，系统将关闭对话框并转为“简单标注”方式。

(3) 接下来的操作与“简单标注”方式相同，故不再赘述。

图 3-121 是表面粗糙度的标注示例。

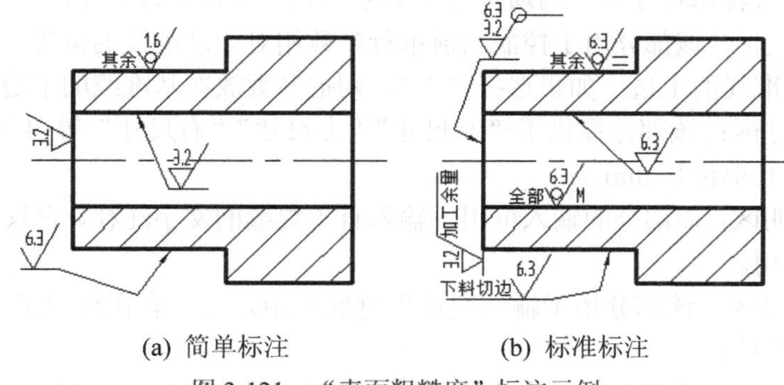

(a) 简单标注 (b) 标准标注

图 3-121 “表面粗糙度”标注示例

3.4.4 焊接符号

对于汽车、造船等行业来说，经常需要绘制焊接图。因此，在焊接图中需要标注大量的焊接符号。为了满足不同行业的需要，电子图板为用户提供了这一功能。

点击如图 3-106 所示的【符号】面板上的按钮，或在“无命令”状态键入“Weld”并按回车键，系统将弹出如图 3-122 所示的【焊接符号】对话框。

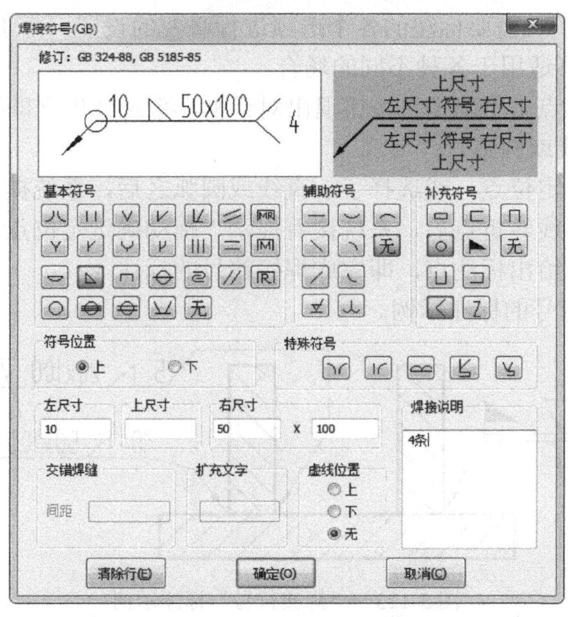

图 3-122 【焊接符号】对话框

1. 【焊接符号】对话框

(1) 预显及样式区：对话框的左上角可直观地显示出用户设置焊接符号的实际效果。对话框的右上角是焊接符号的构造样式，可供用户在设置焊接符号时参考。

(2) 符号区：该区位于预显及样式区的下方，分为 4 部分，即 26 个基本符号按钮、10 个辅助符号按钮、10 个补充符号按钮、5 个特殊符号按钮。当鼠标靠近某按钮时，系统会自动显示该按钮的含义。

说明：当使用特殊符号时，辅助符号和部分补充符号将变为不可用。

(3) 符号位置区：该部分用于控制当前单行参数相对于基准线的位置。如果选择“上”，则把参数放在基准线的上边；如果选择“下”，则把参数放在基准线的下边。

(4) 焊接尺寸区：该部分提供了“左尺寸”“上尺寸”“右尺寸”等 4 个输入框，用于输入焊缝尺寸，其单位是 mm。

(5) 焊接说明区：该部分的输入框用于输入有关焊缝的文字注释。它只有在使用了“尾部符号”时才可用。

(6) 交错焊缝区：该部分用于输入交错焊缝的间距。它只有在使用了“交错断续焊接符号”时才是可用的。

(7) 扩充文字区：该部分用于在焊接符号上部显示扩充文字。它只有在选择了 V 形焊缝时才可用。

(8) 虚线位置区：该部分共有 3 个选项。其中，“上”和“下”用于表示基准虚线与实线的相对位置，“无”表示不画基准虚线。

(9) “清除行”按钮：点击该按钮可将当前的单行参数清零。

2. 焊接符号的标注方法

(1) 打开如图 3-122 所示的【焊接符号】对话框。

(2) 在对话框中，对需要标注的各个选项进行必要的设置。由于该对话框考虑了绝大部分标注需要，因此可适用于各种不同的场合。

(3) 设置完成后，点击“确定”按钮退出对话框，系统弹出立即菜单 1. 智能结束 并提示“拾取定位点或直线或圆弧”。

(4) 当用户拾取了定位点，或选择了一直线或圆弧之后，系统提示“引线转折点:”。

(5) 由用户给出引线转折点后，系统接着提示“拖动确定定位点:”。

(6) 用户拖动鼠标给出标注点，即完成焊接符号的标注。

图 3-123 是焊接符号的标注示例。

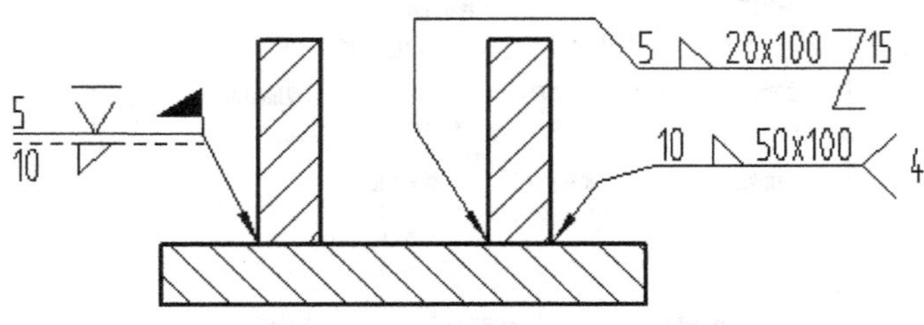

图 3-123 “焊接符号”标注示例

3.4.5 引出说明

引出说明用于标注引出注释，它由文字和引线两部分组成。其中，文字样式的各项参数由“文本风格”确定。引线起始端的箭头样式可在“标注风格”中设定。

(1) 在如图 3-106 所示的【符号】面板上点击 按钮，或在“无命令”状态下输入“Ldtext”并按回车键，系统将弹出如图 3-124 所示的【引出说明】对话框。

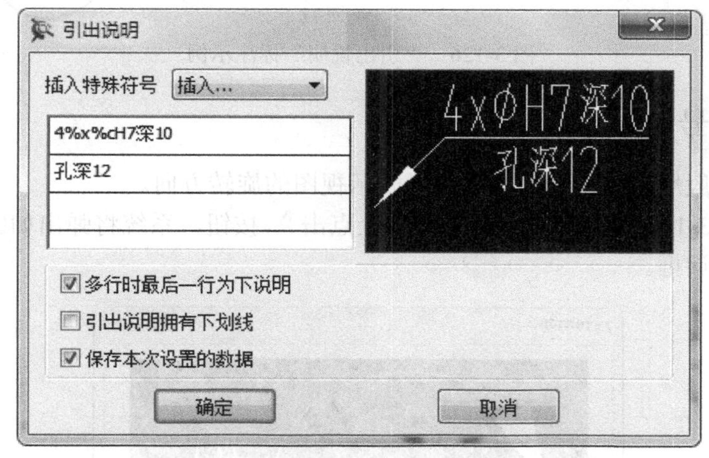

图 3-124　【引出说明】对话框

(2) 点击对话框上的编辑框将其激活，从中输入所需的说明文字，并可利用“插入...”下拉列表框输入所需的特殊符号，然后按回车键可开始输入下一行文字。如此反复操作可录入多行文字，并可在预览框中查看其效果。

说明：在输入文字期间，可点击鼠标右键弹出菜单，利用该菜单可进行插入行、删除行、调整行的顺序等操作。

(3) 根据需要，对“多行时最后一行为下说明”“引出说明拥有下划线”“保存本次设置的数据”等复选框进行勾选或不勾选。

(4) 点击“确定”按钮，系统弹出一立即菜单，并提示“拾取定位点或直线或圆弧:”。此时，若拾取一点，则立即菜单如图 3-125(a)所示；若拾取一条直线或圆弧，则立即菜单如图 3-125(b)所示。

(a) 拾取一点时

(b) 拾取直线或圆弧时

图 3-125　“引出说明”立即菜单

(5) 根据提示由用户顺次给定所需的定位点及转折点，即完成标注。

图 3-126 为引出说明的标注示例。

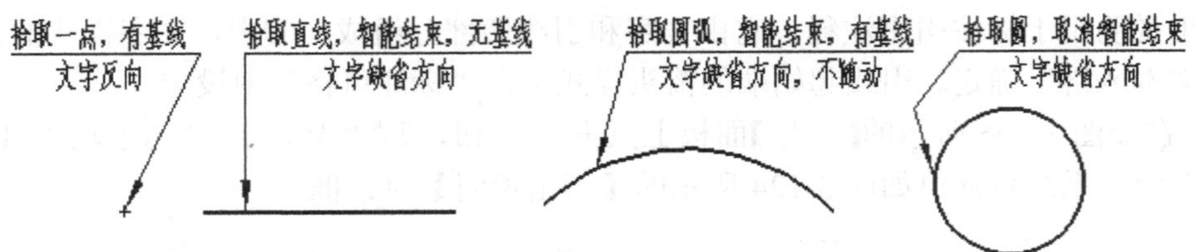

图 3-126 “引出说明”标注示例

3.4.6 旋转符号

旋转符号一般用于斜视图的标注，以表示视图的旋转方向。

(1) 在如图 3-106 所示的【符号】面板上点击按钮，系统将弹出如图 3-127 所示的【旋转符号】对话框。

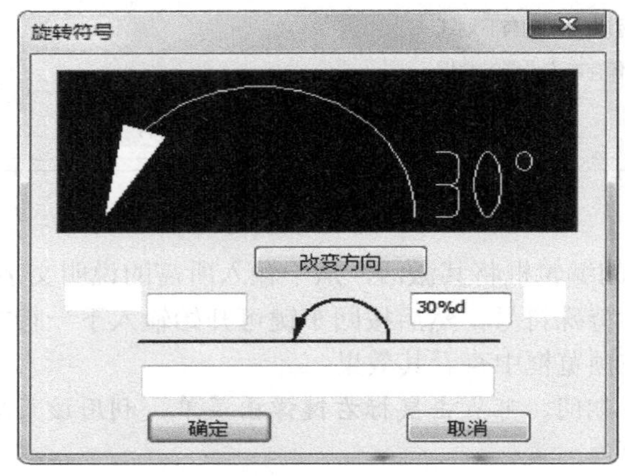

图 3-127 【旋转符号】对话框

(2) 在对话框中对选项进行必要设置。例如，点击“改变方向”按钮以改变箭头的方向，在 3 个编辑框中分别输入所需文字等。在此，如果没有在横线下边的编辑框中输入任何信息，则生成的旋转符号就没有水平线。

(3) 点击“确定”按钮退出对话框，系统提示“基准点:”。此时由用户给定一点即可完成旋转符号的标注。

图 3-128 为旋转符号的标注示例。

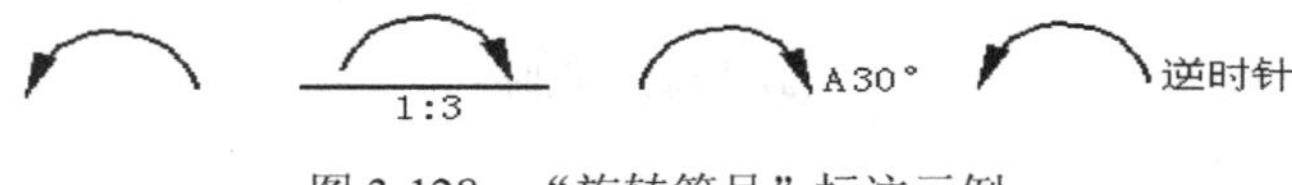

图 3-128 “旋转符号”标注示例

3.4.7 倒角标注

为了便于零件间装配，经常在轴端或孔端制出倒角。倒角标注用于标注倒角尺寸。

点击如图 3-106 所示的【符号】面板上的按钮，或在“无命令”状态下键入“Dimch”并按回车键，系统将弹出立即菜单，从中可选择“默认样式”或“特殊样式”。

1. “默认样式”倒角标注

(1) 在立即菜单“1.”中选择“默认样式”，立即菜单如图 3-129 所示，并提示“拾取倒角线:”。

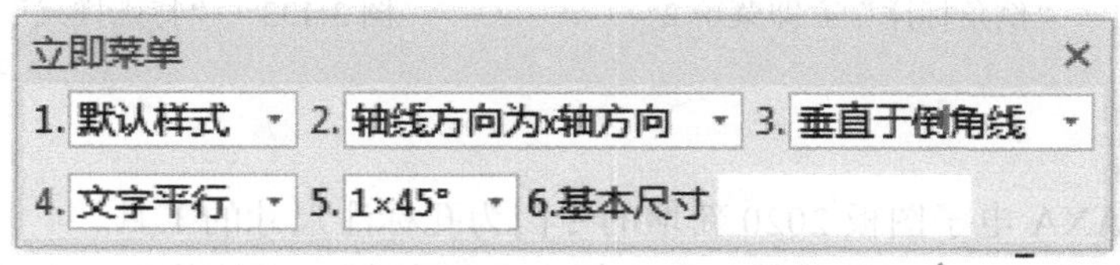

图 3-129　“倒角标注”立即菜单 1

(2) 对立即菜单中各选项进行必要设置。各菜单选项的含义如下：

① 在立即菜单“2.”中，若选择“轴线方向为 X 轴方向”，则将标注倒角线与 X 轴的夹角；若选择“轴线方向为 Y 轴方向”，则将标注倒角线与 Y 轴的夹角；若选择“拾取轴线”，则需拾取一条直线，并标注倒角线与所选直线的夹角，如图 3-130 所示。

② 在立即菜单“3.”中，选择“水平标注”“铅垂标注”或“垂直于倒角线”，以决定倒角尺寸的方向。

③ 在立即菜单“4.”中，选择“文字水平”或“文字平行”，以决定尺寸中文字的方向。

④ 在立即菜单“5.”中，可从“1×1”“1×45°”“45°×1”“C1”等 4 种倒角标注样式中选择一种。

(3) 如果用户选择了“拾取轴线”选项，则按照提示应先拾取作为轴线的直线；否则应直接拾取需要标注的倒角线。然后，系统将沿倒角线引出标注线。

(4) 当系统提示“尺寸线位置:”时，用户可拖动光标查找合适的位置。待给出尺寸线位置即完成倒角标注。

图 3-130 为“默认样式”倒角标注示例。

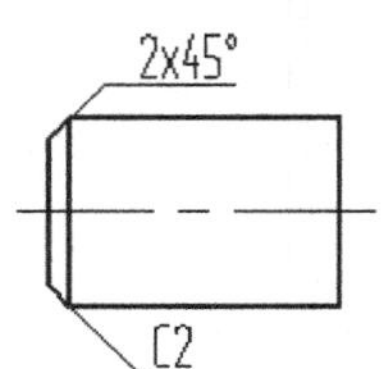

(a) 轴线为 X 轴方向，水平标注

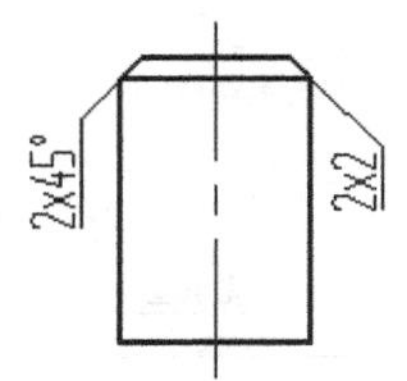

(b) 轴线为 Y 轴方向，铅垂标注

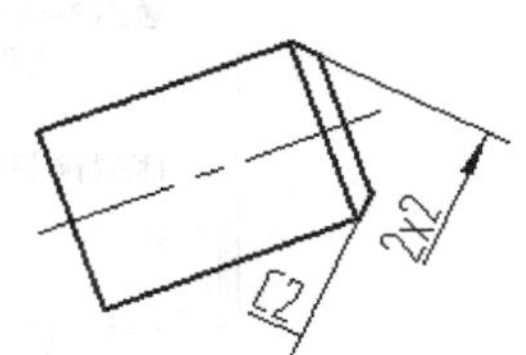

(c) 拾取轴线，垂直于倒角线

图 3-130　“默认样式”倒角标注示例

2. “特殊样式”倒角标注

(1) 在立即菜单“1.”中选择“特殊样式”，立即菜单如图 3-131 所示，并提示“拾取倒角线:”。

(2) 按照系统提示，分别拾取轴端两侧的倒角线，然后给定尺寸线位置，即完成“特殊样式”的倒角标注，如图 3-132 所示。

图 3-131　“倒角标注”立即菜单 2

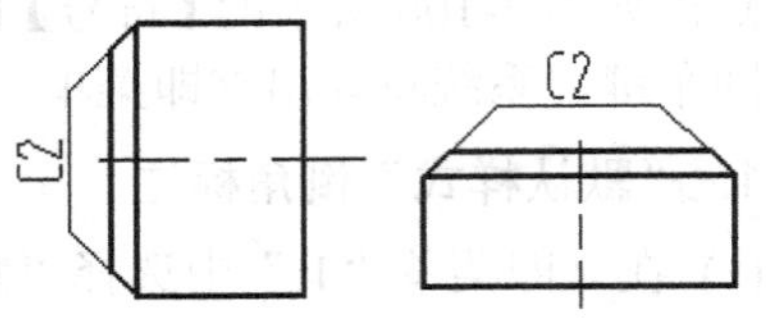

图 3-132　“特殊样式”倒角标注示例

3.4.8　孔标注

孔标注是 CAXA 电子图板 2020 新增的专门为孔标注尺寸的工具。

(1) 点击如图 3-106 所示的【符号】面板上的按钮，系统将提示“请拾取孔：”。

(2) 由用户拾取视图中代表孔的圆周或孔的端线后，系统又提示“指定尺寸线位置，右键编辑孔标注对话框”。对此，可按鼠标右键或回车键弹出如图 3-133 所示的对话框。

图 3-133　【孔标注】对话框

(3) 该对话框可分为 3 部分：上说明、下说明和通孔的显示方式。用户可根据实际需要进行必要设置，最后点击“确定”按钮即可完成孔标注。

图 3-134 是两个孔标注的示例。

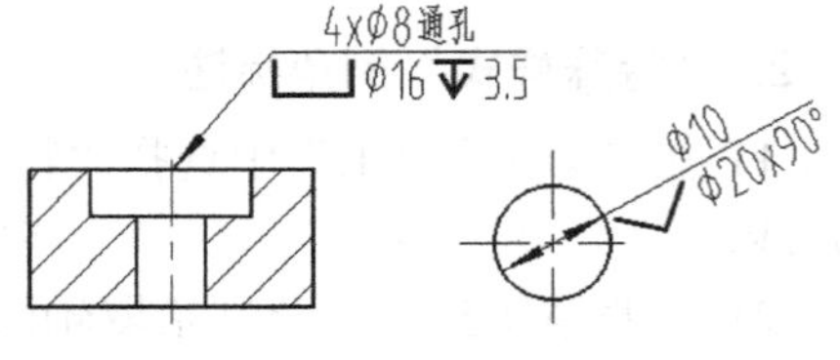

图 3-134　“孔标注”示例

3.4.9 基准代号

基准代号用于标注形位公差中的基准部位的代号。

点击如图 3-106 所示的【符号】面板上的按钮，或在“无命令”状态键入“Datum”并按回车键，系统将弹出一个立即菜单，可从中选择“基准标注”或“基准目标”。

1. 基准标注

(1) 打开如图 3-135 所示的立即菜单，并选择“基准标注”。

图 3-135　“基准代号”立即菜单 1

(2) 如果在立即菜单“2.”中选择“给定基准”，则可在立即菜单“3.”中选择“默认方式”或“引出方式”。在立即菜单“4.基准名称”中输入基准名称。

① 在“默认方式”下，立即菜单如图 3-135 所示。根据系统提示，需拾取一点、直线或圆弧以确定基准代号的位置。接下来，系统提示“输入角度或由屏幕上确定：<–360，360>”，用户用鼠标拖动或从键盘输入角度后，即可完成基准代号的标注。由此标注的基准代号与直线或圆弧垂直。

② 在“引出方式”下，立即菜单如图 3-136 所示。根据系统提示，需拾取一点、直线或圆弧以确定引出点的位置。当再提示“引出点：”时，拖动鼠标到合适的位置点击左键，即智能结束；否则，应继续拖动鼠标到合适的位置点击左键，直至按回车键完成标注。由此标注的基准代号始终是直立的。

图 3-136　“基准代号”立即菜单 2

(3) 如果在立即菜单“2.”中选择“任选基准”，则其立即菜单如图 3-137 所示。在这种情况下，根据系统提示，需拾取一点、直线或圆弧以确定引出点的位置。当系统提示“输入角度或由屏幕上确定：<–360，360>”时，拖动鼠标到合适的位置点击左键，以确定引出线的方向，然后给定一点才能确定基准符号的位置，至此完成标注。

图 3-137　“基准代号”立即菜单 3

说明：使用“给定基准”和“任选基准”标注的基准代号略有不同。前者的引线一端是实心三角形；后者的引线一端是实心箭头。

图 3-138 为基准代号的“基准标注”示例。

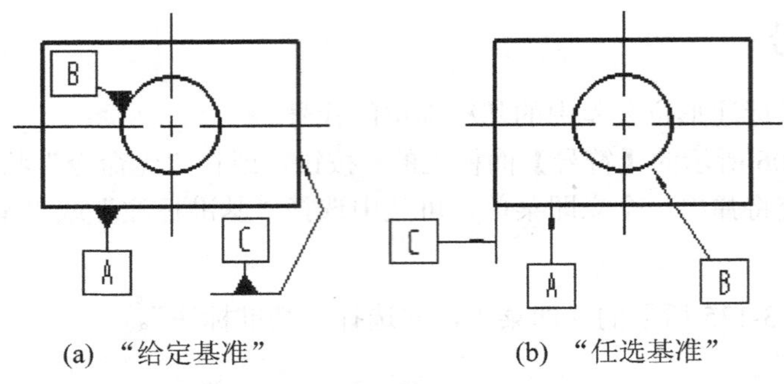

(a) “给定基准”　(b) “任选基准”

图 3-138　“基准标注”标注示例

2. 基准目标

(1) 如果在如图 3-135 所示的立即菜单中选择“基准目标”，则立即菜单如图 3-139 所示。

图 3-139　“基准代号”立即菜单 4

(2) 如果在立即菜单“2.”中选择“目标标注”，则系统将在用户指定位置用“×”标注基准目标。

(3) 如果在立即菜单“2.”中选择“代号标注”，则可在“3.”中选择“引出线为直线”“引出线折线水平”或“引出线折线竖直”，以决定引出线的形状，还可在“4.上说明”“5.下说明”中编辑基准代号的字母，以上、下说明的形式进行标注。

(4) 按照提示拾取一点、直线或圆弧以确定引出点的位置。当系统提示“输入角度或由屏幕上确定：<–360，360>”时，用户用鼠标拖动或从键盘输入角度后，即可完成基准代号的标注。

图 3-140 是基准代号的基准目标的标注示例。

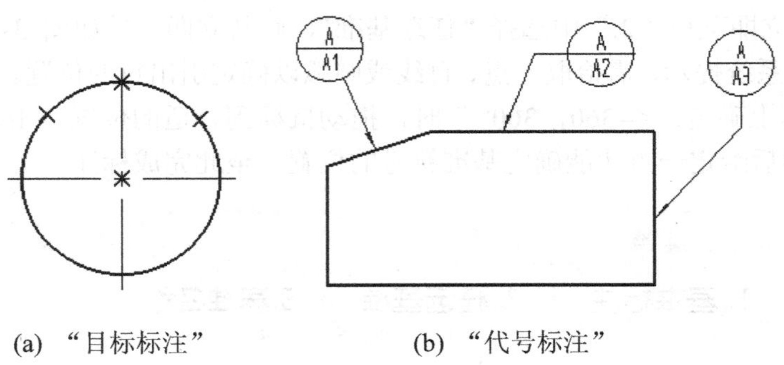

(a) “目标标注”　(b) “代号标注”

图 3-140　“基准目标”标注示例

3.4.10　剖切符号

按照工程制图的规定，当物体的内部结构比较复杂时需要绘制剖视图或断面图，并且用剖切符号标出剖切面所在的位置。

(1) 点击如图 3-106 所示的【符号】面板上的按钮，或在“无命令”状态下键入“Hatchpos”并按回车键，系统将弹出如图 3-141 所示的立即菜单，并提示“画剖切轨迹(画线):”。

图 3-141　“剖切符号”立即菜单

(2) 对立即菜单的选项进行必要设置。其选项的含义如下：

① “垂直导航”/“不垂直导航”：用于选择剖切轨迹线在转折处是否垂直。

② “自动放置剖切符号名”/“手动放置剖切符号名”：用于选择由系统按英文字母顺序自动给定剖面名称还是由用户自行给定。

③ “真实投影”/“快速投影”：目前尚没有实际意义。

(3) 按照系统提示，以“两点线”方式画出代表剖切位置的剖切轨迹线，当给出多个点时，所画出的轨迹线即为折线。

图 3-142 为剖切符号的标注示例。

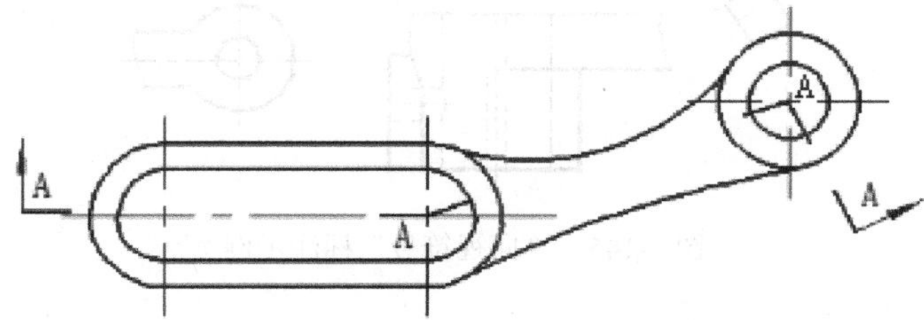

图 3-142　“剖切符号”标注示例

(4) 当需要结束画线时，可按回车键，此时在轨迹线终点处显示出两个箭头，并提示“请点击箭头选择剖切方向：”。

(5) 由用户点击箭头指定方向，或点击鼠标右键取消箭头。之后用户按照系统提示，逐一指定剖面名称的标注点，按回车键并在合适位置放置剖视图名称(如“A-A”)即可。

3.4.11　向视符号

向视符号用于向视图、斜视图、局部视图等视图的标注。

(1) 在如图 3-106 所示的【符号】面板上点击按钮，或在“无命令”状态下键入“Directionsym”并按回车键，系统将弹出如图 3-143 所示的立即菜单，并提示“请确定方向符号的起点位置”。

图 3-143　“向视符号”立即菜单 1

(2) 对立即菜单中的选项进行必要设置。例如，在“1.标准文本”中输入表示视图名称的大写字母等。如果在“4.”中选择“旋转”，则立即菜单如图 3-144 所示，进而可选择视图的旋转方向及旋转角度等。

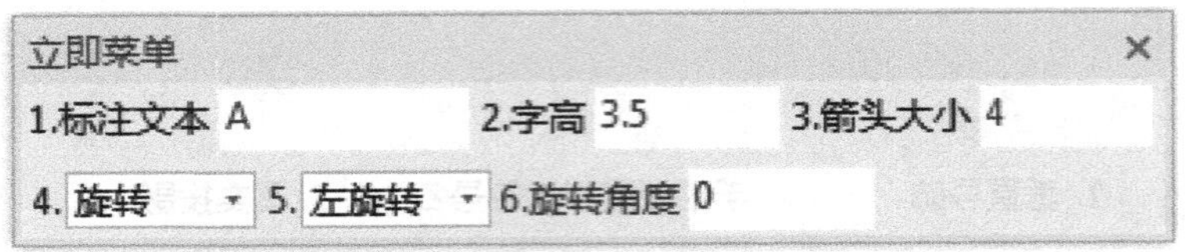

图 3-144　“向视符号”立即菜单 2

(3) 按照系统提示，用户在给出了向视符号的起点位置之后，还需要依次给定该符号的终点位置、文本位置、旋转符号的放置位置等，直至完成标注。

图 3-145 是向视符号的标注示例。

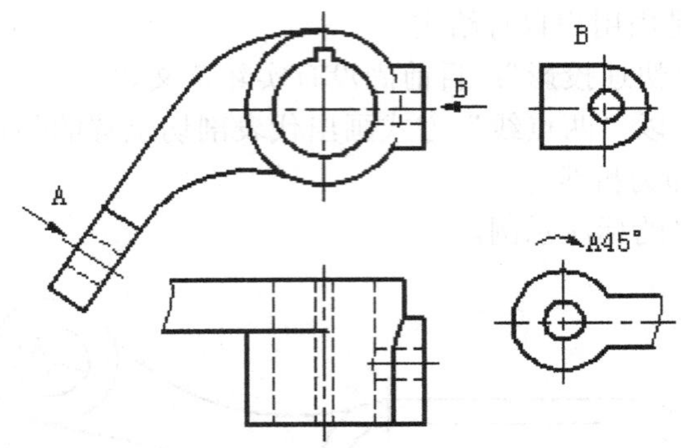

图 3-145　“向视符号”标注示例

3.4.12　中心孔标注

中心孔标注用于标注轴端的中心孔符号及其说明。

(1) 点击如图 3-106 所示的【符号】面板上的按钮，或在“无命令”状态下键入“Dimcenho”并按回车键，系统将弹出如图 3-146 所示的立即菜单，提示“拾取定位点或轴端直线:”。

图 3-146　“中心孔标注”立即菜单

(2) 对立即菜单中的选项进行必要设置，如设置标注的字高、标注内容等。

(3) 如果在立即菜单“1.”中选择“标准标注”，则系统将弹出【中心孔标注形式】对话框，如图 3-147 所示。该对话框上部的三个按钮表示三种不同的标注形式，点击其中一个即选择了一种方式，“含义”项中给出了其文字介绍。对话框的下部用于输入标注文本的内容、文字风格、文字字高。若勾选“标注标准”复选框，则激活“标准代号”下拉列表，可选择在标注文本中显示中心孔标注的标准代号。设置完毕后点击“确定”按钮关闭对话框。

(4) 根据系统提示拾取定位点或轴端直线，提示“拖动确定标注位置:”，待给定了合适的位置后即完成中心孔标注。

图 3-148 是中心孔标注的示例。

中心孔标注形式
B3.5/10
2×B3.5/6
GB145-85
A3.5/6
含义:
在零件上要求保留中心孔
标注文本:
GB/T 145-2001
文本风格:
标准
文字字高:
5
标注标准
标准代号:
GB/T 145-2001
确定
取消

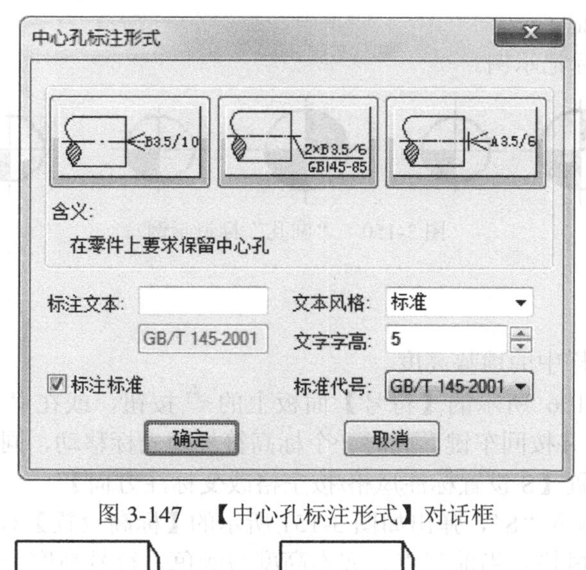

图 3-147　【中心孔标注形式】对话框

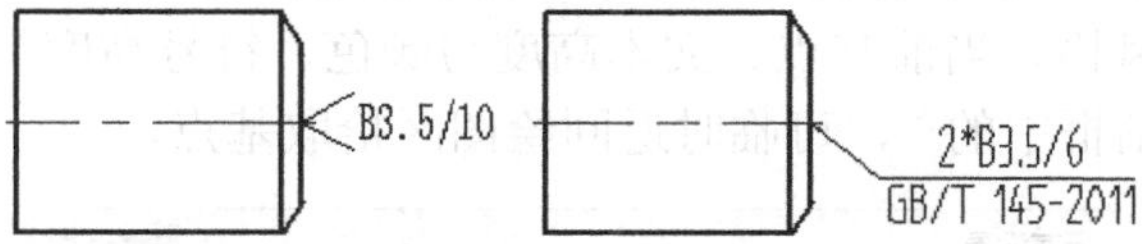

B3.5/10
2*B3.5/6
GB/T 145-2011

(a) 简单标注　　　(b) 标准标注

图 3-148　“中心孔”标注示例

3.4.13　圆孔标记

圆孔标记用于给相同类型和尺寸的圆孔做标记。

(1) 点击如图 3-106 所示的【符号】面板上的按钮，系统将弹出如图 3-149 所示的对话框，并提示“拾取圆孔标记的类型:”。

标记类型
确定
取消

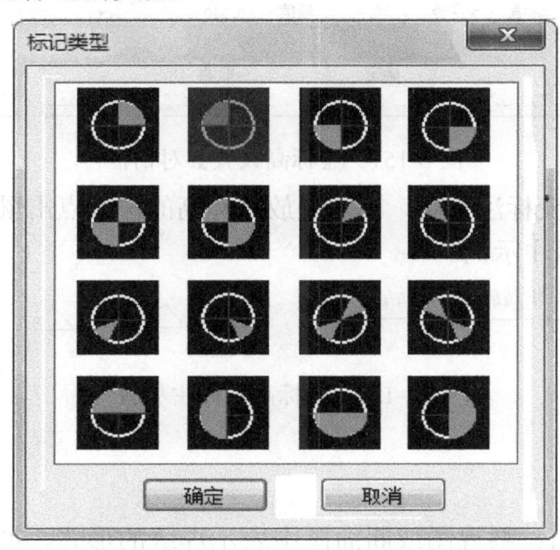

图 3-149　【圆孔标记】对话框

(2) 在对话框中选择所需的圆孔标记类型，点击“确定”按钮退出对话框。

(3) 当提示“选择要标记的圆：”时，逐一点选相同类型和尺寸的圆，最后按鼠标右键确认，即完成圆孔标记。

图 3-150 是圆孔标记示例。

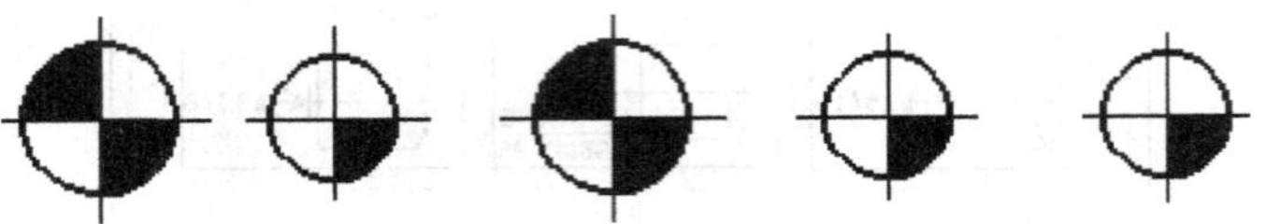

图 3-150 “圆孔”标记示例

3.4.14 标高

标高用于标注图样中的地势高度。

(1) 点击如图 3-106 所示的【符号】面板上的按钮，或在“无命令”状态下键入“Crxserialelevation”并按回车键，此时一个标高符号随光标移动，同时显示标高，状态行提示“请指定标注位置【S 设置标注风格/按空格改变标注方向】”。

(2) 在命令行中输入“S”，弹出如图 3-151 所示的【标高设置】对话框。在该对话框中可以设置标高的符号风格、当前基点、文本高度与颜色、符号高度与颜色、标高数值及精度等。例如，点击对话框中的，可临时返回绘图区拾取基点。

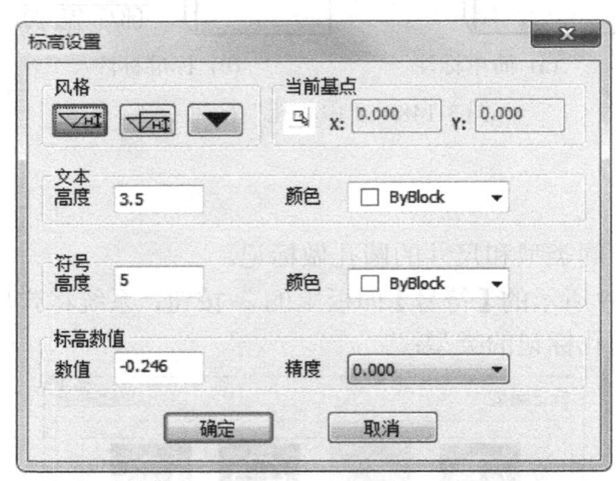

图 3-151 【标高设置】对话框

(3) 可以按空格键改变标注方向，在需要放置标高的位置点击鼠标左键，即可完成标注。

图 3-152 为标高的标注示例。

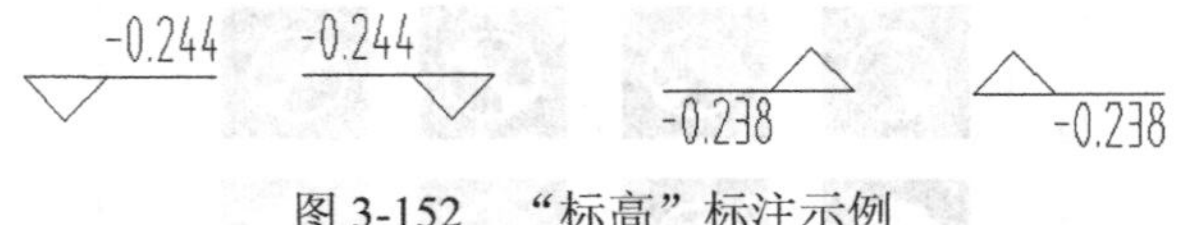

图 3-152 “标高”标注示例

3.4.15 焊缝符号

焊缝符号用于在视图、剖视图或断面图中表示焊缝的形式，如图 3-153 所示。

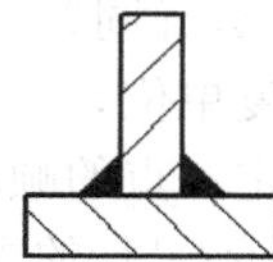
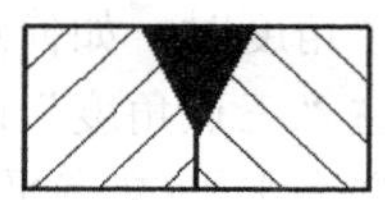
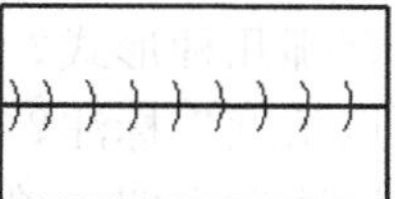

图 3-153　焊缝符号

(1) 点击如图 3-106 所示的【符号】面板上的按钮，系统将弹出如图 3-154 所示的【焊缝符号】对话框。

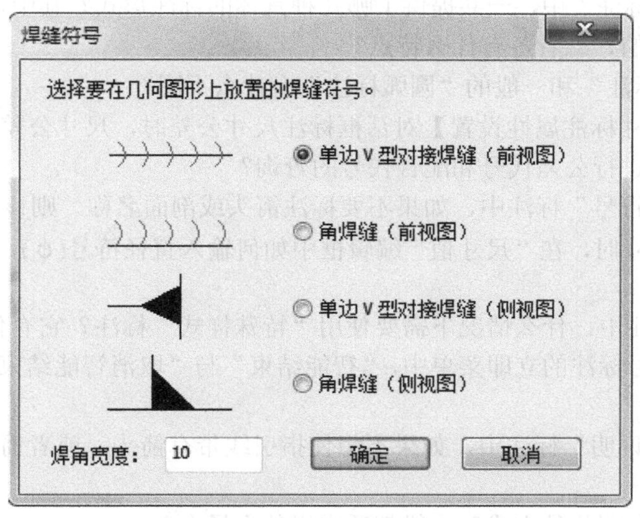

图 3-154　【焊缝符号】对话框

(2) 在该对话框中选择所需的焊缝符号，输入焊角宽度，点击“确定”按钮关闭对话框。

(3) 如果用户选择的是前视图上的焊缝符号，则系统弹出立即菜单 1. 连续 或 1. 单根，并提示“拾取定位点或直线或圆弧：”。

① 若拾取了一点，则还会要求输入第二点，系统将在两点之间显示出焊缝符号。

② 若拾取了一条直线或圆弧，则系统将直接在直线或圆弧上显示出焊缝符号。

③ 若在立即菜单中选择了“连续”，则应点击鼠标左键确认，继续标注下一个焊缝符号；否则，应点击鼠标右键以结束该命令。

(4) 如果用户选择的是侧视图上的焊缝符号，则系统将依次提示“定位点：”和“输入角度或由屏幕上确定：<–360，360>”。待用户给出所需的位置和旋转角度后，即完成标注。

思　考　题

1. CAXA 电子图板提供的“标注”主要包括哪些方面？
2. 在“尺寸标注”中可以标注哪几类尺寸？其智能性体现在哪几个方面？
3. 在“基本标注”选项中，可以标注哪些常见尺寸形式？
4. 如果有 n 个相同的圆，该如何标注？如果有 n 个相同的圆弧，又该如何标注？
5. “基准标注”与“连续标注”二者在使用和操作上有什么异同？

6.“斜度标注”与“锥度标注”二者在使用和操作上有什么异同？

7. 角度单位有哪几种形式？在标注角度时，如何选择角度单位？

8. 何为“三点角度”标注？在标注“三点角度”时，指定三点的顺序是否有要求？

9. 在“基本标注”立即菜单中，文字水平/文字平行、正交/平行的含义是什么？

10. 在“基准标注”中，相邻两条尺寸线之间的间距如何设定？

11. 在什么情况下使用“半标注”？在“半标注”中，延伸长度的含义是什么？拾取被标注要素时应注意什么？

12. 在“坐标标注”中，一共提供了哪几种具体的标注形式？其中，“快速标注”是相对于哪种标注而言的？二者各有什么特点？

13.“大圆弧标注”和一般的“圆弧标注”有什么不同？

14. 利用【尺寸标注属性设置】对话框标注尺寸公差时，尺寸公差有哪几种输入形式和输出形式？如何进行公差代号和配合代号的查询？

15. 在“剖切符号”标注中，如果不要标注箭头或剖面名称，则该如何操作？

16. 在标注尺寸时，在“尺寸值”编辑框中如何输入直径符号(φ)、角度符号(°)及上、下偏差值？

17. 在倒角标注中，什么情况下需要使用“特殊样式”标注？它有什么特点？

18. 在一些符号标注的立即菜单中，“智能结束”与“取消智能结束”对指引线或引出线有什么影响？

19. 在“引出说明”标注中，如果不想使指引线带有箭头，或者箭头的大小不合适，应如何解决？

20. 注写文字有哪几种方式？一般都适用于什么场合？

21. 用什么方式注写的文字可以进行段落设置？段落设置的主要内容包括哪些？

22. 圆孔在什么情况下需要作圆孔标记？

练 习 题

1. 完成图 3-155 所示的视图，并标注尺寸。

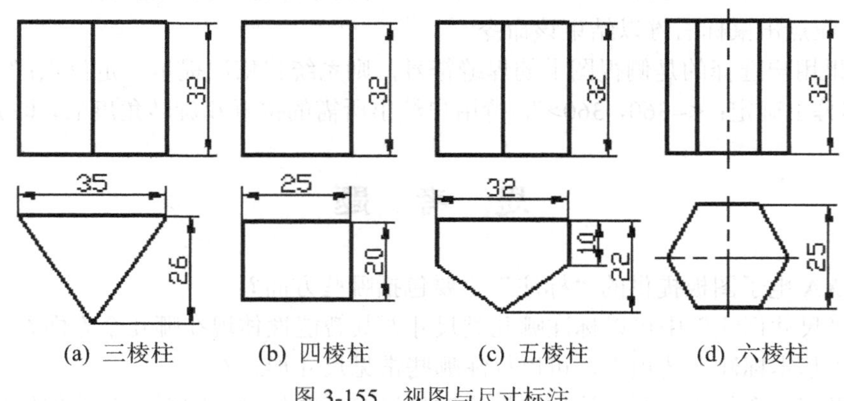

图 3-155　视图与尺寸标注

2．画出图 3-156 所示的图形，并标注尺寸。

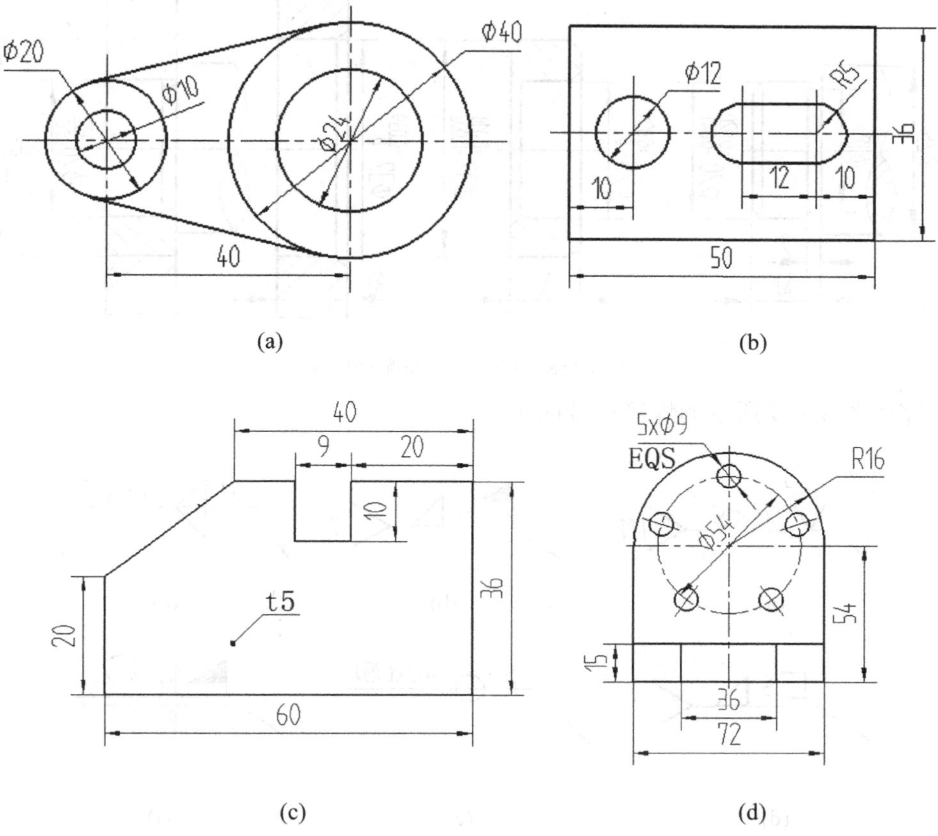

(a) (b)

(c) (d)

图 3-156 绘图与尺寸标注

3．根据所给尺寸完成图 3-157 所示的视图，并使用坐标法标注尺寸。

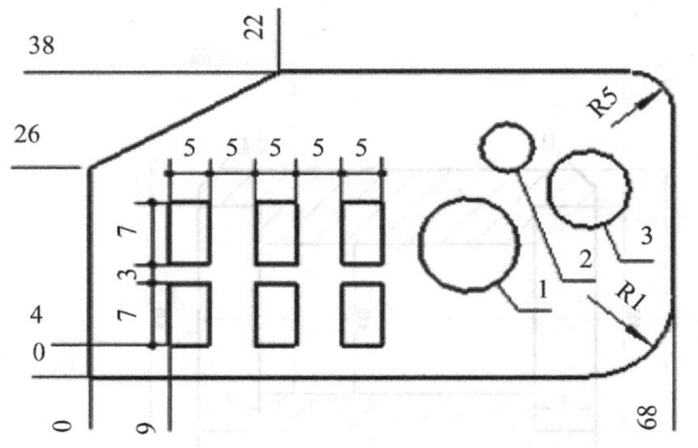

	X	Y	ϕ
1	43	16	11
2	48	28	6
3	57	23	9

图 3-157 绘图与坐标标注

4. 完成图 3-158 所示的图形，并标注尺寸公差与配合(倒角均为 C1.5)。

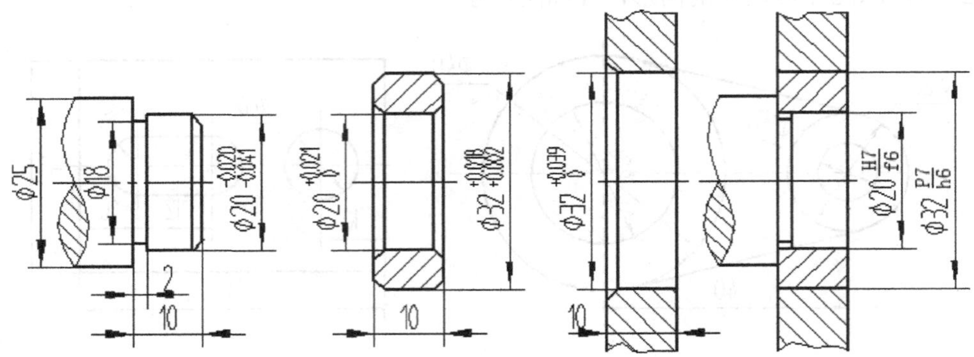

图 3-158　尺寸公差与配合标注

5. 完成图 3-159 所示的焊接符号标注。

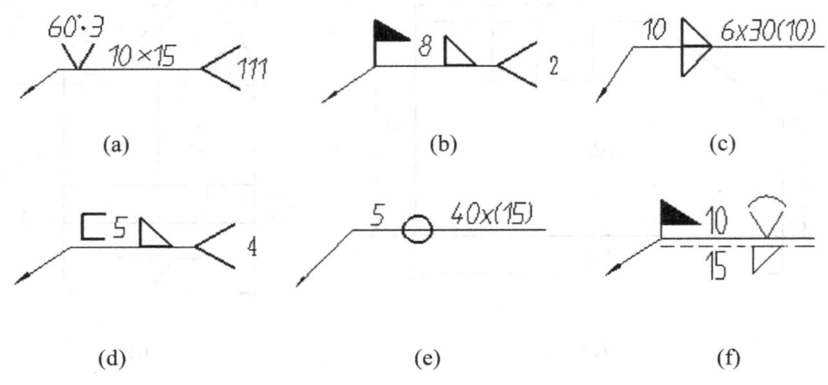

图 3-159　焊接符号标注

6. 完成图 3-160 所示的符号标注。

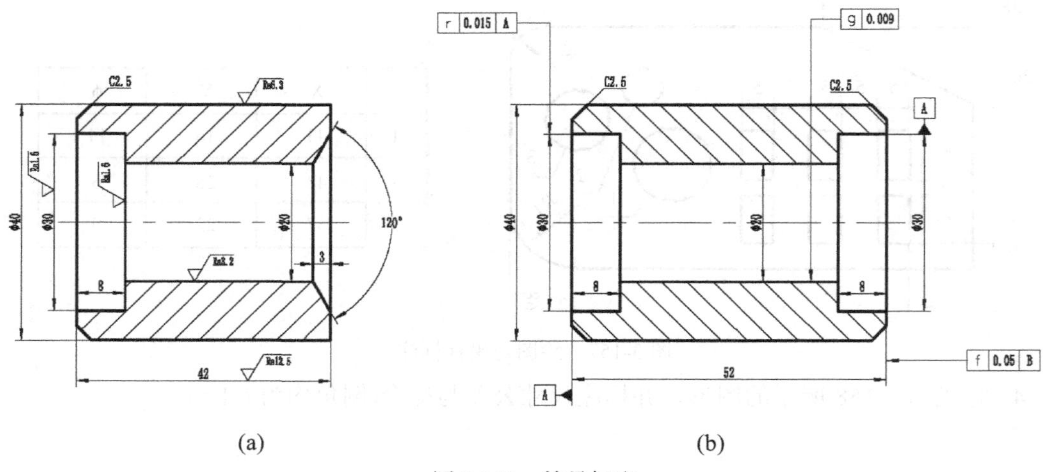

(a)　　(b)

图 3-160　符号标注

7. 完成图 3-161 所示的图形并进行标注。

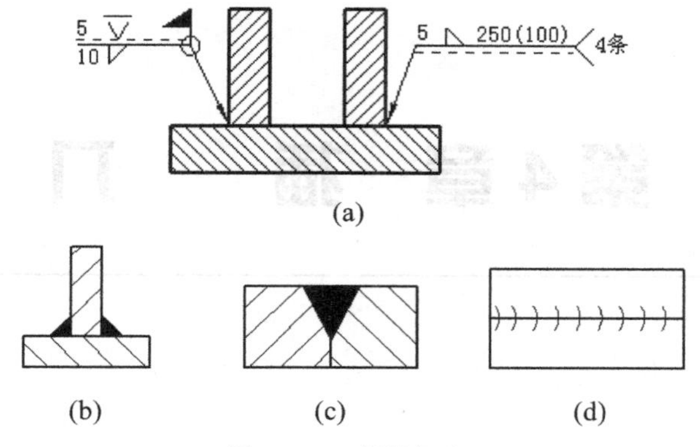

图 3-161　焊接标注

8. 完成图 3-162 所示的图形并进行标注。

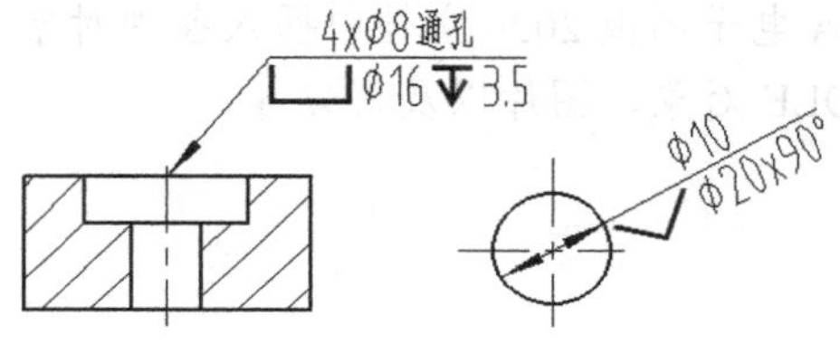

图 3-162　孔标注

9. 按所给尺寸绘制图 3-163 所示的表格，并填写其中的文字，为表格标注尺寸。

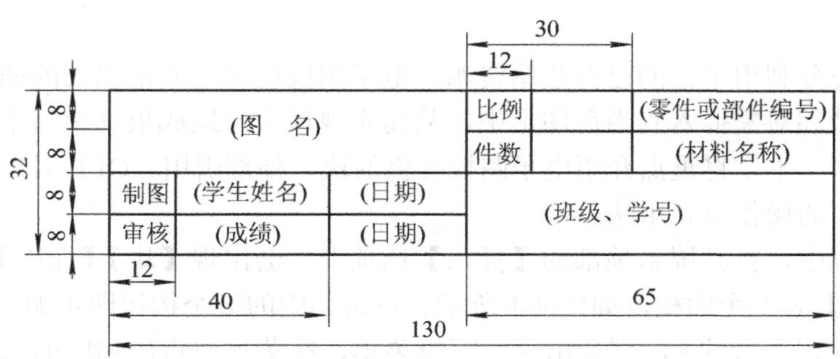

图 3-163　文字与工程标注

10. 请自行选择文字参数，如行间距、字体、字号等，完成下面多段文字的标注。

平板类形体的尺寸标注，其总的标注方法是：除平板的厚度尺寸需在其他视图上标注以外，其余尺寸＜*包括定形尺寸和定位尺寸*＞全部标注在反映平板实形的视图上。

(1) 如果平板上有 n 个相同的圆孔，一般需在其中一个圆上标注 n×ϕ，并标出这些圆孔的中心距；如果圆孔是沿圆周分布的，则需要标注＜*用点画线画出的*＞其定位圆的直径。如果平板上有多个相同的回转面需要标注半径，则只需在其中一段圆弧上标注 R。

(2) 如果平板的端面为回转面，一般不能标注其长度尺寸或宽度尺寸，而是标注其圆弧半径和圆心的定位尺寸~~，如图 3-43 所示~~。

(3) 对于平板上带有半圆形的长槽，一般只标注槽宽尺寸，而不标注圆弧的半径。

(4) 当两个相对的圆弧半径相等且圆心重合时，应该标注两圆弧的直径。

第 4 章　插　入

本章学习要点

本章重点介绍在 CAXA 电子图板 2020 文档中插入各种对象的功能及其操作使用方法，主要包括块、外部引用、OLE 对象、图片以及视口等。

本章学习要求

真正从概念上理解电子图板提供的各种插入功能，要熟练掌握块、外部引用、OLE 对象、图片以及视口的操作使用方法和步骤。

为了能够充分利用丰富的已有绘图资源，电子图板提供了非常强大的插入对象功能，它允许用户把外部对象插入到当前图形中，从而实现最大化地成果继承与重复利用，提高绘图与工作效率。本章将重点介绍电子图板提供的块、外部引用、OLE 对象、图片、视口等各种插入功能的操作及其用法。

在绘图过程中，打开屏幕顶部的【插入】选项卡，会出现【块】【图库】【外部引用】【图片】【对象】等多个面板，如图 4-1 所示。点击其中的某个按钮即可调用相应的功能。如果点击某个按钮旁边的▾，则会出现一下拉菜单，在菜单中点击相应的选项也可以执行绘图命令。

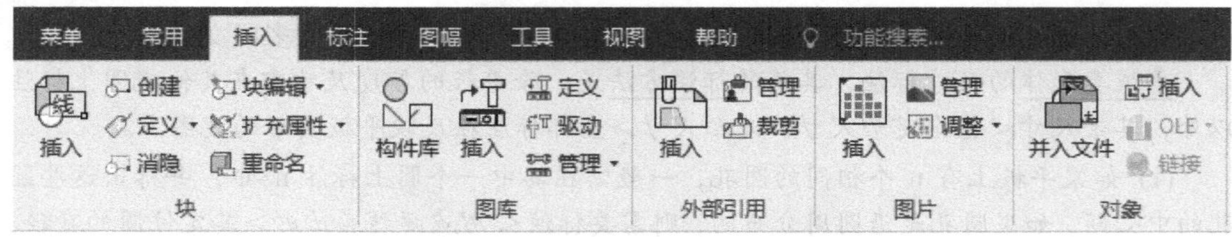

图 4-1　【插入】选项卡及其功能面板

4.1　块

在电子图板中，块是由若干不同类型的图形元素组合而成的实体集合，是一种复合型的图形实体。在绘图过程中，使用块不仅能简化操作，而且能减少重复性的工作，提高绘图效率。因此，块的应用十分广泛，其效果也十分明显。例如，系统中定义的图符、尺寸、文字、图框、标题栏、明细表等实体，就都是以块的形式存在并使用的。

电子图板定义的块具有以下特征：

(1) 块可以由用户定义。块生成后，其中所包含的各种相互独立的实体便构成了一个临时整体。特别是当块中的图形元素被修改或块被重新定义时，当前图形文件中凡是插入该块的部分都会立即更新。

(2) 利用块可以存储与该块相关的非图形信息，即块属性，如块的名称、材料、重量、体积、规格等。

(3) 块可以嵌套，即一个块可以是另一个块的构成元素。

(4) 块可以被打散，即将块进行分解，使它所包含的各种实体重新成为相互独立的图形元素。如果块出现了多层嵌套，那么在打散时，也必须逐级打散。

(5) 利用块可以实现图形的消隐，即使图形中被其他实体遮挡的部分不予显示。

(6) 块可以像其他类型的实体那样进行移动、缩放、旋转、镜像、拷贝、阵列、删除等操作，但不能对块进行裁剪、拉伸、齐边、填充等操作。有关图形的编辑功能将在第5章介绍。

(7) 块的各种功能操作主要包括创建、定义、消隐、块编辑、扩充属性以及重命令等，如图4-2所示。

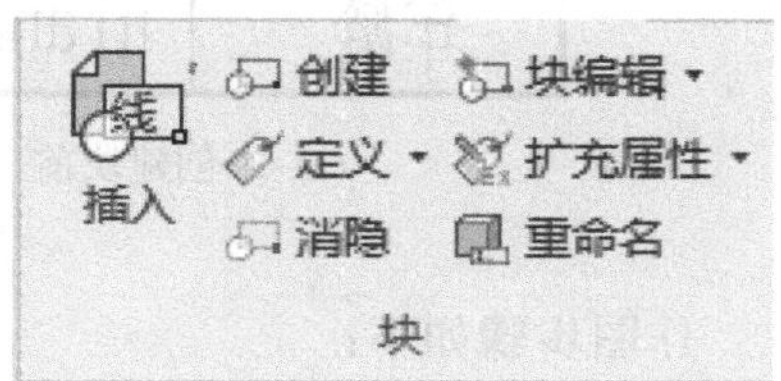

图4-2　【块】面板

4.1.1　创建块

创建块是将选择的一组图形元素定义为一个块对象。每个块对象包含块名称、若干个元素、用于插入块的基点坐标值和相关的属性数据。

1. 创建块

(1) 在如图4-2所示的面板中点击“创建”按钮，或在“无命令”状态下输入“Block”并按回车键，系统提示“拾取元素：”。

(2) 拾取欲组成块的图形元素，完成拾取后按回车键确认。

(3) 当系统提示“基准点：”时，在屏幕上输入一点。该基准点是该块在存在期间接受各种操作的参考点，一般应选择图形上的某个特征点。

(4) 指定基准点后，系统弹出如图4-3所示的【块定义】对话框。在对话框中的“名称”框中输入块的名称并点击“确定”按钮即可。

块名称最多可以包含255个字符，包括字母、数字、空格，以及操作系统或程序未作他用的任何特殊字符。块名称及块定义只保存在当前图形文档中。

在创建块时，如果输入的块名称与当前图形文档中已有块名称相同，则会弹出如图4-4所示的警示信息框。若点击“是”按钮，则原块的内容被重定义；若点击“否”按钮，则需要重新输入块名称。

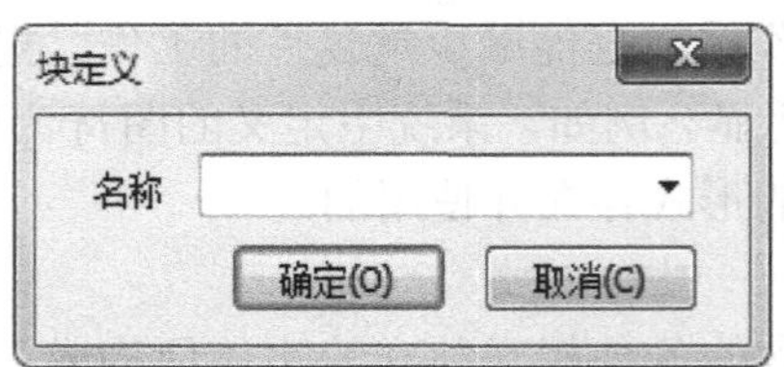

图 4-3　【块定义】对话框

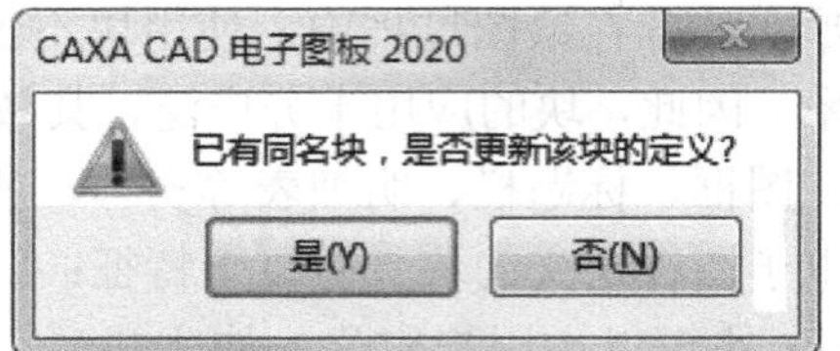

图 4-4　警示信息框

2. 创建属性块

在创建块时，如果拾取的对象中包含了若干个文本属性，则在输入了块名称之后将弹出一个【属性编辑】对话框。待用户对块中的属性进行编辑后，才完成块的创建。

【例 4-1】　将如图 4-5(a)所示的表格定义为块，结果如图 4-5(b)所示。

姓名	xingming
年龄	nianling

(a) 未创建块前

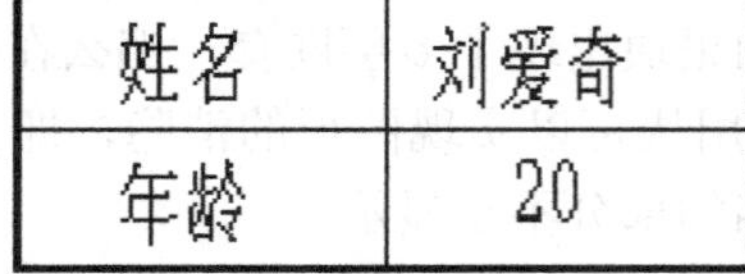

姓名	刘爱奇
年龄	20

(b) 创建块后

图 4-5　创建块

作图步骤如下：

(1) 准备好创建块所需的图形及属性对象，包括图形(直线构成的表格)、文本(姓名、年龄)、属性(xingming、nianling)，如图 4-5(a)所示。关于属性定义将在 4.1.3 节介绍。

(2) 在“无命令”状态下输入“Block”并按回车键，系统提示“拾取元素:”。用户拾取如图 4-5(a)所示的全部对象后按回车键。

(3) 根据提示，选择表格的左下角点作为基准点。

(4) 在弹出的【块定义】对话框中输入块的名称“BBB”，并点击“确定”按钮。

(5) 系统弹出如图 4-6 所示的【属性编辑】对话框，其中显示出该块的名称、已定义的两个属性及其属性值。用户可以对其属性值进行重新输入或编辑。

(6) 在对话框中点击“确定”按钮，即完成属性块的创建，结果如图 4-5(b)所示。

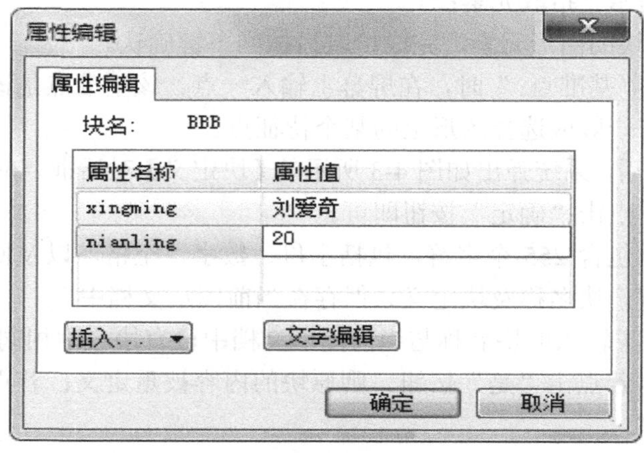

图 4-6　【属性编辑】对话框

说明：如果欲对块中的属性进行修改，则双击它所在的块，此时系统将弹出【属性编辑】对话框，从中选择某个属性值再点击"文字编辑"按钮打开【文本编辑器—多行文字】对话框进行编辑即可。

4.1.2 插入块

插入块是将已经创建的块插入到当前图形文件中。

(1) 在如图 4-2 所示的面板中点击"插入"按钮，或在"无命令"状态下输入"Insertblock"并按回车键，系统弹出如图 4-7 所示的【块插入】对话框。

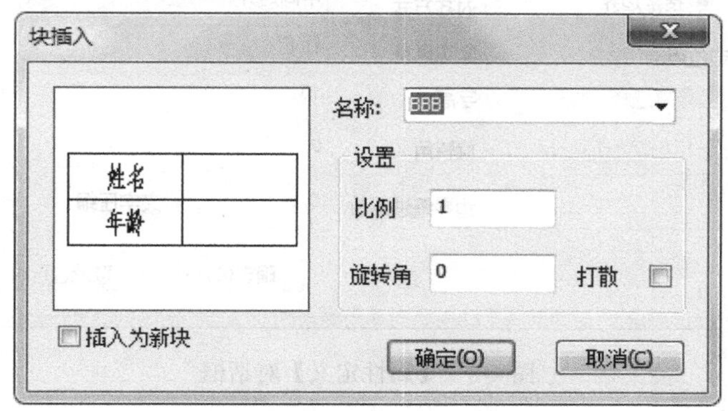

图 4-7　【块插入】对话框

(2) 点击"名称"后面的下拉列表框，从中选择当前图纸中已建立的块名称并从左边的预览框中察看块的内容。

(3) 在"设置"栏中对准备插入的块进行参数设置。例如，在两个编辑框中分别输入插入块的缩放比例和旋转角度。若勾选"打散"复选框，则在块插入后即变为分解状态，否则仍然是一个块。

(4) 如果勾选"插入为新块"复选框，则将插入的块定义为一个新块，这时的"打散"复选框不可用。届时系统将弹出一对话框，需要用户输入一个新名称。

(5) 完成以上设置后点击"确定"按钮，系统提示"插入点:"。由用户给定一点以确定块的放置位置。

(6) 如果被插入的块中含有属性，则系统还将弹出【属性编辑】对话框以便对其属性值进行编辑。最后点击"确定"按钮，所选择的块即被插入到当前图形中的指定位置。

4.1.3 属性定义

属性定义用于为块定义属性，即创建属性对象。机械零件的属性一般包括零件编号、名称、材料、数量等信息。

在如图 4-2 所示的面板中点击"定义"按钮旁边的▾，在出现的下拉菜单中选择"属性定义"项，或在"无命令"状态下输入"Attrib"并按回车键，系统弹出如图 4-8 所示的【属性定义】对话框。该对话框包括模式、定位方式、定位点、属性、文本设置等部分。

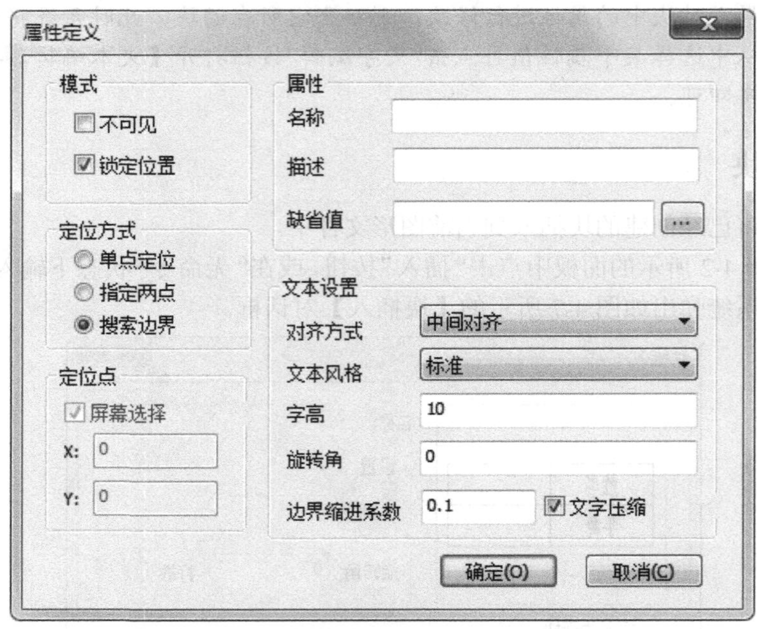

图 4-8　【属性定义】对话框

1. 模式

模式部分用于定义块属性的模式。

(1) 如果勾选“不可见”复选框，则所创建的属性会被隐藏起来、是不可见的；否则均为可见。

(2) 如果勾选“锁定位置”复选框，则所创建的属性在包含它的块中位置相对固定；否则，它在块中的位置是可以改变的。

2. 定位方式

定位方式部分用于选择定义块属性时的定位方法。

(1) 如果选择“单点定位”单选钮，则将通过给定一点来确定块属性在图形中的位置。

(2) 如果选择“指定两点”单选钮，则将通过给定两点确定一个矩形范围，所创建的块属性即位于该矩形内。

(3) 如果选择“搜索边界”单选钮，则需要在一个封闭的区域内拾取一点，然后由系统根据该点自动搜索出边界并将块属性放置在其中。

3. 定位点

定位点部分只有在选择了“单点定位”时才被激活。

在创建块属性时，如果用户勾选了“屏幕选择”复选框，则需要用户使用鼠标在图形中拾取一点作为该块属性的定位点。否则，就需要在对话框中的“X：”和“Y：”两个编辑框中输入定位点的坐标值。

4. 属性

属性部分用于定义块的属性。

(1) 在“名称”框内输入块属性的名称，可以使用除空格外的任何字符组合。

(2) 在“描述”框内指定插入包含该属性定义的块时显示的提示。如果不输入提示，则系统将用属性名称作为提示。

(3) 在“缺省值”框内指定块属性的默认值。系统允许块属性没有默认值。

5. 文本设置

文本设置部分用于定义块属性的文字格式。

(1) 在“对齐方式”下拉列表中选择文字的对齐方式，如中间对齐、左上对齐等。

(2) 在“文本风格”下拉列表中选择文本风格，如标准等。

(3) 在“字高”和“旋转角”编辑框中分别设置文本的字高与旋转角度。

(4) 在“边界缩进系数”编辑框中设置文本的边界缩进系数。该选项只对“搜索边界”定位方式有效。

(5) 勾选“文字压缩”复选框，当文本字数较多或字号较大、在给定的范围内放置不下时，可以压缩文字至合适的大小。故该选项对“单点定位”方式无效。

(6) 点击“确定”按钮，关闭对话框，即完成块属性定义。

接下来，当系统提示“拾取环内点：”时，选择一封闭图形并在其中给定一点，即完成了属性的创建。

说明：用户创建的属性在图形中是以其名称的形式显示的。欲使属性显示其属性值，则需要使用“创建块”功能将属性包含在一个块中。

4.1.4 更新块引用属性

如果当前图形文件以“绑定”的方式引用了其他图形文件中带有属性的块，则当这些块属性在原文件中发生改变时，可以使用“更新块引用属性”在当前文档中得到更新。

(1) 在如图 4-2 所示的面板中点击“定义”按钮旁边的▾，在出现的下拉菜单中选择“更新块引用属性”项，系统弹出如图 4-9 所示的【更新属性】对话框。

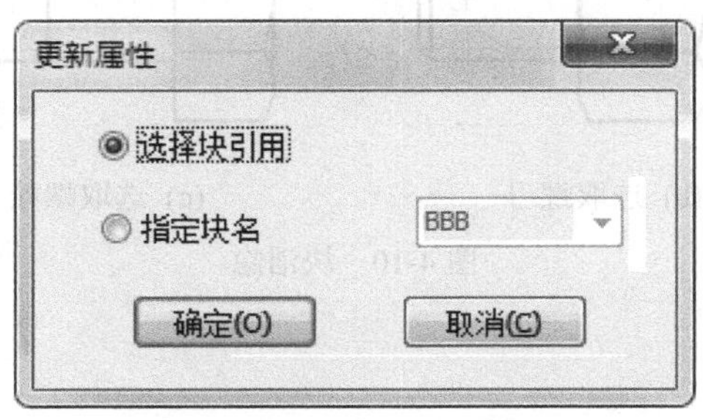

图 4-9 【更新属性】对话框

(2) 如果选择“选择块引用”，则需要点击“确定”按钮关闭对话框，在绘图区拾取所需块即可实现属性更新。

(3) 如果选择“指定块名”，则需在它旁边的下拉列表中选择要更新的块名，然后点击“确定”按钮即可实现属性更新。

说明：关于外部引用请参见 4.2 节。

4.1.5　块消隐

块消隐是利用块作为前景图形区，自动擦除该区域内的其他图形，实现二维消隐。

能用作前景图形区的块，既可以是用户定义的，也可以是系统绘制的各种工程图符，但所使用的块必须具有封闭的外轮廓，否则系统不执行消隐操作。

(1) 在如图 4-2 所示的面板中点击按钮，或在“无命令”状态下输入“Hide”并按回车键，系统显示立即菜单1. 消隐，并提示“请拾取块引用:”。

(2) 由用户拾取欲消隐的块，被拾取的块即自动置为前景图形区，而其他图形中与之重叠的部分即被隐藏。

(3) 如果在立即菜单“1.”中选择“取消消隐”，则当提示“请拾取块引用:”时，由用户拾取的块即取消消隐。

图 4-10 是一个块消隐的例子。其中，图(a)给出了螺栓和螺母，二者都是事先定义好的块；图(b)中拾取的是螺母，螺母作为前景图形区；图(c)中拾取的是螺栓，螺栓作为前景图形区。其不同之处是显而易见的。

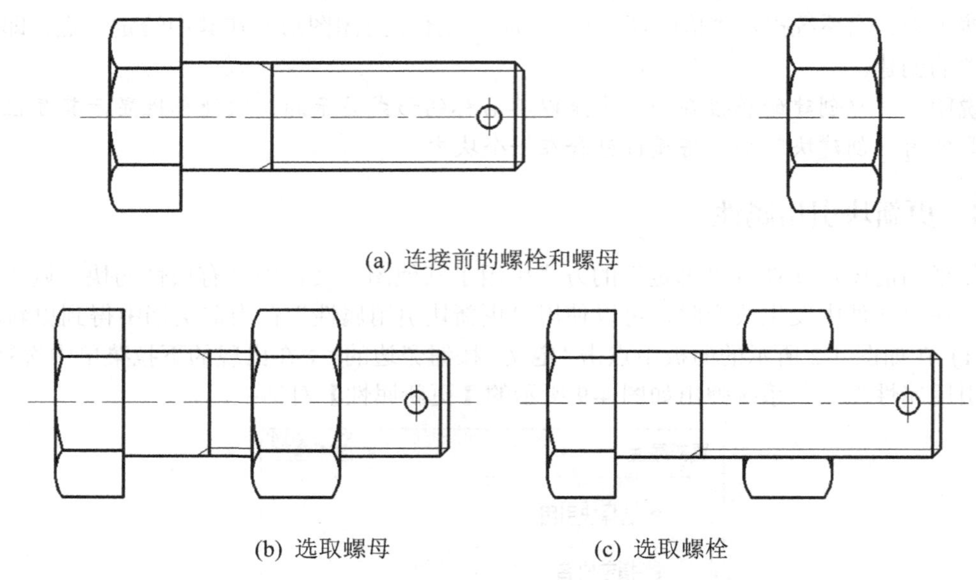

(a) 连接前的螺栓和螺母

(b) 选取螺母　　(c) 选取螺栓

图 4-10　块消隐

4.1.6　块编辑

对于插入到当前图形的块，可以编辑其各种特性，包括块中的对象、颜色和线型、块属性数据和定义等。

1. 块编辑

块编辑是通过对块定义进行编辑，使块中的内容得到更新。

(1) 在如图 4-2 所示的面板中点击“块编辑”按钮旁边的，在出现的下拉菜单中选择“块编辑”项，或在“无命令”状态下输入“Bedit”并按回车键，系统提示“拾取要编辑的块:”。

(2) 用户拾取要编辑的块之后，系统打开【块编辑器】窗口，并将拾取的块显示在其中。在此，用户可以利用各种命令或功能对块进行编辑修改；可以双击某个属性名称弹出【属性编辑】对话框对该属性进行编辑；也可以点击窗口顶部的“属性定义”按钮为块定义新的属性等。

(3) 点击窗口顶部的“退出块编辑”按钮，系统将提示“是否保存修改：”和“是否更新当前块的属性：”，在得到用户的确认后即完成块编辑。

2. 块在位编辑

块编辑只能把被编辑的块显示在屏幕上，其他的对象均被隐藏了起来。而块在位编辑是在不脱离当前绘图环境的状态下，用户的各种操作(如标注、测量等)可以参照当前图形中的其他对象(此时已呈灰色，不能修改)对块进行编辑修改，从而使块的编辑更快捷高效。

(1) 在如图 4-2 所示的面板中点击“块编辑”按钮旁边的▾，在出现的下拉菜单中选择“块在位编辑”项，或在“无命令”状态下输入“Refedit”并按回车键，并提示“拾取要编辑的块：”。

(2) 用户拾取要编辑的块之后，系统将处于“块在位编辑”状态。尽管如此，用户仍然可以使用电子图板的各种命令和功能对当前块进行编辑修改等操作，就如同在正常的绘图环境下一样。

(3) 点击窗口顶部的“添加到块内”按钮，然后可从当前显示为灰色的图形中拾取对象并确认，则拾取的对象将被加入到正在编辑的块中；点击“从块中移出”按钮，然后可从当前正在编辑的块中拾取部分对象并确认，则拾取的对象即从块中被清除从而恢复其原有图形属性。

(4) 点击窗口顶部的“保存退出”按钮，则本次块的编辑有效并退出在位编辑状态。点击“不保存退出”按钮，则放弃本次的块编辑并退出在位编辑状态。

4.1.7　扩充属性

1. 块扩展属性定义

在电子图板中，系统已经建立了大量且非常丰富的块。这些块一般都拥有事先定义的属性，如代号、名称、重量、材料等。如果用户想删除其中的一些属性，或者添加一些新的属性，则需要使用“块扩展属性定义”功能。

(1) 在如图 4-2 所示的面板中点击“扩充属性”按钮旁边的▾，在出现的下拉菜单中选择“块扩展属性定义”项，系统将弹出如图 4-11 所示的【块扩展属性表】对话框。

(2) 在对话框左侧的列表中选择一个属性，然后点击“增加属性”按钮，则新添加的属性即出现在所选属性名称的前面；在列表中选择一个属性，然后点击“删除属性”按钮，则所选属性名称即从列表中删除。点击“属性重置”按钮可将属性列表恢复为原来的状况。

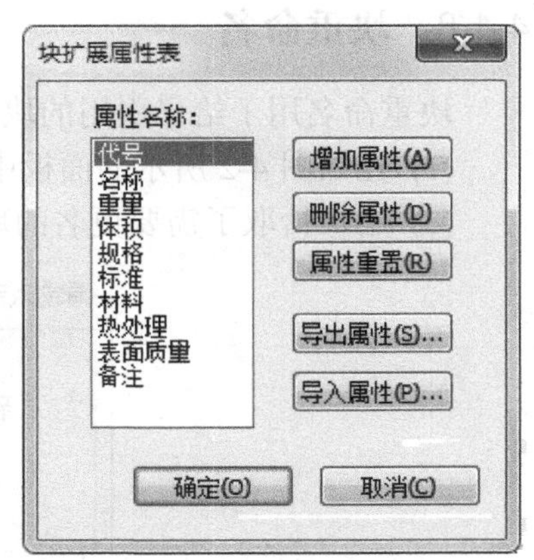

图 4-11　【块扩展属性表】对话框

(3) 在对话框中，点击“导出属性”按钮，系统将打开【存储块扩展属性文件】对话框，该对话框可将属性列表以*.atf 文件形式保存；点击“导入属性”按钮，系统将弹出【打开块扩展属性文件】对话框，该对话框可将已保存在*.atf 文件中的属性导入当前图形中。

(4) 完成上述操作后，点击“确定”按钮即可。

说明：当带有扩展属性的块作为一个零件或部件生成序号时，块中的扩展属性能够自动填写到明细表中，而且能够做到零件序号与明细表表行双向关联。

2. 块扩展属性编辑

块扩展属性编辑用于对选择的块进行扩展属性值的录入或编辑。

(1) 在如图 4-2 所示的面板中点击“扩充属性”按钮旁边的▾，在出现的下拉菜单中选择“块扩展属性编辑”选项，系统将提示“拾取要编辑的块：”。

(2) 由用户拾取一个需要编辑的块后，将弹出如图 4-12 所示的【填写块扩展属性内容】对话框。如果该块中没有包含扩展属性，或者其扩展属性值为空缺，则对话框中的“属性值”项将是空白。

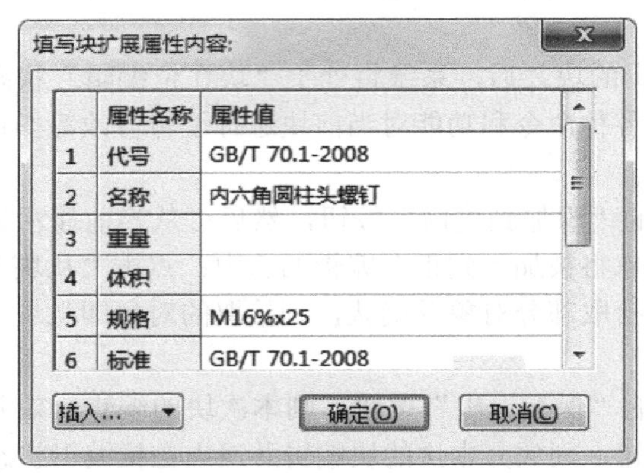

图 4-12　【填写块扩展属性内容】对话框

(3) 在对话框中为相关属性进行赋值或修改，最后点击“确定”按钮即可完成块扩展属性的编辑。

4.1.8　块重命名

块重命名用于给已引用的块更名。

(1) 在如图 4-2 所示的面板中点击按钮，系统提示“请拾取块引用：”

(2) 用户拾取了需要更名的块后，将弹出如图 4-13 所示的【请输入新的块名】对话框。

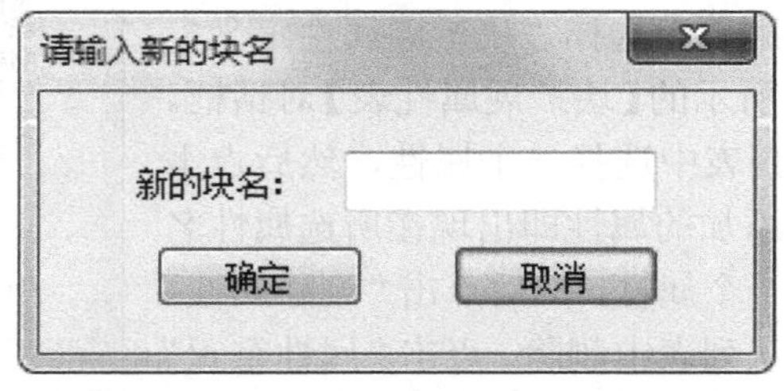

图 4-13　【请输入新的块名】对话框

(3) 在对话框中输入新的块名，然后点击“确定”按钮即完成块的重命名。

4.2　外 部 引 用

外部引用是不同电子图板文件之间调用外部数据的方法。与并入文件不同的是，外部引用并非将引用数据直接嵌入当前文件中，而是记录这个外部引用对象所在文件的路径。每次读取含有外部引用的图纸时，都会相应地去读取该图纸链接到的引用文件。因此，一定要将对应的引用文件放置在图纸文件记录的路径下。

用户打开【插入】选项卡，就会显示出【外部引用】面板，如图 4-14 所示。

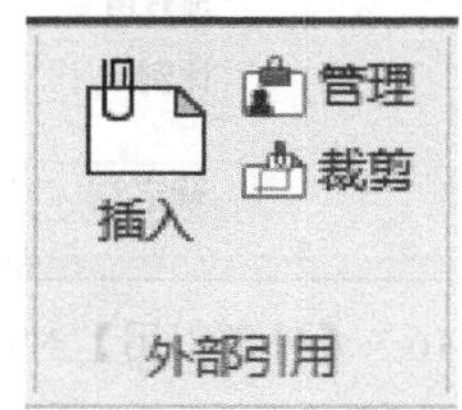

图 4-14　【外部引用】面板

4.2.1　插入外部引用

插入外部引用是将其他电子图板文件插入当前图形中进行显示。

(1) 在如图 4-14 所示的【外部引用】面板上点击按钮，或在“无命令”状态下输入“Exrefattach”并按回车键，弹出如图 4-15 所示的【请选择引用文件】对话框。

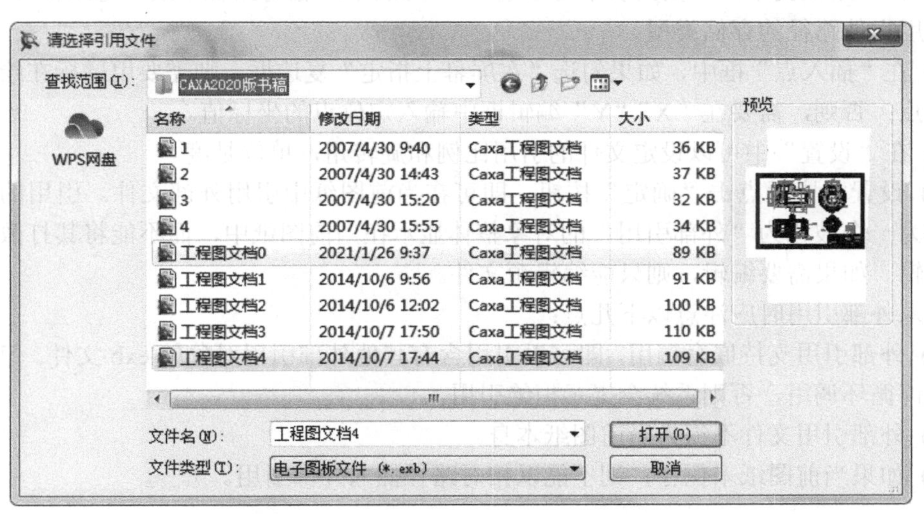

图 4-15　【请选择引用文件】对话框

(2) 在对话框中选择外部引用文件后，点击“打开”按钮，弹出如图 4-16 所示的对话框。该对话框显示了当前外部引用文件的名称、位置、引用类型、设置等信息。

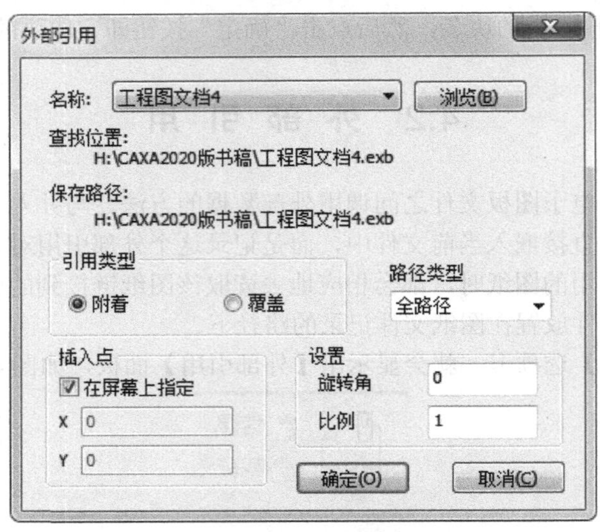

图 4-16　【外部引用】对话框

(3) 在对话框中对选项进行必要的设置。

① 点击“浏览”按钮可回到【请选择引用文件】对话框以重新选择引用文件。

② 在“引用类型”中可以选择“附着”或“覆盖”。这主要用于在多层嵌套引用下确定外部引用对同名文件引用行为进行控制。如果以“附着”方式引用，则即使是同名文件引用，也会严格按照目录结构作为不同名文件引用而单独存储关联路径于图纸中；如果以“覆盖”方式引用，则同名文件引用将直接使用已有文件链接，达到简化数据结构的目的。

③ 在“路径类型”下拉列表中可以选择“全路径”“相对路径”或“无路径”，以确定外部引用文件路径的存储类型。

④ 在“插入点”框中，如果勾选“在屏幕上指定”复选框，则需要用鼠标在绘图区拾取插入点；否则，需要在“X”“Y”编辑框中输入定位点的坐标值。

⑤ 在“设置”中可以设定文件的引用比例和旋转角，单位是度。

(4) 设置完毕后点击“确定”按钮，即可在当前图纸中引用外部文件。引用的外部文件将作为一个被称为“外部引用”的对象整体显示在当前图纸中，而不能将其打散或进行内部编辑。如果需要编辑，则只能编辑源文件。

插入外部引用时应注意以下几点：

(1) 外部引用支持嵌套调用，即可以引用含有其他外部引用对象的 exb 文件。但外部引用不允许循环调用，否则系统会提示拒绝引用。

(2) 外部引用文件不得为当前图纸本身。

(3) 如果当前图纸未保存，则不能以相对路径插入外部引用。

4.2.2　外部引用管理器

外部引用管理器用于对当前图形中的外部引用文件进行管理。

(1) 在如图 4-14 所示的【外部引用】面板上点击按钮，或在“无命令”状态下输入“Exrefmanage”并按回车键，系统将弹出如图 4-17 所示的【外部引用管理】对话框。

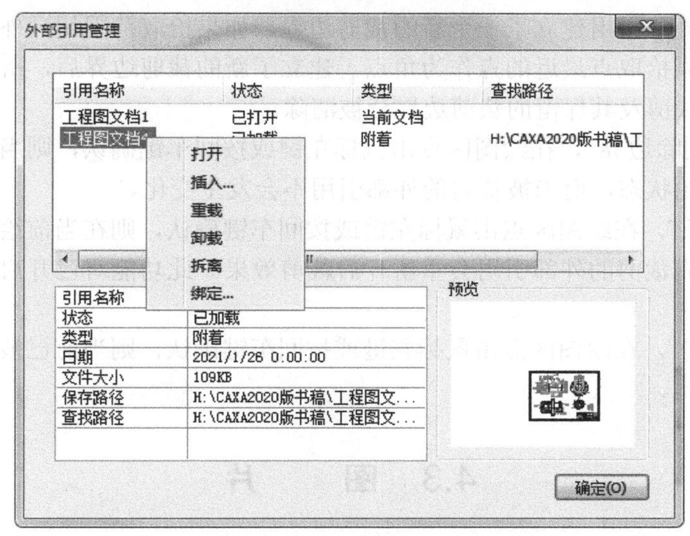

图 4-17　【外部引用管理】对话框

(2) 在上述对话框中，选择一个文件名称，可以查看当前打开的图纸、外部引用的图纸及图片的概况和预览。

(3) 在对话框中选择一个外部引用文件并点击鼠标右键，即出现菜单，利用此菜单可对图纸或图片进行相关操作。

① 打开：在列表中选择一个已加载的文件，将其打开。

② 插入：在列表中选择一个文件，点击“插入”按钮将出现【外部引用】对话框，利用此对话框可将文件插入当前图纸中。

③ 重载：将列表中已卸载的文件进行重新加载。

④ 卸载：将列表中已加载的文件进行卸载，即不显示加载的文件内容，只保留文件路径。

⑤ 拆离：将列表中选择的文件与当前图形文件彻底剥离。

⑥ 绑定：将列表中选择的文件与当前图形文件绑定，或者插入当前图形文件中。

(4) 点击“确定”按钮，可关闭对话框并结束外部引用管理。

4.2.3　外部引用裁剪

外部引用裁剪是指在后台保存外部引用数据不变的情况下控制外部引用仅显示一部分内容或显示全部内容。

(1) 在如图 4-14 所示的【外部引用】面板上点击按钮，或在“无命令”状态下输入“Xclip”并按回车键，系统提示“请拾取裁剪的外部引用：”。

(2) 根据提示，在绘图区选择需要裁剪的外部引用并确认，弹出如图 4-18 所示的立即菜单，提示“请选择裁剪的方式或输入边界左上角点：”。

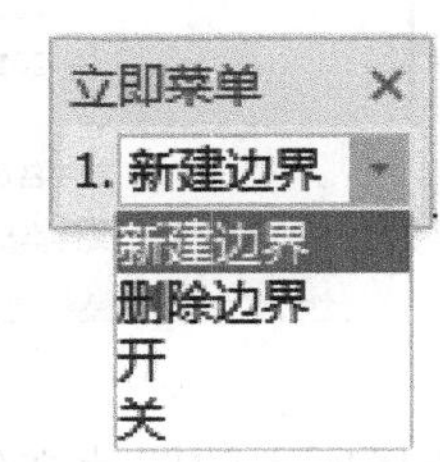

图 4-18　“外部引用裁剪”立即菜单

(3) 选择“新建边界”，在绘图区拾取对角两点，即为当前选定的外部引用建立了一个新的裁剪边界。如果拾取范围超过外部引用范围，则把外部引用上距离拾取点最近的点作为角点。建立了新的裁剪边界后，所选外部引用即被裁剪，而原来的裁剪及其保留的裁剪边界会被清除。

(4) 选择“删除边界”，在绘图区点击鼠标左键或按回车键确认，则当前被裁剪的外部引用会还原为原始状态，而未被裁剪的外部引用不会发生变化。

(5) 选择“开”，在绘图区点击鼠标左键或按回车键确认，则在当前绘图区保留裁剪边界信息，但未开启裁剪的外部引用会重新开启裁剪效果。此功能对已开启裁剪或未裁剪的外部引用无效。

(6) 选择“关”，在绘图区点击鼠标左键或按回车键确认，则当前已被裁剪外部引用的裁剪效果会被关闭。

4.3　图　　片

在绘制 CAD 图形时，许多情况下需要插入一些图片作为底图或实物参考，与需要绘制的图形结合起来，用于 Logo 设计。电子图板可以将图片添加到基于矢量的图形中作为参照，并且可以查看、编辑和打印。

打开【插入】选项卡，就会显示出【图片】面板，如图 4-19 所示。

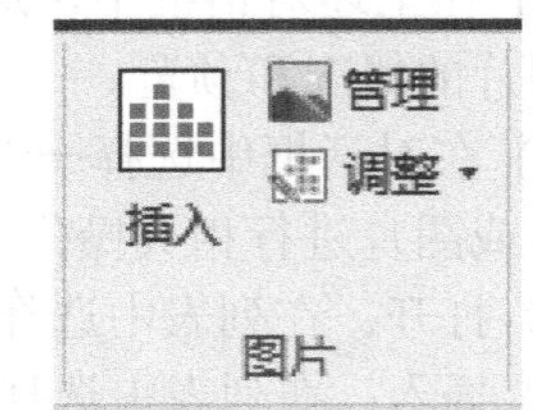

图 4-19　【图片】面板

4.3.1　插入图片

插入图片是将所需的光栅图像插入当前图形中。

(1) 在如图 4-19 所示的【图片】面板上点击按钮，或在“无命令”状态下输入“Imageins”并按回车键，弹出如图 4-20 所示的【打开】对话框。

图 4-20　【打开】对话框

(2) 选择所需的图片文件，点击“打开”按钮，将弹出如图 4-21 所示的【图像】对话框。

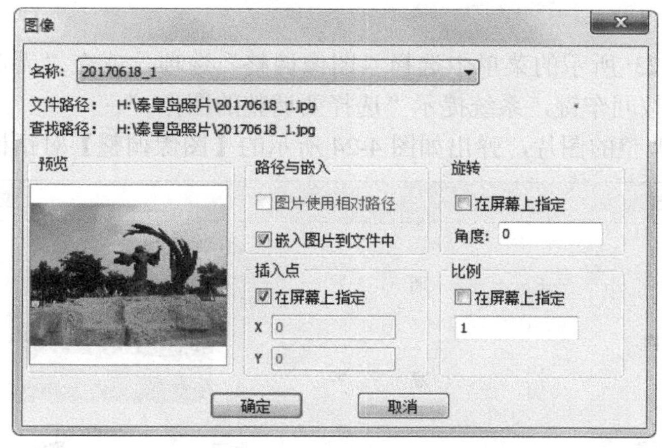

图 4-21　【图像】对话框

(3) 在该对话框中进行必要的设置，点击“确定”按钮即把图片插入图形中。

4.3.2　图片管理

图片管理是通过统一的图片管理器设置图片文件的保存路径等参数。

(1) 在如图 4-19 所示的【图片】面板上点击按钮，或在“无命令”状态下输入“Image”并按回车键，弹出如图 4-22 所示的【图片管理器】对话框。

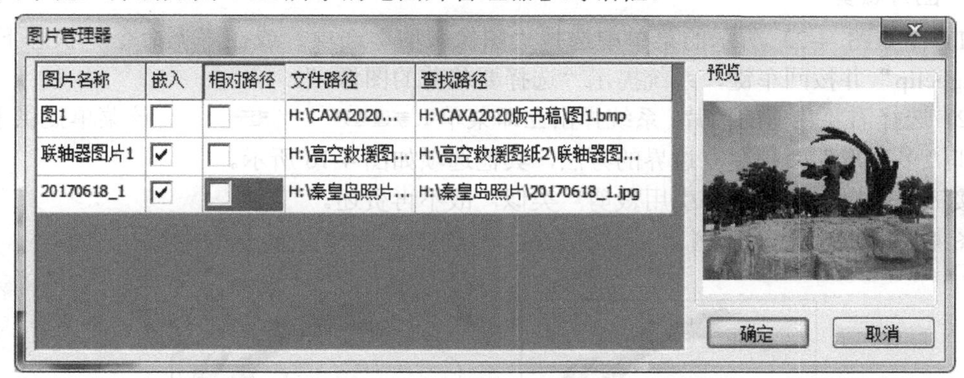

图 4-22　【图片管理器】对话框

(2) 在该对话框中点击“嵌入”和“相对路径”复选框即可进行修改。

说明：要使用相对路径链接，必须先将当前电子图板文件存盘。

4.3.3　图片调整与裁剪

图片调整是指对插入图片的亮度和对比度进行调整，使其达到最佳的显示效果；而图片裁剪是指在后台保存图片数据不变的情况下，控制图片仅显示一部分内容或显示全部内容。

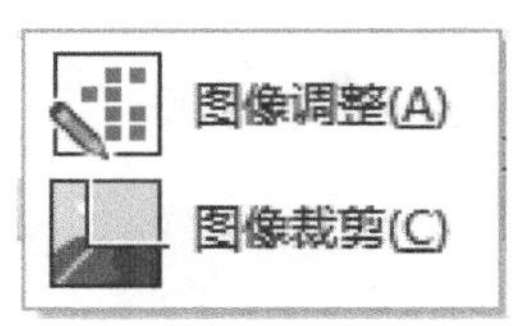

图 4-23　“调整”下拉菜单

在如图 4-19 所示的【图片】面板上点击“调整”按钮旁边的▾，将出现如图 4-23 所示的下拉菜单。

1. 图片调整

(1) 在如图 4-23 所示的菜单中选择“图像调整”选项，或在“无命令”状态下输入“Imageadjust”并按回车键，系统提示“选择要调整的图像:”。

(2) 选择需要调整的图片，弹出如图 4-24 所示的【图像调整】对话框。

图 4-24 【图像调整】对话框

(3) 在对话框上拖动滑块可分别调整图片的亮度和对比度，待合适后点击“确定”按钮即可。

说明：双击需要调整的图片，也可弹出【图像调整】对话框对图片进行调整，以达到最佳的显示效果。

2. 图片裁剪

(1) 在如图 4-23 所示的菜单中选择“图像裁剪”选项，或在“无命令”状态下输入“Imageclip”并按回车键，系统提示“选择要裁剪的图像:”。

(2) 选择需要裁剪的图片，系统弹出立即菜单 1.新建边界 2.矩形 。该菜单提供了“矩形”和“多边形”两种建立边界的方法，其他选项如图 4-18 所示。

接下来的操作与“外部引用裁剪”类似，故不再赘述。

图 4-25 是图片裁剪示例。

(a) 矩形边界

(b) 多边形边界

图 4-25 图片裁剪示例

4.4 OLE 对象

对象链接与嵌入(Object Linking and Embedding，OLE)是 Windows 提供的一种机制，它

可以使用户将其他 Windows 应用程序创建的对象(如图片、图表、文本、电子表格等)插入当前图形文件中。该功能可以满足用户多方面的需要，能方便快捷地创建形式多样的文件。OLE 的主要操作有插入对象、打开对象、转换对象、链接对象、查看对象的属性等。此外，用电子图板绘制的图形也可以作为 OLE 对象插入其他支持 OLE 的软件中。

打开【插入】选项卡，显示【对象】面板，如图 4-26 所示。

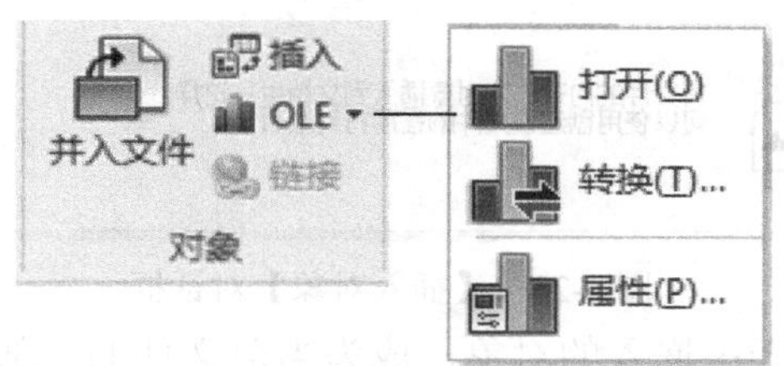

图 4-26　【对象】面板与“OLE”菜单

4.4.1　插入对象

在文件中插入对象，既可以新创建对象，也可以将已有文件作为一个对象插入。由文件创建的对象可以嵌入当前图形文件中，也可以链接到当前图形文件中。

(1) 在如图 4-26 所示的【对象】面板中选择“插入”选项，或在“无命令”状态下键入“Insertobject”并按回车键，系统将弹出如图 4-27 所示的【插入对象】对话框。

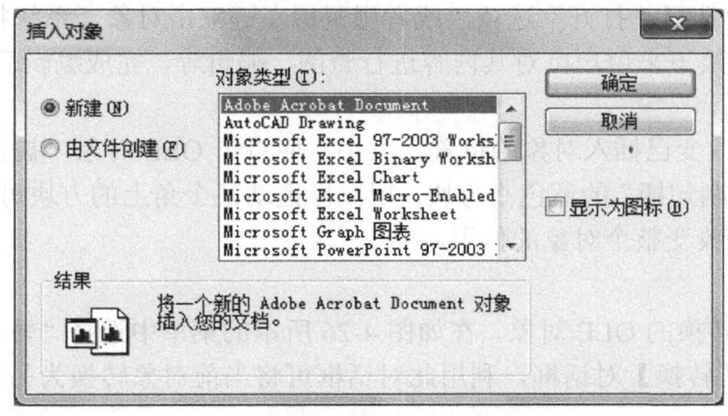

图 4-27　【插入对象】对话框

(2) 如果在对话框中选择“新建”，则以创建新对象的方式插入对象。用户可在“对象类型”列表框中选择系统已注册的 OLE 对象类型，点击“确定”按钮后将弹出相应的对象编辑窗口，利用此对话框可对插入对象进行创建和编辑。待编辑完成后，点击“文件”→“退出并返回”菜单项，即可将创建的对象插入当前图形中。

(3) 如果在对话框中选择“由文件创建”，则对话框变为如图 4-28 所示的对话框。点击其中的“浏览”按钮，弹出【浏览】对话框，从中查找并选择所需的文件，点击“打开”即返回到【插入对象】对话框。点击“确定”按钮后，该文件将以对象的方式嵌入当前图形中。

(4) 如果在对话框中勾选“链接”复选框，则点击“确定”按钮后，该对象即以链接方式插入当前图形中；如果勾选“显示为图标”复选框，则被插入对象将以图标显示而不显示对象的实际内容。

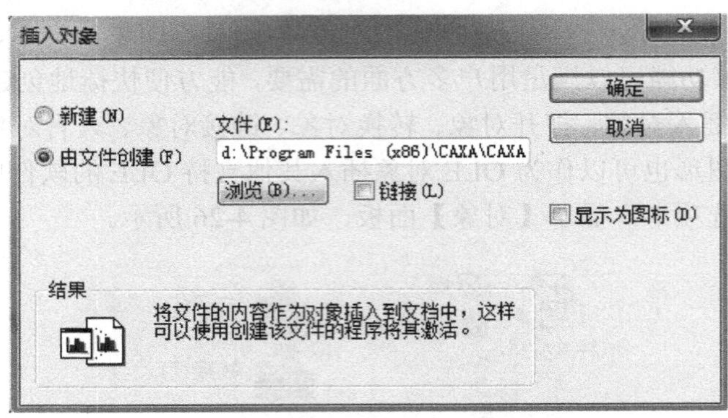

图 4-28 【插入对象】对话框

嵌入与链接的区别在于：嵌入的对象已成为当前文件的一部分，当源文件被修改时，当前文件中的对象不被更新；而链接的对象并不真正成为当前文件的一部分，只是建立了一个链接，当源文件被修改时，当前文件中的对象也会自动更新。

4.4.2 OLE 对象操作

OLE 对象操作主要包括打开对象、转换对象、查看对象的属性等。

1. 打开对象

(1) 用户要想编辑已插入对象的内容，首先应选择所要编辑的 OLE 对象，然后在如图 4-26 所示的菜单中选择“打开”选项，或者用鼠标左键双击对象，系统将使用相应的窗口编辑器将其打开。接下来用户可对其内容进行查阅、编辑等，完成编辑后按“Esc”键即可返回电子图板。

(2) 用户要想改变已插入对象的位置、大小，应点击 OLE 对象，被拾取的对象上会出现五个被称为“控制句柄”的蓝色小方块。用鼠标拖动某个角上的方块可改变对象的大小，拖动中央的方块可改变整个对象的位置。

2. 转换对象

(1) 选择所需转换的 OLE 对象，在如图 4-26 所示的菜单中选择“转换”选项，则出现如图 4-29 所示的【转换】对话框，利用此对话框可将当前对象转换为另外一种格式。

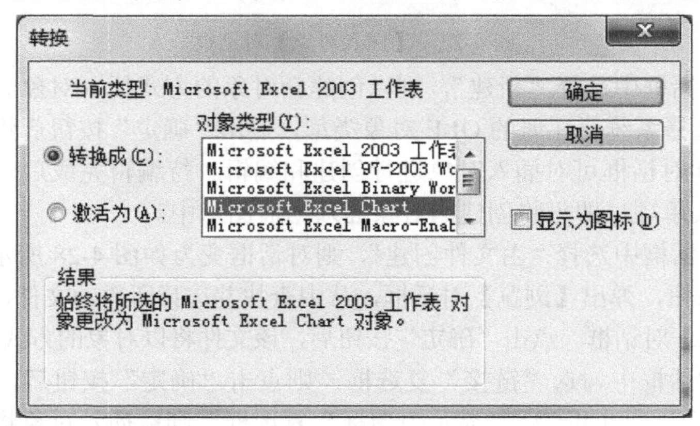

图 4-29 【转换】对话框

(2) 在该对话框中，如果选择“转换成”单选钮，然后在“对象类型”列表框中选择要转换的文件类型，则可将对象转换成所选的文件格式；如果选择“激活为”单选钮，则可将当前文件中的同类对象作为一个对象来启动。

(3) 在对话框中点击“确定”按钮即可。

3. 查看对象的属性

查看对象的属性包括查看、转换 OLE 对象的属性，更改对象的大小、图标及其显示方式。如果对象是以链接方式插入文件中的，则还可以实现对象的链接操作。

(1) 选中某个 OLE 对象，比如选择一个 Word 对象，该对象上出现“控制句柄”。

(2) 在如图 4-26 所示的菜单中选择“属性”选项，或在“无命令”状态下键入“Objectatt”并按回车键，系统弹出如图 4-30 所示的【已链接文档属性】对话框。如果用户选择的是一个链接对象，则该对话框中会增加一个“链接”标签。

(a) “常规”标签

(b) “查看”标签

(c) “链接”标签

图 4-30 【已链接文档属性】对话框

① “常规”标签显示了对象的类型、大小和位置等属性信息。在该标签中还有一个“转换”按钮。由于嵌入对象会使当前文件变得比较大，因此，当确认嵌入对象不需要修改时，

点击“转换”按钮，可将对象转换为与设备无关的图形格式，这样可大大压缩文件的大小。完成转换后，可点击“应用”按钮使之生效。

② “查看”标签用于设置 OLE 对象的显示方式及缩放比例等。具体来说，如果选择“显示为可编辑的信息”，则所选对象将以实际内容显示，此时可在“缩放比例”编辑框中输入百分比以改变对象的大小；如果勾选“相对于原始尺寸”，则会按照对象插入时的原始大小乘以缩放百分比所得到的尺寸来显示。另外，如果选择“显示为图标”，则所选对象将以图标的形式显示，并可点击“更改图标”按钮来更改其图标。

③ “链接”标签用于更改源对象、打开源对象、更新对象内容以及断开链接，具体请参见 4.4.3 节。

4.4.3　链接对象

被链接的 OLE 对象并不能真正成为当前文件的一部分，而是保留了与源文件的链接关系。利用这种关系，用户可对源文件进行操作，必要时可断开这种关系。

(1) 选中以链接方式插入的 OLE 对象，该对象上出现“控制句柄”。

(2) 在如图 4-26 所示的【对象】面板中点击按钮，或者按“Ctrl+K”键，弹出如图 4-31 所示的【链接】对话框。该对话框列出了当前文件中已存在的所有链接对象的源、类型及更新方式。用鼠标点击某个链接，该链接即处于选中状态，对话框中的所有按钮也将变为可用，从而可对该链接进行各种操作。

说明：如果当前文件中没有链接对象存在，则【对象】面板中的按钮呈灰色，拒绝用户选择。

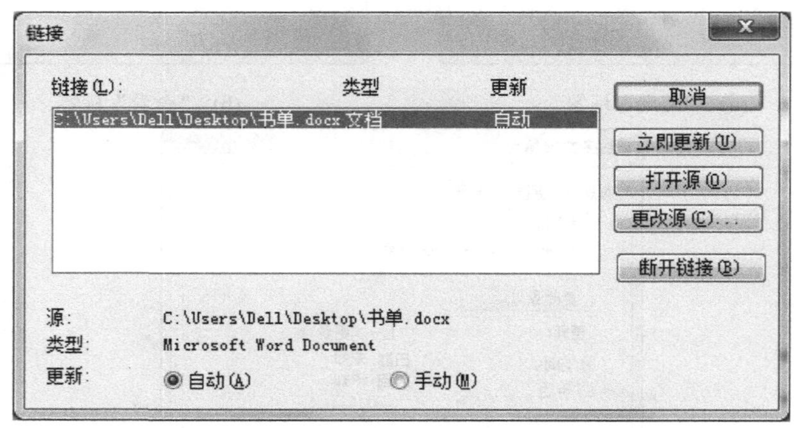

图 4-31　【链接】对话框

(3) 【链接】对话框提供了两种更新方式。若选择“自动”，则会根据源文件的改变自动更新；若选择“手动”，则需用户点击“立即更新”按钮才会更新链接对象。

(4) 点击“打开源”按钮，可将链接对象的源文件打开以实现编辑。

(5) 点击“更改源”按钮，将弹出【更改源】对话框，从中选择与原来对象类型相同的其他文件并点击“确定”按钮，即可更换源对象。

(6) 点击“断开链接”按钮，系统将弹出一个信息框询问用户是否断开此链接。由用户确认后，用户所选对象的链接被断开，图形中相应的链接对象变为嵌入对象，以后则不能再对该对象的链接进行编辑操作。

(7) 完成各项操作后，点击“关闭”按钮退出对话框。

4.4.4　将图形对象插入到其他程序中

用电子图板绘制的图形也可以作为一个 OLE 对象插入到其他支持 OLE 的软件中。下面就以 Word 文件为例，介绍如何将电子图板绘制的图形插入其中。

在 Word 文件中插入图形对象，可以新创建对象，也可以将已有的.exb 文件作为一个对象插入。新创建的对象可以是嵌入也可以是链接。

(1) 在 Word 编辑状态下，将光标移动到要插入图形对象的位置。

(2) 点击菜单中的“插入”→“对象”选项，弹出如图 4-32 所示的【对象】对话框。该对话框与图 4-27 所示的对话框虽然外观不同，但使用方法都一样，创建对象的方法也是两种：“新建”和“由文件创建”。

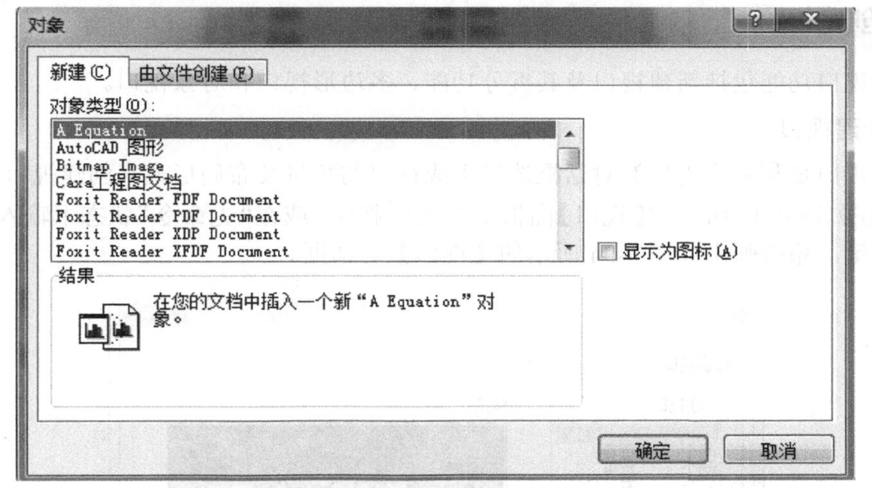

图 4-32　【对象】对话框

(3) 在“新建”标签的“对象类型”列表框中选择“Caxa 工程图文档”，点击“确定”按钮后，将会自动打开电子图板的编辑窗口，用户可以绘制所需图形。

(4) 完成绘图后关闭电子图板，所绘制的图形已作为一个 OLE 对象插入到 Word 文档中。

(5) 用鼠标拖动电子图板对象周围的句柄，可以将其调整为合适的大小。也可以用鼠标左键双击对象，打开电子图板编辑窗口进行编辑修改。

说明：在 Word 中插入图形的大小和形状由屏幕绘图区的大小和形状所决定，因此用户在关闭电子图板前最好先用“显示全部”功能将所绘制的图形全部显示在绘图区内，再关闭电子图版。

用户还可以选“由文件创建”方式，根据已经存在的.exb 格式文件创建嵌入或链接的图形对象。

4.5　视　　口

视口是一种特殊的内部引用工具，用于将模型空间的图形内容引用到布局空间，使其可以更灵活方便地使用和输出。与视口操作有关的功能按钮主要位于【视图】选项卡的【视口】面板上，如图 4-33 所示。【视口】面板只有在当前图纸切换到“布局”空间时才被激活。

说明：用鼠标右键点击左下角的“模型”标签，在弹出的菜单中选择“插入”选项，即可创建“布局”。在一个电子图板文件中可以创建多个“布局”。用鼠标右键点击“布局”标签，在弹出的菜单中选择“删除”选项，即可将“布局”删除。

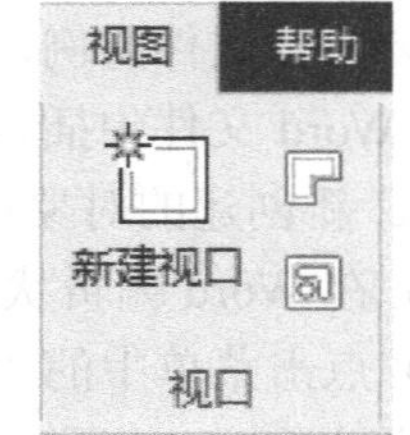

图 4-33　【视口】面板

4.5.1　创建视口

创建视口功能包括新建视口及其拆分功能、多边形视口和对象视口。

1. 新建视口

新建视口是利用【视口】对话框选择生成视口的数量及布局形式来创建视口。

(1) 在如图 4-33 所示的【视口】面板上点击按钮，或在“无命令”状态下输入“Vports”并按回车键，系统弹出如图 4-34 所示的【视口】对话框。

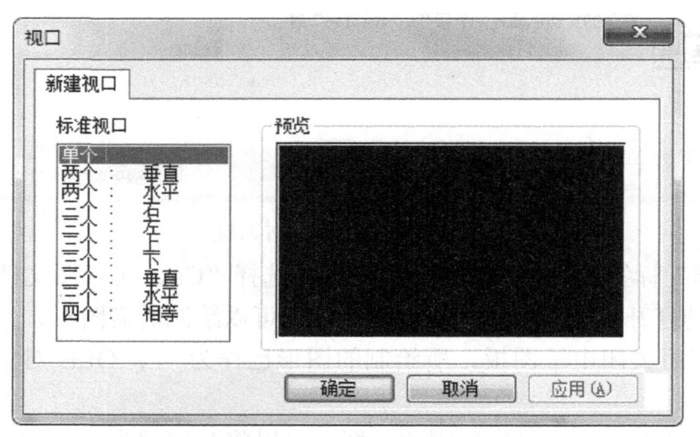

图 4-34　【视口】对话框

(2) 在对话框左侧“标准视口”列表中选择生成视口的数量和排列形式，利用右边的“预览”框可以帮助选择，然后点击“确定”按钮关闭对话框。

(3) 如果在对话框中选择了两个及以上的视口需要创建，则此时会弹出一个立即菜单，因此用户仍有机会改变视口的排列形式。

(4) 当系统提示“显示窗口第一角点：”和“显示窗口第二角点：”时，需要用户在图纸上拾取两点即可生成视口。

说明：一旦在图纸上生成视口，则位于“模型”空间的图形即显示在视口中，并且视口对其中的图形进行自动裁剪。

2. 多边形视口

用户通过给定多个点创建多边形视口，视口边界是由直线、圆弧、直线和圆弧共同围成的封闭形状。

(1) 在如图 4-33 所示的【视口】面板上点击按钮，或在“无命令”状态下输入“Vportsp”并按回车键，系统弹出一立即菜单 1.直线 。

(2) 在立即菜单中可选择“直线”或“圆弧”。

(3) 当系统提示“第一点：”和“下一点：”时，由用户依次给出一系列点并按回车键结束，即可创建多边形视口。

3. 对象视口

对象视口是利用“布局”空间中绘制的几何图形，创建相应形状的视口。能够用于转换为视口的对象为用圆、椭圆、矩形、正多边形、多段线、波浪线等命令绘制的封闭图形。

(1) 在如图 4-33 所示的【视口】面板上点击按钮，或在“命令”提示下输入“Vportso”并回车，系统弹出一立即菜单 1.保留边界 ，并提示“选择要剪切视口的对象：”。

(2) 在立即菜单中可选择“保留边界”或“不保留边界”。

(3) 根据提示，在“布局”空间拾取所需的几何图形，则该图形即转换为视口边界，完成视口创建，如图 4-35 所示。

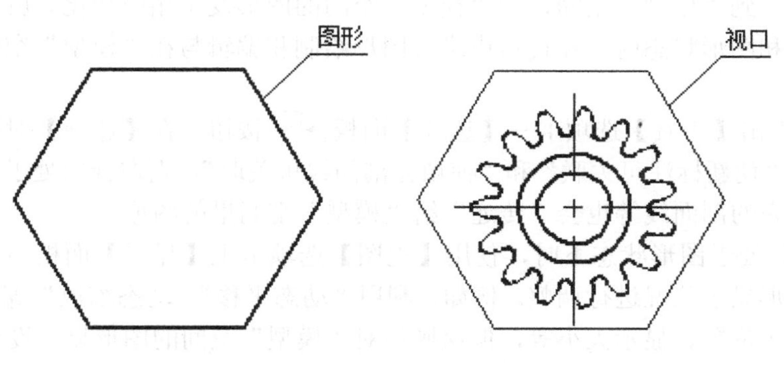

(a) “布局”空间中的图形　　(b) 创建的正六边形视口

图 4-35 创建“对象视口”

4.5.2 编辑视口

当用户对视口或视口中所显示图形的形状、大小、位置不满意时，可对其进行编辑或调整。图 4-36 给出了视口的几种不同状态，其状态不同则操作方法也不同。

(1) 点击需要编辑的视口，使视口处于可编辑状态。此时，视口边界上将显示出“控制句柄”，视口边界细实线变为虚线。利用鼠标选择并拖动“控制句柄”可改变视口的形状，最后按“Esc”键结束编辑，其视口编辑有效。

(2) 双击需要编辑的视口，使视口处于激活状态。此时，视口边界上的“控制句柄”消失，视口边界为虚线。在这种情况下，双击视口中的图形对象，图形上即出现“控制句柄”，而视口边界又由虚线变为粗实线(使视口处于图形状态)。

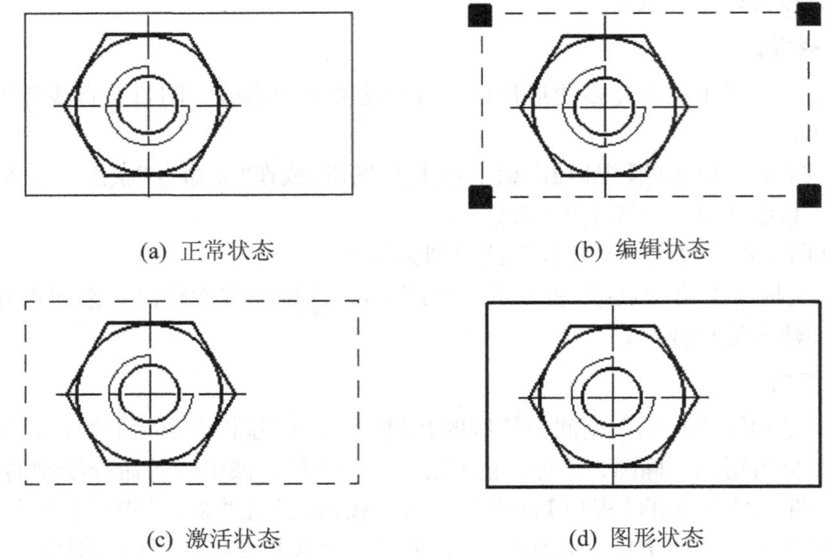

(a) 正常状态　(b) 编辑状态

(c) 激活状态　(d) 图形状态

图 4-36　视口的不同状态

(3) 当视口处于图形状态下时，用户可以使用各种绘图与编辑功能对图形对象进行增加、删除、裁剪等各种操作，也可以利用“控制句柄”进行编辑。如此进行编辑修改的结果将会“传递”到“模型”空间，使“模型”空间的图形发生相应变化。就是说，当视口处于激活状态和图形状态时，在视口内进行图形绘制和编辑与在“模型”空间的操作是完全等价的。

(4) 如果点击【工具】选项卡→【选项】面板→按钮，在【选项】对话框的“文件属性”中勾选“使新标注可关联”和“使填充剖面线可关联”，则在视口处于图形状态下标注的尺寸和填充的剖面线等也会“传递”给“模型”空间里的图形。

(5) 当视口处于图形状态下时，使用【视图】选项卡上【显示】面板中的按钮，可以对视口中的图形显示状况进行调整。例如，利用“动态平移”“动态缩放”等按钮调整图形在视口中的显示位置、显示大小等，但该操作对“模型”空间的图形显示没有影响。

(6) 在视口之外任意位置双击鼠标左键，即可退出视口编辑，视口边界又恢复为细实线。此后进行的各种绘图及编辑操作就只能显示在“布局”空间，而对“模型”空间的图形没有任何影响。

说明：在“无命令”状态下输入“Pspace”并回车也可以退出视口编辑。特别是当视口占据了整个绘图区时，这是退出视口编辑的唯一方法。

思　考　题

1. 电子图板中的块有什么特点？使用块有什么好处？
2. 块有哪些操作？
3. 什么是块的在位编辑？它与块编辑有什么区别？

4. 什么是 OLE 对象？“嵌入”和“链接”各适用于什么场合？

5. 如何修改 OLE 对象的位置、大小和内容？

6. 利用【对象属性】对话框能了解 OLE 对象的哪些信息？能进行哪些操作？

7. 如图 4-31 所示的【链接】对话框可完成哪些操作？如何理解其中的“自动更新”和“手动更新”？

8. 视口有哪几种状态？在每种状态下都能完成哪些操作？这些操作对“模型”空间中的图形有无影响？

9. 判断题(正确的画“√”，错误的画“×”)。

(1) 系统中使用的图符、尺寸、文字、图框、标题栏、明细表等实体都以块的形式存在。 (　)

(2) 对于用户创建的块，都可以实现“块消隐”。 (　)

(3) 块只能创建、不能删除。 (　)

(4) “块消隐”就是使用户选定的块不可见。 (　)

(5) “块打散”是块生成的逆过程。 (　)

(6) 当块的内容发生改变时，当前图形中凡是引用该块的图形都将发生相应变化。 (　)

(7) 在当前图形文件中，可以建立多个“模型”空间和多个“布局”空间。 (　)

(8) 每一个“布局”空间都相当于一张图纸。 (　)

(9) 一个“布局”空间可以建立多个视口，各个视口都对应着同一个“模型”空间，但每个视口都可以显示不同的内容。 (　)

(10) 建立的每一个视口必须正确命名。 (　)

练　习　题

1. 请合理选择基点位置，将图 4-37 所示的三个图形分别定义为块，取名为“AA”“BB”“CC”。

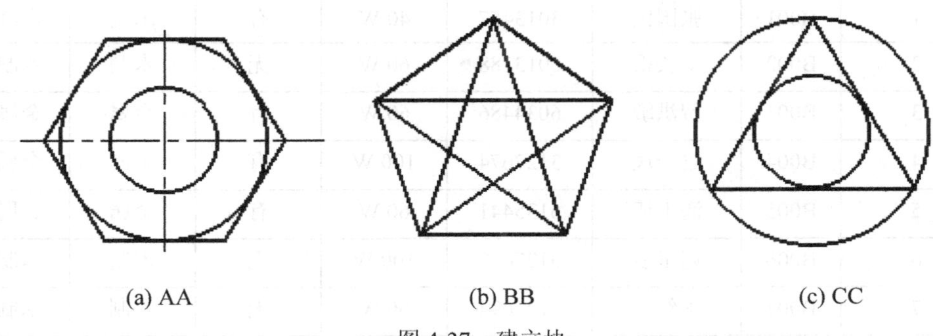

图 4-37　建立块

2. 在第 1 题的基础上，运用块操作，绘出如图 4-38 所示的图形。

左图提示：将块“CC”以 3 倍的比例插入图中，再将块“AA”以 0.5 倍的比例和不同的角度插入在等边三角形的各顶点处。

右图提示：将块“BB”以 3 倍的比例插入图中，再将块“CC”以 0.5 倍的比例插入在正五边形的各顶点处，最后进行“消隐”处理。

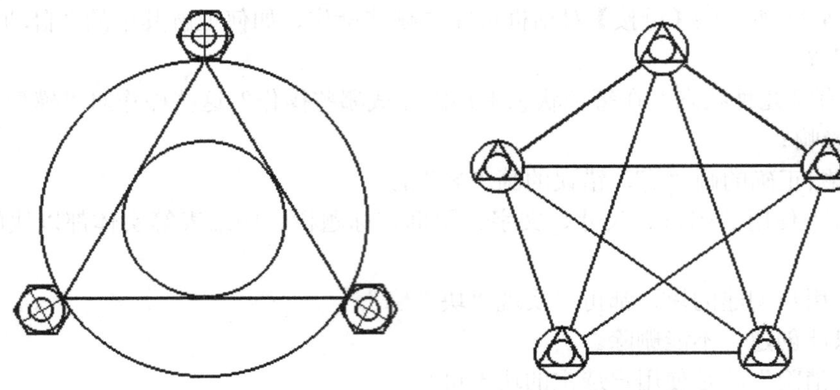

图 4-38　利用“块操作”绘图

3. 请绘制一个“田”字图形，并建立一块，命名为“tian”，然后将该块在当前图形中插入若干次。再绘制一个“日”字图形，并建立一块，仍以“tian”命名，请观察当前图形有什么变化。

4. 请按表 4-1 给出的项目建立一个块属性表。

表 4-1　项　目

序号	1	2	3	4	5	6	7
属性名	代号	用户姓名	电话号码	台灯	文件夹	办公桌	椅子

5. 请按表 4-2 给出的块属性，将图 4-39(a)所示的图形建立一个属性块 B1，最终生成如图 4-39(b)所示的办公室分布图(允许使用块嵌套)。

表 4-2　块　属　性

值	属　性						
	代号	用户姓名	电话号码	台灯	文件夹	办公桌	椅子
1	B001	张国民	3013457	40 W	有	木制	木制
2	B002	刘长根	6013188	60 W	无	木制	木制
3	B003	贺洪敏	6034486	60 W	有	金属	金属
4	B004	赵一辰	3127674	100 W	有	金属	金属
5	B005	潘玉清	6135441	60 W	有	金属	金属
6	B006	赵玉辰	6127679	100 W	无	木制	木制
7	B007	李红霞	6127094	60 W	无	木制	木制
8	B008	张发财	3013323	60 W	无	金属	金属

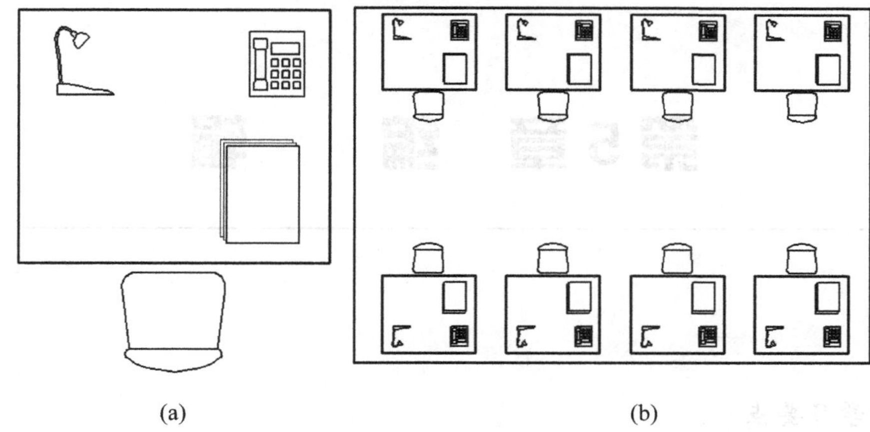

(a) (b)

图 4-39 属性块定义

6. 在“布局”空间中创建两个视口，并在这两个视口中分别显示图 4-38 所示的左图和右图。

第 5 章　编　　辑

本章学习要点

本章主要学习以下命令:

(1) 基本编辑命令: 撤销操作与恢复操作、选择所有、剪切、复制和粘贴、删除等。

(2) 图形编辑命令: “控制句柄”编辑、平移、平移复制、等距线、裁剪、齐边、过渡、旋转、镜像、比例缩放、阵列、打断、拉伸、打散、分解等。

(3) 标注编辑命令: 标注编辑、尺寸驱动、文字参数编辑等。

(4) 属性编辑命令:【属性】面板、【特性】工具选项板以及特性匹配等。

(5) 样式管理: 样式设置方法、样式管理工具的使用等。

本章学习要求

(1) 熟练掌握各种基本编辑命令、图形编辑命令以及标注编辑命令。

(2) 能够对图形所在的图层、颜色、线型、样式等属性进行修改。

(3) 掌握简单图形的尺寸驱动。

(4) 在上述基础上能够较熟练地完成一般工程图样的绘制与工程标注。

通过前面的学习不难发现,只掌握了有关的绘图命令和工程标注命令是远远不够的。因为即使绘制一个非常简单的图形也很难做到一挥而就,其间还需要对图形进行各种必要的编辑修改。编辑功能是交互式绘图软件不可缺少的基本功能,它对提高绘图速度和作图质量具有至关重要的作用。因此,电子图板充分考虑了用户的需求,提供了功能齐全、操作灵活方便的编辑功能。

电子图板的编辑功能包括基本编辑、图形编辑、标注编辑、属性编辑和样式管理等五个方面。基本编辑主要是一些常用的编辑功能,如复制、剪切和粘贴等;图形编辑是对各种图形对象进行平移、裁剪、旋转等操作;标注编辑是对标注对象进行标注风格、尺寸标注等修改;属性编辑是对各种图形对象进行图层、线型、颜色等属性的修改。

按照编辑对象的不同,可将所有的编辑命令分为多段线的编辑命令、对图形的编辑命令、对图形属性的修改命令、对符号标注的修改命令、对风格样式的修改命令等 5 种。

这些编辑命令在使用时，一般有两种操作方式：一种是先给出编辑命令，然后根据提示选取所需的编辑对象，这是一种常规操作方法；另一种是先拾取所需的编辑对象，然后利用各种工具选择合适的编辑命令，这种方法比较快捷。其实，这两种方法可以结合起来使用。

图 5-1 是【常用】选项卡中的【修改】面板，点击面板上的某个按钮即可启动相应的编辑功能。

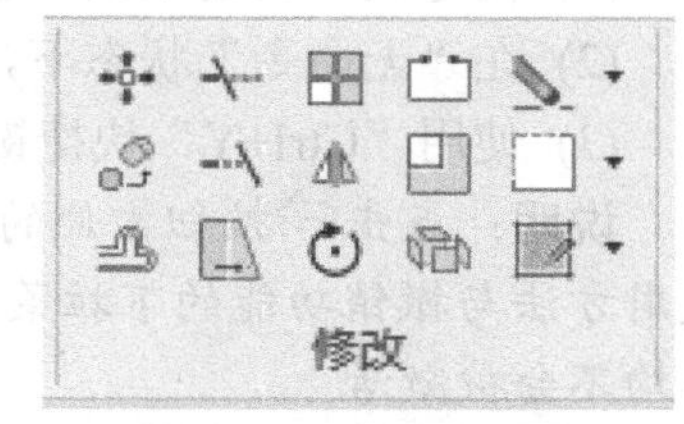

图 5-1 【修改】面板

5.1 基 本 编 辑

基本编辑命令是关于图形与对象的操作命令，包括撤销操作、恢复操作、选择对象、剪切、复制、粘贴、特性匹配等。这些命令比较分散，有的被放在快速启动工具栏中，有的来源于右键菜单，有的则位于【常用】选项卡中的【剪切板】面板上，如图 5-2 所示。

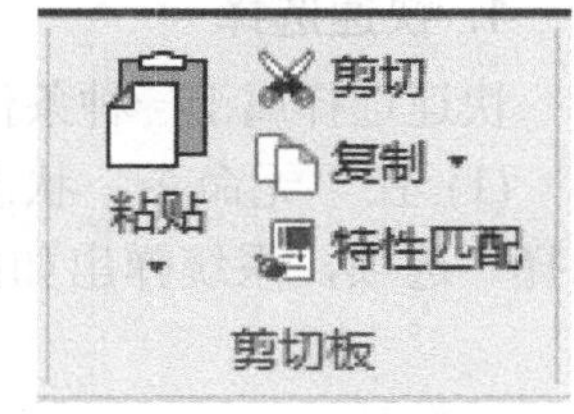

图 5-2 【剪切板】面板

5.1.1 撤销操作与恢复操作

在绘图过程中，无论用户技术多么娴熟、思想多么缜密，都难免会出现误操作。电子图板提供的“撤销操作”与“恢复操作”功能就是为解决这类问题而设置的。撤销操作与恢复操作是相互关联的一对命令，因此放在一起介绍。

1. 撤销操作

撤销操作是取消最近一次执行的操作，如绘制图形、编辑图形、删除实体、修改尺寸风格和文字风格等，多用于取消用户的误操作。该命令能连续重复使用，可以由后向前取消一连串的操作。

用户可用以下方式执行撤销操作：

(1) 在【快速启动工具栏】中，用鼠标点击↶按钮。

(2) 在“无命令”状态下，用键盘输入“Undo”并按回车键。

(3) 使用“Ctrl+Z”快捷键。

说明：点击↶按钮右侧的▾时将出现一个下拉菜单，菜单中记录着当前全部可以撤销的操作步骤。利用该下拉菜单可以在不反复执行撤销命令的情况下，一步撤销到需要的操作步骤。在没有可撤销操作的状态下，撤销功能及其下拉菜单均不会被激活。

2. 恢复操作

恢复操作是撤销操作的逆过程，是用来取消最近一次的撤销操作，该命令也能连续重复使用，可以由前向后取消一连串的撤销操作。

恢复操作只有与撤销操作配合使用才有效。也就是说，必须在执行了撤销操作之后才能执行恢复操作，否则无效。

用户可用以下方式执行恢复操作：

(1) 在【快速启动工具栏】中，用鼠标点击按钮。

(2) 在“无命令”状态下，用键盘输入“Redo”并按回车键。

(3) 使用“Ctrl+Y”快捷键。

说明：点击按钮右侧的 ▾ 将出现一个下拉菜单，记录着全部可以恢复的操作步骤，使用方法与撤销功能的下拉菜单类似。在没有可恢复操作的状态下，恢复功能及其下拉菜单均不会被激活。

注意：撤销操作和恢复操作只是对图形元素有效，而不能对 OLE 对象和幅面的修改进行撤销和恢复操作，因此请用户在进行上述操作时慎重决定。

5.1.2　选择对象

1. 快速选择

快速选择属于一种条件性选择，系统能快速地将满足用户选择条件的对象全部选择出来。

(1) 在“无命令”状态下在绘图区空白处点击鼠标右键，在弹出的菜单中选择“快速选择”选项，系统弹出如图 5-3 所示的【快速选择】对话框。

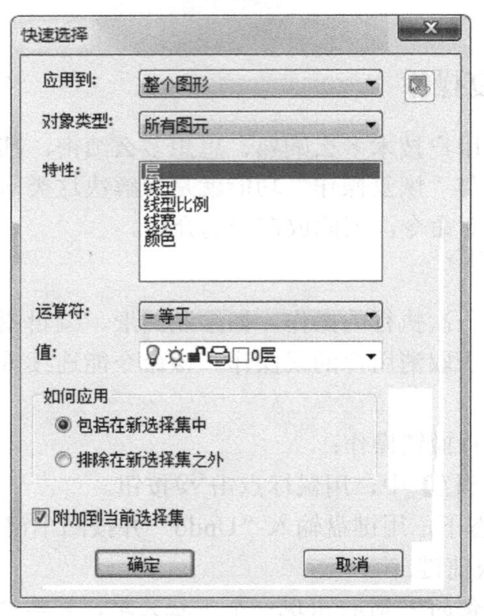

图 5-3　【快速选择】对话框

(2) 在对话框中对选项进行必要设置。

① “应用到:”下拉列表框：用于选择搜索的范围，默认值为“整个图形”。否则，应点击旁边的临时切换到绘图区以选择所需图形，按回车键返回对话框，此时的搜索范围将变为“当前选择”。

② “对象类型:”下拉列表框：用于选择搜索对象的类型，如“直线”“圆”等，其默认值为“所有图元”。

③ “特性:”列表框：根据对象类型不同，此表中将列出其所拥有的全部特性。从中选择一种特性作为搜索对象的直接依据。

④ “运算符：”和“值：”：用于设定搜索条件。例如，图 5-3 所示【快速选择】对话框的含义是：在整个图形中，选择出位于 0 层上的所有图形元素。

⑤ “如何应用”框：用于决定把选择出的对象“包括在新选择集中”还是“排除在新选择集之外”。

⑥ 如果想把满足搜索条件的对象添加到当前选择集中，则需勾选“附加到当前选择集”复选框。

(3) 设置完成后点击“确定”按钮，满足设定条件的图形对象将以加亮显示，并在这些对象上显示出“控制句柄”。

2. 选择所有

选择所有用于选择打开图层上的符合拾取过滤条件及未被设置拾取过滤的所有对象。

用户可用以下方式选择所有图形对象：

(1) 在“无命令”状态下，用键盘输入“Selall”并按回车键。

(2) 使用“Ctrl+A”快捷键。

执行该功能后，所有被选择的对象都将以加亮显示，并显示出对象上的“控制句柄”。

5.1.3　剪切、复制和粘贴

剪切、复制和粘贴是一组相互关联使用的命令，使用时应先执行剪切或复制，然后才能使用粘贴。

1. 剪切

剪切是指将图形中的选定对象从屏幕转移到剪贴板中，以供图形粘贴时使用。

(1) 在图 5-2 所示的【剪切板】面板上点击✂按钮，或者在“无命令”状态下输入“Cutclip”并按回车键，或者使用“Ctrl+X”快捷键，系统提示“拾取添加”。

(2) 由用户拾取所需图形，最后按回车键，所选对象即从屏幕转移到剪贴板中。

2. 复制

复制是指将拾取的图形复制到剪贴板中，以供后续图形粘贴时使用。

使用以下方式可以调用复制功能：

(1) 在图 5-2 所示的【剪切板】面板上点击“复制”按钮旁边的▾，在出现的菜单中选择“复制”选项。

(2) 在“无命令”状态下输入“Copyclip”并按回车键。

启动该功能以后，系统提示“拾取添加”，依据提示拾取所需图形，最后按回车键结束。此时，屏幕上似乎没有什么变化，但所拾取的图形对象已被存储到 Windows 的剪切板上，以供粘贴使用。

3. 带基点复制

带基点复制是指将含有基点信息的对象存储到剪贴板中，以供图形粘贴时使用。

(1) 在图 5-2 所示的【剪切板】面板上点击“复制”按钮旁边的▾，在出现的菜单中选择“带基点复制”，或者在“无命令”状态下输入“Copybase”并按回车键，或者使用“Ctrl+Shift+C”快捷键，系统提示“拾取添加”。

(2) 由用户拾取所需的图形，最后按回车键。

(3) 当提示“请指定基点：”时，输入合适的一点，建议拾取图形上的某个特征点。此时，屏幕上似乎没有什么变化，而实际上所选图形已经复制到了剪贴板中。

说明：用复制与带基点复制功能存入剪贴板的图形，在其他支持 OLE 的软件(如 Word)中也能粘贴使用。特别地，只要存放在剪贴板的图形存在，就可以被多次粘贴使用。

4. 粘贴(或粘贴为块)

粘贴(或粘贴为块)是指将存放在剪贴板中的内容粘贴到绘图区的指定位置。

将对象复制到剪贴板时，Windows 应用程序将以所有可用格式存储信息。但将剪贴板中的内容粘贴到绘图区时，将使用保留信息最多的格式。例如，剪切板中的内容是在电子图板中拾取的图形对象，粘贴到电子图板窗口中时，同样是电子图板中的图形对象。

(1) 在图 5-2 所示的【剪切板】面板上点击“粘贴”按钮下边的▾，在出现的菜单中选择“粘贴”或“粘贴为块”，或者在“无命令”状态下输入“Pasteclip”或“Pasteblock”并按回车键；或者使用“Ctrl+V”快捷键，系统显示如图 5-4 所示的立即菜单。

图 5-4　“粘贴”立即菜单

(2) 在立即菜单“1.”中，如果选择“定点”，则系统将先后提示“请输入定位点：”和“请输入旋转角度：”。由用户在合适的位置给定一点后，再拖动鼠标给定图形的旋转角度即可。如果选择“定区域”，系统将提示“请在需要粘贴图形的区域内拾取一点：”，则需要用户在一个封闭区域内拾取一点，或者直接选取封闭区域的边界即可进行粘贴。

(3) 在立即菜单“2.”中，如果选择“保持原态”，则图形在粘贴前后的属性不发生变化；如果选择“粘贴为块”，则系统把粘贴的图形自动转换为块。此时的立即菜单将变为如图 5-5 所示的立即菜单。

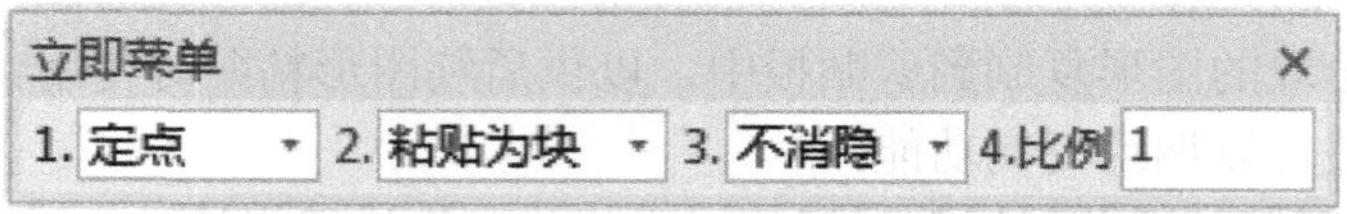

图 5-5　“粘贴”立即菜单

说明：此方法生成的块由系统自动命名，且不能修改。此类块不能在“插入块”功能中直接调用。

(4) 在立即菜单“3.”中选择“消隐”或“不消隐”；在立即菜单“4.比例”中设置粘贴后图形的缩放比例等。

(5) 按照系统提示，用户在给出定位点后即可完成粘贴(或粘贴为块)操作。

说明：在不同的 Windows 应用程序间复制粘贴，拾取的内容将以 OLE 对象的方式存在。

5. 选择性粘贴

选择性粘贴是指将剪贴板中存储的图形或其他形式的信息粘贴到当前文档中，并允许保留相应的信息格式。该功能可以选择不同的粘贴方式，如 Windows 图元格式，这种格式也包含了屏幕矢量信息。此类文件可以在不降低分辨率的情况下进行缩放和打印，但无法使用电子图板的图形编辑功能进行编辑。

(1) 在图 5-2 所示的【剪切板】面板上点击“粘贴”按钮下边的▾，在出现的菜单中选择“选择性粘贴”选项，或者在“无命令”状态下输入“Specialpaste”并按回车键，系统显示如图 5-6 所示的对话框。

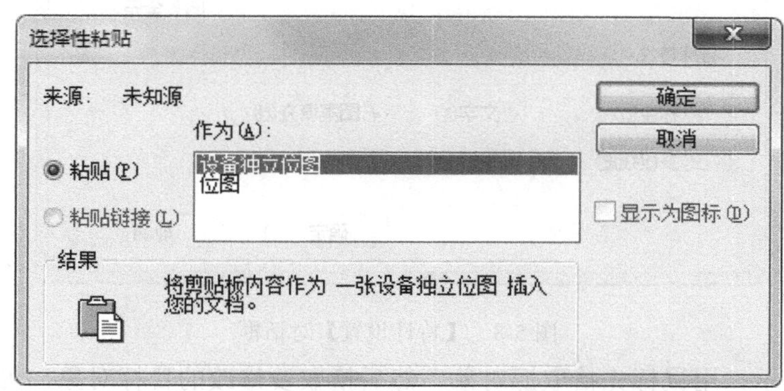

图 5-6 【选择性粘贴】对话框

(2) 在对话框的“作为”列表中选择粘贴的类型，也可以勾选“显示为图标”复选框，然后点击“确定”按钮。

(3) 按照系统提示，用户在给出定位点后，剪贴板中的信息即以对象的形式放在当前文档中。

说明：粘贴、选择性粘贴与复制(或剪切)必须配合使用。如果需要在不同的文件之间传递图形信息，使用它们将是非常方便的。

6. 粘贴到原坐标

粘贴到原坐标是指将存放在剪贴板中的内容粘贴到它原来的位置。该功能的典型用法就是：用剪切命令误把选择的图形从绘图区“剪掉”了，然后可用粘贴到原坐标命令原地“恢复”。

在图 5-2 所示的【剪切板】面板上点击“粘贴”按钮下边的▾，在出现的菜单中选择“粘贴到原坐标”选项即可执行该功能。

5.1.4 特性匹配

特性匹配是指将一个对象的某些乃至全部特性复制给其他对象。该功能不仅能修改任何对象的图层、颜色、线型、线宽等基本属性，而且能修改同类对象的特有属性。

(1) 在图 5-2 所示的【剪切板】面板上点击按钮，或在“无命令”状态下输入“Match”并按回车键，系统弹出如图 5-7 所示的立即菜单，并提示“拾取源对象:”。

图 5-7 “特性匹配”立即菜单

(2) 在立即菜单“1.”中选择“匹配所有对象”或“匹配同类对象”，在立即菜单“2.”中选择“默认”或“设置”。

(3) 如果用户选择“设置”，则系统将弹出如图 5-8 所示的【特性设置】对话框，从中可对需要匹配的特性进行选择。

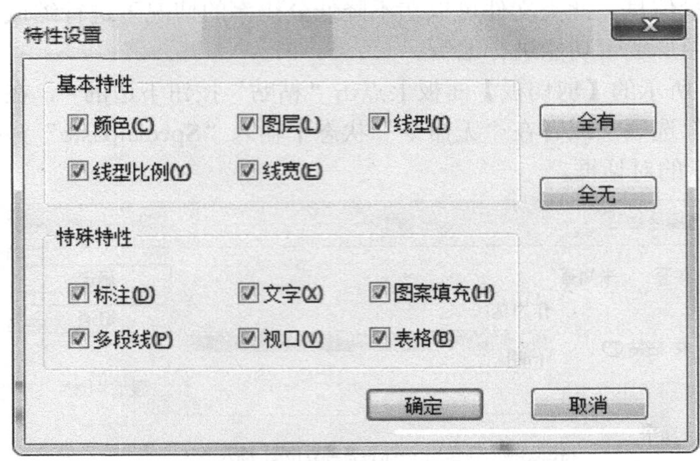

图 5-8　【特性设置】对话框

(4) 按照提示，用鼠标先拾取源对象，然后拾取要修改的目标对象，可以反复拾取直到按回车键结束，则源对象的某些或所有特性即复制给了目标对象。

图 5-9 是一个使用特性匹配编辑对象属性的示例。

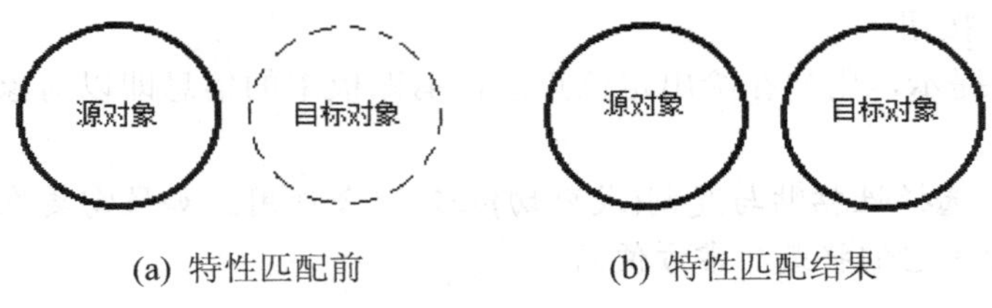

(a) 特性匹配前　　(b) 特性匹配结果

图 5-9　特性匹配示例

5.1.5　删除

打开【常用】选项卡，点击【修改】面板中“删除”按钮旁边的▾，出现如图 5-10 所示的下拉菜单，从中选择所需选项即可执行相应的删除功能。

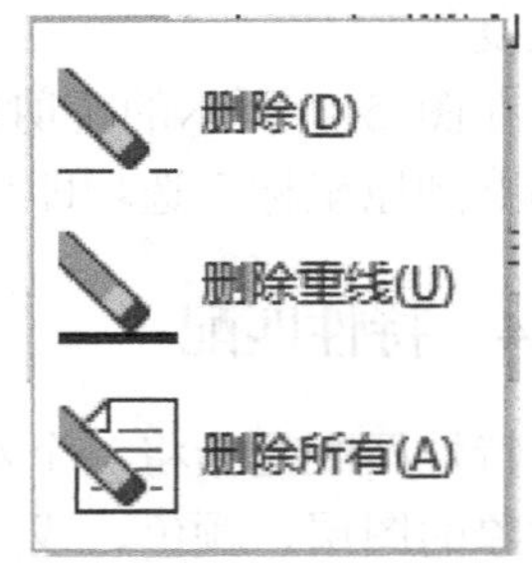

图 5-10　“删除”下拉菜单

1. 删除

删除是指从图形中删除用户拾取到的对象。

(1) 在如图 5-10 所示的菜单中选择“删除”选项，或在“无命令”状态下输入“Erase”并按回车键，系统均提示“拾取添加”。

(2) 按系统提示拾取想要删除的对象，拾取到的对象以加亮显示。拾取结束后按回车键，被拾取的对象即从当前图形中删除。

(3) 若发现误删了不应删除的对象，则立即点击【快速启动工具栏】上的↶按钮将其恢复；若中途发现操作有误，则随时按“Esc”键退出。

2. 删除重线

删除重线是指删除图形中重叠的点或线段。

(1) 在如图 5-10 所示的菜单中选择“删除重线”选项，或在“无命令”状态下输入“Eraseline”并按回车键，系统均提示“拾取添加”。

(2) 采用框选方式拾取可能含有重叠对象的区域，拾取到的对象以加亮显示。拾取结束后按回车键。

(3) 如果所拾取的区域没有重叠的对象，则系统弹出如图 5-11 所示的信息框；否则，系统弹出如图 5-12 所示的【重线删除结果】对话框，报告其删除的对象类型和数量。

(4) 在对话框上点击“确定”按钮，结束删除操作。

图 5-11　信息框

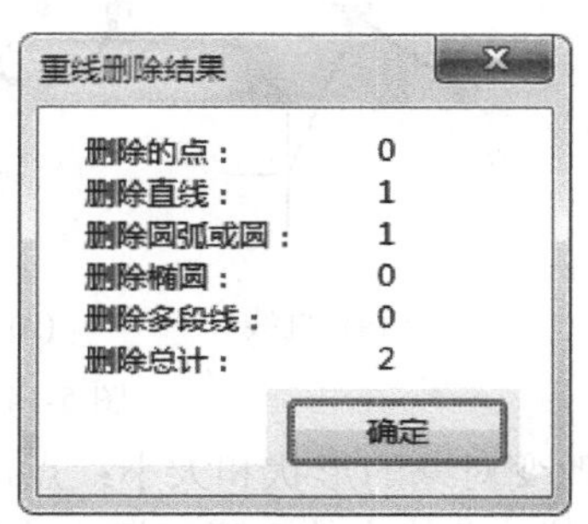

图 5-12　【重线删除结果】对话框

3. 删除所有

删除所有是指将所有已打开图层上的符合拾取过滤条件的对象全部删除。

(1) 在如图 5-10 所示的菜单中选择“删除所有”选项，或在“无命令”状态下输入“Eraseall”并按回车键，系统弹出如图 5-13 所示的警示框。

(2) 若点击“确定”按钮，则所有已打开图层上符合拾取过滤条件的对象均被删除；若点击“取消”按钮，则取消本次操作。

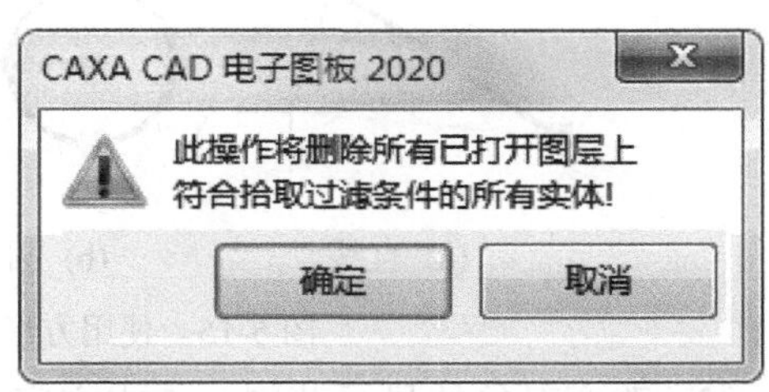

图 5-13　删除所有警示框

5.2　图形编辑

图形编辑主要是指对电子图板生成的图形对象进行编辑操作，主要包括“控制句柄”编辑、平移、平移复制、等距线、裁剪、延伸、拉伸、阵列、镜像、旋转、打断、缩放、分解、过渡，以及“剖面线”编辑、曲线编辑等。

5.2.1　“控制句柄”编辑

“控制句柄”编辑是指通过拖动句柄对图形对象进行移动、拉伸、旋转、缩放等编辑操作。选中图形对象后，图形对象即被加亮显示，同时还会显示出句柄。句柄的形状不同，或者句柄在图形对象上的位置不同，其含义也有所不同。

1. 方形句柄

方形句柄可用于移动对象、改变对象的形状和大小等。

(1) 移动对象：点击直线的中点、圆(弧)的圆心、椭圆(弧)的圆心、椭圆弧的端点及中点、块的基点上的方形句柄，其颜色由蓝色变为红色，然后拖动鼠标到新的位置再点击，这些图形对象即被移动到新位置，如图 5-14 所示。

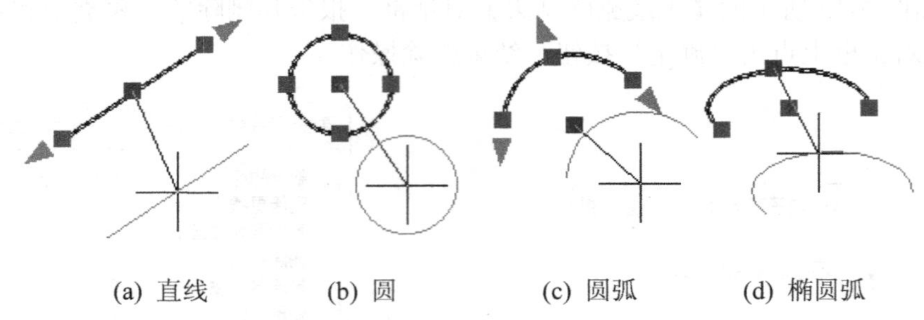

(a) 直线　(b) 圆　(c) 圆弧　(d) 椭圆弧

图 5-14　使用方形句柄移动对象

(2) 改变对象的形状和大小：点击直线的端点、圆或椭圆的象限点、圆弧的中点及端点，以及其他曲线上的方形句柄，然后拖动鼠标到新的位置再点击，即改变了这些图形对象的形状和大小。对于直线而言，将改变直线的方向和长度，如图 5-15 所示。

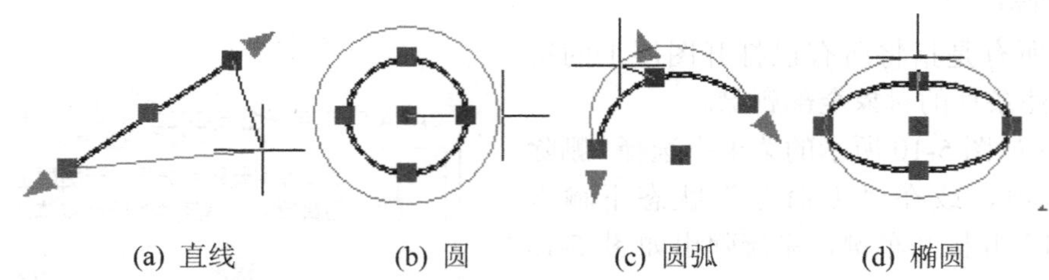

(a) 直线　(b) 圆　(c) 圆弧　(d) 椭圆

图 5-15　使用方形句柄改变对象的形状和大小

(3) 改变对象的显示范围：点击文字、图片、OLE 对象、视口等边界上的方形句柄，然后拖动鼠标到新的位置再点击，即改变了它们边界的形状，也即改变了边界内部对象的显示范围(注意：改变对象的显示范围不同于对象裁剪)。

2. 三角形句柄

三角形句柄可用于改变直线或圆弧的长度，或者改变圆弧的半径。

(1) 改变直线或圆弧的长度：点击直线或圆弧端点上的三角形句柄，然后拖动鼠标会发现直线或圆弧的方向保持不变，只改变该图线的长度。待鼠标位置合适时点击左键，即改变了直线或圆弧的长度。

(2) 改变圆弧的半径：点击圆弧中点上的三角形句柄，然后拖动鼠标到合适的位置再点击左键，即改变了圆弧的半径。

图 5-16 是利用三角形句柄编辑图线的例子。

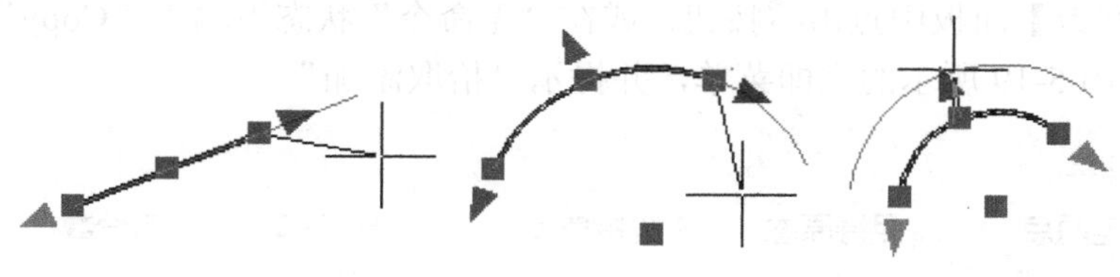

(a) 改变直线的长度　　(b) 改变圆弧的弧长　　(c) 改变圆弧的半径

图 5-16　使用三角形句柄编辑图线

5.2.2　平移

电子图板提供的平移功能不仅能将拾取的对象从一个地方变换到另一个地方，而且能同时将操作的结果进行旋转和缩放，甚至可以转化为块。

(1) 在【修改】面板中点击✥按钮，或在“无命令”状态下输入“Move”并按回车键，系统将弹出如图 5-17 所示的立即菜单，并提示“拾取添加”。

图 5-17　“平移”立即菜单

(2) 由用户拾取所需平移的图形并按回车键。

(3) 在立即菜单“1.”中，如果选择“给定两点”，则接下来系统将提示“第一点：”和“第二点：”；如果选择“给定偏移”，则系统将提示“X 或 Y 方向偏移量：”。

(4) 在立即菜单“2.”中，如果选择“保持原态”，则图形在移动后仍保持其原来的状态；如果选择“平移为块”，则图形在移动后将自动转化为块。

(5) 在立即菜单“3.旋转角”中，可设置图形在平移后的旋转角度，其有效范围是−360°～360°。

(6) 在立即菜单“4.比例”中，可设置图形在平移后的缩放比例，其有效范围是0.001～1000。

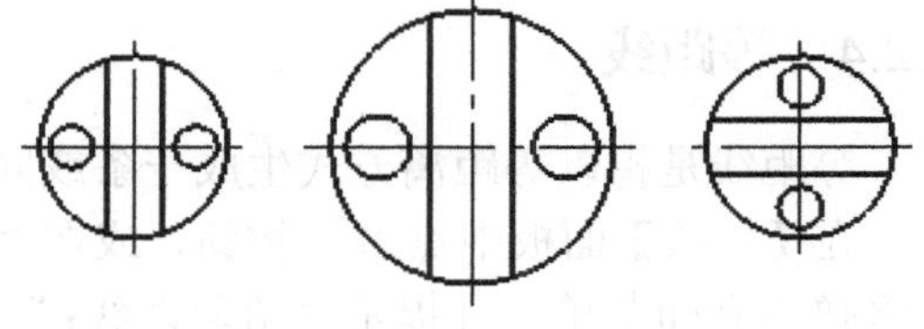

(a) 原图　　(b) 平移且缩放　　(c) 平移且旋转

图 5-18　“平移”示例

(7) 完成上述必要的设置后，由用户给定两点或者给定偏移量，即实现了对图形的移动。图 5-18 是平移的示例。

说明：使用坐标、栅格捕捉、对象捕捉或动态输入等工具可以精确移动对象，并且可以切换为正交、极轴等操作状态。

5.2.3　平移复制

平移复制功能不仅能将拾取到的对象在新的位置复制出一个或多个备份，而且能同时将复制的结果进行旋转和缩放，甚至可以转化为块。

(1) 在【修改】面板中点击按钮，或在“无命令”状态下输入“Copy”并按回车键，系统将弹出如图 5-19 所示的立即菜单，并提示“拾取添加”。

图 5-19　“平移复制”立即菜单

(2) 由用户拾取所需平移的图形并按回车键。

(3) 在立即菜单“1.”中，如果选择“给定两点”，则系统将提示“第一点：”和“第二点或偏移量：”；如果选择“给定偏移”，则系统将提示“X 或 Y 方向偏移量：”。立即菜单中其他各选项的含义同 5.2.2 节介绍。

(4) 根据提示，由用户给定两点或者给定偏移量，即实现了对图形的平移复制。

说明： 利用智能捕捉、动态输入等工具可以精确、快速地平移复制对象。

图 5-20 是一个平面图形利用正交、旋转角度为 0、比例系数为 1.3、份数为 3 进行复制的结果。

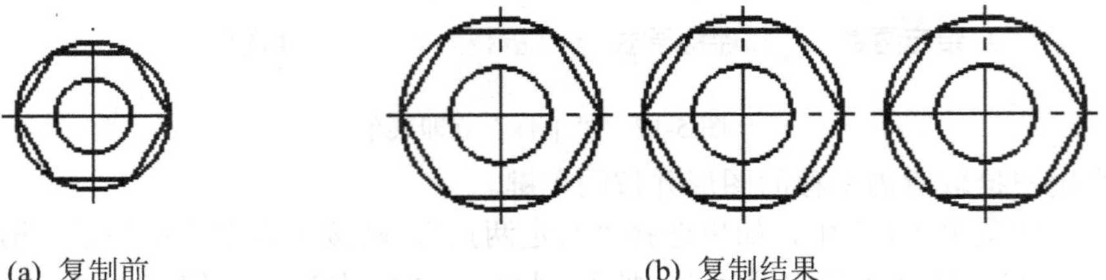

(a) 复制前　　(b) 复制结果

图 5-20　“平移复制”示例

5.2.4　等距线

等距线是指以等距离方式生成一条或同时生成数条指定曲线的平行线。

在【修改】面板中点击按钮，或在“无命令”状态下输入“Offset”并按回车键，系统将弹出立即菜单，并提示“拾取曲线：”。用户可从立即菜单“1.”中选择“单个拾取”或“链拾取”。

1. 单个拾取

(1) 如果用户选择了“单个拾取”，则只能拾取一条线段进行等距，此时立即菜单如图 5-21 所示。

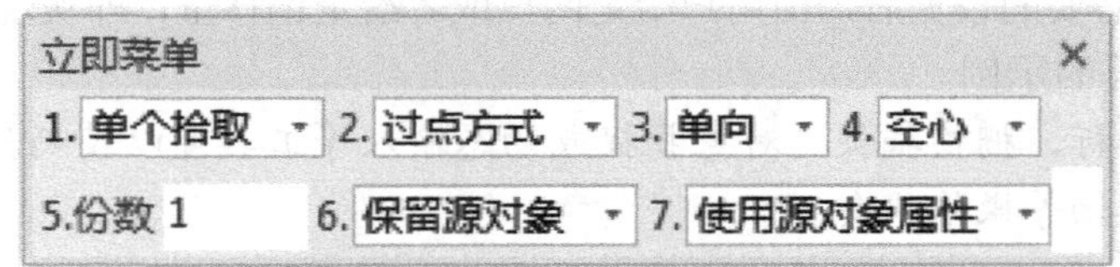

图 5-21　“等距线”立即菜单 1

(2) 点击立即菜单“2.”，可选择“指定距离”或“过点方式”。其中，“指定距离”依据立即菜单中给定的距离值来生成等距线，而“过点方式”则在系统提示“请拾取所通过的点”时给出一点，通过给定的点生成等距线，如图 5-22(a)、(b)所示。

(3) 点击立即菜单“3.”，可选择“单向”或“双向”。其中，“单向”是在用户所选线段的某一侧(在“指定距离”方式下需要指定偏移方向)生成等距线，而“双向”则是在所选线段的两侧生成对称的等距线，如图 5-22(a)、(c)所示。

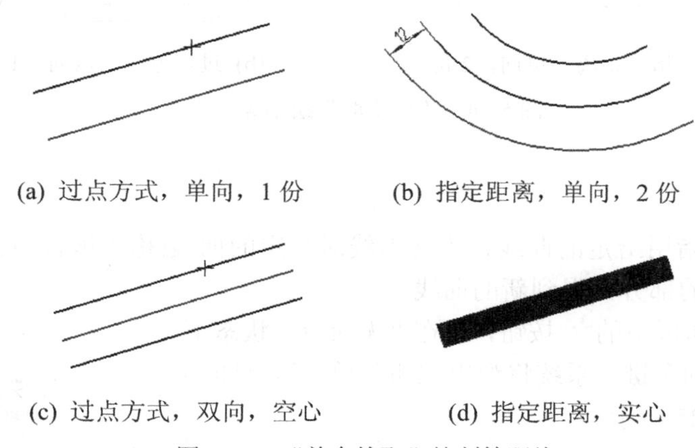

(a) 过点方式，单向，1 份　　(b) 指定距离，单向，2 份

(c) 过点方式，双向，空心　　(d) 指定距离，实心

图 5-22　“单个拾取”绘制等距线

(4) 点击立即菜单“4.”，可选择“空心”或“实心”。其中，“空心”只画等距线，等距线之间不填充，如图 5-22(a)所示，在此情况下允许在立即菜单“5.份数”中指定等距线的份数；而“实心”则在两条等距线之间进行填充，如图 5-22(d)所示。

(5) 点击立即菜单“6.”，用户可选择“保留源对象”或“删除源对象”；点击立即菜单“7.”可选择“使用源对象属性”或“使用当前属性”。

(6) 对立即菜单中的选项设置完成后，按照提示拾取所需曲线。当等距线的距离和位置确定时即可生成等距线。

说明：实心等距线对圆和圆弧无效。另外，在绘制样条、波浪线、椭圆(弧)等曲线的等距线时，还可以在立即菜单中设置计算精度。

2. 链拾取

如果用户选择了“链拾取”，则系统提示“拾取首尾相连的曲线：”，此时立即菜单如图 5-23 所示。

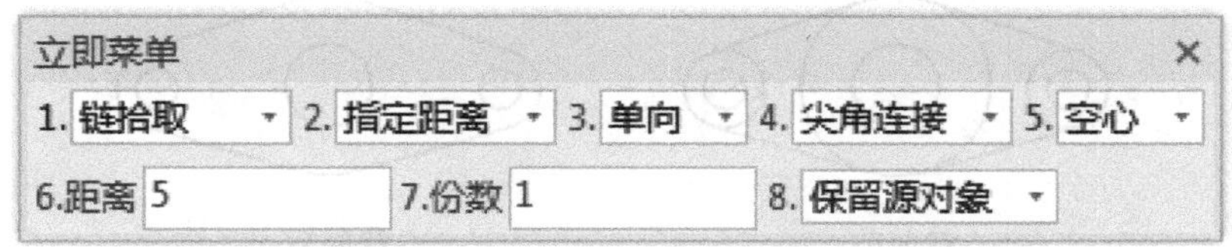

图 5-23　“等距线”立即菜单 2

这里的首尾相连的曲线是指用“直线”“圆弧”“过渡”命令得到的首尾相连的多个线段，称为线段链；而矩形、正多边形、多段线、公式曲线、样条曲线、云线等既是单根曲线，又是线段链。

在立即菜单“4.”中，选择“尖角连接”或“圆弧连接”，其作用是：当拾取的线段链在某些连接处不能产生平行线时，可以试图用尖角连接或圆弧连接。其他选项的含义同前，这里不再赘述。

图 5-24 是利用链拾取绘制的等距线。

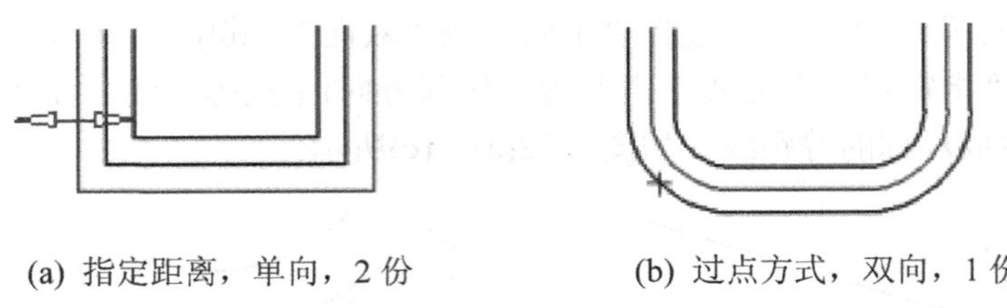

(a) 指定距离，单向，2 份　　(b) 过点方式，双向，1 份

图 5-24　“链拾取”绘制等距线

5.2.5　裁剪

所谓裁剪，是指用给定的曲线作为剪刀线对指定的曲线(称为被裁剪曲线)进行修整，由此可删除不需要的部分，得到新的曲线。

点击【修改】面板中的按钮，或在“无命令”状态下输入“Trim”并按回车键，系统将弹出立即菜单。该立即菜单的选项板如图 5-25 所示。

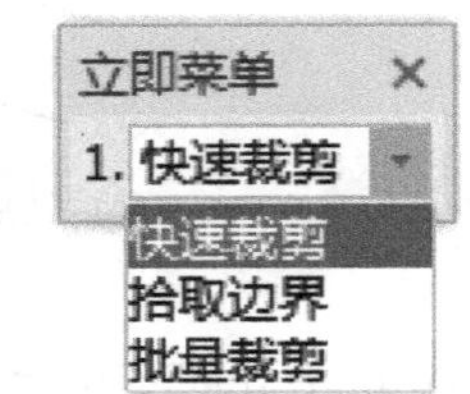

图 5-25　“裁剪”立即菜单

1. 快速裁剪

当在如图 5-25 所示的菜单中选择“快速裁剪”时，可用鼠标直接拾取曲线上需要被裁剪的线段，系统将把最先与该曲线相交的曲线作为剪刀线进行裁剪。该过程可重复进行，直到按下“Esc”键终止。

图 5-26 是几个快速裁剪的例子，图中的“×”表示鼠标拾取的位置。由此可以看出，在快速裁剪操作中，拾取同一条曲线的位置不同，将产生不同的裁剪结果。

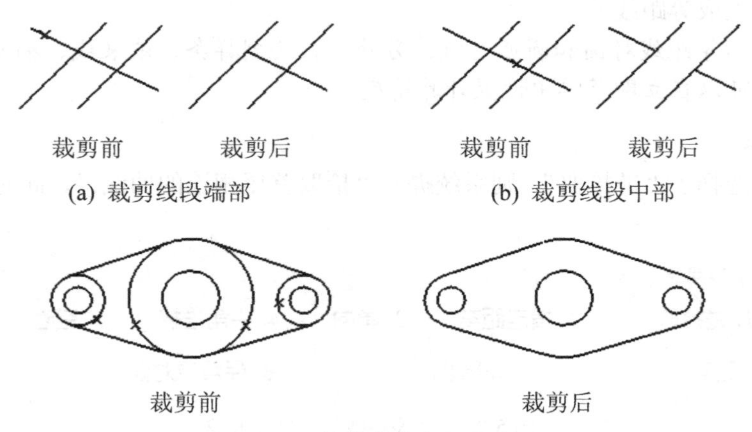

(a) 裁剪线段端部　　(b) 裁剪线段中部

(c) 裁剪多条线段

图 5-26　“快速裁剪”示例

2. 拾取边界

当在如图 5-25 所示的菜单中选择“拾取边界”时，则按照系统提示，先拾取一条或多条曲线作为剪刀线，然后按鼠标右键确认，再根据提示选取需要裁剪的曲线。用鼠标左键拾取一个即裁剪一个，最后按下“Esc”键终止裁剪。在指定的被裁剪曲线中拾取的曲线段

至剪刀线部分被裁剪掉，而位于剪刀线另一侧的部分被保留。

图 5-27 是两个拾取边界进行裁剪的例子，图中的“×”表示拾取的位置，箭头所指的是拾取边界。在这种情况下，剪刀线也可以被裁剪，因此，拾取边界更适合于比较复杂的裁剪情况。

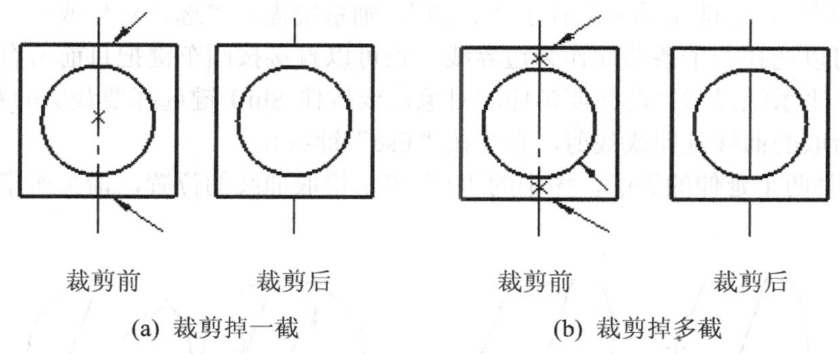

(a) 裁剪掉一截　　(b) 裁剪掉多截

图 5-27　“拾取边界”裁剪示例

3. 批量裁剪

当在如图 5-25 所示的菜单中选择“批量裁剪”时，则按照系统提示，先拾取一条线段链作为剪刀链(可以封闭，也可以不封闭)，然后选取需要裁剪的若干条曲线并按回车键。这时系统提示“请选择要裁剪的方向:”，用户点击代表方向的箭头，即完成裁剪。

图 5-28 是一个批量裁剪的例子(把封闭区域之外的部分裁掉了)。

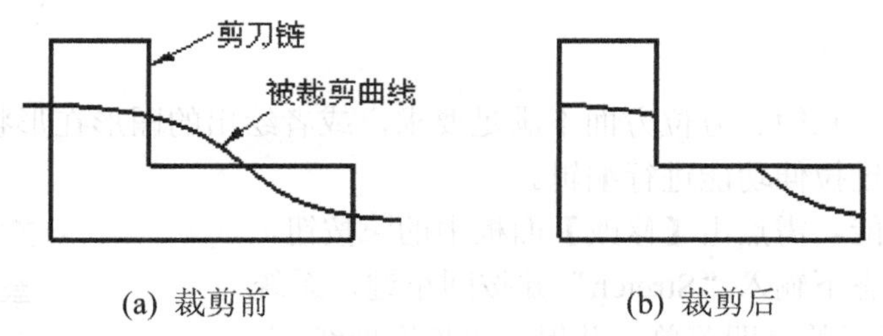

(a) 裁剪前　　(b) 裁剪后

图 5-28　“批量裁剪”示例

说明：如图 5-29 所示的两种情况，当被裁剪的曲线不与其他任何曲线相交，或者即使相交但交点恰是被裁剪曲线的一个端点时，该曲线不能使用快速裁剪和拾取边界进行裁剪，而只能使用批量裁剪，或者使用删除命令(按“Delete”键)将其删除。

图 5-29　裁剪的两种特殊情况

5.2.6　延伸

所谓延伸，是指以一条曲线为边界对一系列曲线进行裁剪或延伸。

(1) 点击【修改】面板中的按钮，或在“无命令”状态下输入“Edge”(或“Extend”)并按回车键，系统出现立即菜单 1. 齐边 并提示“拾取剪刀线:”。

(2) 拾取一条曲线作为剪刀线。

(3) 如果用户在立即菜单中选择了“齐边”，则系统提示“拾取要编辑的曲线:”，再选取一系列曲线进行编辑。但在实际操作中，如果被编辑曲线与剪刀线有交点，则系统将拾取的曲线裁剪至剪刀线位置；如果被编辑曲线与剪刀线没有交点，那么系统将把曲线按其自身趋势延伸至剪刀线。因为圆弧和椭圆弧无法向无穷远处延伸，所以它们的延伸范围由其半径或半轴决定。

(4) 如果用户在立即菜单中选择了“延伸”，则系统提示“选择对象或<全部选择>：”。此时，用户可以选择若干条曲线作为边界线，也可以直接按回车键把目前所有的图线作为边界线。接下来系统提示“选择要延伸的对象，或按住 Shift 键选择要裁剪的对象”。如此操作即可将拾取的曲线延伸或裁剪，直至按“Esc”键终止。

图 5-30 是两个延伸的例子，图中的“+”表示拾取曲线的位置，箭头所指的是剪刀线或边界线。

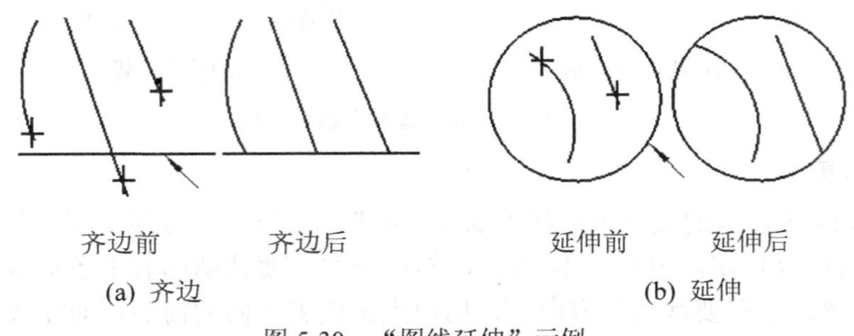

(a) 齐边　(b) 延伸

图 5-30　“图线延伸”示例

5.2.7　拉伸

当绘出的曲线在长短、方位方面不满足要求，或者绘出的图形在形状、大小方面不满足要求时，需要通过拉伸功能进行编辑。

欲使用拉伸功能，需点击【修改】面板中的按钮，或在“无命令”状态下输入“Stretch”并按回车键，系统将弹出如图 5-31 所示的立即菜单，并提示“拾取曲线：”。

图 5-31　“拉伸”立即菜单 1

在立即菜单“1.”中，“单个拾取”仅适用于拉伸单根曲线，而“窗口拾取”可以拉伸平面图形。

1. 拉伸单根曲线

当立即菜单处于“单个拾取”方式时，可对单根曲线(如直线、圆、圆弧或样条曲线、公式曲线、波浪线等)进行拉伸，但拾取曲线的性质不同，其拉伸的方式也会不同。该操作只能改变曲线的形状、长度和方位，而不会改变曲线的性质。

1) 拉伸单个圆

(1) 设法显示出如图 5-31 所示的立即菜单，此时系统提示“拾取曲线：”。

(2) 由用户拾取一个圆，系统提示“请输入长度值：”。此时用户只需在合适的位置给定一点，即可完成拉伸。这种拉伸只能改变圆的大小，而不能改变圆的位置。

2) 拉伸单根直线

(1) 设法显示出如图 5-31 所示的立即菜单，此时系统提示“拾取曲线：”。

(2) 由用户拾取一条直线，立即菜单将变为如图 5-32(a)或图 5-32(b)所示。

(a) 轴向拉伸

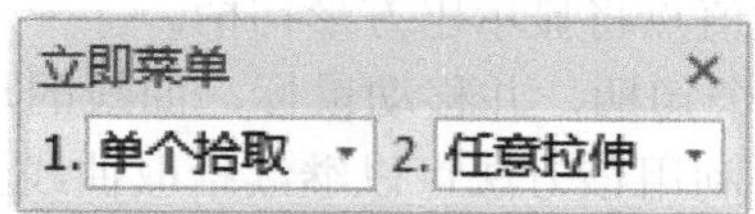

(b) 任意拉伸

图 5-32　“拉伸”立即菜单 2

(3) 对立即菜单中的选项进行必要的设置。其中：

① 若选择“轴向拉伸”选项，则在保持直线的方向不变的情况下只改变其长度，而直线的长度取决于立即菜单“3.”中的“点方式”或“长度方式”。“点方式”需要给定直线端点位置；而“长度方式”则需要输入被拉伸直线的绝对长度或增量。如果输入的绝对长度为负值，则将产生反向指定长度的直线，直线将被缩短；如果输入的增量为正值，则直线将被延长。

② 若选择“任意拉伸”选项，则可以使直线的长度和方向都改变。在这种情况下，靠近拾取点的直线端点位置完全由鼠标的拾取位置来决定。

(4) 一旦给出了直线的端点或长度，即可完成对该直线的编辑。

(5) 系统继续提示“拾取曲线:”，再编辑其他图线，直到按“Esc”键终止。

3) 拉伸单个圆弧

(1) 设法显示出如图 5-31 所示的立即菜单，此时系统提示“拾取曲线:”。

(2) 由用户拾取一段圆弧，立即菜单将变为如图 5-33 所示的立即菜单。

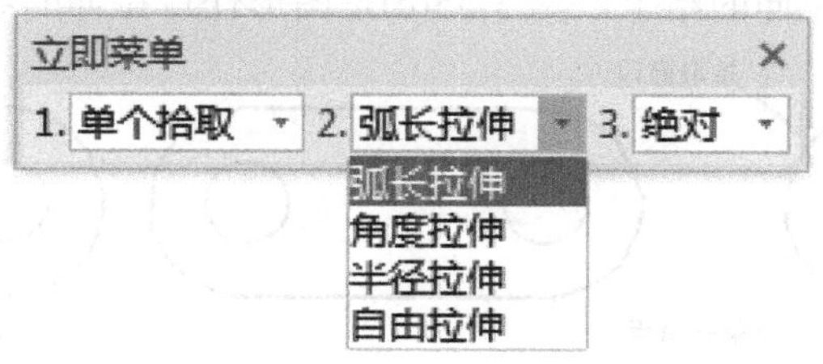

图 5-33　“拉伸”立即菜单 3

(3) 对立即菜单中的选项进行必要的设置。其中：

① 若选择“弧长拉伸”选项，则可使圆弧的圆心和半径保持不变，通过改变圆弧的一个端点使其弧长发生变化。

② 若选择“角度拉伸”选项，则可使圆弧的圆心和半径保持不变，通过改变圆弧的圆心角使其弧长发生变化。

③ 若选择“半径拉伸”选项，则可使圆弧的圆心和圆心角保持不变，通过改变圆弧的半径使其弧长发生变化。

④ 若选择“自由拉伸”选项，则可通过改变圆弧的一个端点，致使其圆心、弧长、半径和圆心角等都发生变化。在这种方式下，立即菜单中不提供“增量”和“绝对”选项。

(4) 以上操作可重复进行以便对多个圆弧进行拉伸，直到按“Esc”键终止。

4) 拉伸其他曲线

(1) 设法显示出如图5-31所示的立即菜单，此时系统提示“拾取曲线:”。

(2) 由用户拾取一段曲线，如样条曲线、公式曲线或波浪线等，系统将提示“拾取插值点:”。此时曲线上的所有插值点将显示出方形句柄。

(3) 用鼠标拾取其中的一个句柄，并移动鼠标，曲线的形状将随之改变，点击左键时该插值点就固定在新位置上。利用该方法可以继续拾取曲线上的其他插值点上的句柄进行拉伸，待曲线的形状满意时，按“Esc”键结束。

2. 拉伸平面图形

拉伸平面图形时需要使用“窗口拾取”方式拾取一组曲线，通过移动窗口内的部分图形使平面图形发生改变。

(1) 在如图5-31所示的立即菜单“1.”中选择“窗口拾取”方式，此时的立即菜单如图5-34所示，并提示“拾取添加”。

(2) 用户需要给定两个点并用反选方法选取被拉伸的对象，并且应确保被拉伸的部分位于拾取框内，否则被拾取的图形不能进行拉伸，只能实现平移，这一点至关重要。

图5-34　“拉伸”立即菜单4

(3) 在立即菜单“2.”中选择“给定偏移”或“给定两点”。

(4) 用户按照系统提示，分别给出两点或给出X和Y方向上的偏移量，即可完成平面图形的拉伸。

这里需要说明的是，当屏幕点“正交”打开时，图形只能沿X方向或Y方向被拉伸；当屏幕点“正交”关闭时，图形则允许被任意拉伸。图5-35(a)给出了拾取图形的方法，图5-35(b)是图形“正交”拉伸的结果，图5-35(c)是图形任意拉伸的结果。

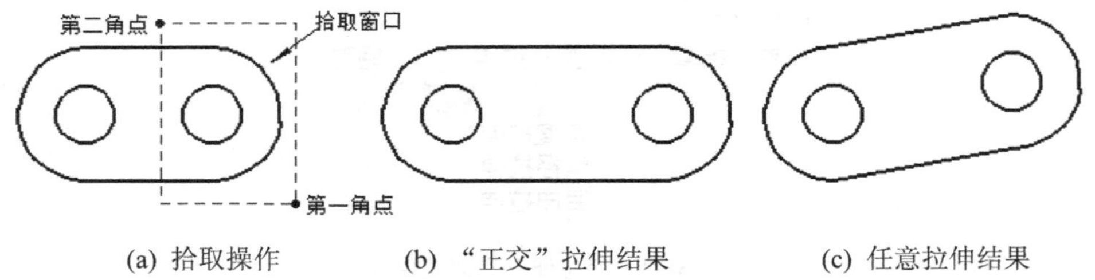

(a) 拾取操作　　(b) “正交”拉伸结果　　(c) 任意拉伸结果

图5-35　用“窗口拾取”拉伸平面图形

5.2.8　阵列

在工程图样中，经常会遇到一些形状相同并按一定规律分布的图形。电子图板提供的阵列功能能够通过一次操作同时生成若干相同的、按一定规律分布的图形，以提高作图效率。阵列的方式有圆形阵列、矩形阵列和曲线阵列。

1. 圆形阵列

所谓圆形阵列，是指对拾取到的对象以某一基点为圆心、沿圆周方向进行拷贝。

(1) 点击【修改】面板中的⊞按钮，或在“无命令”状态下输入“Array”并按回车键，系统将弹出如图 5-36 所示的立即菜单。

图 5-36　“阵列”立即菜单 1

(2) 在立即菜单“1.”中选择“圆形阵列”选项。

(3) 在立即菜单“2.”中可选择“旋转”或“不旋转”，以决定是否对阵列时产生的每个对象拷贝进行旋转。

(4) 如果在立即菜单“3.”中选择“均布”，则可在立即菜单“4.份数”中设置拷贝的份数，其结果将使阵列产生的每个拷贝均匀分布在同一圆周上，且相邻两个之间的夹角相等。

(5) 如果在立即菜单“3.”中选择“给定夹角”，则立即菜单将如图 5-37 所示。此时，可在立即菜单“4.相邻夹角”中设置相邻两拷贝之间的夹角，其有效值是−360°～360°；在立即菜单“5.阵列填角”中设置阵列填角大小以确定对象阵列的范围，其有效值为 1°～360°。

图 5-37　“阵列”立即菜单 2

(6) 完成上述设置后，当系统提示“拾取元素：”时，拾取所需的对象并确认。

(7) 当系统提示“中心点：”时，用鼠标或键盘给出一点作为圆形阵列的中心。

(8) 如果前面选择了“不旋转”，则此时系统还将提示“基点：”。由用户给出一点后，即可完成所需要的阵列操作，则基点到中心点间的距离即为阵列圆周的半径，如图 5-38(a)所示。

图 5-38 是圆形阵列的例子。其中，图(a)使用的选项设置为不旋转，均布，共 6 份；图(b)使用的选项设置为旋转，均布，共 6 份；图(c)使用的选项设置为旋转，给定夹角，相邻夹角为 60°，阵列填角为 240°。

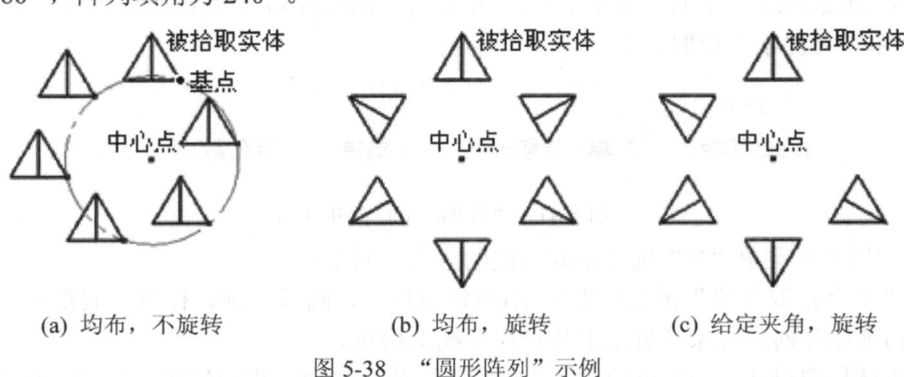

(a) 均布，不旋转　　(b) 均布，旋转　　(c) 给定夹角，旋转

图 5-38　“圆形阵列”示例

2. 矩形阵列

所谓矩形阵列，是指对拾取到的对象以行和列的分布形式进行拷贝。

(1) 在如图 5-37 所示的立即菜单“1.”中选择“矩形阵列”，系统将弹出如图 5-39 所示的立即菜单。

图 5-39　“阵列”立即菜单 3

(2) 在当前立即菜单中分别设置矩形阵列的行数、行间距、列数、列间距以及整个矩阵的旋转角度。其中，行数和列数的有效值是 1～500，行间距和列间距的有效值是-10^{20}～10^{20}，旋转角度的有效值为-360°～360°。

(3) 完成上述设置后，当系统提示“拾取元素：”时，拾取所需的对象并确认，即可完成矩形阵列。

图 5-40 是矩形阵列的例子。其中，图(a)使用的选项设置为行数为 3，行间距为 50，列数为 4，列间距为 50，旋转角度为 0°；图(b)使用的选项设置为行数为 2，行间距为 50，列数为 3，列间距为 50，旋转角度为 30°。

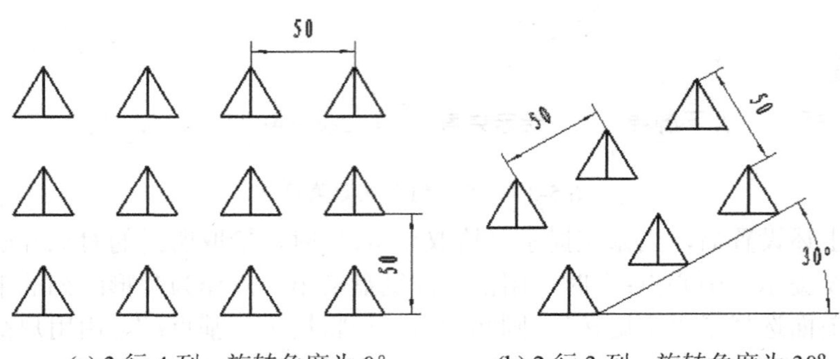

(a) 3 行 4 列，旋转角度为 0°　　(b) 2 行 3 列，旋转角度为 30°

图 5-40　“矩形阵列”示例

3. 曲线阵列

曲线阵列就是指在一条曲线或曲线链上生成均布的对象拷贝。

(1) 在如图 5-37 所示的立即菜单“1.”中选择“曲线阵列”，系统将弹出如图 5-41 所示的立即菜单，并提示“拾取元素：”。

图 5-41　“阵列”立即菜单 4

(2) 利用立即菜单“2.”选择拾取母线的方式。其中：

① “单个拾取母线”需要拾取单根曲线(如直线、圆弧、圆、样条、波浪线、椭圆、多段线等)进行阵列，对象拷贝基于基点在曲线上均布。

② “链拾取母线”一般可拾取一条线段链，也可拾取单根曲线进行阵列，对象拷贝基于基点在整条线段链或曲线上均布。

③ “指定母线”需要用户临时在绘图区内拾取若干点，并由这些点的连线作为母线将对象进行阵列。

④ 其他选项的含义同前。

(3) 完成上述设置后，接下来按照系统提示，顺次选择所需阵列的对象、基点和母线。如果前面选择了“旋转”，则还需要指定生成的方向，用于确定在母线的哪一侧生成阵列。生成的多个拷贝即沿着母线均布且每个拷贝的基点均位于母线上。

图 5-42 是曲线阵列的例子。其中，图(a)为被阵列的对象；图(b)使用的选项设置为单个母线，旋转，共 7 份；图(c)使用的选项设置为单个母线，不旋转，共 7 份。

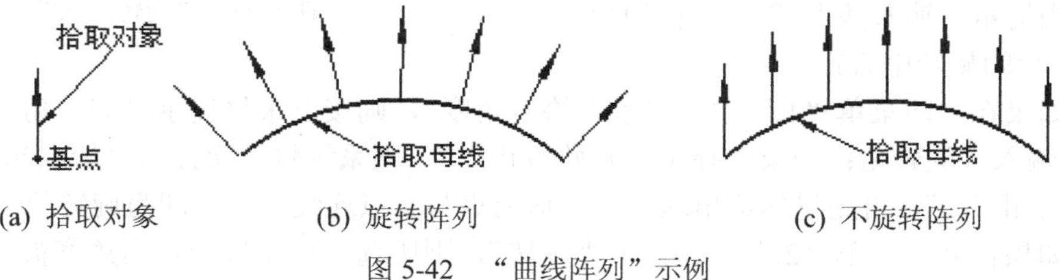

(a) 拾取对象 (b) 旋转阵列 (c) 不旋转阵列

图 5-42 “曲线阵列”示例

5.2.9 镜像

所谓镜像，是指对所拾取的图形以一条直线或以给出的两点之连线为对称轴进行对称镜像或对称拷贝。

(1) 点击【修改】面板中的 按钮，或在“无命令”状态下输入“Mirror”并按回车键，系统将弹出如图 5-43 所示的立即菜单，并提示“拾取元素：”。

图 5-43 “镜像”立即菜单

(2) 在立即菜单“1.”中，如果选择“拾取两点”，则需要用交互方式给出两点，并以两点连线作为镜像对称轴；如果选择“选择轴线”，则需要拾取一条直线作为镜像对称轴。

(3) 在立即菜单“2.”中，如果选择“镜像”，则在完成镜像后删除原来的图形对象；如果选择“拷贝”，则在完成镜像后，仍保留原来的图形对象，如图 5-44 所示。

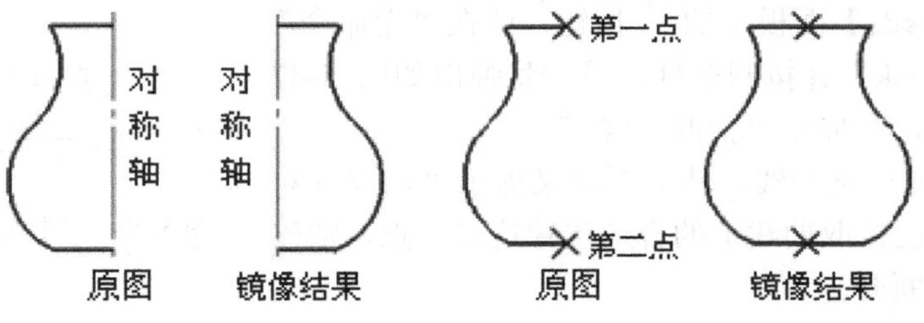

(a) “选择轴线”对图形镜像 (b) “拾取两点”对图形镜像拷贝

图 5-44 “镜像”示例

(4) 完成上述设置后，当系统提示“拾取元素：”时，拾取需要镜像的图形，并按鼠标右键或回车键加以确定。

(5) 可依据提示拾取一条直线或拾取两点以确定对称轴，从而完成镜像操作。

5.2.10　旋转

所谓旋转，是指将拾取的图形绕着指定的基点进行旋转或旋转拷贝。

(1) 点击【修改】面板中的按钮，或在“无命令”状态下输入“Rotate”并按回车键，系统将弹出如图 5-45 所示的立即菜单，并提示“拾取元素:”。

图 5-45　“旋转”立即菜单

(2) 对立即菜单中的选项进行必要的设置，然后拾取所需图形并按回车键确认。

(3) 当提示“输入基点:”时，由用户给出一点作为基点(图形的旋转中心)。

(4) 如果在立即菜单“1.”中选择了“给定角度”，则接下来将提示“旋转角:”，用户可由键盘输入一旋转角；如果选择了“起始终止点”，则系统将依次提示“拾取起始点:”和“拾取终止点:”，可用鼠标给出这两点，这两点与基点连线的夹角即为旋转角。

(5) 如果在立即菜单“2.”中选择了“旋转”，则所选图形将按给定的角度被旋转；如果选择了“拷贝”，则所选图形的备份将被旋转指定的角度，如图 5-46 所示。

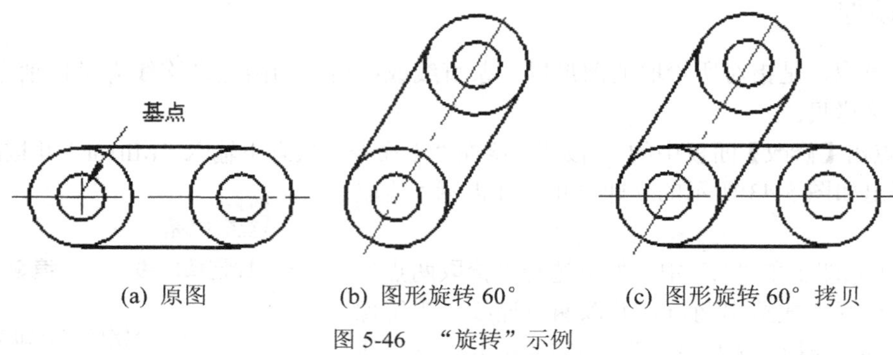

(a) 原图　　(b) 图形旋转 60°　　(c) 图形旋转 60° 拷贝

图 5-46　“旋转”示例

5.2.11　打断

所谓打断，是指将一条曲线在指定点处打断成两段，以便于分别操作。

(1) 点击【修改】面板中的按钮，或在“无命令”状态下输入“Break”并按回车键，系统将弹出如图 5-47 所示的立即菜单，并提示“拾取曲线:”。

图 5-47　“打断”立即菜单 1

(2) 用户拾取一条曲线，然后系统又提示“拾取打断点:”。此时需在已拾取曲线上的合适位置拾取一点，则该曲线在该点处被断开。

说明： 曲线被打断后，外观上与其打断前没有什么两样，而实际上，原来的曲线已经变成了两条首尾相接的曲线。

(3) 为使作图准确，拾取的打断点最好选在需打断的曲线上，必要时可充分利用捕捉工具获取曲线上的一些特征点，如中点、交点、象限点等。其实，系统也允许用户将拾取点选在曲线之外，其使用规则是：

① 若欲打断的线段为直线，则从用户的拾取点到该直线所作垂线的垂足即为打断点，如图 5-48(a)所示。

② 若欲打断的线段为圆或圆弧，则从用户拾取点到圆心连线，该连线与圆(弧)的交点即为打断点，如图 5-48(b)所示。

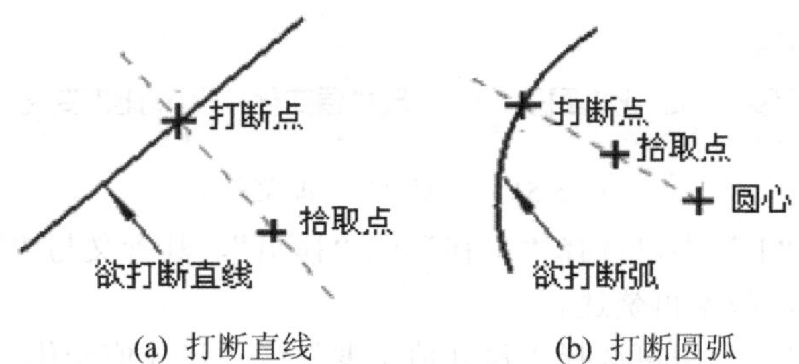

(a) 打断直线　　(b) 打断圆弧

图 5-48　“拾取点在曲线外”时打断点的确定示例

(4) 如果在立即菜单“1.”中选择“两点打断”，则立即菜单将变为如图 5-49 所示的立即菜单，并可在立即菜单“2.”中选择“伴随拾取点”或“单独拾取点”。这里，前者将拾取曲线的位置作为第一打断点，将随后拾取的点作为第二打断点；而后者在拾取被打断的曲线后，需再分别拾取第一、二打断点。两者的执行结果都将把两断点之间的部分删除。如果被打断的曲线是封闭曲线，则沿逆时针方向从第一断点至第二断点之间的部分被删除。

图 5-49　“打断”立即菜单 2

图 5-50 是“两点打断”的例子。

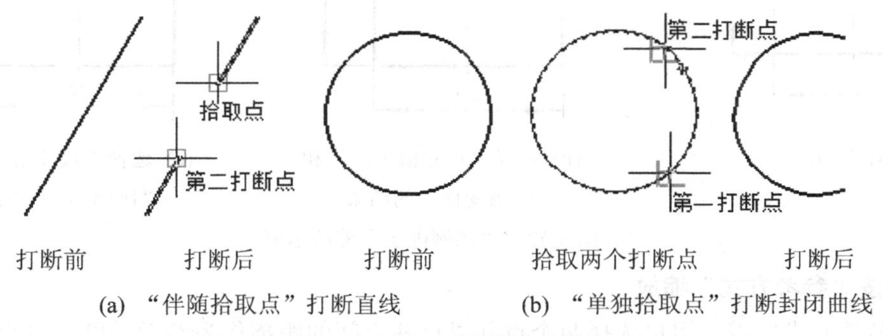

打断前　打断后　打断前　拾取两个打断点　打断后

(a) “伴随拾取点”打断直线　　(b) “单独拾取点”打断封闭曲线

图 5-50　“两点打断”时打断点的确定示例

5.2.12　缩放

所谓缩放，是指对拾取到的图形对象按给定比例或某种参考方式进行缩放或拷贝。

点击【修改】面板中的按钮，或在“无命令”状态下输入“Scale”并按回车键，系统将弹出立即菜单 1. 平移 2. 比例因子 ，并提示“拾取添加”。

1. 按“比例因子”缩放

(1) 如果用户在立即菜单中选择了“比例因子”，则表示将通过输入比例值来实现图形的缩放，故在拾取了需要编辑的图形对象后，立即菜单将变成如图 5-51 所示的立即菜单，并提示“基准点:”。

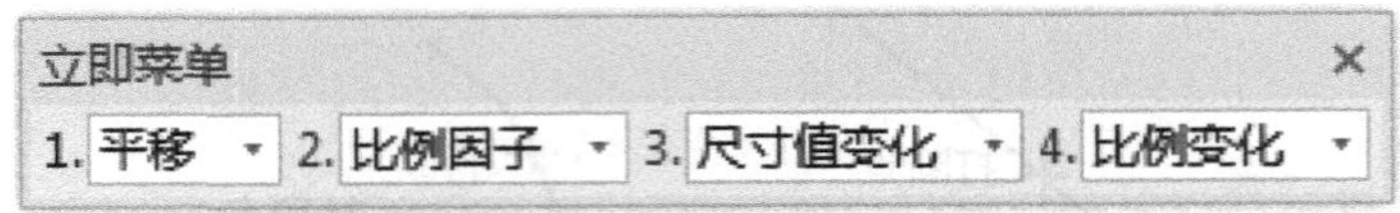

图 5-51　“缩放”立即菜单 1

(2) 在立即菜单“1.”中可选择“平移”或“拷贝”，其含义与“旋转”命令中的“旋转”和“拷贝”类似，故不再赘述。

(3) 在立即菜单“3.”中可选择“尺寸值不变”或“尺寸值变化”。其含义为：如果在拾取图形的同时也拾取了尺寸，“尺寸值不变”将使所选尺寸数值不随图形缩放变化，而“尺寸值变化”则会使所选尺寸数值随图形一起缩放。

(4) 在立即菜单“4.”中，可选择“比例变化”或“比例不变”。其含义为：如果在拾取图形的同时也拾取了尺寸，“比例变化”将使尺寸标注中的诸要素随图形缩放而变化，而“比例不变”则不会使尺寸标注中的诸要素发生变化。

(5) 完成上述设置后，由用户给出一点作为缩放的基准点。接下来用户再按照系统提示进行一一响应，即可完成图形的比例缩放或比例拷贝。

图 5-52 是一个以形心为基准点、比例系数为 1.2、选择“比例因子”对图形进行缩放的示例。

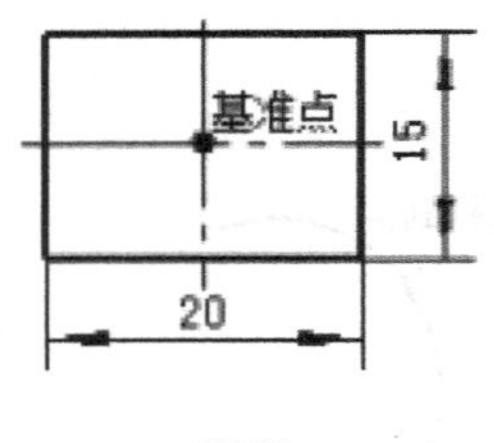

(a) 原图

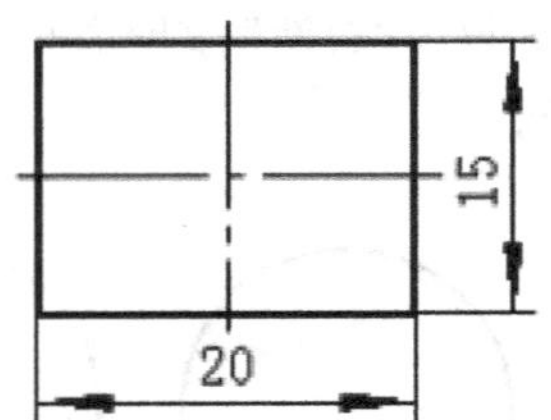

(b) 选择“尺寸值不变”和“比例变化”的结果

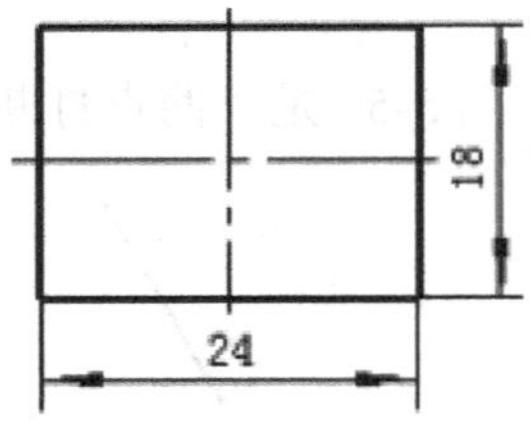

(c) 选择“尺寸值变化”和“比例不变”的结果

图 5-52　“比例因子”缩放示例

2. 按“参考方式”缩放

“参考方式”需要用户选择两个点并以这两点间的距离作为参考长度，以给定的距离与参考长度之比对图形进行缩放或拷贝。

(1) 在立即菜单“2.”中选择“参考方式”，在拾取了需要编辑的图形对象后，立即菜单将变成如图 5-53 所示的立即菜单，并提示“基准点:”。

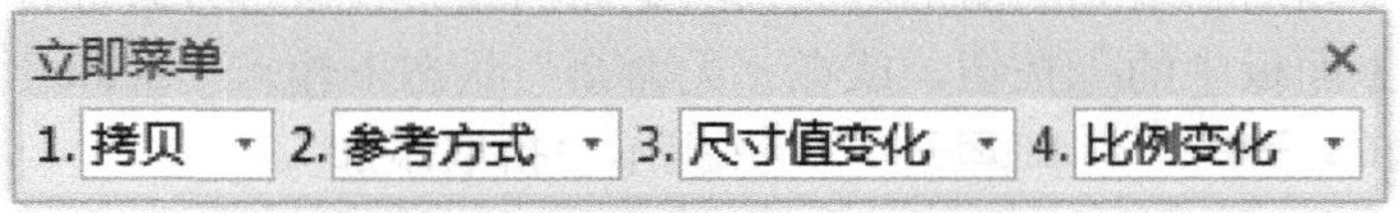

图 5-53　“缩放”立即菜单 2

(2) 对立即菜单中的选项进行必要的设置，其含义同前。

(3) 系统提示“基准点:”。当用户给出一点后，系统又相继要求给定“参考距离第一点:”和“参考距离第二点:”。

(4) 用户分别给出两点后，系统提示“新距离:”。这时用户可拖动鼠标到合适的位置并点击左键(该点与基准点之间的距离即为新距离)，即可完成图形的缩放或拷贝。

【例 5-1】 图 5-54 是一个使用“参考方式”对图形进行缩放的示例。已知等边△ABC 和等边△CDE，在△CDE 中恰好放入三个小圆，如图(a)所示。通过缩放这三个小圆，使三个大圆恰好能放入△ABC 中，如图(b)所示。

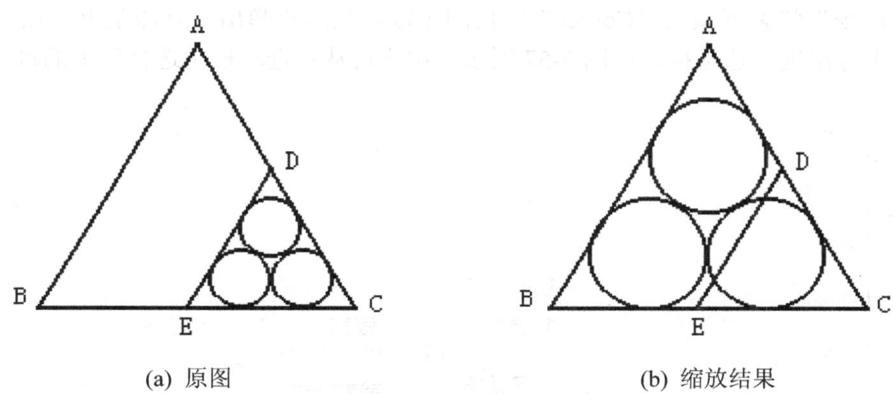

(a) 原图　　(b) 缩放结果

图 5-54　“参考方式”缩放示例

具体操作步骤如下：

(1) 在【修改】面板中点击按钮，在立即菜单中选择“参考方式”，如图 5-55 所示。

图 5-55　“参考方式”立即菜单

(2) 拾取如图 5-54(a)所示的三个圆，并按回车键，此时系统提示“基准点:”。

(3) 在如图 5-54(a)所示的图形中选择 C 点作为基准点。接下来当提示“参考距离第一点:”和“参考距离第二点:”时，分别拾取该图中的 C 点和 E 点。

(4) 当提示“新距离:”时，拾取 B 点即可，结果如图 5-54(b)所示。

5.2.13　分解

分解是指将多段线、标注、图案填充、文字或块等合成对象转变为单个元素。具体来说，分解可以把这些合成对象拆解为若干直线段和圆弧，其原来所有关联的宽度信息将被丢弃，所得直线和圆弧将沿原多段线的中心线放置；把块或关联标注分解为组成该块或标注的对象副本；把标注或填充对象分解为单个对象(如直线、文字、点和二维实体)，也将失去其原有的关联性。另外，对于大多数对象，分解的效果是看不见的。

(1) 点击【修改】面板中的按钮，或在“无命令”状态下输入“Explode”并按回车键，系统提示“拾取元素:”。

(2) 由用户拾取一个或多个欲分解的对象，然后按回车键，被选择的对象即被分解。

电子图板提供的图符、标题栏、图框、明细表、剖面线等对象都是以块的形式存在的，因此都可以用上述方法将其分解。

5.2.14 过渡

电子图板提供的过渡功能包含了一般 CAD 软件的圆角、尖角、倒角等多种过渡操作，因此可满足用户的各种过渡需要。

在【修改】面板中点击“过渡”按钮旁边的▾，系统会弹出如图 5-56 所示的下拉菜单。从菜单中选择某个选项即启动相应的过渡功能。例如，在该菜单中选择“过渡”选项，或者在“无命令”状态下输入“Corner”并按回车键，系统将弹出一立即菜单。点击立即菜单，在其上方出现一选项板，如图 5-57 所示。用户可从该选项板中选择所需的过渡形式。

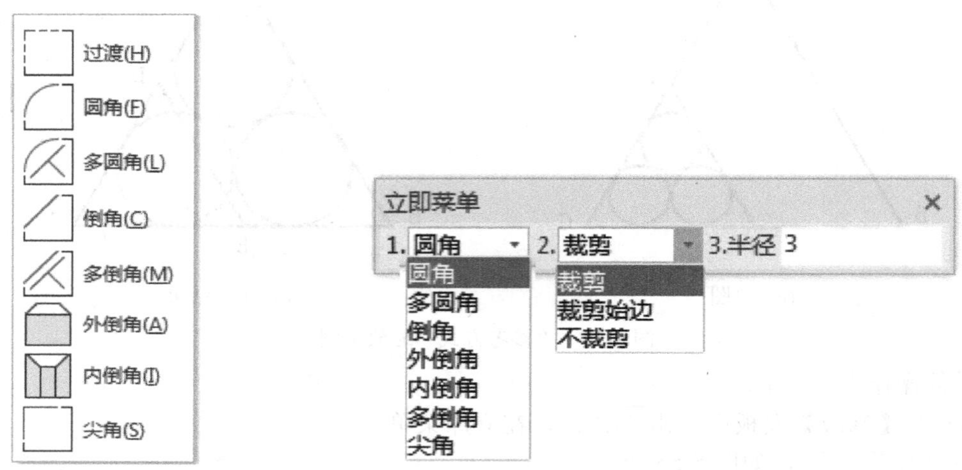

图 5-56 “过渡”下拉菜单　　　图 5-57 “过渡”立即菜单及选项板

1. 圆角过渡

圆角过渡是指对两条线段(直线、圆弧、圆)进行圆弧光滑过渡，同时，这两条线段还可以被裁剪或沿着角的方向进行延伸。

(1) 在如图 5-57 所示的立即菜单“1.”中选择“圆角”，或者在“无命令”状态下输入“Fillet”并按回车键，其立即菜单如图 5-58 所示。

图 5-58 “圆角过渡”立即菜单

(2) 对立即菜单中的选项进行必要的设置。例如，可在立即菜单“2.”中选择裁剪方式，在立即菜单“3.”中设置过渡圆角的半径。

① 裁剪：执行过渡操作之后，裁剪掉所有过渡边的多余部分，如图 5-59(b)所示。

② 裁剪始边：执行过渡操作之后，只裁剪掉起始边(用户拾取的第一条线段)的多余部分，如图 5-59(c)所示。

③ 不裁剪：执行过渡操作之后，原线段仍保持原样，不被裁剪，如图 5-59(d)所示。

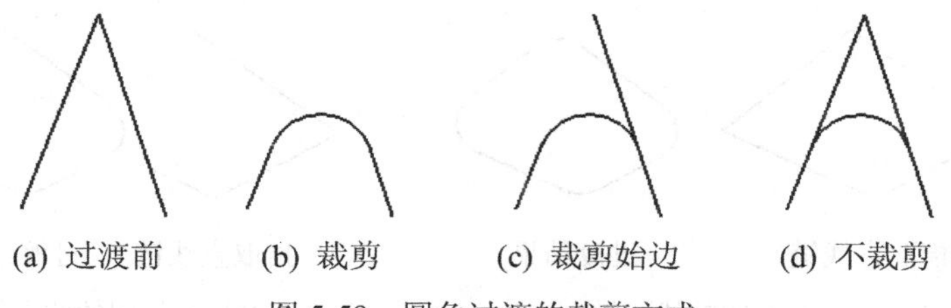

图 5-59 圆角过渡的裁剪方式

(3) 当提示“拾取第一条曲线：”时，需拾取一条线段，当提示“拾取第二条曲线：”时，需再拾取一条线段，两条线段之间即用一段给定半径的圆弧光滑过渡。

说明：在圆角过渡时，用户拾取曲线的位置不同，其过渡后产生的结果也不同，如图 5-60 所示(图中的“+”表示拾取的位置)。

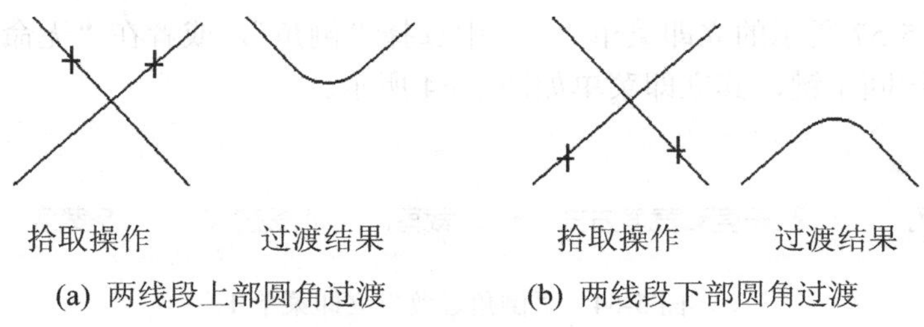

图 5-60 圆角过渡的拾取位置

图 5-61 是一个应用圆角过渡的例子。

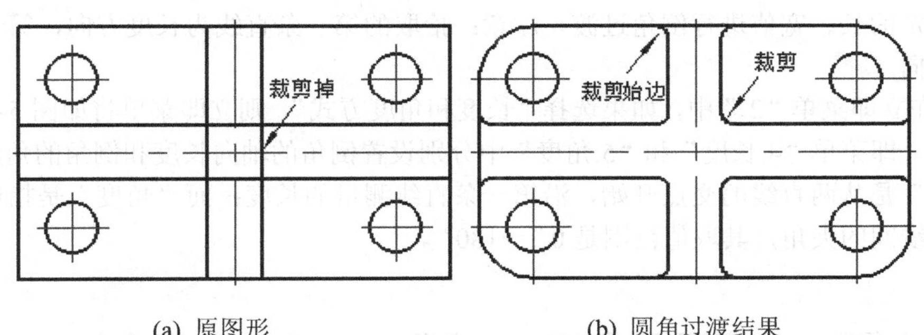

图 5-61 “圆角过渡”应用示例

2. 多圆角过渡

所谓多圆角过渡，是指对多条首尾相接的直线段构成的线段链进行圆弧光滑过渡。

(1) 在如图 5-57 所示的立即菜单“1.”中选择“多圆角”，或者在“无命令”状态下输入“Fillets”并按回车键，其立即菜单如图 5-62 所示，从中可以设置过渡圆弧的半径。

图 5-62 “多圆角过渡”立即菜单

(2) 当提示“拾取首尾相连的直线：”时，需拾取一条首尾相连的线段链。该线段链可以是封闭的，也可以是不封闭的，如图 5-63 所示。

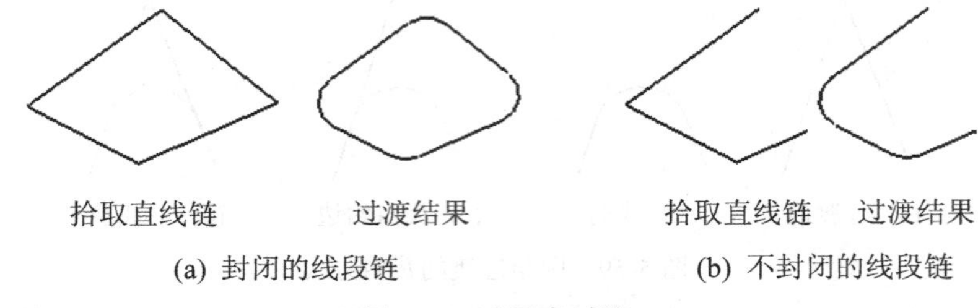

(a) 封闭的线段链　　(b) 不封闭的线段链

图 5-63　多圆角过渡

3. 倒角过渡

倒角过渡是指在两直线之间进行直线过渡，同时这两条直线还可以被裁剪或沿着角的方向延伸。

(1) 在如图 5-57 所示的立即菜单“1.”中选择“倒角”，或者在“无命令”状态下输入“Chamfer”并按回车键，其立即菜单如图 5-64 所示。

图 5-64　“倒角过渡”立即菜单 1

(2) 在立即菜单“2.”中，如果选择“长度和宽度方式”，则还可以在“4.长度”和“5.宽度”中分别设置倒角的长度和宽度。然后按照系统提示分别拾取两条直线，两条直线之间将按给定的长、宽值进行倒角过渡。注意：拾取的第一条直线为长度方向，第二条直线为宽度方向。

(3) 在立即菜单“2.”中，如果选择“长度和角度方式”，则立即菜单将如图 5-65 所示。这时可在立即菜单“4.长度”和“5.角度”中分别设置倒角的轴向长度和倒角的角度。这里的“长度”是从两直线的交点开始，沿第一条直线测量的长度；而“角度”是指倒角线与第一条直线间的夹角，其取值范围是 0°～180°。

图 5-65　“倒角过渡”立即菜单 2

(4) 在立即菜单“3.”中选择裁剪方式(裁剪、裁剪始边、不裁剪)，其含义同前。采用不同裁剪方式的裁剪效果如图 5-66 所示。

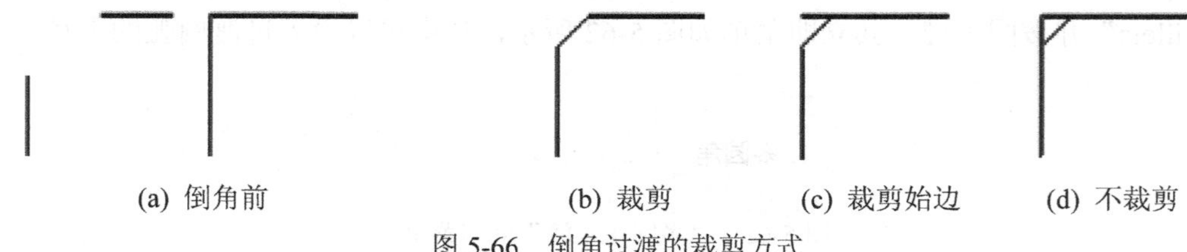

(a) 倒角前　　(b) 裁剪　　(c) 裁剪始边　　(d) 不裁剪

图 5-66　倒角过渡的裁剪方式

4. 多倒角过渡

多倒角过渡是指对多条首尾相连的直线段构成的线段链进行倒角过渡。

(1) 在如图 5-57 所示的立即菜单“1.”中选择“多倒角”，或者在“无命令”状态下输入“Chamfers”并按回车键，其立即菜单如图 5-67 所示。

图 5-67　“多倒角”立即菜单

(2) 对立即菜单进行必要的设置，其中各选项的含义同前。

(3)根据系统提示，选择一条首尾相接的线段链即可完成多倒角过渡，如图 5-68 所示。

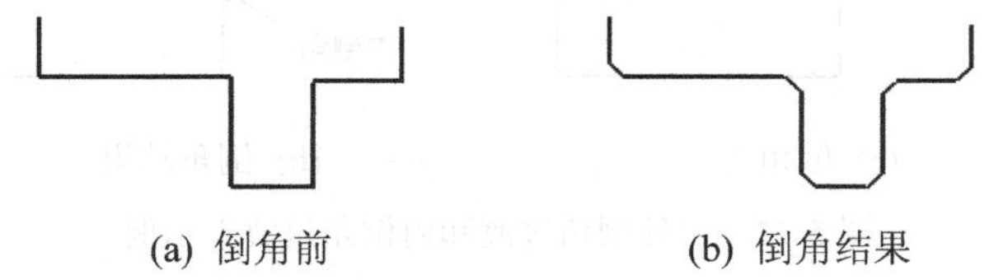

(a) 倒角前　　(b) 倒角结果

图 5-68　多倒角过渡

5. 外倒角过渡

外倒角过渡是指对轴端的三条两两垂直的直线进行倒角过渡。

(1) 在如图 5-57 所示的立即菜单“1.”中选择“外倒角”，或者在“无命令”状态下输入“Chamferaxle”并按回车键，其立即菜单如图 5-69 所示。

图 5-69　“外倒角过渡”立即菜单

(2) 对立即菜单进行必要的设置，其中各选项的含义同前。

(3) 根据系统提示，用户依次拾取三条两两垂直的直线即可完成外倒角过渡。这里，拾取三条直线的顺序可以是任意的，但它们必须两两垂直，如图 5-70 所示。

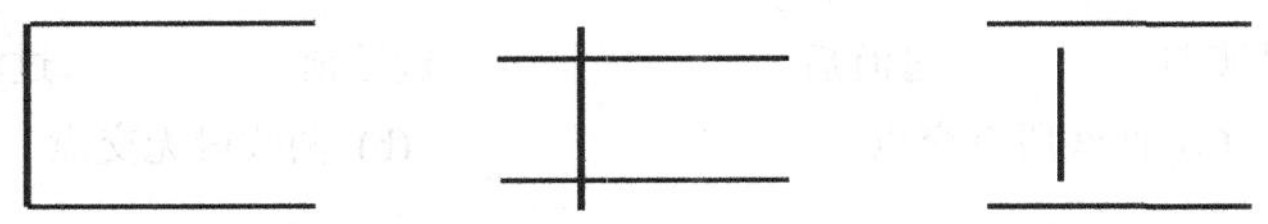

图 5-70　“两两垂直的直线”示例

6. 内倒角过渡

内倒角过渡是指对孔端的三条两两垂直的直线进行倒角过渡。

在如图 5-57 所示的立即菜单“1.”中选择“内倒角”，或者在“无命令”状态下输入“Chamferhole”并按回车键，其立即菜单如图 5-71 所示。

图 5-71　“内倒角过渡”立即菜单

内倒角过渡与外倒角过渡的使用方法十分类似，在此不再赘述。

图 5-72 是一个外倒角过渡和内倒角过渡的例子。首先选择“外倒角”方式，并设置倒角的轴向长度及角度，其次拾取直线 1、2、3，即可绘出外倒角；再选择“内倒角”方式，同样设置倒角的轴向长度及角度，然后拾取直线 1、3、4，即可绘出内倒角。

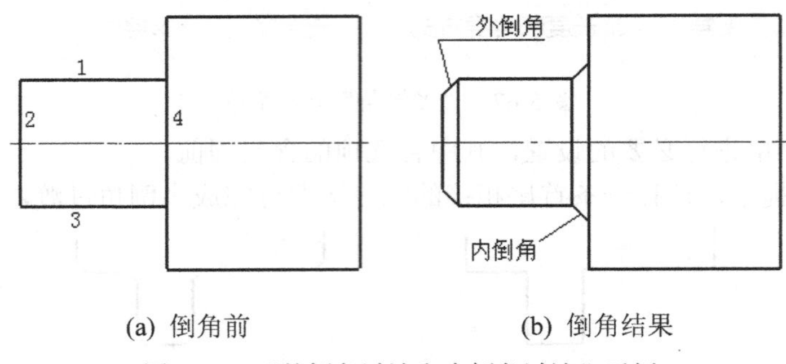

(a) 倒角前　　(b) 倒角结果

图 5-72　“外倒角过渡和内倒角过渡”示例

7. 尖角过渡

尖角过渡是指在两条线段(直线或圆弧)的交点处进行过渡。两线段若有交点，则以交点为界，多余的部分被裁剪掉；两线段若无交点，则先计算出两线段的交点，再将两线段延伸至交点处。

(1) 在如图 5-57 所示的立即菜单“1.”中选择“尖角”，或者在“无命令”状态下输入“Sharp”并按回车键，将弹出立即菜单 1. 尖角 。

(2) 根据提示，分别拾取两条曲线，即可在两线段之间完成尖角过渡。

图 5-73 是几个尖角过渡的例子，图中的“+”表示拾取的位置。可见，拾取的位置不同，其过渡后的结果也不同。

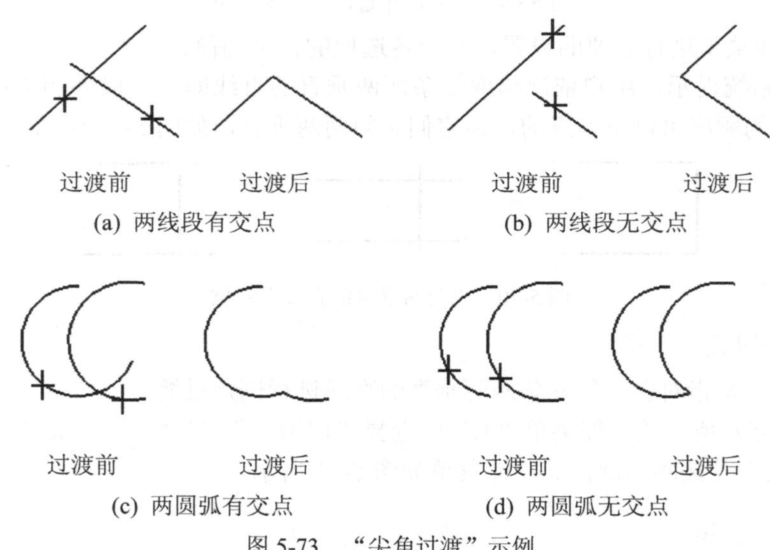

(a) 两线段有交点　　(b) 两线段无交点

(c) 两圆弧有交点　　(d) 两圆弧无交点

图 5-73　“尖角过渡”示例

5.2.15　其他图形编辑命令

其他图形编辑命令主要包括“剖面线”编辑、“多段线”编辑、“样条曲线”编辑等。

在【修改】面板上点击“剖面线”编辑按钮旁边的▾，将出现如图 5-74 所示的下拉菜单，从中选择某个选项即可启动相应的编辑功能。

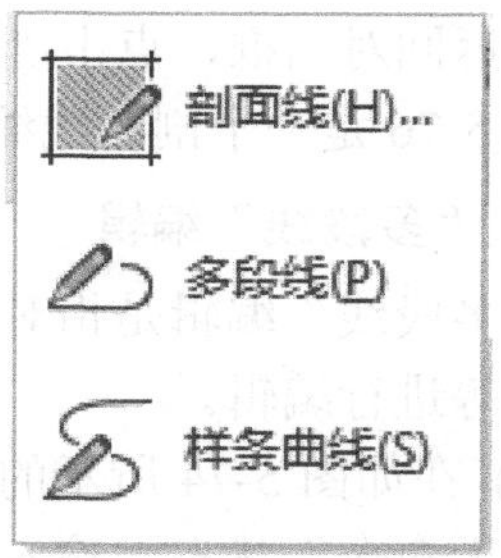

图 5-74 下拉菜单

1. “剖面线”编辑

“剖面线”编辑就是指对已填充的剖面线进行修改。

(1)在如图 5-74 所示的菜单中选择“剖面线”选项，系统提示“选择剖面线对象：”。

(2)拾取需要编辑的剖面线图案，系统弹出如图 5-75 所示的【剖面图案】对话框。

图 5-75 【剖面图案】对话框

(3) 在对话框左部的“图案列表”中选择新的图案名称，可为剖面线更换图案；在右部的编辑框中输入新值，可更改剖面线图案参数等。

(4) 点击对话框中的按钮，系统临时退出对话框并提示“添加环，请拾取封闭区域内部一点：”。此时，用户可在封闭区域内拾取一点并按回车键，系统又返回对话框，点击“确定”按钮，即把刚拾取的区域填充上了同样的图案，如图 5-76 所示。

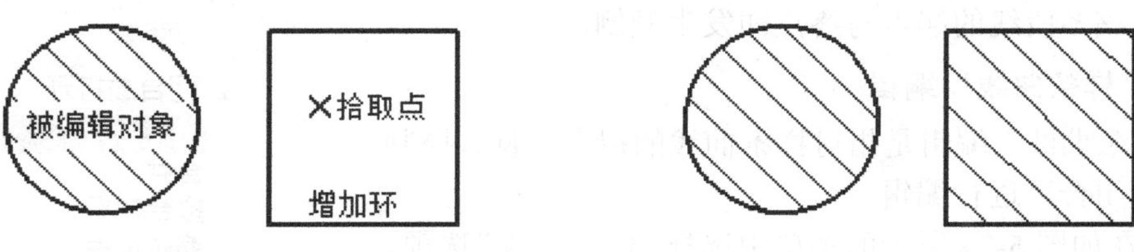

(a) 编辑前 (b) 编辑后

图 5-76 “剖面线”编辑示例

(5) 点击对话框中的按钮，系统临时退出对话框并提示“删除环，请拾取要删除的边界区域:”。此时，用户需要在前面已拾取的剖面图案中点击一下，并点击鼠标右键确认，系统又返回对话框，点击“确定”按钮，即可把刚拾取的区域内的剖面图案删除。

图 5-76 是一个剖面线编辑的例子。

2. “多段线”编辑

“多段线”编辑是指对多段线的线宽、顶点、方向、是否闭合等进行编辑。

(1) 在如图 5-74 所示的菜单中选择“多段线”选项，或者在“无命令”状态下输入“Splineedit”并按回车键，系统出现一立即菜单并提示“拾取添加”。

(2) 点击立即菜单“1.”，弹出其选项板，从中可选择编辑多段线所需的选项，如图 5-77 所示。

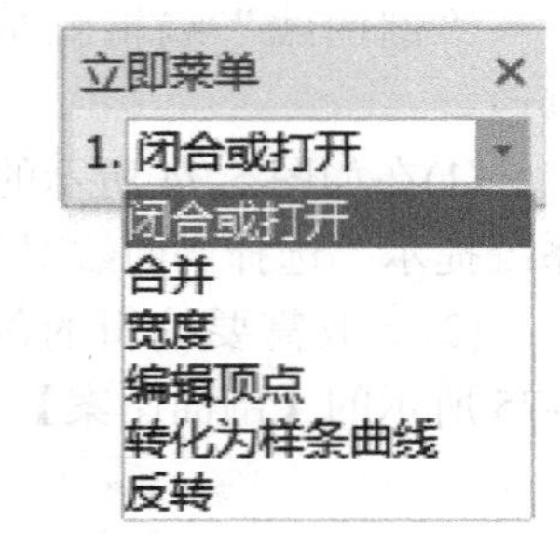

图 5-77　“多段线”编辑选项板

(3) 如果选择“闭合或打开”，则把用户拾取的闭合的多段线打开，或者把用户拾取的开放的多段线闭合。

(4) 如果选择“合并”，则系统将提示“拾取要合并的曲线(多段线，直线，圆弧):”。由用户拾取若干首尾相接的线段并按回车键，所拾取线段即成为一条多段线。必要时，用户可以使用“分解”命令将其分解。

(5) 如果选择“宽度”，则立即菜单将变为如图 5-78(a)所示的立即菜单，然后按照系统提示拾取若干条多段线并按回车键，所拾取多段线的线宽即被改变。

(6) 如果选择“编辑顶点”，则立即菜单将变为如图 5-78(b)所示的立即菜单。当选择“插入顶点”时，可根据提示先拾取需要编辑的一条多段线，然后在屏幕上拾取一个点作为插入点，则该多段线即被修改；当选择“删除顶点”时，应先拾取需要编辑的一条多段线，然后在该多段线上拾取一个顶点，则该顶点被删除，该多段线即被修改。

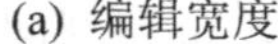

(a) 编辑宽度

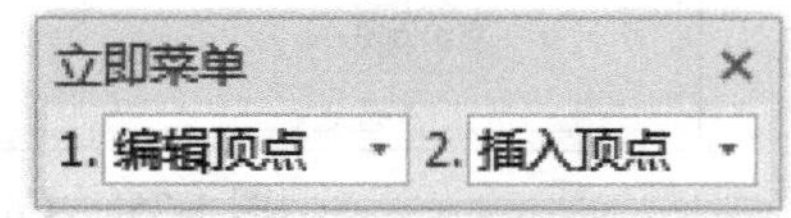

(b) 编辑顶点

图 5-78　“编辑多段线”立即菜单

(7) 如果选择“转化为样条曲线”，然后按照系统提示拾取一条多段线，则所拾取的多段线即被转换为一条样条曲线。

(8) 如果选择“反转”，然后按照系统提示拾取一条多段线，则该多段线的起点与终点即发生颠倒。

3. “样条曲线”编辑

“样条曲线”编辑是指对样条曲线的拟合数据、控制点、是否闭合等进行编辑。

(1) 在如图 5-74 所示的菜单中选择“样条曲线”选项，系统出现一立即菜单并提示“选择样条曲线:”。

(2) 点击立即菜单“1.”，弹出其选项板，从中可选择编辑样条曲线所需的选项，如图 5-79 所示。

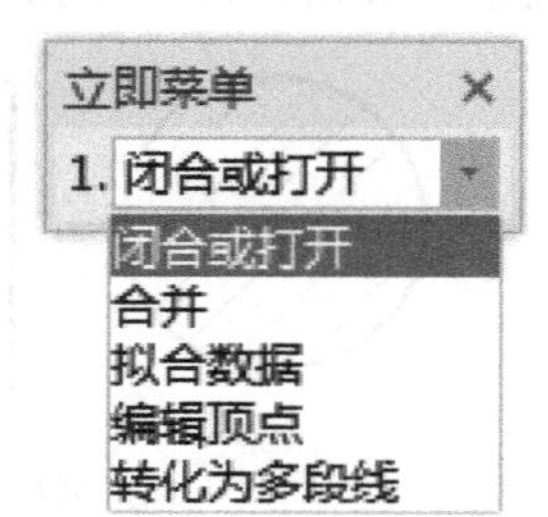

图 5-79　“样条曲线”编辑选项板

(3) 如果选择“闭合或打开”，将把用户拾取的闭合样条曲线打开，或者把用户拾取的开放的样条曲线闭合。

(4) 如果选择“合并”，系统将提示“选择要合并到源的任何开放曲线：”。由用户拾取若干首尾相接的线段并按回车键，所拾取线段即被合并到源样条曲线而成为一条样条曲线。如果此时得到的样条曲线不够光滑，可使用“拟合数据”选项进行修改。

(5) 如果选择“拟合数据”，立即菜单将变为 1.拟合数据 2.移动 ，并提示“在样条曲线上选择现有拟合点：”。由用户拾取一个拟合点，可利用立即菜单“2.”提供的“添加”“删除”“移动”选项为拾取的样条曲线添加、删除或移动拟合点，以改变样条曲线的形状，如图 5-80(a)所示。

(6) 如果选择“编辑顶点”，立即菜单将变为 1.编辑顶点 2.移动 ，并提示“在样条曲线上选择现有控制点：”。由用户拾取一个控制点，可利用立即菜单“2.”提供的“添加”“删除”“移动”选项为拾取的样条曲线添加、删除或移动控制点，以改变样条曲线的形状，如图 5-80(b)所示。

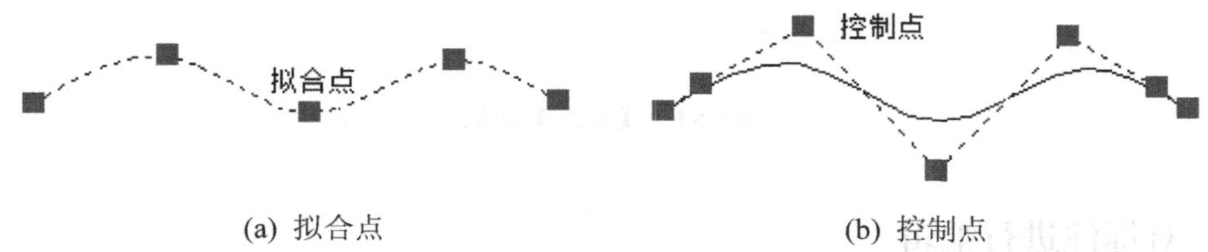

(a) 拟合点　　(b) 控制点

图 5-80 “样条曲线”上的拟合点和控制点

(7) 如果选择“转化为多段线”，立即菜单将如图 5-81 所示，并提示“请拾取需要拟合的样条线：”。然后由用户拾取一条样条曲线，并可利用立即菜单“2.”提供的“直线拟合”或“圆弧拟合”选项将所拾取的样条曲线转换为多段线。

1.转化为多段线 2.圆弧拟合 3.拟合公差 0.1

图 5-81 “样条曲线”编辑立即菜单

4. 左键拖动和右键拖动

电子图板提供了鼠标拖动功能。操作方法是首先拾取对象，然后按住鼠标左键或右键对其进行拖动，待松开按键时即可完成拖动。

如果使用左键拖动，则对象将被直接放置于拖动后的新位置；如果使用右键拖动，则完成拖动后弹出一菜单，如图 5-82 所示。其中各个选项含义如下：

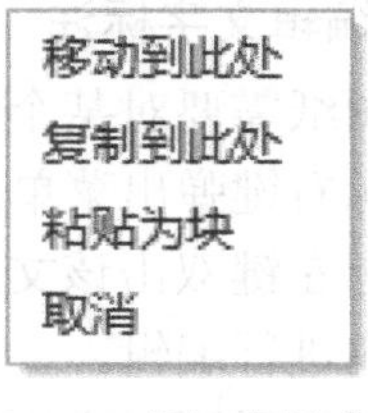

移动到此处
复制到此处
粘贴为块
取消

图 5-82 鼠标右键菜单

(1) 移动到此处：将被拖动对象移动到当前拖动位置，等价于左键拖动。

(2) 复制到此处：将被拖动对象复制到当前拖动位置，原对象仍留在原位。

(3) 粘贴为块：原对象仍留在原位，拖动对象以块的形式放置在当前拖动位置。生成的块效果同粘贴为块，为自动命名，不能被“插入块”功能调用。

(4) 取消：撤销右键拖动。

5.3 标注编辑

当用户需要对尺寸、文字、符号等标注对象进行编辑时，则需要调用“标注编辑”功能。

打开【标注】选项卡，显示出如图 5-83 所示的【修改】面板，用户可以通过点击其中的按钮操作或利用立即菜单、对话框、控制句柄等多种方式对标注对象的位置、内容、风格样式、替代等进行编辑修改。

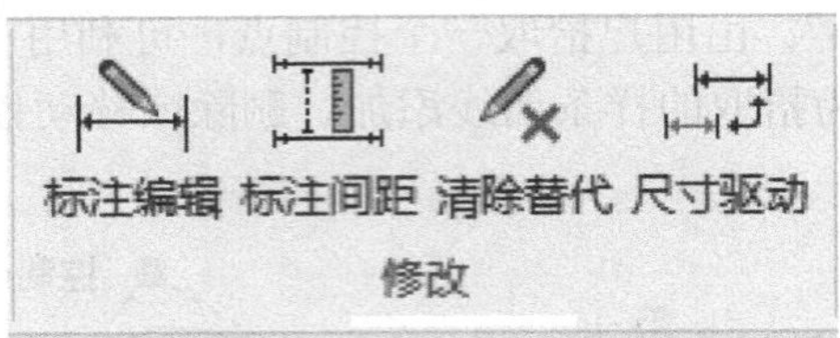

图 5-83　【修改】面板

5.3.1　对标注进行编辑

1. 编辑尺寸标注

当图纸需要对某个已标注的尺寸进行编辑修改时，可在【修改】面板上点击按钮，或者在“无命令”状态下输入“Dimedit”并按回车键，系统提示“拾取要编辑的标注:”。由用户拾取尺寸后弹出立即菜单，利用立即菜单中的选项即可进行编辑修改。

用户也可以先拾取需要编辑的尺寸标注，然后按鼠标右键弹出菜单，从中选择“标注编辑”选项，也能达到编辑修改的目的。

2. 编辑尺寸公差标注

当图纸需要对某个已标注的尺寸公差进行编辑修改时，可用鼠标左键双击该尺寸标注，系统将立即弹出相应的对话框，利用该对话框即可对尺寸及其公差进行重新设置和修改。

3. 编辑文字标注

当图纸需要对某个已标注的文字进行编辑修改时，可先拾取需要编辑的文字标注，然后按鼠标右键弹出菜单，从中选择“编辑”选项；也可在【修改】面板上点击按钮；还可用鼠标左键双击该文字标注，这几种方式都能弹出相应的对话框，利用该对话框即可对文字标注进行编辑。

当图纸需要对文字参数进行编辑时，可在“无命令”状态下输入“Textset”并按回车键，系统提示“拾取添加”。由用户拾取需要修改的文字(可一次选择多处文本)，并按回车键确认后，系统弹出如图 5-84 所示的【文本参数编辑】对话框。对其中选项进行必要的设置后，点击“确定”按钮，所选文本的格式即被修改。

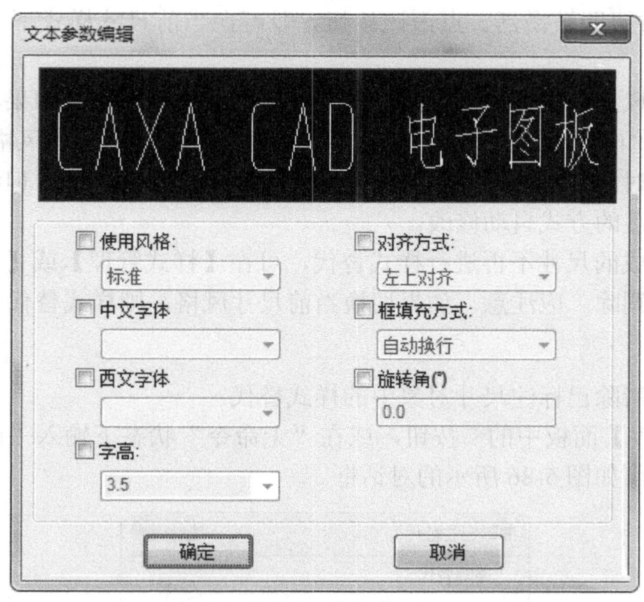

图 5-84　【文本参数编辑】对话框

4. 编辑符号标注

当图纸需要对某个已标注的表面粗糙度符号、焊接符号等符号进行编辑时，也可以使用立即菜单或对话框进行操作，其具体方法与编辑尺寸标注相同，故不再赘述。

通过上述编辑方法可以发现，对已标注的对象进行编辑与创建时用的方式、方法非常类似，或者说，标注与编辑都是一样的，具体方法请参见第 3 章。

5.3.2　标注间距

标注间距功能是指修改图纸中两个以上相互平行线性尺寸的尺寸线的间距。

(1) 点击【修改】面板中的按钮，或在“无命令”状态下输入“Dimdis”并按回车键，系统将弹出一立即菜单并提示“请选择基准标注及需要设置间距的标注:”。

(2) 在立即菜单中，如果选择“自动”，则系统将根据尺寸数字的大小自动设置相邻两尺寸线之间的距离；如果选择“手动”，则需要在立即菜单“2.间距值”中设置间距值，如图 5-85 所示。

图 5-85　“标注间距”立即菜单

(3) 选择一组相互平行的线性尺寸，并按回车键，则这些尺寸线之间的距离将得到调整。

5.3.3　样式替代与清除替代

1. 样式替代

样式替代是指在使用尺寸风格时，通过增加一个临时的样式来替代当前标注风格，以便让当前生成的各种尺寸标注均在生成后直接使用同一特性覆盖。

样式替代功能仅用当前尺寸风格。当在【标注风格设置】对话框中选择当前尺寸风格后，“样式替代”按钮即被激活。点击该按钮，即可在当前尺寸样式下生成样式替代尺寸风格。

样式替代尺寸风格生成后，必须经过属性修改才能保存下来。如果其设置与当前风格完全一致，则点击“确定”后样式替代会被直接删除。样式替代尺寸风格经过设置生效后，再次进行尺寸标注时，生成的尺寸对象的引用风格仍然是当前风格，但经过样式替代修改的属性将以特性覆盖的方式自动修改。

如果希望新生成的尺寸不再进行样式替代，可在【样式管理】或【标注风格设置】对话框中将样式替代删除。应注意，如果切换当前尺寸风格，则样式替代会被删除。

2. 清除替代

清除替代是指清除已标注尺寸对象中的样式替代。

(1) 点击【修改】面板中的按钮，或在“无命令”状态下输入“Dimoverride”并按回车键，系统将弹出如图 5-86 所示的对话框。

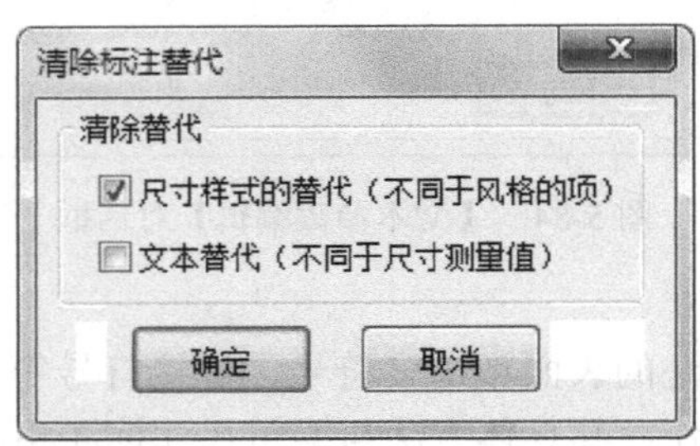

图 5-86　【清除标注替代】对话框

(2) 在对话框中进行必要设置。

(3) 根据系统提示，由用户拾取使用了“样式替代”风格的尺寸标注，然后按回车键，该尺寸标注中的“样式替代”即被删除。

5.3.4　尺寸驱动与标注关联

1. 尺寸驱动

尺寸驱动是系统提供的一套局部参数化功能，是指用户在选择一部分图形及相关尺寸后，系统将根据尺寸建立实体间的几何关系，当用户选择想要改动的尺寸并改变其数值时，相关实体及尺寸将受到影响并发生变化，但实体间的几何关系仍保持不变，如相切、相连等。另外，系统可自动处理过约束及欠约束的图形。

(1) 点击【修改】面板上的按钮，或在“无命令”状态下输入“Drive”并按回车键，系统将提示“添加拾取”。

(2) 选择驱动对象(图形和尺寸)。根据系统提示选择驱动对象，系统将对所选图形中的实体及尺寸进行分析，以确定实体间的几何关系。因此，这里除了要选择图形外，还必须选择与之相关的尺寸。

例如，在如图 5-87 所示的一条斜线上标注了水平尺寸和竖直尺寸，当驱动水平尺寸时，该斜线在水平方向的长度改变，其水平尺寸改变为与驱动后的尺寸值一致，而在竖直方向的长度保持不变、竖直尺寸也不变。同理，如果驱动竖直尺寸，则该斜线在竖直方向的长度改变而在水平方向的长度不变。

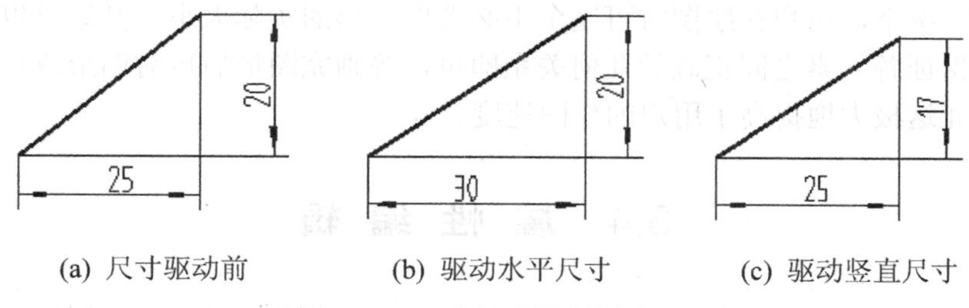

(a) 尺寸驱动前 (b) 驱动水平尺寸 (c) 驱动竖直尺寸

图 5-87 尺寸驱动的基本原理

(3) 当系统提示“请给出尺寸关联对象变化的参考点：”时。一般情况下，用户应选择图形中的一些特殊位置的点作为参考点。

如同图形对象的拉伸或旋转需要参考点一样，驱动图形也需要参考点，这是由于尺寸一般表示的是两个(或两个以上)对象的几何约束关系，如果驱动该尺寸，必然存在着一端固定，另一端移动的问题。对此，系统将根据被驱动尺寸与参考点的位置关系来判断哪一端固定不动，从而驱动另一端。

(4) 当系统提示“请拾取驱动尺寸：”时，应选择被驱动的尺寸，即选择需要修改的尺寸。然后，在弹出的【新的尺寸值】对话框中输入新值，则被选中的图形对象即被驱动。用户还可以继续驱动其他的尺寸，直到按“Esc”键终止。

图 5-88 是一个“尺寸驱动”示例。在图(a)中选择所有实体(两个圆、两条公切线和三个尺寸)为驱动对象，选择大圆的圆心为参考点，再分别选择大圆直径和两圆中心距为驱动尺寸并输入新的尺寸值，则驱动结果如图(b)、(c)所示。

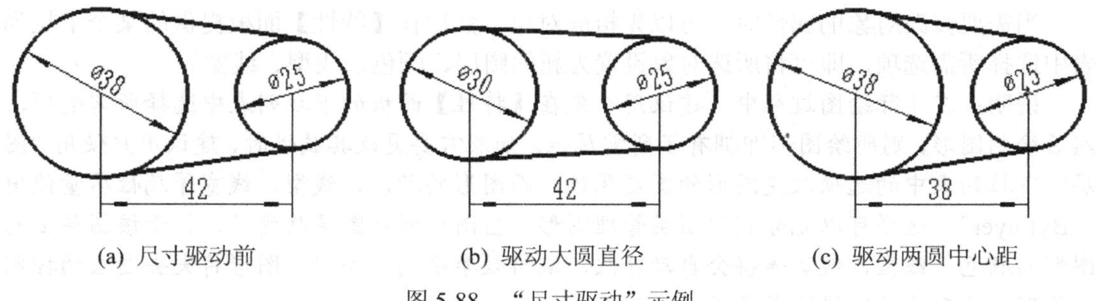

(a) 尺寸驱动前 (b) 驱动大圆直径 (c) 驱动两圆中心距

图 5-88 “尺寸驱动”示例

2. 标注关联

电子图板支持标注关联功能，即在【选项】对话框中的“文件属性”界面中勾选“使新标注可关联”复选框，之后再对图形标注尺寸时将会在图形与尺寸之间建立关联。

一旦在图形与尺寸之间建立了关联，在使用“控制句柄”对图形进行修改时，其已标注的相关尺寸也会发生相应变化；而在使用【特性工具】选项板改变图形的尺寸值时，其图形也会发生相应改变。例如，拾取一条已标注了长度尺寸的直线并通过“控制句柄”对该直线进行编辑时，尺寸界限的引出点会随直线的端点移动，尺寸值也会发生相应变化。又如，用鼠标左键双击一个标注了直径尺寸的圆，系统将显示出【特性工具】选项板，在选项板中无论修改该圆的半径尺寸、直径尺寸还是修改其周长或面积参数，该圆都会发生相应的变化。

由此可见，应用尺寸驱动或标注关联对已标有尺寸的图形修改是非常简单、方便、快捷的。一般情况下，用户在绘图时可完全不必考虑图形的实际大小，开始时也不必精确绘制，而只要保证各元素之间正确的几何关系即可，等画完图形后再对图形或尺寸进行规整和修改，因此这极大地提高了用户的作图速度。

5.4 属 性 编 辑

电子图板生成的图形对象都具有各种属性，大多数对象都具有基本属性，例如图层、颜色、线型、线宽、线型比例等。这些属性都可以通过图层赋予对象，也可以直接单独指定给对象。

5.4.1 【特性】面板

电子图板在【常用】选项卡中提供了【特性】面板，如图 5-89 所示，用以编辑对象的图层、颜色、线型、线宽等属性。

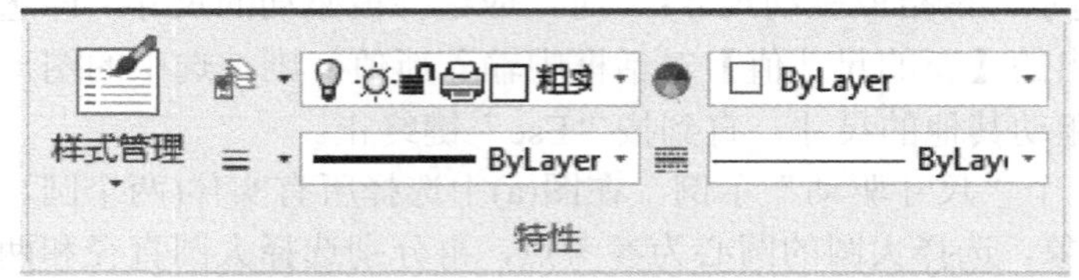

图 5-89　【特性】面板

当需要修改对象的属性时，可以先拾取对象，然后在【特性】面板提供的某个下拉列表中选择所需选项，即可将所选对象设置为新的图层、颜色、线型、线宽等。

说明：在实际绘图过程中，建议用户先在【特性】面板的下拉列表中选择所需选项，然后绘制图形，则所绘图形即拥有了所需属性。如果需要更改其属性时，建议用户使用“图层”下拉列表中的选项改变图形的图层属性，而图形的颜色、线型、线宽等属性尽量使用“ByLayer”。这样可以充分利用图层管理图形，当图形所在图层改变了，位于该图层上的图形的颜色、线型、线宽等将会自动修改，编辑效率很高；否则，图形将失去图层的控制与管理，给后续的编辑造成麻烦。

5.4.2 【特性】工具选项板

电子图板允许使用【特性】工具选项板显示和编辑对象属性，其中包括基本属性，如图层、颜色、线型、线宽、线型比例，也包括对象本身的特有属性，如圆的特有属性有圆心、半径、直径等。

(1) 在“自定义快速启动工具栏”菜单中勾选“特性”选项；或在“无命令”状态下输入“Properties”并按回车键；也可以在“无命令”状态下直接双击所需图形，系统都将显示【特性】工具选项板，如图 5-90 所示。

说明：拾取的对象不同，选项板中显示的信息也有所不同。当没有选择任何对象时，选项板的下拉列表中显示“全局信息”；当选择了单一对象或同类对象时，下拉列表中将显示该(类)对象的名称及其数量；当选择了不同类的对象时，下拉列表中将显示“全部”及对象数量。图 5-90 显示的是圆的属性信息。

(2) 如果用户想修改事前的对象选择，可点击选项板顶部的按钮，系统将弹出如图 5-91 所示的【快速选择】对话框，其具体使用方法见 5.1.2 节。

(3) 如果用户事前选择了一个应用了“样式替代”的尺寸标注，此时点击选项板顶部的按钮，可删除此尺寸中的“样式替代”而恢复到其原来的标注样式。

(4) 在选项板下部的表格中选择需要编辑的属性及其设置，并输入新的属性值然后按回车键即可实现图形属性编辑。

(5) 点击选项板顶部的按钮，弹出如图 5-92 所示的下拉菜单，可将【特性】工具选项板设置为浮动、停驻、自动隐藏或隐藏等显示方式。

(6) 点击选项板顶部的按钮，或在“无命令”状态下输入“Propertiesclose”并按回车键，均可关闭选项板。

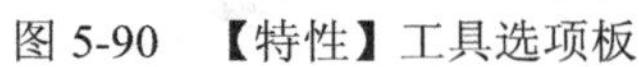
图 5-90　【特性】工具选项板

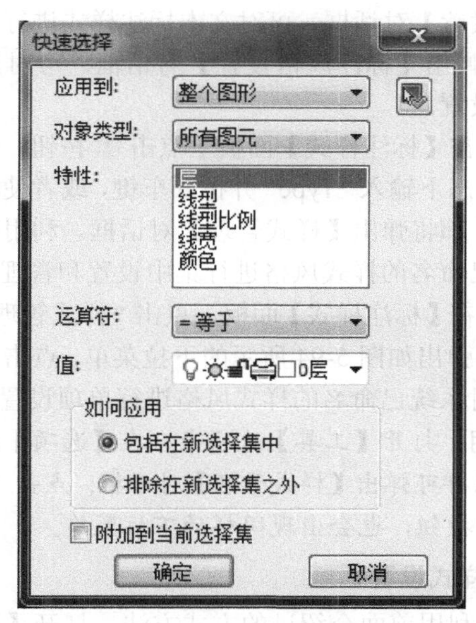

图 5-91　【快速选择】对话框

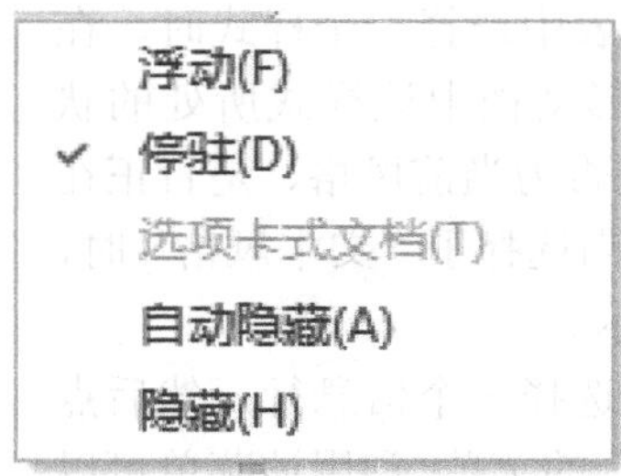

图 5-92　【特性】工具选项板菜单

5.5 样 式 管 理

样式管理能够对系统中所有已命名的样式风格进行设置、集中设置和管理。

5.5.1 样式设置

1. “样式设置”工具

当用户需要对系统的图层、线型、尺寸风格、文本风格等样式风格进行设置时，可使用“样式设置”工具完成。

(1) 打开【标注】选项卡显示出如图 5-93 所示的【标注样式】面板。

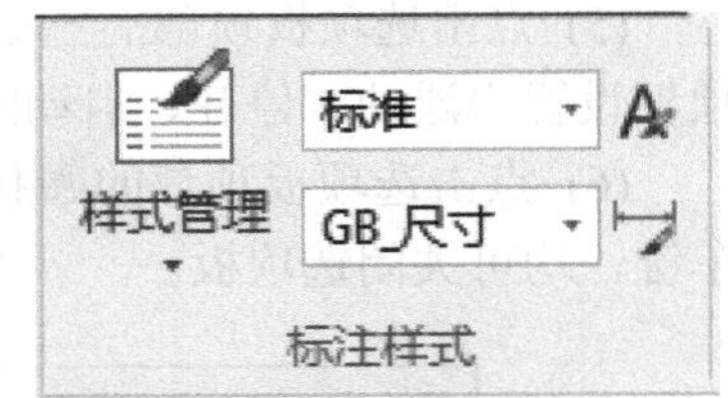

图 5-93　【标注样式】面板

(2) 在【标注样式】面板上利用下拉列表框可分别选择当前文本样式和当前尺寸样式，点击 A 按钮弹出【文本风格设置】对话框，可对文本标注样式进行设置；点击按钮弹出【标注风格设置】对话框，可对尺寸标注样式进行设置。

(3) 在【标注样式】面板上点击按钮，或者在“无命令”状态下输入“Type”并按回车键，或者使用“Ctrl+T”快捷键，都将弹出【样式管理】对话框。利用该对话框可对所有已命名的样式风格进行集中设置和管理。

(4) 在【标注样式】面板上点击“样式管理”下边的按钮，将弹出如图 5-94 所示的下拉菜单，点击其中的各菜单项可对系统已命名的样式风格进行单项设置。

说明： 打开【工具】选项卡，在【选项】面板上点击按钮同样可弹出【样式管理】对话框；点击“样式管理”下边的按钮，也会出现同样的下拉菜单。

图 5-94　“样式管理”下拉菜单

2. 样式设置

(1) 利用前面介绍过的方式方法，打开【样式管理】对话框，如图 5-95 所示。

(2) 在对话框左部的样式列表中选择一个样式时，在右部的框格中将显示出当前图形文档中该样式所处的状态，包括已建立的风格名称、是否为当前风格、是否正在使用、是否允许删除等。例如，当选择了“文本风格”时，其样式的状态信息如图 5-95 所示。

(3) 在对话框右部的框格内选择一个信息行，然后点击鼠标右键将弹出如图 5-95 所示的菜单。利用该菜单可以对所选的风格样式进行编辑、删除、重命名、设为当前，以及在多个风格样式中进行过滤性选择等。

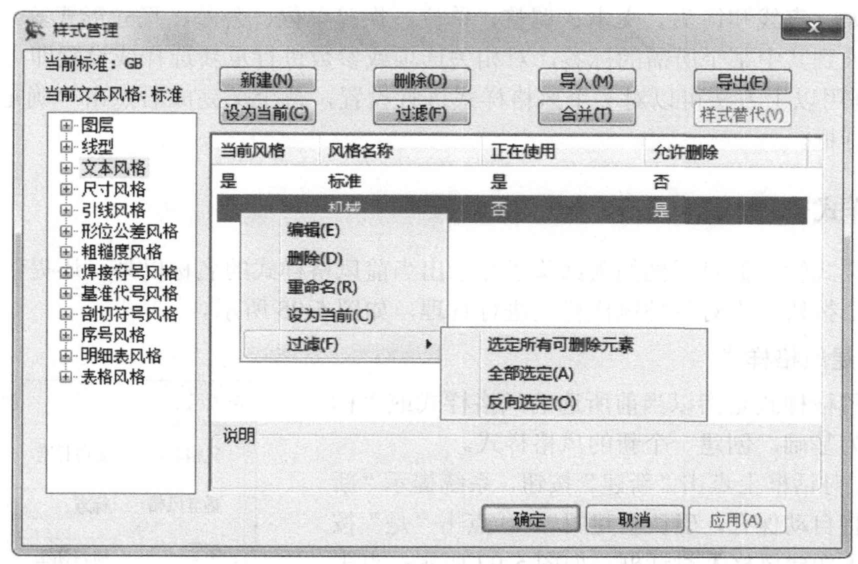

图 5-95　【样式管理】对话框 1

(4) 点击某个样式左侧的“+”，将把该样式中已有的风格名称全部列出来，点击其中的一个风格名称，将在对话框的右部显示出该风格样式的各种参数设置。例如，当选择了“尺寸风格”中的“标准”风格时，对话框如图 5-96 所示。

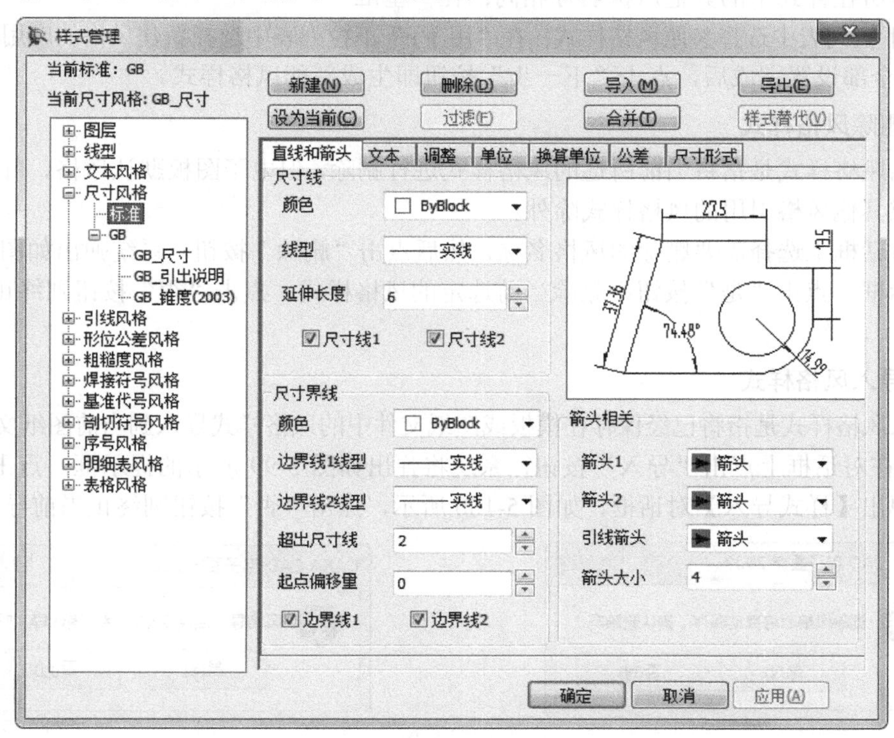

图 5-96　【样式管理】对话框 2

由于尺寸标注涉及的因素很多，尺寸风格比较复杂，所以对话框中采用了多个参数设置标签，如：直线和箭头、文本、调整、单位、换算单位、公差、尺寸形式等。届时，用户需要切换到其中某个所需的标签，对相关选项或参数进行重新选择或设置即可。

(5) 利用以上方法可以对多个风格样式进行设置，待全部完成后点击“确定”按钮即可关闭对话框。

5.5.2 样式管理

在【样式管理】对话框的顶部除了显示出当前风格样式的名称以外，还提供了 8 个按钮。这 8 个按钮负责对各种风格样式进行管理，如图 5-95 所示。

1. 新建风格样式

新建风格样式是指以当前所选的风格样式或“标准”风格为基础，创建一个新的风格样式。

(1) 在对话框上点击“新建”按钮，系统提示“新建风格后将自动保存，确认新建吗？”，点击“是”按钮则弹出【新建风格】对话框，如图 5-97 所示；点击“否”按钮则终止当前新建流程。

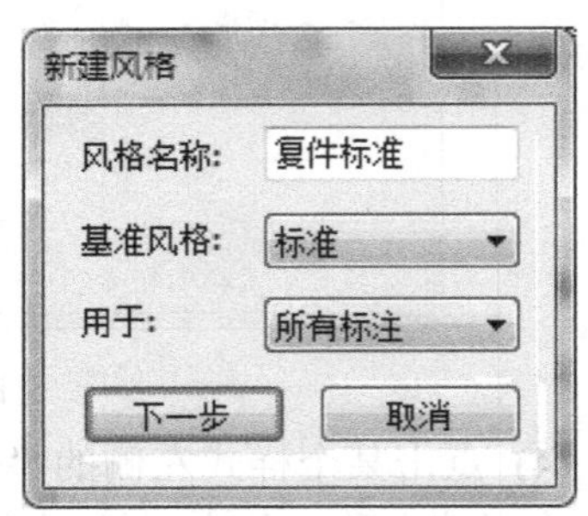

图 5-97　【新建风格】对话框

(2) 在【新建风格】对话框中进行必要设置。例如，可在“风格名称:”文本框中输入新建风格的名称，但不得与所在样式中的其他风格名称相同；在“基准风格:”下拉列表中选择参照风格样式；在“用于:”下拉列表中选择新建风格的应用对象等。

(3) 全部设置完成后，点击“下一步”按钮即生成新的风格样式。

2. 删除风格样式

删除风格样式是指将当前所选的风格样式进行删除，但电子图板默认风格、当前风格、被对象或其他风格引用的风格样式除外。

在对话框上选择需要删除的风格名称，然后点击“删除”按钮，系统弹出如图 5-98 所示的提示框，点击“是”按钮则删除当前选定的风格样式，点击“否”按钮则终止当前删除流程。

3. 导入风格样式

导入风格样式是指将已经保存在模板或图纸文件中的风格样式导入到当前图纸文档中。

(1) 在对话框上点击“导入”按钮，系统将弹出如图 5-99 所示的提示框，点击“是”按钮则弹出【样式导入】对话框，如图 5-100 所示，点击“否”按钮则终止当前导入流程。

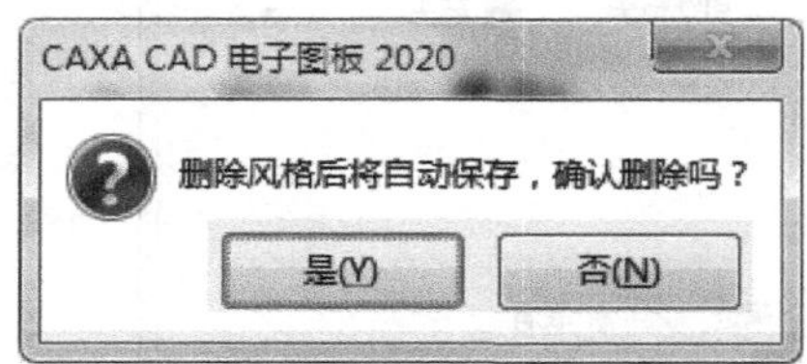

图 5-98　删除风格提示框

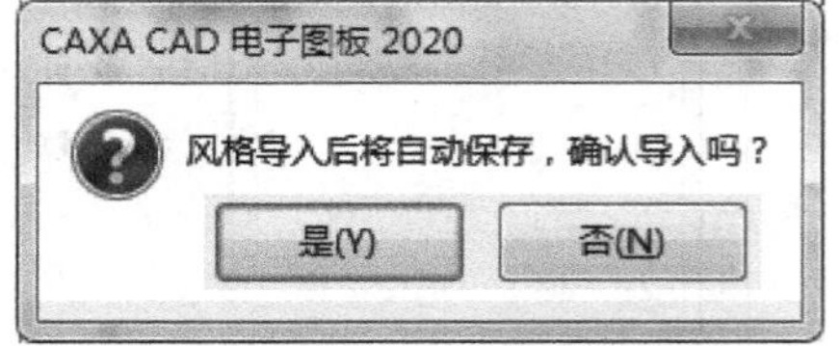

图 5-99　导入风格提示框

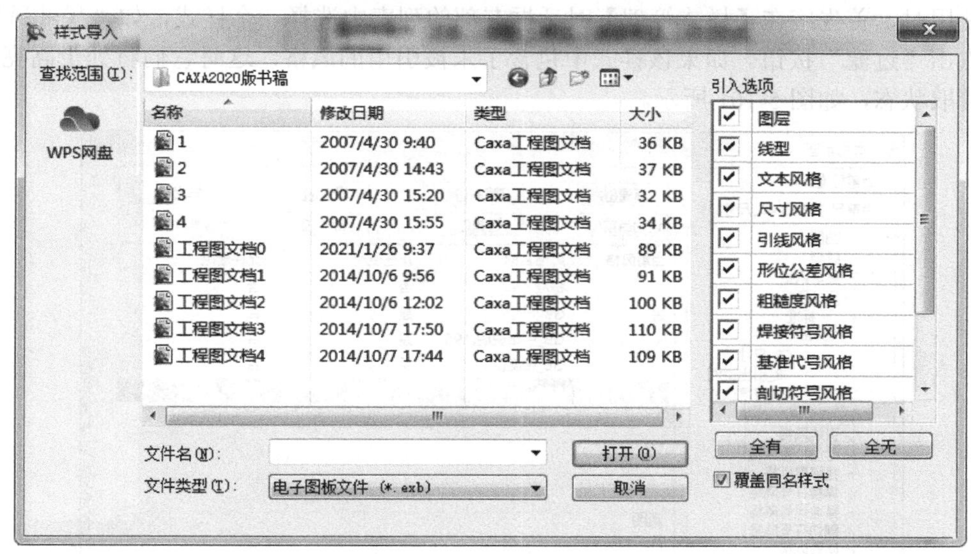

图 5-100　【样式导入】对话框

(2) 在如图 5-100 所示的对话框中进行必要的设置。例如，在“文件类型”下拉列表中选择“电子图板文件”或“模板文件”，然后在中央的列表框中选择文件名，并通过勾选“引入选项”下各种风格样式复选框来确定要导入的风格样式类别。另外，如果勾选“覆盖同名样式”复选框，在遇到有同名风格样式时则以导入文件中的风格样式覆盖当前文档中的同名风格样式；否则，将仍使用当前文档中的原同名风格样式。

(3) 完成上述设置后，点击“打开”按钮即完成风格样式导入。

4. 导出风格样式

导出风格样式是指将当前图形文档中的风格样式导出为图纸文件或模板文件。其中：保存为图形文件是将在用户的磁盘上创建一个包含有当前风格与设置的空文档，以后将其打开即可采用保存的风格样式进行绘图；而保存为模板文件是将其复制到电子图板的安装目录下的 SUPPORT 文件夹下面对应的语言版本文件夹下，以后即可使用此模板新建电子图板文件。

欲导出风格样式，可在对话框上点击“导出”按钮，系统弹出【样式导出】对话框。从中选择“保存类型”为图形文件或模板文件，输入要保存的文件名并指定保存路径后，点击“保存”按钮即可完成导出。

由于【样式导出】对话框与 Windows 标准的【保存】文件对话框相同，故不再赘述。

5. 设为当前风格样式

设为当前风格样式是指将当前所选的风格样式设置为“当前风格”。

使用时，首先应在【样式管理】对话框左部的列表中选择一种风格样式，然后点击“设为当前”按钮，即可将该风格样式设置为当前风格。

6. 过滤风格样式

过滤风格样式是指把系统中未被引用的风格样式过滤出来，以便后续将其删除。

使用时，首先应在【样式管理】对话框左部的列表中选择一个样式，如“尺寸风格”，然后点击“过滤”按钮。如果该样式中包含了未被引用的风格，这时它们将处于高亮显示和被拾取状态，如图 5-101 所示。

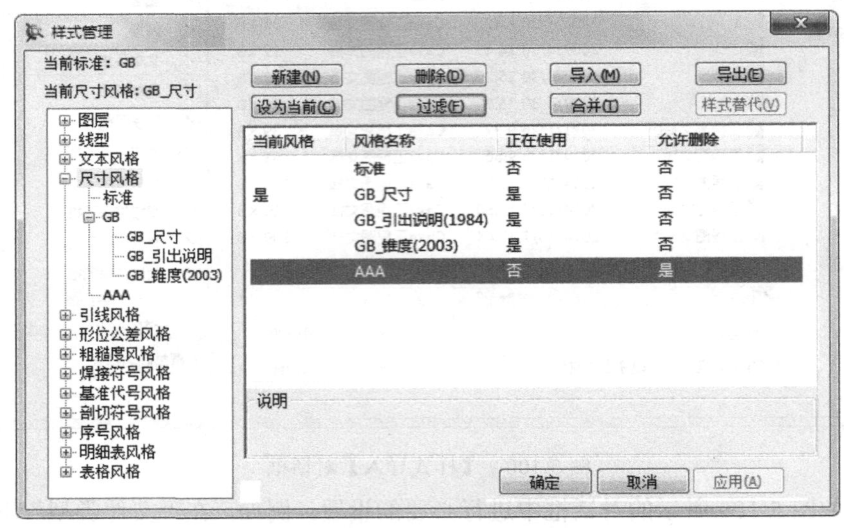

图 5-101　【样式管理】对话框 3

7. 合并风格样式

合并风格样式是指将使用某种风格的对象改为使用另外一种风格。下面就以“将虚线层上的图形合并到粗实线层上”为例，介绍“合并”的使用方法。

(1) 在【样式管理】对话框左部的列表中选择“图层”样式，然后点击“合并”按钮，弹出如图 5-102 所示的对话框。

(2) 在【风格合并】对话框中，在“原始风格”列表中选择“虚线层”，在“合并到”列表中选择“粗实线层”，然后点击“合并”按钮，将返回到【样式管理】对话框。

(3) 在【样式管理】对话框中点击“应用”按钮，或者点击“确定”按钮，原来位于虚线层上的图形即被合并到粗实线层上了。

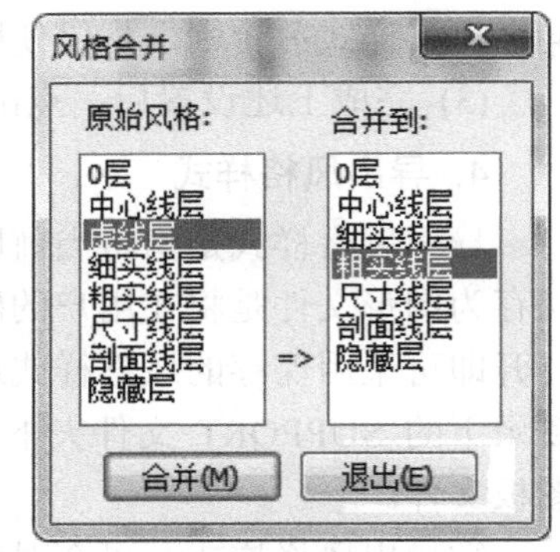

图 5-102　【风格合并】对话框

8. 样式替代风格样式

在使用尺寸风格时，可以增加一个临时的“样式替代”风格，以便使当前生成的尺寸标注均使用同一特性覆盖。“样式替代”功能仅用于当前尺寸风格。

(1) 在【样式管理】对话框左部的列表中选择当前尺寸风格，此时对话框顶部的“样式替代”按钮被激活。

(2) 点击“样式替代”按钮，即在当前尺寸风格之下生成一个“样式替代”尺寸风格，且处于被选中状态。

(3) 在对话框右部的框格中，对“样式替代”尺寸风格的相关参数和选项进行必要设置和修改，然后点击“确定”按钮。注意：“样式替代”尺寸风格必须经过若干修改才能保存下来；否则，如果其设置与当前风格完全一致，点击“确定”按钮后“样式替代”尺寸风格会被删除。

(4) 此时，如再次进行尺寸标注，所标尺寸的引用风格仍然是当前风格，但经过“样式替代”修改的属性即发挥作用，表明样式替代成功。

(5) 如果希望所标尺寸不再使用“样式替代”，则可在【样式管理】对话框中将“样式替代”尺寸风格删除。其实，如果切换当前尺寸风格，则“样式替代”即被删除。

思 考 题

1.“删除重线”命令主要用于什么场合？

2. 电子图板提供的“平移”命令，除了能对实体进行移动外，还具有什么功能？

3.“平移复制”与“平移”二者在功能上有什么异同？

4. 在用鼠标输入旋转角度时，系统如何测得输入的角度值？

5. 你能够设想出几种“绘制两条平行线”的方法？

6. 在绘制带有圆弧的图形时，一般不使用“圆弧”命令画圆弧，而是用“圆”命令或“圆角过渡”间接获得，为什么？

7.“比例缩放”命令，除了能对实体进行放大或缩小之外，还具有什么功能？立即菜单“3.”中的“尺寸值不变”和“尺寸值变化”各是什么含义？立即菜单“4.”中的“比例变化”与“比例不变”又是什么含义？

8. 在圆形阵列时，如果使用了“不旋转”，系统还要提示输入基点。请说明基点在其中的作用。

9. 快速裁剪、拾取边界、批量裁剪三者在功能和操作方法上有何异同？

10. 当需要把一个封闭区域内的图形都裁剪掉，应使用哪种方式裁剪？其中如果有部分图形不能被裁剪，可能是什么原因？该如何解决？

11. 多圆角过渡、多倒角过渡、外倒角过渡、内倒角过渡等命令对拾取对象有何要求？如果被拾取的实体不能实现这几种过渡，可能是什么原因？

12. 曲线的拾取位置和拾取顺序不同，对圆角过渡、倒角过渡、尖角过渡的操作结果有无影响？

13.“延伸”与“裁剪”命令在操作上有何异同？在某些情况下，能否达到相同的操作结果？

14. 在什么情况下需要将曲线打断？如何知道一条曲线已被打断？

15. 在拾取打断点时，如果拾取点未在所需打断的曲线上，此时打断点该如何设定？

16. 能否将一段直线或圆弧链接到样条曲线上？

17. 在对平面图形进行拉伸时，应当如何拾取平面图形？

18. 如何进行快速拉伸？在进行快速拉伸时，应当注意什么？

19. 如何改变拾取对象的颜色、线型或图层？

20. 在一些较为复杂的设计中，应用“特性匹配”功能有哪些好处？如何应用“特性匹配”功能？

练　习　题

1．综合运用所学知识，绘制图 5-103 所示的图形，并标注尺寸。

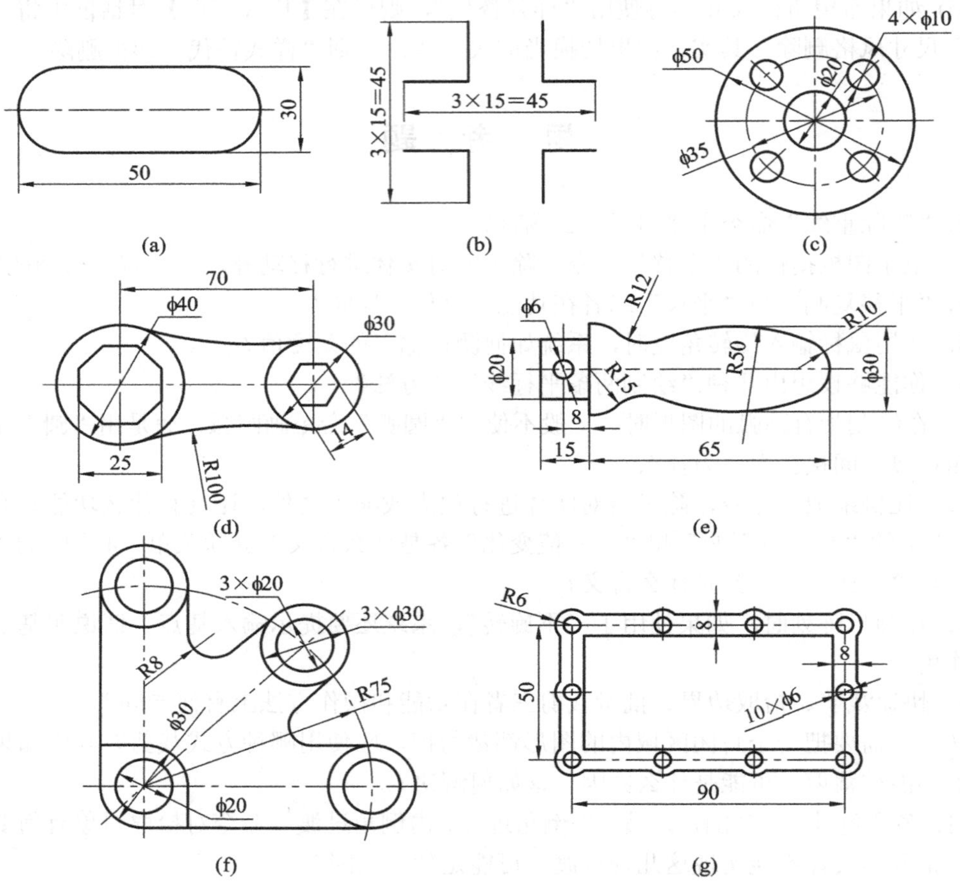

图 5-103　图形绘制与编辑

2．画出图 5-104 所示的图形，并标注尺寸。

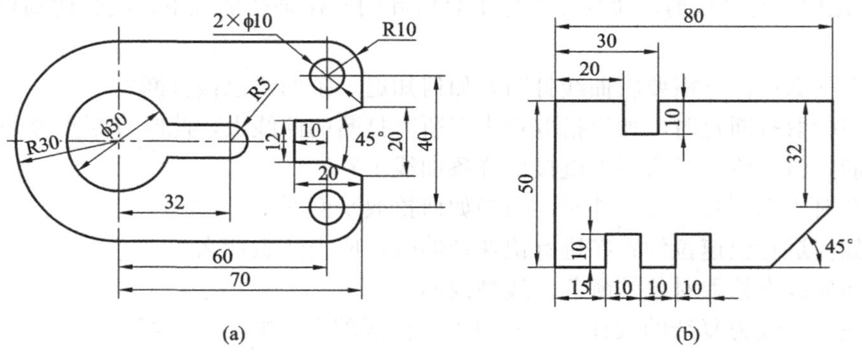

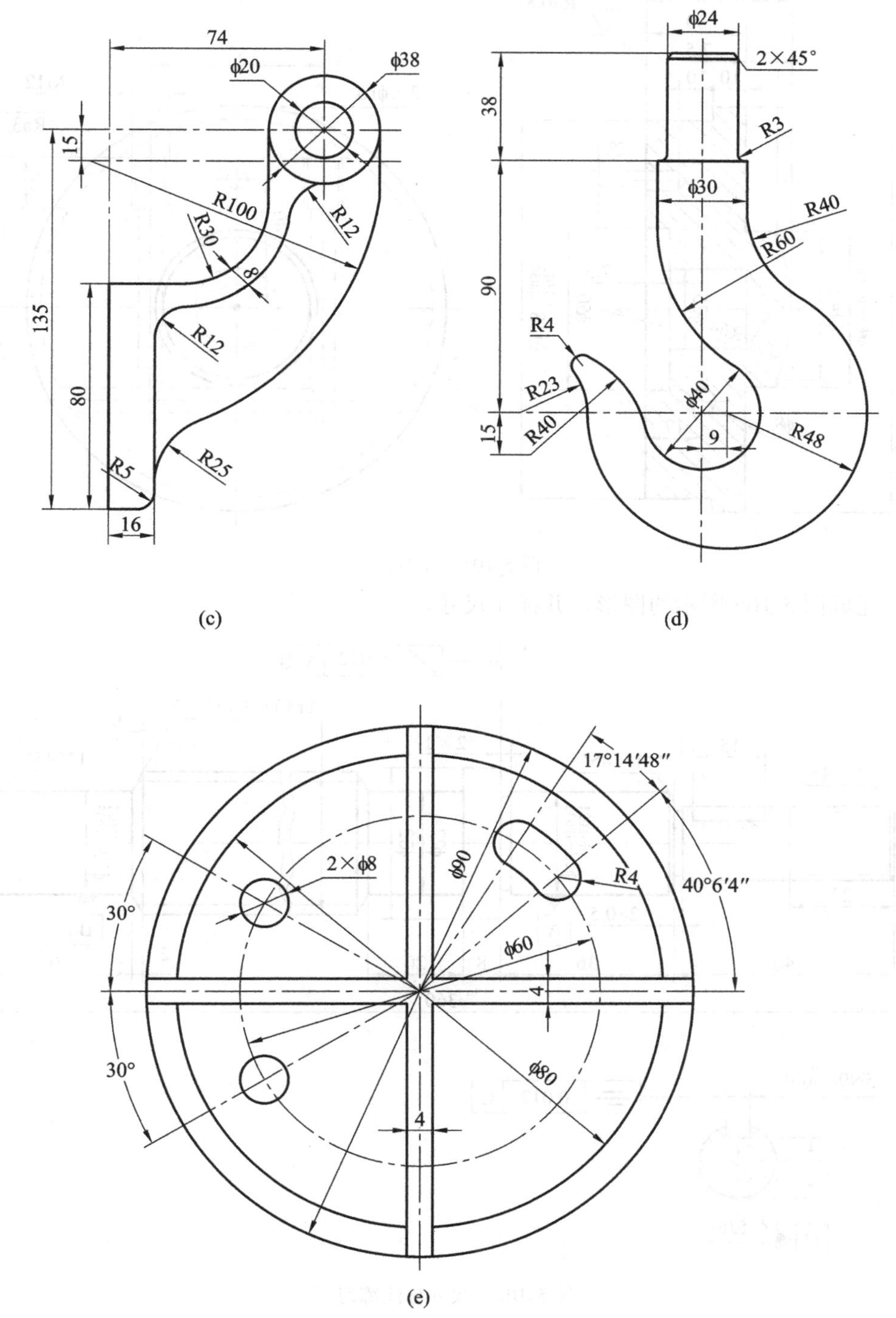

图 5-104 图形绘制与编辑

3．完成图 5-105 所示的工程图(包括主视图和左视图，并标注尺寸)。

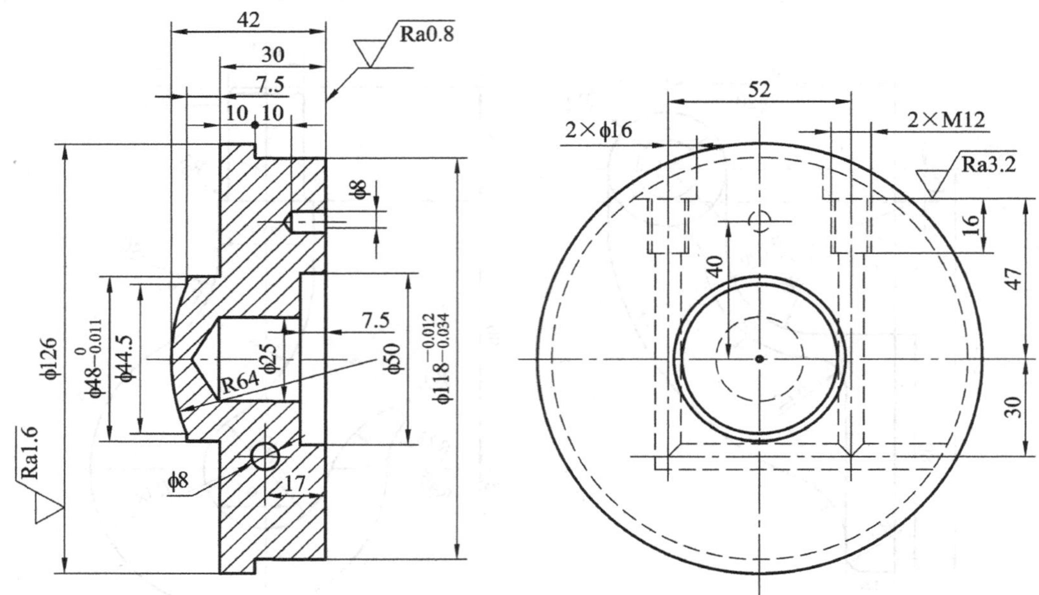

图 5-105　工程图

4．完成图 5-106 所示的图形，并标注尺寸。

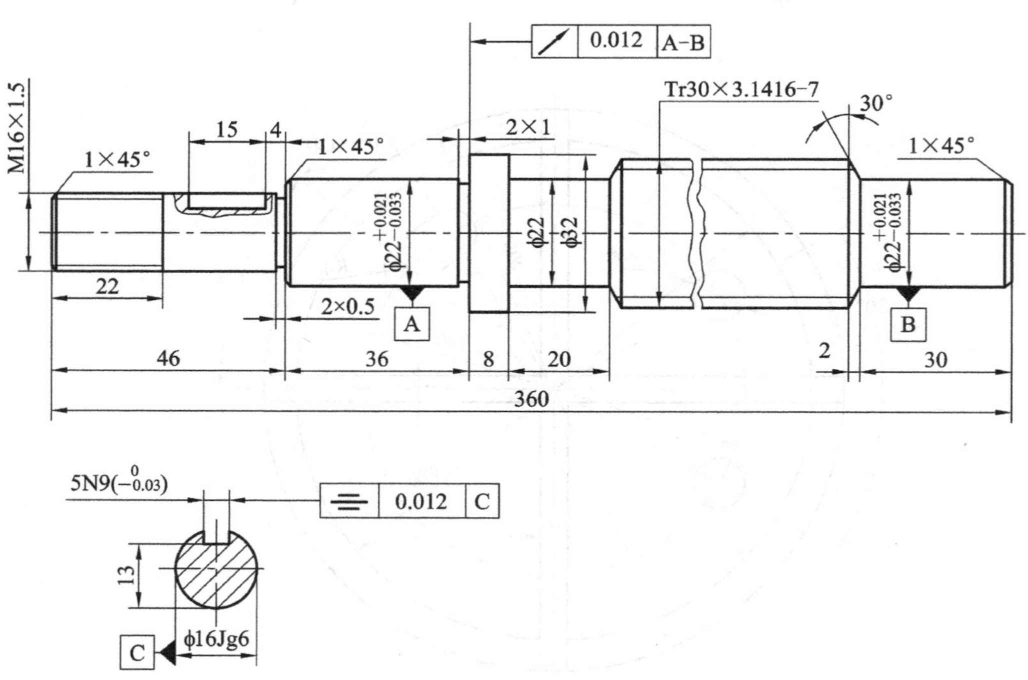

图 5-106　尺寸标注练习

5．先绘制出图 5-107 中左边的一组图形，再将其改画成右边相应的图形。

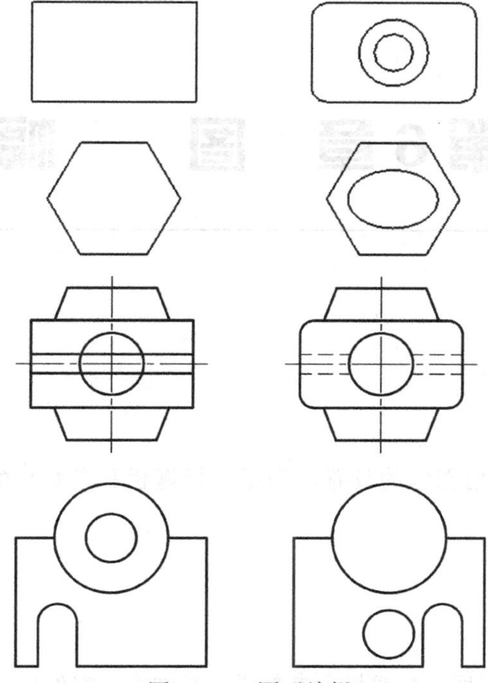

图 5-107 图形编辑

6．完成图 5-108 所示的图形，并标注尺寸。

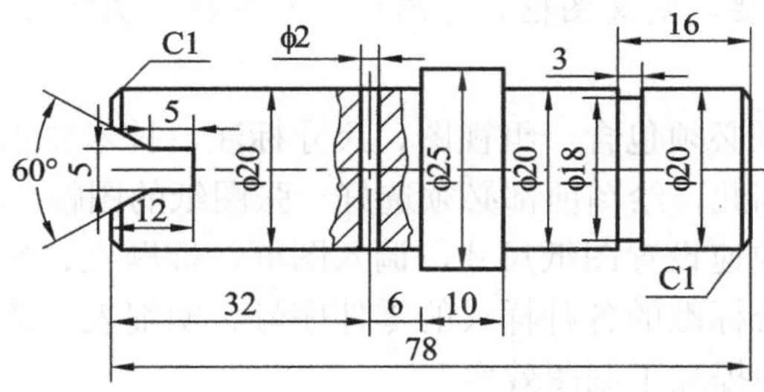

图 5-108 尺寸编辑

7．完成图 5-109 所示的图形，并标注尺寸。

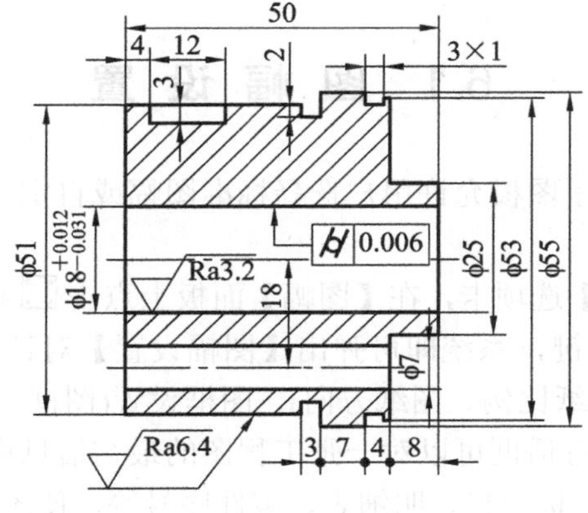

图 5-109 风格编辑

第6章 图 幅

本章学习要点

本章主要学习内容包括图幅的设置，图框、标题栏和参数栏的使用，零件序号和明细表的添加及其各种操作等。

本章学习要求

(1) 了解有关图幅、图框、标题栏、参数栏、明细表、零件序号的基本概念和基本规范。

(2) 能够熟练设置图幅，调用图框、标题栏和参数栏，生成零件序号及明细表等。

(3) 能够根据实际需要，定义图框、标题栏、参数栏、明细表表头等。

一张完整的工程图纸必须包含一组视图、尺寸标注、技术要求和图框、标题栏、零件序号、明细表等内容。因此，绘图前都必须选好一张图纸的图幅、图框、标题栏等。

电子图板不仅可以快速设置图纸尺寸，调入图框、标题栏、参数栏，填写图纸属性信息，还可以快速生成符合标准的各种样式的零件序号、明细表，并且保持零件序号与明细表相互关联，从而极大地提高了制图效率。

系统还允许用户自定义图幅和图框，并将自定义的图幅、图框制成模板文件，以备其他图形文件调用。

6.1 图 幅 设 置

为满足用户需要，电子图板允许用户选择标准图幅或自定义图幅，并可设置图纸方向及图纸比例。

用户只需打开【图幅】选项卡，在【图幅】面板上点击按钮，或在“无命令”状态下键入“Setup”并按回车键，系统即可弹出【图幅设置】对话框。【图幅设置】对话框包括幅面参数(图纸幅面、图纸比例、图纸方向)、图框设置(图框、参数定制图框)、调入及当前风格四个部分。利用该对话框可以对一张工程图的最初信息进行设置，如图纸幅面、图纸比例、图纸方向、图框、标题栏、明细表、零件序号等，使图幅设置一步到位，如图 6-1

所示。

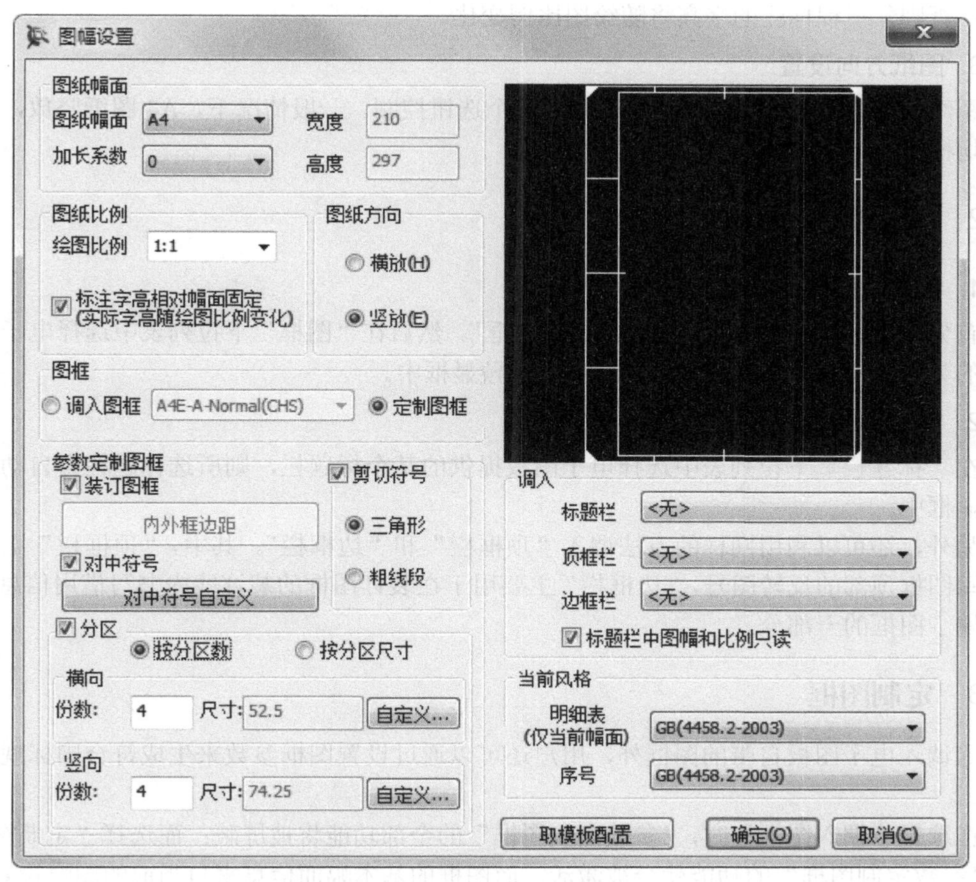

图 6-1 【图幅设置】对话框

6.1.1 幅面参数

1. 图纸幅面设置

在“图纸幅面”下拉列表中，用户可选择 A0 到 A4 的标准图纸幅面，也可以选择“用户自定义”选项。当选择的幅面为标准幅面但又不能满足用户需要时，可在“加长系数”下拉列表中选择一个数值，该数值是图纸沿短边的加长倍数，并把图纸幅面的实际尺寸值显示在“宽度”和“高度”编辑框中。例如，假设用户选择一个 A4(210×297)图幅，并选择加长系数为 3，则实际所选的图幅为 630×297。注意：使用这种方式选定的图幅，系统将不能提供标准的图框。当选择“用户自定义”时，则需在“宽度”和“高度”编辑框中输入所需图纸幅面的宽度值和高度值。

2. 图纸比例设置

系统缺省的绘图比例为 1∶1。如果用户想使用其他绘图比例，则在“绘图比例”下拉列表中选择国标规定的比例值，也可以激活编辑框由键盘输入列表以外的比例值。

另外，如果勾选“标注字高相对幅面固定”复选框，当图幅大小发生变化时，标注字高就会随之等比例变化。换句话说，未勾选情况下，当绘图比例变化时，工程标注的字高不变；否则，工程标注的字高将随绘图比例变化。

3. 图纸方向设置

图纸放置方向由“横放”或“竖放”两个选钮控制。一般情况下，A4 图纸竖放，其他图纸均横放。

6.1.2 调入幅面元素

1. 调入图框

首先选中“调入图框”选钮，激活“图框”。然后在“图框”下拉列表中选择电子图板提供的某个图框，则所选图框会自动显示在预显框中。

2. 调入标题栏

在“标题栏”下拉列表中选择电子图板提供的某个标题栏，则所选标题栏会自动显示在预显框中。

另外，还可以利用同样的方法调入“顶框栏”和“边框栏”。其中，“顶框栏”主要用于填写图框顶部的反转图号，“边框栏”主要用于在装订图框的装订线内书写借用信息。它们都属于图框的一部分。

6.1.3 定制图框

除调入电子图板自带的图框外，用户还可以通过设置图框参数来生成符合国标规定的图框。

在选择“调入图框”时，“参数定制图框”的全部功能将被屏蔽；而选择“定制图框”时，“参数定制图框”的功能就会被激活，而图框的基本幅面信息来自当前的图幅设置。

1. 装订图框

如果勾选“装订图框”复选框，则在图纸的左侧留出装订边；否则，不留装订边。

2. 对中符号

如果勾选“对中符号”复选框，则在图纸的四个边框中点处画出对中线；否则，不画出对中线。另外，点击“对中符号自定义”按钮，将弹出如图 6-2 所示【自定义长度】对话框，可自定义对中线的长度。

图 6-2　【自定义长度】对话框

3. 剪切符号

如果勾选“剪切符号”复选框，则在图纸的四个角上画出剪切符号，并且能选择该符号的样式是三角形或者是粗线段。如果不勾选，则不画出剪切符号。

4. 图纸分区

工程上为了方便读图，往往将图纸划分成一些小的区域，并对每个区域进行编号，称为分区。电子图板提供了两种分区方式：按分区数区分和按分区尺寸区分。

如果选择“按分区数”，则需要在它下面定义图纸在横向和竖向的分区数量；如果选择“按分区尺寸”，则需要在它下面定义图纸在横向和竖向的分区尺寸。除此之外，用户还可以点击“自定义”按钮弹出【水平分区尺寸自定义对话框】，对分区尺寸进行自定义，如图 6-3 所示。

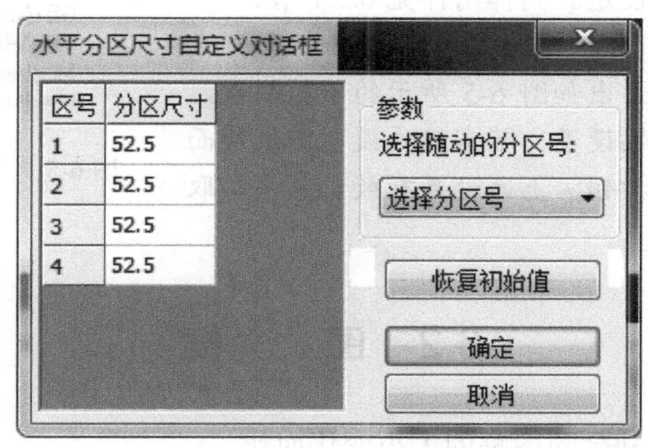

图 6-3　【水平分区尺寸自定义对话框】

从图 6-3 所示的对话框可以看出：在初始状态下，横向和竖向的分区尺寸都是相等的。现在如果想把“3”区的尺寸改为 55，则需要先在“选择随动的分区号”下拉列表中选择“4”，然后把“3”区的尺寸改为 55，那么“4”区的分区尺寸就会自动改为 50；反之亦然。其实，用户也可以直接修改各分区的尺寸，但不应出现矛盾。当用户点击“恢复初始值”按钮时，则各分区尺寸就会恢复到其初始值。最后，点击“确定”按钮即完成分区尺寸的定义。

图 6-4 给出了图纸方向及其分区情况。其中，图(a)为 A3 图纸横放，未分区；图(b)为 A4 图纸竖放、分区。

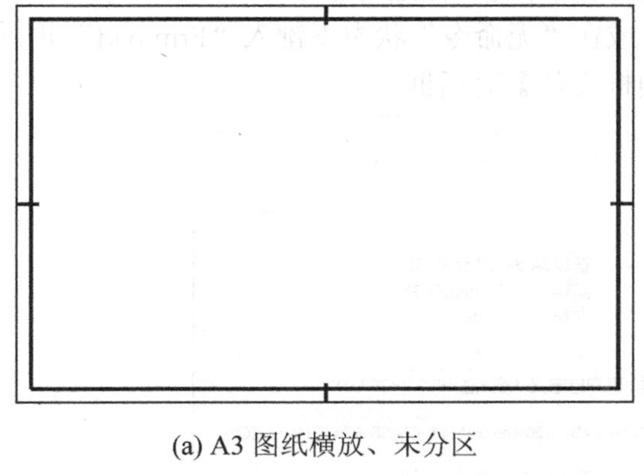

(a) A3 图纸横放、未分区

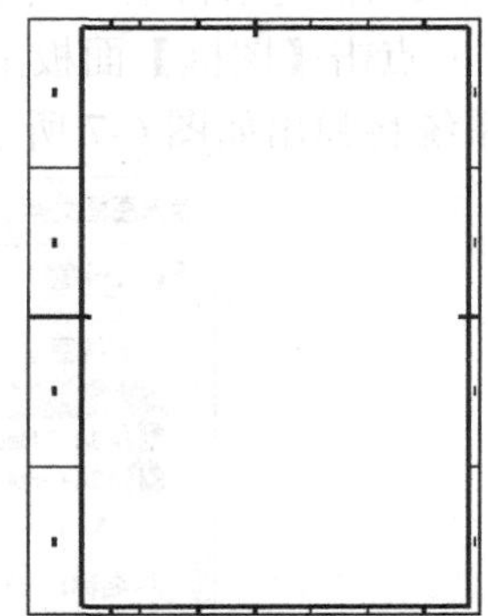

(b) A4 图纸竖放、分区

图 6-4　图纸及其分区

6.1.4　明细表及序号风格设置

1. 明细表风格设置

在绘制机械装配图时，一般需要打开“明细表”下拉列表，为当前图纸选择一款明细表风格，也可以在绘图过程中即时添加明细表。具体请详见 6.6.1 节。

2. 零件序号风格设置

在绘制机械装配图时，用户可打开“序号”下拉列表，为当前图纸选择一种序号风格，也可以在绘图过程中、标注零件序号之前设定。具体请详见 6.5.1 节。

说明：【图幅设置】对话框的底部有 3 个按钮。点击“取模板配置”按钮弹出如图 6-5 所示的下拉列表，从中选择某个现有的图幅设置，节省用户设置图纸幅面的时间；点击“确定”按钮，上述设置有效；点击“取消”按钮则取消本次设置。

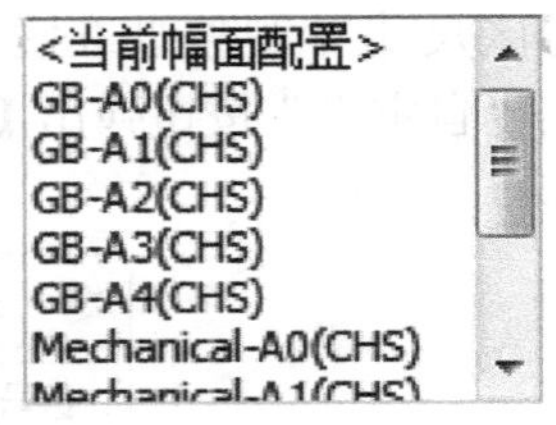

图 6-5　“模板配置”下拉列表

6.2　图　　框

电子图板的图框尺寸会随图幅的大小变化而作相应的比例调整。比例变化的基准点为坐标系的原点，一般来说位于图框的中心。

打开【图幅】选项卡，系统将显示出如图 6-6 所示的【图框】面板，其中包括调入图框、定义图框、存储图框、填写图框和编辑图框 5 种有关图框的操作。

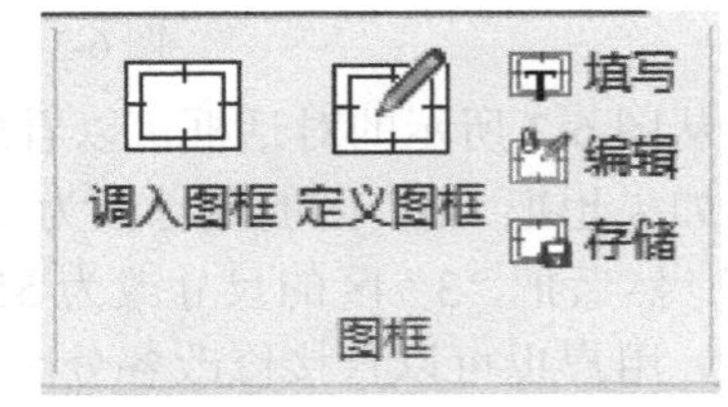

图 6-6　【图框】面板

6.2.1　调入图框

调入图框是指将系统预制的标准图框或用户事先存储过的非标准图框调入并显示出来。

(1) 点击【图框】面板上的按钮，或在“无命令”状态下键入“Frmload”并按回车键，系统将弹出如图 6-7 所示的【读入图框文件】对话框。

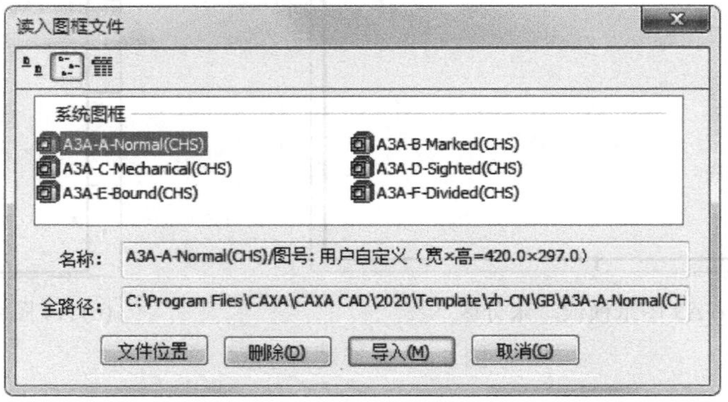

图 6-7　【读入图框文件】对话框

(2) 该对话框中仅列出了当前图纸幅面所需的图框文件。用对话框顶部的三个按钮可改变图框文件的显示模式，它们自左向右分别是“大图标显示”“小图标显示”和“列表显示”。点击“文件位置”按钮，可查看图框文件所在的位置；点击“删除”按钮，在得到确认后可将选择的图框文件删除。

说明：使用 Windows 的【资源管理器】也可以删除图框文件。

(3) 根据作图需要，用鼠标点选其中的一个图框文件，点击“导入”按钮，即调入所选取的图框。

6.2.2 定义图框

定义图框是指将屏幕上绘制的图形定义成图框，以满足用户对图框的特殊要求。

(1) 点击【图框】面板上的按钮，或在“无命令”状态下键入“Frmdef”并按回车键。此时，如果该图纸中已调入了图框，系统将提示“图纸中已经有图框:”，即不能自定义图框；否则，系统提示“拾取元素:”。

(2) 根据提示拾取要定义为图框的图形元素，然后指定一个基准点。基准点用来定位标题栏，一般选择图框的右下角。如果所选图形元素的尺寸大小与当前图纸幅面不匹配，则系统弹出如图 6-8 所示的对话框。

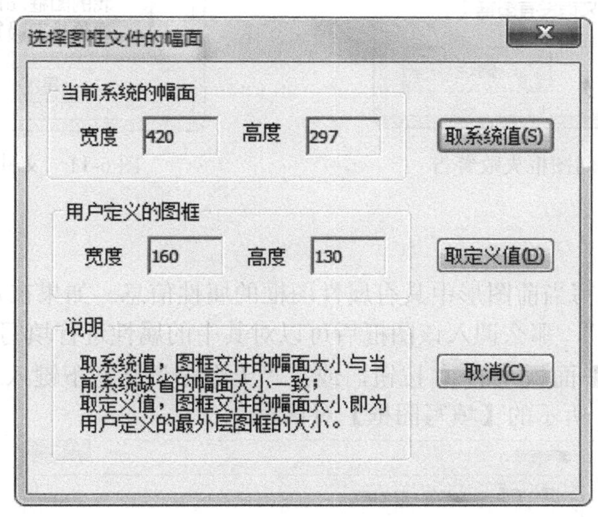

图 6-8 【选择图框文件的幅面】对话框

(3) 如点击“取系统值”按钮，则图框文件的幅面大小与当前系统缺省的幅面大小一致；如点击“取定义值”按钮，则图框文件的幅面大小即为用户拾取的图形元素的最大边界大小。接下来，系统弹出【另存为】对话框。

(4) 在新弹出的对话框中输入图框文件名称，并点击“确定”按钮即完成图框定义。

6.2.3 存储图框

存储图框是将定义好的图框存盘，以便其他文件调用，或者将调入的图框以新的文件名存盘。图框文件的扩展名为“.CFM”。

(1) 点击【图框】面板上的按钮，或者在“无命令”状态下键入“Frmsave”并按回车键，将弹出如图 6-9 所示的【另存为】对话框。

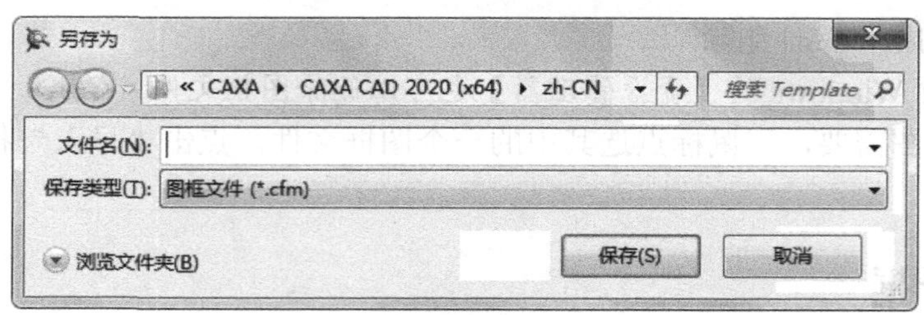

图 6-9　【另存为】对话框

(2) 在上述对话框的编辑框中输入文件名后，点击“保存”按钮即可。但如果在当前图形中没有定义好的图框，则系统给出如图 6-10 所示的警告，提示存储失败。如果所给文件名已经存在，则出现如图 6-11 所示的警告，点击“是”按钮即将原图框文件的内容替换；点击“否”按钮则需重新给定文件名进行保存。

图 6-10　存储图框失败警告

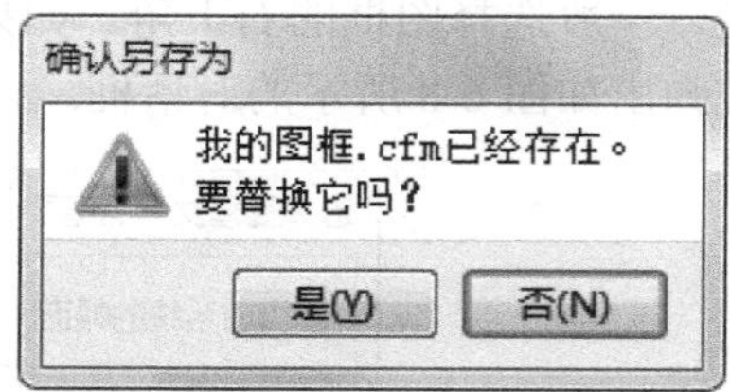

图 6-11　文件重名警告

6.2.4　填写图框

填写图框是指填写当前图形中具有属性图框的属性信息。如果在定义图框时拾取的对象中包含“属性定义”，那么调入该图框后可以对其中的属性进行填写。

(1) 点击【图框】面板上的按钮，或在“无命令”状态下键入“Frmfill”并按回车键，将弹出如图 6-12 所示的【填写图框】对话框。

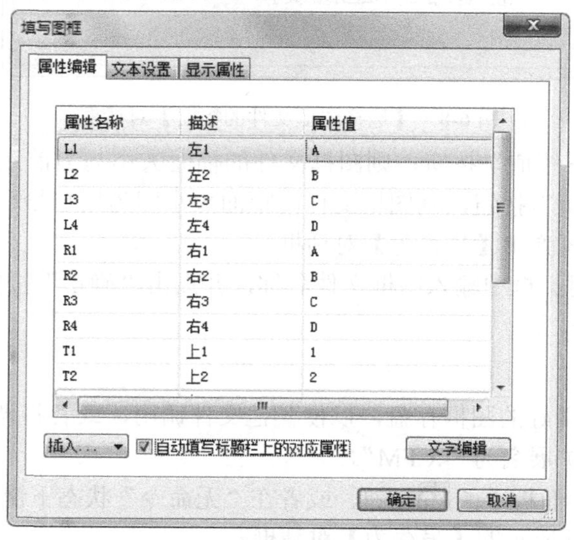

图 6-12　【填写图框】对话框

(2) 图 6-12 所示的对话框中共有 3 个标签："属性编辑""文本设置""显示属性"，分别用于填写图框中各项目的属性、设置图框中的文本格式、显示文本所在图层和颜色等。在填写属性时，点击"文字编辑"按钮，可以利用弹出的对话框对选择的属性值进行修改，也可以双击属性值进行编辑；利用"插入"下拉列表可以输入一些特殊符号；勾选"自动填写标题栏上的对应属性"复选框，标题栏上将自动填写对应属性，否则，将不在标题栏中填写。

(3) 在对话框中完成必要的设置和输入后，点击"确定"按钮即完成图框的填写。

6.2.5 编辑图框

图框是以图块的形式存在的。编辑图框就是以块编辑的方式对图框进行编辑操作。

(1) 点击【图框】面板上的按钮，或在"无命令"状态下键入"Frmedit"并按回车键，系统打开【块编辑器】窗口而进入块编辑状态。

(2) 在此状态下，用户可以像编辑普通对象一样对图框以及图框中的属性值进行编辑，并且还可以点击【块编辑器】窗口的"属性定义"按钮，打开【属性定义】对话框，利用该对话框即可对图框的属性设置进行编辑。

(3) 对图框完成编辑后，点击【块编辑器】窗口顶部的"退出块编辑"按钮，在得到用户的确认后，图框及其属性将发生相应的变化。

6.3 标 题 栏

电子图板为用户设置了多种标题栏供用户调用。同时，也允许用户将图形定义为标题栏，并以文件的形式存储。

打开【图幅】选项卡，系统将显示出如图 6-13 所示的【标题栏】面板，其中包括调入标题栏、定义标题栏、存储标题栏、填写标题栏和编辑标题栏 5 种有关标题栏的操作。

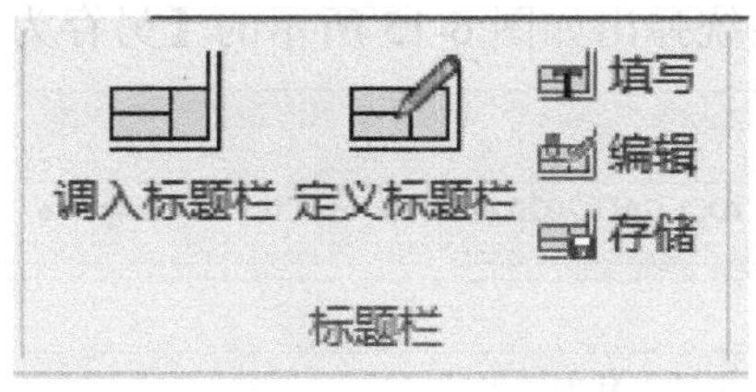

图 6-13 【标题栏】面板

6.3.1 调入标题栏

调入标题栏是指从一个标题栏文件中调入标题栏，并把它放在图框的右下角。如果当前图纸中已经有标题栏，则已有标题栏将被替代。

电子图板除了允许在【图幅设置】对话框中调入标题栏外，还可以利用下面的方法调入或更换标题栏。

(1) 点击【标题栏】面板上的按钮，或在"无命令"状态下键入"Headload"并按回车键，系统将弹出如图 6-14 所示的【读入标题栏文件】对话框。

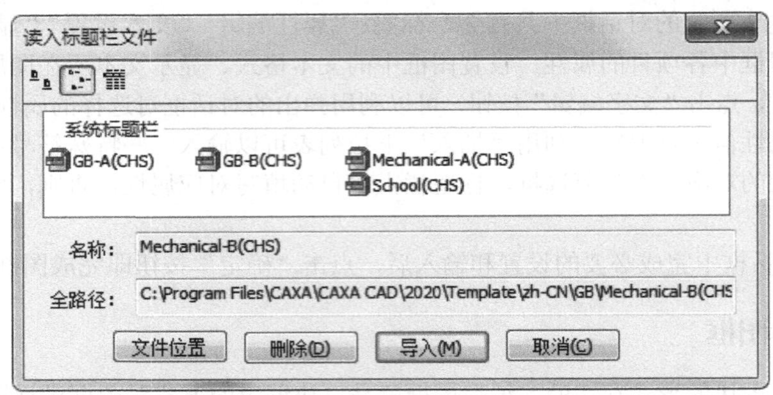

图 6-14　【读入标题栏文件】对话框

(2) 在对话框中选择一个标题栏文件，点击“文件位置”按钮可查看标题栏文件所在的位置；点击“删除”按钮，在得到确认后可将选择的标题栏文件删除。

(3) 根据作图需要，用鼠标点选其中的一个标题栏文件，点击“导入”按钮，即调入所选取的标题栏。

6.3.2　定义标题栏

定义标题栏是指将已绘制的图形定义为标题栏(包括文字)，以备日后调用。

标题栏通常由图线和文字对象组成，图纸名称、图纸代号、企业名称等属性信息都可以通过属性定义的方式加入到标题栏中。

(1) 点击【标题栏】面板→按钮，或在“无命令”状态下键入“Headdef”并按回车键，此时，如果该图纸中已调入了标题栏，系统将提示“图纸中已经有标题栏:”，即不能自定义标题栏；否则，系统提示“拾取元素:”。

(2) 拾取需要定义为标题栏的图形及文字后按回车键，在系统提示下拾取图形的右下角点为“基准点”。此时，系统弹出如图 6-15 所示的【另存为】对话框。

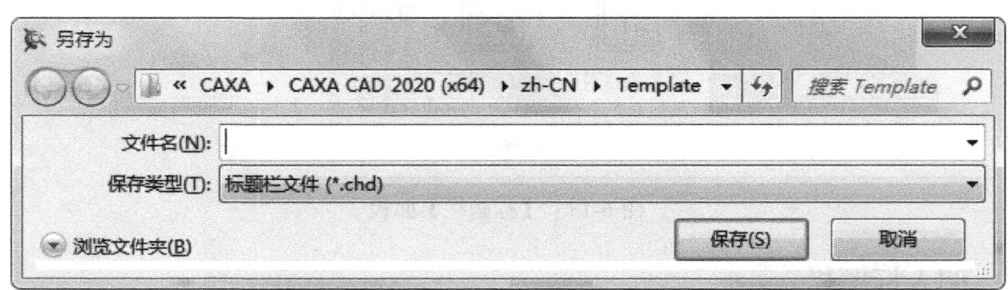

图 6-15　【另存为】对话框

(3) 在新弹出的对话框中输入标题栏文件名称，并点击“保存”按钮即可。

6.3.3　存储标题栏

存储标题栏是指将定义好的标题栏存储到文件中以供日后调用，或者将调入的标题栏以新的文件名存盘。标题栏文件缺省的扩展名为“.chd”。

如果在当前图形中有定义好的标题栏，或者事先已调入了标题栏，点击【标题栏】面板上的按钮，或在“无命令”状态下键入“Headsave”并按回车键，系统将弹出如图 6-15 所示的【另存为】对话框。在对话框中输入标题栏文件名称，并点击“保存”按钮即可。

6.3.4 填写标题栏

填写标题栏用于填写当前图形中标题栏的属性信息。

(1) 用户在调入标题栏后，点击【标题栏】面板上的按钮，或在“无命令”状态下键入“Headfill”并按回车键，系统将弹出如图 6-16 所示的【填写标题栏】对话框。

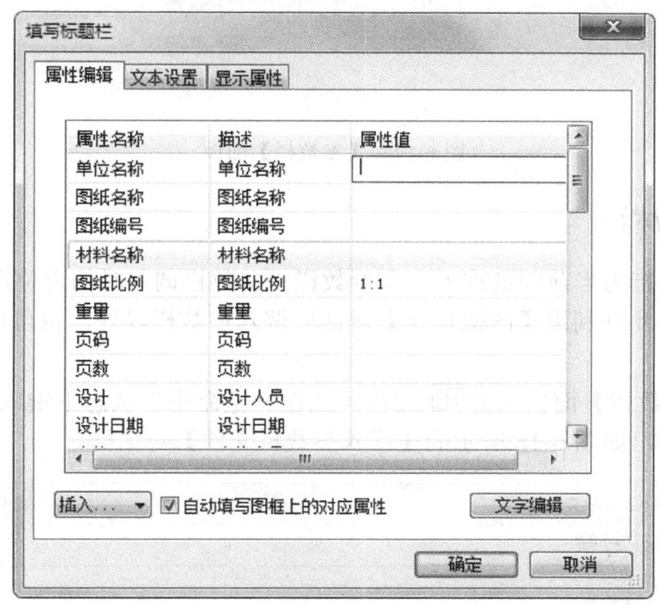

图 6-16 【填写标题栏】对话框

(2) 在对话框中，可利用 3 个标签分别填写标题栏中各项目的属性、设置标题栏中的文本格式以及显示文本所在图层和颜色等。在填写属性时，点击“文字编辑”按钮，可利用弹出的对话框对选择的属性值进行修改，也可以双击属性值进行编辑；利用“插入”下拉列表可以输入一些特殊符号；如果勾选了“自动填写图框上的对应属性”复选框，则系统可以自动填写图框中与标题栏相同字段的属性信息，否则，将不在标题栏中填写。

(3) 完成必要的设置和输入后，点击“确定”按钮即可完成标题栏的填写。

6.3.5 编辑标题栏

标题栏也是以图块形式存在的。编辑标题栏就是指以块编辑的方式对标题栏进行编辑操作。

(1) 点击【标题栏】面板上的按钮，或在“无命令”状态键入“Headedit”并按回车键，系统打开【块编辑器】窗口而进入块编辑状态。

(2) 在此状态下，用户可以像编辑图框那样对标题栏以及标题栏中的属性值进行编辑。最后，点击【块编辑器】窗口顶部的“退出块编辑”按钮，在得到用户确认后，标题栏及其属性将发生相应的变化。

6.4　参　数　栏

打开【图幅】选项卡，系统将显示如图 6-17 所示的【参数栏】面板，其中包括调入参数栏、定义参数栏、存储参数栏、填写参数栏和编辑参数栏 5 种有关参数栏的操作。

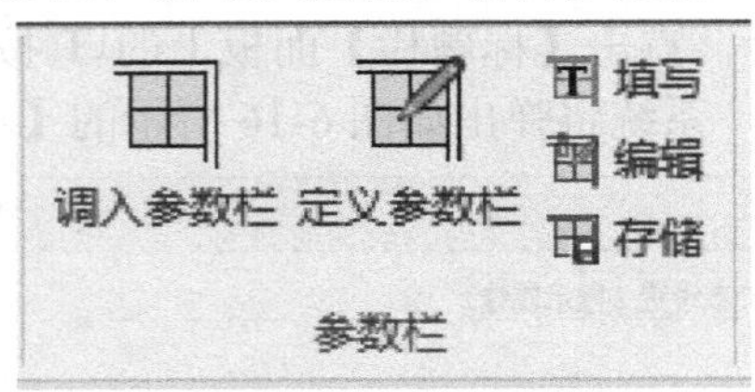

图 6-17　【参数栏】面板

6.4.1　调入参数栏

调入参数栏是指为当前图纸调入一个参数栏。参数栏调入时的定位点为其右下角点。

电子图板除了允许利用【图幅设置】对话框调入参数栏以外，也可以利用下面的方法直接调入参数栏。

(1) 点击【参数栏】面板上的 按钮，或在“无命令”状态下键入“Paraload”并按回车键，系统将弹出如图 6-18 所示的【读入参数栏文件】对话框。

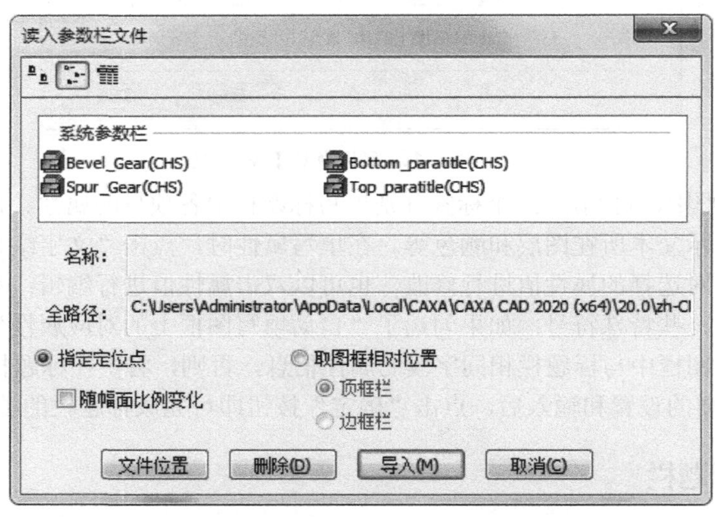

图 6-18　【读入参数栏文件】对话框

(2) 在【读入参数栏文件】对话框中选择一个参数栏文件，并对一些选项进行必要设置。

① 如果选择“指定定位点”，则表示由用户指定参数栏在屏幕上的位置。在这种情况下，“随幅面比例变化”复选框用于决定当图纸幅面大小发生变化时，该参数栏是否也随之改变。

② 如果选择“取图框相对位置”，则会根据用户设置，将参数栏自动放在顶框栏的位置或者放在边框栏的位置。

(3) 在对话框中点击“文件位置”按钮，可查看参数栏文件所在的位置。点击“导入”按钮，所选参数栏即显示在其指定的位置。

6.4.2　定义参数栏

定义参数栏是指将拾取的图形对象定义为参数栏以备日后调用。

参数栏通常由图线和文字对象组成，图纸名称、图纸代号、企业名称等属性信息都可以通过属性定义的方式加入到参数栏中。在定义参数栏时，应事先准备好要定义到参数栏中的对象，包括直线、文字、属性定义等，然后调用“定义参数栏”功能。

(1) 点击【参数栏】面板上的按钮，或在“无命令”状态键入“Paradef”并按回车键，系统将提示“拾取元素：”。

(2) 拾取需要定义为参数栏的图形及文字后按回车键，在系统提示下拾取图形的右下角点为“基准点”。此时，系统弹出如图 6-19 所示的对话框。

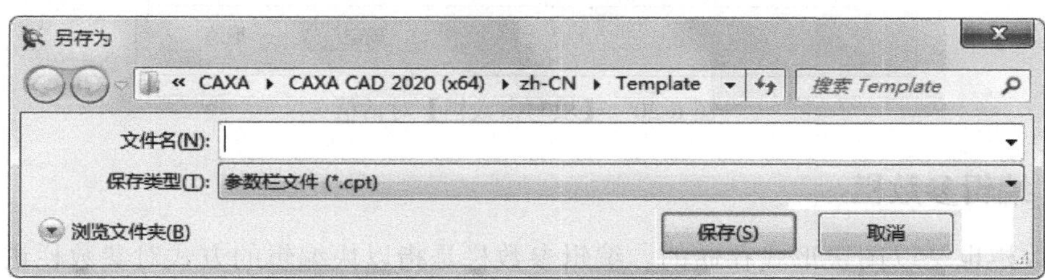

图 6-19　【另存为】对话框

(3) 在弹出的对话框中输入文件名称，点击“保存”按钮即可完成参数栏的定义。

6.4.3　存储参数栏

存储参数栏是指将当前图纸中已有的参数栏存盘，以便日后调用。

(1) 点击【参数栏】面板上的按钮，或在“无命令”状态下键入“Parasave”并按回车键，系统提示“请拾取要保存的参数栏：”。

(2) 用户拾取要保存的参数栏后，弹出如图 6-19 所示的对话框。

(3) 在弹出的对话框中输入文件名称，点击“保存”按钮即可存储参数栏。

6.4.4　填写参数栏

填写参数栏是指填写当前图形中参数栏的属性信息。

(1) 点击【参数栏】面板上的按钮，或在“无命令”状态下键入“Parafill”并按回车键，系统提示“请拾取要填写的参数栏：”。

(2) 根据提示拾取可以填写的参数栏，系统将弹出如图 6-20 所示的【填写参数栏】对话框。

(3) 在“属性名称”后面的“属性值”单元格内直接填写属性值。最后，点击“确定”按钮即可完成参数栏的填写。

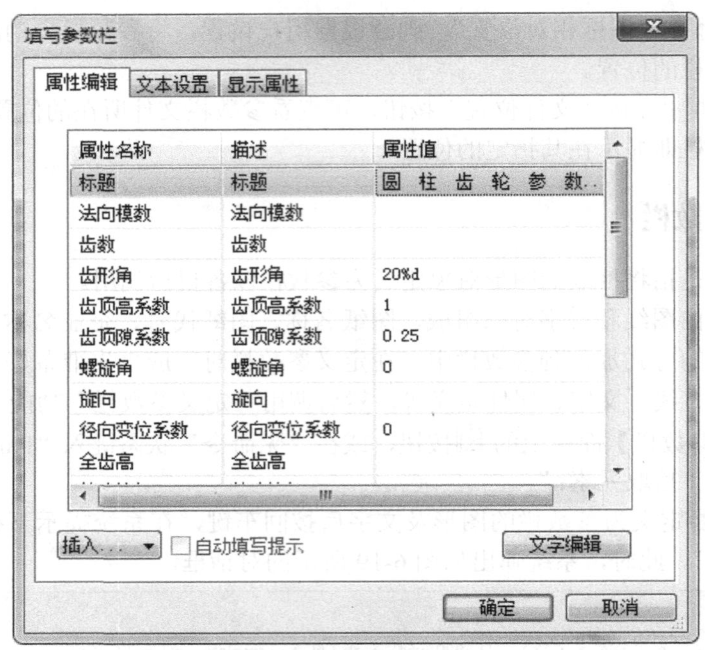

图 6-20　【填写参数栏】对话框

6.4.5 编辑参数栏

参数栏也是以图块形式存储的。编辑参数栏是指以块编辑的方式对参数栏进行编辑操作。

(1) 点击【参数栏】面板上的按钮，或在“无命令”状态下键入“Paraedit”并按回车键，系统提示“请拾取要编辑的参数栏:”。

(2) 由用户拾取要编辑的参数栏后，系统打开【块编辑器】窗口，进入块编辑状态。

(3) 用户可使用编辑标题栏的方法对参数栏进行编辑，这里不再赘述。

6.5 零 件 序 号

零件序号是绘制装配图不可缺少的内容，电子图板提供了零件序号的生成、删除、交换和编辑等功能，为绘制装配图及编制零件序号提供了方便。

打开【图幅】选项卡，系统将显示出如图 6-21 所示的【序号】面板，其中包括了有关序号操作的所有按钮。

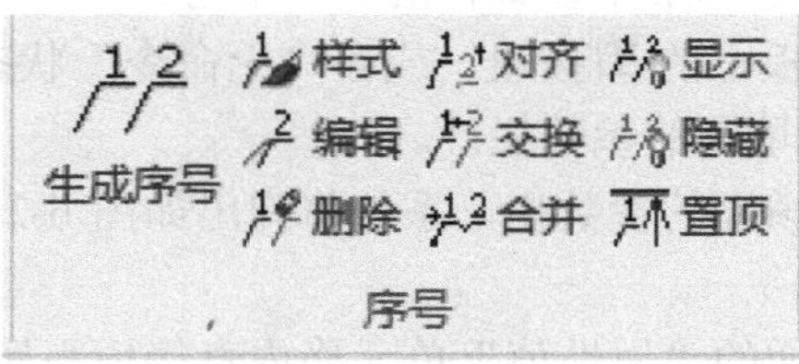

图 6-21　【序号】面板

6.5.1　序号样式

如果用户需要改变零件序号的风格样式，可按以下步骤进行。

(1) 点击【序号】面板上的 按钮，或在“无命令”状态下键入“Ptnotype”并按回车键，系统将弹出如图 6-22 所示的【序号风格设置】对话框。

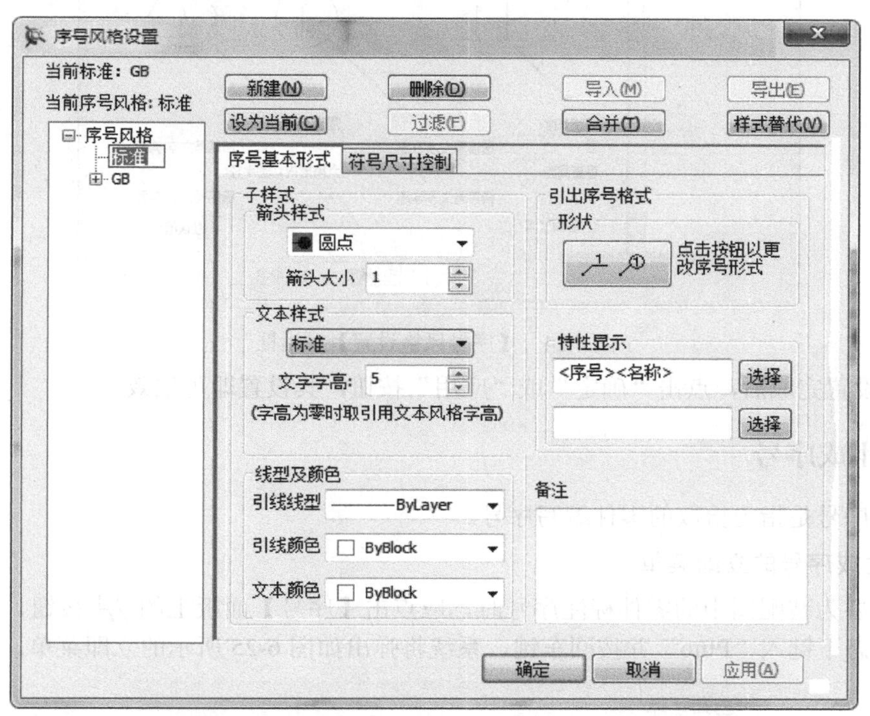

图 6-22　【序号风格设置】对话框

(2) 在对话框左部“序号风格”列表中选择一种序号风格，点击“设为当前”按钮，然后在“序号基本形式”标签中设置箭头样式、文本样式、线型及颜色、引出序号格式、特性显示等。例如，通过“箭头样式”下拉列表可选择圆点、斜线、空心箭头、直角箭头等不同的箭头样式，并且可以设置箭头大小；通过点击“特性显示”中的“选择”按钮，可从弹出的【特性选择】对话框中选择若干字段，从而在序号后面显示产品的属性，如图 6-23 所示。

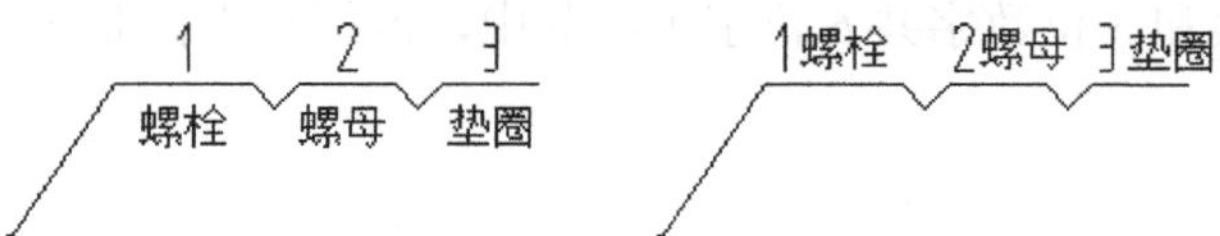

图 6-23　零件序号中的特性显示

(3) 将对话框切换到“符号尺寸控制”标签，如图 6-24 所示，从中可设置横线长度、圆圈半径、垂直间距、六角形内切圆半径、压缩文本等参数。必要时，可以点击“默认值”按钮，使上述参数立即恢复到其默认值。

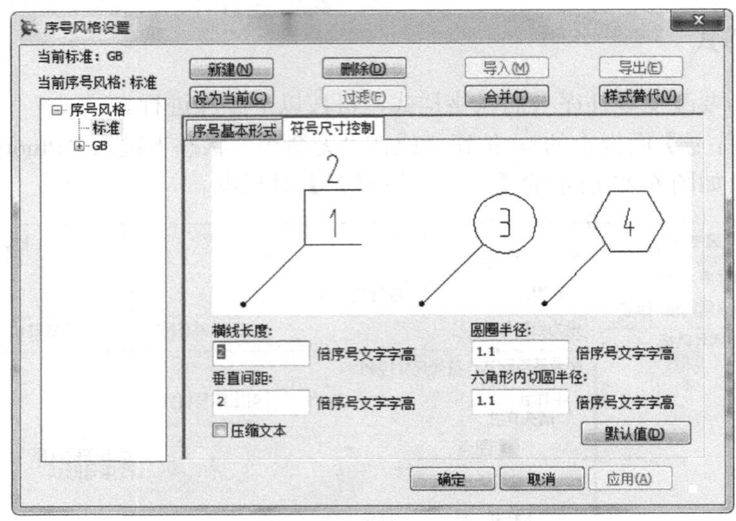

图 6-24　【序号风格设置】对话框

(4) 设置完成后，点击“确定”或“应用”按钮，其设置即可生效。

6.5.2　生成序号

生成序号是指为拾取的零件编写序号。

1. 生成序号的立即菜单

当需要为装配图中的零件标注序号时，应点击【序号】面板上的 按钮，或在“无命令”状态下键入“Ptno”并按回车键，系统将弹出如图 6-25 所示的立即菜单。

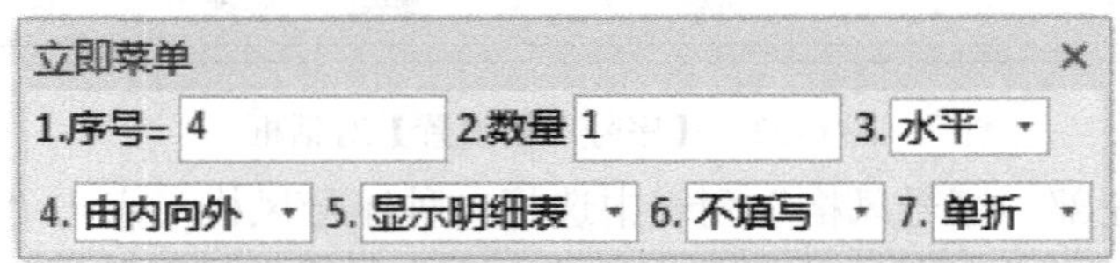

图 6-25　“生成序号”立即菜单

该立即菜单中各项的含义如下：

(1) 序号：用于输入零件序号的数值及前缀。在缺省情况下，系统将自动给定序号值，也允许由用户自行输入。系统将根据当前序号值判断是生成新序号还是插入序号。序号最多可以输入 3 位前缀和 3 位数字共 6 位字串，其中，前缀用于控制序号的格式，如图 6-26 所示。

(a) 无前缀　(b) 前缀为“@”　(c) 前缀为“!”　(d) 前缀为“#”　(e) 前缀为“~”

图 6-26　前缀控制序号的格式

说明：如果输入序号值只有前缀而无数字值，则根据当前序号情况生成新序号，新序号值为当前前缀的最大值加1。

(2) 数量：用于指定一次生成序号的数量，该值必须位于1至10之间。若数量大于1，则采用公共指引线形式标注，如图6-27(a)所示。

(3) 水平/垂直：当一次生成序号的数量大于1时，用于选择零件序号的标注方向，如图6-27(b)、(c)所示。

(4) 由内向外/由外向内：当一次生成序号的数量大于1时，用于选择零件序号的排列方向，如图6-27(d)、(e)所示。

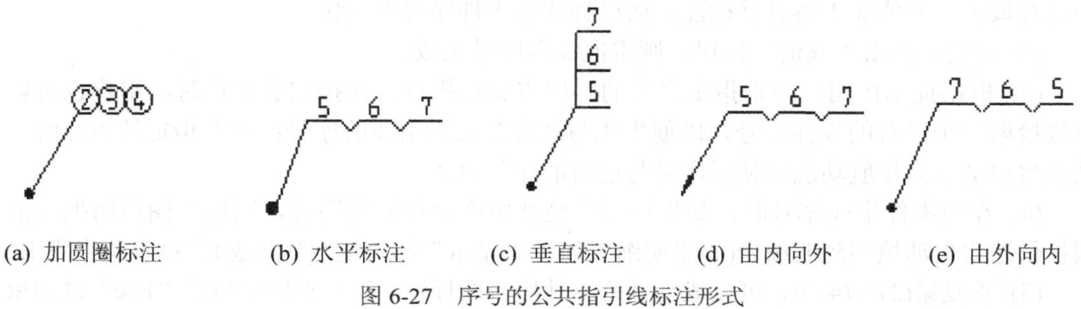

(a) 加圆圈标注　(b) 水平标注　(c) 垂直标注　(d) 由内向外　(e) 由外向内

图6-27　序号的公共指引线标注形式

(5) 显示明细表/隐藏明细表：在标注零件序号时，用于控制是否显示明细表。

(6) 填写/不填写：在图纸中显示明细表时，用于选择是立即填写明细表还是以后利用明细表的填写表项或读入数据等方法填写明细表。

(7) 单折/多折：当用户选择“多折”时，允许序号的引出线有多个转折点，并按右键结束转折；否则，引出线只能有一个转折点。

在标注零件序号的过程中，用户可以随时对立即菜单中的选项进行设置以改变零件序号的标注方式。

2. 生成序号的步骤

欲为装配图中的零件标注序号，可按以下步骤进行：

(1) 执行“生成序号”功能，系统将弹出如图6-25所示的立即菜单，并提示“拾取引出点或选择明细表行:”。

(2) 对立即菜单中的各个选项进行必要的设定。例如，在立即菜单“1.”中输入所需标注的序号等。

当用户输入的序号不连续(如目前图纸中已标注的最大序号是10，而用户输入了大于11的序号)时，系统将弹出如图6-28所示的警示框。此时如果选择“是”，系统将自动调整输入序号值后生成零件序号；如果选择“否”，系统将按该输入值生成零件序号；如果选择“取消”，系统将取消本次标注。

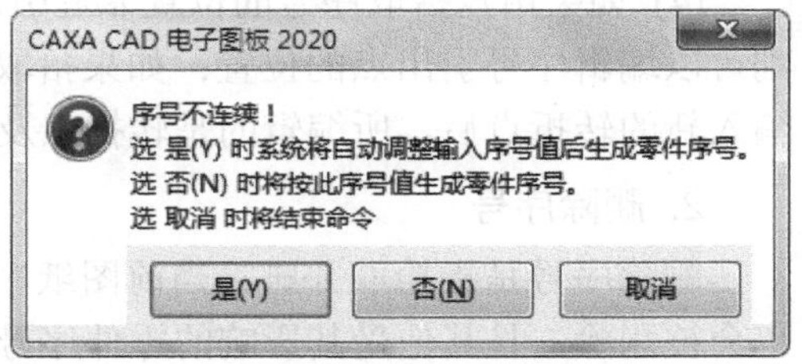

图6-28　序号不连续警示框

当用户输入的序号与已有序号相同时，系统将弹出如图6-29所示的【注意】警示框。在此，用户的选择将决定本次的标号。

图 6-29 【注意】警示框

① 插入：点击“插入”按钮，系统将按照输入值生成序号，此序号之后的其他相同前缀的序号将依次顺延，并重新排列相同前缀的序号值和相关的明细表行。

② 取重号：点击“取重号”按钮，则生成与已有序号重复的序号。

③ 自动调整：点击“自动调整”按钮，系统将自动把用户输入的序号调整为当前图纸中已有最大序号值加 1 再进行标注，而已标注的零件序号无变化。

④ 取消：点击“取消”按钮，则本次输入序号无效。

(3) 根据提示由用户分别指定序号的引出点和转折点。在指定引出点时，用户也可以直接拾取一个已有的零件序号，以便生成与之有公共指引线的序号；而在指定转折点时，系统将自动开启导航功能以使新序号与已有的序号对齐。

(4) 在为零件生成序号时，如果该零件是从图库中提取的图符，则这个图符所拥有的属性信息将自动填写到明细表(如果明细表处于“显示”和“填写”状态)中对应的字段上。

(5) 重复第(2)～(4)步，可完成一系列零件序号的标注，直至按回车键或“Esc”键结束为止。

6.5.3 序号操作

1. 编辑序号

编辑序号是指拾取并编辑零件序号的标注位置，以及位于公共指引线上的多个序号的排列方式等。

(1) 点击【序号】面板上的按钮，或在“无命令”状态下键入“Ptnoedit”并按回车键，系统均提示“请拾取零件序号：”。

(2) 根据提示由用户拾取待编辑的序号，随之即弹出如图 6-30 所示的立即菜单。

(3) 根据需要对立即菜单中的选项进行必要的设置。其中各选项的含义同“生成序号”立即菜单的选项。

图 6-30 “编辑序号”立即菜单

(4) 如果用户拾取序号的位置靠近引出点，则可以编辑序号引出点的位置；如果拾取的位置靠近转折点，则系统提示“转折点：”，待输入新的转折点后，所编辑的是转折点及序号的位置。

2. 删除序号

删除序号是指拾取并删除当前图纸中的若干个零件序号，而与之相关联的明细表表项也会被删除，且其他受其影响的零件序号也会随之更新。

说明：如果使用“删除”命令直接删除序号，则明细表中的相应表项不会被删除，其他零件序号也不会自动保持连续。

(1) 点击【序号】面板上的按钮，或在“无命令”状态下键入“Ptnodel”并按回车键，系统提示“请拾取要删除的序号：”。

(2) 根据提示和需要，由用户拾取一个序号或者指引线。如果只拾取了某个序号，则该序号及明细表中的相应表项即被删除；如果拾取了序号的指引线，则使用该指引线的所有序号、与这些序号相关联的明细表表项均被删除。但如果所要删除的序号有重名序号，则只删除所拾取的序号而不会影响到明细表。

(3) 上述过程可以重复进行，直至按回车键或“Esc”键结束为止。

3. 对齐序号

对齐序号用于将摆放比较紊乱的序号按水平、垂直、周边方式排列整齐，使之更加美观。

(1) 点击【序号】面板上的按钮，或在“无命令”状态下键入“Ptnoalign”并按回车键，系统提示“请拾取零件序号：”。

(2) 由用户拾取需要对齐的多个零件序号并按回车键，接下来依据提示在绘图区拾取一个定位点。此时系统弹出如图6-31所示的立即菜单。

图6-31　“对齐序号”立即菜单

(3) 对立即菜单进行必要的设置。例如，利用立即菜单“1.”可选择序号的排列方式，有“周边排列”“水平排列”或“垂直排列”3种；利用立即菜单“2.”可选择序号的排列方法，有“手动”或“自动”2种。在选择“手动”排列时，可在立即菜单“3.间距值”中设置相邻两个序号的间距值。

(4) 由用户挪动鼠标，当发现鼠标指示的位置合适时点击左键即完成序号对齐操作。

4. 交换序号

交换序号是指交换序号的前后顺序和位置，并根据需要交换明细表的内容。

(1) 点击【序号】面板上的按钮，或在“无命令”状态下键入“Ptnochange”并按回车键，系统将弹出如图6-32所示立即菜单，并提示“请拾取零件序号：”。

图6-32　“交换序号”立即菜单

(2) 根据需要对立即菜单中的选项进行必要的设置。例如，可在立即菜单“1.”中选择“仅交换选中序号”或“交换所有同号序号”；在立即菜单“2.”中选择“交换明细表内容”或“不交换明细表内容”。

(3) 根据提示，由用户拾取需要交换的序号。

如果用户拾取了一个独有指引线的序号，则还需要按照系统要求拾取第二个零件序号。接下来系统提示“继续拾取排列序号，右键结束选择：”。这时如果直接按右键结束选择，则系统将已选择的两个序号互换；如果继续拾取其他序号，最后按右键结束拾取，则系统将把拾取的多个序号按照拾取的顺序从小到大安排序号。

在上述操作过程中，如果拾取了一个如图6-33所示的具有公共指引线的序号，则系统会弹出如图 6-34 所示的【请选择要交换的序号】对话框，以进一步选择需要交换的序号。

(4) 一旦选择了需要交换的零件序号，系统即完成了交换序号。

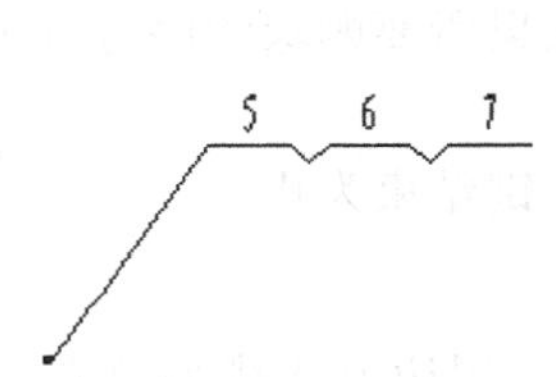

图 6-33　拾取了公共指引线的序号

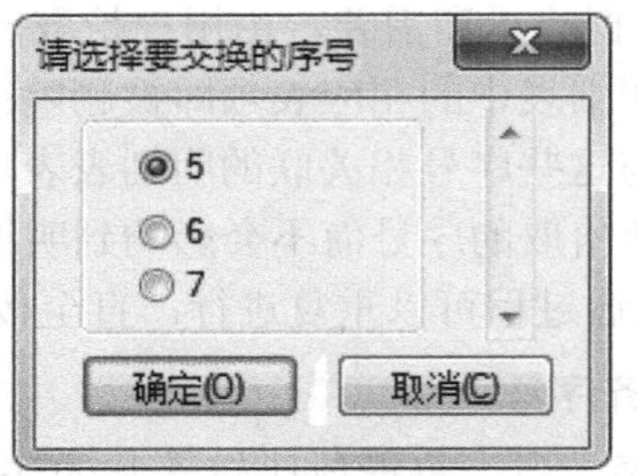

图 6-34　【请选择要交换的序号】对话框

5. 合并序号

合并序号是指把两个或多个已标注的零件序号合并到一个指引线上，并允许对序号的引出位置、排列方式进行定义。

(1) 点击【序号】面板上的按钮，系统给出提示“请拾取两个或两个以上零件序号:”。

(2) 按照要求拾取需要合并的零件序号，完成后按回车键，然后系统提示“拾取引出点:”。

(3) 一旦给出了引出点，系统将弹出如图 6-35 所示的立即菜单，并提示“转折点:”。

(4) 对立即菜单中的选项进行必要设置，其含义同前文所述。

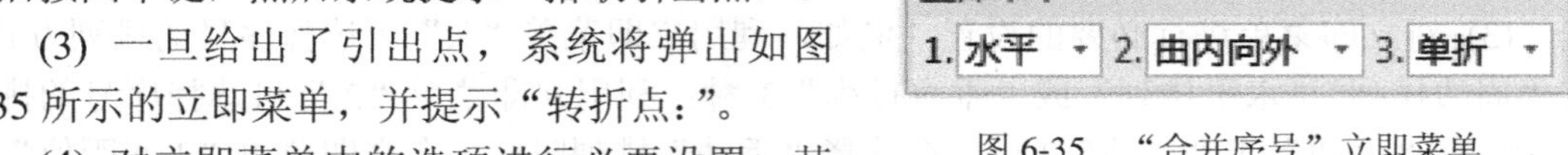

图 6-35　“合并序号”立即菜单

(5) 用户一旦给出转折点，即完成所选零件序号的合并，如图 6-36 所示。

(6) 上述过程可以重复进行，直至按回车键或“Esc”键结束为止。

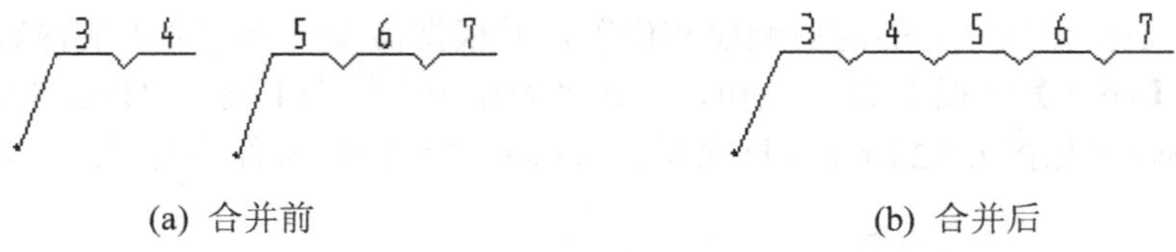

(a) 合并前　　(b) 合并后

图 6-36　合并零件序号

6. 显示序号

显示序号是指把之前隐藏的零件序号再显示出来。用户只要点击【序号】面板上的按钮，之前被隐藏的零件序号就会显示出来。

7. 隐藏序号

隐藏序号是指把拾取的零件序号暂时隐藏起来，不予显示。

(1) 点击【序号】面板上的按钮，系统弹出1.拾取立即菜单，并提示“请拾取要隐藏的序号:”。

(2) 在立即菜单中选择“拾取”或“框选”，以决定选择序号的方法。为此，用户应选择需要隐藏的零件序号，被拾取的序号即被隐藏。该过程将反复进行，直至按“Esc”键结束为止。

8. 置顶显示

用户在绘图过程中，为了防止有的零件序号被其他图形对象遮挡或覆盖，可以使用“置顶”功能将当前图幅中的零件序号全部置顶显示。用户只要点击【序号】面板上的按钮，之前被遮挡或覆盖的零件序号就会置顶显示出来。

6.6 明 细 表

明细表和零件序号都是绘制装配图不可缺少的内容，所以在标注零件序号时，系统都会产生一张明细表，并且该明细表与零件序号为双向关联。

打开【图幅】选项卡，系统将显示如图6-37所示的【明细表】面板，其中包括了关于明细表操作的所有按钮。

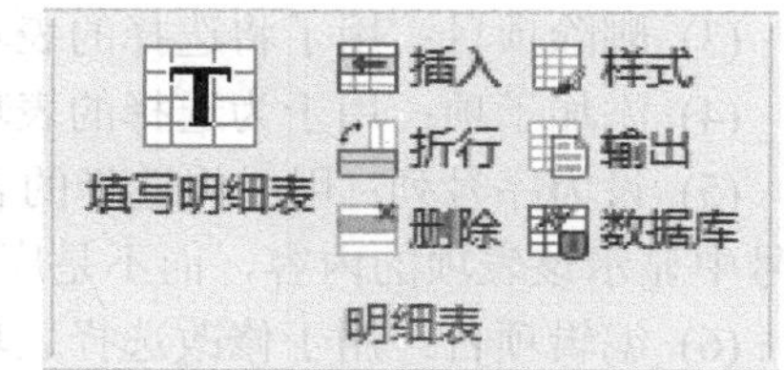

图6-37 【明细表】面板

6.6.1 明细表样式

明细表样式用于定义不同的明细表风格。电子图板提供了包含定制表头、颜色与线宽设置、文字设置等功能，可以定制各种样式的明细表。

点击【明细表】面板上的按钮，或在“无命令”状态下键入“Tbltype”并按回车键，系统将弹出如图6-38所示的【明细表风格设置】对话框。

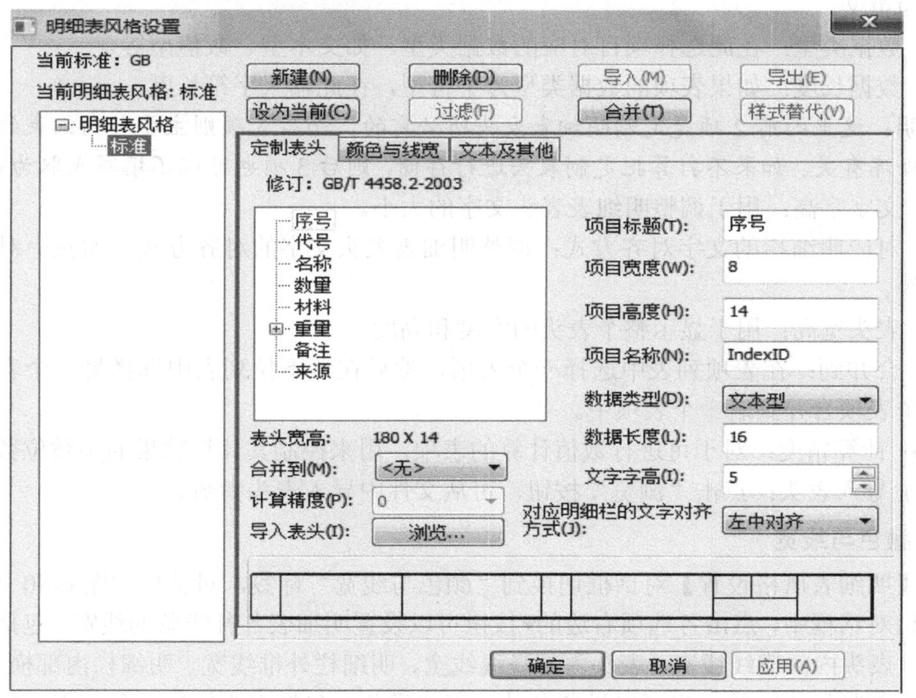

图6-38 【明细表风格设置】对话框1

在如图 6-38 所示的对话框中列出了当前表头的各项内容及有关功能按钮，可以按需要增删及修改明细表的表头内容，以修改表头或建立一个新表头。

在图 6-38 所示的对话框中列出了当前明细表的所有表项。用鼠标右键点击其中某个表项，系统将弹出如图 6-39 所示的菜单，借此可对所选的表项进行管理。

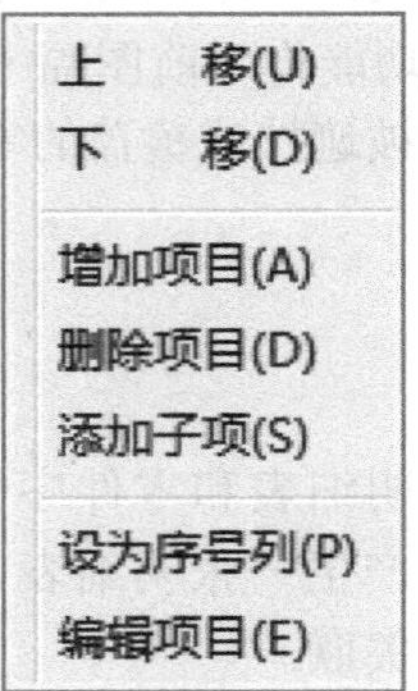

图 6-39　表项操作菜单

(1) 上移/下移：用于将选择的表项上移或下移，以改变该表项在表头中的前后位置。

(2) 增加项目：用于在选择的表项后面增加一个新表项，其缺省名称为“新项目”。

(3) 删除项目：用于将选择的表项从列表中删除。

(4) 添加子项：用于为选择的表项添加一个子项目。

(5) 设为序号列：用于将选择的表项设置为序号列，使零件序号中显示该表项的内容，而不是序号。

(6) 编辑项目：用于修改选择表项的名称。

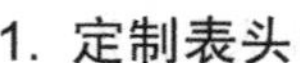

1. 定制表头

在图 6-38 所示的对话框“定制表头”标签中有如下选项：

(1) 项目标题：用于显示和修改明细表表项的名称。

(2) 项目宽度、项目高度：用于显示和设置明细表表项的宽度、高度。

(3) 项目名称：是数据输出到数据库中的域名，如果数据库文件不支持中文域名，则此项应为英文。

(4) 数据类型：在此选择项目对应的数据类型，如文本型、数值型等。

(5) 数据长度：如果表项的数据类型为字符型，在此输入字符长度。

说明：这里的前 2 项是定制明细表表头所必需的，而后 3 项则主要与明细表的数据输出到数据库有关。如果不打算把定制表头进行存储，则后 3 项也可以不填写或取为缺省值。

(6) 文字字高：用于调整明细表表头文字的大小。

(7) 对应明细栏的文字对齐方式：调整明细表表头文字的对齐方式，如左中对齐、中间对齐等。

(8) 表头宽高：用于显示整个表头的宽度和高度。

(9) 合并到：在表项列表中选择一个表项，然后在该下拉列表中选择另一个表项，则将前一个表项合并到后一个表项中。

(10) 计算精度：对于可进行数值计算的表项，用来控制其计算结果的小数位数。

(11) 导入表头：点击“浏览”按钮，可从文件中导入表头参数。

2. 颜色与线宽

将【明细表风格设置】对话框切换到“颜色与线宽”标签，对话框如图 6-40 所示。

在该对话框中，点击各选项右边的▾按钮可以设置明细表各种线条的线宽，包括表头外框线宽、表头内部横线线宽、表头内部竖线线宽、明细栏外框线宽、明细栏内部横线线宽、明细栏内部竖线线宽等，也可以设置各种元素的颜色，包括表头线框颜色、表头内部横线颜色、表头内部竖线颜色、明细栏外框颜色、明细栏横线颜色、明细栏竖线颜色等。

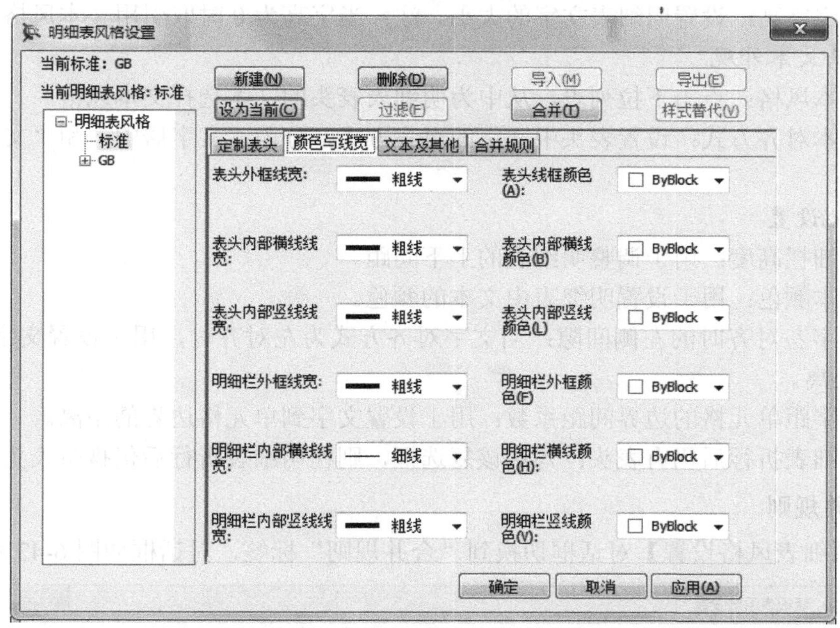

图 6-40　【明细表风格设置】对话框 2

3. 文本及其他

将【明细表风格设置】对话框切换到“文本及其他”标签，对话框如图 6-41 所示。

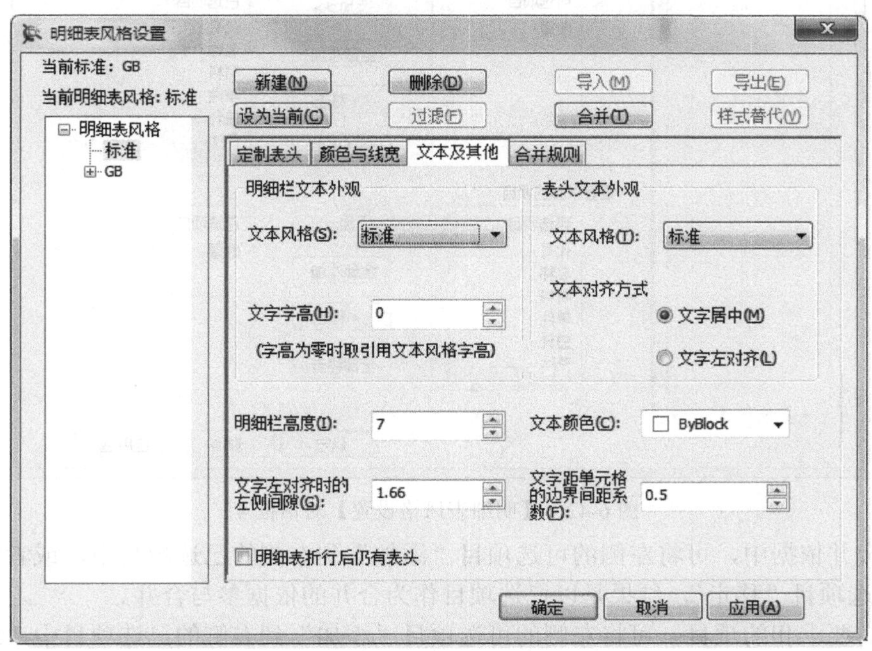

图 6-41　【明细表风格设置】对话框 3

1) 明细表文本外观

(1) 文本风格：点击下拉列表，从中为明细表文本选择文本风格。

(2) 文字字高：设置明细表文字的大小。注：当字高为 0 时取引用文本风格字高。

2) 表头文本外观

(1) 文本风格：点击下拉列表，从中为明细表表头的文本选择文本风格。

(2) 文本对齐方式：设置表头中文字的对齐方式，分为“文字居中”和“文字左对齐”两种方式。

3) 其他设置

(1) 明细栏高度：用于调整明细表的上下间距。

(2) 文本颜色：用于设置明细表中文本的颜色。

(3) 文字左对齐时的左侧间隙：当文字对齐方式为左对齐时，用来设置文字与明细表左边框的距离。

(4) 文字距单元格的边界间距系数：用于设置文字到单元格边界的距离。

(5) 明细表折行后仍有表头：勾选该复选框，则在明细表折行后仍携带表头。

4. 合并规则

将【明细表风格设置】对话框切换到“合并规则”标签，对话框如图 6-42 所示。

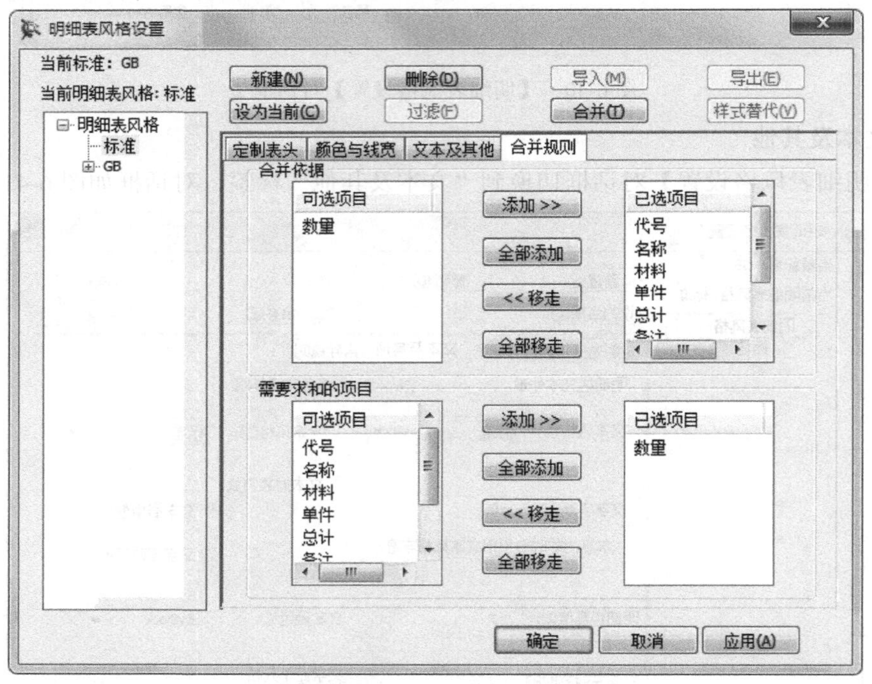

图 6-42　【明细表风格设置】对话框 4

(1) 合并依据中，可将左侧的可选项目“添加”到右侧的已选项目中，或者将右侧不需要的已选项目“移走”，结果是以已选项目作为合并的依据参与合并。

(2) 需要求和的项目，可将左侧的可选项目“添加”到右侧的已选项目中，或者将右侧不需要的已选项目“移走”，结果是对已选项目中具有同类同名项的款项进行求和。因此，右侧的已选项目必须包含在左侧的可选项目中，否则将只合并而不求和。

(3) 待设置完成后，点击“确定”或“应用”按钮，其设置即可生效。

6.6.2　填写明细表

如果在标注零件序号时没有填写明细表，可使用填写明细表功能填写当前图形中的明细表。

点击【明细表】面板上的按钮，或在“无命令”状态下键入“Tbledit”并按回车键，系统均会弹出【填写明细表】对话框，如图 6-43 所示。

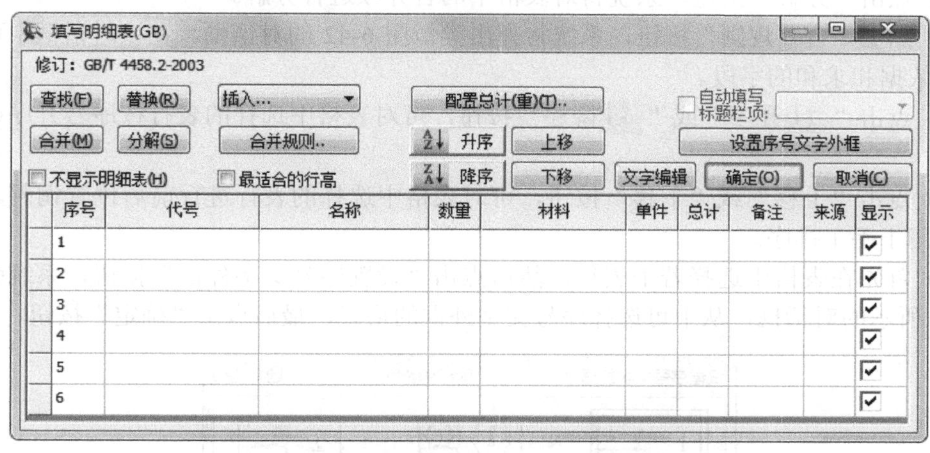

图 6-43　【填写明细表】对话框

1. 录入明细表信息

对话框的下部是一个可编辑的表格，利用常规的表格编辑方法填写所需内容即可。

(1) 点击“查找”按钮，系统将弹出【查找】对话框，利用此对话框可对当前明细表中的指定内容进行查找。

(2) 点击“替换”按钮，系统将弹出【替换】对话框，利用此对话框可对当前明细表中的指定内容进行查找并替换。

(3) 点击“插入”下拉列表框，可在表格中快速插入各种常用符号。

(4) 点击“文字编辑”按钮，可对表格中录入的文字设置格式。

(5) 点击“配置总计(重)”按钮，系统将弹出如图 6-44 所示的对话框。利用该对话框可以选择明细表中参与计算的表列并设置计算精度。当计算结果后缀有可能出现零时，可勾选“零压缩(后缀)(Z)”复选框；当勾选“自动计算总计(重)”复选框时，其计算结果将填写在指定的列中。最后点击“确定”按钮即可完成计算。

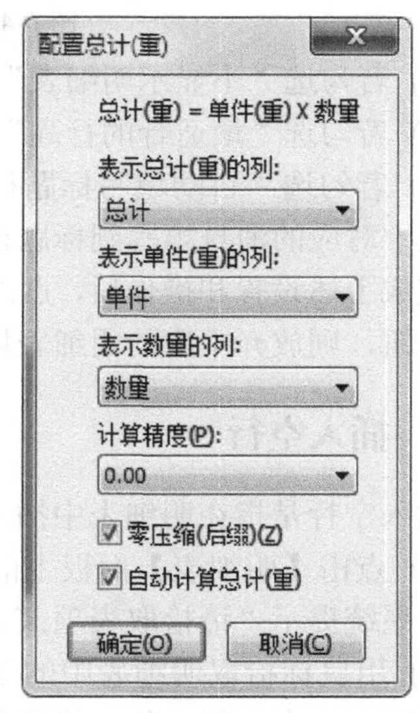

图 6-44　【配置总计(重)】对话框

(6) 在录入信息过程中，上下拖动表格的水平控制线可以调整行高，左右拖动表格的竖直控制线可以调整列宽。

2. 明细表操作

对话框顶部提供了多个按钮，用于对明细表进行操作和管理。

(1) 点击“合并”按钮，系统将按照事先定义的合并规则对表格中的同类同名项进行合并。

(2) 点击“分解”按钮，系统将对表格中的合并项进行分解。

(3) 点击“合并规则”按钮，系统将弹出类似图 6-42 的对话框，在该对话框中可以设置合并依据和求和的字段。

(4) 点击“A↓Z升序”或“Z↓A降序”按钮，可对表格中选择的表行按序号升序或降序排列。

(5) 点击“上移”或“下移”按钮，可对表格中选择的表行进行前后位置调整，该方法一般用于手工排序。

(6) 首先在表格中选择若干表行，然后点击“设置序号文字外框”按钮，系统弹出如图 6-45 所示的对话框，从中可选择序号文字外框的格式，最后点击“确定”按钮。

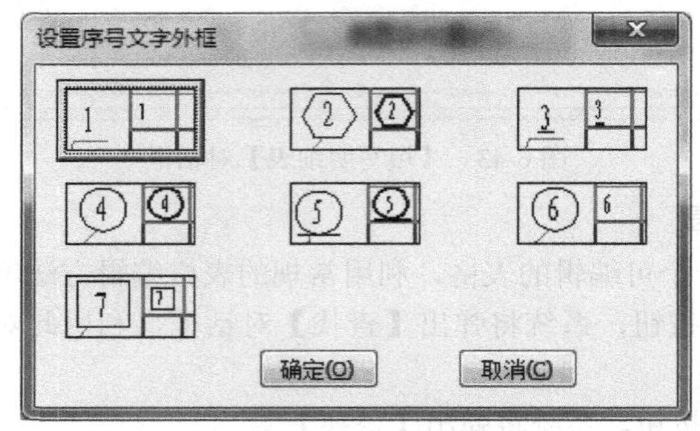

图 6-45 【设置序号文字外框】对话框

(7) 若勾选“不显示明细表”复选框，将在图纸中不显示该明细表。

(8) 若勾选“最适合的行高”复选框，将使明细表的表行高度调整到最佳值。

(9) 若勾选“自动填写标题栏项”复选框，可将当前明细表中所有零件的总重以及与标题栏中对应的消息填写到标题栏中。

完成上述设置和操作后，点击“确定”按钮，其效果会在当前明细表中生效；点击“取消”按钮，则放弃本次的明细表填写。

6.6.3 插入空行

插入空行是指在明细表中插入一个空白行。插入的空行也可以填写信息。

(1) 点击【明细表】面板上的按钮，或在“无命令”状态下键入“Tblnew”并按回车键，系统提示“请拾取表项：”。

(2) 用鼠标拾取明细表中的某一表行，则在该表行的后面插入一空行。例如，当用户拾取了明细表中的第 4 行，其结果如图 6-46 所示。虽然可在新插入的空行中添加内容，但不能与零件序号建立关联。

7	MDE-56-1-107	轴承盖	1	HT15-33			
6	MDE56-1-106	机座	1	HT15-33			
5	MDE-56-105	通气器	1				
4	MDE-56-1-104	窥视孔盖	1	HT15-33			
3	MDE-56-1-103	垫片	1	压纸板			
2	MDE-56-1-102	机盖	1	HT15-33			
1	MDE-56-1-101	密封盖	1	A3			
序号	代号	名称	数量	材料	单重	总重	备注

图 6-46　在明细表中插入空行示例

6.6.4　表格折行

表格折行是指将图纸中的明细表在所需位置处向左或向右转移。届时，可以通过设置折行点指定折行后表行的放置位置。

(1) 点击【明细表】面板上的按钮，或在“无命令”状态下键入“Tblbrk”并按回车键，系统即弹出如图 6-47 所示的立即菜单。

图 6-47　“表格折行”立即菜单

(2) 用鼠标拾取明细表中需要折行的表项位置。当用户在立即菜单中选择“左折”时，则该表项以上的部分被移到明细表的左侧一列；当用户选择“右折”时，则所拾取表项以下的部分将被转移到右侧一列；当用户选择“设置折行点”时，系统提示“请拾取折行点:”，接下来可在适当位置拾取一点，该点为被转移表项的定位点。如果明细表内容较多，可以设置多个折行点。

(3) 重复第(2)步，可将明细表中的表格多次折行，直到按“Esc”键结束。

特别是当选择位置不合适导致表格折行过多或过少时，可利用“右折”功能进行修复。例如，在图 6-48 所示的例子中，图(a)是折行前的情况，图(b)是将第三行及其以上的部分向左折行的结果。现在如果想把第三、四行再恢复到其原来的位置，可在当前状况下选择第四行实施向右折行，其操作结果如图(c)所示。由此可见，在明细表折行过程中，表格中的零件序号及其相关表项始终是按照“自下而上、先右后左”的规则排列的。

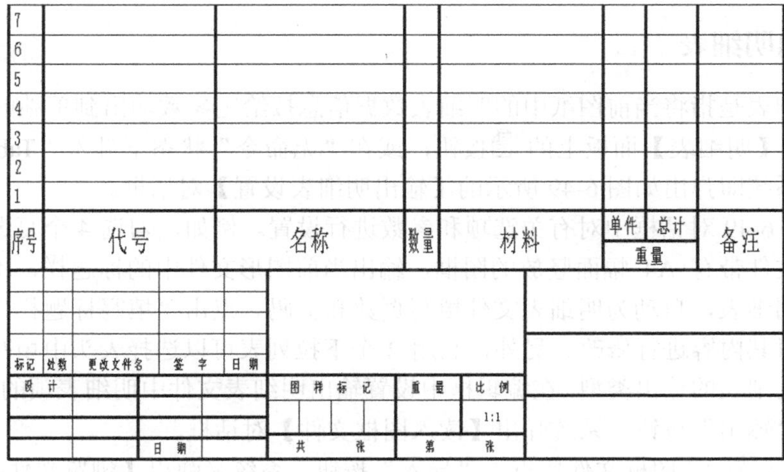

(a) 折行前的明细表

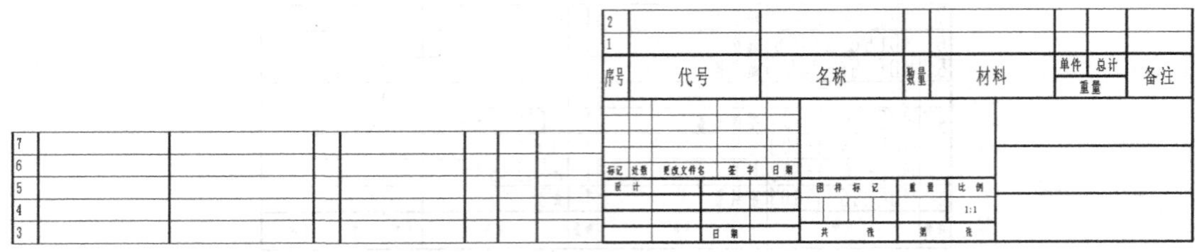

(b) 明细表向左折行

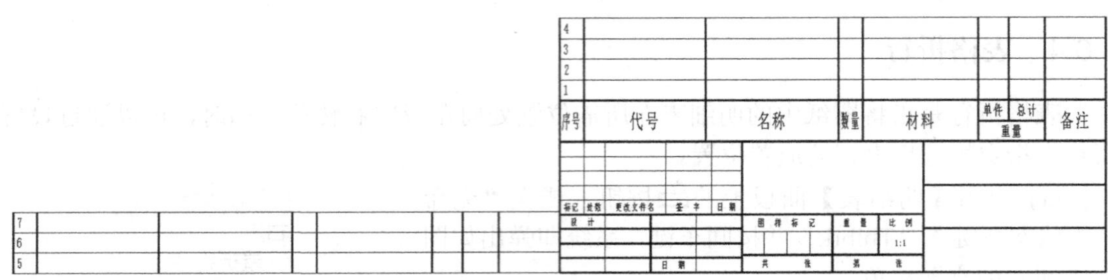

(c) 明细表向右折行

图 6-48　表格折行

6.6.5　删除表项

删除表项是指从当前图纸中删除拾取的明细表或表行。届时，所选表行及所对应零件的序号均被删除，序号即重新排序。

(1) 点击【明细表】面板上的按钮，或在“无命令”状态下键入“Tbldel”并按回车键，系统提示“请拾取表项：”。

(2) 拾取所要删除的明细表表项，则所选表行及所对应零件的序号即被删除，其他序号重新排序；如果拾取明细表表头，此时会弹出对话框，在得到用户确认后，整个明细表及所有的零件序号都被删除。

6.6.6　输出明细表

输出明细表是指将当前图纸中的明细表数据信息按给定参数输出到单独的文件中。

(1) 点击【明细表】面板上的按钮，或在“无命令”状态下键入“Tableexport”并按回车键，系统即弹出如图 6-49 所示的【输出明细表设置】对话框。

(2) 在图 6-49 对话框中对有关选项和参数进行设置。例如，勾选 4 个复选框可以使输出的明细表文件带有 A4 幅面竖放的图框，输出当前图形文件中的标题栏，不显示当前图形文件中的明细表，自动为明细表文件填写页数和页码。点击“填写标题栏”按钮，可填写标题栏或对其内容进行修改。另外，利用 2 个下拉列表可以选择表头中填写输出类型的项目名称和明细表的输出类型，在编辑框中设置输出明细表文件中明细表项的最大数目等。最后，点击“输出”按钮，系统弹出【读入图框文件】对话框。

(3) 选择一个 A4 图框文件后点击“导入”按钮，系统又弹出【浏览文件夹】对话框。

(4) 由用户选择了放置文件的路径后，点击“确定”按钮即可。

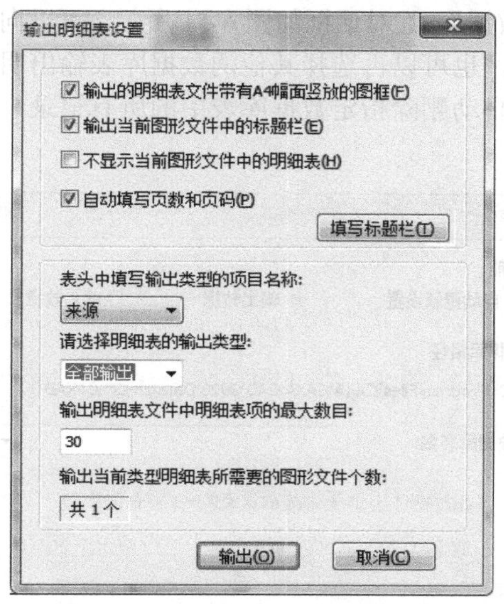

图 6-49 【输出明细表设置】对话框

6.6.7 数据库操作

数据库操作是指明细表能与其他外部文件交换数据并且可以关联。

明细表的数据可以从外部数据文件读入，也可以输出到外部的数据文件中，并与外部的数据文件关联。数据文件支持*.mdb 和*.xls 格式。

(1) 点击【明细表】面板上的按钮，或在“无命令”状态下键入“Tbldat”并按回车键，系统弹出如图 6-50 所示的对话框。

(2) 如果选择“自动更新设置”，表示将在明细表与外部数据文件之间建立关联。点击按钮选择所需关联的数据库文件，且可以使用“绝对路径”或“相对路径”。之后需要指定需要关联的数据表的表名，勾选“与指定的数据库表建立联系”，进而可勾选“打开图形文件时自动更新明细表数据”，如图 6-50 所示。最后点击“确定”或“执行”按钮即可。

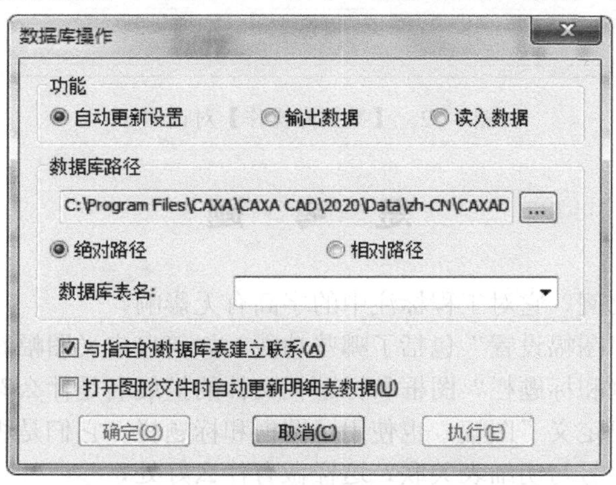

图 6-50 【数据库操作】对话框 1

(3) 如果选择“输出数据”，其对话框如图 6-51 所示，可以向当前已经建立了关联的数据库表中输出明细表数据，也可以再选择其他的数据库表输出明细表数据。勾选下部的复选框，则在输出数据时将自动删除指定数据库表中的所有记录。最后点击“确定”或“执行”按钮即可。

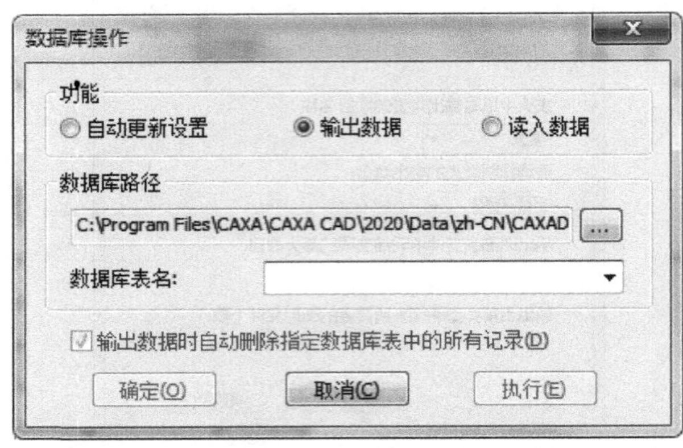

图 6-51　【数据库操作】对话框 2

(4) 如果选择“读入数据”，其对话框如图 6-52 所示，则可以从当前已经建立了关联的数据库表中读入数据，也可以再选择其他的数据库表读入数据以填写明细表。最后点击“确定”或“执行”按钮即可。

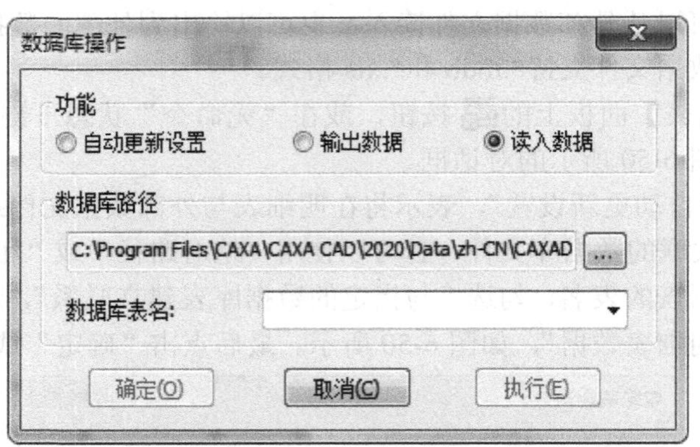

图 6-52　【数据库操作】对话框 3

思　考　题

1．什么是绘图比例？它对工程标注中的字高有无影响？
2．电子图板的“图幅设置”包括了哪些功能？如何自定义图幅？
3．如何调入图框和标题栏？图框和标题栏文件的扩展名是什么？
4．如果图纸中已定义了图幅，也使用了图框和标题栏，它们是否还能更换？
5．什么是零件序号与明细表关联？这样做有什么好处？
6．如何删除零件序号？如何将共用一条指引线的几个序号一起删除？

7．在编辑序号时，如何修改序号指引线的引出点和转折点？

8．如果插入的序号与图纸的某个序号相同，有哪几种解决途径？

9．如何定制明细表？定制明细表包括哪些功能？如何给明细表增删项目？

10．如何删除明细表或明细表表项？

11．明细表表格折行有什么特点？在什么情况下需要使用向右折行？

12．在填写明细表时，如何计算所有零件的总重量？如何计算同类同名零件的数量或重量？在什么情况下需要使用“合并”功能？

13．利用【明细表风格设置】对话框，可以对明细表的哪些方面进行设置？

练 习 题

1．请建立基本绘图环境。要求：A3图纸幅面、横放、绘图比例为1∶1、图框分区、采用“机标B”型标题栏，并按图6-53所示内容进行填写。

					部件装配图			河北工程大学
标记	处数	更改文件名	签 字	日 期				锥齿轮减速器
设 计	陈忠义				图 样 标 记	重 量	比 例	
						245	1:3	MDE-56-1
			日 期	2021.3	共 1 张	第 1 张		

图6-53 填写标题栏

2．按如图6-54所示的格式定义标题栏，并填写有关内容(图中的尺寸仅作参考)。

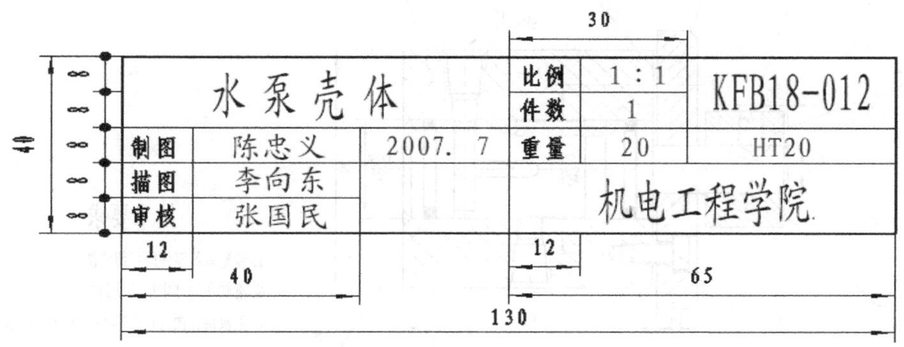

图6-54 自定义标题栏

3．请根据如图6-55所示的钻模装配图拆画其中的零件图，并标注尺寸。

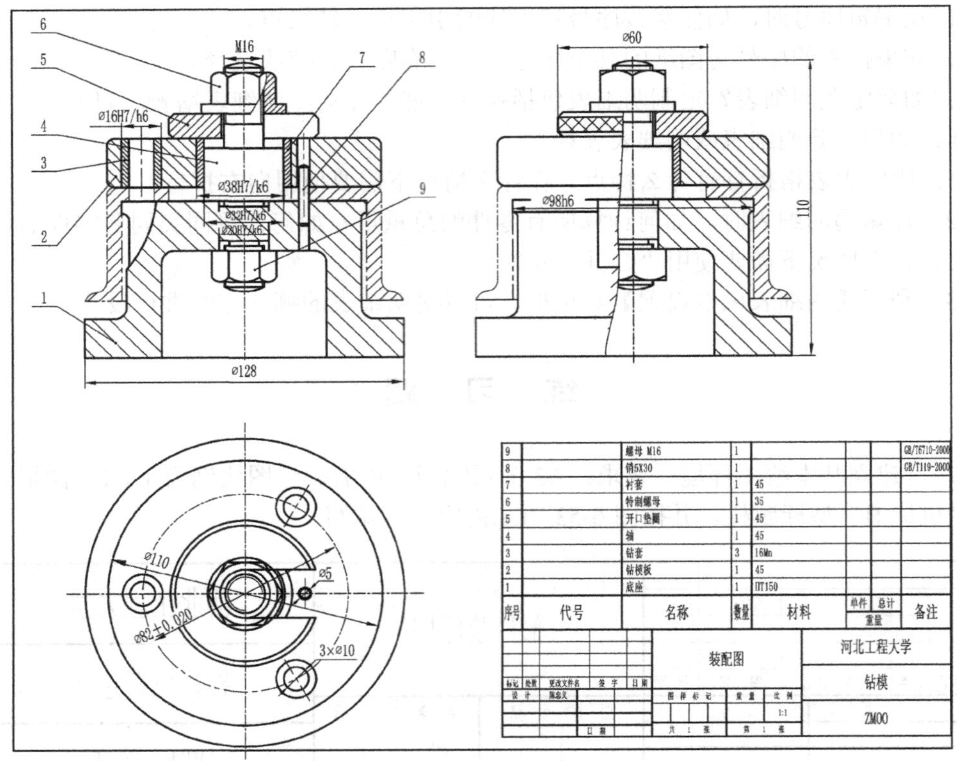

图 6-55　钻模装配图

4．请根据如图 6-56 所示的二位四通阀装配图(部分)，拆画零件图并标注尺寸。

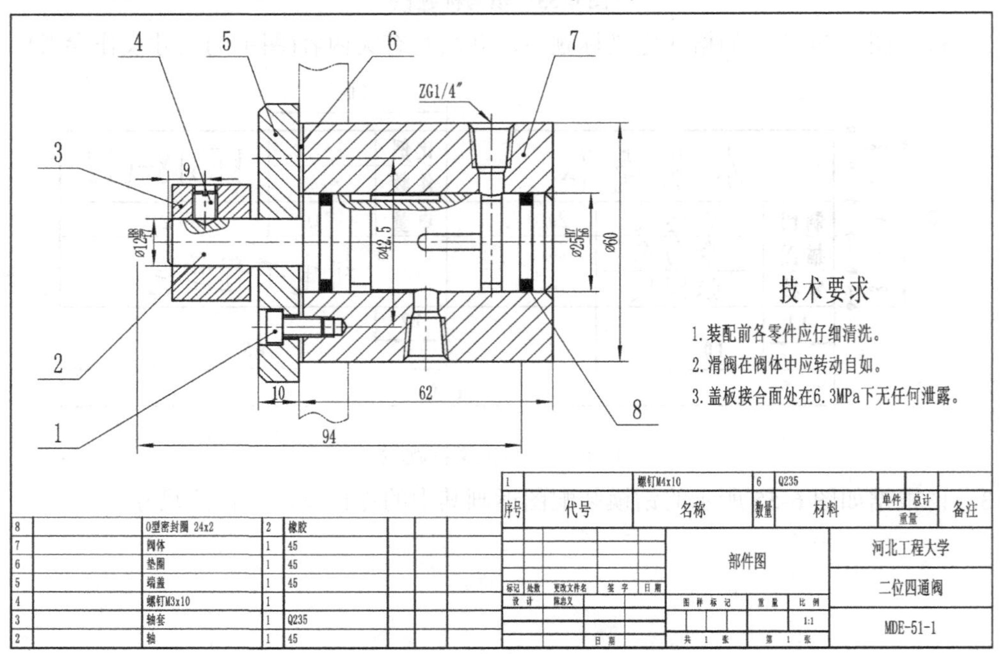

图 6-56　二位四通阀装配图(部分)

第7章　图　　库

本章基本要点

本章主要学习图符的基本概念、图符的插入、图符的定义、图符的驱动、图库的管理、图库的转换，以及构件库的使用等。

本章基本要求

(1) 掌握图符的基本概念。

(2) 掌握利用图库进行插入图符、定义图符、驱动图符，以及图库转换等各种操作的方法和步骤，能够对图库进行管理、操作和维护。

(3) 能够利用构件库进行作图。

为了提高作图速度、满足不同专业人员的作图需要，电子图板为用户提供了图库功能。该图库具有以下特点：

(1) 图符丰富。图库包含了五十多个大类、数百个小类、总计三万多个图符，包括螺栓和螺柱、螺母、螺钉、铆钉、销、键、轴承、垫圈、弹簧、法兰、电机、润滑件、密封件、操作件、管接头、机床卡具、液压气动符号、电气符号、农机符号、常用图形等，可以满足各个行业快速制图的要求。

(2) 符合标准。图库中的基本图符均按照国家最新标准制作，确保生成的图符符合标准规定。

(3) 开放式。图库是完全开放式的，除了软件安装后附带的图符外，用户可以根据需要定义新的图符，从而满足多种需要。

(4) 参数化。图符是完全参数化的，可以定义尺寸、属性等各种参数，方便图符的生成和管理。

(5) 目录式结构。图库采用目录式结构存储，便于进行图符的移动、拷贝、共享等。使用时用户可以直接将所需图符插入自己的图纸中，从而避免不必要的重复工作，提高绘图效率。

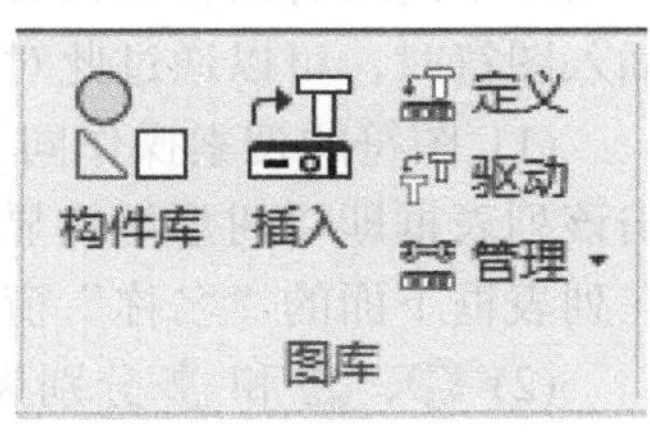

图 7-1　【图库】面板

打开【插入】选项卡，系统显示如图 7-1 所示的【图库】面板。用户不仅可以充分使用图库中现有的各类图符，而且还能对图库进行扩充、编辑和管理；对于已经插入图中的参数化图符，甚至能通过“驱动图符”功能修改其尺寸规格等。

7.1 插入图符

图符是图库的基本组成单位，图符按是否参数化分为参数化图符和固定图符两种。所谓参数化图符就是指包含尺寸的图符，它们在插入时需要按用户指定的尺寸规格生成正确的图形；而固定图符则是指不包含尺寸的图符，用户在插入它们时可以指定沿水平方向和竖直方向的缩放比例系数。图符可以由一个视图或至多六个视图组成。图符的每个视图在插入时都可以定义为图块，因此具有图块的属性和操作，如块打散、块消隐等。

插入图符又叫提取图符，就是从图库中选择合适的图符(如果是参数化图符还要选择其尺寸规格)，并将其插入自己图中的合适位置。

在【图库】面板上点击按钮，或在“无命令”状态下输入“Sym”并按回车键，系统将弹出如图 7-2 所示的【插入图符】对话框。

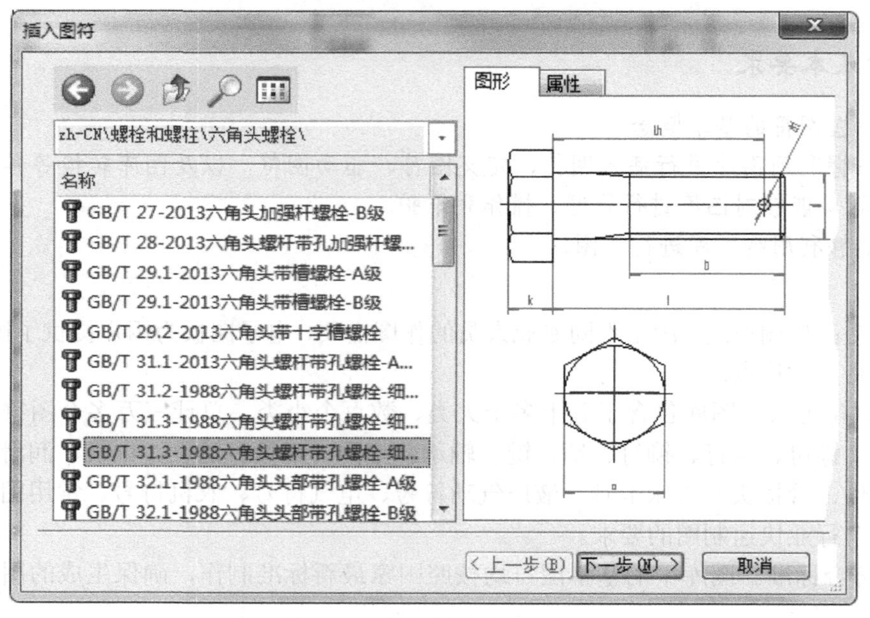

图 7-2　【插入图符】对话框 1

由于电子图板图库中的图符数量非常大，使用时又需要快速查找到要插入的图符，因此图库中的所有图符均按类别进行了划分并存储在不同的目录中，这样能方便区分和查找。插入图符时，可以通过此对话框中的按钮和控件进行快速搜索。

(1) 图符的搜索操作同 Windows 资源管理器相似。对话框左部是一个下拉列表框，点击该列表框即以树形结构显示出文件目录；用鼠标选择所需的文件夹，其中的图符即显示在列表框下面的“名称”窗口中。

(2) 、和分别为后退、前进、向上按钮，这几个按钮协调使用可以在不同目录之间切换。

(3) 为浏览模式切换按钮，点击此按钮可以在列表模式和缩略图模式之间切换。

(4) 点击 按钮，将弹出【搜索图符】对话框，如图 7-3 所示，可通过图符名称来搜索图符。搜索时，只需在对话框中输入图符名称的一部分而不必输入图符完整的名称，系统就会自动搜索到符合条件的图符，例如："GB/T 5781—1988 六角头螺栓 全螺纹 C 级"只需输入"GB/T 5781—1988"或"六角头螺栓"就可以搜索到。此外。图库搜索还增加了模糊搜索功能，即在搜索条中输入搜索对象的名称或型号，图符列表中将列出相关的所有图符。

图 7-3 【搜索图符】对话框

(5) 【插入图符】对话框的右半部为拾取图符的预览区，包括"图形"和"属性"两个标签，可对用户选择的当前图符的图形和属性进行预览。系统默认为图形预览，此时各视图基点用高亮度十字标出；点击鼠标右键可放大图符显示，双击鼠标左键可将图符恢复到其初始大小。用户欲切换到属性预览方式，只需用鼠标点击"属性"标签即可。

由于固定图符与参数化图符的插入过程有所不同，因此下面将分别进行介绍。

7.1.1 插入固定图符

在图库中，液压气动符号、电气符号、农机符号、夹紧符号、机构运动简图符号等都属于固定图符。插入固定图符相对来说比较简单，首先选取要插入的固定图符，然后把固定图符插入图中即可。

1. 选取固定图符

(1) 设法弹出如图 7-2 所示的【插入图符】对话框。

(2) 利用前面介绍的方法，在对话框左部搜索到所需的固定图符，并用鼠标点击相应的图符名，则该图符名即以高亮显示，该图符即成为当前图符，如图 7-4 所示。

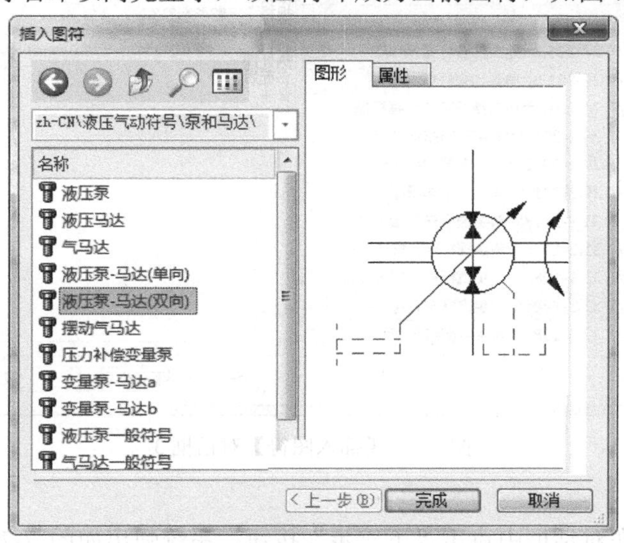

图 7-4 【插入图符】对话框 2

2. 插入固定图符

(1) 点击如图 7-4 所示对话框底部的“完成”按钮，该对话框消失；在屏幕底部弹出如图 7-5 所示的立即菜单并提示“图符定位点:”。

(2) 对立即菜单中的选项进行必要设置。

(3) 按照系统提示在绘图区拾取图符定位点，然后系统继续提示“旋转角:”，用户输入旋转角度之后，即在图纸中插入了所选的固定图符。

图 7-5　“插入固定图符”立即菜单

如此过程将重复进行，从而允许用户多次插入同一个图符，直至按回车键结束。

7.1.2　插入参数化图符

除了固定图符之外，图库中的大部分图符都属于参数化图符。插入参数化图符比插入固定图符要复杂一些，因为参数化图符在插入时还需要用户指定其尺寸规格和相关的控制参数等。

1. 选取参数化图符

(1) 设法弹出如图 7-2 所示的【插入图符】对话框。

(2) 利用前面介绍的方法，在对话框左部搜索到所需的参数化图符，并用鼠标点击相应的图符名，则该图符名即以高亮显示，该图符即成为当前图符。图 7-6 是显示了图符“属性”标签的【插入图符】对话框。

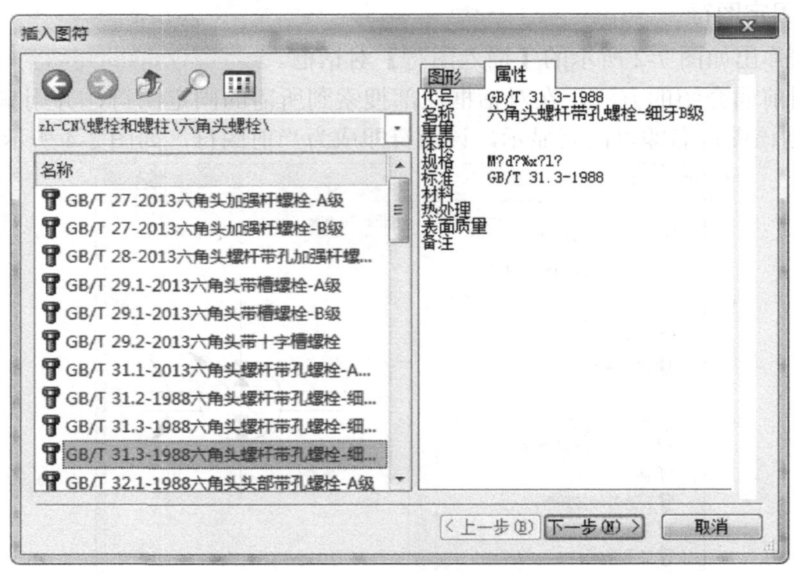

图 7-6　【插入图符】对话框 3

2. 图符预处理

选定图符后，在对话框中点击“下一步”按钮，系统弹出如图 7-7 所示的【图符预处理】对话框。下面介绍该对话框各部分的功能及其操作方法。

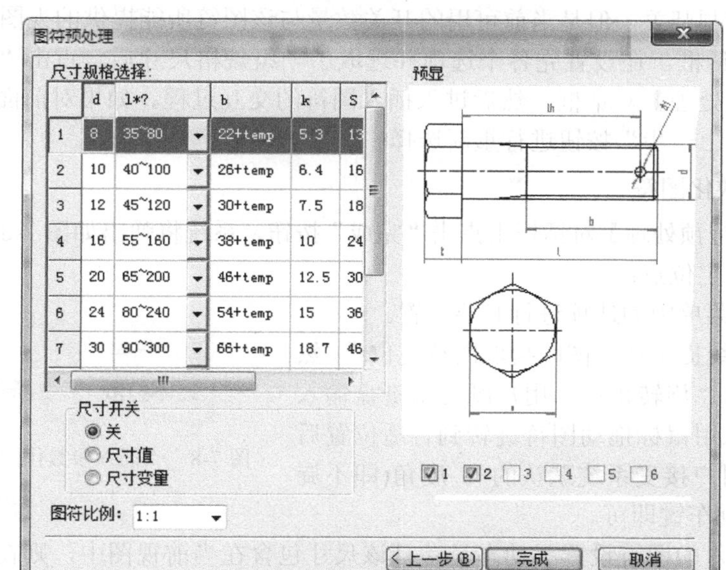

图 7-7　【图符预处理】对话框

(1) 在“尺寸规格选择:”表格中为图符设置合适的尺寸规格。该表格是以电子表格的形式出现的，表格的表头是尺寸变量名，在对话框右侧的图符预览区内可直观地看到每个尺寸变量的具体位置和含义。

① 如果在尺寸变量名后面有“*”号，则说明尺寸规格是系列变量。该列中所有的单元格都给出了一个尺寸范围，用鼠标点击其中某单元格右端的 按钮，可从下拉列表框中选择合适的系列尺寸值；若列表框中没有所需的值，则用户可以直接在单元格内输入新的数值。

② 如果尺寸变量名后面有“?”号，则说明它可以成为动态变量。动态变量是指尺寸值不限定。当某一变量设定为动态变量时，它不再受给定数据的约束，在插入时用户通过输入新值或拖动鼠标，可任意改变该变量的大小。其操作方法很简单，只需用鼠标右键点击相应单元格，其尺寸值后面将出现“?”号，表明该尺寸为动态变量。用右键再次点击该单元格则“?”号消失，即取消动态变量设定。

③ 如果用户需要编辑其他尺寸规格，可先选择所需的单元格，然后按“F2”键，或者用鼠标双击单元格，使该单元格进入编辑状态并输入新值来替换原有数值。

④ 在确定了系列尺寸、动态尺寸以及对单元格进行必要的编辑之后，用鼠标左键点击行左端的选择区以选择一组合适的尺寸规格。否则，系统将按当前行的数据(如有系列值，则取最小值)插入图符。

(2) 设置“尺寸开关”选项。尺寸开关控制图符插入后的尺寸标注情况，共有三个选项。其中，“关”表示插入的图符不标注任何尺寸；“尺寸值”表示插入的图符标注实际尺寸值；“尺寸变量”表示插入的图符里所含有的尺寸文本是尺寸变量名，而不是实际尺寸值。

(3) 选择视图。对话框右半部分是图符预览区。图符预览区的下面排列有六个视图控制开关，用鼠标左键点击可打开或关闭任意一个视图，被关闭的视图不会被插入。这里虽然有六个视图控制开关，但是当前可用的开关数量与该图符所能提供的视图数量相同。

(4) 退出对话框。在设置完各个选项并选取了一组规格尺寸后，点击“完成”按钮即可退出【图符预处理】对话框，然后进入插入图符的交互过程。如果对前面所选的图符不满意，可点击“上一步”按钮进行重新选择。

3. 插入参数化图符

(1) 在【图符预处理】对话框上点击“完成”按钮，系统将弹出如图 7-8 所示的立即菜单并提示“图符定位点:”。

(2) 对立即菜单中的选项进行必要设置。

(3) 按照系统提示在绘图区拾取图符定位点，然后系统继续提示“旋转角:”。用户既可用键盘输入角度值，也可以用鼠标拖动图符旋转到合适位置后点击左键；若用户接受系统默认的 0 度角(即不旋转)，则直接按回车键即可。

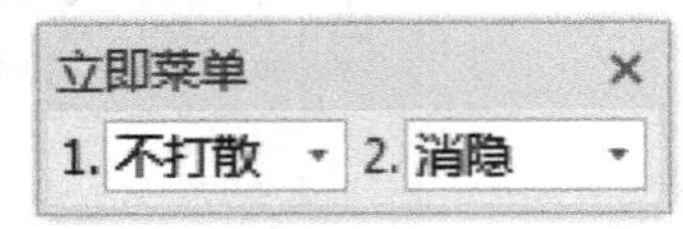

图 7-8　“插入参数化图符”立即菜单

(4) 如果插入的图符设置了动态尺寸且该尺寸包含在当前视图中，则在确定了视图的旋转角度后，状态栏出现“请拖动确定 X 的值:”提示，其中 X 为尺寸变量名。移动鼠标，此时该尺寸的值随鼠标位置的变化而变化，当拖动到合适的位置时点击鼠标左键就确定了该尺寸的最终大小，也可以用键盘输入该尺寸的数值。

(5) 如果图符具有多个视图，则当第一个视图插入完成后，紧接着开始插入剩下的打开的视图。当所有打开的视图插入完毕以后，系统又开始插入该图符的第一个视图，依次进行下去，直到按鼠标右键结束插入。

至此，插入参数化图符的整个操作全部完成。

7.1.3　选项板插入图符

电子图板提供了【图库】选项板插入图符的功能。其具体操作方法是：

(1) 设法打开如图 7-9 所示的【图库】选项板。

(2) 利用前面介绍的方法，在选项板中搜索并选取所需的图符，并可在下部的预览区中查看图符及其尺寸，如图 7-9 所示。

(3) 按住鼠标左键将所选的图符拖放到绘图窗口中，然后释放鼠标左键。如果先前选择的是固定图符，系统将提示用户插入图

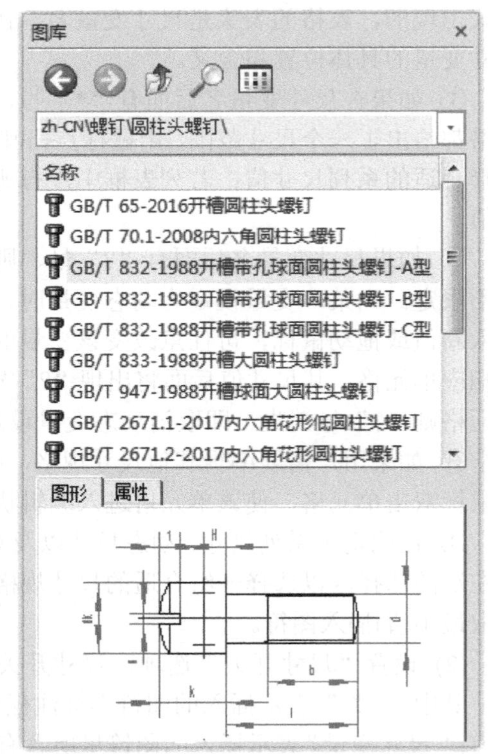

图 7-9　【图库】选项板

符；如果先前选择的是参数化图符，系统将弹出【图符预处理】对话框。但无论哪种情况，其后续操作都与前面介绍的插入图符的方法相同，故不再赘述。

7.2　定 义 图 符

定义图符就是指用户将自己要用到的而图库中没有的图形或图形符号加以定义，并存储到图库中供以后调用。可以定义到图库中的图形元素类型有直线、圆、圆弧、点、尺寸、图块、文字、剖面线、填充。如果有其他类型的图形元素(如多义线、样条等)需要定义到图库中，则可以将其制作成图块，然后定义成图符。

用户在【图库】面板上点击 按钮，或在“无命令”状态下输入“Symdef”并按回车键，系统将提示“请选择第 1 视图：”。由于固定图符和参数化图符的定义方法有所不同，因此下面将分别予以介绍。

7.2.1　定义固定图符

对于经常使用的图形或图形符号，如果其构成元素之间的相对位置关系不需要变换，则考虑将它们定义为固定图符。

1. 绘制图形

首先在绘图区内绘出需要定义的图形，如图 7-10 所示。因为该图形是固定图符，所以不必为它标注尺寸，但图形应尽量按照实际的尺寸比例准确绘制。

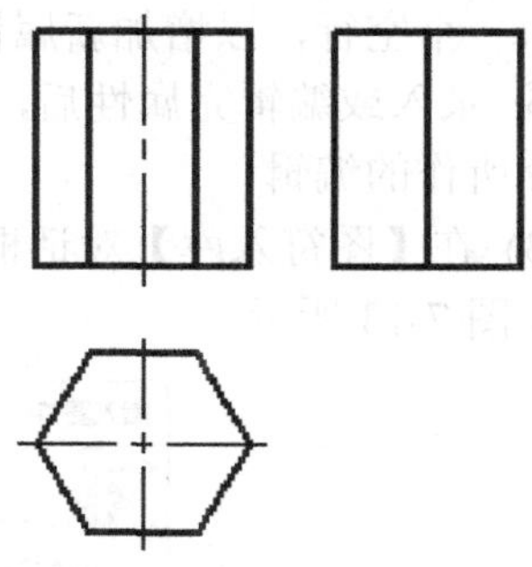

图 7-10　六棱柱三视图

2. 定义图符

(1) 调用“定义图符”功能，系统将提示“请选择第 1 视图：”。一般情况下，都是把表达对象的主视图作为图符的第一个视图。

(2) 按照提示，用鼠标拾取图符第 1 视图的所有元素并按回车键。此时系统提示“请点击或输入视图的基点：”。

(3) 用户需为该视图拾取基点。基点是图符插入时的定位基准点，因此，用户最好将基点选在视图的关键点或特殊位置点，如中心点、圆心、端点等，或者利用智能捕捉、导航等功能辅助定位。

(4) 如果图符中不止一个视图，则可按照第(2)、(3)步的方法依次对其余的视图元素和基点进行拾取，直到最后一个视图定义完毕后点击鼠标右键进入下一步。

3. 图符入库

定义完所有视图后，点击鼠标右键，屏幕上弹出如图 7-11 所示的【图符入库】对话框。由于定义的图符是固定图符，因此对话框中的“上一步”和“数据编辑”两个按钮不能使用。

(1) 在“新建类别”和“图符名称”编辑框中分别输入新的名称，如“三视图”和“正六棱柱”。

(2) 点击“属性编辑”按钮，系统弹出【属性编辑】对话框，如图 7-12 所示。

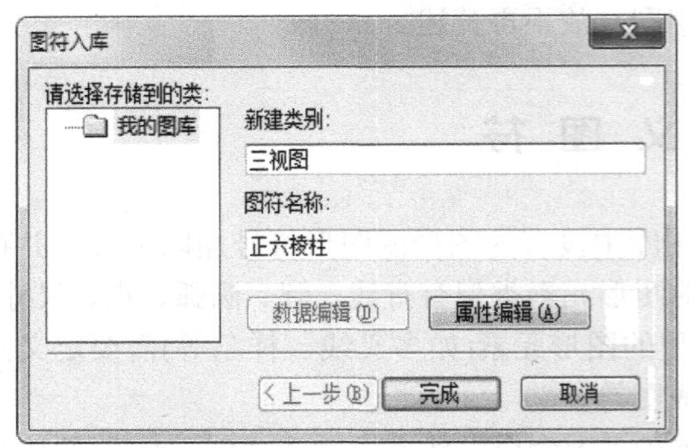

图 7-11　【图符入库】对话框

图 7-12　【属性编辑】对话框

① 【属性编辑】对话框是用来输入和编辑图符属性的。这些图符属性可在插入图符时被预览，若图符在插入后未被打散，则还可对其进行信息查询。电子图板缺省提供了 10 个属性，用户可以增加新的属性，也可以删除缺省属性或其他已有的属性。

② 选中单元格并按“F2”键，则当前单元格进入编辑状态。

③ 要增加新属性时，直接在表格最后的左端选择区双击。

④ 用鼠标点击该行左端的选择区以选中该行，按“Insert”(或“Ins”)键则在该行前面插入一个空行，以增加新属性，按“Delete”键则删除该当前行。

⑤ 录入或编辑完属性后，点击“确定”按钮，记录属性并退出。若点击“取消”按钮，则放弃所作的编辑。

(3) 在【图符入库】对话框中，点击“完成”按钮，可把新建的图符加到“我的图库”中，如图 7-13 所示。

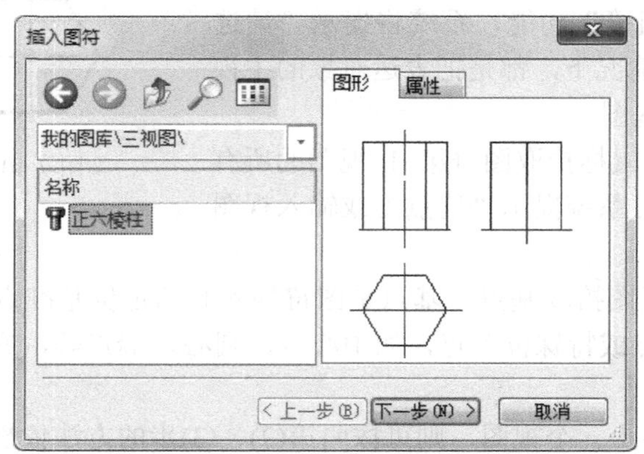

图 7-13　插入自定义的固定图符

至此，定义固定图符的操作已全部完成。当用户再次插入图符时，可以发现自己新建的图符已包含在图库的相应目录中，用户完全可以像使用系统预设的图符那样去使用它。

7.2.2　定义参数化图符

将图符定义成参数化图符，则用户在插入时可以对图符的尺寸加以控制，因此它比固定图符使用起来更灵活，应用面也更广，但定义参数化图符的操作要更复杂一些。

下面就以一个垫圈为例介绍定义参数化图符的方法和步骤。

1. 绘制图形

用户在绘图区内绘出需要定义的图形，并进行必要的尺寸标注，如图 7-14 所示。

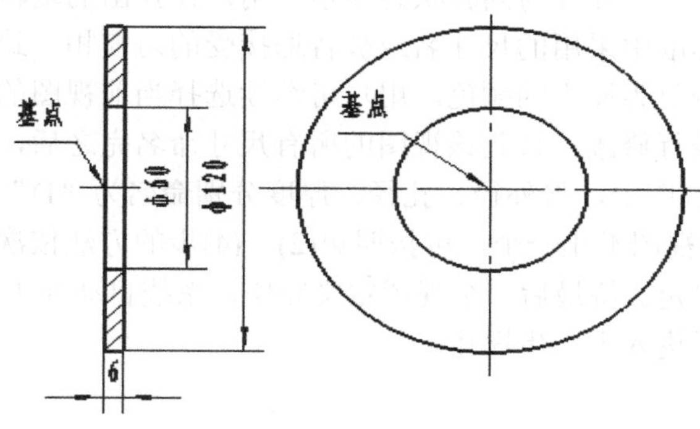

图 7-14　垫圈

用户在绘制待定义图符时，以下几点应当注意：

(1) 图符中的剖面线、图块、文字和填充等是用定位点定义的。由于程序对剖面线的处理是通过一个定位点去搜索该点所在的封闭环，而电子图板的剖面线命令能通过多个定位点一次画出几个剖面区域，因此在绘制图符的过程中，必须对每个封闭的剖面区域都单独用一次剖面线命令。

(2) 绘制图符应尽量精确，精确作图能在元素定义时得到较强的关联，也避免尺寸吸附(即对尺寸进行参数化)错误。绘制图符时，最好从标准系列数据中取一组作为绘图尺寸，这样可使图形比例比较匀称，自动吸附时也不会出错。

(3) 绘制图形时，在不影响定义和插入的前提下应尽量少标注尺寸，以减少数据输入的负担。例如，固定尺寸值可以不标；两个相互之间有确定关系的尺寸可以只标一个，如可以只标螺纹大径 d，而把螺纹小径定义成 0.85d。又如，不太重要的倒角和圆角半径等，如果其在全部标准数据组中变化不大，则可绘制成同样的大小并定义成固定值；反之可以归纳出它与某一个已标注尺寸的大致比例关系，将它定义成类似 0.2L 的形式，因此也可以不标。

(4) 标注尺寸时，尺寸线应尽量从图形元素的特征点引出。目前电子图板可以进行尺寸自动吸附的特征点类型有：直线和圆弧的起点及终点、圆和圆弧的圆心、圆的象限点、孤立点和图块的定位点。当尺寸无法从上述类型的特征点引出时，可以在引出点处专门作一个点，等到后面元素需要定义这个点时将它的条件定义为假(如“−1”)，就会在插入时自动去除这个点。

2. 定义图符

(1) 调用“定义图符”功能，系统将提示“请选择第 1 视图:”。

(2) 按照系统提示，拾取第一个视图的所有元素(应包括有关尺寸)，然后按鼠标右键确认。此时系统提示“请点击或输入视图的基点:”。

(3) 根据系统提示，选择视图上的关键点或特殊位置点作为基点。基点是图符插入时的定位基准点，图符中各个元素的定义都是以基点为基准来计算的。如果选择不当，不仅会增加元素定义表达式的复杂程度，而且在图符插入时不方便定位。因此，用户最好将基点选在视图的关键点或特殊位置点，如中心点、圆心、端点等。

(4) 系统提示“请为该视图的各个尺寸指定一个变量名:”，用户可依次拾取每个尺寸。当一个尺寸被选中时，该尺寸变为高亮状态显示，用户在弹出的编辑框中输入给该尺寸起的名字，尺寸名应与标准中采用的尺寸名或被普遍接受的习惯相一致，输入完变量名并按回车键后，该尺寸又恢复为原来的颜色。用户可继续选择当前视图的其他尺寸，或者对已经定义的尺寸变量名进行修改，直到该视图的所有尺寸命名完之后，按鼠标右键确认。在如图 7-14 所示的垫圈视图中，将外径、孔径、厚度分别命名为“D”“d”“B”。

(5) 如果图符中的视图不止一个，可按照第(2)～(4)步的方法依次对各视图的元素、基点和尺寸变量名进行设定。待最后一个视图定义完毕，系统自动弹出如图 7-15 所示的【元素定义】对话框，之后进入下一步操作。

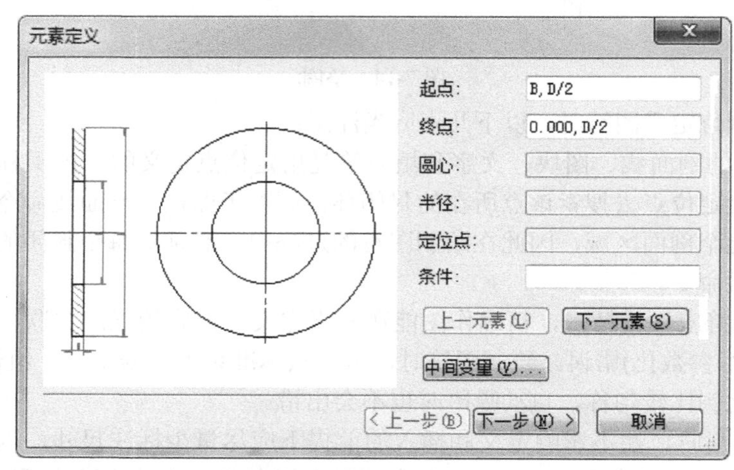

图 7-15　【元素定义】对话框

3. 元素定义

元素定义是指对参数化图符所包含的除尺寸以外的图形元素进行参数化，用尺寸变量逐个表示出每个图形元素的表达式。或者说，元素定义是把视图中每一个元素的各个特征点写成相对于基点的坐标值的表达式，横坐标和纵坐标的表达式之间用逗号分隔。显然，表达式的正确与否将决定图符插入的准确与否。

下面详细介绍【元素定义】对话框中各部分的功能及其操作方法。

(1) 对话框左半部分的图符预览区。该区除了显示图符的所有视图以外，还以高亮显示当前正在定义的图形元素，用特殊颜色显示各个视图的基点位置。用户可以通过“上一元素”和“下一元素”两个按钮来查询和修改图符中每个元素的定义表达式，也可以直接用鼠标左键在预览区中拾取。如果预览区中的图形比较复杂，则可用鼠标右键点击图符预览区，图符将按比例放大，以方便用户观察和选取；当双击鼠标左键时，图符将恢复最初的大小。若对图形不满意或需要修改，则点击“上一步”按钮返回上一步操作。

(2) 对话框右上角的图形元素定义区。视图中需要定义的特征点有直线的起点、终点，圆的圆心，圆弧的起点、终点、圆心，孤立点本身，图块、剖面线、文字、填充的定位点，因此，该区给出了相应的表达式编辑框。对于当前元素不具有的特征点，其对应的表达式编辑框呈灰色，为不可用状态。

① 系统会自动生成一些简单的元素定义表达式，而比较复杂的表达式尚需要用户自行定义。用户也可用鼠标选择其中的编辑框，为当前元素输入表达式。

② 定义直线或圆弧时，其起点和终点是有区别的，这可由缺省显示的坐标定义表达式来判断。

③ 定义中心线时，起点和终点的定义表达式不一定要和绘图时的实际坐标相吻合。超出轮廓线 2～5 个绘图单位来定义即可。

④ 有些图符中的部分图形元素，其位置和大小并没有严格要求，标准中也没有标注其尺寸，如电机中的部分图形元素。对这些图形元素，可从图中测量出其位置、长短与已标注尺寸的大致比例关系，按比例定义。

⑤ 定义剖面线和填充的定位点时，应选取一个在尺寸取各种值时都能保证总在封闭边界内的点，以保证插入时在各种尺寸规格下都能生成正确的剖面线和填充。例如，可将垫圈上半部分剖面线的定位点写为“B/2，D/4+d/4”，下半部分剖面线的定位点写为“B/2，−D/4−d/4”。

⑥ 系统对图形元素提供了缺省定义。当用户定义了任一图形元素后，如果【定义图符参数控制】对话框中设置了“视图关联吸附”，则系统会根据用户的定义对其他尚未定义的图形元素的缺省定义进行修改完善。

然后，用户可按系统提示定义剩余视图的元素、基点和尺寸变量名，方法与第 1 视图相同。

(3) “条件”编辑框。尽管在大多数情况下，不需要处理条件，但有必要知道输入条件的方法。

① 条件决定着相应的图形元素是否包含在插入的图符中。例如，GB/T 31.1—1988《六角头螺杆带孔螺栓　细牙 A 和 B 级》中规定，当螺纹直径 d 为 M6 及更大值时，螺杆上有一个小孔，而当螺纹直径为 M3、M4、M5 时则没有这个小孔。这样就可以在“条件”编辑框中输入“d>5”作为有这个小孔的条件。在插入图符时，系统会根据尺寸规格决定是否包含该图形元素。

② 除了逻辑表达式外，系统将大于零的表达式认为是真，将小于等于零的表达式认为是假。因此，图形元素总不出现的条件可以定义为−1；不填写条件或将条件定义为 1，则对应的图形元素将总是出现。

③ 条件可以是两个表达式的组合，且“与”运算符为“&”，“或”运算符为“|”。例如，如需同时满足 d>5 和 d<36 的条件，则可用“d>5&d<36”来表示；如需同时满足 d<25 或 d>40 的条件，则可用“d<25|d>40”来表示。注意，运算符“|”应用“Shift+\”输入。

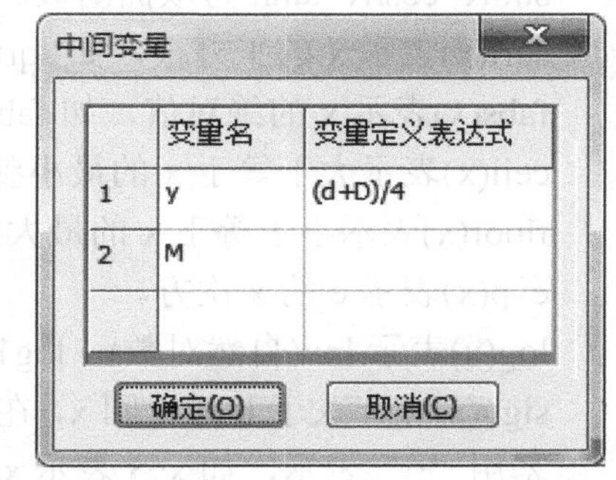

图 7-16 【中间变量】对话框

(4) 点击“中间变量”按钮，则弹出如图 7-16 所示的【中间变量】对话框，可利用该对话框进行中间变量的定义和编辑。

在定义元素时，把一个使用频率较高或比较长的表达式用一个新的变量来表示，以避免重复出现同样的表达式片断，使表达式简化，提高插入图符时的计算效率。这个新的变量就是中间变量。中间变量是尺寸变量和前面已定义的中间变量的函数，即先定义的中间变量可以出现在后定义的中间变量的表达式中。中间变量一旦定义，就可以像其他尺寸变量一样用在图形元素的表达式中。例如，可将垫圈上半部分剖面线定位点的 y 坐标设为“y”，则下半部分剖面线定位点的 y 坐标可写为“–y”。

【中间变量】对话框的另一个重要用途就是定义独立的中间变量。在有些参数化图符中，会有一些与每一组尺寸数据相对应、但又不直接体现在图形中的数据，如垫圈的公称直径、轴承的型号和基本额定负荷、旋盖式油杯的最小容量等。由于这些数据常常是插入图符时选择尺寸规格的主要依据，但它们不直接影响图形的几何尺寸，也不出现在图形元素的定义表达式中，因此可将它们定义成独立中间变量。定义独立中间变量的方法很简单，比如在定义垫圈的公称直径时，只需在【中间变量】对话框的“变量名”单元格内输入“M”，“变量定义表达式”单元格内空着即可。这个变量将出现在后面要用到的变量属性定义列表中，在标准数据录入与编辑时也要输入相应的信息。

在【中间变量】对话框中，各单元格的使用方法如下：

① 用鼠标选中单元格并按下“F2”键，则当前单元格进入编辑状态。

② 在对话框的表格中每定义一个中间变量，系统都自动增加一个空行；用鼠标点击某中间变量所在行左端的选择区则选中该行，按“Delete”键则删除该中间变量；将光标定位在除最后一行外的任一行，按“Insert”键则在该行前面插入一个空行，以供在此位置定义新的中间变量。

③ 将鼠标光标移动到某列标题的右边缘，光标形状变为✣，此时按下鼠标左键并水平拖动，可改变该列的宽度。

④ 在定义图形元素和中间变量时，常常要用到一些数学函数，这些函数的使用格式与 C 语言中的用法相同。系统允许使用的数学函数共有 17 个，它们是 sin、cos、tan、asin、acos、atan、sinh、cosh、tanh、sqrt、fabs、ceil、floor、exp、log、log10、sign。所有函数的参数必须用括号括起来，且参数本身也可以是表达式。

三角函数 sin、cos、tan 的参数单位采用角度，如 sin(30)=0.5，cos(60)=0.5；而反三角函数 asin、acos、atan 的返回值的单位为角度，如 acos(0.5)=60°，atan(1)=45°。

sinh、cosh、tanh 为双曲函数。

sqrt(x)表示 x 的平方根，如 sqrt(100)=10。

fabs(x)表示 x 的绝对值，如 fabs(–25)=25。

ceil(x)表示大于等于 x 的最小整数，如 ceil(7.4)=8，ceil(–7.4)=-7。

floor(x)表示小于等于 x 的最大整数，如 floor(3.7)=3，floor(–3.7)=–4。

exp(x)表示 e 的 x 次方。

log(x)表示 lnx(自然对数)，log10(x)表示以 10 为底的对数。

sign(x)在 x 大于 0 时返回 x，在 x 小于等于 0 时返回 0，如 sign(2.6)=2.6，sign(–3.5)=0。

幂用“^”表示，如 x^5 表示 x 的 5 次方。

求余运算用“%”表示，如 19%5=4，即 4 为 19 除以 5 后的余数。

在表达式中，乘号用“*”表示，除号用“/”表示；表达式中只能用小括号。运算的优先级是通过小括号的嵌套来体现的，如下面的式子就是合法的表达式：

1.5*h*sin(30)-2*d^2/sqrt(fabs(3*t^2−x*u*cos(2*alpha)))

定义完所有的中间变量之后，点击“确定”按钮则记录定义结果并退出，点击“取消”按钮则放弃所作的编辑。

(5) 如果用户在元素定义过程中发现绘制的图形有错误或遗漏，可以点击“上一步”按钮，系统会保存已完成的定义并返回到绘图区。在绘图区对图形进行编辑，然后点击“定义图符”按钮可重新开始定义过程。

(6) 在定义完所有的图形元素之后，点击“下一步”按钮，系统将弹出如图 7-17 所示的【变量属性定义】对话框。

图 7-17　【变量属性定义】对话框

4. 变量属性定义

系统规定，图符定义中的尺寸变量可分为三种：普通变量、系列变量、动态变量。【变量属性定义】对话框中列出了图符中所有的尺寸变量和独立中间变量，在此可指定各个变量的排列顺序及其属性。

(1) 表格的第一行为标题行，共有四列，它们分别是变量名、序号、系列变量和动态变量。

(2) “序号”列中已为各变量指定了缺省的序号，但用户可以编辑修改。序号决定了在输入标准数据和选择尺寸规格时各个变量的排列顺序，一般应将选择尺寸规格时作为主要依据的尺寸变量的序号指定为 0。

(3) 变量属性的缺省值是“未选”，即普通变量；如果要将某尺寸变量指定为系列变量或动态变量，用鼠标点击相应的单元格使之出现“√”即可。

(4) 完成属性定义后，点击“上一步”按钮可回到【元素定义】对话框，或点击“下一步”按钮，弹出如图 7-18 所示的【图符入库】对话框。这时，对话框中的“上一步”和“数据编辑”两个按钮是可用的，由此可进入图符入库操作。

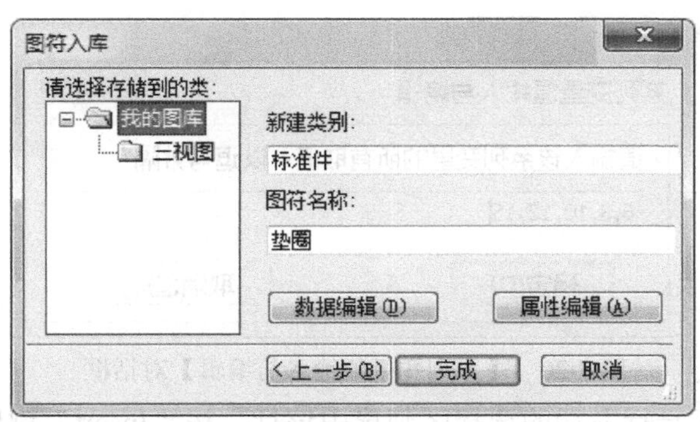

图 7-18　【图符入库】对话框

5. 图符入库

(1) 如图 7-18 所示，像定义固定图符一样，用户可在“新建类别”和“图符名称”编辑框中分别输入新的名称，如“标准件”和“垫圈”。

(2) 点击“数据编辑”按钮，系统弹出如图 7-19 所示的【标准数据录入与编辑】对话框。该对话框对输入的数据提供了以行为单位的各种编辑功能，其中的尺寸变量按【变量属性定义】对话框中指定的顺序排列。

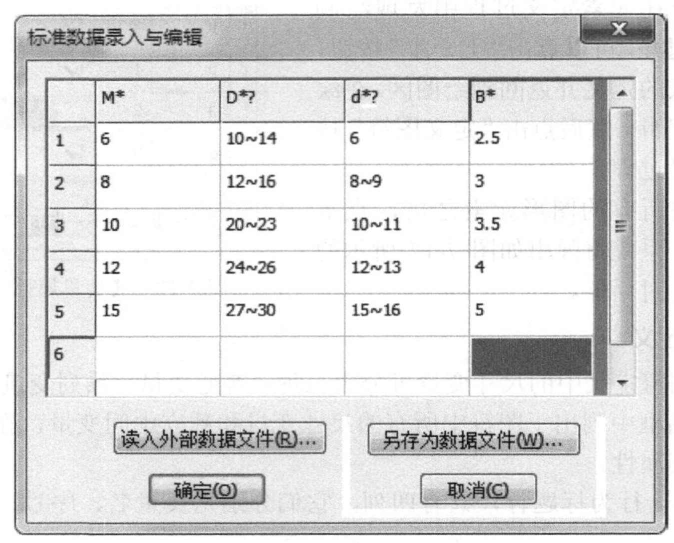

图 7-19　【标准数据录入与编辑】对话框

① 用鼠标点击单元格并按下“F2”键，则当前单元格进入编辑状态。

② 直接在表格最后的左端选择区双击，即可增加一组新的数据。

③ 输入系列尺寸值时，尺寸下限值和上限值之间用一个除数字、小数点、字母 E 以外的字符分隔，如“8~40”“16/80”“25,100”等，但应尽量保持统一、美观。

④ 用鼠标点击系列变量名(后带*号)所在的标题格，将弹出【系列变量值输入与编辑】对话框，如图 7-20 所示。在该对话框中按由小到大的顺序输入系列变量的所有取值，两值之间用逗号分隔，对于标准中建议尽量不采用的数据，可以用括号括起来。点击“确定”按钮，退出该对话框。

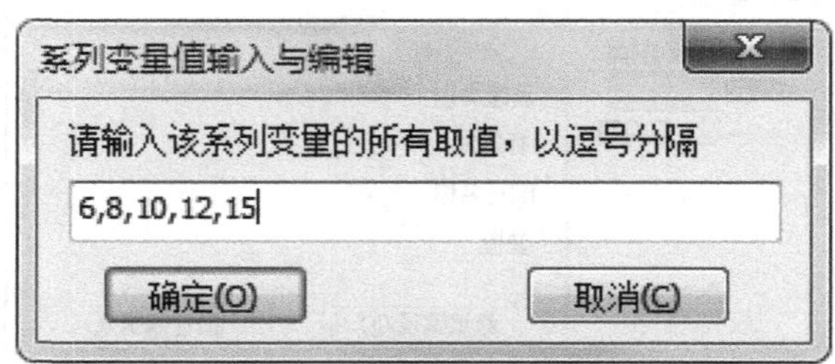

图 7-20　【系列变量值输入与编辑】对话框

⑤ 用鼠标点击任一行左端的选择区则选中该行，按“Insert”键则在该行前面插入一空行以输入新的数据，按“Delete”键可删除该行。

⑥ 选择数据(同时按下鼠标左键和“Ctrl”键可选择多行数据)后，按住鼠标左键并拖动(拷贝时要同时按下“Ctrl”键)鼠标，光标形状将发生改变，待拖动到合适的位置时释放鼠标左键，则被选中的数据即被剪切或拷贝到光标所在行的前面。

⑦ 可对单个单元格中的数据进行剪切、拷贝和粘贴操作。用鼠标点击或双击某单元格中的数据，使数据处于高亮状态，按下“Ctrl+X”组合键则实现剪切，按下“Ctrl+C”组合键则实现拷贝，然后将光标定位于要插入数据的单元格，按下“Ctrl+V”组合键，剪切或拷贝的数据就被粘贴到该单元格。

⑧ 将鼠标光标移动到某列标题的右边缘，光标形状变为 ⟺，此时按住鼠标左键并水平拖动鼠标，可改变该列的宽度。

⑨ 点击该对话框上的“另存为数据文件”按钮，可将当前表格中的数据存储到一个纯文本文件中，在以后编辑图符或定义数据相类似的图符时读入，可减少重复性劳动。

⑩ 点击该对话框上的“读入外部数据文件”按钮，可将用其他编辑软件建立的纯文本数据文件读入，填写到表格中。这里要求读取文件的数据格式如下：

a. 数据文件的第一行输入尺寸数据的组数。

b. 从第二行起，每行记录一组尺寸数据，一行中各个数据的顺序应与变量属性定义时指定的顺序相同，各个数据之间用空格分隔。对于尽量不采用的值，可用括号括起来。

c. 在记录完各组尺寸数据后，如果有系列尺寸，则在新的一行里按由小到大的顺序输入系列尺寸的所有取值，各数值之间用逗号分隔。一个系列尺寸的所有取值应输入同一行，不能分成多行。

d. 如果图符的系列尺寸不止一个，则各行系列尺寸数值的先后顺序也应与变量属性定义时指定的顺序相对应。

(3) 点击“属性编辑”按钮，系统将弹出如图 7-21 所示的【属性编辑】对话框，利用该对话框可记录该图符的标准、材料等非几何信息。

图 7-21　【属性编辑】对话框

在定义或编辑属性时，可以输入类似于宏的表达式。例如螺栓，如果大径用 d 表示，工作长度用 L 表示，则可在“规格”栏中输入“M?d?×?L?”，这样在插入图符时，夹在两个问号之间的变量名或表达式将由查询或计算出的具体数值替代，其余字符不变，规格变成如“M20×8”这样的形式。输入时还应符合标准中规定的标记方法，如国标规定 O 形圈的标记方法是“d1×d2”，则“规格”栏内应输入“?d1?×?d2?”。对于不应进行计算而需直接替换的情况，则用美元符“$”将相应变量名包起来。例如，GB9788—1988 热轧不等边角钢用型号标记为“8/5”，可以输入“$型号$”；如果输入“?型号?”，则查询时就会得到“1.6”的错误结果。又如，GB/T283—1994 圆柱滚子轴承 N 型用代号标记为“N212E”，如果输入“?代号?”，则会由于代号不是可计算的表达式而出现警告，故应输入“$代号$”。

关于【属性编辑】对话框的操作，请参见 7.2.1 节。

(4) 待所有项目都填好以后，点击【图符入库】对话框中的“完成”按钮，则把新建的图符加到“我的图库”中。

至此，定义参数化图符的操作已全部完成。当用户插入图符时，可发现新建的图符已包含在图库的相应目录中。

7.2.3 驱动图符

驱动图符就是指对已插入图形中的没有打散的图符进行驱动，即改变已插入的图符的尺寸规格、尺寸标注等情况。图符驱动实际上是对图符插入的完善处理。

(1) 在【插入】面板中点击按钮，或在“无命令”状态下输入“SymDrv”并按回车键，此时，当前绘图中所有未被打散的图符都将以高亮显示，且系统提示“请选择想要变更的图符:”。

(2) 用鼠标左键选取要驱动的图符，系统弹出【图符预处理】对话框。这与插入图符的操作一样，在该对话框中可对该图符的尺寸及各选项的设置进行修改。

(3) 修改完成后，点击“完成”按钮，绘图区内原图符被修改后的图符代替，但图符的定位点和旋转角不改变。至此，图符驱动操作完成。

7.3 图 库 管 理

电子图板的图库是一个面向用户的开放图库，用户不仅可以插入图符、定义图符，还可以通过系统提供的管理工具对图库进行管理。

在【图库】面板上，点击“管理”按钮旁边的，在出现的菜单中点击“图库管理”项，或在“无命令”状态下输入“Symman”并按回车键，系统将弹出【图库管理】对话框，如图 7-22 所示。

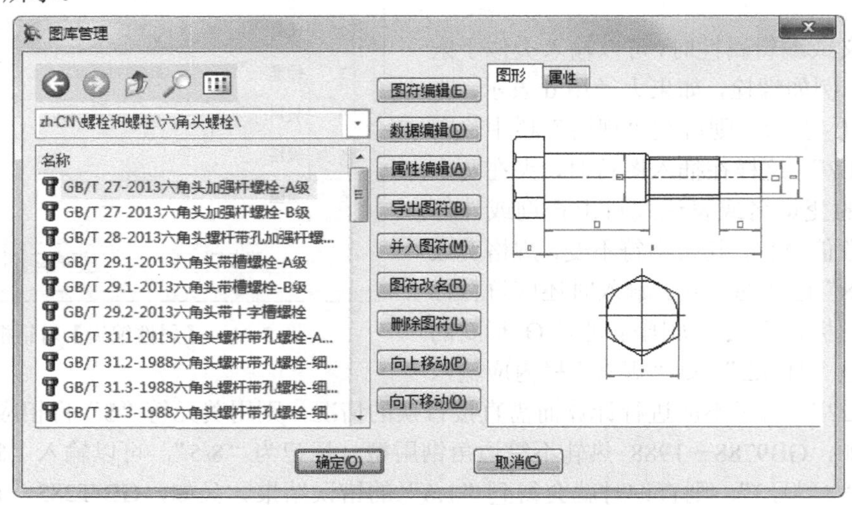

图 7-22 【图库管理】对话框

该对话框在外观上与前面介绍的【插入图符】对话框非常相似，只是在对话框的中间增加了 9 个操作按钮。图库管理的全部功能就是通过这些按钮实现的。

7.3.1　图符编辑

图符编辑是指对图库中已经定义的图符进行全面的编辑修改，或者将图库中一个现有的图符通过修改、部分删除、添加或重新组合，定义成另一个新图符。

(1) 在【图库管理】对话框中，查找并选定要编辑的图符名称，通过预览区对选择的图符进行预览。其具体方法与“插入图符”完全一样。

(2) 点击“图符编辑”按钮，将弹出如图 7-23 所示的选项框。

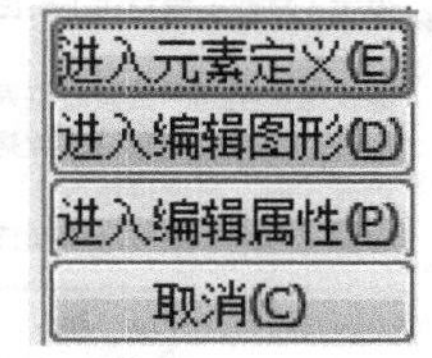

图 7-23　“图符编辑”选项框

① 如果选择第一项，则【图库管理】对话框被关闭，打开【元素定义】对话框，用户可在该对话框中对所选择的参数化图符中图形元素的定义及尺寸变量属性进行编辑修改。其操作方法与“元素定义”完全相同。

② 如果选择第二项，则【图库管理】对话框被临时关闭，并建立了一个名为“图符编辑”的图符。用户可对图符的图形、基点、尺寸或尺寸变量名进行编辑修改。由于该图符仍保留了原来定义过的信息，因此编辑时只需对要变动的地方进行修改，其余可保持原样。用户修改完成后，需要对修改过的图符进行重新定义。在图符入库时如果输入了一个与原来不同的名称，就定义了一个新的图符；如果使用原来的图符目录和名称，则对原来的图符进行替换。

③ 如果选择第三项，则会打开一个【图符编辑】窗口，点击窗口顶部的“编辑图符属性”按钮，系统提示“请拾取视图中的图线”。用户拾取了一条图线，系统将弹出如图 7-24 所示的对话框，由此对话框可编辑图符属性。完成后，点击窗口顶部的 X 按钮即可。

④ 如果选择第四项，则放弃编辑，重新返回到【图库管理】对话框。

图 7-24　【编辑元素属性】对话框

7.3.2　数据编辑

数据编辑是指对参数化图符的原有数据进行编辑修改。

(1) 在【图库管理】对话框中，查找并选定要编辑的图符名称，通过预览区对选择的图符进行预览。

(2) 点击“数据编辑”按钮，系统将弹出如图 7-25 所示的询问框。因为修改安装目录下的图符后，下次版本升级时将会覆盖这些变动，因此建议将其拷贝到用户目录下以供编辑。

如果点击“是”按钮，则弹出如图 7-26 所示的【选择图库路径】对话框，从中选择放置图符的文件夹，并点击“确定”按钮，系统将回到【图库管理】对话框；如果点击“否”

按钮，则弹出【标准数据录入与编辑】对话框，对话框中显示了该图符已有的尺寸数据。

(3) 在表格中对相关数据进行修改，其方法与“定义图符”的数据编辑相同。

(4) 编辑完成后点击“确定”按钮，则保存编辑后的数据，重新返回到【图库管理】对话框；若点击“取消”按钮，则放弃修改并返回。

(5) 待全部图库管理操作完成后，点击“确定”按钮退出。

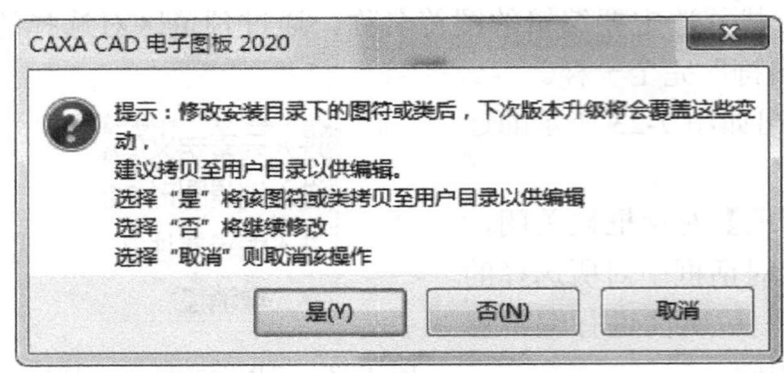

图 7-25 电子图板询问框

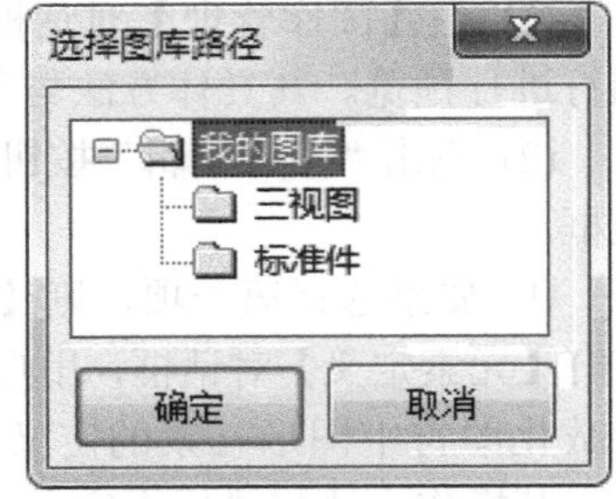

图 7-26 【选择图库路径】对话框

7.3.3 属性编辑

属性编辑是指对图符的原有属性进行编辑修改。

(1) 在【图库管理】对话框中，查找并选定要编辑的图符名称，通过预览区对选择的图符进行预览。

(2) 点击“属性编辑”按钮，系统将弹出【属性编辑】对话框，该对话框中显示了该图符已定义的全部属性信息。

(3) 在表格中对图符属性进行修改，其方法与“定义图符”的属性编辑相同。

(4) 编辑完成后点击“确定”按钮，则保存编辑后的属性，重新返回到【图库管理】对话框；若点击“取消”按钮，则放弃修改并返回。

(5) 待全部的图库管理操作完成后，点击“确定”按钮退出。

7.3.4 导出图符

导出图符是指将图符导出到其他位置进行保存。其具体步骤如下：

(1) 在【图库管理】对话框中，查找并选定需要导出的文件夹或者图符，然后点击“导出图符”按钮，系统将弹出如图 7-27 所示的【浏览文件夹】对话框。

(2) 在该对话框中，可选择准备放置图符的目录或文件夹，也可以点击“新建文件夹”按钮以建立新的文件夹。然后点击“确定”按钮，系统将提示“导出成功”并返回到【图库管理】对

图 7-27 【浏览文件夹】对话框

话框。

(3) 待全部的图库管理操作完成后，点击“确定”按钮退出。

7.3.5 并入图符

并入图符是指将需要的图符并入图库。

(1) 在【图库管理】对话框中，点击“并入图符”按钮可弹出如图 7-28 所示的【并入图符】对话框。

图 7-28　【并入图符】对话框

(2) 在对话框左侧查找并选定需要并入的文件夹或者图形文件，在对话框右侧选择并入后要保存的位置，然后点击“并入”按钮即可。

说明：在并入图符的过程中，如果出现了与保存文件夹中的文件同名的现象，系统将给出提示信息，并由用户决定其取舍。

(3) 待全部的图库管理操作完成后，点击“确定”按钮退出。

7.3.6 图符改名

图符改名是指对图库中图符原在的文件夹及图符名称进行重命名。

(1) 在【图库管理】对话框左侧选择要更名的文件夹或者图符名称，可通过右侧的预览区对选择的图符进行预览。

(2) 点击“图符改名”按钮，将弹出如图 7-29 所示的【图符改名】对话框。从中输入新的名称，如“普通型平键”。

(3) 点击“确定”按钮完成改名，并返回【图库管理】对话框。

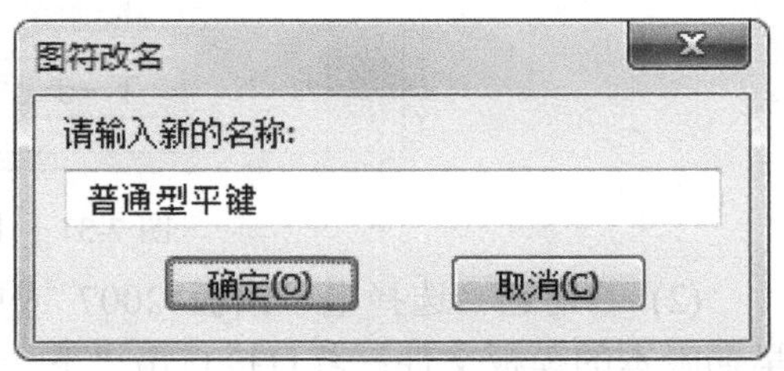

图 7-29　【图符改名】对话框

7.3.7　删除图符

删除图符是指删除图库中无用的图符或者文件夹。

(1) 在【图库管理】对话框左侧选择需要删除的文件夹或者图符名称，可通过右侧的预览区对选择的图符进行预览。

(2) 点击“删除图符”按钮，将弹出如图 7-30 所示的【确认文件删除】警示框。

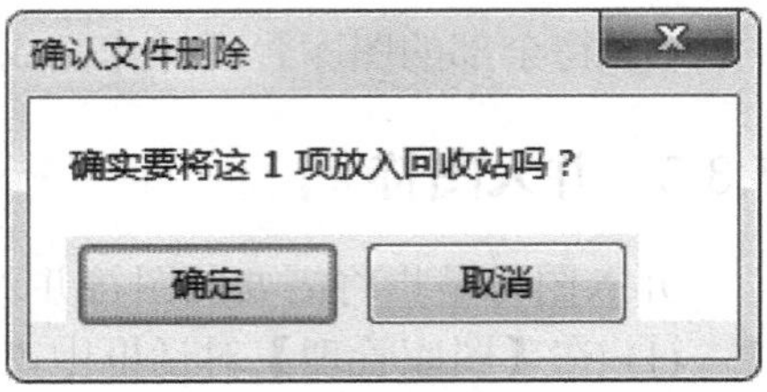

确认文件删除
确实要将这 1 项放入回收站吗？
确定　取消

图 7-30　【确认文件删除】警示框

(3) 点击“确定”按钮即完成删除操作，并返回【图库管理】对话框。

7.3.8　图符排序

图符排序是指按照用户的意愿安排图符在图库中的顺序，以便将最常用到的图符排到前面，方便图符插入。

(1) 在【图库管理】对话框中，选定需要排序的文件夹或者图符。

(2) 点击“向上移动”按钮，所选的文件夹或者图符将向前移动，点击“向下移动”按钮，所选的文件夹或者图符将向后移动。该操作可以连续进行，直至所选的文件夹或者图符到达所需的位置为止。

(3) 点击“确定”按钮，即退出【图库管理】对话框。

7.3.9　图库转换

图库转换是指将用户在旧版本中自己定义的图库转换为当前的图库格式，或者将用户在另一台计算机上定义的图库加入本计算机的图库中。

(1) 在【图库】面板上，点击“管理”按钮旁边的▾，在出现的菜单中点击“图库转换”项，或在“无命令”状态下输入“Symexchange”并按回车键，系统将弹出如图 7-31 所示的【图库转换】对话框。

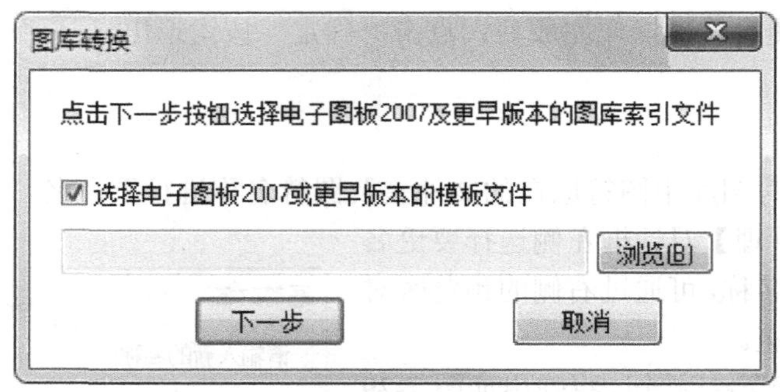

图 7-31　【图库转换】对话框

(2) 若勾选“选择电子图板 2007 或更早版本的模板文件”，则点击“浏览”按钮选择早期版本的模板文件；若直接点击“下一步”按钮，则系统弹出如图 7-32 所示的【打开旧版本主索引或小类索引文件】对话框。

图 7-32　【打开旧版本主索引或小类索引文件】对话框

(3) 如果用户选择“主索引文件(Index.sys)”，可将所有类型的图库同时转换；如果选择“图库索引文件(*.idx)”，应选择单一类型的图库进行转换。

(4) 利用对话框查找并选择需要转换的索引文件，并点击“打开”按钮，系统将显示正在转换的进度。待系统显示“转换已完成”后，点击“确定”按钮即可结束。

7.4　构　件　库

为提高绘图效率，电子图板把机械零件上常用的工艺结构作为图符存放在构件库中进行集中分类管理。构件库提供了增强的机械绘图和编辑命令，并具有以下特点：

(1) 构件库在电子图板启动时自动载入，在关闭时退出，不需要通过应用程序管理器进行加载和卸载。

(2) 构件库由构件库管理器进行激活和统一管理。

(3) 构件库一般只需要立即菜单而不需要对话框进行交互。

(4) 构件库不仅有功能说明等文字说明，还有图片说明，更加直观形象。

7.4.1　【构件库】对话框

(1) 点击【图库】面板上的 按钮，或在“无命令”状态下输入“Component”并按回车键，系统调出如图 7-33 所示的【构件库】对话框。

(2) 在“选择构件库”下拉列表框中可以选择不同的构件库。在“选择构件”栏中以图标按钮的形式列出了当前构件库中的所有构件，用鼠标选择以后，在“功能说明”栏中列出了所选构件的功能说明。

(3) 由用户选择所需的构件图标，再点击“确定”按钮，系统将在信息行给出相关提示信息，用户在提示信息的指引下，可在图形上绘出所选的构件。

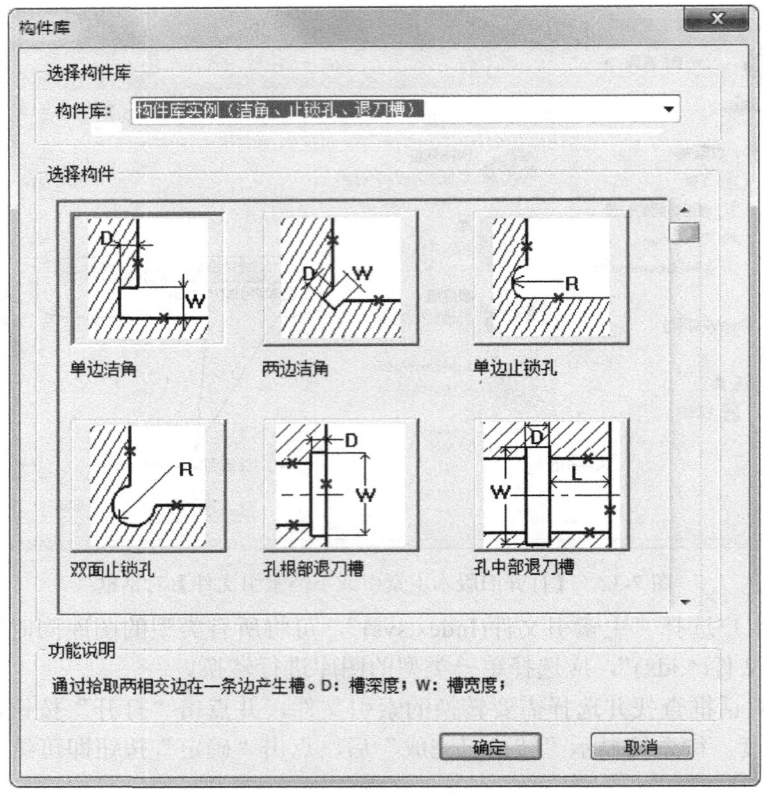

图 7-33　【构件库】对话框

7.4.2　构件的键盘命令

在使用构件库时，系统允许在“无命令”状态下输入键盘命令进行调用。

各种构件的键盘命令见表 7-1。

表 7-1　构件的键盘命令

序号	构件库	构件类型	构件名称	键盘命令
1	洁角、止锁孔、退刀槽	洁角	单边洁角	concs
			双边洁角	concd
		止锁孔	单边止锁孔	conch
			双边止锁孔	conci
		退刀槽	孔根部退刀槽	conce
			孔中部退刀槽	concm
			孔中部圆弧退刀槽	conca
			轴端部退刀槽	conco
			轴中部退刀槽	concp
			轴中部圆弧退刀槽	concq
			轴中部角度退刀槽	concr

续表

序号	构件库	构件类型	构件名称	键盘命令
2	润滑槽	径向轴承润滑槽	径向轴承润滑槽 1	conla
			径向轴承润滑槽 2	conlb
			径向轴承润滑槽 3	conlc
		推力轴承润滑槽	推力轴承润滑槽 1	conlh
			推力轴承润滑槽 2	conli
			推力轴承润滑槽 3	conlj
		平面润滑槽	平面润滑槽 1	conlo
			平面润滑槽 2	conlp
			平面润滑槽 3	conlq
			平面润滑槽 4	conlr
3	滚花、圆角或倒角	滚花	滚花	congg
		圆角或倒角	圆角或倒角	congc
4	砂轮越程槽	圆柱面	磨外圆	conro
			磨内圆	conri
		端面	磨外端面	conre
			磨内端面	conrf
		圆柱面及端面	磨外圆及端面	conra
			磨内圆及端面	conrb
		导轨及其他	平面	conrp
			V 型	conrv
			燕尾导轨	conrt
			矩形导轨	conrr

思　考　题

1．系统提供的图库具有哪些特点？

2．图库中的图符与图块有什么区别和联系？它们各有什么特点？

3．固定图符与参数化图符的本质区别是什么？它们各应用于什么场合？

4．图符中可以包含哪些图形元素？如果需要包含多义线、样条曲线等元素，在定义图符之前应怎样处理？

5．图符(特别是参数化图符)中各图形元素的特征点具有什么重要作用？目前，电子图板能够自动吸附的特征点有哪些？

6．在绘制图符的过程中画剖面线时，必须对每个封闭的剖面区域都单独用一次剖面线命令，这是为什么？

7．什么是中间变量？什么是独立中间变量？中间变量在元素定义中有何作用？

8．什么是系列变量？什么是动态变量？系列变量和动态变量该如何定义？又如何使用？请写出主要的操作方法和步骤。

9. 如何为各尺寸变量录入数据？如何为系列变量录入数据？如果需要从外部数据文件读入数据，该数据文件应具有什么样的格式？

10．什么是图符驱动？其主要工作对象是什么？

11．在插入图符前和插入到图形后，如何查询图符属性？

12．图库管理主要包含哪些管理功能？

13．在什么情况下需要使用“导出图符”和“并入图符”？

14．系统能否为图符大类和图符小类改名？能否删除图符大类和图符小类？

15．“图库转换”有何用途？在图库转换时，使用“主索引文件”和“小类索引文件”有何不同？

16．构件库在使用上有什么特点？

练　习　题

1．从“六角头螺栓”小类中插入 GB31.2—1988《六角头螺杆带孔螺栓 细杆 B 级》中的图符，其尺寸规格为“M16×120”，绘制如图 7-34 所示的图形。

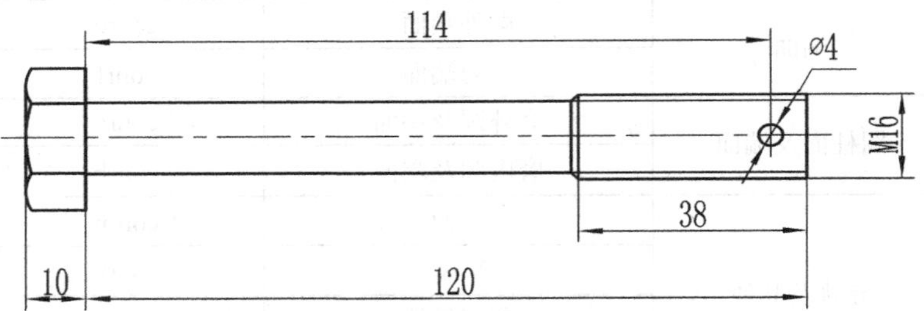

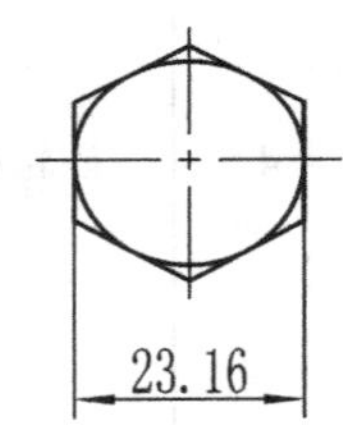

图 7-34　六角头螺栓

2．从“三相异步电动机”小类中插入“Y 系列三相异步电动机 B3 型(Y80～Y132)”图符，其中心高为 80 系列，绘制如图 7-35 所示的图形。

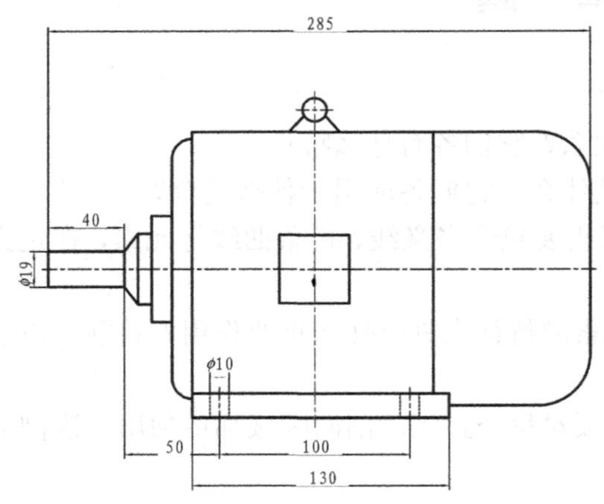

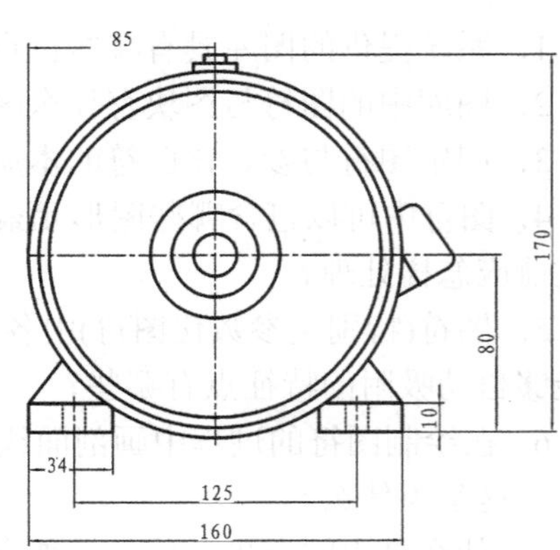

图 7-35　三相异步电动机

3．请利用图库绘制图 7-36 所示的一组图形。

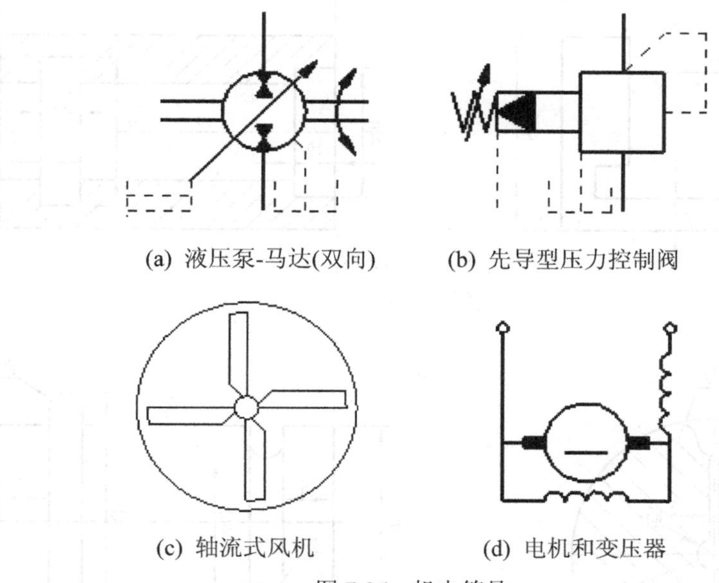

(a) 液压泵-马达(双向)　　(b) 先导型压力控制阀

(c) 轴流式风机　　(d) 电机和变压器

图 7-36　机电符号

4．利用如图 7-37 所示的一组图形建立固定图符，图符大类命名为“常用符号”，图符小类命名为“流程图符号”，图符名称取为相应的图题名。

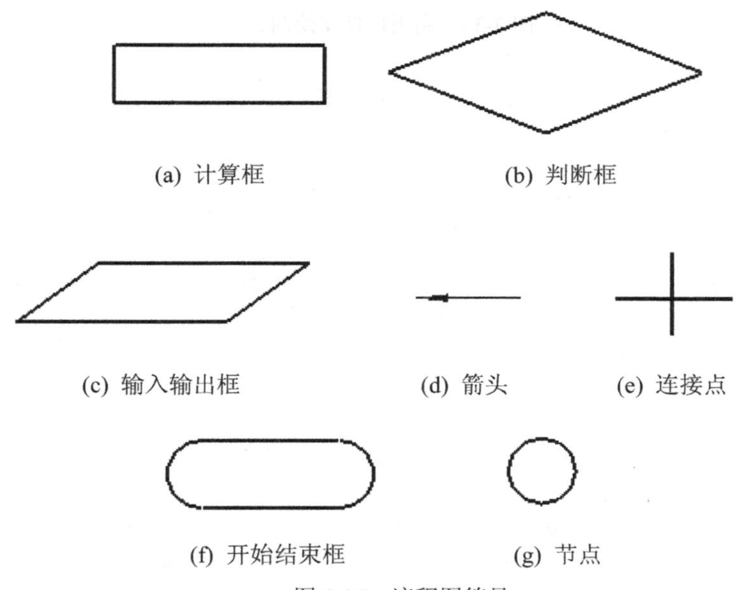

(a) 计算框　　(b) 判断框

(c) 输入输出框　　(d) 箭头　　(e) 连接点

(f) 开始结束框　　(g) 节点

图 7-37　流程图符号

5．在第 4 题的基础上，练习属性编辑、图符排序、图符改名、图符导出等图库管理功能。

6. 利用构件库，完成图 7-38 所示的零件图。

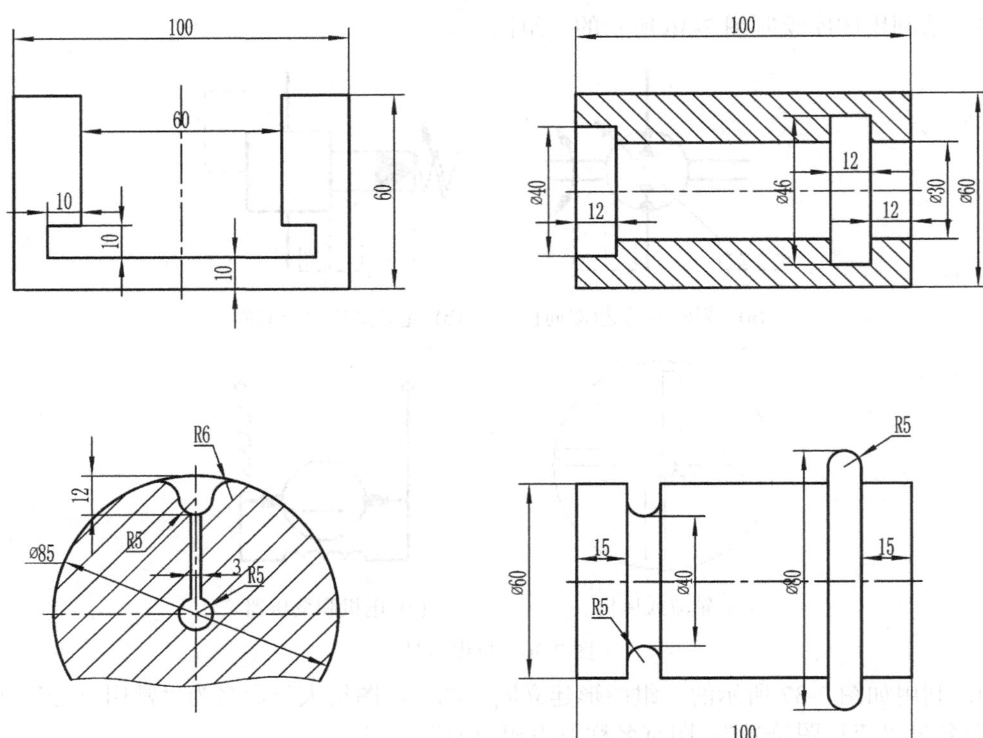

图 7-38　利用构件库绘图

第 8 章　设　　置

本章学习要点

本章主要学习界面配置、系统选项、智能设置。

本章学习要求

熟练掌握界面定制与系统设置的内容及方法，以满足图样绘制的需要，提高绘图效率。

一般情况下，采用系统的默认设置就可以满足绝大部分的绘图需要。但如果默认设置不能满足绘图需要，则用户可利用电子图板提供的界面定制与系统设置等功能对默认设置进行必要的修改或重新设置。本章将详细介绍它们的操作方法。

8.1　界 面 配 置

用户可通过自定义操作对使用的界面进行全新定制，其中包括对命令、工具栏、工具、键盘、键盘命令等的定制，从而使系统界面更友好、操作更方便、绘图效率更高。

在功能面板上点击鼠标右键，系统会弹出如图 8-1 所示的右键菜单。该菜单包含了“功能区”“主菜单”“状态条”等诸多选项，点击某个选项使其前面出现“√”，相应的界面元素将显示在屏幕上；反之，则相应的界面元素将会在屏幕上消失。

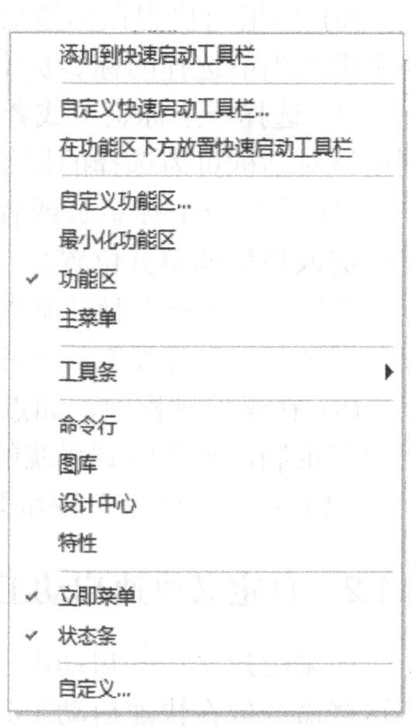

图 8-1　界面元素配置菜单

8.1.1　自定义功能区

自定义功能区主要用于新建标签页、新建面板、在功能区添加或去除命令、为功能区命令更名等。一般情况下，多是把原来主菜单中的命令添加到功能区中。

(1) 在如图 8-1 所示的菜单中选择“自定义功能区”，系统将弹出如图 8-2 所示的【定制功能区】对话框。

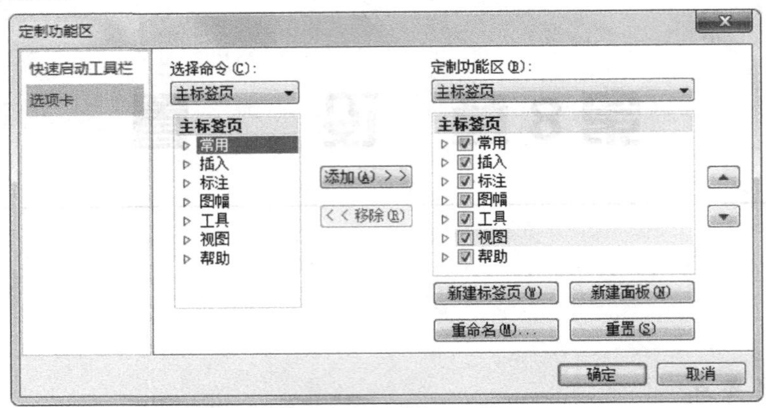

图 8-2　【定制功能区】对话框 1

(2) 先在对话框最左侧选择需要定制的“功能区”，然后在“选择命令”下拉列表中选择命令的来源，如主菜单或主标签页。接下来，需要在其下面的列表中选择需要添加的命令。

(3) 在对话框最右侧的“定制功能区”下拉列表中选择命令的安放位置，即需要在“主标签页”列表中展开某个选项中的子项，则表示把前面选择的命令放在主标签页中指定的子项位置。

(4) 点击“添加”按钮，即把选择的命令添加到功能区中。如果想把命令从功能区中去除，则需要在右侧的“主标签页”列表中选择命令，然后点击“移除”按钮即可。

(5) 如果用户想建立新的标签页，可点击“新建标签页”按钮，新建立的标签页即出现在“主标签页”列表中，并自动创建一个新面板。

(6) 如果用户想在标签页中建立新面板，可点击“新建面板”按钮，则新建立的面板即出现在当前选择的标签页中。

(7) 选择一个标签页或者面板，点击“重命名”按钮，系统将弹出【重命名】对话框，利用该对话框可为选择的标签页或者面板更名。

(8) 选择一个标签页或者面板，然后点击▲或▼按钮，可往前或往后调整其位置。

说明：选择一个标签页或者面板并点击鼠标右键，将弹出如图 8-3 所示的菜单，利用该菜单也可以实现相关操作。

(9) 在操作过程中，如点击“重置”按钮，则放弃之前的用户定制，重新回到系统的缺省设置。

(10) 点击“确定”按钮即完成自定义功能区。

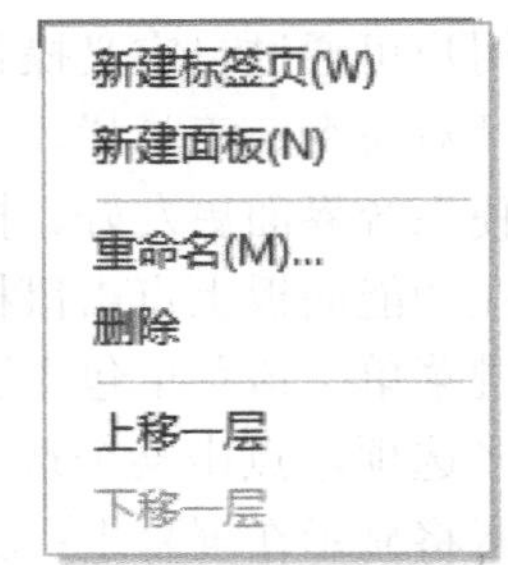

图 8-3　右键菜单

8.1.2　自定义快速启动工具栏

如果用户希望一启动电子图板就显示需要的命令，可使用自定义快速启动工具栏功能把这些命令放在快速启动工具栏中，这会给用户带来很大方便。

(1) 在如图 8-1 所示的菜单中选择“自定义快速启动工具栏”，系统将弹出如图 8-4 所示的【定制功能区】对话框。

图 8-4　【定制功能区】对话框 2

(2) 在对话框最左侧选择需要定制的“快速启动工具栏”，然后在“分类”下拉列表中选择所需的命令类型，在下面的“命令”列表中选择需要添加的命令，点击“添加”按钮，即把选择的命令添加到对话框右侧的列表框中，也表示将所选命令添加到快速启动工具栏中了；反之，如果想把命令从快速启动工具栏中去除，则需要在右侧的列表中选择命令，然后点击“删除”按钮即可。

(3) 如果勾选“在功能区下方显示快速启动工具栏”，则表示将快速启动工具栏显示在功能区下方；否则，系统的缺省设置是显示在功能区上方。

(4) 点击对话框中的“自定义”按钮，系统将弹出如图 8-5 所示的【键盘自定义】对话框，利用该对话框可为系统里所有标签页中的命令建立快捷键，或者对之前已定义的快捷键进行修改。其具体方法是：

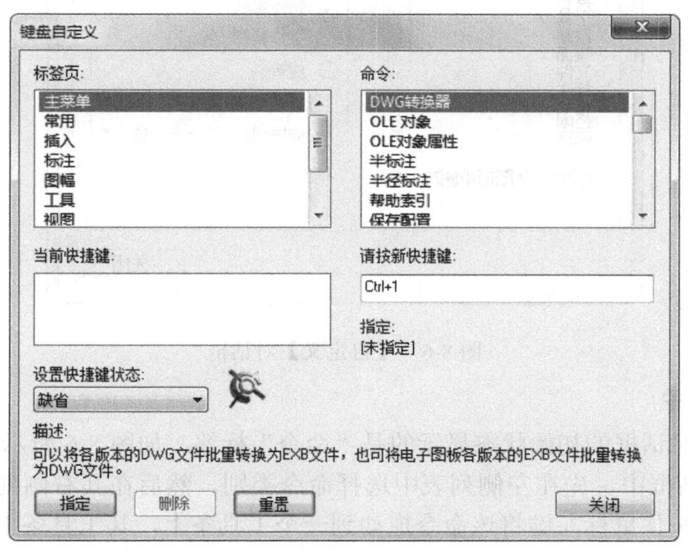

图 8-5　【键盘自定义】对话框

① 在“标签页”框中选择一个标签页，在“命令”框中选择一个命令，此时在对话框底部会显示出该命令的功能描述；如果该命令已有快捷键，将会在“当前快捷键”栏中显示出来。

② 将光标定位在“请按新快捷键”编辑框中，按下欲用于该命令的快捷键，如“Ctrl+1”。如果该快捷键之前没有被其他命令占用，则提示“未指定”，否则将显示出占用该快捷键的命令名称。

说明：能够使用的快捷键只能分别由 Ctrl、Shift、Alt 打头，后面加上一个字母，或一位阿拉伯数字，或者-、=、~、Tab、Caps Lock 等键盘字符。

③ 经过上述操作后，点击“指定”按钮即完成快捷键定义。

④ 接下来，使用同样的方法可继续为其他命令定义快捷键，直到点击“关闭”按钮。

(5) 对话框中的其他按钮功能同前文所述。最后，点击“确定”按钮，所选的命令即出现在快速启动工具栏中。

8.1.3 自定义界面要素

自定义界面要素是指对系统的命令、工具栏、工具、键盘、键盘命令、选项等对象进行自定义。

在如图 8-1 所示的菜单中选择“自定义”，或者在“无命令”状态下键入“Customize”并按回车键，系统会弹出如图 8-6 所示的【自定义】对话框。利用该对话框可实现各种界面要素的自定义。

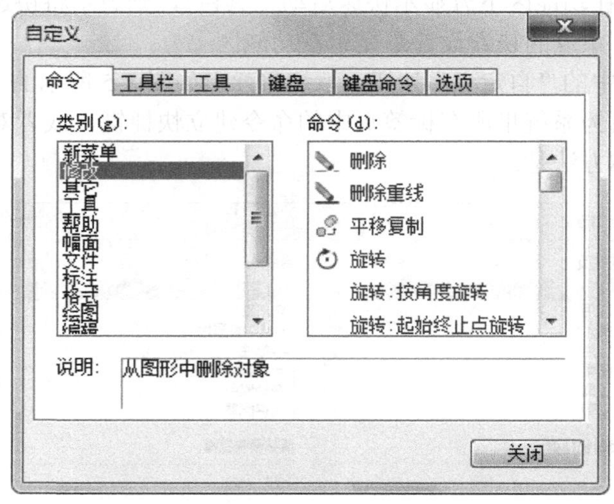

图 8-6 【自定义】对话框

1. 自定义命令

【自定义】对话框的初始状态显示的是“命令”标签，如图 8-6 所示。

(1) 在该对话框中，先在左侧列表中选择命令类别，然后在其右侧列表中选择一个需要创建的命令，按住鼠标左键将该命令拖动到一个工具条上，其工具条上即显示该命令的按钮图标。

(2) 在该对话框打开时，按住“Ctrl”键，选取某个命令图标并拖动之，即可在工具条中复制该按钮。

(3) 在该对话框打开时，用鼠标右键点击工具条，将弹出如图 8-7 所示的菜单。其中：

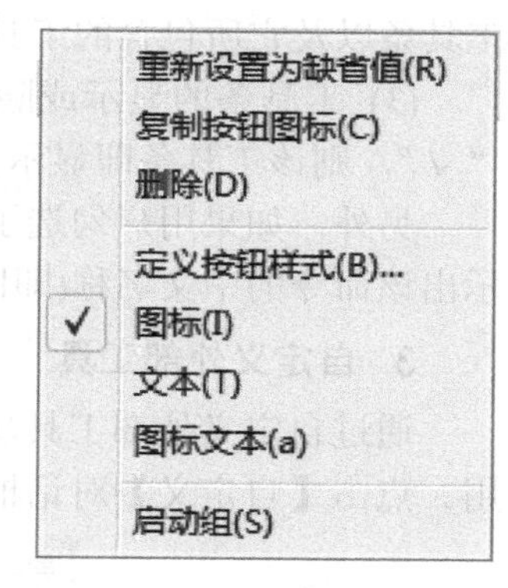

图 8-7 工具条菜单

① “重新设置为缺省值”可将按钮恢复为系统的缺省显示，即只显示命令名称。

② “复制按钮图标”可将按钮图标复制到剪切板中，用于在其他地方粘贴。

③ “删除”用于删除该按钮，用户也可将按钮拖出工具栏进行删除。

④ “定义按钮样式”可通过对话框定义按钮的外观。

⑤ “图标”可将按钮以图标的形式显示在工具条上。

⑥ “文本”是将按钮以命令名称的形式显示在工具条上。

⑦ “图标文本”是将按钮既显示图标又显示命令名称。

⑧ “启动组”则是在该按钮的前面添加一分隔线，以示分组。

2. 自定义工具条

在【自定义】对话框中点击“工具栏”标签，系统将弹出如图 8-8 所示的对话框。

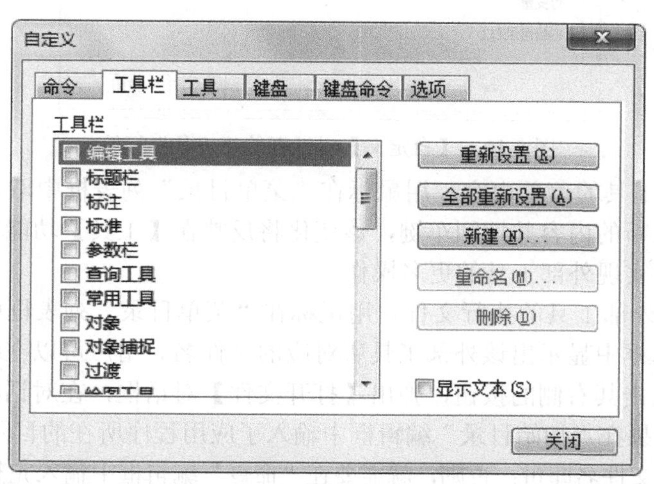

图 8-8 【自定义】对话框的“工具栏”标签

(1) 新建工具条。在对话框中点击“新建”按钮，弹出如图 8-9 所示的对话框，要求输入工具条名称，如“我的工具条”，然后点击“确定”按钮，即建立了一个新的工具条，只是上面还没有工具按钮。

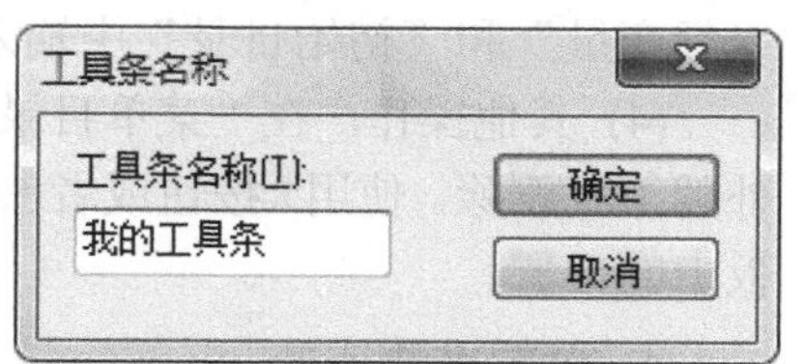

图 8-9 【工具条名称】对话框

(2) 工具条的相关操作。在对话框中选择一个系统原有的工具条名称，点击“重新设置”按钮，可将该工具条恢复到系统的缺省设置；如果点击“全部重新设置”按钮，则可将系统的所有工具条恢复到系统的缺省设置。

在对话框中选择一个用户自定义的工具条名称，点击“重命名”按钮，将弹出如图 8-8 所示的对话框，可对所选的工具条重新命名；如果点击“删除”按钮，可将所选的自定义工具条以及它所包含的工具按钮一并删除。

(3) 工具条的显示或隐藏。在对话框中选择一个工具条名称，使之前面的方框内出现“√”，则该工具条即显示在屏幕上，反之即在屏幕上消失。

另外，如果用户勾选了对话框上的“显示文本”复选框，工具条上的图标按钮还将显示出该命令的中文名称(即图标文本)。

3. 自定义外部工具

通过自定义外部工具功能，用户可以把一些常用的外部工具集成到系统中，以方便使用。点击【自定义】对话框中的“工具”标签，系统将弹出如图 8-10 所示的对话框。

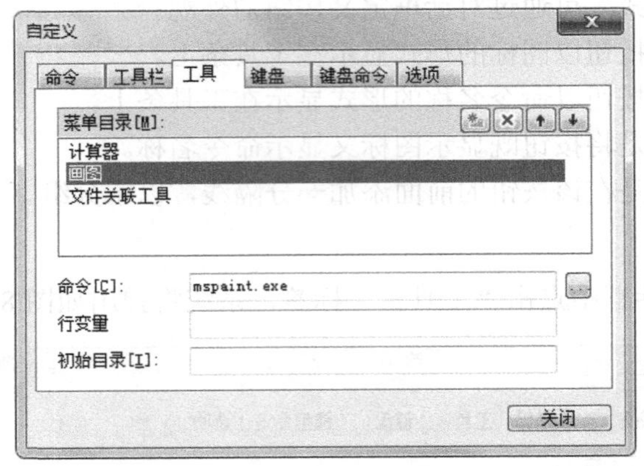

图 8-10　【自定义】对话框的“工具”标签

(1) 修改外部工具的菜单内容。用鼠标在“菜单目录”列表框中双击某个项目，在出现的编辑框中输入新的内容并按回车键，该变化将反映在【工具】功能选项卡中的【外部工具】面板中，即实现外部工具的更名操作。

(2) 修改已有外部工具的执行文件。用鼠标在“菜单目录”列表框中选中某个项目，即在“命令”编辑框中显示出该外部工具所对应的文件名。用户可以在编辑框中输入新的文件名，也可以点击其右侧的按钮，弹出【打开文件】对话框，在对话框中选择所需的执行文件。注意：如果在“初始目录”编辑框中输入了应用程序所在的目录，那么在“命令”编辑框中只输入其文件名即可；否则，就需要在“命令”编辑框中输入完整的路径及文件名。

(3) 添加新的外部工具。点击按钮，在“菜单目录”列表框的末尾会自动添加一个编辑框，并输入新的外部工具在菜单中显示的文字，按回车键确认。接下来，在“命令”“行变量”和“初始目录”中输入外部工具的文件名、参数和文件所在路径即可。

(4) 其他操作。在“菜单目录”列表框中选择某个项目，然后点击按钮，可将所选的外部工具删除。使用按钮或者按钮可调整该项目在列表框中的位置，也就是它在功能面板中的位置。

4. 自定义快捷键

在系统中，用户可以为使用频率比较高的命令指定一个快捷键，以提高操作的速度和效率。点击【自定义】对话框中的“键盘”标签，此时的对话框如图 8-11 所示。利用该对话框可以为命令指定新的快捷键、删除已有的快捷键、恢复快捷键的初始设置等。

(1) 指定新的快捷键。在“类别”组合框中选择命令所属类别，在“命令”列表框中选中一个命令，然后在“请按新快捷键”编辑框中输入一快捷键。如果该快捷键没有被其他命令使用，点击“指定”按钮即可将它添加到“快捷键”列表框中。

(2) 删除已有的快捷键。在“快捷键”列表框中，选中要删除的快捷键，然后点击“删除”按钮，就可以删除所选的快捷键。

(3) 恢复快捷键的初始设置。点击对话框上的“重新设置”按钮，可将所有快捷键恢复到系统的初始设置。重置快捷键，将使所有自定义的快捷键设置丢失，因此应当慎重使用。

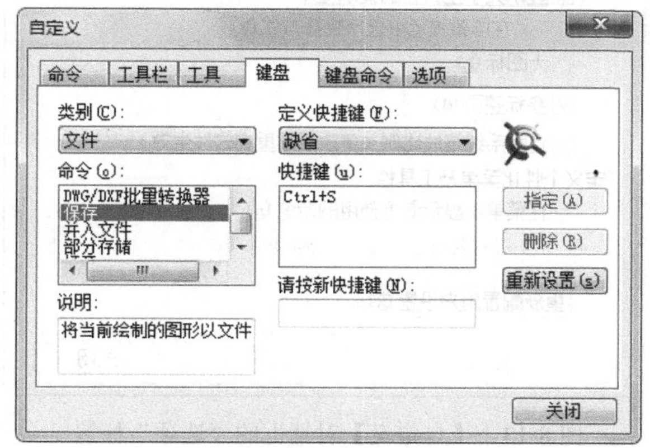

图 8-11　【自定义】对话框的“键盘”标签

5. 自定义键盘命令

用户可以为每一个功能定义一个键盘命令。键盘命令可以由多个字符组成，不区分大小写，输入键盘命令以后需要按空格键或回车键才能执行。

点击【自定义】对话框中的“键盘命令”标签，对话框即如图 8-12 所示。利用该对话框可以为命令指定新的键盘命令、删除已有的键盘命令、恢复键盘命令的初始设置等。由于键盘命令的定制方法与快捷键的定制基本相同，故不再赘述。

图 8-12　【自定义】对话框的“键盘命令”标签

6. 自定义选项

点击【自定义】对话框中的“选项”标签，对话框即如图 8-13 所示。系统在该对话框中提供了诸多选项，用户通过勾选其中的某些选项即可以定制出更具个性化的菜单和工具条等。

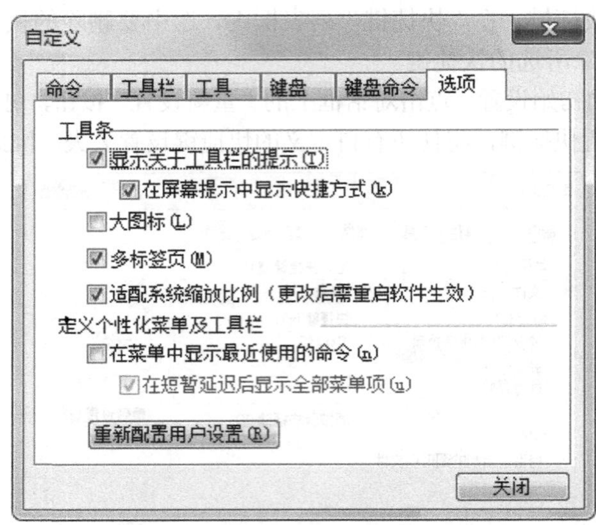

图 8-13　【自定义】对话框的“选项”标签

8.1.4　界面操作

在“选项卡模式”下，选择【视图】选项卡，系统将显示如图 8-14 所示的【界面操作】面板。而在“经典模式”下，将鼠标指向“工具”主菜单中的“界面操作”项，会显示出如图 8-15 所示的子菜单。可见，界面操作包括切换界面、重置界面、加载配置、保存配置等命令，点击其中的某一按钮或选项，即可执行相应的操作。

图 8-14　【界面操作】面板

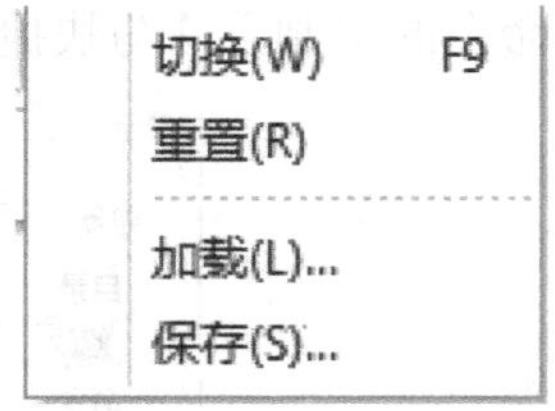

图 8-15　“界面操作”子菜单

(1) 切换界面。电子图板中包含了经典模式界面和选项卡模式界面两种界面风格，使用“切换”功能可以在这两种界面之间进行切换。

(2) 重置界面。系统将界面恢复成为软件出厂时设置的界面样式。

(3) 加载配置。系统出现【加载交互配置文件】对话框，能将用户保存的界面文件(*.uic)加载调用。

(4) 保存配置。系统出现【保存交互配置文件】对话框，能将用户自定义的操作界面以文件形式(*.uic)进行保存。

8.2　系 统 选 项

打开【工具】选项卡，在【选项】面板上点击 ☑ 按钮，或在“无命令”状态下输入“Syscfg”并按回车键，系统将弹出如图 8-16 所示的【选项】对话框。在该对话框中可以设置系统的常用项目。系统的常用项目包括路径、显示、系统、交互、文字、数据接口、智能点、文件属性等。

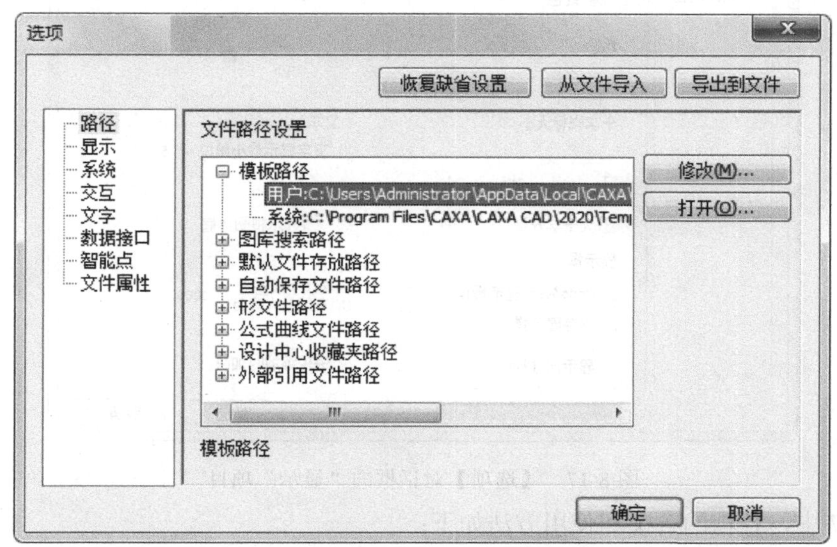

图 8-16　【选项】对话框

对话框左侧为项目列表，选中某个项目后可以在右侧区域内进行设置。点击“恢复缺省设置”按钮可以撤销选项设置或修改，恢复为默认设置；点击“从文件导入”按钮可以加载已保存的系统配置文件，载入保存的选项设置；点击“导出到文件”按钮可以将当前的系统设置保存到一个文件中。

8.2.1　路径

路径项目用于设置支持系统的各种文件路径。在项目列表中选择“路径”，对话框如图 8-16 所示。该对话框中列出了可以设置的文件路径，包括模板路径、图库搜索路径、默认文件存放路径、自动保存文件路径、形文件路径、公式曲线文件路径、设计中心收藏夹路径、外部引用文件路径等。选择一个路径后，点击“修改”按钮，可对该路径进行修改；点击“打开”按钮，可将该路径指向的文件夹打开。

说明：各种文件的系统路径不可修改。

8.2.2　显示

显示项目用于设置系统标记在屏幕上显示的颜色、大小、信息等属性。在项目列表中选择“显示”，对话框如图 8-17 所示。

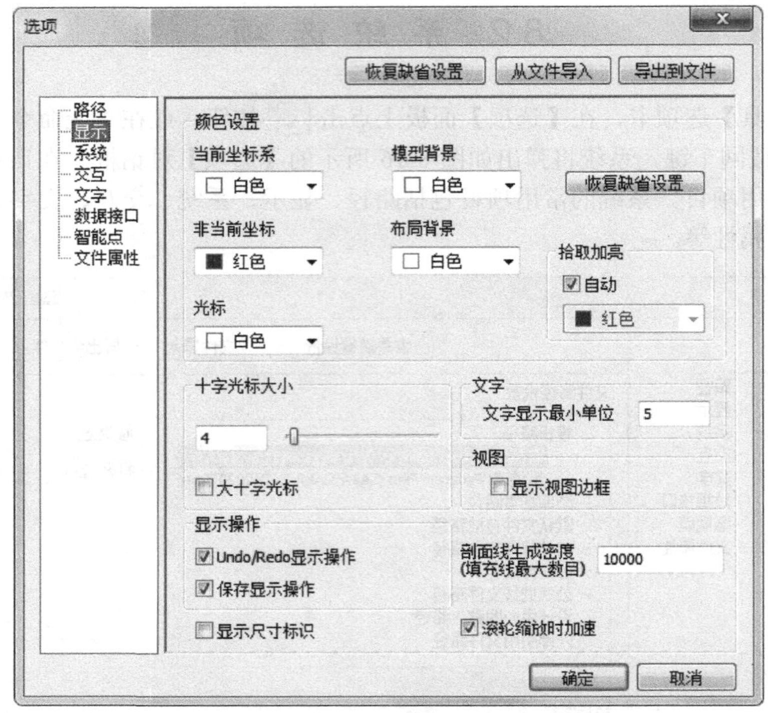

图 8-17　【选项】对话框的“显示”项目

图 8-17 中，各项的含义和使用方法如下：

(1) 颜色设置。在此框中显示出当前坐标系、非当前坐标系、模型背景、布局背景、光标以及拾取加亮的颜色。点击每个选项的下拉列表可以修改各项的颜色设置。其中，在“拾取加亮”框内如果勾选“自动”复选框，则加亮时不会改变颜色；如果取消勾选，则能在下拉菜单中选择加亮时的颜色。点击“恢复缺省设置”按钮，可以将各项的颜色恢复到默认的设置。

(2) 十字光标大小。用户可以通过输入数值或者拖动滑块来指定系统十字光标的大小。

(3) 文字显示最小单位。在编辑框中输入数值以设定文字对象最小的显示单位。

(4) 大十字光标。若勾选此项，则使用系统的大十字光标。

(5) 显示视图边框。若勾选此项，则可以设置显示三维视图的边框。

(6) Undo/Redo 显示操作。若勾选此项，则用户对视图的显示操作则会记录在 Undo 和 Redo 中。

(7) 保存显示操作。若勾选此项，则对视图的显示操作会保存到文件中。

(8) 剖面线生成密度。在编辑框中输入数值，可以设定剖面线图案中所含填充线的最大数目。

(9) 显示尺寸标识。若勾选此项，则当尺寸标注中显示的不是系统的实际测量值、而是用户的修改值时，系统将在尺寸线的两端用“*”进行标识，如图 8-18 所示。系统在缺省情况下，仅基本尺寸被修改时用绿色“*”标识，仅公差值被修改时用黄色“*”标识，当尺寸值和公差值都被修改时用红色“*”标识。

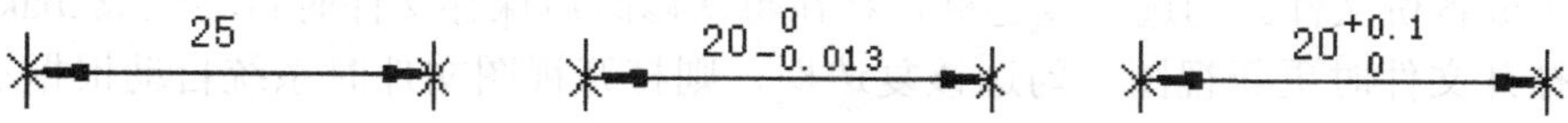

图 8-18 显示尺寸标识

(10) 滚轮缩放时加速。若勾选此项，则当用户使用鼠标滚轮缩放视图时，视图缩放速度会被加速。

8.2.3 系统

系统项目用于设置系统的常用控制参数。在项目列表中选择“系统”，对话框如图 8-19 所示。

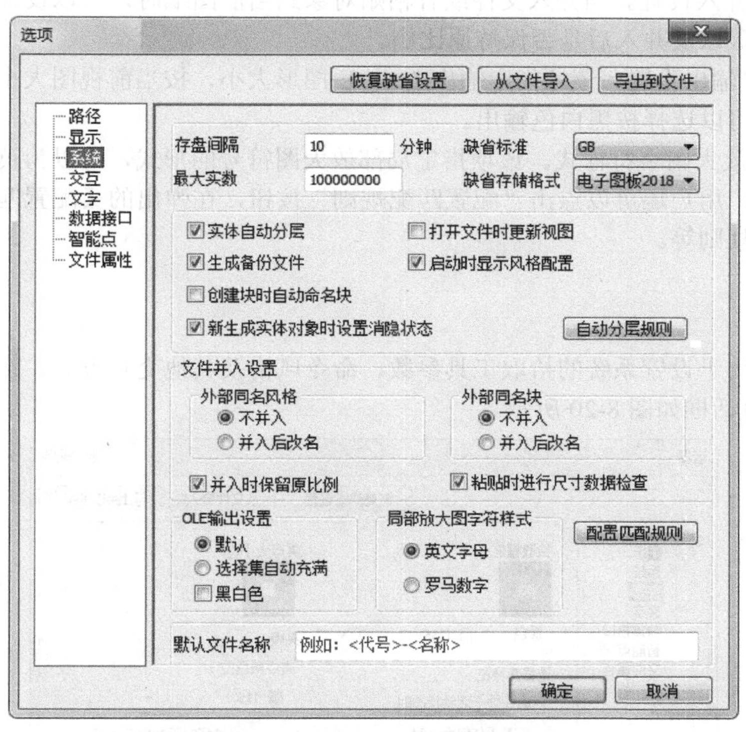

图 8-19 【选项】对话框的“系统”项目

图 8-19 中，各项的含义和使用方法如下：

(1) 存盘间隔。存盘间隔以分钟为单位，达到所设置的值时，系统将自动把当前图形保存到临时目录中。此项功能可以避免在系统非正常退出的情况下丢失全部图形信息。

(2) 最大实数。该项用于设置系统立即菜单中所允许输入的最大实数。

(3) 缺省标准。该项用于选择缺省技术标准，如 GB、ISO、JIS、ANSI 等。

(4) 缺省存储格式。该项可以设置电子图板保存时默认的存储格式，如电子图板 2018、AutoCAD2018 等。

(5) 实体自动分层。勾选该复选框，可以按照自动分层规则，自动把中心线、剖面线、尺寸标注等放在各自对应的层。用户如果想修改分层规则，可点击“自动分层规则”按钮，在弹出的【自动分层规则】对话框中进行设置。

(6) 生成备份文件。勾选该复选框，将在每次修改后保存文件时自动生成 .bak 文件。

(7) 打开文件时更新视图。勾选该复选框，则打开视图文件时系统自动根据三维图形文件的变化对各个视图进行更新。

(8) 启动时显示风格配置。勾选该复选框，启动电子图板时系统会显示【选择配置风格】对话框。

(9) 创建块时自动命名块。勾选该复选框，系统在创建块时会为要创建的块自动命名，否则会提示输入块的名称。

(10) 新生成实体对象时设置消隐状态。勾选该复选框，在创建新的可以消隐的对象时，对象默认为消隐状态。

(11) 文件并入设置。当并入文件或者粘贴对象到当前图纸时，可以设置同名的风格或块是否被并入，以及并入后是否保持原比例。

(12) OLE 输出设置。该项指定输出的 OLE 图形大小，按当前视图大小或者选择内容自动充满，也可以选择按黑白色输出。

(13) 局部放大图字符样式。该项指定局部放大图符号的形式，可以为英文字母或者罗马数字。另外，用户还可以点击“配置匹配规则”按钮，在弹出的【配置匹配规则】对话框中修改匹配规则等。

8.2.4 交互

交互项目用于设置系统的拾取工具参数、命令风格及其他交互方式。在项目列表中选择“交互”，对话框如图 8-20 所示。

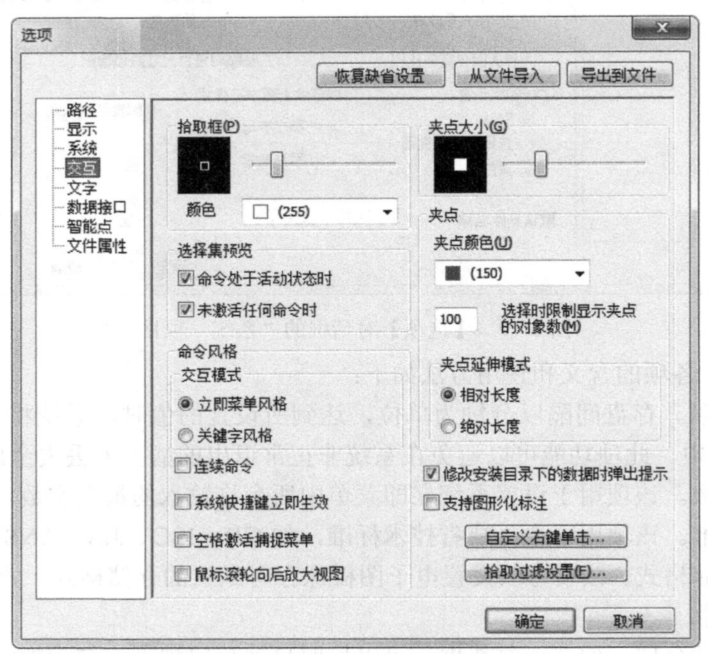

图 8-20　【选项】对话框的“交互”项目

图 8-20 中，各项参数的含义和使用方法如下：

(1) 拾取框。用鼠标拖动滑块可以设定拾取状态下拾取框的大小，在滑块下方可以设置拾取框的颜色。

(2) 夹点大小。拖动滑块可以设定拾取对象后夹点(即控制句柄)的大小。

(3) 夹点。该项可以设置夹点的颜色，以及显示夹点时限制对象选择的数量。

(4) 夹点延伸模式。该项用于指定夹点编辑时输入的数值为相对长度或绝对长度。

(5) 选择集预览。选择集预览是指在拾取框接近可选对象到点击鼠标左键选取时对象会加亮显示。该项用于控制在“无命令”状态和执行命令状态下是否需要选择集预览。勾选“命令处于活动状态时”复选框，则在执行命令状态下有选择集预览。勾选“未激活任何命令时”复选框，则在“无命令”状态下有选择集预览。

(6) 命令风格。电子图板提供有“立即菜单风格”和“关键字风格”两种交互风格。可以使用“F11”快捷键切换两种交互风格。前者是电子图板的经典交互风格，而后者是一种依靠命令行输入关键字指令绘图的交互风格。电子图板的绘图与编辑功能均可以通过命令行实现。切换到“关键字风格”后最好在界面手工调出命令行。

(7) 连续命令。如果勾选该复选框，则在绘制圆和进行基本标注时，在完成一次绘制或标注后保持当前命令仍处于执行状态，直到用户操作退出为止。如果取消勾选，则调用这些功能完成一次绘制或标注后，会直接退出命令。

(8) 系统快捷键立即生效。如果勾选该复选框，则在【自定义】对话框内定义了命令快捷键后，点击“确定”按钮即直接生效。

(9) 空格激活捕捉菜单。如果勾选该复选框，则在绘图等需要使用捕捉菜单时，按空格键可以直接调出捕捉菜单。如果取消勾选，则按空格键会结束当前命令。

(10) 鼠标滚轮向后放大视图。如果勾选该复选框，则向后滚动鼠标滚轮视图放大显示；如果取消勾选，则向后滚动鼠标滚轮视图缩小显示。

(11) 修改安装目录下的数据时弹出提示。如果勾选该复选框，则当用户在修改安装目录下的数据时，系统会弹出警示信息，否则将不予提示。

(12) 自定义右键单击。点击该按钮，弹出【自定义右键单击】对话框，如图 8-21 所示。其中的“默认模式”“编辑模式”“命令模式”分别用于设置相应模式下点击鼠标右键的行为。在“注释命令模式”中，如果勾选“激活功能对话框”复选框，则在进行标注编辑时，如果该标注有编辑对话框，如编辑线性标注或角度标注等，则点击右键会弹出编辑对话框。如果取消勾选，则点击右

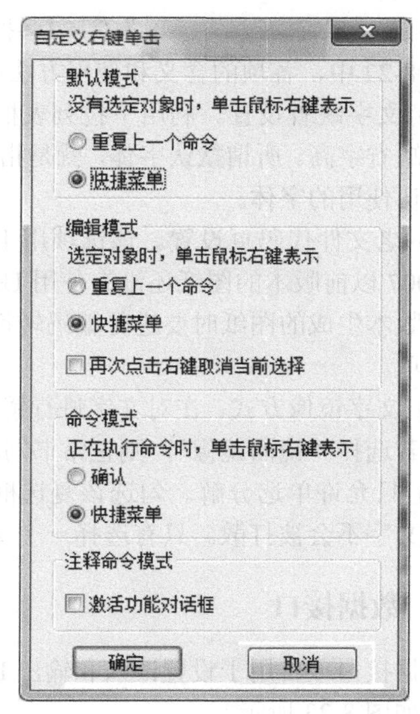

图 8-21　【自定义右键单击】对话框

键将直接退出标注编辑。

(13) 拾取过滤设置。点击该按钮，会打开【拾取过滤设置】对话框，其功能及用法详见 8.3 节。

8.2.5 文字

文字项目用于设置系统的文字参数。在项目列表中选择“文字”，对话框如图 8-22 所示。

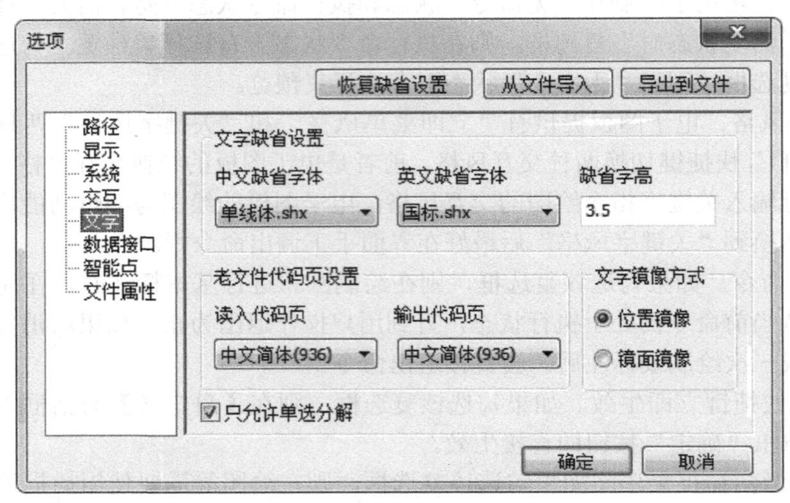

图 8-22　【选项】对话框的“文字”项目

图 8-22 中，各项的含义和使用方法如下：

(1) 文字缺省设置。利用下拉列表框和编辑框，可以指定系统默认的中文字体、西文字体和缺省字高。所谓默认字体，就是指当文件中文字字体为当前系统中未安装的字体时，系统默认使用的字体。

(2) 老文件代码页设置。该选项用于指定打开或输出旧版本文件的代码页。由于电子图板 2007 以前版本的图纸还没有使用 Unicode 统一字符编码集，因此在读入中文繁体字、日文等版本生成的图纸时要进行编码转换。读入电子图板 2009 以后版本的 EXB 文件无须设置此项。

(3) 文字镜像方式。在对文字进行镜像操作时，可以采用“位置镜像”或“镜面镜像”。其中，若选择“镜面镜像”，则正常书写的文字被镜像后将显示为反字。

(4) 只允许单选分解。勾选该复选框，如果同时选择多个对象进行“分解”操作，则其中的文字不会被打散。只有选择一个文字块时，该文字块才能被“分解”。

8.2.6 数据接口

数据接口项目用于设置读入和输出 DWG 文件的参数。在项目列表中选择“数据接口”，对话框如图 8-23 所示。

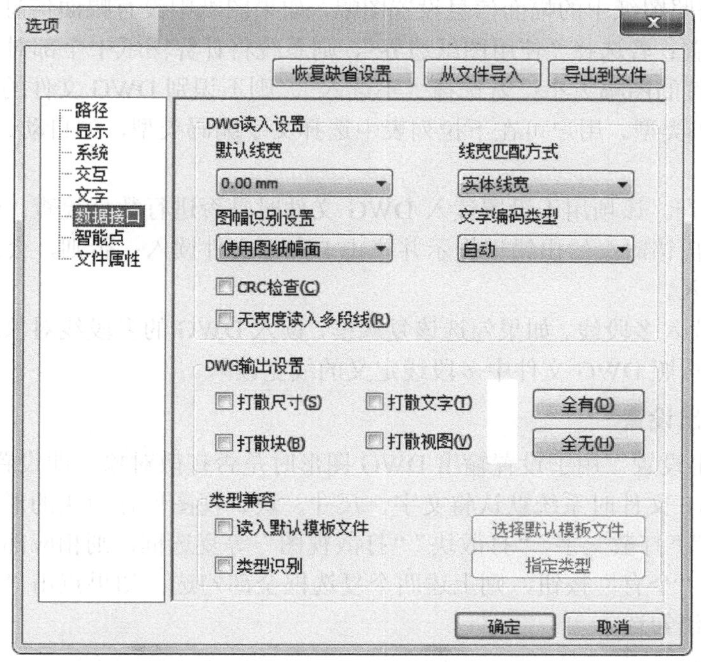

图 8-23 【选项】对话框的“数据接口”项目

1. DWG 读入设置

DWG 读入设置包括默认线宽、线宽匹配方式、图幅识别设置、文字编码类型、CRC 检查、无宽度读入多段线等。

(1) 默认线宽。在下拉列表中选择一种线宽，则 DWG 文件中具有默认线宽的图形按该线宽读入。

(2) 线宽匹配方式。在下拉列表中如果选择“实体线宽”，则系统将按原对象线宽读入 DWG 文件；如果选择“颜色”，则系统会弹出如图 8-24 所示的【按照颜色指定线宽】对话框。利用该对话框，用户可以按照 AutoCAD 中的线型颜色指定线型宽度。用户可以使用“系统线宽”下拉列表中提供的线宽，也可以使用“自定义线宽”选项指定线宽数值。此外，点击“加载配置”或“保存配置”按钮，可以读入或输出该对话框中的参数设置。

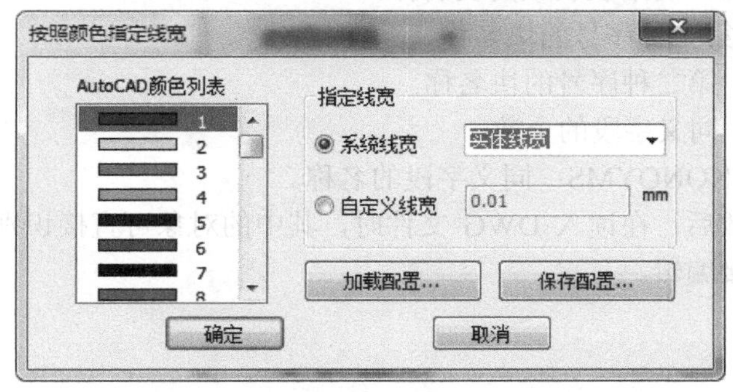

图 8-24 【按照颜色指定线宽】对话框

(3) 图幅识别设置。该选项用于读入 DWG 文件时自动识别图幅信息。若选择“使用图纸幅面”，则将按照图纸中的幅面信息设置图幅，如果图纸中没有幅面信息，则使用电子图板的默认图幅设置；若选择“使用图纸边界”，则系统将计算图纸中全部对象所占用的边界来识别 DWG 文件的图幅大小；若选择“不读入”，则不识别 DWG 文件的图幅大小。

(4) 文字编码类型。用户可在下拉列表中选择文字编码类型，如自动、Unicode、Ansis 等。

(5) CRC 检查。该项用于设置读入 DWG 文件时是否进行数据检查。勾选该复选框，打开 DWG 文件出错时会给出错误提示并停止 DWG 文件读入；否则，会忽略 DWG 文件中的错误继续读入。

(6) 无宽度读入多段线。如果勾选该复选框，读入 DWG 的多段线对象时全部按 0 线宽读入；否则，将按照 DWG 文件中多段线定义的线宽读入。

2. DWG 输出设置

“DWG 输出设置”用于设置输出 DWG 图形时是否打散对象，即设置在将 EXB 文件保存为 DWG/DXF 文件时系统默认将文字、尺寸、块、视图保存为块的形式。但如果在此勾选“打散尺寸”“打散文字”“打散块”“打散视图”等复选框，则相应部分在输出时将被打散。如果点击“全有”按钮，则上述四个复选框全部勾选；如果点击“全无”按钮，则四个复选框均取消勾选。

3. 类型兼容

类型兼容部分包括读入默认模板文件和类型识别两项内容。

(1) 读入默认模板文件。勾选该复选框，将激活“选择默认模板文件”按钮，点击该按钮可以选择默认的模板。这样在启动电子图板时则不会弹出【新建文件】对话框，而是直接用选定的默认模板新建当前图纸。若不勾选，则电子图板将使用内置模板作为默认模板。

(2) 类型识别。勾选该复选框，将激活“指定类型”按钮，点击该按钮将打开一个文本文件。该文件中包含了对 DWG 文件特殊对象进行识别的设置，其具体参数和含义如下：

① FRAME：图框的块名称。

② TITLE：标题栏的块名称。

③ BOMHEADER：明细表表头的块名称。

④ BOMTABLE：明细表表项的块名称。

⑤ PARTNO：第一种序号的块名称。

⑥ PARTNO2：第二种序号的块名称。

⑦ NUMBER：同义字段的个数。

⑧ TABLE_SYNONOYMS：同义字段的名称。

指定好识别参数后，在读入 DWG 文件时，其中的对象可直接识别为电子图板对应的对象，这样可以直接编辑。

8.2.7　文件属性

文件属性项目用于设置系统的文件属性控制参数。在项目列表中选择“文件属性”，对话框如图 8-25 所示。

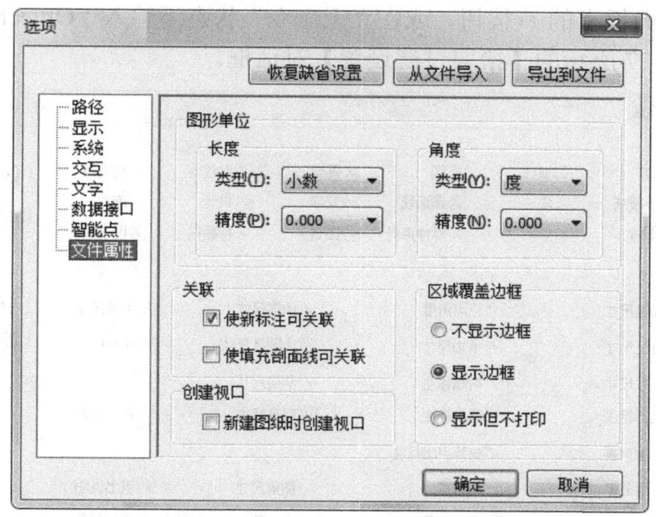

图 8-25 【选项】对话框的“文件属性”项目

图 8-25 中，各项的含义和使用方法如下：

(1) 图形单位。用户可以为尺寸选择长度单位和角度单位，包括单位的类型和精度。其中，长度单位可选择“小数”“工程”“科学”和“分数”；角度单位可选择“度”“度分秒”“弧度”和“百分度”。用户可在下拉列表中为尺寸选择一种精度。

(2) 关联。所谓关联，就是当所选对象发生变化时，依赖该对象所创建的对象也会相应地发生变化。勾选“使新标注可关联”复选框，则拾取对象生成的标注会关联到对象。勾选“使填充剖面线可关联”复选框，则在创建填充和剖面线时，填充和剖面线会与其边界保持关联。

(3) 创建视口。勾选“新建图纸时创建视口”复选框，则会在图纸新建布局空间时在布局内生成一个默认的视口。

(4) 区域覆盖边框。当用户在图纸中使用了区域覆盖时，可在此设置区域覆盖的边框为显示边框、不显示边框或显示但不打印。

在【选项】对话框中完成必要的设置后，点击“确定”按钮其设置生效，若点击“取消”按钮则本次设置无效，系统仍使用先前的设置，但这两种操作都会关闭对话框。

8.3 智 能 设 置

电子图板提供了多种智能工具。对这些工具进行合理设置，可辅助提高绘图与操作效率。用户只要打开【工具】选项卡，系统就显示出如图 8-26 所示的【选项】面板，在此可选择并启动系统提供的设置功能。

图 8-26 【选项】面板

8.3.1 拾取过滤设置

拾取过滤设置用于设置拾取图形元素的过滤条件，只有满足过滤条件的对象才能被拾取。

点击【选项】面板上的按钮，或在“无命令”状态下输入“ObjectSet”并按回车键，系统将弹出如图 8-27 所示的【拾取过滤设置】对话框。

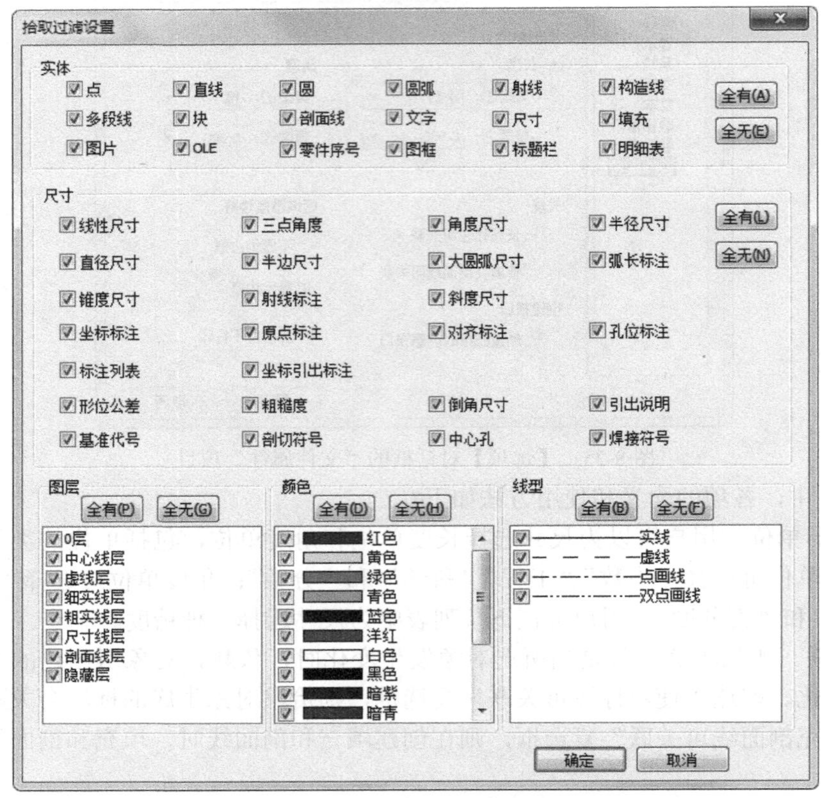

图 8-27　【拾取过滤设置】对话框

从该对话框中可以看出，拾取过滤条件包括实体、尺寸、图层、颜色、线型。满足这五类条件交集的对象，才能有效拾取。勾选或取消勾选各项的复选框即可添加或者取消过滤拾取条件，从而利用条件组合进行过滤，可以快速、准确地从图形中拾取所需对象。

用户一旦完成设置，再对拾取对象进行操作时，只有那些包含在过滤条件中的对象才能被拾取，而没有包含在过滤条件中的对象将无法拾取。在默认情况下，对话框中的所有项目都被勾选，这意味着图形中的任何对象都是可选的，包括零件序号、图框、标题栏、明细表等。

8.3.2　智能点设置

智能点设置用于设置光标在屏幕绘图区内的智能点捕捉方式。

点击【选项】面板上的按钮，或在“无命令”状态下输入“Potset”并按回车键，系统将弹出如图 8-28 所示的【智能点工具设置】对话框。在该对话框中，系统不仅提供了 4 种工作模式，而且三个标签上提供了多种选项设置，从而能够组合为多种捕捉方式，以辅助用户实现快速制图、准确制图。

在【选项】对话框中选择“智能点”标签后的界面与这里的【智能点工具设置】对话

框几乎一模一样，唯一的区别就在于对话框顶部的“恢复缺省设置”“从文件导入”“导出到文件”三个按钮为不可用状态。其原因是：用户在此处不能借助外部文件对系统选项进行修改，而只能对相关智能工具进行设置。

图 8-28 【智能点工具设置】对话框的“捕捉和栅格”标签

1. 绘图模式

在【智能点工具设置】对话框中，电子图板提供了自由、栅格、智能和导航等 4 种绘图模式。用户可在该对话框的“当前模式”中进行设置，也可通过按“F6”键进行切换，或者在屏幕右下角的“切换捕捉方式”状态槽中进行选择，其效果都是一样的。

(1) 自由模式。当系统处于自由绘图模式下，拾取光标可以在屏幕上自由移动，绘图时输入点的位置完全由用户输入的坐标值或者由鼠标拾取的实际位置来确定。故该模式一般适用于绘制草图。

(2) 栅格模式。所谓栅格，就是在屏幕绘图区内沿当前用户坐标系的 X 方向和 Y 方向等间距排列的点所组成的格阵。显示在屏幕上的栅格可为用户绘图提供定位参考，如图 8-29 所示。利用对话框不仅可以设置栅格点的间距，而且还能控制栅格的可见性。

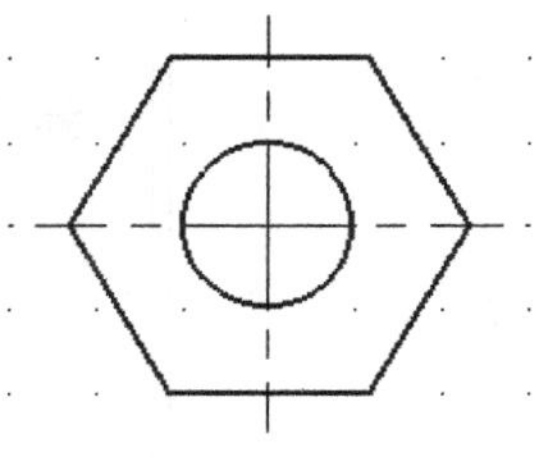

图 8-29 显示栅格

绘图时，如果用户想实现准确定位，仅在屏幕上显示栅格是不行的，还必须激活栅格捕捉。一旦激活了栅格捕捉，即使不显示栅格，绘图区中的所有栅格点就具有了自动吸附能力。当拾取光标移动时，它会自动吸附到距离最近的栅格点上，此时，输入点的位置则由吸附它的栅格点的坐标来确定。

(3) 智能模式。当系统处于智能绘图模式下，拾取光标可以自动捕捉到图形上的一些特征点。一旦捕捉到某个特征点，系统即给出相应的提示信息，此时点击鼠标左键就可以准确获得该特征点的位置。

说明：系统能够捕捉的图形上的特征点有很多，如果同时把特征点全部激活，彼此之间会出现干扰。因此建议用户可根据绘图需要，将使用频率较高的若干个特征点激活即可。

(4) 导航模式。当系统处于导航绘图模式下，拾取光标可以利用图形上(两个或两个以上)的特征点间接获得图形以外某个所需点的位置。例如，在绘制如图 8-29 所示的图形时，如果先画出正六边形，再以该六边形的形心为圆心画一个圆，就需要利用该六边形相关边的中点或端点进行导航，从而获得其形心(也即圆心)的准确位置。

一般情况下，绘图时只需要正交导航(即 90° 导航)，即利用图形上的一个特征点负责引导所需点的 X 坐标，用另一个特征点负责引导所需点的 Y 坐标。当用户需要使用非正交导航时，可以利用对话框进行设置。

电子图板所提供的不同绘图模式和智能点的捕捉方式都是通过对话框来设置和切换的。

2. 捕捉和栅格

如图 8-28 所示的“捕捉和栅格”标签，可以设置栅格捕捉和栅格显示。

(1) 勾选“启用捕捉”复选框，可以打开栅格捕捉模式，并可在下方设置 X 轴和 Y 轴方向的捕捉间距。

(2) 勾选“启用栅格”复选框，可以打开栅格显示，并可在下方设置 X 轴和 Y 轴方向的栅格间距。

说明：为了便于使用，建议设置捕捉间距等于栅格间距，或者使二者之间具有倍数关系。

(3) 拖动“靶框大小”旁边的滑动条，可以设置捕捉时的拾取框大小。

(4) 勾选“靶框状态”中的“显示自动捕捉靶框”复选框，可在自动捕捉时显示靶框。

3. 极轴导航

点击对话框上的“极轴导航”标签，对话框如图 8-30 所示。

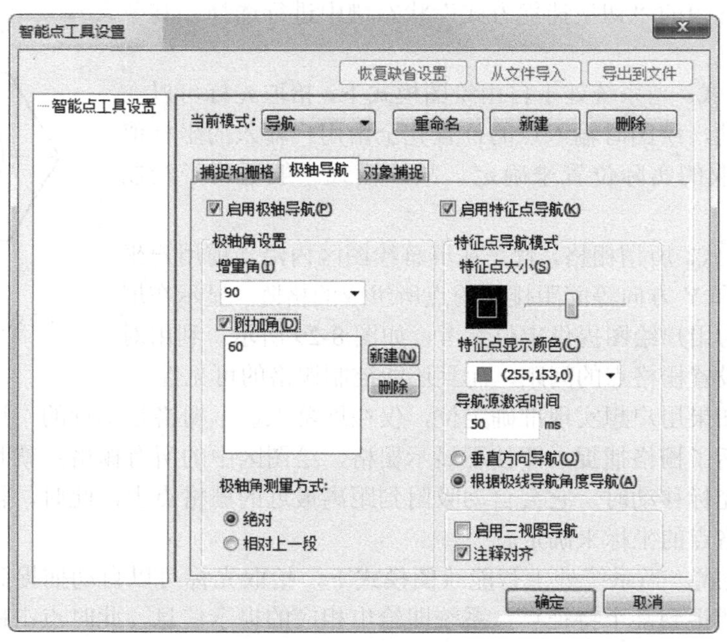

图 8-30　【智能点工具设置】对话框的“极轴导航”标签

由此可以看出，该标签共包含两大部分：左边是极轴导航设置，右边是特征点导航设置。它们的设置方法如下：

(1) 勾选“启用极轴导航”复选框，可对“极轴角设置”一栏中的选项进行设置。

① 在“增量角”下拉列表中选择极轴导航对齐路径的极轴角增量，当角度为90°时，即正交导航。

② 勾选“附加角”复选框以激活它下面的编辑框，点击“新建”按钮可添加其他所需的角度值；从中选择一个角度值并点击“删除”按钮可把已添加的角度值删除。

③ “极轴角测量方式”用于选择上述极轴角的使用方法，其中“绝对”表示极轴角将按设定角度值使用，“相对上一段”则表示极轴角将按相对于上一段引导线的角度值使用。

说明：如果只勾选“启用极轴导航”复选框而没有勾选“启用特征点导航”复选框，则不能激活任何导航功能。

(2) 勾选“启用特征点导航”复选框，则会激活特征点导航模式。

① 拖动“特征点大小”旁边的滑动条，可以设置捕捉时的特征点大小。

② 在“特征点显示颜色”下拉列表中选择特征点颜色。

③ 在“导航源激活时间”编辑框中输入一时间值，其单位为毫秒。

④ 如果选择“垂直方向导航”，系统将利用特征点进行正交导航；如果选择“根据极线导航角度导航”，系统将利用先前设置的极轴角度进行导航。

(3) 勾选“启用三视图导航”复选框，将在屏幕绘图区内由坐标原点向右下角画出一条−45°黄色直线，该直线即为三视图的导航线。取消此勾选，三视图导航线即在屏幕上消失。

(4) 勾选“注释对齐”复选框，则随后在标注零件序号时，即使当前处于自由模式下也能借助导航线将序号对齐；否则，必须切换到导航模式才能用导航线引导序号对齐。

4. 三视图导航

在机械制图中，经常用三视图表达物体，而其中的主视图、左视图、俯视图之间必须遵循“主、俯视图长对正，主、左视图高平齐，俯、左视图宽相等且前后对应”的视图特性。为方便用户确定三视图位置关系，电子图板提供了三视图导航功能。

所谓三视图导航，实际上是在屏幕绘图区绘制一条−45°或135°的导航线，借助该导航线，用户能够确保左视图与俯视图之间满足“宽相等且前后对应”的几何关系，从而能根据已完成的两个视图方便快捷地画出第三个视图。

三视图导航是为绘制三视图或多面视图提供的一种导航方式，是导航功能的扩展。欲使用“三视图导航”功能，可在如图8-30所示的【智能点工具设置】对话框的“极轴导航”标签上勾选“启用三视图导航”复选框，也可在“无命令”状态下输入“Guide”并按回车键，还可按“F7”键。

调用“三视图导航”功能后，按系统提示分别指定导航线的第一点和第二点，屏幕上画出一条−45°或135°的黄色导航线。此时，如果系统处于导航状态，则以此导航线进行三视图导航。如果系统已有导航线，再次执行“三视图导航”命令，系统将删除导航线，取消三视图导航。用户也可以根据提示按右键恢复上一次导航线。

图8-31是一个利用导航功能绘图的例子。

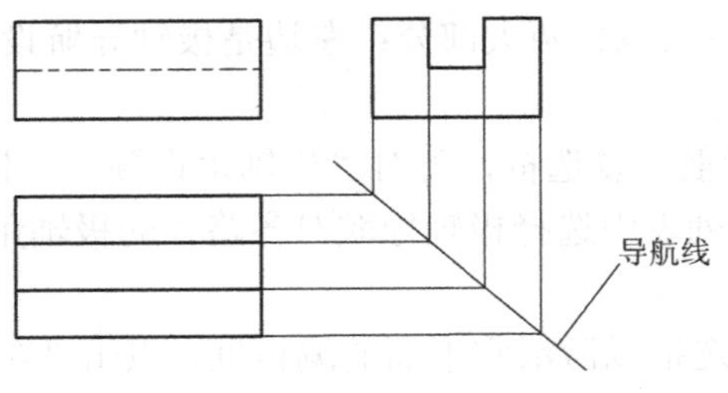

图 8-31　三视图导航

5. 对象捕捉

点击“对象捕捉”标签，对话框如图 8-32 所示。

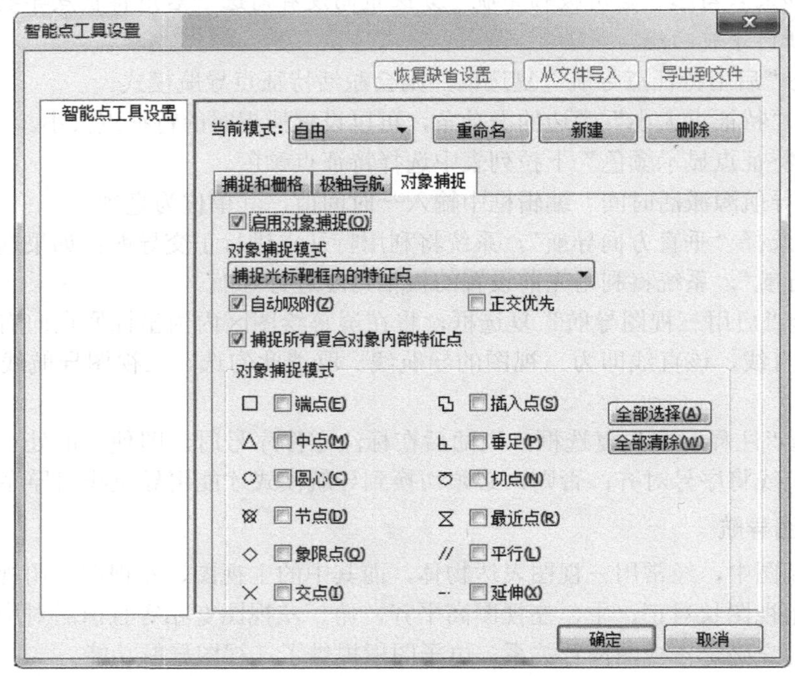

图 8-32　【智能点工具设置】对话框的“对象捕捉”标签

利用该对话框可以启用对象捕捉并设置其选项。

(1) 勾选“启用对象捕捉”复选框，可激活对象捕捉模式。当选择“捕捉光标靶框内的特征点”时，只有某特征点位于光标靶框以内时才能捕捉到；而当选择“捕捉最近的特征点”时，即使特征点没有位于光标靶框以内，但只要光标靶框能触及某图形，则该图形上离光标靶框最近的特征点就能被捕捉到。

(2) 勾选“自动吸附”复选框，则当光标靶框捕捉到某个特征点时，光标靶框就可以自动吸附在该特征点上。

(3) 勾选“正交优先”复选框，则当有多个特征点同时进入光标靶框时，只有位于(光标靶框与线段)垂足附近的特征点将被优先捕捉到。

(4) 勾选“捕捉所有复合对象内部特征点”复选框，则该对象捕捉功能对复合对象内部的特征点也有效。例如明细表就属于这种情况。

(5) 对象捕捉模式。该部分包含了全部特征点类型，如各种线段的端点、中点、最近点，大小圆(弧)、椭圆(弧)的圆心，象限点，两条线段(包括其延伸线上)的交点、垂足、切点等。此外，节点是指点对象、标注定义点或标注文字原点；插入点是指有关属性、块、形或文字的插入点；平行是将所绘制的直线限制为与其他直线平行，等等。

需要说明的是，平行捕捉与其他特征点捕捉在使用方法上不同，首先需要勾选如图 8-30 所示对话框中的“启用特征点导航”复选框，并在如图 8-32 所示对话框中勾选“平行”捕捉，然后点击按钮绘制直线；在指定直线的第一点后，需要将光标移到需要参照的直线上而后再移开；当出现一条与参照直线平行的导航线时，沿导航方向给定直线的第二点，则所画直线与参照直线平行。

图 8-33 为对象捕捉示例。

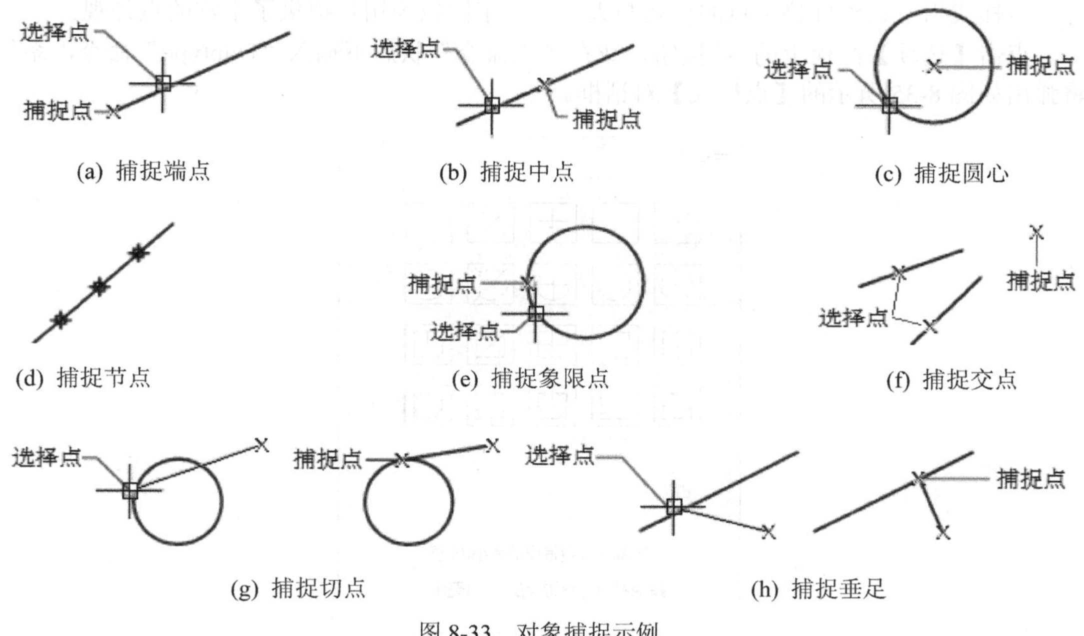

(a) 捕捉端点　(b) 捕捉中点　(c) 捕捉圆心

(d) 捕捉节点　(e) 捕捉象限点　(f) 捕捉交点

(g) 捕捉切点　(h) 捕捉垂足

图 8-33　对象捕捉示例

6. 应用举例

【例 8-1】　如图 8-34 所示的左视图已经完成，试利用导航捕捉功能绘制其主视图。

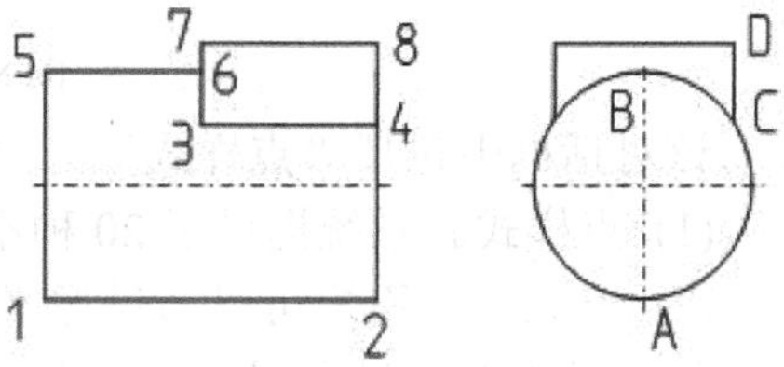

图 8-34　利用“导航捕捉”绘制主视图

其绘图步骤如下：

(1) 连续按下“F6”键，将系统设置成“导航”捕捉方式。

(2) 在【绘图】面板上点击按钮执行“直线”命令，然后将光标移到左视图中 A 点位置，稍等片刻再移开光标，使光标处于 1 点位置。这时，在 1、A 两点之间出现一条导航线，说明已启用了导航点。就此点击鼠标左键给定 1 点，再右移光标(按尺寸)给定 2 点并按回车键，从而画出 12 直线。

(3) 点击按钮，将光标移到 1 点处稍等片刻，再将光标移到 B 点处稍等片刻，当光标接近 5 点位置时将有两条导航线交汇于此，就此点击鼠标左键给定 5 点，再右移光标(按尺寸)给定 6 点并按回车键，从而画出 56 直线。

(4) 仿照上述做法，分别用 6 点和 C 点为导航点确定 3 点，再用 2 点和 C 点为导航点确定 4 点，可画出 34 直线；用 6 点和 D 点为导航点确定 7 点，再用 2 点和 D 点为导航点确定 8 点，可画出 78 直线。

(5) 连续按下“F6”键，将系统设置成“智能”捕获方式。

(6) 点击╱按钮，再用鼠标左键分别点击图中的 1 点和 5 点并按回车键，即画出 15 直线。进而可画出 37 直线和 28 直线，从而完成主视图。

8.3.3　点样式

点样式用于设置屏幕上点的样式与大小。电子图板为用户提供了丰富的点外观。

点击【选项】面板上的 按钮，或在“无命令”状态下输入“Ddptype”命令，系统将弹出如图 8-35 所示的【点样式】对话框。

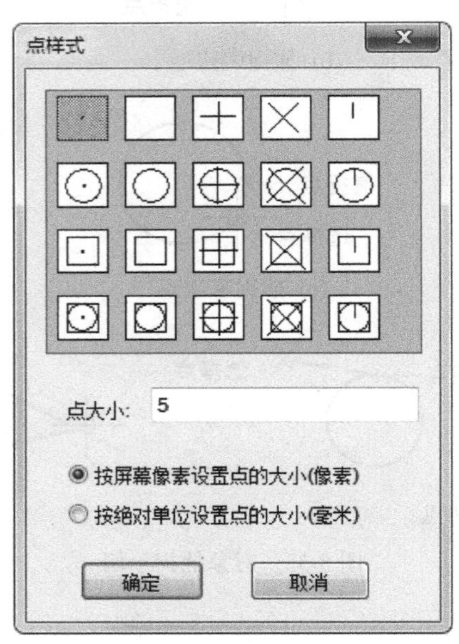

图 8-35　【点样式】对话框

该对话框中包括“点样式”与“点大小”两部分：

(1) 点样式。系统提供了 20 种不同点的样式，以适应用户的需求。

(2) 点大小。用户可以通过像素大小与绝对大小两种方式定义点的大小。其中，像素大小是以像素的数量设置点的大小，而绝对大小是以毫米为单位定义点的大小。

完成设置后，点击“确定”按钮，屏幕绘图区中的点即以新的样式显示。

8.3.4　标准管理

标准管理允许用户选择合适的技术标准，并允许对风格样式进行编辑。

点击【选项】面板上的 按钮，系统将弹出如图 8-36 所示的【标准管理】对话框。

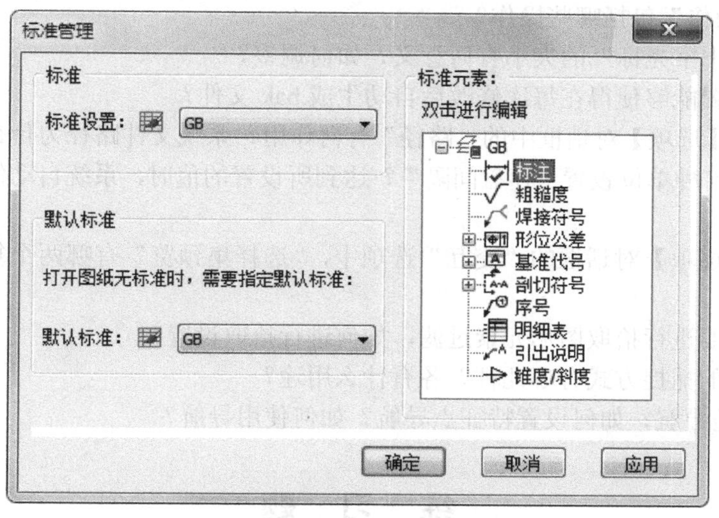

图 8-36 【标准管理】对话框

该对话框的设置方法如下：

(1) 点击“标准设置”下拉列表，从 GB、ISO、JIS 和 ANSI 中选择技术标准。此时，在右侧的列表框中将显示出该标准所包含的标准元素，其中标记有“√”的项目为现行标准元素。

(2) 点击“默认标准”下拉列表，从 GB、ISO、JIS 和 ANSI 中选择默认技术标准。当用户打开图纸而无标准时，需要指定默认标准。

(3) 在列表框中用鼠标双击某标准元素，系统将弹出类似如图 8-37 所示的对话框。利用该对话框，用户可以选择所需的风格样式，可以点击“编辑”按钮对风格样式进行编辑，也可以勾选“绘制尺寸时强制使用此风格”复选框等，然后点击“确定”按钮。

(4) 待完成必要的设置后，点击“确定”或“应用”按钮，设置即可生效。

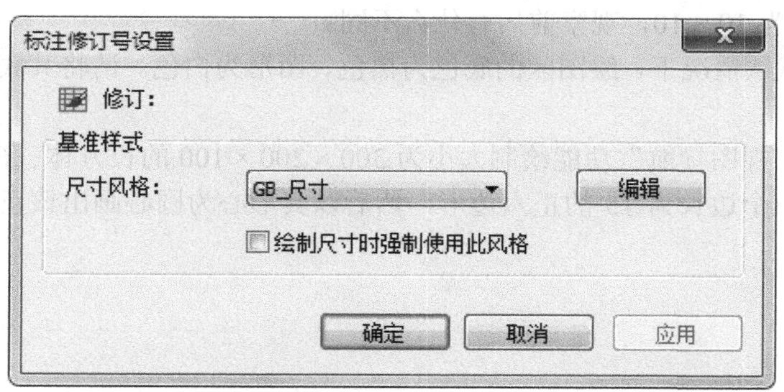

图 8-37 【标注修订号设置】对话框

思 考 题

1. 如何调出【自定义】对话框？用户通过该对话框能进行哪些定制？

2．“界面操作”包括哪些操作？

3．调整“十字光标”的大小有何意义？如何调整？

4．怎样设置能够使得在每次修改后自动生成.bak 文件？

5．系统的【选项】对话框中的“路径”有何作用？系统文件路径为什么不允许更改？

6．系统以何种单位设置“存盘间隔”？达到所设置的值时，系统自动保存当前文件的位置是什么？

7．系统【选项】对话框的“交互”选项中，“选择集预览”有哪两个复选框？其作用是什么？

8．为什么要进行拾取图形元素过滤，如何进行拾取设置？

9．智能点的捕捉方式有哪几种？各有什么用途？

10．什么是导航？如何设置特征点导航？如何使用导航？

练　习　题

1．将系统的存盘间隔设置为 20 分钟，并设法建立自己的缺省存盘路径。

2．打开系统安装目录\…\Samples 目录下的 samples01 文件，通过“拾取过滤设置”对图中的不同对象进行拾取设置。

3．系统已为“选项”功能定义了多个键盘命令，如 Options、Syscfg、Status、OP、PR 等，请为此增加一个键盘命令(SYSTEMPARA)和一个快捷键(Shift+S)。

4．请自建一个名为“我的标签”的标签页，在该标签页上面放置一个名为“补充命令”的面板，在该面板中放置一个 按钮(注：这是一个“区域覆盖”按钮，位于“绘图工具”工具条上，其命令为 Wipeout，其功能是在当前图形中绘制一个多边形区域，该区域内部的图形即被覆盖，相当于把这部分区域的图形“擦除”了)。

5．请显示栅格点，设置栅格点间距为 5 × 5，并设置栅格点捕捉间距为 5 × 5，再把栅格点捕捉间距改为 10 × 10，观察前后有什么不同。

6．系统在默认情况下，绘图区的底色为黑色、图形为白色。请将其底色设为白色，图形设为黑色。

7．利用“三视图导航”功能绘制大小为 300 × 200 × 100 的长方体三视图。

8．请先画一个边长为 15 的正六边形，然后以其形心为圆心画出该正六边形的内切圆和外接圆。

第9章　工　具

本章学习要点

本章主要学习文件检索、DWG 转换器、数据迁移、文件比较、清理、模块管理器、设计中心、系统查询，以及计算器、画图、文件关联工具等外部工具。

本章学习要求

熟练掌握各种辅助工具，能够使用这些工具对图形文件进行浏览、检索、转换、比较、清理、查询、编辑等，并能够借助外部工具实现一体化设计。

电子图板提供了多种辅助工具，如文件检索、DWG 转换器、数据迁移、文件比较、清理、模块管理器、设计中心、系统查询，以及计算器、画图、文件关联工具等外部工具。使用这些工具可以更方便地对图形文件进行浏览、检索、转换、比较、清理、查询、编辑等，并能够借助外部工具实现一体化设计。

打开【工具】选项卡，会出现【工具】【查询】【外部工具】等面板，如图 9-1 所示，其中包含了电子图板提供的多种工具。

(a) 【工具】面板

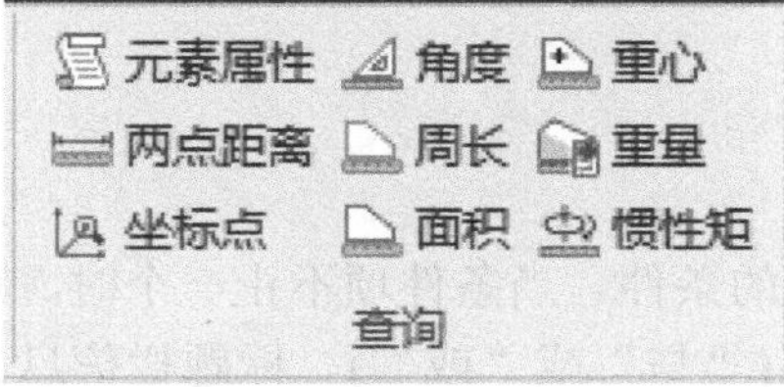

(b) 【查询】面板

(c) 【外部工具】面板

图 9-1　【工具】选项卡

9.1　文 件 检 索

文件检索的主要功能是从本地计算机或网络计算机上查找符合条件的文件。检索条件可以是指定路径、文件名、电子图板文件标题栏中属性等条件。

打开【工具】选项卡，点击【工具】面板上的按钮，或者在“无命令”状态下输入“Idx”并按回车键，系统都将弹出如图 9-2 所示的对话框。

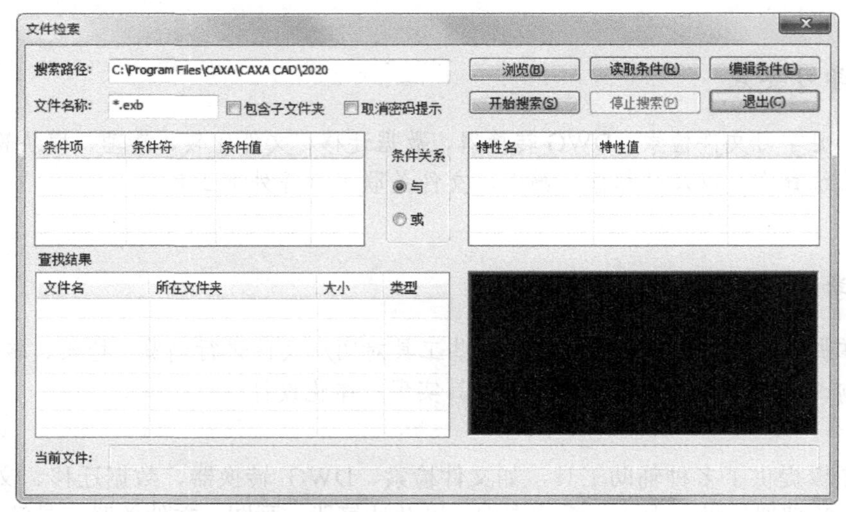

图 9-2　【文件检索】对话框

文件检索一般都分为三大步骤：设置搜索路径，设置属性条件，检索结果。

9.1.1　设置搜索路径

设置搜索路径用于指定需要查找的文件夹以确定搜索范围，可以在编辑框中手工填写，也可以点击“浏览”按钮弹出【浏览文件夹】对话框进行选择。

在“文件名称”编辑框中输入查找文件的名称及其扩展名，系统允许使用通配符“*”以查找一批文件。该处的“包含子目录”复选框用于决定只在指定目录下查找还是在包括其子目录在内的目录中查找。

按文件的名称和扩展名进行查找时，若勾选“取消密码提示”复选框，则不显示密码提示框。

9.1.2　设置属性条件

属性条件是用于查询文件标题栏中信息的条件。当条件项不止一个时，可利用“条件关系”中的单选钮指定条件之间的逻辑关系(“与”或“或”)。标题栏信息条件是通过点击“读取条件”按钮或者“编辑条件”按钮来获得的。

1. 读取条件

点击“读取条件”按钮，系统弹出【打开】对话框，利用该对话框选择所需的文件类型(*.qc)和文件名，然后点击“打开”按钮，系统将自动把属性条件显示在【文件检索】对话框的表格中。

2. 编辑条件

点击“编辑条件”按钮，系统弹出如图 9-3 所示的【编辑条件】对话框，借此可以添加条件或删除条件。

图 9-3　【编辑条件】对话框

对话框的使用方法如下：

(1) 条件类型：包括“字符型”“数值型”和“日期型”三类。用户必须根据组成“检索条件”的项目性质选择正确的条件类型。

(2) 检索条件：由“条件项”“条件符”和“条件值”三部分组成。其中：

①“条件项”是指标题栏中的属性标题，如设计时间、名称、材料、图纸比例、幅面，等等。用户可利用“条件项”的下拉列表进行选取。

②“条件符”是指要检索的文件内容与查找条件之间的符合程度。用户选择的“条件类型”不同，其“条件符”就不同，如图 9-4 所示。用户可在“条件符”下拉列表中进行选取。

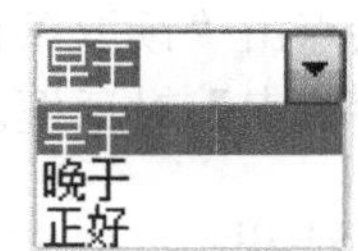

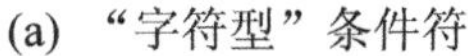

(a) “字符型”条件符　　(b) “数值型”条件符　　(c) “日期型”条件符

图 9-4　条件符

③ “条件值”相应地也分为三类：“字符型”“数值型”和“日期型”。用户可以通过

“条件值”编辑框输入其值。如果条件类型是“日期型”，编辑框会显示当前日期，通过点击其右面的按钮可弹出一【日历】窗口供日期选取，如图 9-5 所示。

图 9-5　【日历】窗口

(3) 条件显示：该区用于显示添加的条件。在没有添加条件时，该区域是空白的。

(4) 添加条件：要添加条件必须先更改上述检索条件，然后点击“添加条件”按钮，便会生成一个新的条件项，并显示在“条件显示”区。

例如：要检索设计日期在 2021 年 2 月 7 日之前的图纸，应在“条件项”下拉列表中选择“设计日期”，在“条件类型”中选择“日期型”，然后在“条件符”中选择“早于”，在“条件值”中输入“2021/2/7”，点击“添加条件”按钮，则在“条件显示”区显示出新产生的条件，如图 9-6 所示。

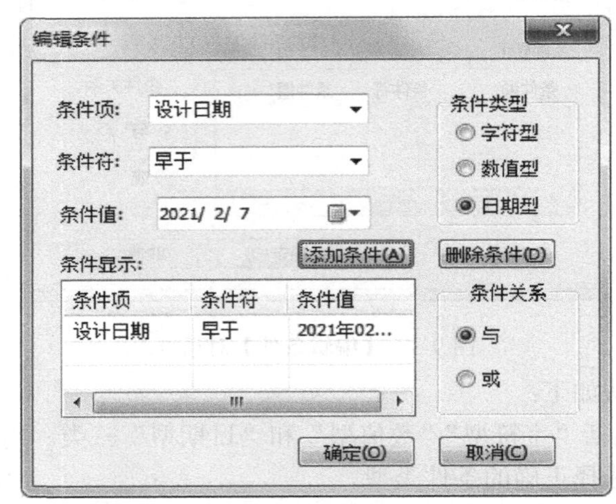

图 9-6　添加条件

(5) 条件关系：当需要添加两个及以上的检索条件时，应进行条件关系的选择。条件关系分为“与”和“或”两种。

(6) 删除条件：选中“条件显示”区的条件可以进行编辑。这时，如果点击“删除条件”按钮，则可将该检索条件删除。

(7) 保存条件：在“条件显示”区添加了检索条件后，点击“确定”按钮，系统会弹出一询问窗口，若点击“是”按钮，则可将编辑好的检索条件保存为文件*.qc，在下次使用时可以直接点击“读取条件”按钮以获取已有的检索条件；若点击“否”按钮，则直接返回到【文件检索】对话框。

9.1.3　检索结果

在【文件检索】对话框中，当正确地设置了“搜索路径”“文件名称”“属性条件”等项目之后，点击“开始搜索”按钮，系统即开始搜索。“查找结果”能够实时显示搜索到的文件的信息和文件总数。

(1) 如果系统最终没有搜索到满足条件的图形文件，将弹出如图 9-7 所示的信息框。点击“确定”按钮后，可重新编辑搜索条件再进行搜索。

(2) 如果用户事先没有勾选“取消密码提示”复选框，则在搜索过程中一旦遇到符合条件的设置了密码的图形文件，将弹出如图 9-8 所示的对话框，由用户输入文件密码并“确定”后，系统将继续搜索；否则将不会给出相关信息。

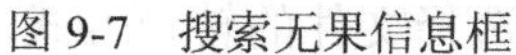
图 9-7　搜索无果信息框

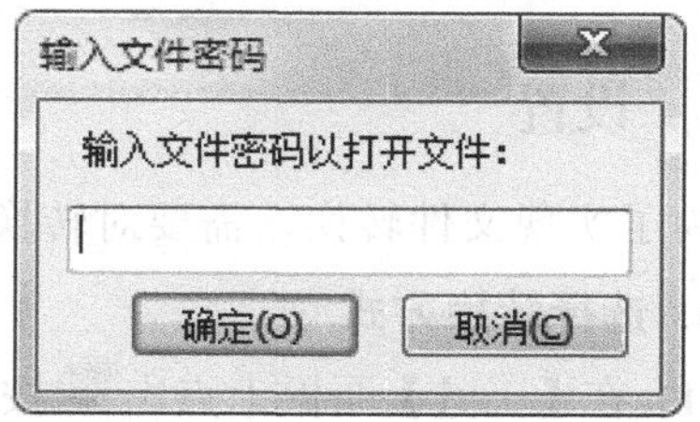

图 9-8　【输入文件密码】对话框

(3) 如果用户想中途停止搜索，可点击“停止搜索”按钮；当文件总数达到或超过 100 时即停止检索。

(4) 如果系统搜索成功，系统将把所有符合条件的文件显示在“查找结果”内，如图 9-9 所示。这时，如果选中一个搜索结果，可以在右面的属性区查看标题栏内容，并在图形预显区预显该文件的内容；如果选中一个搜索结果并用鼠标双击，则可以用电子图板打开该文件。

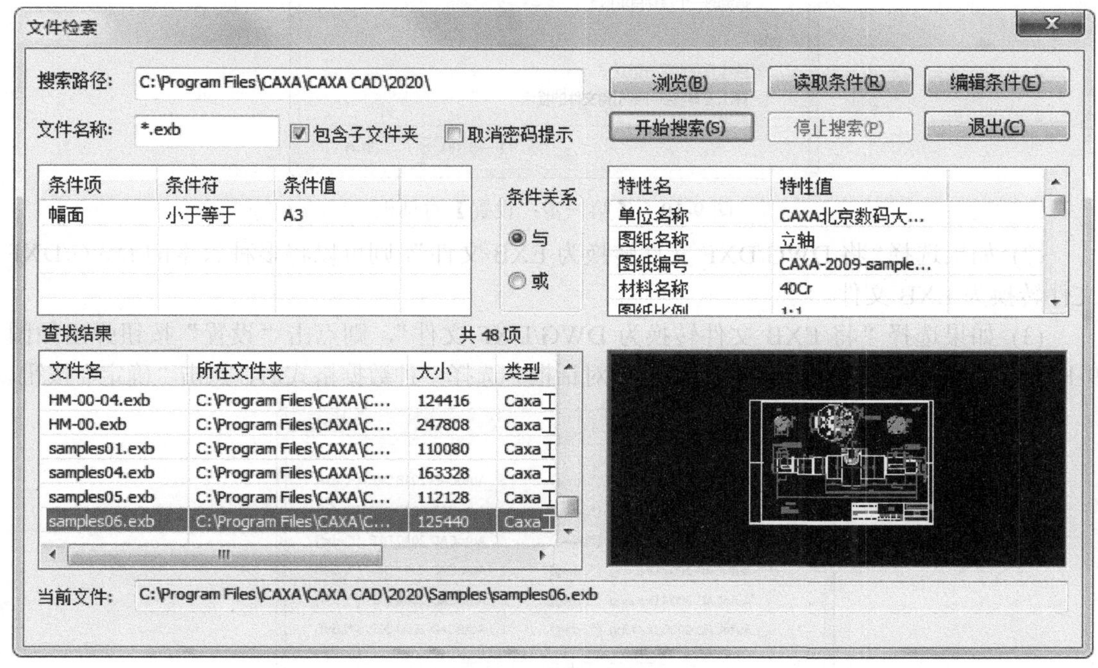

图 9-9　文件检索结果

(5) 在对话框中点击“退出”按钮即可结束文件检索。

9.2　DWG 转换器

电子图板可将 AutoCAD 各版本的 DWG/DXF 文件批量转换为 EXB 文件，也可将电子图板各版本的 EXB 文件批量转换为 AutoCAD 各版本的 DWG/DXF 文件，并可设置转换的路径。其具体的操作步骤是设置、加载文件、转换文件。

9.2.1　设置

为了实现文件转换，需要对转换方式、文件结构方式及相关选项进行设置。

1. 选择转换方式

(1) 在【工具】面板上点击按钮，或在“无命令”状态下输入“DWG”并按回车键，系统弹出如图 9-10 所示的【第一步：设置】对话框，以选择文件的转换方式。

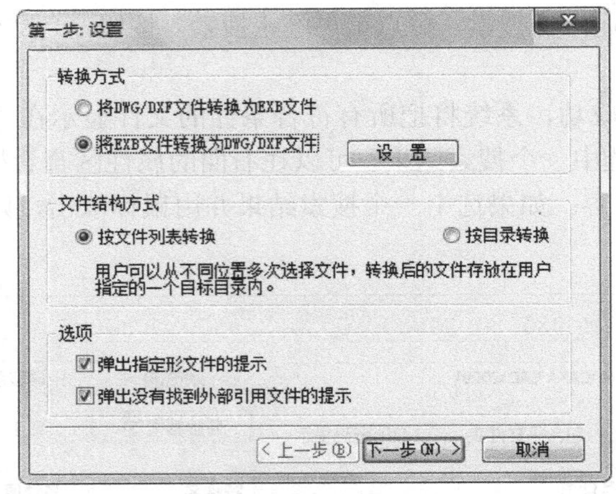

图 9-10　【第一步：设置】对话框

(2) 如果选择“将 DWG/DXF 文件转换为 EXB 文件”，则可以将多种版本的 DWG/DXF 文件转换为 EXB 文件。

(3) 如果选择“将 EXB 文件转换为 DWG/DXF 文件”，则点击“设置”按钮弹出如图 9-11 所示的【选取 DWG/DXF 文件格式】对话框。选择一种数据格式后，点击“确定”按钮。

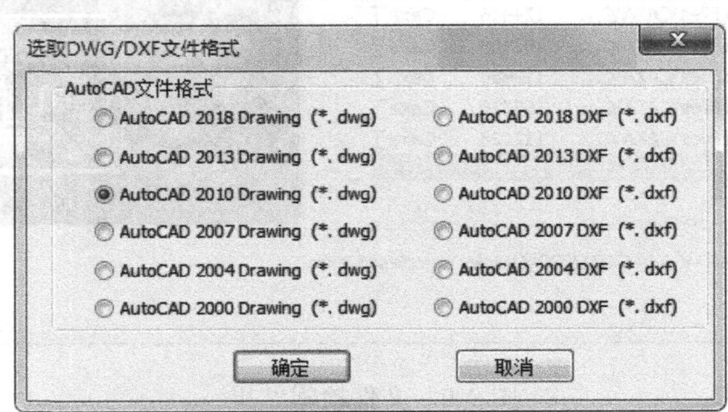

图 9-11　【选取 DWG/DXF 文件格式】对话框

2. 选择文件结构方式

(1) 如果选择“按文件列表转换”，可从不同位置多次选择文件，转换后的文件放在用户指定的一个目标文件夹内。

(2) 如果选择“按目录结构转换”，则能够把所选目录里符合要求的文件进行批量转换。在转换过程中，源目录中的文件及其目录结构将会一同转移到目标文件夹中。

3. 设置选项

(1) 若勾选“弹出指定形文件的提示”复选框，则在文件转换过程中，当系统没有发现所需的形文件时，将弹出如图 9-12 所示的对话框以提示用户选择可替代的形文件。对此，用户可点击“浏览”按钮以查找可替代的形文件，也可点击“取消”或“全部取消”按钮而不予理睬。

(2) 若勾选“弹出没有找到外部引用文件的提示”复选框，则在文件转换过程中，当系统发现外部引用文件缺失时，将弹出如图 9-13 所示的提示框，以询问用户是否重新指定外部参照文件。用户可根据实际情况作出回应。

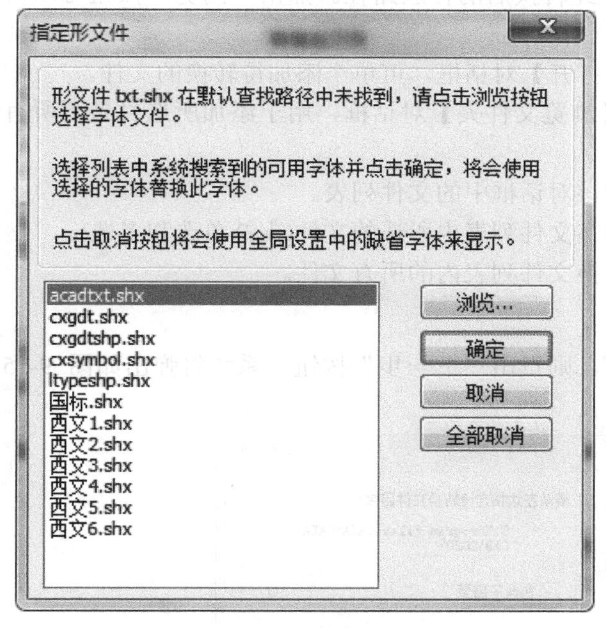

图 9-12 【指定形文件】对话框

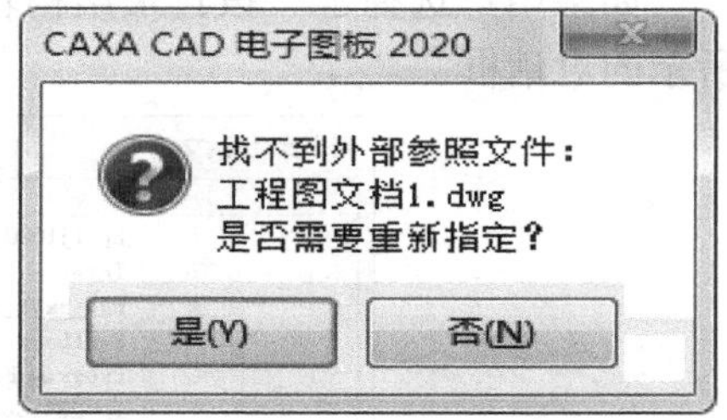

图 9-13 提示框

9.2.2 加载文件

用户完成上述设置后，系统将加载需要转换的文件。

1. 按文件列表转换

如果用户选择了“按文件列表转换”，则点击“下一步”按钮，系统将弹出如图 9-14 所示的对话框。

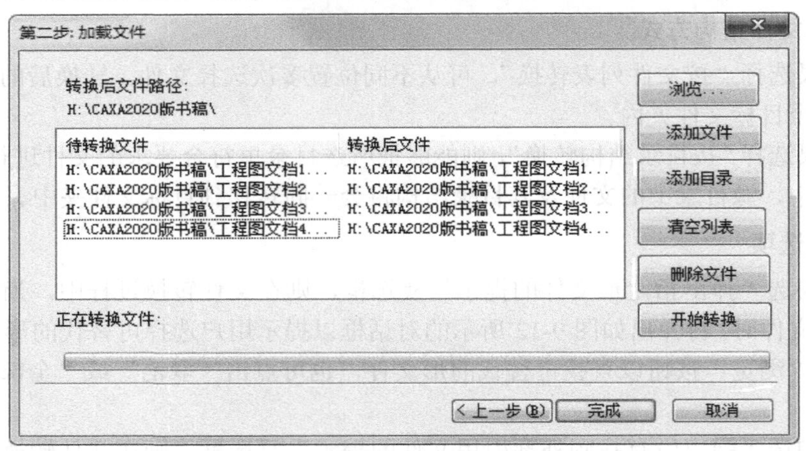

图 9-14　【第二步：加载文件】对话框

在对话框中，各部分功能如下：

(1) 转换后文件路径：用于显示文件经转换后的存放路径。点击“浏览”按钮可以修改路径。

(2) 添加文件：点击该按钮，出现【打开】对话框，可单个添加待转换的文件。

(3) 添加目录：点击该按钮，出现【浏览文件夹】对话框，用于添加所选目录下所有符合条件的待转换文件。

(4) 清空列表：点击该按钮，将清空该对话框中的文件列表。

(5) 删除文件：点击该按钮，将删除在文件列表内所选的文件(支持单选和多选)。

(6) 开始转换：点击该按钮，开始转换文件列表内的所有文件。

2. 按目录结构转换

如果用户选择了“按目录结构转换”，则点击“下一步”按钮，系统将弹出如图 9-15 所示的对话框。

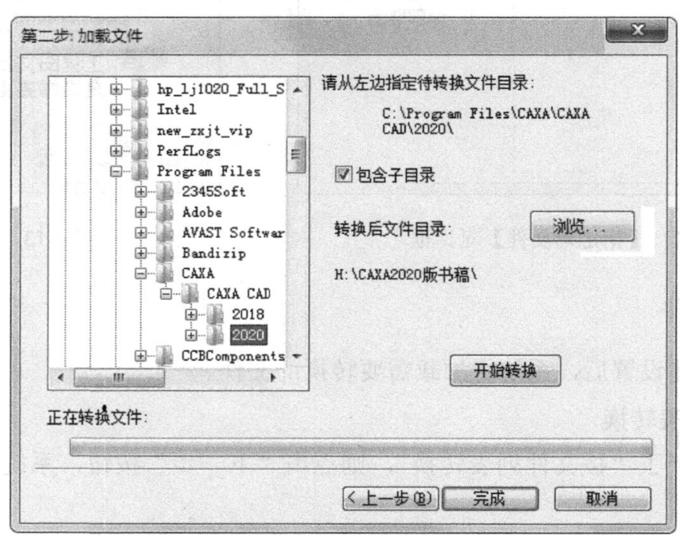

图 9-15　【第二步：加载文件】对话框

在对话框中，各部分功能如下：

(1) 转换目录：用户可在对话框的左侧选择需要转换的文件目录。

(2) 包含子目录：勾选此复选框后，转换文件时会将所选目录中所含子目录内的对应文件一起转换。

(3) 转换后文件目录：点击“浏览”按钮，以选择转换后文件的保存路径。

(4) 开始转换：点击该按钮，即开始转换选定文件夹中的文件。

9.2.3　转换文件

用户完成加载文件后，点击“开始转换”按钮，对话框的进度条将显示文件转换进度。完成转换后，系统弹出如图 9-16 所示的信息框。若点击“是”按钮，则继续转换下一批文件；若点击“否”按钮，则结束转换。

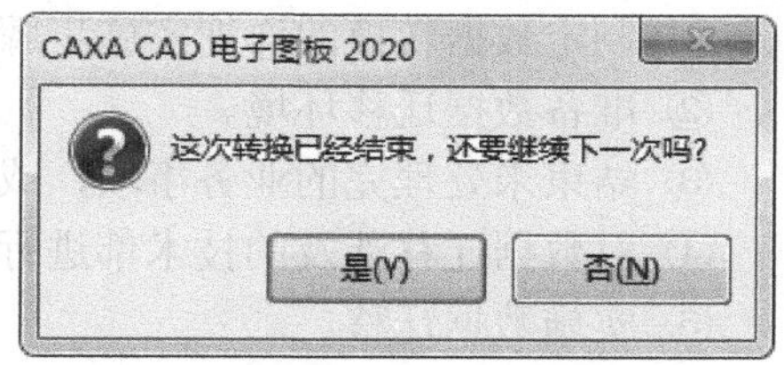

图 9-16　结束转换信息框

9.3　增 益 工 具

为了减少章节数量，本书特意将数据迁移、文件比较、清理、模块管理器、设计中心等放在一起，统称增益工具。

9.3.1　数据迁移

1. 数据迁移的定义

数据迁移(又称分级存储管理，HSM)是一种将离线存储与在线存储融合的技术。它将高速、高容量的非在线存储设备作为磁盘设备的下一级设备，然后将磁盘中常用的数据按指定的策略自动迁移到磁带库(简称带库)等二级大容量存储设备上。当需要使用这些数据时，分级存储系统会自动将这些数据从下一级存储设备调回到上一级磁盘上。对于用户来说，上述数据迁移操作完全是透明的，只是在访问磁盘的速度上略有减慢，而在逻辑磁盘的容量上感觉明显提升了。

数据迁移是将很少使用或不用的文件移到辅助存储系统(如磁带或光盘)的存档过程。这些文件通常是在未来任何时间都可进行方便访问的图像文档或历史信息。迁移工作与备份策略相结合，并且仍要求定期备份。数据迁移经常用于将旧电脑(旧系统)中的数据、应用程序、产品信息、个性化设置等迁移到新电脑(新系统)，故在系统升级后很有必要进行。

2. 数据迁移的步骤

实现数据迁移大致可以分为 3 个阶段：数据迁移前的准备、数据迁移的实施和数据迁移后的校验。

(1) 数据迁移前的准备。由于数据迁移的特点，大量的工作都需要在准备阶段完成，充分而周到的准备工作是完成数据迁移的重要基础。

① 进行待迁移数据源的详细说明(包括数据的存储方式、数据量、数据的时间跨度)。

② 建立新旧系统数据库的数据字典。

③ 进行旧系统的历史数据质量分析，新旧系统数据结构的差异分析，新旧系统代码数据的差异分析。

④ 建立新旧系统数据库表的映射关系，对无法映射字段应确定处理方法。

⑤ 开发、布属 ETL 工具，编写数据转换的测试计划和校验程序。

⑥ 制定数据转换的应急措施。

(2) 数据迁移的实施。这是实现数据迁移的 3 个阶段中最重要的环节。

① 制定数据转换的详细实施步骤流程。

② 准备数据迁移环境。

③ 结束未处理完的业务事项，或将其告一段落。

④ 对数据迁移涉及的技术都进行测试。

⑤ 实施数据迁移。

(3) 数据迁移后的校验。对迁移工作进行检查，其数据校验的结果是判断新系统能否正式启用的重要依据。可以通过质量检查工具或编写检查程序进行数据校验，通过试运行新系统的功能模块，特别是查询、报表功能，检查数据的准确性。

对于电子图板的老用户来说，在使用旧版本的过程中，都在某种程度上进行过一些功能的定制。而一旦用户选择使用了新版本，这些定制就会丢失。电子图板提供的数据迁移功能就是将旧版本的用户数据迁移到当前版本中，以尽量避免重复性定制。

在【工具】面板上点击按钮，系统弹出如图 9-17 所示的【迁移向导：第一步】对话框。

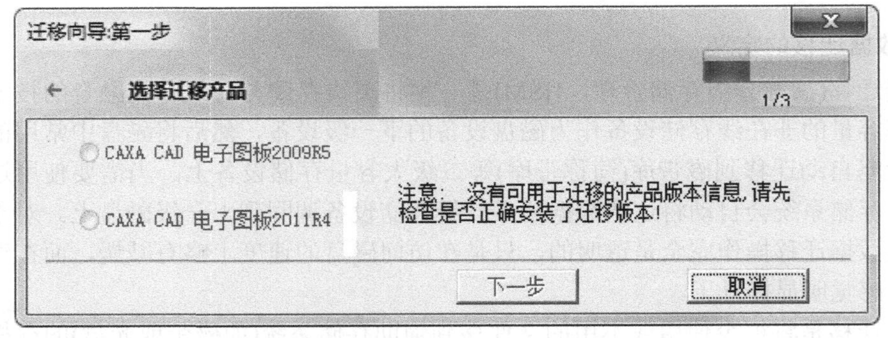

图 9-17　【迁移向导：第一步】对话框

如果用户之前在电脑上成功安装了 2009 或 2011 版本的电子图板，可在该对话框中选择对应的迁移产品，然后点击“下一步”按钮，将继续进行迁移向导的第二步、第三步，直至完成数据迁移。

9.3.2　文件比较

文件比较功能是将所选的两个图纸文件中的不同部分、相同部分、修改部分等按不同颜色显示出来。

在【工具】面板上点击按钮，系统将弹出【文件比较】对话框，如图 9-18 所示。

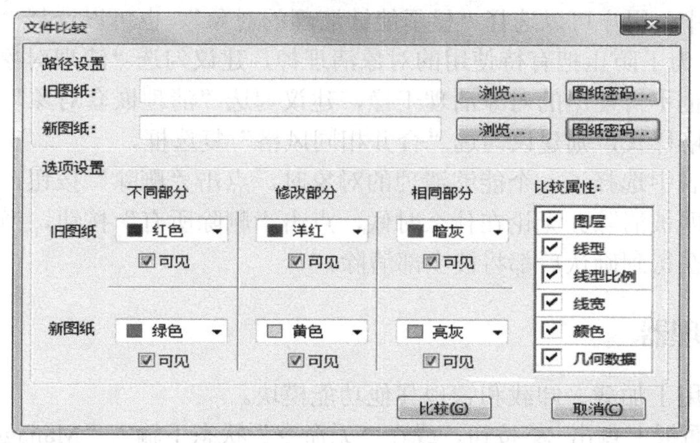

图 9-18　【文件比较】对话框

(1) 在“路径设置”中，点击“浏览”按钮选择需要对比的旧图纸文件和新图纸文件。如果文件设有密码，则可点击“图纸密码”按钮以输入文件密码。

(2) 在“选项设置”中分别设置旧图纸和新图纸对比结果的颜色显示。

(3) 在“比较属性”中选择需要对比的属性，包括图层、线型、线型比例、线宽、颜色、几何数据等。

(4) 点击“比较”按钮，即可以将比较的结果在新文件中显示出来。

9.3.3　清理

清理功能用于清理当前文件中已经定义而又没有被使用的对象，如图层、块、各种风格样式等，其目的是使文件“瘦身”。

点击【工具】面板上的按钮，或在“无命令”状态下输入“Purge”并按回车键，系统将弹出【清理对象】对话框，如图 9-19 所示。

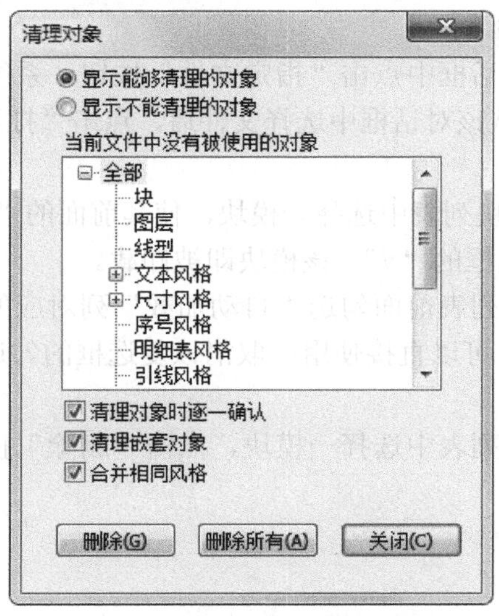

图 9-19　【清理对象】对话框

在该对话框中，用户可以选择“显示能够清理的对象”，也可以选择“显示不能清理的对象”。在这里，为了防止把有待使用的对象清理掉，建议勾选“清理对象时逐一确认”复选框；为了保证把不再使用的对象清理干净，建议勾选“清理嵌套对象”复选框；如果图纸中有相同的风格样式，则建议勾选“合并相同风格”复选框。

当在对象列表中选择了一个能够清理的对象时，点击“删除”按钮，接下来在得到确认后相应的对象即被清除。无论在什么时候，点击“删除所有”按钮，当前文件中所有没有被使用的对象在得到确认后都将被全部清除。

9.3.4 模块管理器

模块管理器用于加载、卸载和管理其他功能模块。

在【工具】面板上点击按钮，或在“无命令”状态下输入“Manage”或“Appload”并按回车键，系统将弹出【模块管理器】对话框，如图 9-20 所示。

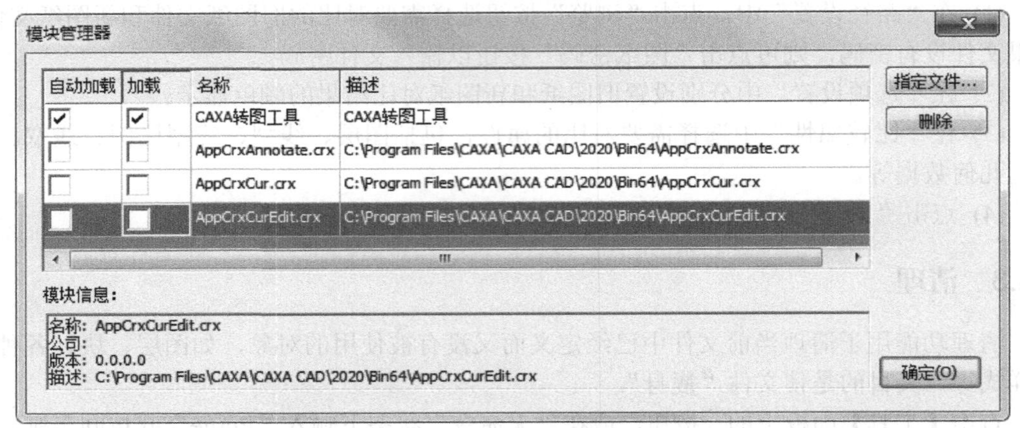

图 9-20　【模块管理器】对话框

该对话框的使用方法如下：

(1) 指定文件。在该对话框中点击“指定文件”按钮，系统将弹出【选择需要加载的 CRX 应用程序】对话框。从该对话框中选择文件后，点击“打开”按钮，该文件即显示在对话框的模块列表中。

(2) 加载和卸载。在模块列表中选择一模块，使其前面的“加载”列复选框显示“√”，该模块即被加载；取消复选框的“√”，该模块即被卸载。

(3) 自动加载。在模块列表前面勾选“自动加载”列对应的复选框，在关闭程序重新启动后该模块将自动加载，可以直接使用；取消该复选框的勾选，对应的模块将被取消自动加载。

(4) 删除文件。在模块列表中选择一模块，点击“删除”按钮，该文件即从对话框的模块列表消失。

9.3.5 设计中心

设计中心是电子图板在图纸间相互借用资源的工具。在设计中心中，可以在本地硬盘并通过访问的互联网上找到已经存盘的图纸资源，使图纸中的块、样式、文件信息等资源在其他图纸文件中进行共享。

在【快速启动工具栏】下拉菜单中选择“设计中心”选项，或者在“无命令”状态下输入“Designcenter”并按回车键，系统会在窗口左侧弹出【设计中心】工具，如图 9-21 所示。

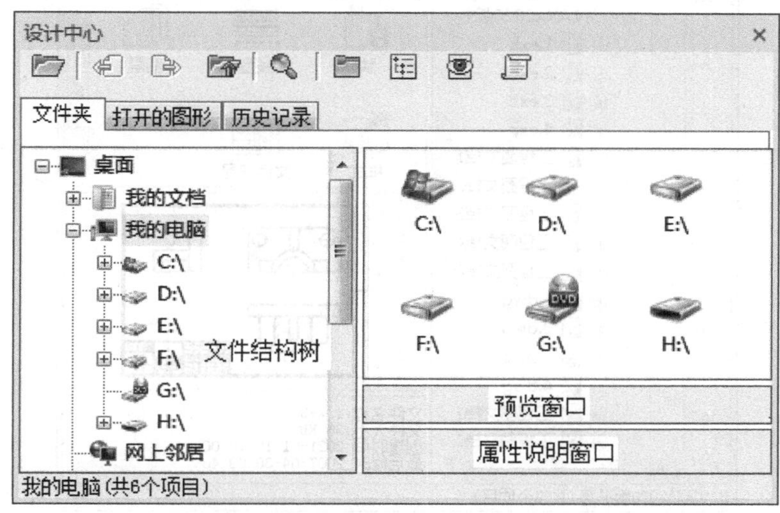

图 9-21　【设计中心】工具

设计中心除了拥有自己的工具栏外，还有“文件夹”“打开的图形”“历史记录”等 3 个标签。

1. 设计中心的工具栏

如图 9-21 所示，设计中心的工具栏上共有 9 个按钮，其功能分别是：

(1) 按钮：用于加载一个 EXB/DWG 图形文件。

(2) 按钮：当有多个文件被打开时，用于切换到上一个文件。

(3) 按钮：当有多个文件被打开时，用于切换到下一个文件。

(4) 按钮：在文件结构树中，用于撤回到上一级文件目录。

(5) 按钮：用于检索相关文件。

(6) 按钮：按照“文件夹”标签展开文件结构树。

(7) 按钮：显示或隐藏文件结构树。

(8) 按钮：显示或隐藏预览窗口。

(9) 按钮：显示或隐藏属性说明窗口。

说明：设计中心各个不同的窗口区域分别对应着不同的右键菜单，利用右键菜单也可以完成如浏览图纸、回到上一级目录、切换标签等功能。

2. “文件夹”标签

“文件夹”标签用于在硬盘和网络上查找已经生成的图纸，并从其中提取可以借用到当前图纸中的元素。

在“文件夹”标签的左侧窗口是文件结构树，用于浏览本地硬盘和网上的图纸资源。

目录树会自动筛选出 .exb、.dwg 等含有可借用资源的图纸文件。在这些文件下会含有包含块、各种样式及图纸信息的子节点，如图 9-22 所示。

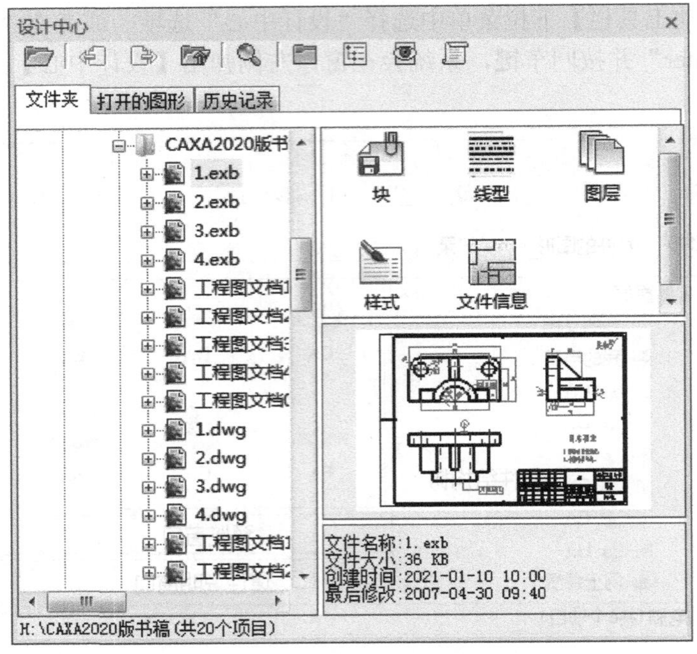

图 9-22　“文件夹”标签

在“文件夹”标签的右侧有三个窗口竖向排列。

最上方的窗口是陈列窗口，在选择目录结构时，会显示下一级目录中含有的文件夹结构或可识别的图纸文件。当选择图纸或图纸中的借用信息时，会显示当前图纸或借用信息内所包含的样式或属性。在窗口中可以直接将块、样式等元素拖拽到绘图区中以添加到当前图纸内。应注意的是，如果拖拽的样式在当前图纸中有同名样式，则不会作任何处理，仅在没有同名样式的情况下，才会在当前图纸中增加该样式。

另外，中间的窗口是预览窗口，用于预览当前选择的图纸或其他元素；最下方的窗口会显示该图纸的属性说明。

3. “历史记录”标签

“历史记录”标签用于查看在设计中查看过的图纸的历史记录，如图 9-23 所示。在“历史记录”标签中，双击某条记录则可跳转到“文件夹”标签中对应的文件中去。

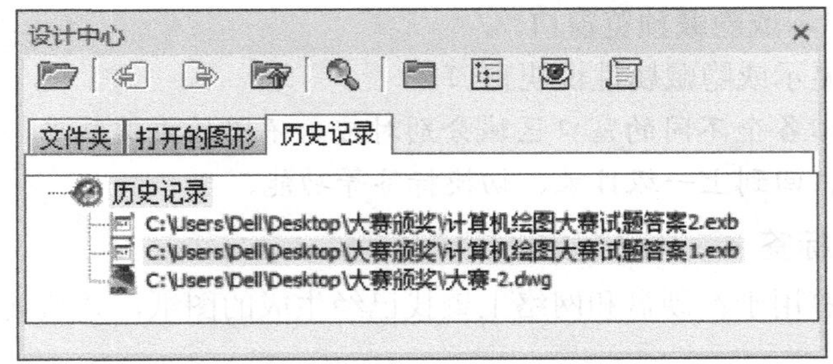

图 9-23　“历史记录”标签

4．“打开的图形”标签

“打开的图形”标签的使用方式与“文件夹”标签类似，只是左侧的文件结构树仅会显示当前打开的图纸，如图 9-24 所示。

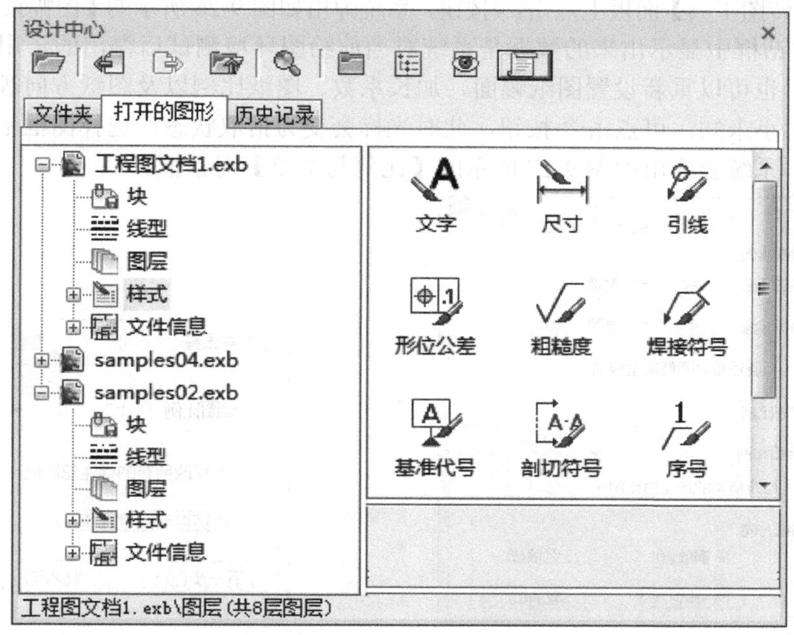

图 9-24　“打开的图形”标签

9.4　转 图 工 具

通常，DWG 文件中并没有图纸幅面信息，标题栏和明细表虽是基本的图形对象，但无法使用电子图板的图幅功能进行编辑。

转图工具的主要功能是将包括 DWG 文件在内的各种图形文件中不规范的明细表和标题栏转换为符合电子图板专用的明细表和标题栏，使明细表的数据关联，方便编辑和输出，又为方便 BOM 表生成，以及与 ERP 或者 PDM 等软件进行数据转换提供基础。

下面就以系统安装目录下\Samples\samples07.exb 文件为例，介绍图形转换方法。

首次使用转图工具需要加载。成功加载后，屏幕顶部的功能区将出现【转图工具】选项卡，如图 9-25 所示。

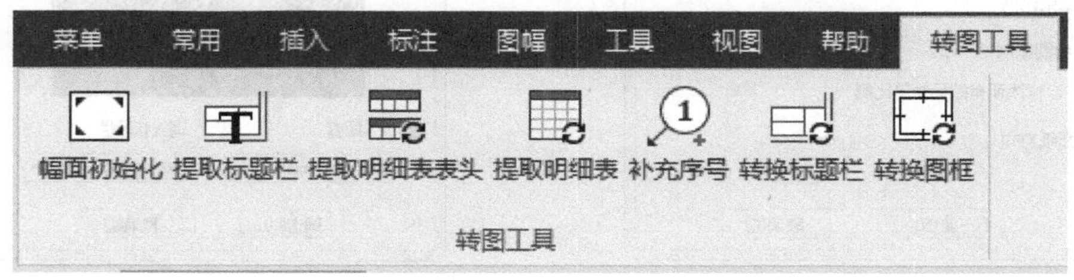

图 9-25　【转图工具】选项卡及其面板

9.4.1　幅面初始化

幅面初始化功能用于识别并设置图纸幅面、图纸比例、图纸方向。其具体方法步骤如下：

(1) 在【转图工具】面板上点击按钮，系统弹出如图 9-26 所示的【图幅设置】对话框。

(2) 在对话框中显示出来的数据是系统对当前绘图环境测试后得出的。用户可以接受其当前设置，也可以重新设置图纸幅面、加长系数、图纸比例以及图纸方向等。如果现有图纸的幅面大小未知，可点击<>按钮，此时光标会变为拾取状态，选择图框范围后点击鼠标右键确定，系统会弹出如图 9-27 所示的【比例与圆整】对话框。

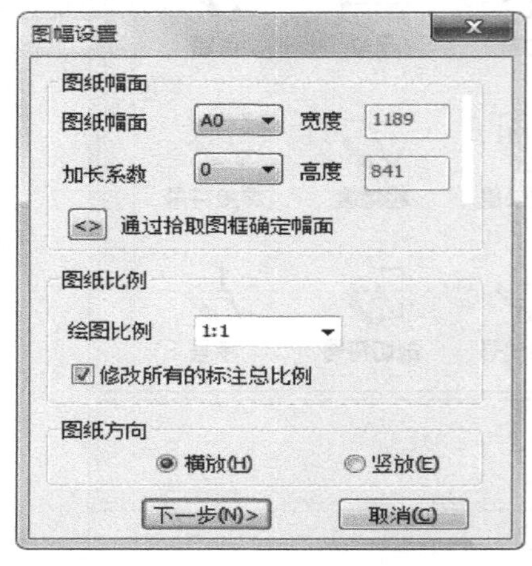

图 9-26　【图幅设置】对话框

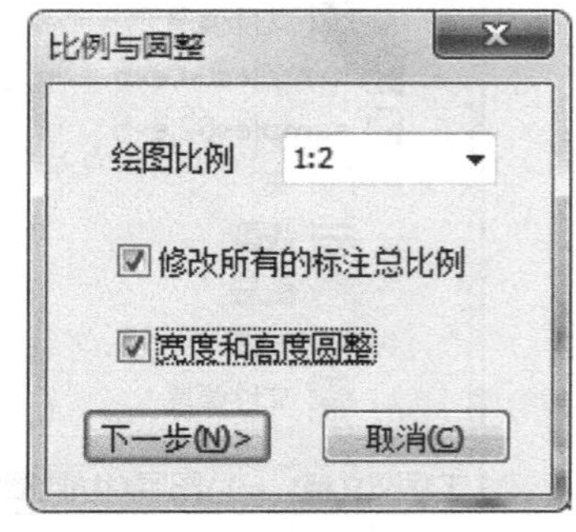

图 9-27　【比例与圆整】对话框

(3) 在【比例与圆整】对话框中，用户可以接受其现有设置，也可以重新选择绘图比例。例如，把绘图比例设为 1∶2，然后点击“下一步”按钮，系统会再一次弹出【图幅设置】对话框以自动识别图纸幅面和绘图比例，如图 9-28 所示。

此时用户可以发现，图纸幅面和绘图比例已经根据所选图框自动设置完成。应该注意的是，如果图纸图框不符合国标规定，则图纸幅面会默认到“用户自定义”选项。点击“下一步”按钮，系统弹出【图框和标题栏】对话框，如图 9-29 所示。

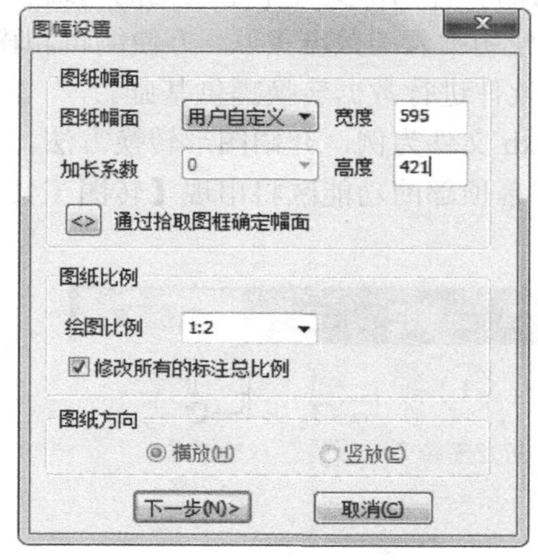

图 9-28　【图幅设置】对话框

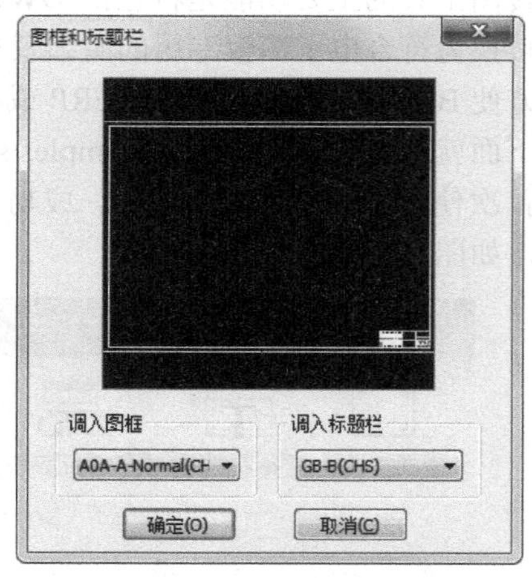

图 9-29　【图框和标题栏】对话框

(4) 在对话框中选择所需的图框和标题栏后，点击“确定”按钮即完成幅面初始化。

9.4.2　提取标题栏

提取标题栏功能用于识别并提取标题栏内容。其具体方法步骤如下：

(1) 在【转图工具】面板上点击按钮，此时光标变为拾取状态，选择图纸中标题栏的两个对角位置，如图 9-30 所示。

编号	名称	型号及规范	数量	备注

标记	处数	分区	更改文件号	签名	年、月、日	135MW机组 热力系统图	北京数码大方科技有限公司
设计	EB-Tester	2009-06-15	标准化				CAXA-2009-Samples08
审核							阶段标记　重量　比例
							S　1:1
工艺			批准				共 1 张　第 1 张

图 9-30　拾取标题栏的两个对角位置

(2) 拾取完成后，系统弹出【填写标题栏】对话框，如图 9-31 所示。

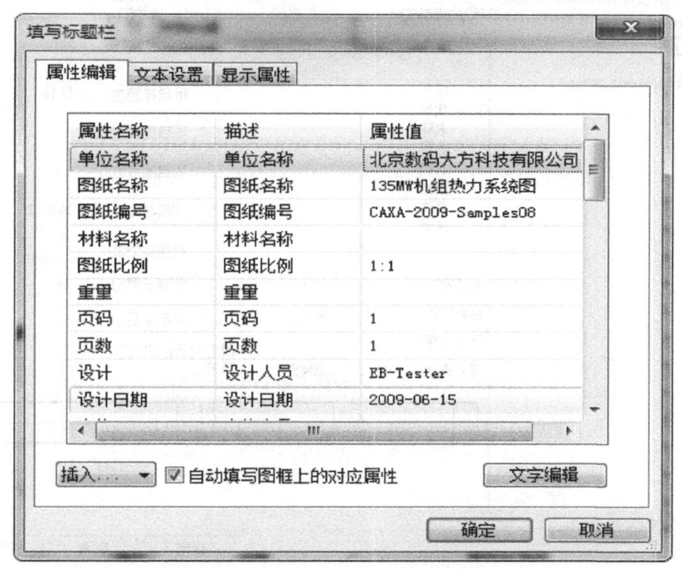

图 9-31　【填写标题栏】对话框

(3) 在对话框中，用户可以接受各栏目中的现有内容，也可以进行修改，点击“确定”按钮，图纸标题栏中的内容将被转换到新的标题栏中。

应该注意：如果定义的标题栏与拾取的标题栏格式、大小不一致，则读取到的信息位置可能会发生变化。这时可利用“文本设置”标签和“显示属性”标签进行修改。

9.4.3　提取明细表表头

提取明细表表头功能用于识别并提取明细表表头。其具体方法步骤如下：

(1) 在【转图工具】面板上点击按钮，此时，如果图纸中已有明细表，则出现如图 9-32 所示的提示框。

图 9-32　已存在明细表提示框

(2) 如果图纸中已有明细表，则提示拾取两点以确定明细表表头的所在位置。由用户给定两点后，系统弹出【明细表风格设置】对话框，如图 9-33 所示。其中新增的一项“复件 GB”就是被转换而来的明细表风格，用户可以对其进行修改。

(3) 在对话框上，点击“确定”按钮，明细表表头转换完毕。

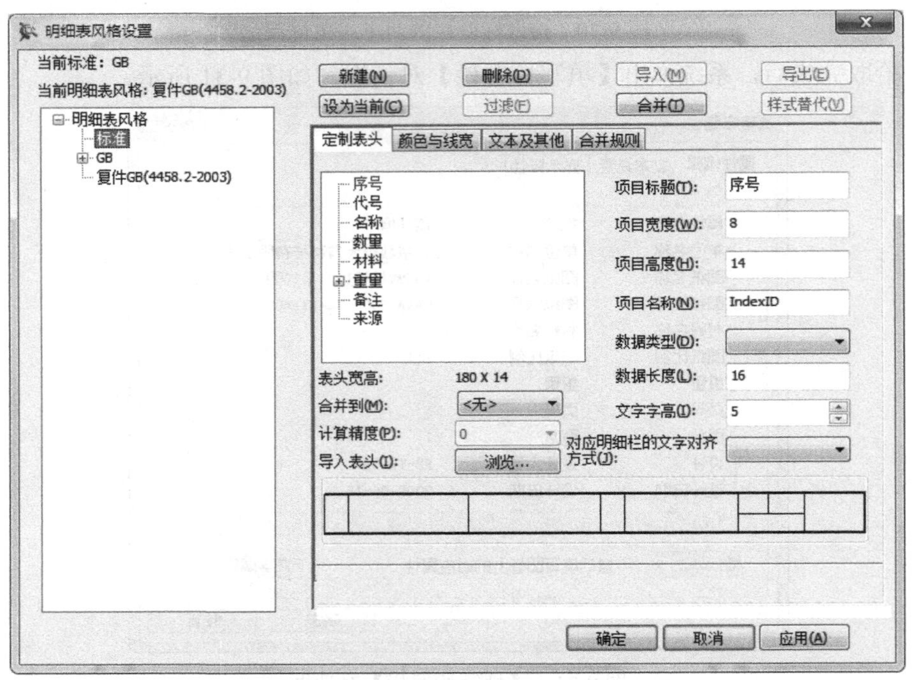

图 9-33　【明细表风格设置】对话框

9.4.4　提取明细表

提取明细表功能用于识别并提取明细表内容。其具体方法步骤如下：

(1) 在【转图工具】选项卡上点击 按钮，系统弹出如图 9-34 所示的立即菜单，对其中的选项进行必要设置。

图 9-34　“提取明细表”立即菜单

(2) 根据系统提示，由用户在明细表中拾取两点，系统即弹出【填写明细表】对话框，如图 9-35 所示。通过此对话框可对明细表进行编辑。

(3) 点击“确定”按钮，即完成明细表转换。

编号	名称	型号及规范	数量	备注	显示
$1	锅炉	SJG-440/13.7-YM 型	1	沈阳极联锅炉厂有...	☑
$2	汽轮机	N135-13.24/535/535 型	1	哈尔滨汽轮机厂有...	☑
$3	发电机	QF-135-2-13.8 135MW 型	1	东方电机股份有限...	☑
$4	凝汽器	N-8000-2 型	1	对分双流程表面式	☑
$5	凝结水泵	B480-6A 型	2	电机 YLKK355-4	☑
$6	高加危急疏水扩容器	GSK-7.5 型	1		☑
$7	胶球清洗泵	125JQ-15 型	1	电机 Y160M-4	☑
$8	汽封加热器	LQ-70-16 型	1		☑
$9	#6低压加热器	JD-220-5 型	1		☑

图 9-35　【填写明细表】对话框

应该注意的是，为了保证图纸原始信息的完整性，电子图板不会自动删除原来明细表中的表格和文字。而且，对话框中的“不显示明细表”复选框会被自动勾选，这意味着电子图板自行生成的明细表默认不会直接显示。

如果希望在图纸中显示电子图板自动生成的明细表，则应手工删除原来图纸中绘制的明细表，并在【填写明细表】对话框中，将“不显示明细表”复选框的勾选状态取消。

9.4.5　补充序号

补充序号功能用于补充图纸中的零部件序号，并且实现序号和明细表之间的关联。

(1) 在【转图工具】面板上点击 按钮，系统将弹出如图 9-36 所示的立即菜单，并提示“拾取引出点或明细表行：”。

图 9-36　“补充序号”立即菜单

(2) 如果在绘图区直接拾取引出点，可按立即菜单设定的格式标注零部件序号；如果选择明细表中的某一行，然后需要在绘图区拾取引出点，所标注的零部件序号是与明细表行相对应的序号。但无论哪种情况，序号与明细表都是双向关联的，即：无论序号还是明细表，当一方进行了修改、增加、删除时，另一方都会进行相应的变化。

9.4.6　转换标题栏

转换标题栏功能用于直接将带属性的块转换为标题栏。

图 9-37 是一个事先绘制好的表格。其中，只有“制图”和“校核”为文本对象，其余的各项均为定义的属性。要想把它转换为标题栏，具体方法步骤是：

制图	制图签名	制图日期	图纸名称	图纸比例
校核	校核签名	校核日期		重量
院校名称			图纸编号	

图 9-37　表格

(1) 在【块】面板上点击按钮，或在“无命令”状态下输入“Block”并按回车键，系统均提示“拾取元素：”。

(2) 拾取如图 9-37 所示的表格及其所包含的内容并确认，然后系统提示“基准点：”。此时，用户应拾取表格的右下角点作为基准点。接下来系统将弹出如图 9-38 所示的【块定义】对话框。

块定义

名称　我的标题栏

确定(O)　取消(C)

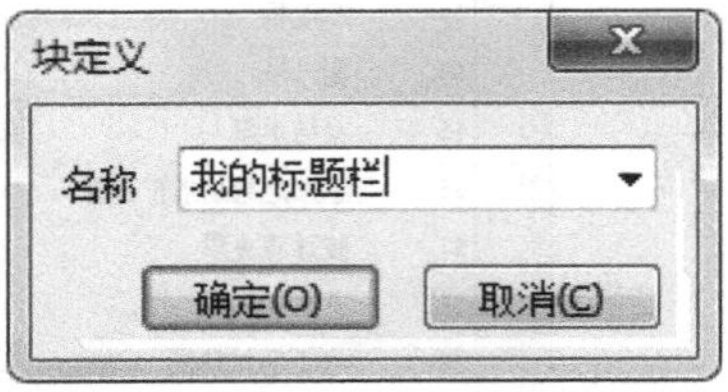

图 9-38　【块定义】对话框

(3) 用户在对话框中输入“我的标题栏”，并点击“确定”按钮，系统又会弹出【属性编辑】对话框。

(4) 用户在对话框中给所需的属性赋值，最后点击“确定”按钮，就会把上述表格定义为块，如图 9-39 所示。但如果没有给属性赋值，则在创建的块中其相应的单元格是空白的。

(5) 在【转图工具】面板上点击按钮，系统将提示“请拾取块引用：”。

(6) 根据提示，用户拾取如图 9-39 所示的块，即可将其转换为标题栏。

制图	马向阳	2015年4月	传动轴	1:1
校核	刘昭群	2015年4月		35kg
河北工程大学			CDZ-11-44	

图 9-39　已定义的块

说明： 如果在上述第(4)步中没有给所需的属性赋值，则可以双击标题栏，在弹出的【填写标题栏】对话框中为标题栏填写信息。

9.4.7　转换图框

转换图框功能用于直接将带属性的块转换为图框。其具体方法步骤如下：

(1) 将需要转换为图框的图形定义为块。

(2) 在【转图工具】面板上点击按钮，系统将提示“请拾取块引用：”。

(3) 根据提示，用户拾取所需的块，并给定基点，即可将其转换为图框。

9.5　查 询 工 具

用户在绘制图形过程中，总免不了需要了解各种对象的相关信息，以便对图形进行分析和设计。电子图板提供的查询功能，不仅可以帮助用户迅速、准确地查询到点的坐标、两点间距、角度、元素属性、周长、面积、重心和惯性矩等信息，还可以对简单零件进行重量计算，而且还能将查询到的信息保存在专门的文件中。

9.5.1　查询点坐标

查询点坐标功能用于查询点的坐标，此功能可同时查询多个点的坐标。

(1) 在【查询】面板上点击按钮，或在“无命令”状态下输入“Id”并按回车键，系统提示“拾取要查询的点：”。

(2) 用鼠标在绘图区拾取要查询的点，选中后，该点处即用拾取颜色显示出点标识，可以连续拾取多个要查询的点，如图 9-40(a)所示。在该图中，分别查询了直线的端点、直线与圆弧的切点、直线与直线的交点、圆心等四个特殊位置点，图中的数字是作者另加上去的，以此代表拾取点顺序。

(3) 拾取完毕后，点击鼠标右键确认，系统立即弹出【查询结果】对话框，如图 9-40(b)所示。

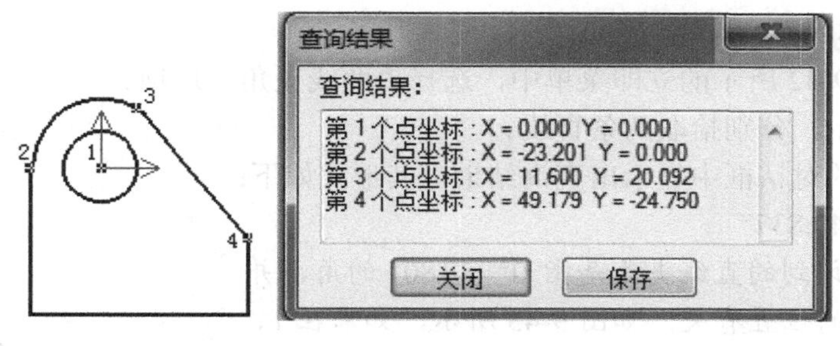

(a) 拾取查询点　　　　　　(b) 查询结果

图 9-40　查询点坐标

说明：查询到的点坐标是相对于当前用户坐标系的。用户可在【选项】对话框上选择“文件属性”设置查询结果的小数位数。

(4) 点击“保存”按钮，系统弹出【另存为】对话框，可将查询结果保存在指定的文件中。若点击“关闭”按钮，则关闭该对话框，屏幕上被拾取到的点标识也随即消失。

9.5.2　查询两点距离

查询两点距离功能用于查询任意两点之间的距离。

(1) 在【查询】面板上点击按钮，或在“无命令”状态下输入 Dist 并按回车键，系统将出现提示。

(2) 当提示“拾取第一点：”时，用鼠标拾取所需的一点；当提示“拾取第二点：”时，用鼠标再拾取所需的另一点。此时，系统弹出【查询结果】对话框，如图 9-41 所示。

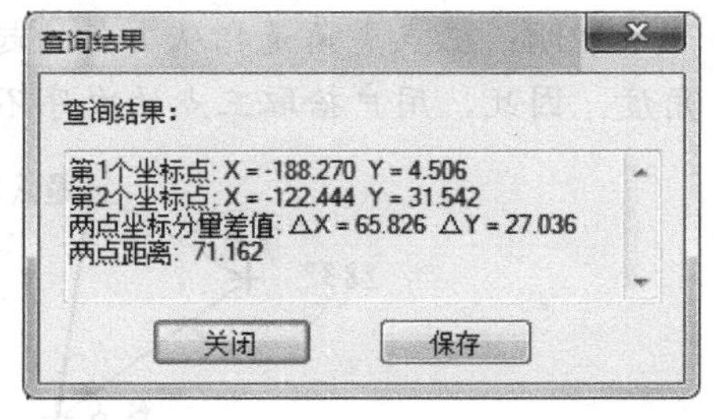

图 9-41　查询两点距离

(3) 对话框中分别列出了被查询两点的坐标值、第二点相对于第一点在 X 轴和 Y 轴方向的偏移量，以及这两点之间的距离。点击“保存”

按钮可将查询结果进行保存，或者点击“关闭”按钮退出该对话框。

9.5.3　查询角度

查询角度功能用于查询圆心角、两线夹角和三点夹角等，查询结果以度为单位显示。

在【查询】面板上点击 按钮，或在“无命令”状态下输入“Angle”并按回车键，系统将弹出如图 9-42 所示的立即菜单，通过切换立即菜单可以实现不同情况下的角度查询。

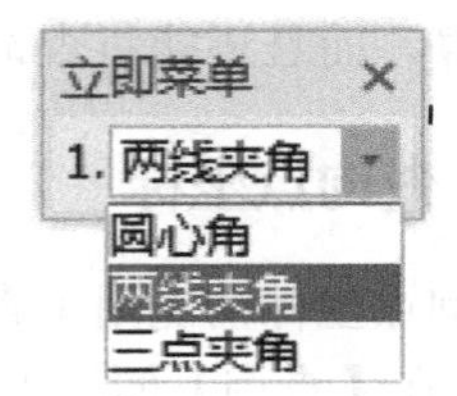

图 9-42　“查询角度”立即菜单

1. 查询圆心角

(1) 在如图 9-42 所示的立即菜单中，选择“圆心角”选项。

(2) 当提示“拾取圆弧:”时，拾取一个需要查询的圆弧，则在弹出的【查询结果】对话框中显示出查询结果，其形式如下：

圆心角: 141.638°

2. 查询两线夹角

(1) 在如图 9-42 所示的立即菜单中，选择“两线夹角”选项。

(2) 按照提示，分别拾取两条直线。

(3) 在弹出的对话框中显示出查询结果，其形式如下：

直线夹角: 40.837°

说明：所查询到的直线夹角是指 0° ~180° 的角，并且与拾取直线时的位置有关。如图 9-43 所示，如果在 1、2 两点的位置拾取直线，查询结果为 40.837°；如果在 2、3 两点的位置拾取直线，查询结果则为 139.163°。

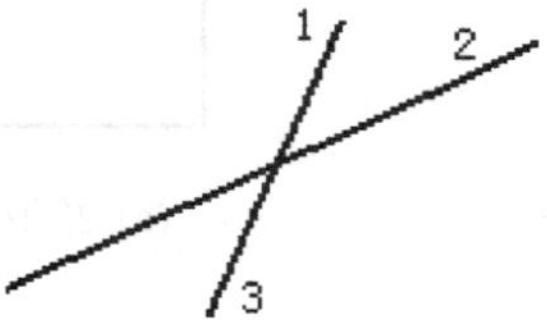

图 9-43　查询直线夹角

3. 查询三点夹角

(1) 在如图 9-42 所示的立即菜单中，选择“三点夹角”选项。

(2) 按照提示，分别拾取构成夹角的顶点、起始点和终止点，由拾取到的三点构成待查询的夹角。

(3) 对话框中将显示出查询结果。

说明：三点夹角是指从夹角的起始点围绕顶点按逆时针方向旋转到夹角的终止点时的角度。因此，用户拾取三点的次序不同，查询的结果就不同，如图 9-44 所示。

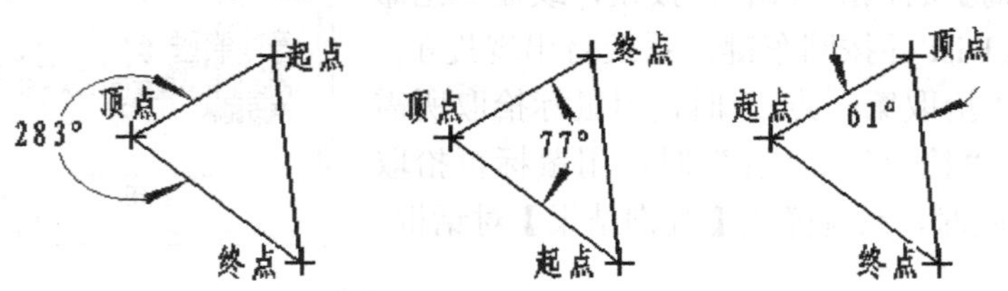

(a) 三点夹角为 283°　(b) 三点夹角为 77°　(c) 三点夹角为 61°

图 9-44　“三点夹角”查询

9.5.4　查询元素属性

查询元素属性命令用于查询对象的属性，并以列表的方式显示查询结果。

(1) 在【查询】面板上点击按钮，或在“无命令”状态下输入“List”并按回车键，系统将提示“拾取添加：”。

(2) 按照提示拾取一个或多个对象，最后点击鼠标右键，系统将在【记事本】窗口中按用户的拾取顺序列出对象的信息，如图 9-45 所示。

(3) 用户可利用【记事本】窗口顶部提供的各项功能对其中的信息进行编辑和处理等。

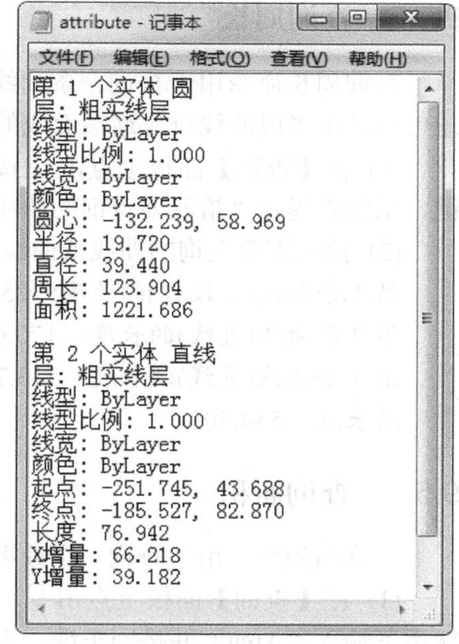

图 9-45　查询元素属性

实际上，查询元素属性的另一个常用的方法是：先拾取需要查询的对象，然后按鼠标右键弹出菜单并从中选择“元素属性”选项即可。这里需要说明的是，查询不同类型的实体，所得到的属性信息是不完全一样的。例如：直线的几何属性有起点、终点、增量和长度，而圆弧的几何属性有圆心、起点、终点、半径、长度和圆心角等。表 9-1 列出了部分对象可供查询的属性。

表 9-1　部分对象可供查询的属性表

对　象	共有属性	特有属性
点	名称、图层、线型、线型比例、线宽、颜色	点的坐标
直线(包括中心线、孔/轴)		起点、终点、增量、长度
圆弧(包括轮廓线中的圆弧)		圆心、半径、起点、终点、弧长和圆心角
圆		圆心、半径、直径、周长、面积
样条(包括波浪线、公式曲线)		阶数、型值点、控制点、长度
剖面线		定位点、间距错开、旋转角、图案名称
椭圆、椭圆弧		中心点、长度、长半轴、短半轴、旋转角、起始角、终止角
多段线(包括矩形、正多边形、双折线)		顶点个数、顶点坐标、起始宽度、终止宽度、全局宽度、长度
填充		定位点
图块(包括箭头、齿轮、图符、图框、标题栏、明细表、形位公差、粗糙度、剖切符号、焊接符号、基准代号、零件序号、引出说明等)		定位点、旋转角、X 比例、Y 比例、块名、是否消隐等
文字		绘图比例、区域大小、内容、字高、定位点、旋转角、行间距系数、行间距风格、文字显示风格、对齐方式、填充方式、书写方向
尺寸		标注类型、标注字串、相关控制变量及其数值等

9.5.5 查询周长

查询周长命令用于查询一条曲线的长度，这条曲线可以是封闭的，也可以是开放的，还可以是由多段曲线首尾连接而成的一条曲线链。

(1) 在【查询】面板上点击按钮，或在“无命令”状态下输入“Circum”并按回车键，系统将提示“拾取要查询的曲线：”。

(2) 拾取需要查询的曲线或曲线链，之后将在对话框中显示出查询结果，其形式如下：

第 1 条曲线(多段线)的长度：250.041。

第 2 条曲线(直线)的长度：170.679。

第 3 条曲线(直线)的长度：113.786。

总长度：534.505。

9.5.6 查询面积

查询面积命令用于查询一个或多个封闭区域的面积。

(1) 在【查询】面板上点击按钮，或在“无命令”状态下输入“Area”并按回车键，系统将弹出如图 9-46 所示的立即菜单。

图 9-46 “查询面积”立即菜单

(2) 使用“Alt+1”组合键，在“增加面积”与“减少面积”之间切换。其中，“增加面积”表示把新拾取的封闭区域的面积累加在现有面积上，直至按鼠标右键结束拾取；而“减少面积”恰好相反，表示从现有面积中减去新拾取的封闭区域的面积，直至按鼠标右键结束拾取。

(3) 当系统提示“拾取环内一点：”时，用鼠标左键在需要计算面积的一个或多个封闭区域内拾取一点，直至按回车键予以确认。

(4) 屏幕上弹出【查询结果】对话框显示其查询结果，其形式如下：

面积：871.602

【例 9-1】 试计算如图 9-47 所示的阴影部分的面积。

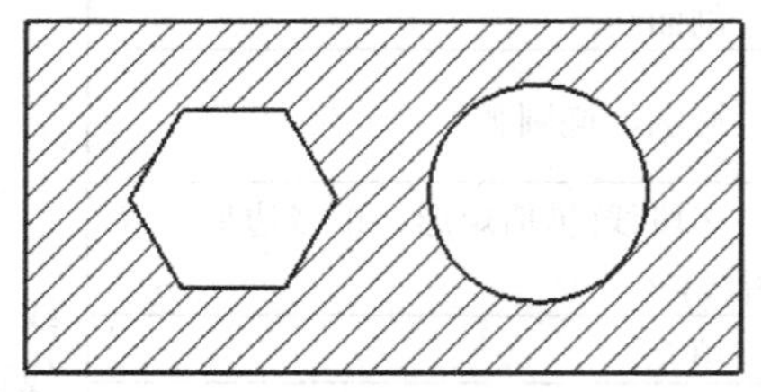

图 9-47 查询面积

(1) 在【查询】面板上点击按钮。

(2) 使用“Alt+1”组合键，使立即菜单处于“增加面积”方式，并用鼠标左键在矩形内拾取一点。

(3) 使用“Alt+1”组合键，使立即菜单处于“减少面积”方式，并用鼠标左键在正六边形和圆形内各拾取一点。

(4) 按回车键，系统即显示出阴影部分的面积。

9.5.7 查询重心

查询重心命令用于查询一个或多个封闭区域的重心位置。

(1) 在【查询】面板上点击 按钮，或在“无命令”状态下输入“Barcen”并按回车键，系统将弹出如图 9-48 所示的立即菜单。

图 9-48　“查询重心”立即菜单

(2) 使用“Alt+1”组合键，在“增加环”与“减少环”之间切换。这里的“增加环”和“减少环”与查询面积中的“增加面积”和“减少面积”类似，都是对拾取的封闭区域进行累加或去减，故操作方法也一样。

(3) 按照提示，在需要计算重心的一个或多个封闭区域内拾取一点，并最后予以确认。系统将在对话框中显示出最后的重心位置，其形式如下：

重心：X=−19.084　　Y=38.877

9.5.8　查询惯性矩

查询惯性矩命令用于查询一个或多个封闭区域相对于任意回转轴、回转点的惯性矩。

(1) 在【查询】面板上点击 按钮，或在“无命令”状态下输入“Iner”并按回车键，系统将弹出立即菜单。

(2) 使用“Alt+1”组合键，在“增加环”与“减少环”之间切换。

(3) 按下“Alt+2”组合键，系统将弹出一选项菜单，如图 9-49 所示。从该选项菜单中可选择坐标原点、Y 坐标轴、X 坐标轴、回转点、回转轴等选项。

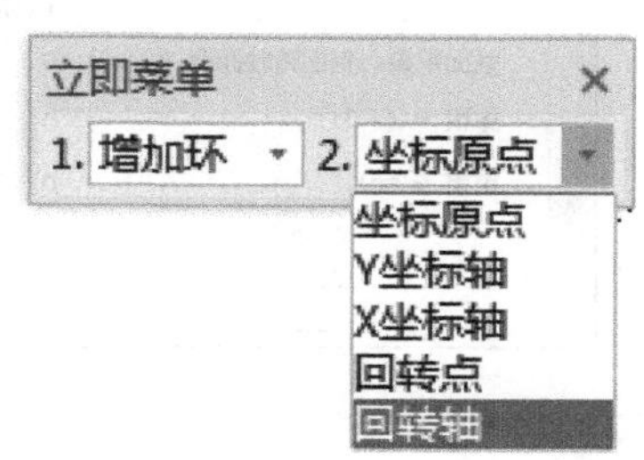

图 9-49　选项菜单

(4) 根据提示，在需要查询惯性矩的一个或多个封闭区域内各拾取一点，最后点击鼠标右键结束拾取。

(5) 如果前面选择了“回转轴”，系统将提示“拾取回转轴线：”，此时需要在屏幕上拾取一条直线作为回转轴；如果选择了“回转点”，系统将提示“拾取回转点：”，此时需要在屏幕上拾取一个点作为回转点；如果选择了“X 坐标轴/Y 坐标轴/坐标原点”，则直接进行下一步。

(6) 系统在对话框中将查询到的惯性矩显示出来，其形式如下：

惯性矩：Io=12024558.756(mm^4)

说明：系统在显示惯性矩时，分别用 Ia、Ip、Ix、Iy、Io 表示封闭区域相对于回转轴、回转点、X 坐标轴、Y 坐标轴和坐标原点的惯性矩。

9.5.9　查询重量

通过拾取绘图区中的面、拾取绘图区中的直线距离及手工输入等方法得到简单几何实体的各种尺寸参数，结合密度数据由电子图板自动计算出所设计形体的重量。

在【查询】面板上点击 按钮，或在“无命令”状态下输入“Weightcalculator”并按回车键，系统将弹出如图 9-50 所示的【重量计算器】对话框。在此对话框中，多个模块可以相互配合以计算出形体的重量。

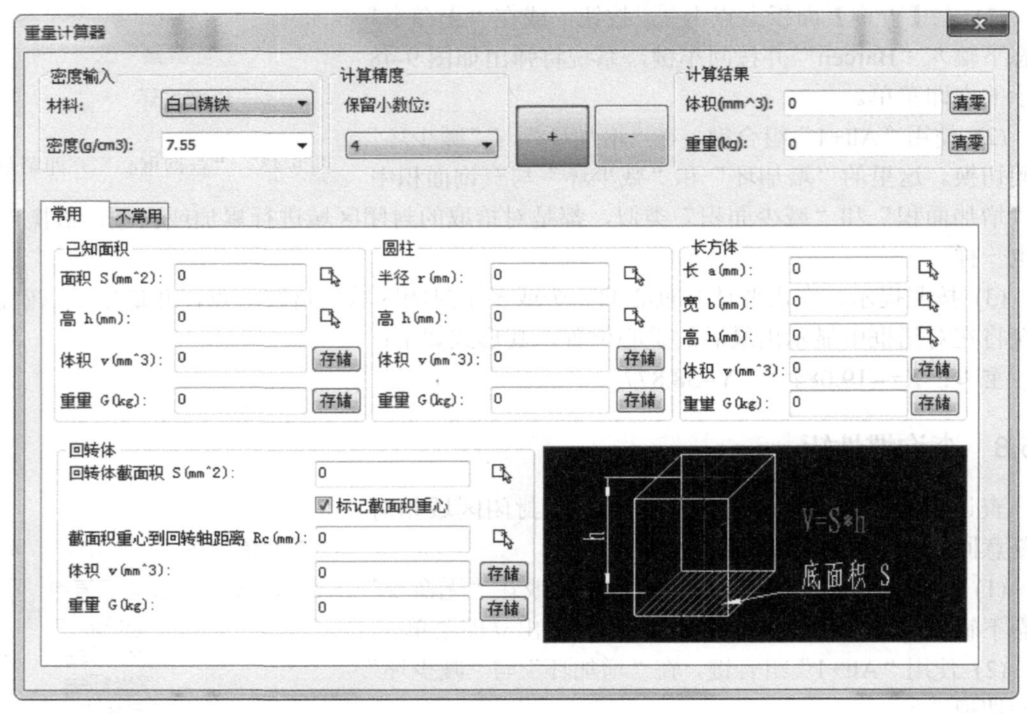

图 9-50　【重量计算器】对话框

(1) 密度输入。该模块用于设置当前参与计算的形体的密度。

“密度输入”模块内的“材料”下拉列表中提供了常用材料的密度数据以供计算时选用。在选择材料后，该材料密度会直接填入密度编辑框中；此外，也可以在“密度”编辑框中手工输入材料的密度，单位为 g/cm^3。在计算重量时，将以“密度”编辑框中填写的数值为准。

(2) 计算精度。该模块用于设置重量计算的精度，即计算结果保留到小数点后面几位。

(3) 计算体积。该模块用于选择多种基本形体的计算公式，通过拾取或手工输入获取参数，计算形体的体积。

“计算体积”模块位于【重量计算器】对话框的下方，拥有“常用”和“不常用”两个选项卡。它们各包含若干个形体体积的计算工具，如圆柱、长方体、回转体、圆环、棱锥体、球体、台体等。可以通过手工输入或点击按钮在绘图区进行拾取。拾取直线距离可以通过直接拾取两点实现。当计算所需的数据全部填写好之后，该计算工具的“重量”项目中就会显示重量的计算结果。点击“存储”按钮，就可以将当前的计算结果按照相关设定累加到“结果累加”模块。

应注意的是，在查询重量功能中，全部输入长度的单位为 mm，全部输入面积的单位为 mm^2，而输出重量的单位为 kg。

(4) 结果累加。该模块可以将各个重量计算工具的输出结果进行累加。

电子图板提供了“+”“-”两种累加方法，二者可以使用“+”“-”按钮进行切换。在某个重量计算工具中，点击“存储”按钮，该计算结果会被累加到总的“计算结果”中，或者从总的“计算结果”中减去。当需要重新对计算结果进行累加时，可点击“清零”按钮将总的“计算结果”清零。

9.6　外部工具

电子图板允许携带若干外部工具。用户只需在【自定义】对话框中，打开“工具”标签进行加载即可。被加载的外部工具会出现在【外部工具】面板上，如图9-51所示。

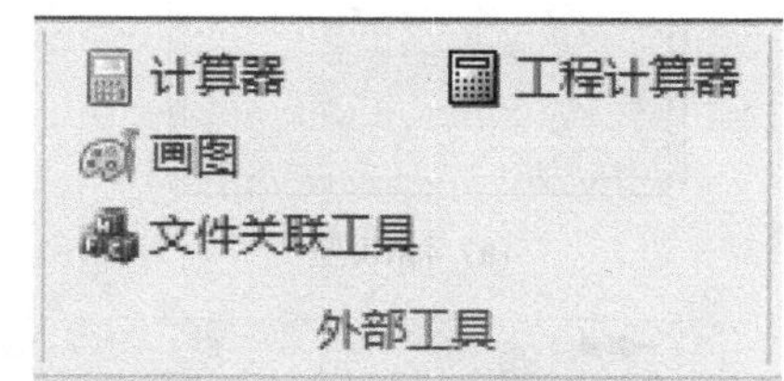

图9-51　【外部工具】面板

9.6.1　计算器

计算器是Windows系统“附件”中携带的一个实用工具，其主要用于数学计算。电子图板将计算器作为自己的携带工具，可在不退出系统的前提下对绘图过程中出现的数据进行计算，然后将计算结果放回到图形中。

在【外部工具】面板上点击按钮，系统将弹出【计算器】工具。该工具有自己的菜单体系，其中的“查看”菜单如图9-52所示。由此可以看出，【计算器】有“基本”“单位转换”“日期计算”“工作表”四种功能，而在“基本”功能中又有“标准型”“科学型”“程序员”“统计信息”四种工作模式。如果勾选“数字分组”，将对长串数字按每4位一组进行显示；否则，将不予分组显示。

下面先介绍利用【计算器】辅助绘图的方法。

(1) 对在绘图过程中出现的数值，如出现在立即菜单中的各种数值、出现在对话框中的查询结果等，可按“Ctrl+C”键将其复制到剪贴板中。

(2) 如果没有激活【计算器】工具，则将它激活。

(3) 在【计算器】中选择菜单“编辑”→“粘贴”选项，或按“Ctrl+V”键，将数值放入“计算器”中参与计算。

(4) 按“Ctrl+C”键，将计算结果放入剪贴板中。

(5) 重新回到电子图板中，可利用“Ctrl+V”键将数值粘贴在立即菜单中，也可以点击【剪切板】面板上的“粘贴”按钮，将数值作为纯文本插入图形中。

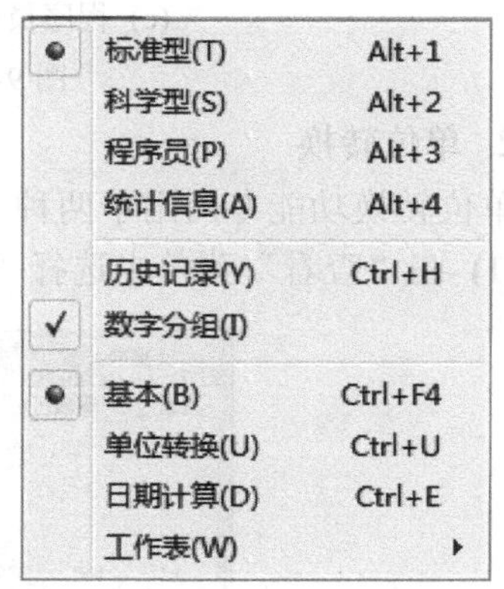

图9-52　“查看”菜单

1. 基本功能

计算器的基本功能是进行数据的输入、计算及结果输出。

在“查看”菜单中选择“基本”，然后分别选择“标准型”“科学型”“程序员”“统计信息”等选项，系统将分别弹出相应的【计算器】窗口，如图9-53所示。其具体使用方法，用户可点击“帮助”阅读其在线帮助。

(a) 标准型

(b) 科学型

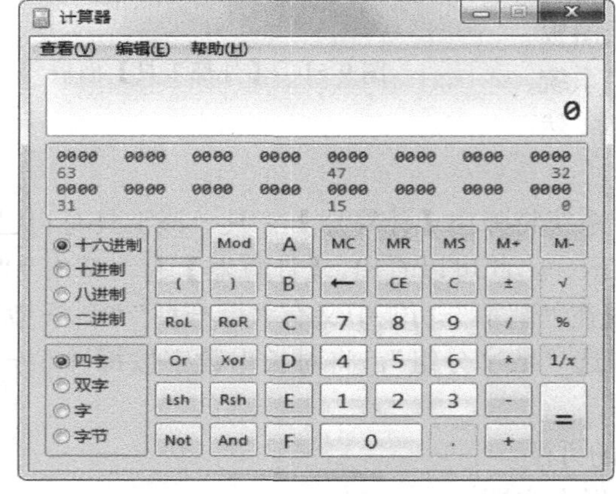

(c) 程序员

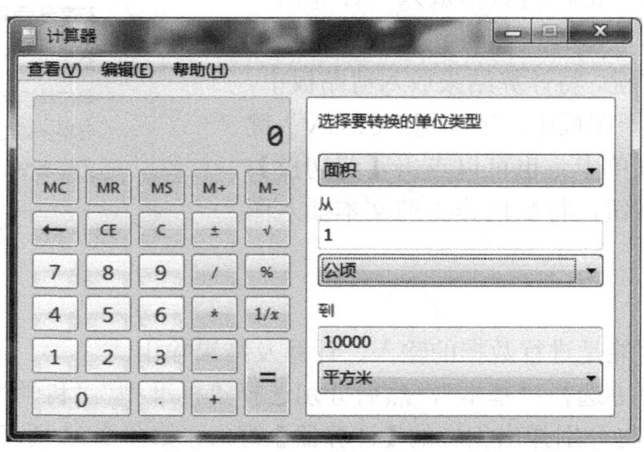

(d) 统计信息

图 9-53　【计算器】的“基本”工具

2. 单位转换

单位转换功能专门用于两种不同物理量之间的单位换算。

(1) 在“查看”菜单中选择“单位转换”，将弹出类似图 9-54 的【计算器】窗口。

图 9-54　【计算器】的“单位转换”工具

(2) 从上面第一个下拉列表中选择一个要转换的单位类型，如“面积”，在“从”编辑框中输入数值，并在第二个下拉列表中选择一种单位，如“公顷”。

(3) 在第三个下拉列表中选择另一种单位，如“平方米”，计算器就会在“到”显示框中输出转换结果。图 9-54 中，1 公顷=10 000 平方米。

3. 日期计算

日期计算主要用于计算两个日期之间的天数，或者计算到指定日期的天数。

(1) 在“查看”菜单中选择“日期计算”，将弹出类似如图 9-55 所示的【计算器】窗口。

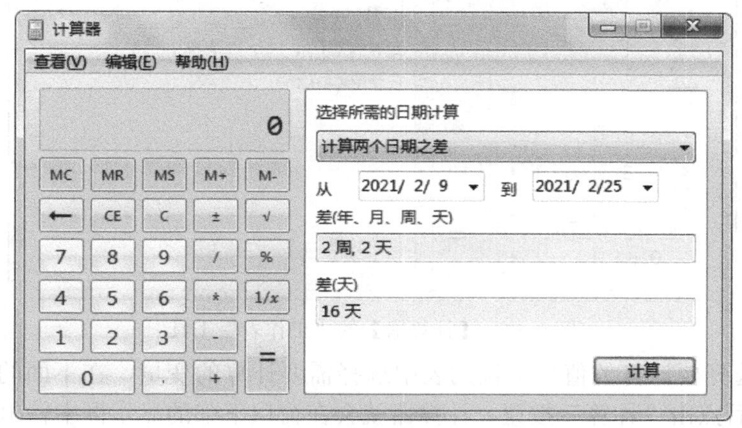

图 9-55　【计算器】的“日期计算”工具

(2) 如果在下拉列表中选择“计算两个日期之差”，则需要分别在“从”下拉列表和“到”下拉列表中各选择一个日期，然后点击“计算”按钮，计算器就会在“差”显示框中输出计算结果。

(3) 如果在下拉列表中选择“加上或减去到指定日期的天数”，则此时的【计算器】窗口如图 9-56 所示。用户需要在“从”下拉列表中选择一个日期，然后选择“加上”或“减去”，并在下面的“年”“月”“日”框中选择日期，然后点击“计算”按钮，计算器就会在“日期”显示框中输出计算结果。

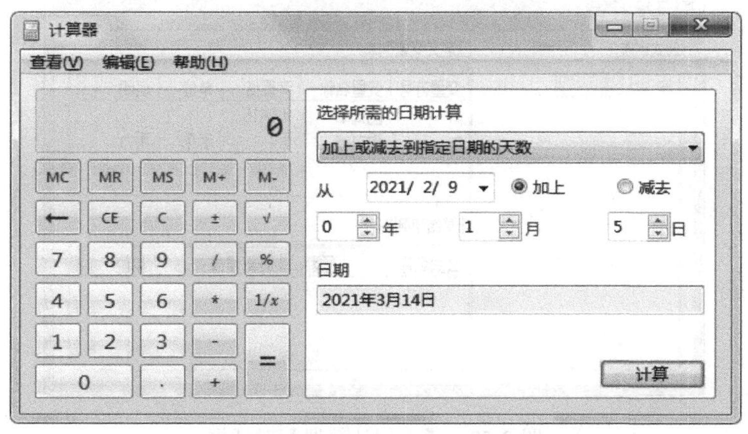

图 9-56　【计算器】的“日期计算”工具

4. 工作表

工作表的主要功能是计算燃料经济性、租金或抵押额。

(1) 将鼠标指向“查看”菜单中的“工作表”，在弹出的子菜单选择“抵押”“汽车租赁”“油耗(mpg)”或“油耗(l/100km)”，将弹出如图 9-57 所示的【计算器】窗口。

图 9-57　【计算器】的“工作表”工具

(2) 在“选择要计算的值”下拉列表中选择需要计算的变量，在下面的编辑框中输入已知的值，然后点击“计算”按钮，计算器就会在窗口下部的显示框中输出计算结果。

待所有计算完成后，点击关闭按钮，即关闭【计算器】窗口。

9.6.2　工程计算器

工程计算器工具可以自行定义需要的公式，利用公式快速进行复杂计算，从而使电子图板的应用更加行业化。

1. 工程计算器用户界面

在【外部工具】面板上点击按钮，系统将弹出【工程计算器】对话框，如图 9-58 所示。

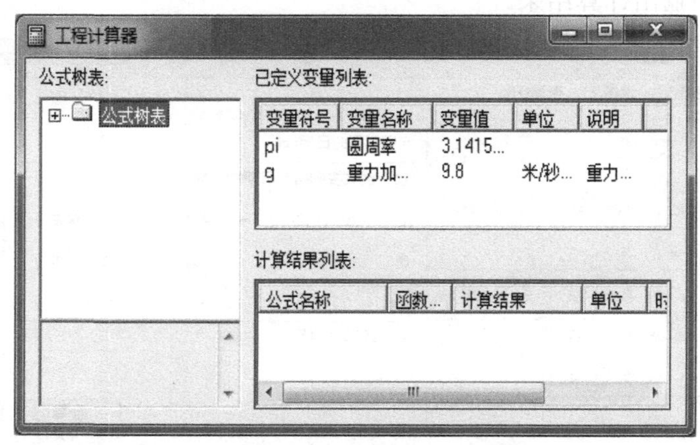

图 9-58　【工程计算器】对话框

(1) 公式树表：显示该工具中固有公式及新建公式。用鼠标左键点击项目前面的“+”可将公式树展开，点击项目前面的“–”可将公式树收起；在项目上点击鼠标右键将弹出菜单，可对公式进行各种操作。当在“公式树表”中选择了任意公式后，工程计算器会出现新的界面，如图9-59所示。

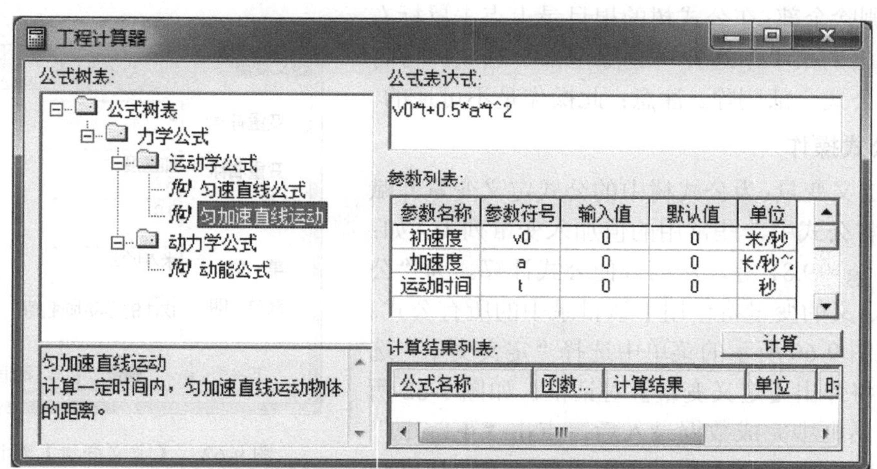

图9-59 【工程计算器】的用户界面

(2) 已定义变量列表：显示公式内所定义变量及其值。

(3) 公式表达式：显示指定公式的数学表达式。如：匀速直线运动的数学表达式为s0+v*t。

(4) 参数列表：显示与公式相关的参数信息，可以通过鼠标的点选进行数据的输入。

(5) 计算结果列表：根据公式计算，显示出所得结果。

(6) 公式说明区：当选中公式或公式树时，该区会自动显示相应公式的说明。

2. 公式树的操作

在公式树的根目录、目录和公式上点击鼠标右键，将得到如图9-60所示的三个不同的菜单，从而可进行关于公式树的一系列操作。

(1) 新建目录：在如图9-60所示的菜单中选择“新建目录”选项，会弹出如图9-61所示的【新建目录】对话框。在该对话框中分别输入所建目录的名称及其说明性文字，点击“确定”按钮即可。

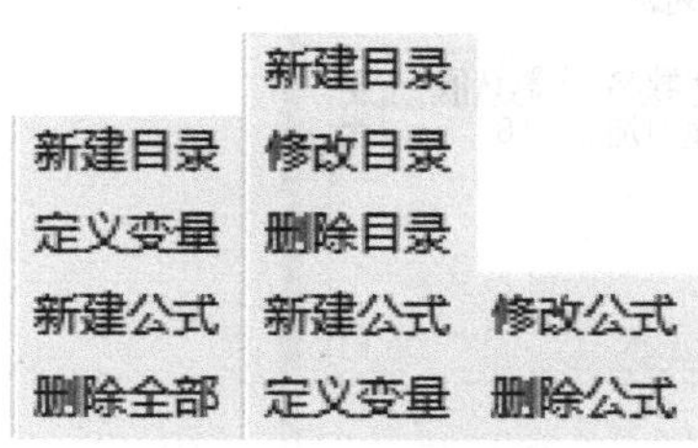

图9-60 公式树的右键菜单

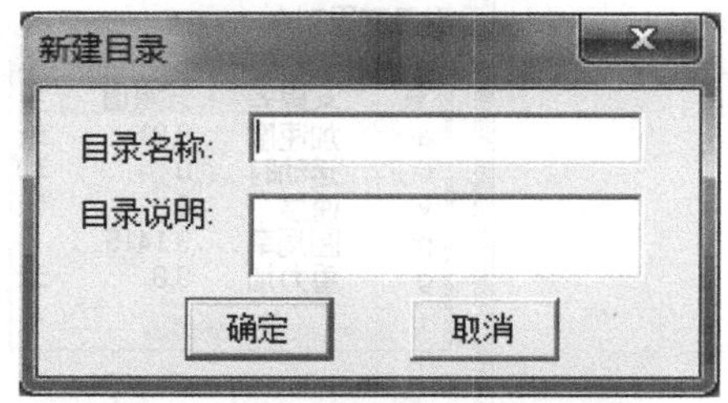

图9-61 【新建目录】对话框

(2) 修改目录：选择需要更名的公式目录，在如图9-60所示的菜单中选择“修改目录”选项，然后在弹出的【修改目录】对话框中分别输入新目录的名称及其说明，点击“确定”

按钮即可。

(3) 删除目录：选择需要删除的公式目录，在如图 9-60 所示的菜单中选择“删除目录”选项，在得到用户确认后即可删除。注意：只有当所选目录内的公式全部删除后，该操作方可进行。

(4) 删除全部：在公式树的根目录上点击鼠标右键，在弹出的菜单中选择“删除全部”选项，可将已建立的公式全部删除。注意：此操作是不可逆的。

3. 公式操作

(1) 定义变量：为公式树中的公式定义变量并赋值，也可将公式中一些常用的值加入变量列表，如：pi = 3.14、g = 9.81 等，从而方便公式计算。为“公式目录”定义的变量将作用于该目录中的所有公式。

在如图 9-60 所示的菜单中选择“定义变量”选项，系统将弹出【定义变量】对话框，如图 9-62 所示。在对话框中完成数据录入后，点击“下一个”按钮可继续定义其他变量；点击“确定”按钮则结束定义变量。

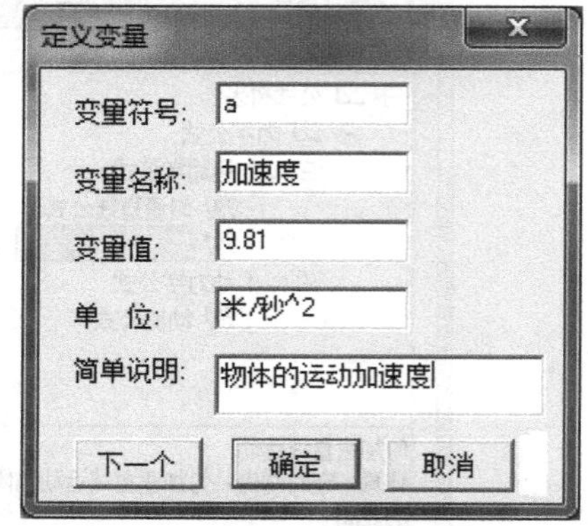

图 9-62　【定义变量】对话框

在“已定义变量列表”中选择一个变量并点击鼠标右键，将弹出一菜单，借此可进行“修改变量”“删除变量”“删除全部”等一系列关于变量的操作。

(2) 新建公式：在如图 9-60 所示的菜单中选择“新建公式”选项，会弹出如图 9-63 所示的【新建公式】对话框。利用该对话框，用户可依次定义公式名称、函数名称、单位、保留小数位数、公式表达式等内容。

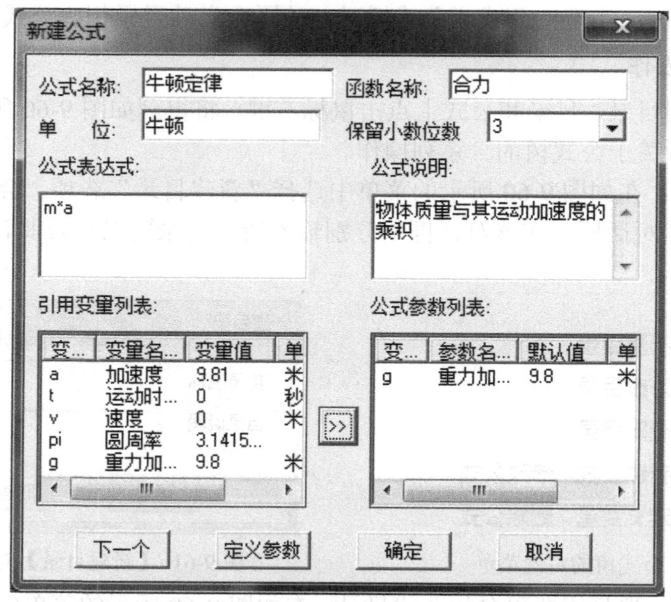

图 9-63　【新建公式】对话框

在“引用变量列表”中选择一个变量，点击⊡按钮，即把该变量放入“公式参数列表”中；否则，可点击“定义参数”按钮，系统弹出如图 9-64 所示的【添加参数】对话框，利用该对话框可定义参数及其默认值。如果用户点击“下一个”按钮，则可继续建立下一个公式。

图 9-64　【添加参数】对话框

(3) 修改公式：在如图 9-60 所示的菜单中选择“修改公式”选项，会弹出【修改公式】对话框。其具体操作与“新建公式”相同。

(4) 删除公式：在如图 9-60 所示的菜单中选择“删除公式”选项，在得到用户确认后，即可将所选公式删除。

4. 公式计算

根据定义的公式进行计算，求得结果。

(1) 在“公式树表”中选择一个所需的公式，如点选“匀加速直线运动”公式，【工程计算器】界面如图 9-65 所示。

(2) 点击对话框“参数列表”的“输入值”处，可为变量赋值。输入所需数据后点击“计算”按钮，计算结果将显示在“计算结果列表”中，如图 9-65 所示。

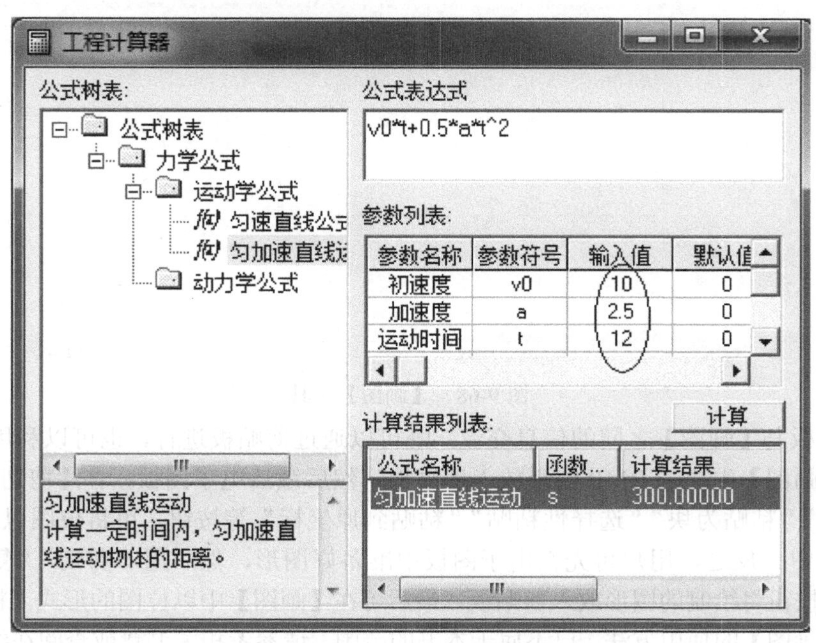

图 9-65　【工程计算器】的用户界面

(3)当系统中含有数据结果时，再次点击“参数列表”中的“输入值”，会在输入区右侧出现 ... 按钮，点击此按钮可以进入【选择计算结果】对话框，如图 9-66 所示。用户可通过此功能直接引用计算结果中的数据进行更为复杂的公式计算。

(4) 在计算得到的结果处点击鼠标右键，将弹出一菜单，如图 9-67 所示。用户可借此将计算结果删除，或者输出到文件中予以保存等。

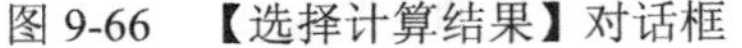
图 9-66　【选择计算结果】对话框

图 9-67　计算结果右键菜单

9.6.3　画图

为了能使用户在不退出电子图板的前提下直接绘制 BMP 图形，电子图板还携带了【画图】工具。

在【外部工具】面板上点击按钮，系统将弹出【画图】工具，如图 9-68 所示。

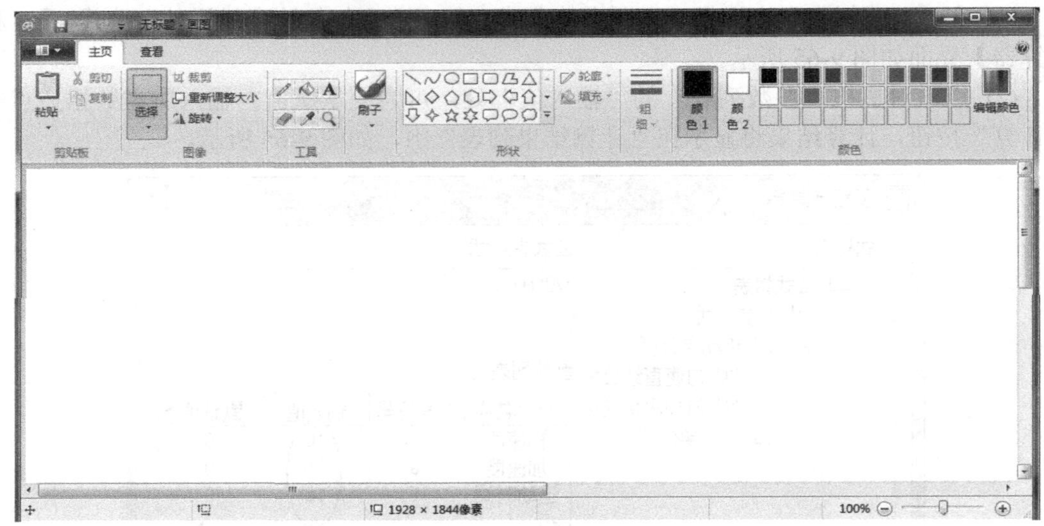

图 9-68　【画图】工具

电子图板与【画图】之间的信息交流，既可以通过剪贴板进行，也可以利用文件共享。例如：将【画图】生成的 BMP 图形放入剪贴板，然后激活电子图板，在【剪切板】面板上点击“粘贴”“粘贴为块”“选择性粘贴”“粘贴到原坐标”等按钮，可将位图以不同格式插入当前图形中。反之，用户可先在电子图板中准备好图形，然后用“剪切”“复制”“带基点复制”等按钮将绘制的图形放入剪贴板，最后可在【画图】中以位图的形式“粘贴”出来。

关于【画图】的使用方法，已不属于本书的范围，请参考相关书籍或查阅在线帮助文件。

思　考　题

1. 为什么要使用“转图工具”？其主要功能是什么？如何加载“转图工具”？

2．如何利用“转图工具”提取图形文件的标题栏和明细栏？请简述其大致步骤。

3．DWG/DXF 批转换器有何功用？“按文件列表转换”和“按目录结构转换”各有何特点？进行批量转换的操作步骤是什么？

4．关于信息查询的问题：

(1) CAXA 电子图板一共提供了哪几种信息查询功能？哪几种查询要求被查询对象必须是封闭的区域？

(2) “查询角度”能够查询哪几种类型的角度？在操作过程中，用户拾取的位置和拾取次序对查询结果有无影响？

(3) 有几种方法可以查询一条直线的长度？哪种方法更快捷？

(4) 对于图块和样条曲线来说，其查询结果可包括哪些元素属性？

(5) 如何一次查询多种不同类型对象的元素属性？如何将查询结果进行保存或打印？

5．关于文件检索的问题：

(1) 何为文件检索？检索条件由哪三部分组成？如何添加条件和编辑条件？

(2) 条件类型有哪三种？条件关系是什么？在什么情况下需要使用条件关系？

(3) 文件检索一次最多能查找多少个符合条件的文件？如何对查找到的文件信息进行预览？

6. 在公式树的根目录、目录和公式上点击鼠标右键，是否会得到内容不同的右键菜单？如果想新建一个公式，该如何操作？如果想删除或修改某个公式，又该如何操作？

7. “工程计算器”与普通的“计算器”在功能上有什么区别？各适用于什么场合？

8. “设计中心”包含哪些主要功能？如何使用？

9. “文件比较”能够对两个图形文件中的哪些内容或属性进行比较？它如何区分两个文件中的不同部分？

10. “清理”的作用是什么？使用它的目的是什么？已被清理掉的对象是否能够马上恢复？

练　习　题

1．判断题(正确的画“√”，错误的画“×”)。

(1) “查询两点距离”只能提供两点之间的距离。　(　)

(2) 用户可在【选项】对话框的“文件属性”中设定查询结果的小数位数。　(　)

(3) “查询点坐标”一次可查询多个点的坐标。　(　)

(4) “查询面积”和“查询重量”的查询结果始终都是正数。　(　)

(5) 利用【特性】面板也能显示所选对象的属性信息。　(　)

(6) 当一个封闭区域的形状和大小一定时，其重心位置相对于该区域是一定的。　(　)

(7) 当一个封闭区域的形状和大小一定时，其惯性矩的大小是一定的。　(　)

(8) 一个封闭区域的重心位置可以位于该区域之外。　(　)

2．创建一个名为 TEMP 的新文件夹，将 CAXAEB\SAMPLE 目录下的所有图形文件转换为 DWG/DXF 文件，并存放在新建的 TEMP 文件夹中。

3．试将两个或多个位于不同文件夹下的*.exb 文件，一次转换为相应的 DWG/DXF 文件。

4．请在本地盘上查找所有的*.doc 文件；在 CAXAEB 目录下查找所有的电子图板文件。

5．请在 CAXAEB 目录下查找所有文件名第一个字母为 P，图幅为 A3 且绘图比例为 1∶1 的电子图板文件。

6．打开…\Samples 目录下的 samples01 文件，练习图形中各实体的属性查询。

7．打开一个图形文件，然后进行必要的修改，并将修改后的文件以新文件名保存。请比较原文件与新文件的不同之处。

8．已知圆柱的半径为 R，高度为 H，密度为ρ，其质量为 $W=\pi\rho R^2H$。试利用“工程计算器”建立关于 W 的计算公式，并完成表 9-2。

表 9-2　关于 W 的计算

序号	ρ/(g/mm³)	R/mm	H/mm	W/g
1	5.6	5	7	
2	7.81	15	9	
3	2.25	8	24	
4	6.5	12	20	

9．请利用计算器计算表达式“$2015 \div 15^2 - 60 \times \cos30° + 150\pi$”的值。

10．请绘制图 9-69 所示图形，并完成以下查询。

(1) 图形外围轮廓线的周长和阴影部分的面积、重心。

(2) 图中两圆的面积之和与面积之差。

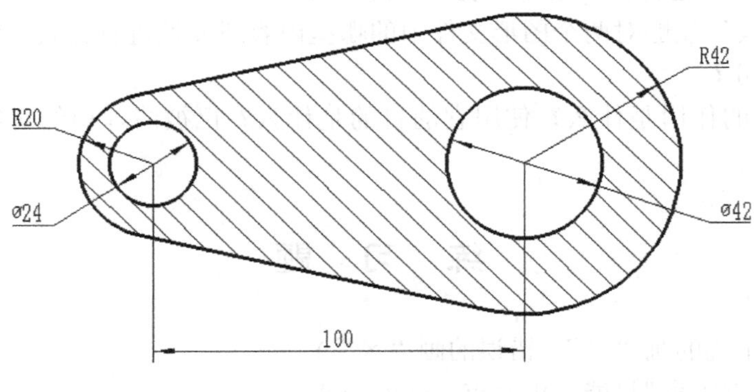

图 9-69　已知图形

第10章 打 印

本章学习要点

本章主要学习电子图板提供的打印功能和外部插件打印工具，以及该插件的高级设置功能。

本章学习要求

了解打印输出的方法步骤，能够熟练设置打印参数；掌握打印工具的使用与操作，能够进行批量图纸的排版与输出。

电子图板支持任何Windows支持的打印机，因此，在电子图板系统内无须再单独安装打印机。

电子图板不仅支持各种参数的图纸打印，还提供了专门的打印工具，能够实现单张、排版和批量打印，大大提高了打印出图效率。

10.1 打 印 功 能

打印功能是指按指定参数在输出设备上打印输出图纸，适用于单张或小批量图纸打印。

10.1.1 打印输出的步骤

(1) 在【快速启动工具栏】上点击按钮，或在“无命令”状态下键入“Plot”并按回车键，系统弹出【打印对话框】，如图10-1所示。

(2) 在对话框中对各选项进行必要设置。用户可根据当前绘图输出的需要从中选择输出图形、纸张大小、设备型号等一系列相关内容。

(3) 点击“预显”按钮，系统将在屏幕上模拟显示出图形真实的输出效果。如果用户对输出效果不满意，则可结束预显并转向第(2)步。

(4) 点击“确定”按钮即可打印输出，否则点击“取消”按钮终止图形输出。

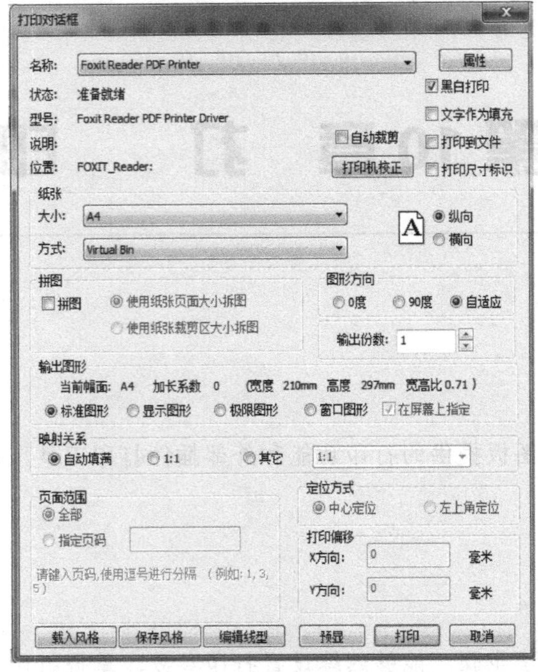

图 10-1 【打印对话框】

10.1.2 打印参数设置

打印参数设置主要包括打印机、纸张大小、图纸方向、图形方向、输出图形、拼图、定位方式、打印偏移以及其他项目的设置等。

1. “打印机”设置区

“打印机”设置区包括 1 个下拉列表框、1 个按钮和 5 个复选框，其含义如下：

(1) “名称”下拉列表框。该功能用于选择 Windows 提供的打印机或绘图机。一旦选择成功，将会在其下面显示出所选设备的状态、型号和位置等。

(2) “属性”按钮。用户如果需要修改设备属性，则点击该按钮弹出如图 10-2 所示的【Foxit Reader PDF Printer 属性】对话框，即可进行适当的设置。

(3) “黑白打印”复选框。该功能是为了在不支持无灰度的黑白打印的打印机上，达到更好的黑白打印效果，使图纸不会出现某些图形颜色变浅看不清楚的问题，使得电子图板输出设备的能力得到进一步加强。

(4) “文字作为填充”复选框。勾选该选项后，在打印时将有文字的地方对图形进行消隐处理；否则系统将不进行消隐处理。

(5) “打印到文件”复选框。勾选该选项后，系统将送给绘图设备的控制指令输出到一个扩展名为.prn 的文件中，事后用户可在没有安装电子图板的计算机上使用此文件输出图形；否则，系统将直接控制绘图设备输出图形。

(6) “自动裁剪”复选框。选中该选项后，输出图形超出图纸的可打印边界将被自动裁剪掉；否则，系统将不进行裁剪。

(7)“打印尺寸标识”复选框。选中该选项后，系统将打印尺寸标识符。

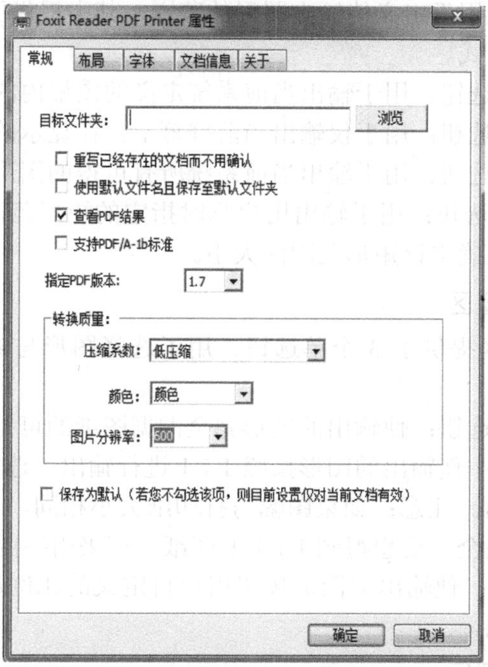

图 10-2　【Foxit Reader PDF Printer 属性】对话框

2. “纸张”设置区

“纸张”设置区用于设置当前所选打印机的纸张大小，以及纸张来源和图纸方向。

(1) “大小”下拉列表框：用于选择纸张的大小。

(2) “方式”下拉列表框：用于选择设备的供纸方式。

(3) “纵向”单选钮：选择图纸方向为竖放。

(4) “横向”单选钮：选择图纸方向为横放。

3. “拼图”设置区

“拼图”设置区包含“拼图”复选框。该选项允许将一幅大图打印在多张纸上且能拼接为一张完整图纸。选中该复选框，系统在“使用纸张页面大小拆图”和“使用纸张裁剪区大小拆图”中选择。只有选中该选项时，左下角的“页面范围”设置区才变为可用，同时，右下角的“打印偏移”设置区变为不可用。

4. “图形方向”设置区

“图形方向”设置区提供了 3 个单选钮，用于设置图形的旋转角度。

(1) “0 度”单选钮：在打印时，图形不发生旋转而直接输出。

(2) “90 度”单选钮：在打印时，图形将旋转 90° 后再输出。

(3) “自适应”单选钮：打印时，系统将根据图形的大小和纸张的方向自动设置图形是否旋转。

(4) “输出份数”编辑框：用于设定每一张图纸一次打印时输出的份数，其缺省值为 1。

5. “输出图形”设置区

“输出图形”设置区用于定义待输出图形的范围，其中提供了 4 个单选钮，分别对应着 4 种定义出图范围的方式。

(1) “标准图形”单选钮：用于输出当前系统定义的图幅内的图形。

(2) “显示图形”单选钮：用于仅输出当前屏幕上正在显示的图形。

(3) “极限图形”单选钮：用于输出当前系统所有可得的图形。

(4) “窗口图形”单选钮：用于输出用户临时指定的矩形范围内的图形。提示用户在屏幕上拾取两个对角点以确定该矩形范围的大小。

6. “映射关系”设置区

“映射关系”设置区提供了 3 个单选钮，用于选择图形与输出到图纸上图形的比例关系。

(1) “自动填满”单选钮：使输出的图形完全占据图纸的可打印区域。

(2) “1∶1”单选钮：使输出的图形按照 1∶1 进行输出。选中该项，对话框上的“定位方式”设置区变为可用。注意：如果图幅与打印纸大小相同，由于打印机有硬裁剪区，可能导致输出的图形不完全。要想得到 1∶1 的图纸，可采用拼图设置。

(3) “其它”单选钮：使输出的图形按照用户自定义的比例进行输出。选择该项后，用户可自定义出图的比例。

7. “页面范围”设置区

当输出多页图纸并需要拼图时，该设置区用于设定需要输出的页面范围。

(1) “全部”单选钮：选择该项可将所有页面经拼图后全部输出。

(2) “指定页码”单选钮：选择该项，可在其后面的编辑框中按规定的格式输入页码，从而将用户指定的页面经拼图后输出。

8. “定位方式”设置区

(1) “中心定位”单选钮：图形原点与纸张的中心相对应，打印结果是图形在纸张中央。

(2) “左上角定位”单选钮：图框的左上角与纸张的左上角相对应，打印结果是图形在纸张的左上角。

9. “打印偏移”设置区

“X 方向”/“Y 方向”编辑框：将打印定位点移动(X，Y)距离，单位为毫米。

10. 其他按钮

(1) “载入风格”按钮：点击该按钮，可对已保存的打印配置进行加载。

(2) “保存风格”按钮：点击该按钮，可对【打印】对话框中的当前配置进行保存。

(3) “编辑线型”按钮：点击该按钮，可以设置打印线型参数。

(4) “预显”按钮：点击该按钮，可对当前图纸的输出效果进行预览。

完成上述选项和参数的设置后，点击“确定”按钮即可开始输出图纸。

10.1.3 编辑线型

在打印图形时，往往需要输出与图形中不同效果的线条，如调整线条的宽度、线型比例、按颜色调整线宽等，可利用编辑线型功能完成。

点击如图 10-1 所示对话框中的“编辑线型”按钮，系统弹出【线型设置】对话框，如图 10-3 所示。

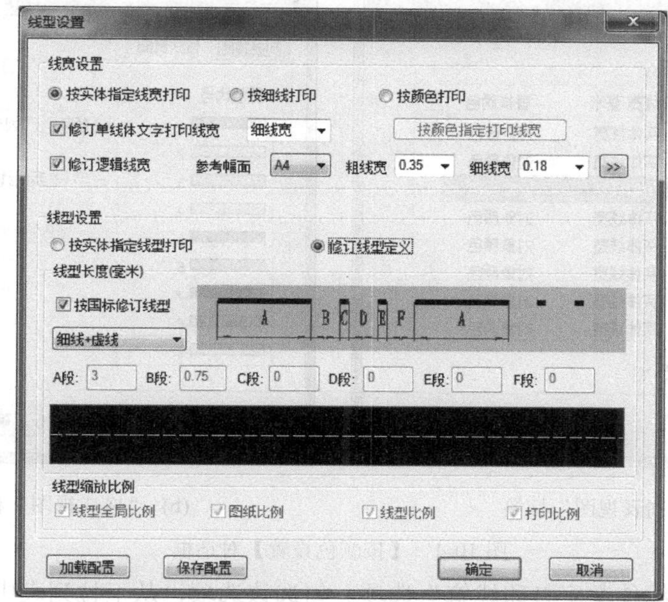

图 10-3　【线型设置】对话框

1. 线宽设置

(1) “按实体指定线宽打印”复选框。系统按照标准线宽打印图纸，即按照用户为各类图形对象指定的线宽打印图纸。

(2) “按细线打印”复选框。系统按照“细线宽”定义的线宽打印图纸。该选项一般适用于输出草图。

(3) “按颜色打印”复选框。勾选该复选框，其下方的“按颜色指定打印线宽”按钮变为可用。故在打印图纸时，用户可以根据线型的颜色制定线型的宽度，并按照设置输出图纸。

① 点击“按颜色指定打印线宽”按钮，系统弹出【按颜色设置】对话框，如图 10-4 所示。用户可在该对话框中为不同颜色的线型指定相应的线宽。其中，“列表视图”可以进行一对一的设置，“格式视图”可以进行多对一的设置。如果想把多种颜色统一为一种颜色进行设置，则使用“格式视图”比较方便。

② 在“列表视图”中选择一种颜色代号，用鼠标双击其后面的“实体线宽”，在编辑框中输入新的线型宽度；也可以勾选“系统线宽”复选框，在下拉列表中选择系统给定的线宽。更改后的线宽会自动保存，下次再打开对话框时则默认为上次的设置。点击“对象颜色”，可在下拉列表中为其指定一种替换颜色，一般应选“对象颜色”。

③ 在“格式视图”中选择一种或多种颜色代号(用“Ctrl+左键”可实现多选、用“Shift+左键”可实现连续多选)，然后在“颜色”下拉列表中指定一种替换颜色；勾选“系统线宽”选项，在下拉列表中选择系统给定的线宽，或者不勾选“系统线宽”选项，可在其下面的

编辑框中输入一个自定义的线宽。

完成上述操作后，在【按颜色设置】对话框上点击“确定”按钮返回。

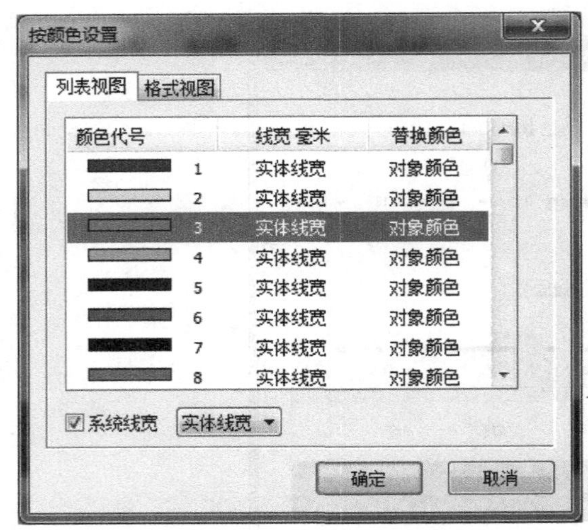

(a) “列表视图”标签

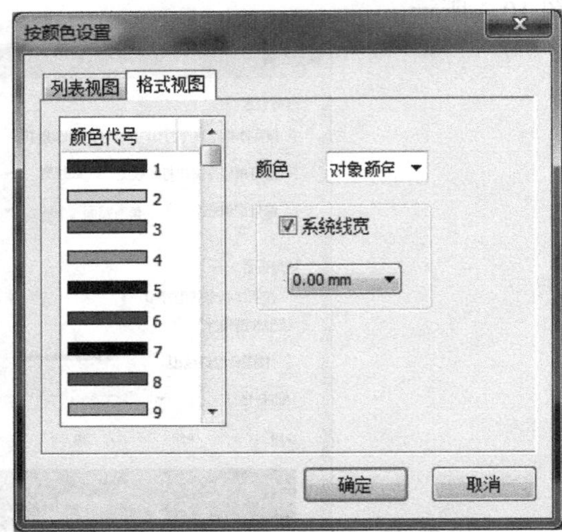

(b) “格式视图”标签

图 10-4　【按颜色设置】对话框

(4) “修订单线体文字打印线宽”选项。勾选该选项，从下拉列表中选择国标规定的某个线宽，从而可为“单线体文字”定义新的线宽。

(5) “修订逻辑线宽”选项。勾选该选项，可为系统设定的各种图纸幅面选择粗线和细线的线宽。必要时可点击 » 按钮，系统弹出如图 10-5 所示的【线宽默认设置】对话框。利用该对话框可增加用户自定义的图纸幅面并为其选择粗线和细线的线宽，也可将用户自定义的图纸幅面删除。

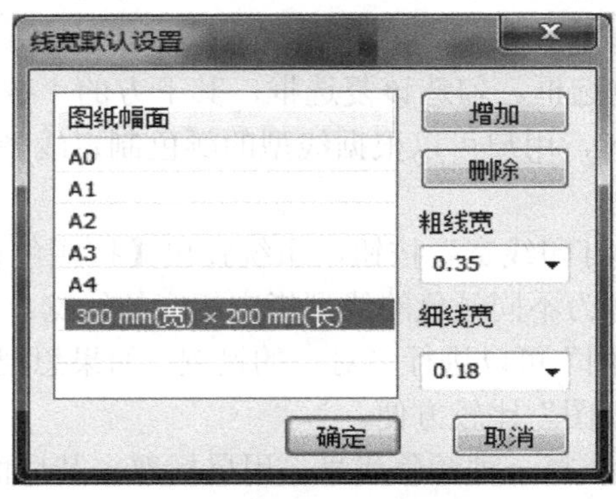

图 10-5　【线宽默认设置】对话框

2. 线型设置

(1) “按实体指定线型打印”单选钮。该选项用于按标准线型进行打印。在这种情况下，线型缩放比例最多可由 4 项数值决定，包括线型全局比例、图纸比例、线型比例和打印比例。

(2) “修订线型定义”单选钮。该选项允许按用户自定义线型进行打印，此时，【线型设置】对话框如图 10-6 所示，但不能设置“线型缩放比例”中的参数。

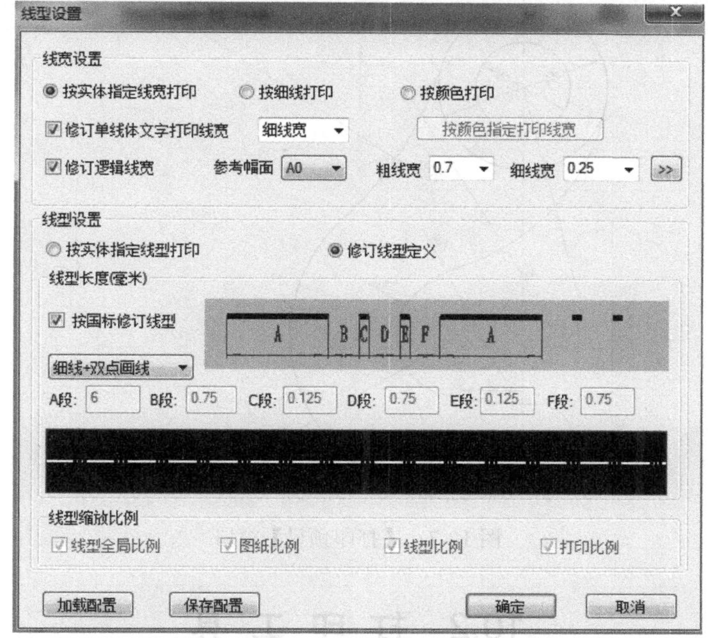

图 10-6　【线型设置】对话框

(3) “按国标修订线型”复选框。勾选该选项时，允许用户按照标准线型(从下拉列表中选取)对当前图形中的线型进行修订输出；否则，将根据用户自定义的线型对当前图形中的线型进行修订输出。

用户自定义线型的方法：在下拉列表中选择一种线型，如“细线+双点画线”，然后在其下面的编辑框中设定各线素的长度，并观察其编辑效果。这一个过程可重复进行，直至用户对线型满意为止。

(4) “加载配置”按钮。用户可从已保存的配置文件中载入所需的线型设置。

(5) “保存配置”按钮。用户可把配置好的线型设置保存在一个指定的配置文件中，待以后打印时可以直接载入使用。

完成上述操作后，在【线型设置】对话框上点击“确定”按钮，即可返回到【打印】对话框。

10.1.4　打印预显

在确定了打印参数后，进行实际打印操作前，点击如图 10-1 所示对话框中的“预显”按钮，以便对打印效果进行模拟查看，如图 10-7 所示。

(1) 点击工具条上的平移、缩放、窗口缩放等按钮浏览打印窗口；也可以滚动鼠标滚轮对打印窗口进行缩放，或按住鼠标中键对打印窗口进行平移。

(2) 当打印的图形为多张时，可以点击或按钮进行页面切换。

(3) 点击按钮即进行实际打印。

(4) 点击按钮即关闭【打印预显】窗口。

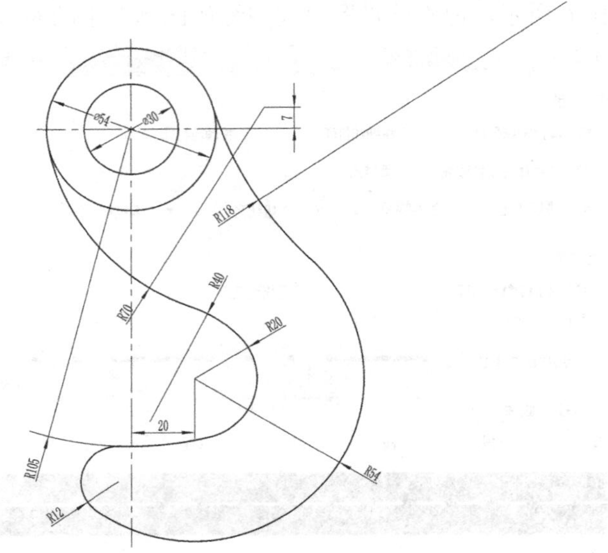

图 10-7　【打印预显】窗口

10.2 打 印 工 具

电子图板的打印工具主要用于批量打印图纸。该模块按最优的方式组织图纸，包括进行单个打印或排版打印，并可方便调整图纸设置以及各种打印参数。

10.2.1 打印工具界面

点击【外部工具】面板中的按钮，系统弹出如图 10-8 所示的打印工具界面。

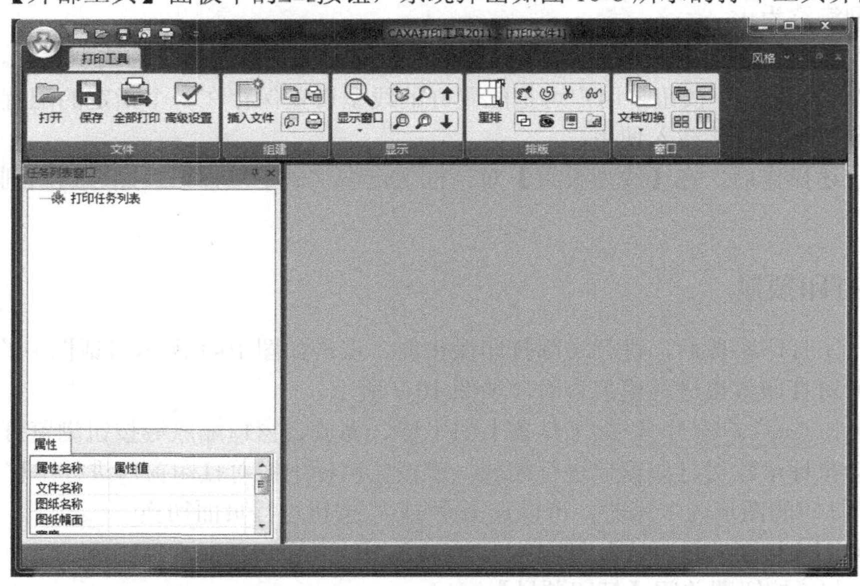

图 10-8　【CAXA 打印工具 2011】界面

1. 打印工具界面简介

(1) 打印工具界面顶部包括【快速启动工具栏】和功能区。功能区中包括【文件】【组建】【显示】【排版】【窗口】等功能面板。用户可以使用这些面板上的按钮实现对图纸文档的管理与打印。

(2) 界面左侧为“任务列表窗口”，用于显示打印任务列表，选择其中的某个排版幅面及其打印任务单元可以进行浏览和相应参数设置。在“任务列表窗口”下方的“属性”窗口中能够显示选择的图纸属性。

(3) 界面右侧为“预览窗口”。当选中一个打印任务时，浏览窗口中将显示对应的图纸信息。

2. 打印工具界面操作

在“任务列表窗口”“预览窗口”“属性”窗口中选择一个项目并点击鼠标右键，将分别弹出相应的菜单，供用户选择使用。

(1) 在“任务列表窗口”中选择一个排版幅面并点击鼠标右键，将弹出如图 10-9 所示的菜单。借此可对当前排版幅面进行显示、删除、参数设置及打印等。

(2) 在“任务列表窗口”中选择一个打印任务单元并点击鼠标右键，将弹出如图 10-10 所示的菜单。利用此菜单可对当前打印任务单元进行删除、隐藏、图纸设置及新建排版单元等。在这里，点击“新建排版单元”选项将弹出【设置排版图幅】对话框，在设置了图幅并“确定”后，即将所选的打印任务单元单独放入一个新建立的排版幅面中。

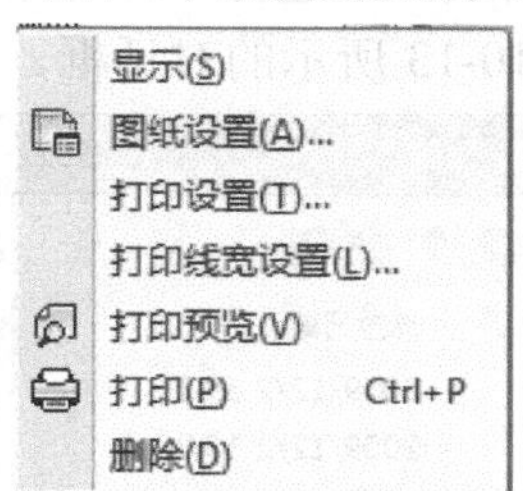

图 10-9　“排版幅面”右键菜单

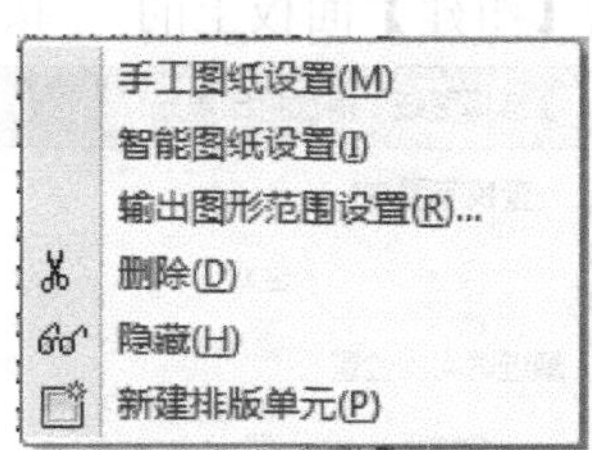

图 10-10　“打印任务单元”右键菜单

(3) 在“预览窗口”中选择一张图纸并点击鼠标右键，将弹出如图 10-11 所示的菜单。利用此菜单可对当前图纸进行平移、删除、隐藏，以及对图纸和图形范围进行设置等操作。

(4) 在“属性”窗口中选择一个项目并点击鼠标右键，将弹出如图 10-12 所示的菜单。利用此菜单可对当前窗口进行浮动、停驻、自动隐藏、隐藏等操作。

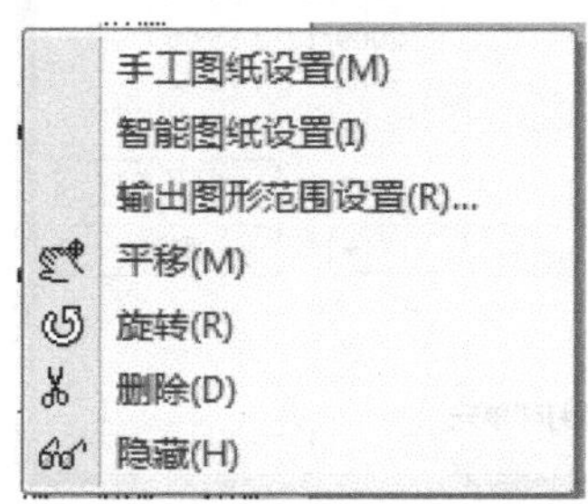

图 10-11　“预览图纸”右键菜单

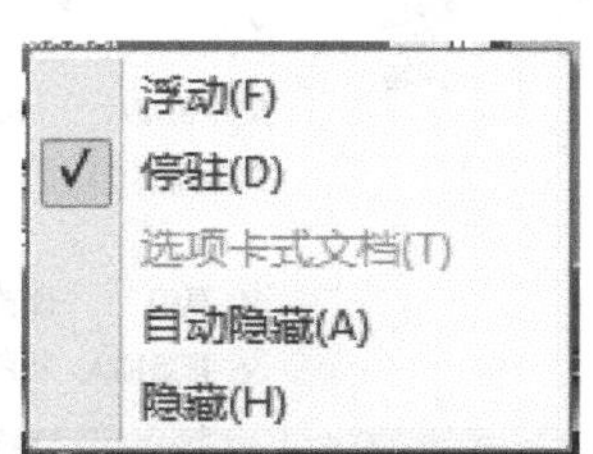

图 10-12　“属性”窗口右键菜单

10.2.2　文件操作

打印工具能够同时处理多个打印作业，每个打印作业都可以进行文件操作，包括新建、打开、保存、另存为、关闭等。

(1) 新建。在【快速启动工具栏】上点击 按钮，系统将新建一个排版文件。排版文件的扩展名为“*.ptf”。

(2) 打开。在【快速启动工具栏】上点击 按钮，或点击【文件】面板上的 按钮，系统将弹出【打开】对话框，利用该对话框可打开一个选定的排版文件。

(3) 保存。在【快速启动工具栏】上点击 按钮，或点击【文件】面板上的 按钮，系统将弹出【另存为】对话框，利用该对话框可将已建立的排版文件进行保存。

(4) 全部打印。点击【文件】面板上的 按钮，可直接对打印任务列表中的所有打印任务进行顺序输出。

(5) 高级设置。点击【文件】面板上的 按钮，系统弹出【打印环境设置】对话框，从而可按图纸幅面匹配打印设置，具体参见 10.3 节。

10.2.3　组建操作

1. 插入文件

使用打印工具进行打印时，首先必须插入要打印的图纸，组建打印任务单元。

(1) 点击【组建】面板上的 按钮，系统弹出如图 10-13 所示的对话框。

图 10-13　【选择图纸，添加打印单元】对话框

对话框的上部是 Windows 中标准的打开文件的界面，用户可以选择一个或多个需要打

印排版的图形文件，然后点击“打开”按钮即可。

对话框的底部提供了两个复选框。如勾选“高级”复选框，则在选择了图纸文件后还可以更进一步筛选各图纸文件中所包含的图纸；否则，将选择的图纸文件(包括它们所包含的全部图纸)直接插入到打印任务列表窗口中。如勾选“排版插入”复选框，则将选择的图纸组建为一个打印排版任务单元；否则，所选择的图纸将组建为多个单张打印任务单元。

(2) 在如图 10-13 所示的对话框中，选择需要打印的图形文件，并勾选“高级”复选框和“排版插入”复选框，然后点击“打开”按钮，系统弹出如图 10-14 所示的【图纸选择】对话框。当一个文件中有多张图纸时，利用该对话框可以方便地选择需要打印的图纸，并可以查看所选图纸的幅面信息和绘图比例，浏览图纸内容等。

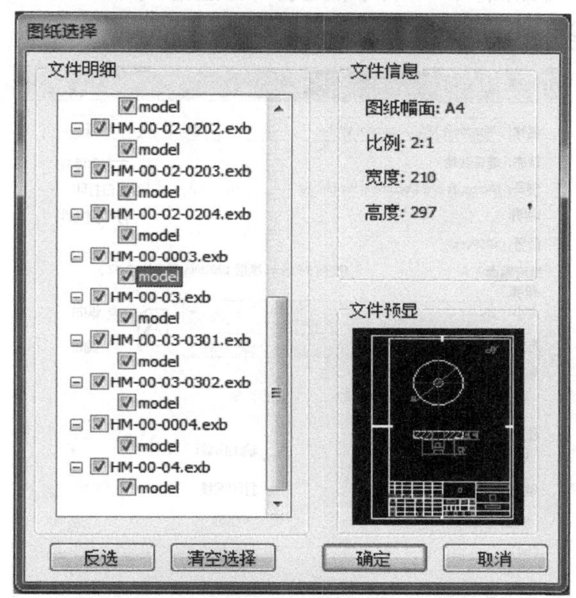

图 10-14　【图纸选择】对话框

(3) 选择图纸后点击“确定”按钮，系统弹出如图 10-15 所示的对话框。在此对话框中，用户可以根据标准图幅或“用户自定义”设置排版宽度；可以在“图纸边框放大”编辑框中输入数值以设置相邻图纸边框的间距；还可以勾选“排版最大长度”复选框，以设置排版图幅的最大长度尺寸。最后点击“确定”按钮即可。

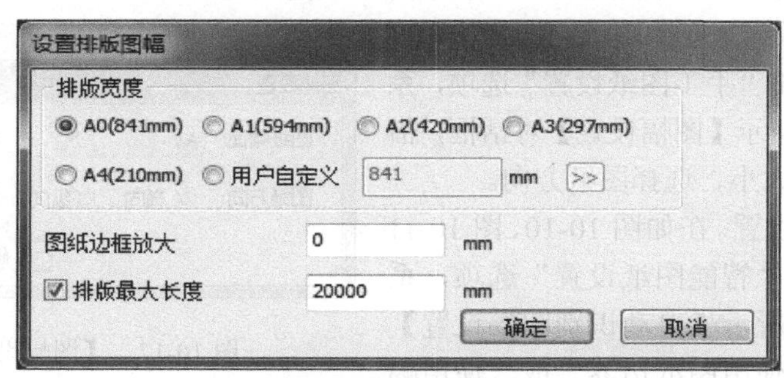

图 10-15　【设置排版图幅】对话框

(4) 完成上述设置后，系统将依据所选的图纸建立打印任务并显示在“打印任务列表窗口”中。用此办法，可在当前打印文件中建立多个打印任务单元。

2. 打印设置

系统在【组建】面板上提供了“图纸设置”和“打印设置”两个按钮。

(1) 图纸设置。点击【组建】面板上的 按钮，或者点击如图 10-9 所示菜单中的“图纸设置”选项，系统弹出如图 10-15 所示的【设置排版图幅】对话框，用户可对排版图幅进行重新设置。

(2) 打印设置。点击【组建】面板上的 按钮，或者点击如图 10-9 所示菜单中的“打印设置”选项，系统弹出如图 10-16 所示的【打印设置】对话框。由于该对话框与如图 10-1 所示的对话框非常类似，不再赘述。

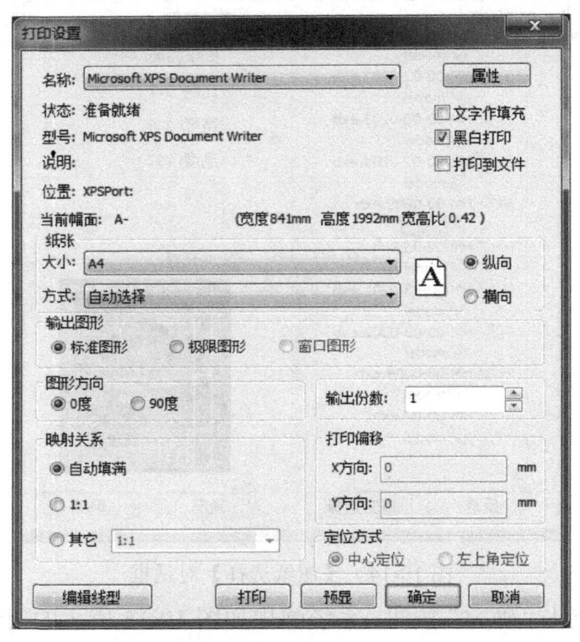

图 10-16　【打印设置】对话框

(3) 打印线宽设置。点击如图 10-9 所示菜单中的“打印线宽设置”选项，系统弹出【线宽默认设置】对话框，其用法见 10.1.3 节中的“线宽设置”。

(4) 手工图纸设置。在如图 10-10、图 10-11 所示的菜单中，点击“手工图纸设置”选项，系统弹出如图 10-17 所示【图幅设置】对话框，借此可设置图纸幅面大小、选择图纸方向。

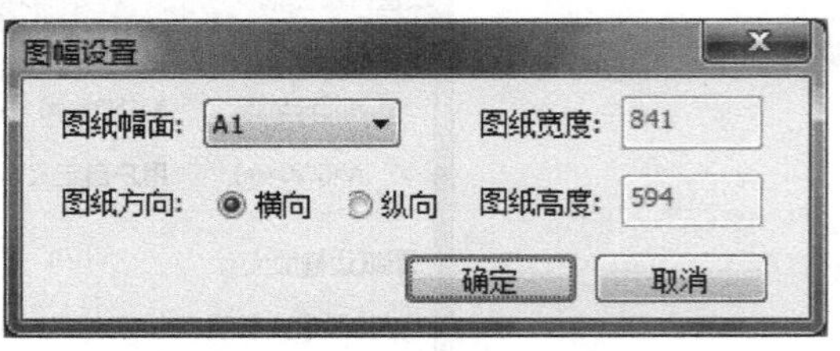

图 10-17　【图幅设置】对话框

(5) 智能图纸设置。在如图 10-10、图 10-11 所示菜单中，点击“智能图纸设置”选项，系统弹出如图 10-18 所示【自动识别图幅设置】对话框，如选择“使用图纸边界”或“使用幅面”，借此可修改图幅识别设置，重新获取图纸信息。

(6) 输出图形范围设置。在如图10-10、图10-11所示菜单中，点击“输出图形范围设置”选项，系统弹出如图10-19所示【排版子节点输出图形设置】对话框，其中各选项的含义如下：

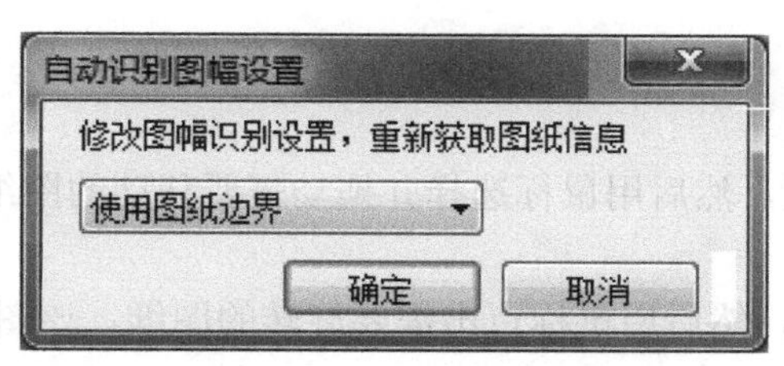

图10-18　【自动识别图幅设置】对话框

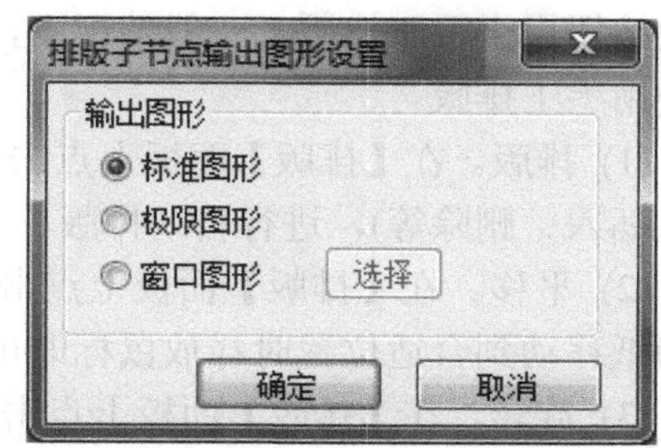

图10-19　【排版子节点输出图形设置】对话框

① 标准图形。对当前所选择的图纸按照其标准图纸幅面进行打印输出。

② 极限图形。对当前所选择的图纸按照图纸中的图形极限范围进行打印输出。也就是说，当图形超出图纸幅面时，其超出的部分也会打印出来。

③ 窗口图形。点击“选择”按钮后，在屏幕上通过指定两点确定出一矩形区域，只打印输出该矩形区域以内的图形。

3. 打印操作

系统在【组建】面板上提供了“打印预览”和“打印”两个按钮。

(1) 打印预览。在【快速启动工具栏】上点击按钮，或者点击【组建】面板上的按钮，系统将弹出类似于图10-7所示的窗口，可对当前选择的打印任务进行预览。

(2) 打印。在【快速启动工具栏】上点击按钮，或者点击【组建】面板上的按钮，在得到确认后可将当前选择的打印任务进行打印。

10.2.4　显示操作

系统在【组建】面板上提供了“动态平移”“动态缩放”“显示窗口”“显示全部”“显示上一张”“显示下一张”等多个按钮，以对打印任务中的图纸进行显示。

(1) 动态平移。在【组建】面板上点击按钮，然后按住鼠标左键在“浏览窗口”中拖动，可实现图纸幅面动态平移。

(2) 动态缩放。在【组建】面板上点击按钮，然后按住鼠标左键在“浏览窗口”中拖动。向上拖动，可使图纸幅面动态放大显示；向下拖动，可使图纸幅面动态缩小显示。

(3) 显示窗口。在【组建】面板上点击按钮，然后用鼠标左键在“浏览窗口”中拾取两点，则对以该两点为对角点形成的矩形区域进行显示。

(4) 显示全部。在【组建】面板上点击按钮，则当前图纸幅面中的图纸全部显示在“浏览窗口”中。

(5) 显示上一张。在【组建】面板上点击按钮，则显示“任务列表窗口”中的前一个图纸幅面。

(6) 显示下一张。在【组建】面板上点击按钮，则显示“任务列表窗口”中的后一个图纸幅面。

10.2.5　排版操作

在【排版】面板上提供了多个按钮供排版使用。其中，“排版”按钮用于系统自动排版，其他按钮用于手工排版。一般情况下，用户应该使用自动排版，而只有在需要局部微调时才使用手工排版。

(1) 排版。在【排版】面板上点击按钮，系统将忽略手工排版所作的修改(平移、旋转、插入、删除等)，进行自动排版。

(2) 平移。在【排版】面板上点击按钮，然后用鼠标选择并拖动需要移动的图纸，待图纸移动到合适位置时释放鼠标即可。

(3) 旋转。在【排版】面板上点击按钮，然后用鼠标点击需要旋转的图纸，该图纸即被旋转 90°。

(4) 删除。先选择一个或多个图纸，然后点击【排版】面板上的按钮，在得到“确认”后，所选图纸即从打印任务中删除。被删除的图纸将不再被打印输出。

(5) 隐藏。先选择一个或多个图纸，然后点击【排版】面板上的按钮，则所选图纸即被隐藏起来。在“任务列表窗口”中，被隐藏的打印单元的图标呈灰色显示，如选择该单元后，再次点击按钮，被隐藏的图纸又会显示出来。利用该功能，可以将暂时不参与排版的图纸隐藏起来。

(6) 图形重叠。当【排版】面板上的按钮被按下时，用“平移”“旋转”等进行手工排版时允许图纸重叠；否则将不允许图纸重叠。利用该功能可以在手工排版时，将部分图纸暂时重叠以便于其位置的调整。

(7) 幅面检查。【排版】面板上的按钮将用于检查当前排版是否超出图纸幅面的可打印设置范围，届时将给出相应的检查结果信息。

(8) 真实显示。点击【排版】面板上的按钮，将使排版幅面中的图纸在“预览窗口”中以真实效果或者图纸信息进行显示，如图 10-20 所示。在略图状态下，系统只预显文件名称、图纸名称、图纸比例、图纸幅面、图纸宽度、图纸高度等信息。

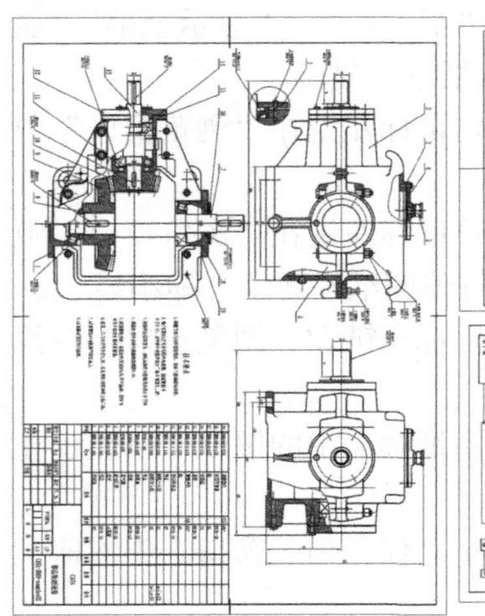

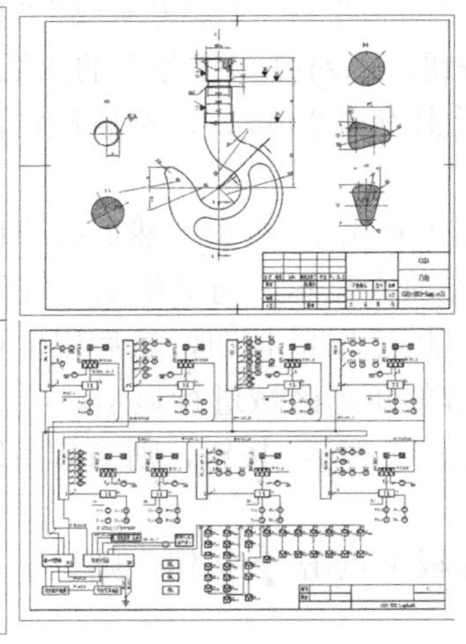

(a) 真实效果显示

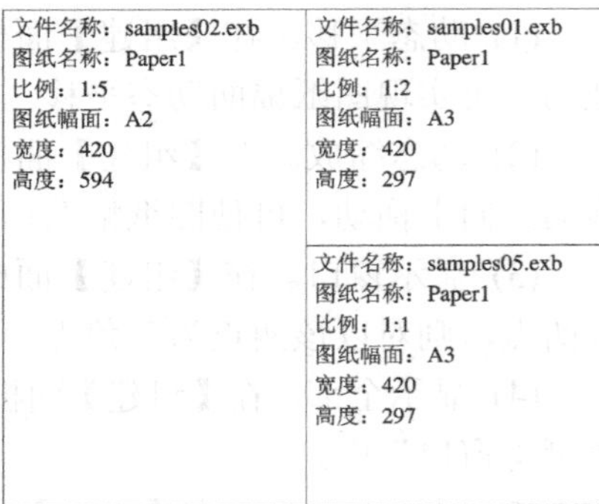

(b) 预显图纸信息

图 10-20　排版幅面预显方式

(9) 排版插入。点击【排版】面板上的 按钮，在弹出的对话框中选定要插入的一个或多个图形文件。打开后，所选的图形文件即插入到当前排版幅面中。

10.2.6　窗口操作

电子图板允许用户同时建立并打开多个打印排版文件，且能够方便地在各个文件之间切换。

1. 文档切换

点击【窗口】面板上的 按钮，系统将弹出一个下拉菜单，如图 10-21 所示。该菜单中列出了目前已经建立或打开的文件，其名称前面标有“√”者为当前文件。用户可以直接点击菜单中的文件名进行文档切换，也可以点击“文档切换”菜单项切换到下一个文件。

2. 窗口

在如图 10-21 所示的菜单中点击“窗口”菜单项，系统弹出如图 10-22 所示的对话框。

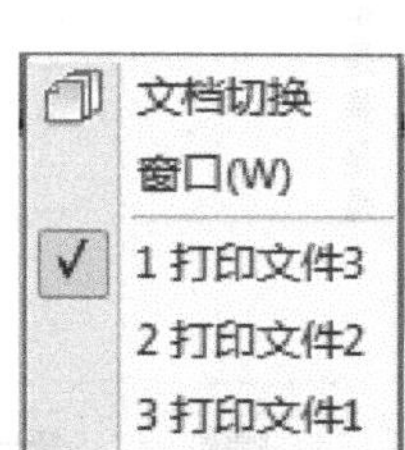

图 10-21　“文档切换”下拉菜单

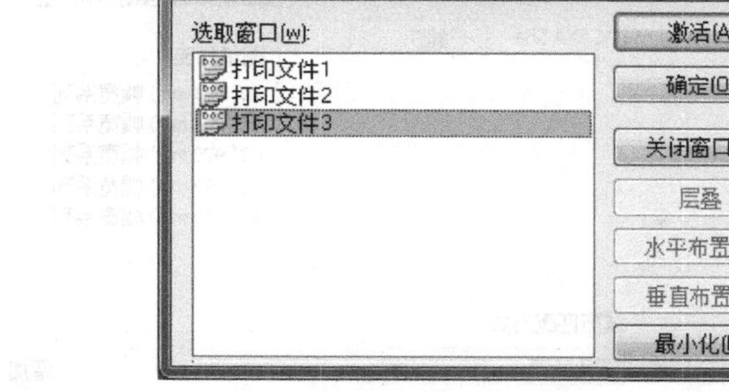

图 10-22　【窗口】对话框

该对话框的使用方法如下：

(1) 激活。在对话框中选择一个打印文件，然后点击“激活”按钮，该文件所在的窗口即被激活。

(2) 关闭窗口。在对话框中选择一个或多个打印文件，然后点击“关闭窗口”按钮，系统将询问是否保存对文件的修改。在得到明确答复后即将相关窗口关闭。

(3) 最小化。在对话框中选择一个或多个打印文件，然后点击“最小化”按钮，可将文件所在的窗口最小化。当再需要使用时，点击最小化窗口上的“向上还原”或“最大化”按钮即可。

(4) 层叠。在对话框中选择多个打印文件，然后点击“层叠”按钮，则这些文件所在的窗口即以层叠的方式排列在“预览窗口”中。

(5) 水平布置/垂直布置。在对话框中选择多个打印文件，然后点击相应按钮，则这些文件所在的窗口即在“预览窗口”中水平布置或垂直布置排列。

3. 其他按钮

(1) 层叠按钮。如果当前已经建立或打开了多个打印文件，点击 按钮，则这些文件所在的窗口即以层叠的方式排列。

(2) 横向平铺按钮。如果当前已经建立或打开了多个打印文件，点击按钮，则这些文件所在的窗口即水平布置。

(3) 纵向平铺按钮。如果当前已经建立或打开了多个打印文件，点击按钮，则这些文件所在的窗口即竖直布置。

(4) 排列图标按钮。如果当前已经建立或打开了 4 个以上的打印文件，点击按钮，则这些文件所在的窗口将按阵列形式布置。

10.3　高 级 设 置

使用电子图板的打印工具组织图形打印时，可以根据图纸自身的幅面信息自动匹配打印设置。点击【文件】面板上的“高级设置”按钮，系统将弹出如图 10-23 所示的对话框。使用该对话框可进行打印环境配置。

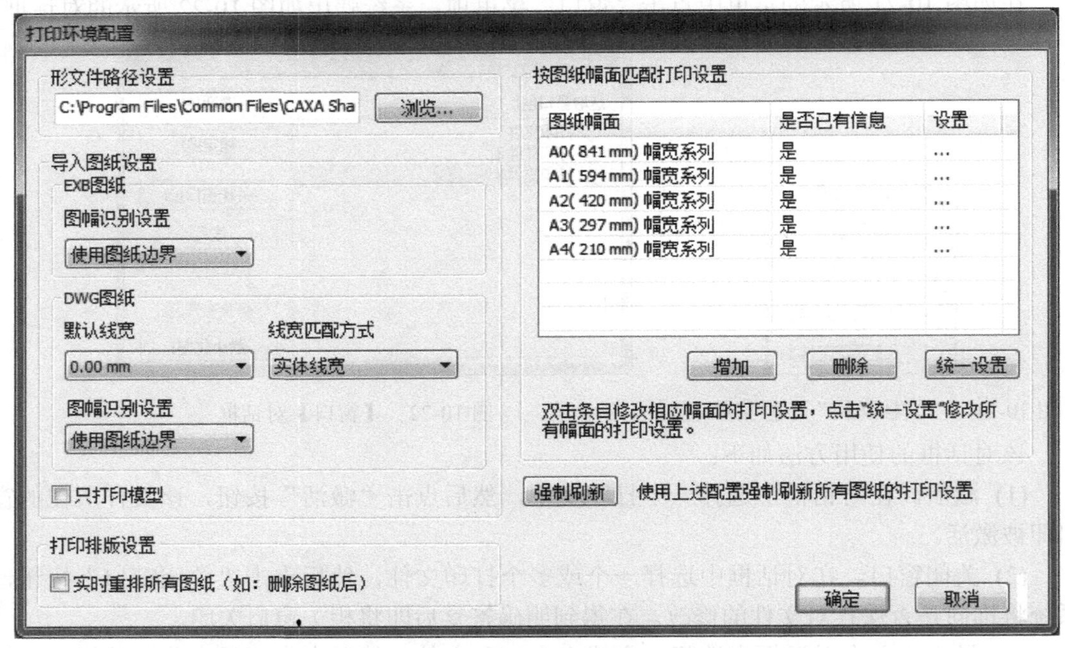

图 10-23　【打印环境配置】对话框

1. 形文件路径设置

在【打印环境配置】对话框的左上角列出了图形文件所需的形文件路径。点击“浏览”按钮可以修改其形文件路径。

2. 导入图纸设置

(1) EXB 图纸。当导入电子图板格式的图纸时，用户可以使用“使用图纸边界”或“使用图纸幅面”来识别需要打印的图幅。

(2) DWG 图纸。当导入 AutoCAD 格式的图纸时，可以为其指定默认线宽，以及指定其线宽匹配方式，如使用“实体线宽”或“颜色”进行匹配。与导入电子图板格式的图纸一样，用户也可以对图幅识别方式进行设置。

(3) 只打印模型。在使用电子图板绘图时，一般情况下都是画在名为“模型”的页面上，必要时可以建立一个或多个“布局”页面。如果勾选了“只打印模型”复选框，则在打印输出图纸时，只打印位于“模型”页面上的图形；否则，将打印使用页面或用户指定页面上的图形。

3. 按图纸幅面匹配打印设置

该部分可以设置插入到打印任务表中的图纸根据自身幅面信息匹配打印设置。

在【打印环境配置】对话框的右上角提供了 A0、A1、A2、A3、A4 等标准幅面，双击一个幅面，可在弹出的【打印设置】对话框中设置相关参数；已经设置了参数的幅面，其“是否已有信息”一栏将由“否”变为“是”。

如果点击“增加”按钮，可弹出【自定义图幅】对话框以增加其他图幅；如果选择一个图幅并点击“删除”按钮，则将该图幅从列表中删除；点击“统一设置”按钮，可以修改所有幅面图纸的打印设置。

4. 其他设置

(1) 强制刷新。使用【打印环境配置】对话框中的参数刷新所有打印任务列表中的打印任务单元。对插入到打印任务列表中的任务单元，如果进行了打印设置调整后，再进行打印环境配置，可以选择强制刷新设置效果。

(2) 打印排版设置。如果勾选“实时重排所有图纸”复选框，则用户在排版幅面中删除或插入若干图纸时，系统将立即进行重排；否则，只有当用户执行“排版”命令时系统才进行重排。

思　考　题

1. 在打印输出时，利用【打印】对话框可以进行哪些操作？在什么情况下需要指定“页面范围”？

2. 在【打印】对话框中，“标准图纸”“显示图形”“极限图形”“窗口图形”各是什么含义？纸张方向与图形方向有什么区别和联系？

3. 在打印输出时，电子图板可以按颜色设置线宽。按颜色设置线宽有哪两种方式？它们各有什么特点？如果想把多种颜色修改为一种颜色并为其指定线宽，使用哪种方式更为方便？

4. 在【线型设置】对话框中勾选“按颜色设置”复选框，其下方的“按颜色指定打印线宽”变为可用。点击该按钮系统弹出【按颜色设置】对话框。该对话框分为“列表视图”和“格式视图”两部分。利用这两部分设置线型时，在操作上有何不同？各适用于什么场合？

5. “打印工具”提供了哪几种排版方式？各有什么特点？

6. 使用“打印工具”对多张图纸进行排版的主要步骤有哪些？

7. 手工调整图纸时，“平移”调整与“旋转”调整在作用和操作方法上有何异同？

8. 在“打印工具”中，“新建”命令的含义及主要功能是什么？“插入文件”命令与

“排版插入”命令有何不同？

9. 在打印图纸时，如果发现输出的图纸上只有图形而没有文字，或者图形上的文字是空心字，可能是什么原因？该如何处置？

10. 假如在一个图纸文件中包含有多张图纸，而用户只需要打印其中的部分图纸，那么在建立打印任务时应该如何操作？如果在打印输出时，发现只打印了一张图纸，而其后面的图纸没有打印，可能是什么原因？

练 习 题

1. 创建一个新文件，并将其用 A3 图纸进行打印预览；改变打印参数后，再进行打印预览，观察各打印参数的控制效果。

2. 利用“打印工具”将系统安装盘中 Samples 文件夹下的所有电子图板文件打印到一张 A0 图纸上(能获得预览效果即可)。

附录　CAXA 电子图板命令列表

功能	键盘命令	快捷键	说　明
新建文件	New	Ctrl+N	调出模板文件，建立新文件
打开文件	Open	Ctrl+O	读取原有文件
关闭文件	Close	Ctrl+W	关闭已打开的图形文件
保存文件	Save		存储当前文件
另存文件	Saveas	Ctrl+S Ctrl+Shift+S	用另一文件名再次存储文件
并入文件	Merge		将原有图形文件并入当前文件中
部分存储	Partsave		将图形的一部分存储为一个文件
文件检索	Idx	Ctrl+F	按检索条件查找符合条件的图形文件
绘图输出	Plot，Print	Ctrl+P	输出图形文件
退出	Quit，Exit	Alt+F4	退出 CAXA 电子图板系统
DWG 转换器	Dwg		可以将各版本的DWG文件批量转换为EXB文件，也可将各版本的 EXB 文件批量转换为 DWG 文件
模块管理器	Manage，Appload	AP	加载和管理其他功能模块
清理	Purge	PU	清理
重复操作	Redo	Ctrl+Y	取消最近一次的撤销操作
取消操作	Undo	Ctrl+Z	取消最近一次发生的编辑动作
剪切	Cut,Cutclip	Ctrl+X	将当前指定图形剪切到剪贴板上
复制	Copyclip	Ctrl+C	将当前指定图形拷贝到剪贴板上
带基点复制	Copywb，Copybase	Ctrl+Shift+C	带基点复制
粘贴	Paste，Pasteclip	Ctrl+V	将剪贴板上的图形粘贴到当前文件中
选择性粘贴	Specialpaste	Ctrl+R	将剪贴板上的图形选择一种方式粘贴到当前文件中
粘贴为块	Pasteblock	Ctrl+Shift+V	
插入 OLE 对象	Insertobj，Oleins	OLE	插入 OLE 对象到当前文件中
打开 OLE 对象	Objopen，Oleopen		打开 OLE 对象
OLE 链接	Hyperlink，Setlink		OLE 链接
OLE 对象属性	Objectatt，Oleatt		编辑当前激活的 OLE 对象的属性
删除	Delete，Erase	Del，E	将拾取的实体删除

续表一

功能	键盘命令	快捷键	说　明
删除所有	Delall，Ersaeall		删除所有符合拾取过滤条件的实体
删除重线	Deloverl，Eraseline		将完全重合或包含于所选图形的图素全部删除
平移复制	Copy	CP，CO	以指定的角度和方向创建拾取图形对象的副本
旋转	Rotate	RO	对拾取到的图形进行旋转或旋转复制
镜像	Mirror	MI	一条直线为对称轴，进行对称镜像或对称复制
比例缩放	Scale	SC	对拾取到的图素进行比例放大或缩小
合并	Join	J	将使用一种样式的对象改为使用另外一种样式
阵列	Array	AR	通过一次操作可同时生成若干个相同的图形
平移	Move	M，MO	以指定的角度和方向移动拾取到的图形对象
等距线	Offset	O	绘制给定曲线的等距线
裁剪	Trim	TR	裁剪对象，使它们精确地终止于由其他对象定义的边界
过渡	Corner	CN	修改对象，使其以圆角、倒角等方式连接
延伸	Edge，Extend	EX	以一条曲线为边界对一系列曲线进行裁剪或延伸
打断	Break	BK	将一条指定曲线在指定点处打断成两条曲线
拉伸	Stretch	S	在保持曲线原有趋势不变的前提下，对曲线或曲线组进行拉伸或缩短处理
分解	Explode	X	可以将多段线、标注、图案填充或块参照合成对象转变为单个的元素
标注编辑	Dimedit	DED	拾取要编辑的标注对象，进入对应的编辑状态
标注间距	Dimdis		调整平行的线性标注之间的间距或共享一个公共顶点的角度标注之间的间距
编辑多段线	Splineedit		编辑多段线对象
切换尺寸风格	Dimset		切换尺寸风格
尺寸驱动	Drive		用于在拾取的图形与尺寸之间建立关联
特性匹配	Match，Matchprop	MA	可以将一个对象的某些或所有特性复制到其他对象
文本参数编辑	Textset		文本参数编辑
文字查找替换	Find，Textoperation		查找并替换当前绘图中的文字
块编辑	Bedit，Blockedit	BE	对块定义进行编辑
块在位编辑	Bredit，Refedit	BE	对块定义进行在位编辑
颜色	Color	COL	设置和管理系统的颜色
线型	Ltype	LT	设置和管理系统的线型
线宽	Wide	LW	设置图线的线宽
图层	Layer		进行图层的各种操作

续表二

功能	键盘命令	快捷键	说　明
文本样式	Textpara，Styletext		为文字设置各项参数，控制文字的外观
标注样式	Dimpara，Styledim	DST	为尺寸标注设置各项参数，控制尺寸标注外观
点样式	Ddptype		设置屏幕中点的样式与大小
引线样式	Styleld，Ldtype		为引线设置各项参数
形位公差样式	Stylefcs，Fcstype		设置几何公差各项参数
粗糙度样式	Styleought，Roughtype		设置表面粗糙度各项参数
焊接符号样式	Styleweld，Weldtype		设置焊接符号各项参数
基准代号样式	Styledatum，Datumtype		设置基准代号各项参数
剖切符号样式	Stylehat，Hatype		设置剖切符号各项参数
表格样式	Styletable，Tabletype		定义不同的表格样式
样式管理	Style,Type	ST	集中设置系统的图层、线型、标注样式、文字样式等，并可进行导出、并入、合并、过滤等管理
重新生成	Refresh，Regen	RE	将显示失真的图形进行重新生成
全部重新生成	Refreshall，Regenall	REA	将绘图区内显示失真的图形全部重新生成
显示窗口	Zoom	Z	指定一个矩形区域的两个角点，放大该区域的图形至充满整个绘图区
显示平移	Pan		指定一个显示中心点，系统以该点为屏幕显示的中心，平移显示图形
显示全部	Zoomall	ZA，F3	显示全部图形
显示复原	Home	Home	恢复标准图纸范围的初始显示状态
显示放大	Zoomin	PageUp	按固定比例(1.25 倍)将图形放大
显示缩小	Zoomout	PageDown	按固定比例(0.8 倍)将图形缩小
显示比例	Vscale		可按输入的比例系数，缩放当前视图
显示上一步	Prev	ZP	显示前一幅图形
显示下一步	Next	ZN	返回到下一次显示的状态
动态移动	Dyntrans	P	拖动鼠标平行移动图形
动态缩放	Dynscale，Rtzoom		拖动鼠标放大缩小显示图形
视口管理	Vports		新建视口
对象视口	Vportso		创建对象视口
多边形视口	Vportsp		创建多边形视口
图幅设置	Setup，Paperset	PA	为图纸指定图纸尺寸、比例、方向等参数
调入图框	Frmload		为当前图纸调入一个图框
定义图框	Frmdef		拾取图形对象并定义为图框以备调用

续表三

功能	键盘命令	快捷键	说　明
存储图框	Frmsave		将当前图纸中已有的图框存盘，以便调用
编辑图框	Frmedit		以块编辑的方式对图框进行编辑操作
填写图框	Frmfill		填写当前图形中具有属性图框的属性信息
调入标题栏	Headload		为当前图纸调入一个标题栏
定义标题栏	Headdef		拾取图形对象并定义为标题栏以备调用
存储标题栏	Headsave		将当前图纸中已有的标题栏存盘，以便调用
填写标题栏	Headfill		填写当前图形中标题栏的属性信息
编辑标题栏	Headedit		以块编辑的方式对标题栏进行编辑操作
调入参数栏	Paraload		为当前图纸调入一个参数栏
定义参数栏	Paradef		拾取图形对象并定义为参数栏以备调用
存储参数栏	Parasave		将当前图纸中已有的参数栏存盘，以便调用
填写参数栏	Parafill		填写当前图形中参数栏的属性信息
编辑参数栏	Paraedit		以块编辑的方式对参数栏进行编辑操作
生成序号	Ptno		生成零件序号用来标识零件
删除序号	Ptnodel		拾取并删除当前图形中的一个零件序号
编辑序号	Ptnoedit		拾取并编辑零件序号的位置
交换序号	Ptnoswap，Ptnochange		交换、排列所选序号的位置，并根据需要交换明细表内容
序号对齐	Ptnoalign		按水平、垂直、周边的方式对齐所选择序号
隐藏序号			隐藏所拾取的序号
显示全部序号			显示当前幅面的所有隐藏序号
置顶显示	Ptnotop		将当前幅面的现有序号全部置顶显示
合并序号			合并所拾取的序号
序号样式	Ptnotype，Styleptno		定义不同的零件序号样式
明细表样式	Tbltype，Styletbl		定义不同的明细表样式
输出明细表	Tableexport		按给定参数将明细表数据输出到文件中
数据库操作	Tbldata，Tabdat	TBA	与其他外部文件交换数据并且可以关联
填写明细表	Tbledit	TBL	填写当前图形中的明细表内容
删除表项	Tbldel		从当前图形中删除拾取的明细表某一个行
表格折行	Tblbrk		将已存在的明细表的表格在所需要的位置处向左或向右转移
插入空行	Tblnew		在明细表中插入一个空白行
插入外部引用	Xins，Xattach		选择外部文件并插入到当前图形中作为参照
外部引用裁剪	Xclip		裁剪外部引用的显示边界

续表四

功能	键盘命令	快捷键	说　明
外部引用管理器	Extref，Externalreferences		统一管理当前文件中的外部引用
插入图片	Imageins，Imageattach		选择图片并插入到当前图形中作为参照
图片管理器	Image		统一设置图片文件的保存路径等参数
图像调整	Imageadjust		
图像裁剪	Imageclip		
三视图导航	Guide		根据两个视图生成第三个视图
直线	Line	L	画直线
射线	Ray		画射线
构造线	Xline	XL	画构造线
平行线	Parallel	LL	绘制与已知直线平行的直线
圆弧	Arc	A	画圆弧
圆	Circle	C	画圆
矩形	Rect，Rectang	REC	绘制矩形形状的闭合多段线
中心线	Centerl	CL	画圆、圆弧的十字中心线，或两直线的中心线
样条	Spline	SPL	画通过或接近一系列给定点的平滑曲线
绘制文字	Text，Mtext	T，MT	在当前图形中生成文字对象
曲线文字	Textcur		创建曲线文字
递增文字	Textinc		创建递增文字
剖面线	Hatch	H，BH	使用填充图案对封闭区域进行填充
区域覆盖	Wipeout		创建区域覆盖，遮挡其下面的对象
多段线	Pline	PL	作为单个对象创建的相互连接的线段序列
正多边形	Polygon	POL	绘制等边闭合的多边形
椭圆	Ellipse	EL	绘制椭圆或椭圆弧
孔/轴	Hoax	HA	画出带有中心线的轴和孔或圆锥孔和圆锥轴
波浪线	Wavel		按给定方式生成波浪曲线
双折线	Condup		绘制双折线
云线	Cloudline		通过拖动光标创建云线
公式曲线	Fomul		根据参数表达式绘制相应的数学曲线
插入表格			创建空的表格对象
填充	Solid		对封闭区域的内部进行实心填充
箭头	Arrow		在指定点处绘制一个实心箭头
点	Point	PO	可以是孤立点，也可以是曲线上的等分点
局部放大图	Enlarge		按照给定参数生成对局部图形进行放大的视图
齿形	Gear		按给定参数生成齿形

续表五

功能	键盘命令	快捷键	说　明
圆弧拟合样条	Nhs		用多段圆弧拟合已有样条曲线
尺寸标注	Dim	D	按不同形式标注尺寸
基本标注	Dimpower，Powerdim		快速生成线性尺寸、直径尺寸、半径尺寸、角度尺寸等基本类型的标注
基线标注	Dimbaseline	DBA	从同一基点处引出多个标注
连续标注	Dimcontinue	DCO	生成一系列首尾相连的线性尺寸标注
三点角度标注	Dimanglep		生成一个三点角度标注
角度连续标注	Dimanglec		连续生成一系列角度标注
角度标注	Dimangular	DNA	
半标注	Dimhalf		生成半标注
大圆弧标注	Dimjogged，Arcdim	DJO	生成大圆弧标注
射线标注	Dimradial		生成射线标注
锥度标注	Dimgradient		生成锥度或斜度标注
曲率半径标注	Dimcurvrature		对样条线进行曲率半径的标注
线性标注	Dimlinear	DLI	对直线进行线性标注
对齐标注	Dimaligned	DAL	对直线进行对齐标注
直径标注	Dimdiameter	DDI	对圆弧或圆进行直径标注
半径标注	Dimradius	DRA	对圆弧或圆进行半径标注
弧长标注	Dimarc	DAR	创建弧长标注
坐标标注	Dimco，Dimordinate	DOR	按坐标方式标注尺寸
原点标注	Dimorigin		标注当前坐标系原点的 X 和 Y 坐标值
快速标注	Dimfast，Fastdim		标注当前坐标系下任一点的 X 或 Y 坐标值
自由标注	Dimfree，Freedim		标注当前坐标系下任一点的 X 或 Y 坐标值，尺寸文字的定位点要临时指定
对齐标注	Dimalign		以第一个坐标标注为基准，连续生成一组尺寸线平行、尺寸文字对齐的标注
孔位标注	Dimhs		标注圆心或点的 X、Y 坐标值
引出标注	Dimleader		用于坐标标注中尺寸线或文字过于密集时，将数值标注引出来的标注
自动列表	Dimautolist，Autolist		以表格的方式列出标注点的坐标值
自动孔表	Dimholelist		以表格的方式列出圆心坐标和直径值
倒角标注	Dimch		标注倒角尺寸
引出说明	Ldtext，Qleader	LE	标注引出注释，由文字和引出线组成
基准代号	Datum		标注几何公差中的基准部位的代号
粗糙度	Rough		标注表面粗糙度代号